创造性心理学

心理学

Creativity Psychology

林崇德 著

北京师范大学出版集团
BEIJING NORMAL UNIVERSITY PUBLISHING GROUP
北京师范大学出版社

作者介绍

林崇德，1941 年 2 月生，浙江人，北京师范大学资深教授，中国心理学会前理事长，中国著名心理学家、教育家，现任教育部人文社会科学委员会委员兼教育学·心理学学部召集人，教育部高校心理健康教育专家指导委员会主任，中组部联系高级专家。先后获得全国劳模（2000 年）和全国"十佳师德标兵"（2001 年），全国优秀教师（2006 年），全国优秀科技工作者（2012 年），国家杰出科技人才（2014 年）和北京市人民教师（2017 年）等光荣称号。

林崇德长期致力于思维理论研究，他围绕着人类智力的研究，开展了大量有关中小学生智能促进的研究，创新或创造性心理学是其重点课题之一。这些研究有力地推动了我国教育改革，提高了教育质量，也形成了他颇具特色的理论体系。"教书育人"是林崇德挚爱的事业，他始终践行着"培养出超越自己、值得自己崇拜的学生"；他的"严在当严处，爱在细微中"的育人理念被教育界和学术界广为称颂。美国《肯特信使报》将他与美国大教育家斯波克（Benjamin Spock）相媲美，我国核心期刊《中小学管理》称他为"基础教育的播火者"。

前 言

————

时至今日，我的专著《创造性心理学》终于脱稿，提交给北京师范大学出版社。

1978 年，我从中小学教育第一线回母校北京师范大学，归队重新研究心理学，创造性或创新成为我心理学研究中的一个重要领域。"七五"期间，我承担了教育部重点教育研究课题"学习与发展——中小学生心理能力发展与培养"；"八五""九五"期间，我承担了国家社科基金重点课题"教育与发展——创造性人才的心理学整合研究"；2003 年，我主持了教育部哲学社会科学重大攻关项目"创新人才与教育创新的研究"；2011 年，我又一次承担了教育部哲学社会科学重大攻关项目"拔尖创新人才成长规律与培养模式"，等等。在承担的众多课题中，我深深地体会到创造性心理学对于人类的发展和中华民族伟大复兴都具有至关重要的意义，因此我一直想用我自己、我的团队和我的课题组研究的材料结合国内外的创造性心理学研究文献，撰写一部创造性心理学研究的专著，这就是《创造性心理学》问世的缘起。

《创造性心理学》于三年前开始撰写，但由于四年前我主持了教育部委托的重大课题"中国学生发展核心素养的研究"，加上年事渐高，时间紧、精力差给写作带来了一系列的困难。然而由于众弟子的帮助和支持，即我们团队的共同努力，《创造性心理学》最终于 2017 年"五一"劳动节前定稿。我的团队和课题组的成员所涉及的创造性心理学研究，都被我一一收集到书中。凡是研究成果被我纳入《创造性心理学》中的，我都列出了他们的姓名，以表达我对他们的点赞与感谢。此外我还要对下面的事件再啰嗦几句，以表示感谢：没有金花的研究，就不会有本书的第六章；没有张景焕、贾绪计的努力，就不会有本书的第八章；没有俞国良、罗晓路的支持，就

1

不会有第九章。我不会打字，只能够靠书写，因此我的弟子黄四林建议，在本书每一章的前面都印上一页我手写稿的照片，我答应了。也正因为我不会打字，所以我的团队成员就抢着为每一章打字并加以润色：第一章是罗良，第二章是邢淑芬和辛素飞，第三章是伍新春、孙汉银和刘霞，第四章是张叶，第五章是黄四林，第六章是金花，第七章是邢淑芬，第八章是贾绪计，第九章是黄四林、孙汉银和衣新发，第十章是胡卫平、刘春晖和张叶……除了自己的学术团队，我还要感谢北京师范大学心理学部乃至中国心理学界同仁对我写作的关心和支持，尤其是两位青年长江学者特聘教授黄兆信和邱江，他们为我的书稿提供了宝贵的资料。作为一个老人，我深感年轻的一代对老一代的尊师行动，这应该是一个老教师最幸福的事情，它体现了学术研究后继有人。

教育本身也是一种创造与创新的事业，我的教育理念是培养出超越自己、值得自己崇拜的学生。事实上，我的弟子们远远超越了我，他们中间有的创建了国家重点实验室，有的开启了中国航天心理学的研究，有的深入探索心理的脑机制，有的在进行着创造性教育，还有人在对拔尖创新人才做深入探讨，这些都是我做不到的。我的信念表明：教育这个永恒的事业，创造自己崇拜的高足；沸腾的教师脑海，震荡着"秀才培养出状元郎"；终生无悔的追求，开拓"青出于蓝而胜于蓝"的格局；永不消逝的志向，展示了"长江后浪推前浪"，一浪更比一浪高。我把拙著《创造性心理学》献给广大的人民教师！

最后，我还要感谢北京师范大学出版社，他们原谅我把书稿推迟一年；感谢《创造性心理学》一书的策划编辑周雪梅的努力，她也尽了一个当弟子的责任。

2017 年教师节于

北京师范大学发展心理研究院

目录 | CONTENT

01

创造性:
一个神圣的概念

创新（innovation）、创造性或创造力（creativity）既是当前国内外社会流行的词语之一，也是一个非常神圣的概念。它之所以流行或神圣，是因为创造性无论是对于人类个体与整个社会的演进和发展，还是对于国家与民族之间的竞争和存续都至关重要。而人在创新或创造性活动过程中的心理特征，则成为一个在理论上和实践上都值得学术界探讨的问题，且越来越受到心理学研究的重视。在这一过程中，一个新的心理学分支学科——创造性心理学，已经形成并迅速壮大。如果在国际著名的心理学文摘数据库 PsycINFO 以"innovation"或"creativity"为关键词搜索，我们会发现早在 1912 年，美国《教育心理学杂志》（*Journal of Educational Psychology*）就刊登了卡丽·兰森·斯夸尔（Carrie Ranson Squire）的文章，题目为"分级心理测验：联想、建构与发明"（*Graded mental tests：Association, construction, and invention*），该文章也成为创造性领域的第一篇学术文章。1912 年至 1944 年，该领域文章也仅有 33 篇，1960 年为 120 篇，到 1999 年达到 6 208 篇，2007 年则为 9 430 篇，2015 年有 18 615 篇，2016 年是 19 769 篇，截至 2017 年 3 月 23 日，此类文章竟达到了 19 870 篇。从中可以看到，如今我们这个世界是多么重视创新、创造性和创新（或创造性）人才①，这也是创造性成为当今时代要求的最强有力的证据。

---

① 在国际心理学界，创新（innovation）与创造性或创造力（creativity）被视为同义语，在我们这本著作里，也同样把其看作同义语。

第一节

创造性：从神秘的故事到科学的象征

《辞海》对"人类"做了如下解释：一般指更新世（pleistocene）以来的人。其特点为：具有完全直立的姿势，解放了的双手，使用复杂而有音节的语言和特别发达、善于思考的大脑，并有制造工具、能动地改造自然的本质。人类是社会性劳动的产物。从《辞海》解释的"人类"来看，我们可以这样扩充：自从有了人类，就有了制造工具、改造自然、调节社会关系的功能；人类为了发展，必然有所发明，有所创造，有所作为，在物质生产和精神生活中表现出创造性来。创造性是人类的心智或智慧活动。

实证主义哲学家孔德（Auguste Comte，1798—1857）基于人类心智（智慧、思想、知识、科学）发展的必然性，提出了三阶段理论：①神学阶段，又名"虚构阶段"；②抽象阶段，又名"形而上学阶段"，人们以超经验的形而上学抽象地代替超自然的力量——神，来解释一切；③科学阶段，又名"实证阶段"，一切知识、科学、哲学都以"实证"的事实为基础。他认为文艺复兴以前是神学社会，16—18世纪是过渡社会，19世纪起则进入实证社会。该理论提出的人类心智发展的三个阶段，也反映了作为心智活动的最高层次——创造性发展的三个阶段，即虚构阶段经过抽象阶段的过渡，最后发展到了基于"实证"的科学阶段。

我们暂且不去评价孔德的观点，也不以西方社会作为剖析案例，但有一点对我们是有启发的，中国人及中国社会从虚构的神话阶段发展到科学创造的顶峰，整整走过了五千年的历程。

一、发人深思的中国神话故事

处于"虚构阶段"的中国，神话故事极为丰富。神话是古代先民以对世界起源、自然现象和社会生活的原始理解为基础，集体创造的部落故事。神话起源于远古先民对自然和社会现象无法做出科学的解释，一定程度上表达了古代先民与自然力的斗争和对理想的追求，反映了古代先民的创造力。

神话故事是一种文学体裁，在我主编的《中国少年儿童百科全书》①中，就有许多中国神话故事，现摘录五则故事。

故事一：开天辟地的盘古

在人们不知道宇宙起源以前，就有神话传说描述盘古开天辟地的创举。

相传，天地本来是黑暗混沌的一团，好像一个"大鸡蛋"。盘古就孕育在中间，过了一万八千年，突然山崩地裂一声巨响，大鸡蛋裂开了。其中一些重而浊的东西渐渐下降变成了地，轻而清的东西冉冉上升，变成了天。混沌不分的天地被盘古分开了。他手托着天，脚踏着地。天每天升高一丈②，地每天加厚一丈，盘古的身体每天也增长一丈。这样又过了一万八千年，盘古的身体长得有九万里③高，像一根巨大无比的柱子，立在天地当中，使天地无法重新合拢，不再变得黑暗混沌。但因此，盘古也十分疲劳，终于倒下死去了。

盘古临死之前，天地又发生了奇怪的变化。他发出的声音变成了隆隆的雷霆，他呼出的气变成了风云，他的左眼变成了太阳，右眼变成了月亮，他的身躯和四肢变成了大地的四极和五岳，他的血液变成了江河湖海，筋脉变成了道路，肌肉变成了田土，头发和胡须变成了天上的星星，皮肤和汗毛变成了花草树木，他的牙齿、骨头变成闪光的金属、坚硬的石头和圆亮的珍珠玉石，他流出的汗水变成了雨露。

---

① 林崇德：《中国少年儿童百科全书》，杭州，浙江教育出版社，1991。

② 1 丈 ≈ 3.33 米。

③ 1 里 ≈ 500 米。

长在他身上的各类寄生虫，受到阳光雨露的滋养，变成了大地上的黎民百姓。这样，盘古开天辟地以后，又用他整个身体孕育了天地万物。

开天辟地的盘古，受到人们的尊敬。我国西南地区一些民族中，还流传着崇拜盘古的各种仪式和神话。传说南海有绵亘八百里的盘古墓，用来收葬他的魂魄。崇敬盘古，是为了让后人继承盘古的精神，不仅与天地搏斗，更要继承弘扬盘古探索天地、创造性地研究宇宙奥秘的精神。

故事二：炼石补天的女娲

中国上古神话中，有一位化育万物、造福人类的女神，就是女娲。

据说天地开辟以后，大地上虽然有了山川湖泊、花草鸟兽，可是还没有人类的踪迹。女娲想创造一种新的生命，于是她抓起了地上的黄土，仿照自己映在水中的形貌，揉捏成一个个小人的形状。这些泥人一放到地面上，就有了生命，活蹦乱跳，女娲给他们取名叫作"人"。就这样，她用黄泥捏造了许多男男女女。但是用手捏人毕竟速度太慢，于是女娲顺手拿起一截草绳，搅拌上浑黄的泥浆向地面挥洒，结果泥点溅落的地方，也都变成一个个活蹦乱跳的人。于是大地上到处都有了人类活动的踪迹。女娲还使男女相配，让他们自己生育后代，一代一代绵延。在神话中，女娲不单是创造人类的始祖，而且是最早的婚姻之神。

后来不知什么原因，宇宙突然发生了一场大变动，半边天空坍塌下来，露出一个个可怕的黑窟窿，地上出现一道道巨大的裂口，山林燃起炎炎烈火，地底喷涌出滔滔洪水，各种猛兽、恶禽、怪蟒纷纷窜出来危害人类。女娲见人类遭受这样惨烈的灾祸，就全力修补天地。她先在江河中挑选许多五彩石，熔炼成胶糊，把天上的窟窿一个个补好。又杀了一只大龟，砍下它的四只脚竖在大地四方，把天空支撑起来。接着杀了黑龙，赶走各种恶禽猛兽，用芦苇灰阻塞了横流的洪水。从此灾难得以平息，人类得到拯救，人世间又有了欣欣向荣的景象。为了让人类更愉快地生活，女娲还造了一种名叫"笙簧"的乐器，使人们在劳作之余进行娱乐活动。

女娲是产生在母系氏族社会的神话人物。这个神话，反映出当时人类对自身起源和自然现象的天真认识。至今在我国西南的苗族、侗族中还流传着女娲的神话传说，人们将她作为本民族的始祖加以崇拜。崇拜女娲，补天精神倒是次要的，探讨人类繁殖、万物生长、如何优生优育等问题才是一个对后人富有挑战性的课题。

故事三：错奔月宫的嫦娥

唐朝诗人李商隐有两句诗，写了嫦娥在月宫里的寂寞生活和凄凉心情：嫦娥应悔偷灵药，碧海青天夜夜心。嫦娥因为一念之差，离开了人间，长年住在冷冷清清的月宫里。

嫦娥原是天上的女神，因为丈夫羿奉了天帝之命到人间灭妖除害，她就跟随他来到地上。羿终日在外，为人们射落九个太阳，杀死怪禽猛兽，顾不上家，嫦娥就慢慢对他产生了不满。一天，羿从西王母那里求来长生不死的灵药。如果两人一同吃了这灵药便可长生不死，一人独吃，就能升天成神。羿把药带回家，交给嫦娥，要她好好保管，想挑一个吉日两人一块吃。但嫦娥觉得跟丈夫来到人间吃了不少苦头，灵药既然有升天成神的妙用，何不一人独吃呢！

一个晚上，嫦娥趁羿不在家，从葫芦里倒出灵药，全部吞下。顿时她的身体轻飘飘的，不由自主地飘出窗户，直向天上飞去。她边飞边想，如果到天府，众神要耻笑她自私，况且见了丈夫也不好办，不如到月宫暂时躲藏一下为好。谁知嫦娥一到月宫，脊梁骨不停地缩短，腰肚却拼命往外膨胀，最后竟变成一只丑陋的蟾蜍（癞蛤蟆）。因此许多古诗里，称月亮为"蟾宫"。

然而嫦娥最终并没有变成癞蛤蟆，依然是一个超群绝世的美貌仙子。只是她在月宫里非常寂寞，常年陪着她的只有一只捣药的白兔和一株桂树。后来多了一个被天帝罚做苦役的吴刚，他不停地砍桂树，桂树却随砍随合，让他永远不得休息。

月宫到底是什么样的？它是后人向往的地方，探究月球的奥妙，成了人类科学攻关的一个选项。

故事四：射日英雄羿

羿是一位擅长射箭的天神，即使是小鸟飞过，羿也能一箭把它射落。

传说中尧帝时候，有十个太阳一齐出现在天空，给人类带来了严重的旱灾。土地烤得直冒烟，禾苗全都干枯，甚至铜铁沙石也晒得软软的快要熔化了。百姓更是难受，血液仿佛在体腔里沸腾。怪禽猛兽纷纷从火焰般的森林、沸汤般的江湖里跑出来伤害百姓，弄得百姓苦上加苦。天帝知道这件事后，就叫羿到凡间去解救百姓。天帝赐给羿一张红色的弓，十支白色的箭。

羿奉了天帝的命令到了凡间，受到了人们的欢迎。他摆好架势，弯弓搭箭，对准天上的火球，嗖的一箭射击。起先没有声响，过了一会儿，只见天空中流火乱飞，火球无声爆裂。接着，一团红亮亮的东西坠落在地面上。人们纷纷跑近探看，原来是一只三足乌鸦，颜色金黄，硕大无比，想来就是太阳精魂的化身。再一看天上，太阳少了一个，空气也似乎凉爽了一些，人们不由得齐声喝彩。这使羿受到鼓舞，他不顾别的，连连发箭，只见天空中火球一个个破裂，满天流火。

站在土坛上看射箭的尧，忽然想到人间不能没有太阳，人类也离不开来自太阳的能量，急忙命人暗中从羿的箭袋里抽去一支箭，总算剩下一个太阳没有被羿射落。看来从尧帝开始，人们就懂得能源的重要。开发能源、造福人类，成为后人创造的一个重要研究课题。

故事五：逐日英雄夸父

"夸父逐日"是中国古老的神话，它体现了原始先民追求光明、追求进步的精神。

身材高大的夸父，立下宏愿，决心去追逐太阳，做出一番惊天动地的事业来。夸父耳朵上挂两条黄蛇，手里也握着两条黄蛇，随身还携带着一根手杖。一天，太阳升起，他迈开大步追去，一直追到禺谷。传说禺谷是太阳休息的地方，太阳西落到这里洗浴后，就在巨大无比的若木上休息，到第二天再升起来。这时只见一团巨大的又红又亮的火球就在眼前，夸父已进入太阳的光轮，完全处在光明的包围中了。当他正在庆幸自己的胜利时，他感到极度口渴。于是他俯下身子，大口大口地喝黄河、渭水里的水，几下就把两条河里的水喝干了，可还是口渴难忍。他又向北方奔去，想去喝大泽的水，大泽是一片纵横千里的水域。可是夸父还没有到达目的地就死去了，像一座大山一样倒了下来。手杖丢落的地方，出现了一片枝叶繁茂、鲜果累累的桃林。

传说河南、陕西两省交界处的灵宝市东南，有一座夸父山，是夸父留在人间的遗迹，山的北面，有一座好几百里宽的桃树林。还传说湖南也有一座夸父山，上面还有夸父架锅的三块巨石。敬仰夸父，是因为夸父有追求光明、追求进步、追求真理的志向和信念，以及他至死不屈的行动，他激励后人发明创造、追求理想。

上述五个神话故事，都是虚构的作品，但它们反映了古代先民的创造性，显示出古代先民在与天搏斗、与地搏斗和管理社会中的理想与追求，以及通过创造获得物质财富与对精神生活的向往。

二、神话成为现实

近年来，越来越多的中国制造，正迈着坚定的步伐走向世界，越来越多享誉世界的中国品牌正不断涌现……①这些都好像在说：中国古代先民创造的神话故事正在中华大地上变成现实。无论是先进的制造业，还是享誉世界的中国品牌，孕育技术产品并使之现代化的创造力必然是其成功的关键。

（一）"开天辟地"的中国新制造

"开天辟地"中的"天"，是指天空。天之苍苍，其正色邪？中国航天事业，是"开天"的象征。我们的"神舟"飞船，经历一号、二号等先后四次无人飞行后，从五号起直至十一号都是载人飞行，并且十一次全部成功。2016 年，中国航天人交出的成绩单更加耀眼：长征系列运载火箭实施 22 次发射，将近 40 个航天器成功送上太空；首个海滨航天发射场建成使用；"天宫二号"和"神舟十一号"对接，载人飞行33 天任务圆满成功，并开展科学实验，中国人朝着建立空间站的梦想又迈出了坚实的一步。白俄罗斯通信卫星发射成功，我国整星在轨交付业务首次打开欧洲市场；

---

① 下面的材料来自 2017 年 2 月 7 日和 3 月 14 日《人民日报》网站资料或在这些资料基础上改写。

"胖五"成功首飞，它是我国运载火箭升级换代的里程碑工程；中国卫星名动寰宇，"墨子号"——世界首颗量子科学试验卫星，"实践十号"——我国首颗微重力科学实验卫星，还有"风云四号""碳卫星"和我国首颗 0.5 米级高分辨率商业遥感卫星"高景一号"发射升空。2017 年，中国航天科技集团计划实施以"嫦娥五号""天舟一号"首飞等为代表的 28 次宇航发射任务，全年发射次数将再创历史新高。

"开天辟地"的"地"是指大地，即地球的表面层，"地"生养万物。"辟地"，有开辟、建设大地的意思。中国高铁、中国高速公路、中国航道通航里程、中国港口吞吐量、中国邮政快递业务量，均占世界第一。靠创新领跑时代，是"辟地"的象征。以中国高铁为例，2016 年 9 月，中国高铁运营里程突破 2 万公里，超过世界其他国家高铁里程之和。高铁更"长"了，中国大地更"小"了。从 20 世纪末的 6 次大提速，到 21 世纪初的"四纵四横"路网规划亮相，再到 2017 年的版图再扩容，中国高铁跨越塞北风区，蜿蜒岭南山川，驰骋东北雪海，穿梭江南水乡。路网越织越大，车次越开越密。"和谐号"正以"辟地"之势让中国大地"越变越小"，让"说走就走的旅行"越来越多。高铁从陌生概念变为大众出行优选，累计安全运送旅客突破 50 亿人次。中国高铁的诞生、完善，犹如一场盘古辟地的涅槃之旅，拼的是"掘地三尺"的韧性。而这样的转型升级，何尝不是由中国制造到中国创造的重大突围。

中国造桥事业，也算是"辟地"的创举。世界十座最高大桥，八座来自中国。2016 年 12 月 29 日，杭瑞国家高速公路（国家高速编号为 G56）的北盘江特大桥，地处云南、贵州两省交界处的高山峡谷，桥面距离江面 565 米，差不多相当于 200 层楼的高度，为当今世界第一高桥。不仅如此，中国桥的长度也在世界夺冠。珠港澳大桥海底隧道最后一节沉管成功安装，意味着这条世界上最长的深海沉管隧道打赢沉管安装的"收官之战"。至此，珠港澳大桥 33 节沉管全部沉放完毕，只待"深海之吻"——安装 12 米的最终接头——大桥便具备全线贯通的条件。珠港澳大桥是连接香港、珠海、澳门的超大型跨海通道，它集桥、岛、隧道于一体，全长 55 千米，是世界上最长的跨海大桥，也是中国建设史上里程最长、投资最多、施工难度最大的跨海桥梁。

中国自主研制的水陆两栖飞机，是既"开天"又"辟地"的创造。中国航空工业集团公司（中国航空工业）2017年3月11日宣布，中国自主研制的全球在研最大的大型灭火/水上救援水陆两栖飞机AG600的研制取得重大进展——2017年上半年将实现陆上首飞，下半年将实现水上首飞。AG600是当今世界上在研的最大一款水陆两栖飞机，其最大起飞重量为53.5吨，机体总长36.9米，翼展达到38.8米。该飞机最大航程超过4 000千米，海上起降抗浪能力不低于2米，飞机可在20秒内一次汲水12吨，单次投水救火面积可达4 000余平方米，可一次救助50名海上遇险人员。它既能在陆地上起降，又能在水面上起降，可在水源与火场之间多次往返投水灭火。除水面低空搜索外，它还可在复杂气象条件下降落在海上，实施水面救援行动。

（二）"女娲补天"的中国新创造

经过5年建设，2016年9月22日，总部位于深圳的中国国家基因库正式投入运营。中国国家基因库是今天中国人化育万物、造福人类的创举。该基因库是目前为止世界上最大的基因库。基因库是生命科学的国库，它是带着"留存现在、缔造未来"的使命诞生的。每个人一生中所有关键阶段的标本都应该永久保存起来：从出生时的干细胞，到20岁时的免疫细胞，到30岁时的生殖细胞。而国家基因库，就是储存这些样本和数据的地方，像我们的"生命银行"。类似中国的"女娲补天"，在西方神话中诺亚建造了一艘方舟，带着各种牲畜、鸟类等，躲避了大洪水，安然度过"世界末日"。一粒种子、一个细胞、一管血液、一口唾沫、一段脱氧核糖核酸、一条数据……这些不起眼的"现在"可能是构建未来生物科技和产业的砖石。在深圳开始运营的国家基因库，正是带着"留存现在、缔造未来"的使命诞生的。中国将拥有这样一艘"诺亚方舟"，承载着人类及其他生物的遗传样本和密码。

（三）"奔月嫦娥"的中国新制造

曾经嫦娥奔月是神话，而今"奔月"研究成为中国又一创造。号称"地球之女"的"嫦娥一号""嫦娥二号"，直至"嫦娥五号"一次次让奔月神话成为现实。据《中国科学报》2017年1月23日报道：承担我国探月工程"绕、落、回"三步走中最后一步任务的"嫦娥五号"探测器，近日已完成着陆器推进子系统正样热试车，这标志着"嫦娥五号"研制工作中的关键一步取得成功。研制工作目前正进行探测器正样阶段的最后冲刺，开展总装测试阶段各项相关工作，"嫦娥五号"技术状态和质量受控，计划进展顺利。按计划，8.2吨重的"嫦娥五号"将于2017年11月底，由我国目前推力最大的"长征五号"运载火箭从中国文昌航天发射场进行发射。此次任务有望实现我国开展航天活动以来的四个"首次"：首次在月球表面自动采样；首次从月面起飞；首次在38万千米外的月球轨道上进行无人交会对接；首次带着月壤以接近第二宇宙速度返回地球。

（四）"羿射太阳"的中国新创造

感谢尧帝，为我们保留了一个太阳，为人间保留了能源。而今中国的新能源，在全球新能源市场已占据领导地位。2015年，中国新能源投资占全球总量的1/3；2016年，中国面向海外的新能源投资同比增长60%，达320亿美元。中国新增风电装机连续5年领跑全球，光伏发电累计装机容量全球第一，中国是世界上核电在建规模最大的国家，水电装机容量和年发电量均居世界首位，新能源汽车产销量连续两年居世界第一。美国能源经济和金融分析研究所金融部主任汤姆·萨泽罗曾表示，中国在全球新能源市场占据了领导地位，这种领导作用是全球新能源走向未来的"稳定器"，世界欢迎中国的引领。

（五）追求"光明"的中国新制造

古有夸父逐日，追求的是光明、进步、真理，"逐"的是"一流"。当今中国继承夸父的精神，创造了一系列的产品。这些产品有的在数量方面从无到有，有的在质量方面从差到优，有的在国际声望方面从落后到世界领先，这里仅举三例。

一是中国超算。"神威·太湖之光"是世界第一台速度超过每秒10亿亿次的超级计算机，它的峰值运算速度达到了每秒12.54亿亿次，持续计算速度可达每秒9.3亿亿次，功耗比为每瓦60.51亿次。这三项关键指标均居世界第一，而"神威·太湖之光"包括处理器在内的所有核心部件全部实现了国产化，超算领域世界最高奖处理器用的就是中国芯。

二是中国手机。中国最早不会制造手机，而今中国的手机征战全球品牌，走向高端化。2016 年全球销量前五的手机品牌中，中国品牌已占三席。中国手机厂商的市场份额在印度已经超过 50%，在非洲已经超过 40%，在欧洲市场也超过了 20%。中国手机品牌正逐渐撕去价廉质低的标签，开发更加核心的科技，拥有了更加广阔的国际市场，并致力于打造更加高端的品牌。美国著名技术杂志《连线》刊文评论称："下一个硅谷已出现在东方，中国的创新一代已准备好与世界顶级高科技品牌正面竞争。"

三是中国汽车。过去中国的汽车质量很低，好汽车靠进口。如今，中国汽车的制造质量比肩欧洲。第 87 届日内瓦车展于 2017 年 3 月 7 日正式向媒体开放。车展主席图瑞蒂尼先生在接受专访时表示：中国的自主设计、自主研发的确已经拥有了欧洲和美国等市场，产品与价格优势使得国际汽车品牌感受到了竞争压力。中国汽车吉利博瑞销量一举突破五万辆，成为能与德国神车帕萨特较量的中国品牌。2016 年 7 月，史上首个 24 小时无保留的对比拆车直播，更是展现了吉利博瑞比肩合资甚至在配置、NVH①、安全、用料等方面优于合资的真实水准，为中国制造自信发声！

中国的创造，成为世界的奇迹。20 世纪 80 年代初，我们是世界人口最多的国家，也是世界上最贫穷的国家之一。但经过近 40 年的奋斗，中国已经成为世界第二大经济体，仅次于美国。中国国内生产总值已经超过 10.8 万亿美元。如果从心智活动的创造性来分析，20 世纪 80 年代前，中国社会尽管有大量的"科学阶段"的表现，但相对程度是处于"抽象阶段"。而近 40 年的变化，中国达到了科学创造的顶峰阶段，这个转变，被世界的经济学界、科学界和学术界称为"中国奇迹"。

三、党的十八大报告中高频率地出现"创新"与"创造"概念

这个"中国奇迹"从哪里来？来自中国的道路或中国的途径：中国共产党的领

---

① 噪声（noise）、振动（vibration）、声振粗糙度（harshness）。

导、社会主义的道路、改革开放的决策。在这个道路中，整个国家把创造性、创新放在一切工作的首位，我们的目标是建成"创新型"国家。2016 年 12 月，在会见"天宫二号"和"神舟十一号"载人飞行任务航天员及参研参试人员代表时，习近平总书记强调：星空浩瀚无比，探索永无止境，只有不断创新，中华民族才能更好地走向未来。

坚持创新、提高创造性或创造力，是发达国家惯用的概念。20 世纪 90 年代中叶以来，世界经济发展进入一个新的时期，即从工业经济向知识经济转变的时期。进入 21 世纪后，知识经济逐渐占据主导地位，一个国家知识经济的规模和质量，将决定它在国际竞争中的地位。在知识经济时代，影响经济增长的关键因素不再是传统的资源、能源和资本，而是新的知识、技术、工艺和新的价值观念。社会的主导型支柱产业也不再是能源、钢铁、农业，而是各种高新技术产业。在知识经济时代，新知识、新技术、新工艺和新的价值观念将成为关键性的战略资源，成为经济持续发展的推动力。哪个国家在获取这种战略资源方面具有优势，就会在激烈的国际竞争中占有优势；反之，哪个国家在这些战略性资源生产方面受制于人，就会在各种激烈的国际竞争中处于下风。总之，在知识经济时代，标志一个国家国际竞争力的将是其创造力，而确定一个国家整体创造力大小的是其创新人才的数量、质量与结构。

面对知识经济时代的挑战，欧美日发达国家和一些新型国家纷纷把科技创新和创新人才培养提升到国家战略层面，并出台了一系列政策措施，试图进一步增强自己的科技创造力，力图在日新月异的科技革命中掌握先机。美国是当今世界上唯一的超级大国。近年来，为了有效地维护自己的地位，美国出台了多项措施，以提升自己的创造力。1993 年，美国成立了以总统、副总统、总统科技事务助理、各内阁部长、有关部门的领导及其他白宫官员为成员的美国国家科学技术委员会（NSTC），它是协调联邦政府各部门科技政策的主要机构。1994 年和 1996 年，美国先后发布了《科学与国家利益》和《技术与国家利益》两份报告，系统地阐述了美国在新时期的科学技术政策，分别提出了美国科技发展的五大目标和技术发展的五大目标，以及实现这些目标的政策建议，从而在国家科技发展战略层面为美国科技发展做出计划。此外，美国还提出了多项具体的科技计划，这些计划的提出与实施，对美国的科技发展产生了很大影响。美国不仅大力提升科学技术水平，还着力支持技术的商业化。从 1995 年到 2000 年，美国政府先后颁布了《国家技术转让与促进法》（1995年）、《联邦技术转让商业化法》（1997 年）、《技术专业商业化法》（2000 年）等。进入21 世纪以来，美国丝毫没有放松对创新与创造性的重视，又相继颁布了《美国竞争法》（2007 年，全称是《为有意义地促进一流的技术、教育与科学创造机会法》）、《美国复兴与再投资计划》（2009 年）、《美国创新战略：推动可持续增长和高质量就业》（2009 年）、《美国创新战略：确保我们的经济增长与繁荣》（2011 年）和《美国国家创新战略》（2015 年）。美国高度重视教育和教育改革，希望通过教育改革，提高教育质量，培养出具有较强创造力的人才。2015 年 12 月 10 日，时任美国总统的奥巴马签署了名为《让每个孩子都成功》的新的基础教育法案，这个法案在继承 2002 年小布什总统签署的《不让一个孩子掉队》教育法案的一些核心要素的基础上，对其由来已久的弊病进行了大幅度的纠正，得到了较普遍的认可。

日本也非常重视大力发展新型科学技术，培养创新人才。1995 年，日本颁布了《科学技术基本法》，提出将"科学技术创造立国"作为基本国策，强调要重视基础理论和基础技术的研发，从而在将振兴科技上升为法律的同时，为日本科技发展指明了方向。1996 年，日本政府根据《科学技术基本法》，制定了第一期《科学技术基本计划（1996—2000）》。此后，于 2001 年、2006 年和 2010 年，日本政府又出台了第二期《科学技术基本计划（2001—2005）》、第三期《科学技术基本计划（2006—2010）》和第四期《科学技术基本计划（2011—2015）》。经过这四期《科学技术基本计划》，日本的科技实力与创新能力得到了很大提升。2016 年 1 月 22 日，日本内阁会议审议通过了第五期《科学技术基本计划（2016—2020）》。该计划提出，未来 10 年，通过政府、学术界、产业界和国民等相关各方的共同努力，日本将大力推进和实施科技创新政策，把日本建成"世界上最适宜创新的国家"。

近年来，法国政府根据本国经济、科技发展现状和特点出台了一系列政策和计划以推进科学技术创新。2003 年，法国出台了《国家创新计划》。该计划鼓励创建高新技术企业，强调要加强企业与科研部门的合作，增强企业的研发能力，并实现欧盟为成员国确定的 2010 年国内研发经费投入占国内生产总值的 3% 的目标。为此，法国从金融、税收等方面提出了设立单人风险基金公司、引导大学生进入研究和创新领域等多项措施。2005 年，法国政府出台了"竞争点"计划，希望通过整合优势、突出重点、以点带面的方式促进法国企业的技术创新，从而推动法国经济的发展。2013 年，法国又正式推出了名为"新工业法国"的法国再工业化战略规划，并明确了该战略规划的第一阶段包括 34 项旨在发展法国优势领域的新产品或新业务的计划和一项名为"2030 创新"的创新支持政策。2015 年，时任总统奥朗德主持，正式推出了作为"新工业法国"战略规划第二阶段重要举措的"未来工业计划"。这项"未来工业计划"明确提出了以工业工具现代化和通过数码技术改造经济模式为宗旨的"未来工业"即"新工业法国"的模型。

2002 年，德国修订并实施了新的职员发明法。根据这项修订后的法律，高等院校的科研成果可以更快、更有针对性地得到使用，这有利于系统地开发高等院校和科研机构的研究潜力。2004 年 1 月，德国政府正式启动"主动创新"战略，其核心内容是促使经济界和科学界联合起来，在研发领域结成创新伙伴，从而研发出更多的高新技术产品。为了给德国的科学和研究创造更好的条件，德国联邦政府和各州于 2005 年 6 月正式批准了"顶尖科研资助项目"以及《研究和创新协定》。据此，德国将投入巨资建立一批世界一流大学，建立一批世界顶尖的研究中心，着力培养青年科学家。2010 年，德国制定《德国 2020 高科技战略》，立足于开辟未来新市场，并确定能源、生物技术、纳米技术、交通、航空、健康研究等新的重点关注领域。2013 年 4 月，德国又推出了在世界上产生重要影响的"工业 4.0"战略，该战略目标是以智能制造为主导的第四次工业革命，或革命性的生产方法，旨在通过充分利用信息通信技术和网络空间虚拟系统—信息物理系统相结合的手段，将制造业向智能化转型，核心是智能工厂、智能生产、智能物流。

1994 年，英国政府首次公布创新白皮书《实现我们的潜能——科学、工程和技术战略》。此后，1998 年、2000 年和 2001 年的三份政府白皮书，也公布了多份行动计划。这些白皮书和行动计划均以创新为主题，全面阐述了英国在 21 世纪的科学和创新战略，其核心目标是使英国在科学上领先世界其他各国，成为全球经济的知识中心。为了在全球创新经济领域取得成功，2011 年 12 月，英国政府出台了名为《以增长为目标的创新与研究战略》，提出政府要从发现与开发、创新型企业、知识与创新、全球合作和政府的创新挑战五大方面采取措施驱动经济发展。为了使科技更好地服务于经济发展，英国政府又决定在 2011—2014 年的四年里，委托技术战略委员会，投资两亿多英镑打造 9 个技术与创新中心。

纵观世界各国在科技领域实施的创新计划，我们能够深切地感受到创新能力对于一个国家科技实力和科学技术发展水平所具有的决定作用。在这一国际背景下，随着改革开放的深入，尤其是 21 世纪以来，中国开始高度重视创新在国家发展中的作用并采取了一系列重大举措。十八大以来，党和国家更是将创新置于更加重要的位置，党的十八大报告出现了 55 次"创新"和 9 次"创造"的概念，频率之高是空前的，报告所阐述的要进行创新的领域覆盖面之广也是空前的。

党的十八大报告在全面建成小康社会和全面深化改革开放的目标部分提到了三个与创新相关的重要目标：①科技进步对经济增长的贡献率大幅上升，进入创新型国家行列；②创新人才培养水平明显提高；③形成有利于创新创造的文化发展环境。报告在阐述完善社会主义市场经济体制和加快转变经济发展方式时，提出了实施创新驱动发展战略，并在这一段中用了 15 次"创新"，对这一战略进行了阐述，提出科技创新是提高社会生产力和综合国力的战略支撑，必须摆在国家发展全局的核心位置。要坚持走中国特色自主创新道路，以全球视野谋划和推动创新，提高原始创新、集成创新和引进、消化吸收、再创新能力，更加注重协同创新。深化科技体制改革，推动科技和经济紧密结合，加快建设国家创新体系，着力构建以企业为主体、市场为导向、产学研相结合的技术创新体系。完善知识创新体系，强化基础研究、前沿技术研究、社会公益技术研究，提高科学研究水平和成果转化能力，抢占科技发展战略制高点。实施国家科技重大专项，突破重大技术瓶颈。加快新技术、新产品、新工艺研发应用，加强技术集成和商业模式创新。完善科技创新评价标准、激励机制、转化机制。实施知识产权战略，加强知识产权保护。促进创新资源高效配置和综合集成，把全社会智慧和力量凝聚到创新发展上来。报告还在全面提高党的建设科学化水平部分，明确提出要建设创新型的马克思主义执政党。

在党的十八大精神指引下，中国政府出台了一系列提升国家创新能力的重要举措。2016 年 5 月，中共中央、国务院印发《国家创新驱动发展战略纲要》，该纲要明确了"三步走"战略目标：第一步，到 2020 年进入创新型国家行列，基本建成中国特色国家创新体系，有力支撑全面建成小康社会目标的实现；第二步，到 2030 年跻身创新型国家前列，发展驱动力实现根本转换，经济社会发展水平和国际竞争力大幅提升，为建成经济强国和共同富裕社会奠定坚实基础；第三步，到 2050 年建成世界科技创新强国，成为世界主要科学中心和创新高地，为我国建成富强、民主、文明、和谐的社会主义现代化国家，实现中华民族伟大复兴的中国梦提供强大支撑。《国家创新驱动发展战略纲要》提出了八大战略任务：推动产业技术体系创新，创造发展新优势；强化原始创新，增强源头供给；优化区域创新布局，打造区域经济增长极；深化军民融合，促进创新互动；壮大创新主体，引领创新发展；实施重大科技项目和工程，实现重点跨越；建设高水平人才队伍，筑牢创新根基；推动创新创业，激发全社会创造活力。在《国家创新驱动发展战略纲要》基础上，国务院又于 2016 年 8 月制定并印发《"十三五"国家科技创新规划》，具体明确了 2020 年之前科技创新的总体思路、发展目标、主要任务和重大举措。它是国家在科技创新领域的重点专项规划，是我国迈进创新型国家行列的行动指南。为了服务好创新型国家建设，中国高度重视教育和创新型人才的培养，出台了一系列重要政策文件。2016 年，国务院下发了《统筹推进世界一流大学和一流学科建设总体方案》，该方案将"培养拔尖创新人才"作为五项建设任务之一，同年还下发了《关于实行以增加知识价值为导向分配政策的若干意见》，旨在加快实施创新驱动发展战略，激发科研人员创新创业积极性，在全社会营造尊重劳动、尊重知识、尊重人才、尊重创造的氛围。

党的十八大报告提出了到 2020 年全面建成小康社会的宏伟目标。我们建设小康社会，但不能满足于"科技小康"。在科技方面，尤其在重大创新问题上，我们必须要有科技大国和强国意识；在文化建设方面，我们在传承好中华民族优秀传统文化的前提下，坚持创造性转化和创新性发展，让具有中国特色、中国风格、中国气派的文化产品更加丰富，国家文化软实力的根基更为坚实，中华文化的国际影响力明显提升。在中国共产党的正确领导下，我们正在不断创造"中国奇迹"。随着在更多重大创新问题上实现突破，中国将创造更多的"中国奇迹"，并且在人类发展史和创造史上，书写更多中国篇章。

第二节

————

创造性心理学概述

既然创造性或创新是心智活动，创造性必然会成为心理学研究的内容。因为无论是在理论上还是在实践上，研究创造性都具有重要的意义与价值，所以创造性引起了众多学者的高度关注与持续研究。在这一过程中，创造性心理学逐渐形成了。然而，自从学者们开始对创造性关注，至今对创造性的本质等问题仍然没有统一的、让大家都能接受的观点。这既说明了对创造性的研究有待进一步深入与丰富，又反映出创造性这一主题的神秘性与多维性。综合已有关于创造性的研究可以发现：对创造性的研究主要从过程、产品和个性三个角度来讨论。我们的研究团队从20世纪80年代开始至今，一直围绕着创造性与创造性人才等课题进行研究与探索，积累了一些成果与资料，也形成了我们团队对创造性和创造性人才内涵的理解。

一、对创造性的解释

在心理学上，创造性或创造力是一个极富争议的概念。有人说其无解，有人说其有无数解，但也有人给出了操作性定义。即使是操作性定义，也多达百余种。由于研究者观点的分歧和侧重点不同，其采用的判别标准自然各有差异。

尽管众多定义存在分歧，但在对创造性实质的理解上，一般比较容易接受的观点强调了三个方面：过程、产品和个性。20世纪80年代前后就有研究者对这三种成分分别进行了分析：有人在论述创造性时着重强调过程；有人着重强调通过作品分析创造性的基础；有人则强调创造性的实质是人与人之间的差异，属于个人、个体或个性范畴。90 年代前后，又出现两种观点：一是美国的布朗（Brown，1989）[①] 认为创造性应有四种成分，即创造性的过程（process）、创造性的产品（product）、创造性的个人（person）和创造性的环境（environment）。二是认为创造性是一个极其复杂的概念，并提出了所谓多"P"的概念。从 1961 年美国的罗德兹（Rhodes）提出 4P 研究取向（Person——个人，Place——地点，Process——过程，Product——产品）到 1990 年法国的乌斑（Urban）提出的 4P 模型（Problem——问题，Person——个人，Process——过程，Product——产品），还有 1988 年美国的心理学家西蒙顿（Simonton，1988）[②] 的 6P 创造性要素（Person——个人，Place——地点或环境，Process——过程，Product——产品，Persuasion——信念，Press——压力）。他们的共同点仍是过程、产品和个体（或个性）。在一定程度上，这些理论从某个侧面来研究创造性：把创造性理解为过程，则从人们的创造过程去研究创造性；把创造性理解为产品，则将创造性的研究对象视为产品的创造性特征；把创造性理解为个体差异，则可以从个体的创造性特质去研究创造性。也就是说，研究创造性的不同侧面，即"过程""产品"和"个体"或"个性"揭示的创造性结论就有差异，也必然会出现局限性。这里我们不妨先从"过程""产品"和"个体"或"个性"入手，对国际上不同流派来做一些分析。

强调创造性过程的研究者主要强调的是，人们在产生创造性时的认知过程或思维过程。从创造性研究的早期代表人物华莱士（Wallas）在 1926 年提出的，创造性的"准备—酝酿—明朗—验证"四个时期，到当前创造性问题解决的"发现问题—分析问题—提出假设—验证假设"四个阶段，都是强调过程，并构建了创造性思维的过程。华莱士的准备期，是指创造活动前积累相关的知识经验，收集包括前人对同类问题研究成果在内的有关资料；酝酿期，是指创造者对问题和资料进行深入探索与

---

① Brown, R. T., "Creativity: What are we to measure?" In Glover, J. A., Ronning, R. R., & Reynolds, C. R. (Eds.), *Handbook of creativity*, New York, Plenum Press, 1989, pp. 3-32.

② Simonton, D. K., Age and outstanding achievement: What do we know after a century of research? *Psychological Bulletin*, 1988, 104(2), pp. 251-267.

思考的过程；明朗期，是指新思路、新发现、新形象的产生时期；验证期，是对新成果加以检验，进行修正补充使之完善的阶段。而今天我们常提到的创造性问题的解决，是指按一定的目的，运用各种认知过程和知识技能，经过一系列的心理活动，产生创造的结果。它包括问题情境、动机激发、定势克服、变式与策略、顿悟与灵感等一系列过程。当代心理学家斯腾伯格等人（Sternberg et al.，1991[①]，1995[②]）提出创造力的投资理论，认为创造者是那些把自己的观念低买高卖的人，低买就是寻求大家不知道或不感兴趣的观念，但这些观念有潜力，逐渐以高价卖出，最后产生另一种新观念，这也是一种主张创造性是一个过程的理论。

创造性的产品是指创造性活动最终产生的结果和成果，可以是物质的，也可以是精神的。创造性产品有认知性的产品，如调查报告、科学考察、社会动态等；有表现性的产品，如文学艺术作品等；有指导性的产品，如工程设计、改革方案、远景规划等；有科技实验的产品，如革新技术、创造、发明等。社会更关注的往往是创造性的产品，如果人们只关注某种创造性活动，毫无结果和成果的话，那创造性活动还有什么价值呢？所以麦金农（D. MacKinnon）在 1975 年说道："对于创造性产品的研究是所有创造性研究的基础，要是这个基础再夯实一点儿的话，创造性研究就会取得更好的结果。"强调创造性的实质是产品是有道理的，因为产品是基础，这是创造者在创造性活动中的外化表现和价值所在。

创造性的个体是指创造性活动的主体。任何创造性活动都是由人来完成的，于是有些研究者指出，创造性是人与人之间的个体差异。拔尖的创新人物在创造性活动中，都会或多或少地表现出与众不同的特点，于是从早期创造性开始到现在，创造性的研究都关注创造者的智力因素（创造性思维）和非智力因素（创造性人格）的特点；创造发明家的传记研究，也正是去分析有关创造发明家的个性特点，进而运用这些拔尖创新人才的特点去预测被试的创造性水平的高低。早在 1961 年，罗德兹（M. Rhodes）不仅强调了创造性由创造性个体所决定，还把这种相关研究作为分

---

① Sternberg, R. J. & Lubart, T. I., An investment theory of creativity and its development, *Human Development*, 1991, 34(1), pp. 1-31.

② Sternberg, R. J. & Lubart, T. I., Defying the crowd: Cultivating creativity in a culture of conformity, New York, Free Press, 1995.

析人们创造性高低的一种方法。

二、我们团队的创造性观

从上面对已有研究结果的分析可以发现，当前对创造性的本质主要存在过程、产品和个性三种倾向的争议。显然，这些观点都从不同的角度来分析创造性，也就是说，创造性要么被认为是一种心理过程，要么被认为是一种复杂而新颖的产品，要么被认为是一种个性的特征或品质。我们能否把这三者结合起来探讨创造性的实质呢？1984 年、1986 年，恩师朱智贤教授与我把创造性定义为：根据一定目的，运用一切已知信息，产生出某种新颖、独特、具有社会意义（或个人价值）的产品的智力品质。之后我们团队一直都采用这个定义。例如，我于 1990 年出版的《学习与发展》，董奇教授于 1993 年出版的《儿童创造力发展心理》以及 2009 年我们团队完成并出版的教育部社科重大攻关项目的成果《创新人才与教育创新》都坚持使用这个定义。

（一）对我们团队定义的初步分析

我们团队的定义最先强调的是：根据一定目的，运用一切已知信息，产生出某种新颖、独特、具有社会意义（或个人价值）的产品，这个过程，是一种创造性解决问题的过程，是创造性思维的过程。什么样的产品呢？某种新颖、独特、具有社会意义（或个人价值）的产品。显然，这是对产品做了概括。但是，我们没有停留在产品上，而是从"种"与"属"的关系来看，最后锁定的是"智力品质"，即既强调创造性是心智活动，又阐述创造性的个体差异。众所周知，个性特征包含智能、气质和性格，智力与能力属于个性，智力或智能的个性差异，叫作智力品质，因为思维是智力或智能的核心，所以智力品质又叫作思维的智力品质或思维品质。由此可见，最后我们落实的是"个性"，也就是创造性的个体或创造性的人。

下面，我们来进一步分析这个定义。这里的产品是指以某种形式存在的思维成果，它既可以是一个新概念、新思想、新理论等精神产品，也可以是一项新技术、新工艺、新作品等物质产品。很显然，这一定义是根据结果来判断创造性的，其判断标准有三，即产品是否新颖、是否独特、是否具有社会或个人价值。"新颖"主要指不墨守成规，敢于破旧立新，前所未有，这是相对历史而言的，为一种纵向比较；"独特"主要指不同凡响，别出心裁，这是相对他人而言的，为一种横向比较；"有社会价值"是指对人类、国家和社会的进步具有重要意义，如重大的发明、创造和革新；"有个人价值"则是指对个体的发展有意义。可以说，人类的文明史实际上是一部灿烂的创造史。

毋庸置疑，个体的创造性通常是通过进行创造活动、产生创造产品体现出来的，因此，根据产品来判断个体是否具有创造性是合理的。另外，产品看得见、摸得着、易于把握，而目前人们对个体的心理过程、个性特征的本质和结构并不十分清楚。因此，以产品为标准比以心理过程或创造者的个性特征为标准，其可信度更高些，也更符合心理学研究的操作性原则。在没有更好的办法之前，根据产品或结果来判定创造性是切实可行的方法和途径。此外，我们之所以强调创造性是一种个性、一种智力品质，主要是把创造性视为一种思维品质，重视思维能力个体差异的智力品质（林崇德，2016）①。简而言之，创造性是根据一定的目的产生有社会（或个人）价值的具有新颖性成分的智力品质。

尽管智力是创造力的必要条件，而非充分条件，然而谁都不可否认，创造性是人类的心智活动或智慧活动，是思维的高级形态，是智力的高级表现，是人类发展最美丽的花朵，这就是我们平时所说的高素质。要了解与认识创造性的概念与实质，还得先从智力入手。智力属于个性的范畴，其核心成分是思维，其基本特征是概括。智力是创造性的基础，是创造性的必要条件，尽管它不是创造性的充分条件。

无独有偶，心理学家德雷夫达尔（Drevdarl）指出，创造力是个体产生任何一种形式思维的结果的能力，而这些结果在本质上是新颖的，是产生它们的人事先不知道的，它有可能是一种想象力或是一种不只局限于概括的思维综合。也正是在这个

---

① 林崇德:《学习与发展》，北京，北京师范大学出版社，2016。

前提下，苏联有部分心理学家把创造力与幻想等同起来。创造力本身就包括由已知信息建立起新的系统和组合的能力，此外，它还包含把已知的关系运用到新的情境中去，以及建立新的相互关系的能力。与此同时，创造性活动必须有明确的目标，尽管产品不必直接得到实际应用，也不见得尽善尽美，但产品必须是存在目标追求的。这种产品可以是一种艺术的、文学的或科学的形式，或是可以实施的技术、设计或方式方法。这一点对于更好地理解创造性的定义是很有帮助的。

虽然产品的新颖性、独特性和价值大小是判断一个人是否具有创造力的标准之一，但这并不意味着由此可以判断没有进行过创造性活动、没有产生出创造性产品的个体就一定不具有创造力。有无创造力和创造力是否体现出来并不是一回事，具有创造力并不一定能保证产生出创造性产品。创造性产品的产生除了具有一定创造性的智力品质外，还需要有将创造性观念转化为实际创造性产品的相应知识、技能以及保证创造性活动顺利进行的一般智力背景和个性品质，同时它还受到外部因素，如机遇、环境条件等的影响。由此可见，犹如智力有外显和内隐之分，创造力也有内隐和外显两种形态。内隐的创造力是指创造性以某种心理、行为能力的静态形式存在，它从主体角度提供并保证个体产生创造产品的可能性。但在没有产生创造产品之前，个体的这种创造能力是不能被人们直接觉察到的。当个体产生出创造产品时，这种内隐的创造力就外化为物质形态，被人们所觉知，这时人们所觉知的创造力就是主体外显的创造力了。

（二）对创造性过程、创造性产品和创造性个性的理解

根据我们团队的创造性观，基于我承担的教育部重大攻关项目"拔尖创新人才的成长规律与培养模式"的研究，我们对创造性过程、创造性产品和创造性个性提出如下看法。

其一，关于过程。

创造性过程有着不同的阶段，每个阶段都有不同的认知活动参与，需要建立不同的知识系统。传统的知识与创造关系，有张力说和地基说两种。前者强调知识可以是创造者的创新基础，也可能由于定势妨碍人的创造；而后者则强调知识和创造

性之间的关系犹如地基与大楼之间的关系。不管怎么说，知识是创造性或成就的前提。当代的知识与创造关系理论更为丰富，研究了图示知识、联结知识、样例知识、程序性知识、策略性知识、元认知知识等在创造性思维中的作用，研究了专家和新手由于知识不同产生创造性思维的差异特征。

而我们团队对这个问题的表述则强调了智力或认知材料，即内容或知识与创造性之间的关系，并指出：①智力的材料、内容或知识的发展是由具体形象向抽象方向转化的；②智力的材料、内容或知识的不断抽象化或认知表征的不断概括化，是人的智能包括创造力发展的重要特征之一；③不能忽略视觉表征、听觉表征和言语表征与物理表征、语义表征和概念及命题表征的区别，应该区分不同水平表征形式，从感性认识与理性认识的本质区别上来讨论其在创造性上的意义；④理性认知或抽象思维的材料主要有三种，即语言（语义、概念和命题等），数（标点符、运算符、代码符等），形（几何图形、设计图、草图、曲线、示意图、形象和情境的表述等），这构成创造性的材料或知识的形式等。

"根据一定目的，运用已知的一切知识（信息），产生出产品"的创造性过程，在我们课题中主要关注三点：一是创新人才的成长过程是一个认知或智能发展的过程，所以我们要研究创造性人才，尤其是各类拔尖创新人才，如自然科学领域、社会科学领域、企业领域不同的拔尖创新人才的认知过程或智能特征及其发展过程，也就是拔尖创新人才的创造性过程的特征及其实质；二是按课题立项的要求，我们主要研讨了大学生创造性的培养模式，所以我们要揭示大学生的科技知识与人文知识的特点，以及这些知识与创新人才成长的关系；三是创造性思维过程是创造性问题解决的过程，所以我们探讨了大学生提出创新问题、解决创新问题的过程。

其二，关于产品。

创造性产品是创造性研究的基础，分析创造性产品的特征，就成了对创造者研究的出发点。研究创造性产品主要是剖析创造性产品与普通产品相比有什么特征，这些特征不管是传统的研究还是现代的研究，都要从产品的新颖性、独特性与对社会和个人的意义或价值三个方面进行分析。研究创造性产品特征的重要意义在于满足研究者建立外部标准的需要。

其实，分析创造性产品特征的更深层次原因是要揭示创造性产品所隐含的创造者创造性思维的表现。这方面具体的研究工具主要是评定量表，常见的有成人评定量表、教师评定量表、学生作品评定量表等。例如，教师评定学生作品的"创造性产品语义量表"，要求教师判断学生作品的新颖性、问题解决的有效性、精密性以及其他综合性特征。我们课题组胡卫平教授的"青少年科技创造力评定量表"涉及物品非常规用途、问题发现、产品设计、产品改进、问题解决、科学实验和创造性想象等多项特征。

"产生出新颖、独特、有社会意义或个人价值的产品"的创造性成果或结果，在我们的课题中主要关注三点：一是创造性人才成长过程是创造者成果或产品呈现和完善的过程，所以我们研究了三类不同领域，即自然科学、社会科学和企业领域的拔尖创新人才的成就或成果形式与特征，进而探索他们创造性产品的形成过程；二是探讨了大学生创造性培养模式，我们要研究大学生对产品的新颖性、独特的程度与社会意义和个人价值程度的理解或评价水平；三是产品有物质的、精神的，所以我们用言语与图形材料等对大学生"产品认知"进行问卷调查，揭示了不同专业大学生对不同产品的倾向。

其三，关于个性。

创造性产品从哪里来？来自个体、个人或个性，每个产品的背后是活生生的人，是充满着智慧且有智力品质差异的人，这就构成对创造性人格的研究，且成为创造性心理学及其测量研究取向的重要内容。对于人格与创造性的关系，创造性心理学主要涉及以下三个方面的问题。

一是探讨各个领域创造性水平高的人的人格或个性特征。例如，比较高创造者与低创造者人格特征或个性特点的差异。个体人格因素与创造性之间的关系，具体有人格或个性的内外倾向性与创造性的关系，个性心理特征和个性心理倾向与创造性之间的关系，个性心理动力特征与创造性的关系以及 20 世纪八九十年代形成的人格结构模式，尤其是"大五"模型（神经质、外向性、开放性、宜人性和尽责性）与创造性的关系。

二是探讨完整的人格或个性因素。当然，不同心理学家有不同的归类，如进取心、信心、果断、独立、冒险性、竞争性、挫折性、动机、情感、兴趣、需要、好奇心、想象力、挑战性、探索性、意志等与创造性的关系。在研究中我们不可能把这么多因素都考虑进来，而是按照不同心理学家的个性或人格的结构定义或理论，分别进行不同组合来探讨各因素与创造性的关系。

三是探讨不同领域的创造者所具有的不同的人格或个性的特征。我们看到的资料中涉及科学领域（自然科学家、社会科学家等），艺术领域（画家、雕刻师、建筑师甚至是文学家等），社交领域（管理部门、社会学、心理学等），企业领域（各国大企业家等）的研究报告，从中可以看出不同人格或个人特征与各种不同活动领域的创造性的特殊相关，也就是说，不同人格或个性特征往往反映了不同领域创造性本身的特殊性。

"智力品质的人格或个性特征"在我们的课题中主要关注五点：一是由于"不同领域的创造者所具有的人格或个性特征是有差异的"的结论，所以我们对自然科学领域、社会科学领域和企业领域的拔尖创新人才的人格或个性特征展开深入的研究，确定其差异性，尤其是分别探讨他们各自在智力品质方面的特征；二是为了培养各专业大学生人才，我们对大学不同专业的大学生的人格或个性特征，尤其是智力品质的表现做深入的探讨；三是为了进一步建立创新人才的培养模式，我们研究了大学生对智力品质与创造性关系的认识，以增强大学生智力品质的认识机制；四是为了探讨动机系统与创造性的关系，我们深入研究了大学生创造性与自我决定动机支持之间的关系，以揭示创造性与个性动力系统的内在关系；五是研究创造性的脑机制，以揭示智力品质的神经科学基础。

三、我们团队对创造性人才的理解

相对论的提出者爱因斯坦、裸体雕像《大卫》的塑造者米开朗琪罗、《命运》交响曲的创作者贝多芬、《红楼梦》的作者曹雪芹、《本草纲目》的编著者李时珍，无疑都是创造性或创造能力突出的典型。用今天的语言来说，他们都是杰出的"拔尖创新人才"。然而，有创造性的人并非都能成为这样的"大家""大师"或"巨匠"，这就涉及如何理解创造性的人才或创新人才。

（一）创造性人才的层次

党中央文件多次指出，培养和造就数以亿计的高素质创造性的劳动者、数以千万计的高素质专门人才和一大批创新拔尖人才，是国家发展战略的核心，是提高综合国力的关键。这段话至少包含两重意思：一是培养和造就创造性或创新人才极其重要，它关系到我们整个民族的命运。二是创造性或创新人才是分层次的，分三个层次。这对创造性或创新人才的分类是客观的、科学的。

最广泛的层次或第一层次是数以亿计的高素质创造性的劳动者。在一定程度上，人人都有创造性，我们要关心每一个劳动者的创造力或创新能力。在过去的心理学中，创造性的研究对象仅仅局限在少数杰出的发明家和艺术家身上。实际上，创造性是一种连续的而不是全有全无的品质。人人都有创造性思维或创造性，人的创造性素质及其发展仅仅只是类型和层次上的差异。因此，不能用同一模式来看待社会成员和培养每个学生的创造性。由此可见，我们应该提倡创造性或创新的大众化。创造性教育或创造性人才培养模式也要大众化，尤其在大学、中学、小学里人人都可通过创造性教育获得创造性的发展，只不过人与人之间的创造性有差异罢了。

第二层次是数以千万计的高素质创造性的专门人才。这就是我们平时说的各行各业的创造性人才或创新专门人才，即"行行出状元"的人才。这类人才的创新最佳年龄或创新第一高峰期在 25～35 岁。在第七章我们会展示国内外的重要数据，着重提出创造性为什么会表现在风华正茂的青年期。我们将会用国际上重要的智力理论"流体智力"观与"晶体智力"观来分析。因为在 20～35 岁这两种智力都已处在较高的水平且都能得到较好使用，并且都有助于创造性的发展。这就是各行各业专门人才成长的年龄特征，它有助于我们研究创新人才成长规律与培养模式。

第三层次是一大批"拔尖创新人才"。这一大批仅仅是时代的需求，实际上相比于前两种创造性或创新人才要少得多。所谓拔尖创新人才，我们认为至少要有如下几个特点：一是从发展顺序来看，它属于创造后期，是在上述的最佳创造期的基础上，经过质疑反思、勇于竞争、不怕挫折，一步步由时空、社会、实践的检验，直到最后获取重大的成果；二是从产品质量来看，其原创性的成果具有重大发现发明和社会影响，甚至有历史意义；三是从在同行中地位来看，应该是所在行业或专业的领军人物。在国外，诺贝尔奖获得者、杰出的总统和部长、有名声的企业家常作为拔尖人才研究的被试；在我国院士、德高望重的社会科学家和有声望的企业家常作为拔尖创新人才的被试代表。

我们团队根据对创造性人才的认识，针对自己的"拔尖创新人才的成长规律与培养模式"的研究任务，着重探索拔尖创新人才的成长规律。有关文件强调，要推进科技进步，提高自主创新能力，为加快转变经济发展方式提供重要支撑，必须培养出拔尖创新人才。这是建设创新型国家、促进国家发展战略的核心，是提高综合国力的关键，是应对国际经济形势深刻变化的必然选择。可以看出，探索建立拔尖创新人才的成长规律，从而建立创新人才培养的有效机制，促进拔尖创新人才脱颖而出，是建设创新型国家、实现中华民族伟大复兴的历史要求，也是当前对教育改革的迫切需求。

具体来讲，我们在2003—2009年承担教育部哲学社会科学重大攻关课题"创新人才与教育创新"的研究基础上，2012—2017年又承担了一个教育部哲学社会科学重大攻关课题"拔尖创新人才成长规律与培养模式"，我们进一步通过以下几方面来研究拔尖创新人才的成长规律：一是创新人才的特点研究；二是创新人才成长的影响因素研究；三是创新人才成长阶段的再探索。探究创新人才的成长阶段，回顾性地研究他们的思维、个性、代表性的实际创造成就及个人成长经历，能够揭示其创造才能的形成机制。总之，只有深入了解拔尖创新人才的成长规律，才能更好地确定、探索他们的培养模式。伴随着创新人才的成长，在不同年龄段如何进行培养值得心理学工作者深入研究。因此，我们团队采用了多年龄段的研究方式，从小学、中学、大学以及高等教育与基础教育相结合的模式等方面，进行创新人才培养的实验研究。

（二）创造性人才成长的环境因素

我们团队坚持如下观点：创造性人才成长的外因是创造性的环境，其内因是创造性人才的心理结构。创造性人才的成长必须要有一个创造性的环境。

环境是指周围的条件。当然，环境的概念非常宽泛，广泛的环境泛指存在于有机体之外，并且对有机体产生影响的一切要素之和。与有机体没有联系的外部世界，对有机体来说，无所谓环境。从受精卵开始，人与环境之间的相互作用就从未间断过。布朗芬布伦纳认为，个体的行为不仅受社会环境中生活事件的直接影响，还受到更大范围的社区、国家、世界中的事件的间接影响。因此，他把个体的社会生态系统划分为五个子系统（Bronfenbrenner & Morris, 1988）[1]：①微系统，指与个体直接的、面对面水平上的交流系统，如家庭、学校、同伴群体、工作场所、游戏场所中的个人交互作用关系；②中系统，是几个微系统之间的交互作用关系；③外系统，是指两个或更多的环境之间的连接与关系，其中一个环境中不包含这个个体；④大系统，是指与个人有关的所有微系统、中系统与外系统的交互作用；⑤长期系统，是指个体发展过程中所有的社会生态系统，它随着时间的推移而发生变化。然而，对不同的对象和不同科学学科来说，环境的内容存在明显的差异。

对生物学家来说，环境是指生物生活的周围的气候、生态系统、周围群体和其他种群。例如，毛泽东当年提出了农业八字方针：土、肥、水、种、密、保、管、工。这里内因是什么？农业发展，不管是水稻、大豆还是玉米，都是"种瓜得瓜，种豆得豆"。种子是内因，另外七个字实际上就是外因——环境。如果一点儿水都没有，那干巴巴的种子永远是种子；而土和肥，是促使种子成长的根本性外部条件。我们平时经常说"庄家一枝花，全靠肥当家"，这就说明，对于生物学来说，环境也就是周边的生活和气候、生态系统、周围的群体（包括其他的种群），对生物的成长起着作用。

对社会科学来说，人是社会化的动物，人建立了社会，而社会的实质就是人与人之间的关系。因此，社会环境就是具体人生活的周围情况和条件。一个创新人才的成长，要靠周边的生活情况和生活条件、科研情况和科研条件以及人际关系等一

---

① Bronfenbrenner, U. & Morris, P. A., "The ecology of developmental processes," In Damon, W. & Lerner, R. M., Handbook of child psychology, *Theoretical models of human development* Hoboken, NS, John Wiley & Sons Inc., 1998, pp. 993-1028.

系列的环境。当然，创造性人才的心理结构是内因，属于个体变量，环境变量是外因。外因与内因共同作用，是创造性人才成长所必需的，没有环境和文化的支持，即便最伟大的天才也将一事无成。如果心理学强调心理是脑的机能，客观现实产生心理内容的话，那么创造性既是一种产生于脑的机能的现象，同时又是环境和文化因素的产物。

创造性环境是指创造活动的背景因素，它既包括创造活动所必须具备的物理环境（如场地、设备、器材等），也包括人文环境（如团队、文化氛围、组织管理、资料等）。因为创造活动是一种重要的社会活动，它从来不是孤立发生的，所以成功的创造必须具有必要的环境条件。在创造性环境因素的研究中，我们看到创造型人才的成长需要以下几方面的支持。一是需要一个民主、和谐的环境，而民主和谐的环境包括文化环境，如文化、传统、时代特点等，某种文化环境或某种传统文化比其他文化环境更能促进创造性的发展。这种能较好促进创造性发展的文化环境和这种文化所赖以生存的时代，被人称为"创造基因"（阿瑞提，1987）[1]。二是教育环境，包括家庭、学校，特别是教师、导师等，创造性教育是创造性研究的一种归宿，是创造性人才培养的一种必然（林崇德，2013）[2]。三是社会环境，包括政府环境、行政支持、社会条件、社会支持及其对创造性的重视程度。四是创造性所在的微环境或小环境，包括单位的性质、职务、所处地位、人际关系合作或协作状况等，民主、和谐的小环境，不仅为个体创设了一个从事创新的良好条件，也形成了一个创新的团队。五是资源环境，如投入、硬件条件，也包括自然环境等，几乎国际上的创造性资料都强调"巧妇难为无米之炊"，即资源环境的重要性。诚然，影响创造型人才培养的环境并不仅仅限于这五种，个体的创造性思维和创造性人格正是通过不同环境的作用成长、发展起来的。总之，我们要进一步营造鼓励创造性或创新的环境，努力造就世界一流科学家和科技领军人才，注重培养一流的创造性或创新人才，使社会创新智慧竞相迸发，各方面创造性或创新人才大量涌现。

---

① 阿瑞提：《创造的秘密》，钱岗南，译，沈阳，辽宁人民出版社，1987。
② 林崇德：《教育与发展》，北京，北京师范大学出版社，2013。

第三节

————

创造性的研究取向

创造性的研究取向，主要指在创造性研究领域，不同研究者所持有的基本研究信念、研究视角和研究范式等方面的综合体。它涉及创造性过程、产品、个体、环境多个方面，核心都是为了从不同角度揭示创造性的实质，探索创造性的理论机制和实际应用。

一、认知心理学取向

一般而言，认知心理学是用信息加工的观点来解释人的认知过程的科学。认知心理学研究取向对创造性的研究，主要集中在创造性思维领域。

（一）创造性思维的特点

按思维的智力品质分类，思维可以粗略地分为再现性思维和创造性思维。前者是一般性思维活动，后者是人类思维的高级过程。人们通常把创造性思维和发明、发现、创造、革新、写作、绘画、作曲等实践活动联系起来。创造性思维不仅具有一般思维的特点，同时也具有不同于一般思维的特点。只有了解这些特点，才能有的放矢地选择研究方法进行深入探索。具体表现在如下五个方面。

其一，创造性思维与创造性活动联系在一起，其结果是产生具有社会意义或个人价值的新颖而独特的思维成果。因此，新颖性和独特性是研究设计的出发点。

其二，思维与想象的有机统一。创造性思维是在现实资料基础上，进行想象加构思才得以实现的。创造性想象构成了研究创造性思维的一个重要内容。

其三，在创造性思维的产生过程中，新形象和新假设带有突然性，于是对顿悟问题的探讨显得格外引人注目。

其四，发散思维和辐合思维的结合。一题多解与一题一解是密不可分的，发散式加工研究是目前创造性研究中最常见的课题。

其五，分析思维和直觉思维的统一。它既具有逻辑性，也不排除直接的、突发的、领悟的认知。

(二)创造性思维的研究取向

按照常见的创造性思维研究与我们的研究，我们认为创造性思维涉及四个方面的取向。

一是从发散性加工与辐合性加工入手研究创造性思维，特别是研究创造性问题的解决，这是创造性思维研究采用的最广泛的取向。较多的方法是采用心理测量学和实验法开展研究，我们团队也对此开展多方面的研究。例如，我们采用横断方法与纵向方法相结合的方式，同时设置实验组与控制组，研究了小学儿童运算过程中思维灵活性品质发展与培养问题（林崇德，1983）[1]。我们团队还曾采用自编的《青少年创造性思维测验》，利用测验法对中国青少年创造力的发展开展研究（沃建中，王烨晖，刘彩梅，等，2009）[2]。

二是利用计算机模拟系统探讨知识认知结构的创新结构特征。按图 1-1 进行研究，探讨知识经验在创造性思维中的作用。

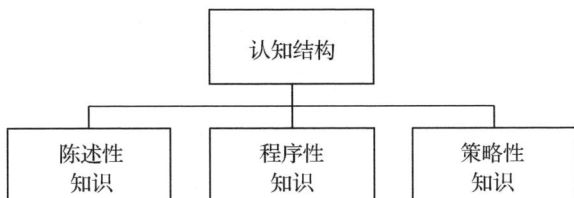

图 1-1 认知结构

国际上主要以此探讨创造力与知识的关系，我们团队的衷克定则在研究中小学

---

① 林崇德：《小学儿童运算思惟灵活性发展的研究》，载《心理学报》，第 15 卷，第 4 期，1983。
② 沃建中，王烨晖，刘彩梅，等：《青少年创造力的发展研究》，载《心理科学》，第 3 期，2009。

物理教学与创造性关系中探讨了这个问题(衷克定,2002)①。

三是研究顿悟问题解决。人面临复杂事物或问题解决情境时,对复杂关系豁然贯通的过程或阶段称为顿悟,这是创造性过程中灵感的一种表现形式。创造性问题的解决往往是突然发生的,可以理解为一个包含预期目的与整个问题情境在内的新的"格式塔"或结构突然出现在人的意识中。这是目前对创造性问题解决研究的较多的一种途径。我国罗劲教授对此做了深入的研究,他通过系列行为和脑成像研究揭示了创造性顿悟中"新颖性"和"有效性"特征的脑认知机制(Huang, Fan, & Luo, 2015)②和创造性顿悟过程中"破旧"和"立新"的脑认知机制(Zhao, Zhou, & Xu, et al.,2013)③。

四是对创造性想象的研究,常常采用编创造性故事、绘制创造性图画、发散思维和远程联想等任务。通过对创造性想象的研究,来探讨创造性思维的特点。在国内外研究文献中这方面研究材料很多,我国中学、小学、幼儿园把它作为创造性培养的一种途径。

(三)简评

创造性是心智或智慧活动,研究创造性思维是研究创造性的最佳途径。在创造性思维研究中,既可以系统研究,也可以研究某种形式、某个内容和某些过程。尽管在心理学界至今还没有形成令人满意的研究体系,但以点带面,获得的却是创造性的某些特质。当然,在认知心理学取向中,创造性思维加工与常规认知加工有什么区别,创造性思维与一般思维有何不同,这些问题在国内外心理学界是有争议的。它有待学术界去不断改进、完善研究方法,深入探讨创造性思维过程的信息生成、提取、选择与监控等加工过程,以揭示创造性的实质。当然,我们多次强调,

---

① 衷克定:《教师策略性知识的成分与结构特征研究》,载《北京师范大学学报(社会科学版)》,第 4 期,2002。

② Huang, F., Fan J., & Luo, J., The neural basis of novelty and appropriateness in processing of creative chunk decomposition, *NeuroImage*, 2015, 113, pp.122-132.

③ Zhao, Q., Zhou, Z., & Xu, H., et al., Dynamic neural network of insight: A functional magnetic resonance imaging study on solving chinese 'chengyu' riddles, *Plos One*, 2013, 8(3), e59351.

智力是创造性或创造力的必要条件，但不能与创造性画等号，不能成为创造性的充分条件，所以，研究创造性思维是研究创造性最重要的途径之一，却不是唯一途径，它的研究不能成为创造性研究的全部。

二、人格心理学取向

人格心理学研究的对象是人格。人格（personality）是个体在行为上的内部倾向，它表现为个体适应环境时的能力、情绪、需要、动机、价值观、气质、性格和体质等方面的整合，是具有动力一致性和连续性的自我，是个体在社会化过程中形成的给人以特色的身心组织。人格心理学对创造性的研究取向，主要集中在创造性人格领域。

（一）创造性人格的特点

按人格的分类，其中有一种叫创造性人格的种类。常见的是高创造者的人格，但从历史延续来看，往往被称为天才的人格。创造性人格有哪些特点呢？从大量的文献综述来看（黄希庭，2002；Pervin & John，2003）[1][2]，高水平创造力的个体与创造力较差的个体间似乎存在许多认知与性格特征上的差异，而这种独特的剖面图最为显著的整体特征是它的复杂性。创造性天才常常表现出一些很不稳定甚至有时自相矛盾的特征，主要表现在下面六方面。

其一，创造性个体几乎总是比一般人更加聪明，智力至少要高出一个标准差，但超过这一阈限水平，智力的增加可能对应也可能不对应更高程度的创造天才，如我们第二节所述，智力是创造力的必要条件但不是充分条件。

其二，创造力更多的是指一种认知风格而不是单独的智慧能力，创造性个体能够想象出完全不同的概念或刺激间的许多不寻常的联系。

---

[1] 黄希庭：《人格心理学》，台北，东华书局，杭州，浙江教育出版社，2002。
[2] Pervin, L. A. & John, O. P. :《人格手册：理论与研究》，黄希庭，主译，上海，华东师范大学出版社，2003。

其三，拥有知觉、认知的丰富性，表现为非凡的通才，能在多个成就领域做出贡献。

其四，创造者深爱他们所做的事情，对其所选择的创造事业表现出异乎寻常的热情、精力和投入，或为"工作狂"，且能很好把握工作之间错综复杂的"事业网络"。

其五，创造性个体倾向于表现出高度的独立性、自信性和自主性，常常无条件地拒绝顺从传统规范，而显示出一种断然的反叛气质。

其六，创造者，尤其是创造性天才，似乎比普通人表现出更高的神经质特质，甚至有更高的精神病发生率。但是奇怪的是，创造者似乎具有高水平的自我或其他心理资源，能够控制这些有害的力量。

（二）创造性人格的研究取向

研究创造性人格主要从以下三种取向入手：心理测量法、传记法和历史测量法。

一是通过心理测量法了解创造性人格的特征。常见的量表有 16 种人格因素问卷（sixteen personality factor questionnaire，16PF）、形容词核查表（adjective check list，ACL）、发现才能的团体量表（group inventory for finding talent，GIFT）、发现兴趣的团体调查表（group inventory for finding interests，GIFI），以及你是哪种人（what kind of person are you，WKPY），等等。

二是通过传记法了解创造性人格。搜索和研究与创造性人物有关的传记资料，以分析其人格特征及其他创新特点和成长规律。传记资料可以是自述的或他人叙述的，也可以是原始性传记或研究性传记等。由于传记资料较系统地记载了创造性人物的行动与经历，对研究创造性人格发展规律很有帮助。但由于传记的内容多属追忆，难免有失实之处；而传记内容又受作者意图所支配，未必都如实而全面地反映创造性人物的人格特征，因此也有着一定的局限性和片面性。

三是通过历史测量法了解创造性人格。运用历史测量法研究创造性的开创者是高尔顿（Francis Galton，1822—1911）。历史测量法通常用在杰出创造性的发展心理学、超常创造性的差异心理学和杰出创造性的社会心理学中。从发展心理学去研究创造性人物的研究，主要从两方面入手：一方面是对创造性人物的人口学研究，如出生顺序、智力早慧、童年经历、家庭背景、教育训练、角色榜样和导师等；另一方面是对创造人物的创造性表现做分析，如职业生涯中创造性作品的量与质的关系、作品的写作或研究年龄、创造性与早慧智力、寿命和出生率的关系。所有这一切，既可做定量分析，又可做定性分析，从而揭示创造性人物的人格发展特征。从超常创造性的差异心理研究创造性人物的个体差异，即人格特征。例如，为了描绘出杰出科学家的人格特征，将 16 种人格因素问卷应用于生平数据。从杰出创造性的社会心理学研究创造性人格及其创造性产品，如通过揭示艺术作品对其他人的影响而获得信息。历史测量学家还从创造性人物的文化因素、社会因素、经济因素和政治因素四个更高水平的背景去揭示创造性人格特征的形成、发展和变化规律。

（三）简评

在创造性人物或人才的发展中，有时创造性人格比创造性思维还重要。因此，创造性人格研究在创造性研究中的地位是不可低估的。创造性人格的三种研究方法，即测量学取向、传记法取向和历史测量法取向是重要的研究取向。此外，我们还看到国际上的相关研究。例如，研究者从日常成就对杰出创造者人格进行分析；从儿童期的创造力对成人期的创造力的影响来探讨创造性人格的作用；从认知特征与性格特征的交互作用来揭示创造性人格的结构效应；从科学创造力与艺术创造力的交互作用了解创造性人格在不同领域的表现；从创造力发展中的先天与后天发展的关系认识创造性人格的发展条件；从创造力的个体或人格因素对环境的决定作用来理解创造性人格与创造性环境如何统一，等等。由此可见，研究创造性人格的方法很多，然而，所有这些创造性人格的研究方法，都处于探索阶段，都不能说是成熟的研究手段。

三、心理测量学取向

心理测量是用心理测验作为测量工具的一种研究方法。心理测量，可用于了解个体差异。创造性是智力品质，所以心理测量学取向的对象应该是创造性的智力品质或创造性的个体差异。心理测量的工具是创造性研究采用的最普遍、最主要的手段。

（一）心理测量创造性研究的特点

心理测量的前提是数量。美国心理学家桑代克（Edward Lee Thorndike，1874—1949）等人曾提出，凡客观存在的事实都有其数量，凡有数量的东西都可以测量。创造性水平有高低，能否数量化，能否测量呢？答案是能。从20世纪50年代，吉尔福特（Joy Paul Guilford，1897—1987）开始直到现在，创造性的大多数研究都是靠心理测量技术来完成的。

其中，一个核心的问题是在心理测量技术上，如何改进测量工具，使创造性测量能够有效，即准确地测量出个体的创造性。具体应考虑如下四方面。

其一，心理测量的基础是心理测验。心理测验的种类及功能涉及面很广，因为心理测验是判定个体差异的工具。个体差异包括很多方面，并可在不同目的与不同情境下去研究。创造性个体差异的研究重点是测验创造性的人格和认知情感。

其二，心理测验是标准化测量的工具，测量的内容、步骤的规定、评分标准及测验分数数量化的方法都是根据创造性的特点来实施的，有关测量水平的四种量表，即命名量表、次序量表、等距量表和比率量表，也要根据创造性的具体研究内容加以修订。

其三，创造性心理测量依据创造性测验得分高低的差异，但分析这种差异时要格外慎重，不要轻易与创造性层次挂钩。

其四，创造性思维测验与智力测验的相关研究。创造性人格测验与人格特质的相关研究都是很重要的，但它们之间不能确定是否存在因果关系。

（二）心理测量研究创造性的取向

运用心理测量研究创造性主要涉及以下四方面。

一是对创造性思维的研究。从吉尔福特开始人们就应用测验研究创造性认知加工过程，其中突出的测验是发散思维的测验。吉尔福特的弟子托兰斯（Torrance）的创造性思维测验（TTCT）被广泛应用。此外，发散性能力测验（the structure of intellect，SOI）、复合远程联想测验（compound remote associate problems，CRA）、完形闭合任务（gestult closure task，GCT）和线索积累任务（accumulated clues task，ACT）等都是较著名的创造性思维的测验方法，且效果不错。

二是对创造性人格和行为特征的研究。应用心理测量方法，通过比较被试的创造性测验得分高低，找出创造性高低人群之间不同的人格特征。这种人格和行为特征一般用人格测验进行测量。当关注点是两者的关系时，可以考察人格与创造性行为之间的关系，以寻求高创造性人格特征。我们团队的孙汉银 2016 年在其《创造性心理学》一书中提出高创造性人格的八个因素：好奇心、对经验的开放性、模糊容忍性、冒险性、意志力、独立性、自信、玩兴①。

三是对创造性产品特性的研究。对创造性产品的分析研究，不仅可以探讨创造性产品与一般产品之间的异同点，更重要的是可以揭示创造性主体的特征。对创造性产品的测量，在方法上主要采用外部评定。例如，创造性产品语义量表（the creative product semantic scale，CPSS），要求评判者对作品的新颖性、解决问题的实效性和精密性等特点加以评定，而评判等级指标严谨、客观，具有可靠性，是外部评定的重要基础。

四是对创造性环境属性的研究。对创造性环境属性的测量最早出现在管理领域，后来发展到心理学、教育学以及其他社会科学领域。它们测量的是创造者对于所在的组织或集体环境的主观知觉，以确定影响个体创造性的环境变量，并探讨环境与创造者之间的作用机制，以便证明环境因素的改善有助于提高主体的创造性。主要的测量工具有西格尔的"支持创新量表"（Siegel scale of support of innovation）、艾克瓦的"创造性气氛问卷"（creative climate questionnaire）、阿玛贝尔（Amabile）的"创造性工作环境评价表"（work environment inventory）等。

---

① 孙汉银：《创造性心理学》，北京，北京师范大学出版社，2016。

（三）简评

用心理测量方法去研究创造性思维、创造性人格、创造性产品、创造性环境及其与创造者的交互作用，是一种最为普遍也显得较为简便的创造性的研究手段，在国内外也取得了较丰硕的成果。我们团队也曾围绕创造性思维与创造性人格编制了中国式的量表（沃建中，蔡永红，韦小满，等，2009）[1]。尤其是应用发散思维测验来寻求量化的创造性过程的方法，已经成为研究创造性最常见的方法。然而，大量创造性研究表明，心理测量学研究创造性取向，其结果的预测效度和区分效度并不高（斯腾伯格，2005）[2]。不少获得很高测量分值的人，在实际工作和生活中并不一定有高创造的成就。这说明心理测量学研究创造性取向的真实性值得推敲。

四、实验心理学取向

实验心理学是指用实验方法研究心理现象的心理学分支。实验心理学研究创造性，主要采用实验方法。

（一）实验心理学取向的特点

创造性是一个非常复杂的结果，它涉及创造性过程、产品和个性领域，包括创造性思维与创造性人格，在环境中通过实践活动而得到发展。正是由于这个原因，创造性的实验研究变得非常有用，因为实验法可以采用各种控制手段把复杂的过程变成可操作的状态。从实验方法的特征来分析，研究创造性的实验取向有如下四个特点。

其一，整个创造性研究体现了心理学实验研究的四个基本功能，即描述、解释、预测和控制，其中控制是创造性研究的最高目标。控制是指根据一定的科学理论操纵某些变量的决定条件或创设一定的情境，使创造性研究对象产生理论预期的

---

① 沃建中，蔡永红，韦小满，等：《创新人才测量工具的编制》，见林崇德：《创新人才与教育创新研究》，北京，经济科学出版社，2009。
② 斯腾伯格：《创造力手册》，施建农，等译，北京，北京理工大学出版社，2005。

改变或发展。

其二，操作特定的实验处理并观测影响创造性行为相关自变量与预测创造性行为的因变量之间的相关变化，并控制所有与实验无关的干扰变量。

其三，创造性研究实验法分为两种：一种是实验室实验法，另一种是自然实验法。为了对实验效果进行比较，实验过程中可以将被试分为实验组与对照组，后者又叫控制组，控制组不使用实验组的实验操作手段。

其四，在创造性实验研究过程中，为防止霍桑效应（Hawthorne effect，在霍桑工厂做实验，被试期望对实验结果产生干扰），采用单盲研究（single blind study），即不让被试知道实验目的，或不让被试知道自己在实验组还是对照组，或双盲研究（double-blind study，主试、被试都不了解被试接受哪一种实验处理）。

（二）对创造性的实验研究取向

斯腾伯格主编的《创造力手册》介绍了七个创造性的实验研究，这很好地说明了创造性的实验研究取向（斯腾伯格，2005）[1]。我们将其归纳为四方面。

一是操控信息和策略的实验。控制了被试在看到开放式问题之前给他们的指导语和信息，影响了发散性思维（例如，要求被试列举出各种促进更多的欧洲人到美国去旅游的方式方法），以表明信息对创造性思维和创造性表现的重要作用。20世纪80年代，我们对小学儿童运算思维灵活性的研究，即一题多解的发散思维的研究，就是类似的实验（林崇德，1983）[2]。

二是问题操控的实验，创造性的成就往往来源于问题的发现而不仅是问题解决，而问题的发现往往需要问题界定。控制被试对某个问题的理解往往促使其对原问题进行重构。《创造力手册》中是这么介绍的，我们团队的刘春晖和林崇德2015年的研究也是这么做的[3]。

三是情感与创造性的实验。《创造力手册》介绍了一些实验研究，以比较和对照

---

[1] 斯腾伯格：《创造力手册》，施建农，等译，北京，北京理工大学出版社，2005。
[2] 林崇德：《小学儿童运算思惟灵活性发展的研究》，载《心理学报》，第15卷，第6期，1983。
[3] 刘春晖，林崇德：《个体变量、材料变量对大学生创造性问题提出能力的影响》，载《心理发展与教育》，第31卷，第5期，2015。

特定情绪状态及其与创造力的关系。我们团队在中学语文教改实验中，收集了大量的材料，按照语文课文的内容，选择不同情绪乐曲加以配乐朗诵，以提高实验班学生的想象力和创造性思维，进而提高语文教学的质量。

四是动机与创造性发展的实验。长期以来，动机一直被认为是创造性人格最主要的特质之一。实验研究表明，内部动机不仅与创造性人格有关，也和创造性过程存在重要关系。从这一意义上说，内部动机和创造性活动之间存在逻辑上和功能上的联系，从经验上来说也存在这种联系。《创造力手册》介绍了把"合作"与"监督"作为内部动机的自变量的研究，结果发现，合作和受人监督的效果远不如自觉"独创"的效果好。我们曾开展系统的自然实验，在我们的实验中，北京市通县（现北京市通州区）第一、第二和第六中学，1986 年招收的新生入学考试分数，第一、第二中学为 193 分、180 分，第六中学为 121.5 分（满分为 200 分），第六中学学生入学考试分数当时为全区最低；三所学校学生的智商平均分数分别为 114.5、104.8 和 87.79（正常智商为 90~110）。但第六中学狠抓以学生学习动机为核心的非智力因素的培养，经过三年努力，中考名列全区 46 所中学的第二名，仅次于第一中学。在思维品质，尤其是在语文和数学两科创造性得分上，第六中学提高了 10 个以上的百分点。智商偏低的学生挤入智商 110 以上的学生行列。这项团体自然实验的结果，引起心理学界和教育界的重视。1994 年，第六中学被评为北京市中学"特色校"。

《创造力手册》还介绍了"心智综合、意象和知觉实验""唤醒和注意实验"和"操作性实验"，这里就不一一赘述了。

（三）简评

实验心理学的方法在研究创造性方面最大的特点在于控制。在研究中严格地进行实验控制，能有针对性地控制创造性的影响因素，同时有效排除无关变量的干扰。例如，我们团队的刘春晖采用实验方法考察了个体变量和材料变量对创造性问题提出能力的影响，为了有效控制个体变量（信息素养、批判性思维等），课题组采用自编大学生信息素养问卷（刘春晖，林崇德，2015）①、法乔恩（Facione）等人编制的加利福尼亚批判性思维倾向问卷（中文修订版）筛选出四类学生。同样，为了有效控制材料变量（信息量、批判情境等），课题组借鉴以往类似研究的经验，从近 5 年出版的科普书籍中初步选取了 8 篇文章，请 30 名大学生从难度、趣味性、引发思考性三个指标进行五点评分，筛选出引发思考性较强、趣味性较强、难度适中的四则文本材料，进而采用 2（信息素养：高、低）×2（批判性思维倾向：强、弱）×2（信息量：高、低）×2（批判情境：有、无）四因素混合设计开展了研究。运用实验方法研究创造性的重要优点是它不仅可以帮助我们确定因果关系，而且通过使用"安慰剂"还能确定实验变量的真正效应。黄希庭教授在《心理学导论》中讲述了一个实验：咖啡因能使大脑兴奋，提高大脑功能，研究拟检验咖啡因能否提高数学成绩（成绩中也包含数学的创造性）。自变量是咖啡因，因变量是数学成绩，实验的所有条件是严加控制的。通过对比实验组与对照组的成绩，证明立论成立，那么咖啡因就是因，数学成绩就是果。如果在实验中用与咖啡因色香味类似的代替品，同样在一定时间内完成数学题，如果成绩不如之前的水平，反证咖啡因与数学成绩的因果关系，而代替品效应就是安慰剂效应。

实验法也有其不足之处：一是研究过程操作复杂，不是轻易就能完成的；二是对实验的主观期望会对实验结果产生干扰，这种期望可能来自被试，也可能来自主试，这就是我们前面提出的霍桑效应、单盲效应和双盲效应；三是对对照组（控制组）的控制相当艰难。在我们提交的包括创造性在内的思维品质培养实验中，控制班不断学习实验班的措施，也在一定程度上影响实验的效果。为了克服这些缺点，不少心理学研究采取准实验的研究取向。

准实验设计是指在实验情境中不能用真正的实验设计来控制无关变量，但可以使用真正实验设计的某些方法来对创造性研究计划收集资料，获得结果。在对实验点中小学生培养创造性在内的思维品质实验中，条件控制不如实验法严格，它是在不可能进行严格实验的条件下进行的。所以我们就让实验点教师对那些影响结果的

---

① 刘春晖、林崇德：《个体变量、材料变量对大学创造性问题提出能力的影响》，载《心理发展》，第 31 卷，第 5 期，2015。

无关变量，有一个清楚的认识。由于我们所运用的是现代学生群体，其主要的特点是被试不是被随机地安排到不同条件之中的，因此，我们不设控制班，而较多地使用已经形成并可作为研究对象组合的比较组。在创造性或思维品质的培养实验中，我们严格贯彻教学要求与教学方法，严格处理实验点的前测、后测，通过间隔时间序列设计、重复处理实验设计和循环法（轮组）设计等方法，最后在 26 个省市的 3 000 多个实验点取得较多圆满的实验结果。

五、神经生物学取向

神经生物学是以动物机体神经系统的生物学为研究对象的学科。与心理学关系最密切的应该是认知神经科学，即关于心智的生物学（Gazzaniga，Ivry，& Mangun，2011）[①]。近 20 年来，从神经生物学角度研究创造性，探索创造性的神经机制与分子遗传机制，已成为创造性研究的一项重要内容，也在研究方法上形成了一个新视角。

（一）神经生物学取向的特点

对创造性的深入研究必然要揭示其生物学的基础或神经机制，但神经机制最大的特点是看不见、摸不着。近 20 年来，随着认知神经科学的快速发展，许多借助于新科学技术、手段来探讨创造性的神经机制与分子遗传机制的研究涌现。其特点主要表现如下。

其一，创造性研究者从过去只是在行为层面上研究创造性转向强调将行为与创造性活动的神经机制联系起来，开始共同关注创造性内在的生物学基础。

其二，对于创造性生物学基础的研究主要探讨神经系统的有关结构和功能对创造性的作用，现在较多的研究集中在创造性脑结构成像研究和创造性脑功能成像研究。

[①]　Gazzaniga, M. S., Ivry, R. B., & Mangun, G. R.：《认知神经科学》，周晓林，高定国，译，北京，中国轻工业出版社，2011。

其三，在研究创造性看不见、摸不着的神经机制或神经系统活动时，可以在体表或者神经元上记录到电信号，这种电信号为我们推知个体创造性活动的生理机制提供了直接的证据。脑电图、脑磁图及生理多导仪是记录电生理信号的有效技术。

其四，更深层的创造性高低差异研究，个体有无脑结构和功能上的差异研究，可以用无损的磁共振成像（MRI）或近红外成像（FNIRS）进行研究，前者可从功能性磁共振研究、结构性磁共振研究、纤维追踪三个方面揭示不同创造性水平大脑差异的特征；后者可以检测高创造性与低创造性个体差异的大脑皮层功能活动的特征。

其五，随着人类基因测序技术的不断完善，研究者开始关注创造力的遗传机制，而创造力神经机制的揭示一定程度上推动了影响创造力候选基因的搜寻。创造力神经机制研究经常可以揭示与创造力加工过程或个体能力差异相关的脑区，而对这些脑区认知功能发挥重要作用的神经递质通路相关的基因就成为影响创造力的候选基因。

（二）对创造性的神经生物学取向研究

《创造力手册》介绍了多种"创造力的生物基础"取向的研究：创造力与大脑皮层的激活、诱导性皮层激活、唤醒的静息水平、唤醒水平的可变性，创造性认知和皮层唤醒、皮层唤醒的自我控制、创造力去抑制和反应性、创造力过度敏感和习惯化，创造力和对新奇与刺激的需要、创造力与大脑扫描、创造力与大脑半球的不对称、诱导性右半球激活、非创造性任务的个体差异、创造性活动中的半球不对称性、创造力与额叶的激活、生理学差异的基础，等等。这16项创造性的生物学基础的研究，绝大多数是在探索创造性的神经机制。

这里，我们对北京师范大学以及我们团队在创造性的神经生物学取向的四项系列研究做些介绍。刘嘉、邱江等教授基于结构性磁共振研究，对创造力特质的神经基础做了研究（Li, Li, & Huang, et al., 2015）[①]。他们用威廉姆斯创造性倾向测验对 246 名大学生的创造力特质进行测量，这 246 名被试同时参加磁共振扫描，获取

[①] Li, W., Li, X., & Huang, L., et al., Brain structure links trait creativity to openness to experience, *Social Cognitive & Affective Neuroscience*, 2015, 10(2), pp.191-198.

其大脑结构成像，经过系列处理后，得到基于体素的形态测量学参数（灰质总量）。之后研究者以每一个体体素的灰质总量为因变量，以被试创造力的得分为自变量建立一般线性模型，来定位与创造力特质相关的脑区。研究发现，右侧颞中回后侧与创造力有关，右侧颞中回后侧的灰质总量越大，创造力越高。基于开放性与创造力行为数据的高相关，研究者还进一步探讨了开放性在创造力与右侧颞中回中的中介作用，检验发现开放性在二者关系中发挥着中介作用。

与刘嘉、邱江等人用结构性磁共振研究创造力神经基础不同，罗劲教授等人则用功能性磁共振研究创造力加工过程中的神经机制（Huang, Fan, & Luo, 2015）[1]。他们以汉字组块破解型顿悟为例，对人在创造中所包含的新颖性和有效性特征如何在头脑中表征的问题开展了研究，这也是首次从脑科学角度对这一重要问题进行探讨。汉字组块破解的基本原理是部首水平的拆字具有常规思维的特点（如拆掉"学"上面的学字头使之成为"子"），而笔画水平的拆字则具有顿悟的特点（如拆掉"学"上面的左右两点使之成为"字"）。通过操纵汉字组块破解的新颖性（新颖的笔画水平的拆字与常规的部首水平的拆字）和有效性（能拆解出真字的有效拆解与不能拆解出真字的无效拆解），就可以分离创造性顿悟中负责表征新颖性和有效性的脑认知成分。研究发现，新颖性成分由程序性记忆系统（基底节）表征，并可激活中脑奖赏系统；而有效性成分由情节记忆系统（海马）来表征，并伴随情绪中枢的激活。这一发现更新了以往认为顿悟过程主要涉及情节记忆的看法，揭示了顿悟需要程序性记忆和情节记忆的协同作用才能完成，它提示了新颖性特征与人们头脑中的技能和习惯系统的修改和保持有关，而有效性则与长时情节记忆的形成有关。

金花教授等人采用功能性近红外光学脑成像技术（functional near-infrared spectroscopy, fNIRS）对创造力的神经机制开展了系列研究，在一项个体执行创造性认知任务时的神经活动与创造性特质之间关系的 fNIRS 研究中，金花教授等人修订徐芝君等人编制的《〈报纸的不寻常用途〉测验》将其作为概念扩展诱发任务，选取前额和颞叶皮层为功能检测区，以氧合血红蛋白（Oxy）为评定指标，对概念扩展中脑

---

① Huang, F., Fan, J., & Luo, J., The neural basis of novelty and appropriateness in processing of creative chunk decomposition, *NeuroImage*, 2015, 113, pp. 122-132.

额—颞位置神经活动的空间特征及其与特质创造性的关系进行了考察。研究发现，右颞在概念扩展过程中显著激活，研究还发现了双侧额极（BA10）和右背外侧前额叶的显著去激活。这些结果对于揭示概念扩展神经基础具有特殊意义。该研究还采用个体在威廉姆斯创造性倾向测验的得分作为被试的特质创造性指标，结果发现，想象性维度与右 FA（BA10）、眶额（BA11）等呈负相关；冒险性维度与右 FA（BA10）、眶额（BA11）呈负相关；挑战性维度与双侧 FA（BA10）、左 DPFC（BA46）、右 DPFC（BA9/46）呈正相关。该实验结果为右半球在创造性中的作用提供了更进一步的依据。

张景焕教授等人采用分子遗传学研究方法，对创造性的遗传机制开展了研究。她及其团队选取了 DDR2（discoidin domain receptor 2，盘状构造域受体 2）和 COMT（catechol-O-methyltransferase，儿茶酚氧位甲基转移酶）基因内的多个多态性位点，来考察这两个基因与一般创造力的关系，发现 DRD2rs6277、COMTrs4680、DRD2rs1800497、COMTrs174697 等位点多态性与一般创造力相关。除进行单位点作用关联分析外，她们还对多位点的联合效应进行了考察。她们发现，DRD2（dopamine receptor D2，多巴胺受体 D2 型基因）基因的 TTGTACAGTT 和 CTGGCCGCGC 单体型（rs 4648319-s4436578-rs7122246-rs2283265-rs1076560-rs6277-rs6276-rs6279-rs6278-rs1800497）与言语任务的流畅性显著相关。此外，她们还发现 COMT 基因的 TCT 和 CCT 单体型分别与图形任务的独创性显著相关，TATGCAG 和 CGCGGGA 单体型分别与图形任务的独创性和言语任务的灵活性显著相关。上述研究尤其是多位点的联合效应分析，为今后的创造力分子遗传学研究提供了新的视角。

（三）简评

不论是国际上还是国内的研究，包括我们团队努力探究创造性的神经生物学的研究，都是初步的或有争议的。《创造力手册》之所以介绍了 16 种创造性的生物学研究，是为了说明国际上从多方面、多角度、多样化地探讨了不同被试、不同创造性范围、不同神经生物学领域，目的都是一致的，即揭示创造性的神经机制，为培养创造性人才服务。

从众多创造性的神经生物学取向研究中，我们看到课题还是集中在三方面：一是创造性认知，特别是发散思维、创造性想象和顿悟问题解决的神经机制；二是创造性人格，对照不同创造性的人群，即高创造性者与低创造性者的脑机制的区别来证明大脑某结构部位是创造性的中心；三是探讨语言创造的脑机制，如创造性语言生成、理解、发展的神经生物学基础。我们认为应该在这些领域做进一步的深入研究。

作为研究方法，尽管研究创造性的脑机制的手段很多，上边我们也提及了这些手段，但仔细分析研究报告，包括我们团队的研究，就会发现在技术上主要只采用某一种仪器。我们认为，如果条件允许，可以同时采用时间精度高的脑电、生理多导仪和近红外成像技术来提高创造性认知或创造性人格的研究，甚至可以与行为研究、分子遗传学研究联合取向进行研究，将神经生物学机制的结构、功能与外部行为以及遗传机制结合起来进行探讨。

六、创造性实践取向

实践是主观见之于客观的能动的活动，是人类有目的地改造世界的活动，是人类社会发展的普通基础，也是认识、产生和发展的基本动力。作为人类智慧活动或心智活动的创造性，起源于实践，实践是创造性的基础和动力，也是检验创造性水平的唯一标准。

实践活动最基本的形式是生产活动，还有阶级斗争、经济活动、政治生活、科学试验、文学、艺术、教育等多种形式。人们在生活活动与政治、经济、科学、文艺、教育等一切实践中，都有所发现、创造、发明和发展，创造性心理学有义务对其加以总结，上升为理论且积极推广，这有利于社会的文明、进步和发展。

（一）实践取向研究的特点
创造性的实践取向研究由于是基于生产实践研究的创造性，因此，与前面几种创造力研究取向具有诸多不同的特点，其特点主要表现如下。

其一，回溯性特点。在创造性实践取向研究中，创造性研究者关心的是一个具有高度创造性的实践或实践产品是如何产生出来的，里面蕴含着什么样的规律和可以借鉴的经验，并希望可以将之上升到理论。这个研究目的决定了研究者必须要去寻找已经产生出来的、符合研究要求的实践或实践产品，并且通过查找各种已有资料、访谈亲身实践者，回溯总结出实践活动被创造出的过程和关键经验，并基于此开展研究，因此，创造性实践取向研究往往具有回溯性特点。

其二，重视案例研究。人类社会中一切包含创造性的实践活动都可以成为创造性研究者的关注对象，而这一个个的实践活动就是一个个案例。由于典型案例比一般案例往往更能凸显问题的实质，其示范意义也更大，因此，一些社会影响巨大、创造性水平高的案例往往成为创造性研究者的潜在研究对象，如北京奥运会场馆中，世界上跨度最大的钢结构建筑——鸟巢（国家体育场），世界上首个基于"气泡理论"建造的多面体钢架结构建筑——水立方（国家游泳中心），中国载人航天工程；中国量子卫星，诺贝尔文学奖获得者莫言，等等。这些案例研究既包含单案例研究，也包含多案例比较研究。当前心理学越来越重视案例研究，北京师范大学早在几年前就专门成立了中国应用心理学案例中心，推动案例研究与教学，这里面也包含创造力实践取向的案例研究。

其三，具有多学科交叉融合的特点。由于实践活动往往都是为了满足社会现实中某一需要，特别是国家重大需求，因此，它们并不基于某一具体学科，如奥运场馆、具有"超级天眼"之称的500米口径球面射电望远镜、"神舟"飞船、北斗导航系统、歼-20隐形战斗机、高铁等，这些都呈现出科学、技术和工程三者全方位且动态的一体化、系统化特征，是多学科交叉、跨学科融合的产物，即使是人文社会学科里面的具有重大创新的实践活动，如产生重要影响的文学作品、重大意义的改革方案、广受好评的影视剧等，也都是多学科交叉融合的产物。对这些多学科交叉融合的实践活动进行创造力实践取向的研究时，必须对这些实践活动涉及的多学科有一定的了解，并且尊重多个学科的特点，这样才能更好地认识和理解这些实践活动被创造出来的过程与蕴含的规律，因此，创造力实践取向研究自身具有了多学科交叉融合的特点。

其四，重视创造过程中的管理创新。很多具有重大创新、产生重要社会影响的实践活动，往往都是由大量人员一起努力完成的。例如，2015 年物理学领域顶级杂志《物理评论快报》(*Physical Review Letters*)，曾发表了一篇估算希格斯玻色子质量的论文。这类研究必须要有大型探测器才能完成，需要大量团队一起攻关，这篇论文共有 5 154 名署名作者，以致 33 页的论文中，只有 9 页是真正描述研究本身的，其余 24 页列出了所有的署名作者及其所属机构。我们上面举到的多个例子也都具有这种参与人员众多的特征。那么，以这类实践活动作为研究对象的创造力研究者，必须要回答的一个问题是：这些人是如何被有效地组织起来的？高效管理与运转、多环节紧密连接才能完成这些实践活动，这就涉及创造过程中的管理创新问题。

（二）对创造性的实践取向研究

以往大量研究针对各类实践活动，尤其是具有重大创新、产生重要社会影响的实践活动，并从多角度进行创造性分析，可以说这些都是创造性的实践取向研究。在这里，我们选择几个典型的创造性实践取向研究进行介绍。

对实践活动的经验总结，即经验总结法，是创造性实践取向研究中采用比较多的一种方法。而韩进之、张奇两位教授基于此方法在教育领域中的应用，提出了教育经验总结方法（见图 1-2），对于创造性实践取向研究很有启发意义。著名特级教师、语文教育专家李吉林老师富有创造性地提出情境教育理论体系的过程，可以说是一个很好的不断进行经验总结与提炼，进而上升到理论的例子，也是创造性实践取向研究的一个很好的例子。李吉林老师是一名小学语文教育专家，在语文教育教学中基于自己的摸索和思考，取得了很好的教育教学效果。这种教育教学效果取得的经验是什么呢？李吉林老师不断对自己的教育教学实践进行经验总结（李吉林，1997）[1]，用她自己的话说就是："我作为一个实际工作者，主要在实践中研究，又在研究中进一步实践，边做边研究，边研究边做，到一个阶段，再努力上升到理论

---

[1] 李吉林：《为全面提高儿童素质探索一条有效途径——从情境教学到情境教育的探索与思考（上）》，载《教育研究》，第 3 期，1997.

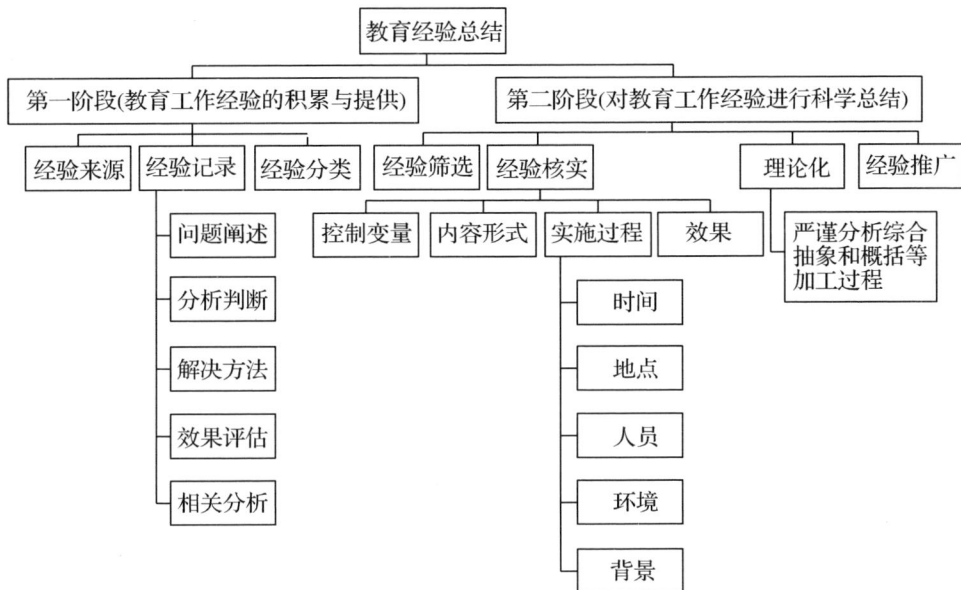

图 1-2　教育经验总结方法

上加以概括。"这种方法为广大一线教师开展教科研提供了一种很好的借鉴。

　　除了经验总结法之外，研究者还大量采用案例研究方法开展创造性实践取向研究。例如，聂继凯、危怀安（2015）①利用案例研究方法，对中国原子弹制造工程和载人航天工程等大科学工程的实现路径进行了深入分析。课题组花了近两年时间收集了大量与两项工程相关的论文、书籍、报纸、史料档案和参加研究的课题组内部资料等，对于证据链进行较为充分的三角验证，对两个大科学工程的缘起、决策路径和实施路径进行了深入分析和比较，基于对这两个大科学工程的系统分析，得到了对当前大科学工程和专项的三方面建议：①集成与发扬大科学工程实现路径中的选择、支撑与修正策略；②充分发挥大科学工程实现路径中的政府多角色集成效能；③激发大科学工程实现路径中的协同创新机能。这三方面建议的核心都是希望将以往成功大科学工程产生重大创造性的经验和规律提炼出来，指导新的实践。

---

　　①　聂继凯，危怀安：《大科学工程的实现路径研究——基于原子弹制造工程和载人航天工程的案例剖析》，载《科学学与科学技术管理》，第 36 卷，第 9 期，2015。

"著名专家是如何创作出杰出作品的?"这也是创造性实践取向研究要解决的一个问题。最近几年,北京师范大学采取一种新的方式试图回答这一问题,并与创作人才培养紧密结合在一起。2012年,莫言获得诺贝尔文学奖之后,北京师范大学成立了国际写作中心,并邀请莫言出任中心主任。该中心主要职责就是不定期邀请世界级的作家或诗人来中心交流、创作和讲学,邀请国内知名作家或诗人作为"北京师范大学驻校作家"来中心开展写作、研究、讲学与交流工作,旨在通过这些形式的活动,邀请真正创作出杰出作品的作家在一起研讨与交流,探索杰出作品是如何被创作出来的,并将这些经验展示给他人。这种方式也是一种很好的创造性实践取向研究,因为杰出作品创作者可以直接通过研讨与激发,一起去发现创造性发生的机制与影响因素,只不过是在文学创作这个特殊领域罢了。

(三)简评

当前,创造性实践取向研究丰富多彩、多种多样,这些研究为揭示、传播和运用各类生产实践活动中所蕴含的创造性经验与规律做出了重要贡献,而且由于这些经验与规律来源于生产实践活动,与实验室研究或单纯基于学术的研究发现相比,具有更好的生态效度。但是总体而言,创造性实践取向研究还处在初级阶段,还可以在以下几方面寻求更大突破:第一,当前创造性实践取向研究方法论和具体操作规范性,还需要进一步提高科学性与专业化水平,当前研究还处在比较粗放的状态;第二,当前创造性实践取向研究理论性水平也需要提高,很多研究只停留在了经验总结层面,而不能进一步上升到理论的高度;第三,当前创造性实践取向研究主要集中在具有重大创新、产生重要社会影响的实践活动中,让更多普通人掌握一定的创造性实践取向研究方法,如请广大一线教师利用这些方法对生活工作中更为普通的创造性实践活动开展探索,并将发现运用到自己的生活和工作中。这可能是这些人开展教科研,提升自身水平的有效途径。

02

伟大的中华大地
是创新的故乡

　　中华民族是一个坚持自强不息、不断革故鼎新的民族，中华大地是创新的故乡，这是由中华民族文化的特点所决定的。文化，通常指人类在社会历史发展过程中所创造的物质财富和精神财富的总和，特别是指精神财富，如文学、艺术、教育、科学等，也包括社会认知、社会行为、社会风俗和社会规范等。中华民族在绵延五千多年的漫长历史中形成了独具特色的文化传统。因此，我们首先从中华文学、艺术、科学和教育四座丰碑来阐述中华民族发愤图强、与时俱进的创新精神和创新成就。

第一节

中华文学

　　古代中国，曾把一切用文字书写的文献或书籍统称为文学。中华文明有诗歌、散文、小说和戏曲创作的悠久历史，并留下了许多丰富的文化遗产。中华民族是诗歌之乡，《诗经》《楚辞》、汉乐府、唐诗、宋词等就是其中的佼佼者。中国自六朝以来，为区别于韵文和骈文，把凡不押韵、不重排偶的文体称为散文，产生了包括经传史书在内的中华民族的散文瑰宝。小说创作可追溯至春秋战国时期，《庄子·外物》和后来的《汉书·艺文志》均有记录，唐传奇、宋元话本、明清章回小说，尤其是四大名著，震撼世界。中华民族有戏曲创作的漫长历史，汉有歌戏、百戏和角抵，唐有歌舞，北宋时形成宋杂剧，金末元初产生元杂剧，明清时各种剧种广泛兴起。所有这一切，都为中华文明增添光彩，都昭示着中华文明既重视道德的发展、理性的发展，又重视感性的体验、感情的抒发。

一、新颖的文学作品

创造性的第一个特点是新颖性，指"前所未有"。中华文学，处处体现了一个"早"字，且历史悠久、佳作迭出。正如《中国大文学史》所述："中国文学之历史，占世界文学史中最复杂之内容及最悠长之年代，吾人盖早已具此简明之概念。从来之编著中国文学史著，或起自宗周，或远溯自三皇五帝。然古籍中最早之史料为《尚书》，《尚书》所记始于尧、舜。"这足以证明中国文学历史悠久的事实（柳存仁，陈中凡，陈子展，等，2010）①。假如"远溯自三皇五帝"或"始于尧、舜"的说法成立，那就是约公元前26世纪初至约公元前22世纪末（或约公元前21世纪初），远古祖先就已经有了文学创作。传说中的《八伯歌》《南风诗》《康衢谣》等作品都来自那个时期，其后的许多文学作品都属于世界最早或中国最早的成果，且"质地"优秀、广为流传。

第一部诗歌总集：《诗经》。

世界最早的传记文字：《史记》。

旅游地理文学兼志怪奇书：《山海经》。

中国最早的叙事长诗：《孔雀东南飞》。

世界上最长的叙事诗：《格萨尔王传》。

900卷的唐诗总集：《全唐诗》。

宋初官修的500卷小说集：《太平广记》。

记叙名士言行逸事的笔记体小说：《世说新语》。

---

① 柳存仁，陈中凡，陈子展，等：《中国大文学史》，25页，上海，上海书店出版社，2010。

记叙神怪异闻的文言志怪小说：《搜神记》。

"天下夺魁"的戏剧：《西厢记》。

浪漫主义剧作：《临川四梦》。

四大名著：《三国演义》《水浒传》《西游记》《红楼梦》。

…… ……

这些都是享誉世界文坛的名著，且文体多样，有诗歌、小说、散文、戏剧……

这里，仅挑选6个中国独创且具有世界影响的代表著作，阐述中华文字的创造性。

中国第一部诗歌总集——《诗经》。我拜读了《中国大文学史》，继绪论、中国文字之起源后，该书的第三章就专门评述《诗经》，足见《诗经》的价值。如作者所述："《诗》三百篇（《诗经》）是吾国古代文学中，实为最光荣、最伟大，且最是以夸耀于世界文学之林之不朽权威，亦即西周末至春秋间（公元前1122—前479年）一部极美丽之诗歌结集。"（柳存仁，陈中凡，陈子展，等，2010）①《诗经》原叫《诗》，选定诗歌305篇，故称《诗三百》。因为孔子把《诗三百》作为道德教育的教材，儒家学派继而把其奉为经典，于是出现了"诗经"的名称。《诗经》基本上是四言诗，是中国诗歌发展过程中的早期形式。它的表现手法有"赋""比""兴"。"赋是直指其名，直叙其事者；比，引物为况者；兴，本要言其事，而虚用两句钩起，因而接续去者。"（朱熹语）其中"兴"是我国歌谣最突出的艺术特点，对后世的诗歌创作产生了深刻的影响。《诗经》按音乐的差异，分为《风》《雅》《颂》三类。《风》又称《国风》，共160篇，它是《诗经》的主要内容，大部分来自15个地区和诸侯国流传之民歌，如"秦风"指秦国国调，"郑风"指郑国国调等，15种国风带有15个地域的"音调"；《雅》有105篇，分大雅、小雅，来自周王朝直接统治地区的音乐，"雅"代表"正"的意思，大雅是朝廷官吏和公卿的作品，小雅是民歌；《颂》有40篇，是贵族在家庙中祭祀的乐曲；还有6篇有目无诗。《诗经》的精华体现在，既有诗人的作品，如《正月》《十月》《节南山》《嵩高》《蒸民》等，又有当时人民口头创作的作品，内容包含恋歌、结

---

① 柳存仁，陈中凡，陈子展，等：《中国大文学史》，29页，上海，上海书店出版社，2010。

婚歌、悼歌、颂赞歌、农歌等，反映了人民追求理想、幸福、自由的愿望，主要收集在《国风》中。《诗经》原著收集了从西周初年至春秋中期约 500 年间散落于民间的作品 3 000 多篇，后经孔子及其弟子"整理"，去粗取精，十取其一，即古人所说的"孔子删诗"，为的是"选辞、比音、去烦且滥三事，应为确当之论"。孔子删诗，恰恰是对《风》《雅》《颂》的再创作，使得《诗经》更加科学、优质，更有权威性，在思想性和艺术性上具有了更高成就，并在中国乃至世界文学史上闪耀着永不泯灭的光芒。

《楚辞》是中国文学史上第一部浪漫主义诗歌总集，与代表现实主义文学传统的《诗经》双峰并峙，开启了中国浪漫主义文学的源头，对后世中国文学的发展产生了深远的影响。楚辞体是屈原创造的新诗体，《楚辞》一书问世时间大约在公元前 26 年到公元前 6 年，收集了战国屈原、宋玉以及汉代东方朔、王逸、刘向等人的作品共 17 篇，分别是：《离骚》《九歌》《天问》《九章》《远游》《卜居》《渔父》《九辩》《招魂》《大招》《惜誓》《招隐士》《七谏》《哀时命》《九怀》《九叹》《九思》。《楚辞》的语言体系为战国以及汉代的楚地(今湖南、湖北一带)的方言声韵，叙写楚地、楚人、楚物，具有浓郁的地域文化风情。与四言的《诗经》相比，楚辞的句式更加活泼自由，节奏和韵律更加奔放，独具特色，尤其是其天马行空的奇特想象、丰富多变的情感表达，极大影响了中国古代诗歌的发展。自诞生之日起，《楚辞》对中国文化系统的影响力就非比寻常，上迄汉代，下至近现代，《楚辞》被当作中国古典文化中的显学来研究，由此产生了一个新的学科，叫作"楚辞学"，各家研究资料和心得汗牛充栋。《楚辞》对世界文化的影响也不可小觑，早在盛唐时期，《楚辞》就已经流播到日本、朝鲜和越南等国。1581 年，意大利传教士利玛窦来华传教，作为东方文明成果之一的《楚辞》传入欧洲，进入西方学者的视野。1840 年鸦片战争之后，《楚辞》引起了欧美文化圈的广泛关注，所有篇章都有西译本，各种研究楚辞的论文和专著达到20 余种。迄今为止，《楚辞》一直是国际汉学界研究中国文化的热点之一。

《史记》是中国历史上第一部贯通古今的纪传体史书，记载了上迄黄帝时代下至汉武帝太初四年(公元前 101 年)共计 3 000 余年的历史，作者为西汉武帝时期的"太史公"司马迁。《史记》全书共 130 篇，分为十二本纪、三十世家、七十列传、十表、八书。十二本纪按照时间顺序记载历代帝王的言行政绩和王朝更替史迹，三十世家记述诸侯世家和重要历史人物的史迹，七十列传是除了帝王本纪和诸侯世家之外的重要人物传记，十表以表格的形式列出世系、人物和史事，八书记录了礼乐制度、天文兵律、社会经济、河渠地理等方面的内容，共计526 500字。《史记》是一部出色的纪传体通史名著，位列中国二十四史之首，有发凡创例之功，其首创的纪传体通史体例结构不仅被历朝历代官修正史奉为圭臬，更开创了史学在中国学术领域的独立地位。《史记》也是一部优秀的文学著作，其独特的刻画人物手法、个性化的语言以及叙事艺术对中国的小说、戏剧、散文、传记文学的发展产生了极其深远的影响，中国史传文学的基础自此得以建立并形成传统。自汉代以来，评点《史记》的学者与书家数不胜数。历史学家翦伯赞认为中国历史学的开山祖师非司马迁莫属，并把《史记》看作中国第一部大规模的社会史；鲁迅先生更是赞美它为"史家之绝唱，无韵之离骚"。早在魏晋南北朝时期，《史记》就已经开始了海外传播的历程，先是流入朝鲜半岛。600—604年，《史记》由日本圣德太子派出的遣隋使带入日本，受到日本社会各界的关注和重视，一度作为日本政府钦定官员的必读书目，产生了许多有价值的史学研究成果，对日本的政治、教育、文学以及史学都产生了巨大的影响。在苏联，汉学家阿列克塞耶夫翻译了司马迁的主要著作，一些大学专门为对汉学感兴趣的大学生开设了《史记》研究课程。欧美国家也对中国的《史记》产生了很大的兴趣，《史记》已经有了英文、德文、法文等外文译本，法国巴黎还专门成立了国际上第一个专门的《史记》研究机构。1956年，中国的司马迁被列为世界级文化名人，《史记》不仅是中国传统文化的艺术瑰宝，也成了世界文化园林中的一朵奇葩。

《全唐诗》是清康熙四十四年（1705年）由彭定求、沈三曾、杨中讷等10人编校的著作，它收录唐代2 873位诗人创作的诗歌49 403首，共计900卷。自《诗经》和《楚辞》建立了诗歌的现实主义、浪漫主义传统之后，汉魏六朝诗歌不断拓宽的创作领域、声律以及技巧的运用、创作经验的不断累积，都为唐诗走向鼎盛提供了宝贵的经验。唐代政治经济的繁荣昌盛也促进了唐诗的发展，仅唐代风格独特的著名诗人就多达五六十位，涌现了李白、杜甫、白居易这样光照千古的伟大诗人。唐诗兼收并蓄、推陈出新，完成了中国古典诗歌各种形式的创造，五言、七言古体诗，乐府歌行，五律、七律近体诗，排律、五绝、七绝，无体齐备，唐诗开创了众多诗歌流派：以高适、岑参、王昌龄、王之涣等人为代表的边塞诗派；中国诗歌史上的"双子星座"——李白、杜甫各成一派；以王维、孟浩然为代表的山水田园诗派；以韩愈、孟郊为代表的韩孟诗派；以白居易、元稹为代表的元白诗派；以刘禹锡、李商隐为代表的咏史诗派。丰富多彩、千姿百态的诗歌流派成为唐诗区别于其他朝代诗歌的显著特征，唐代也成为中国古典诗歌发展的黄金时代。唐诗所取得的空前绝后的艺术成就，为后世的诗歌提供了绝佳的创作模板，唐诗所展现的积极进取、昂扬向上的时代精神也成为后人学习效法的典范。在世界影响方面，中唐时期唐诗就已传入日本和朝鲜。1800—1870 年，唐诗被译成越南文。18 世纪唐诗流传到法国。1874 年，俄国开始了唐诗的译介。唐诗代表了中华诗歌的最高成就，无疑是中华以及世界文化发展史上一座难以逾越的高峰。

《西厢记》的成书时间约为 1294—1307 年，全名为《崔莺莺待月西厢记》，作者为元代著名杂剧家王实甫，全剧共 5 本 21 折 5 楔子，为中国古典戏剧的现实主义杰作，讲述了书生张君瑞和相国小姐崔莺莺冲破封建礼教的重重枷锁，有情人终成眷属的爱情故事，表达了对封建礼教的强烈不满和对美好爱情理想的憧憬和向往。相对于同时代的杂剧，《西厢记》的创新之处体现在两个方面。一是结构体例上的突破。元杂剧通行的体例是以 1 本 4 折来表现一个完整的故事，而《西厢记》有 5 本 21 折；唱词方面，打破了元杂剧一般一人主场的通例，一本甚至是小到一折都可以几人分唱。二是主题思想的提升。《西厢记》重爱情、轻功名利禄，凸显了反封建的民主精神，并唱出了"愿普天下有情的都成了眷属"这一美好的爱情理想，给当时和后世的许多人带来了强烈的心灵震撼。《西厢记》词曲优美，意境如诗，刚一搬上舞台就惊艳四座，唱出了万千青年男女的心声，激励了他们反抗封建礼教的斗志，被誉为"西厢记天下夺魁"，成为家喻户晓的古典戏剧名著，不同程度地影响了中国的小说和戏剧创作。昆剧《牡丹亭》和小说《红楼梦》都从《西厢记》中汲取了丰富的艺术养分。

《红楼梦》是举世闻名的中国古典文学的巅峰之作，集中国传统文化之大成，艺术成就非凡。这部百科全书式的巨著以贾、王、史、薛四大家族的兴衰荣辱为背景，以贾宝玉、林黛玉、薛宝钗的爱情悲剧为主线，深刻批判了封建贵族阶级及其家族醉生梦死的生活，宫廷与封建官场的黑暗，封建科举制度、等级制度、婚姻制度的腐朽以及以儒家学说为主的社会统治思想的没落，讴歌了以金陵十二钗为代表的众多女性的人性美。作者曹雪芹以自己的家族悲剧为蓝本，通过众女儿和主人公贾宝玉的人生悲剧，刻画出了上至皇宫、下及乡村的一幅广阔的封建末世图。《红楼梦》是一部伟大的世情小说。曹雪芹通过寻常闺阁之事、小儿女情话如实摹写了自然、逼真的生活，无论是大事件还是小细节，无不忠实地反映了时代的原貌。毛主席评点《红楼梦》时曾经说过："不仅要当作小说看，而且要当作历史看。他写的是很细致的、很精细的社会历史。"（刘仓，2007）①《红楼梦》塑造了封建末世的人物群像。全书共写了975个人物，其中姓名俱全的就有732人，虽然人物谱系纷繁错杂，但许多人物刻画得独一无二、栩栩如生，令人过目不忘，其中贾宝玉、林黛玉、薛宝钗、王熙凤、史湘云等人物更是成了经典的艺术形象，散发着不朽的艺术光辉。《红楼梦》改变了中国古代文言白话小说传统的单线发展结构，采取了"织锦式"艺术结构，以贾宝玉和林黛玉的爱情悲剧为主线，以四大家族的兴衰为副线，从人物的性格特征出发，首尾呼应，前后勾连，交错穿插，如同编织七彩锦缎，去推动人物命运和故事情节的发展。这种"织锦式"的艺术结构不仅凸显了作者曹雪芹高超的艺术才思，也为中国小说结构艺术的发展提供了极佳的范本。《红楼梦》代表了中国古典小说语言艺术的高峰。《红楼梦》集中国诗、词、歌、赋、曲、联、谜、令等之大成，中国文学史上出现过的每一种文体，都出现在小说中，堪称"文体兼备"。小说中每一个人物的语言都量身定制，符合特定的人物身份，揭示人物性格，蕴藉内心情感，或雅致或俚俗，无不具有高度的艺术表现力。自《红楼梦》诞生以来，各家评点和研究成果层出不穷，由此形成了一门显学——红学。《红楼梦》中的许多场景被改编成戏曲，搬上了不同剧种的舞台。自1924年以来，改编自小说《红楼梦》的各类影视作品超过了30部。许多作家从《红楼梦》的创作艺术中得到启迪，如林语堂的《京华烟云》、巴金的《家》、老舍的《四世同堂》以及鸳鸯蝴蝶派的小说。清乾

---

① 刘仓：《毛泽东读〈红楼梦〉的独特视角》，载《中国共产党新闻网》，http://cpc.people.com.cn/GB/68742/69118/69658/6129384.html，2007-08-17。

隆五十八年（1793 年），《红楼梦》流传到日本，二百多年来，"日本红学"的研究水平在国外红学中一直处于领先地位。1800 年前后，《红楼梦》传入朝鲜并启发了朝鲜半岛文人们的小说创作。1981 年，《红楼梦》有了法文译本，迄今为止，除了国内庞大的发行量，《红楼梦》已被翻译成英文、法文、俄文、德文、日文、韩文、意大利文等 30 多种语言、100 多个译本，全译本有 26 个。可以说，无论是思想内容还是艺术技巧，《红楼梦》都代表了中国古典文学发展的最高水平，在中国文学史和世界文学史上散发着永恒的艺术魅力。

二、独特的文学体裁

独特性是创造性的另一个特点，指"与众不同"。创造性与文化有直接关系，中华文明的文学创作、文学体裁是世界文学史中独一无二的，这是由中华文字之美决定的。文字是中华传统文化的一个载体，中国的文字是世界上为数不多的传承下来的文字，我们历代的文艺经典、科学古籍和教育文献也都是以文字的形式保存下来的，它保证了中国传统文化的连续性，是中华文明能够延绵不断、发扬光大并绽放出夺目光芒的一个原因。中华文字之美，是由于我们的汉字具有音、形、义三个特点，它经过了形成、发展、应用、自成体系四个阶段，本身就是一种艺术瑰宝，凸显出中华文明是一种追求美、创造美的文明。文字又是文学创作的载体，中华文明的文学体裁以中华优美的文字为基础，中华文字之美决定了文学体裁的独特性。我们当年在编写《中国少年儿童百科全书》时，"文化·艺术"分卷就重视中华文学"独特的文学体裁"（李春生，1991）①。这种独特性表现在以下特有的文学体裁中。

一是讲究韵律的古代诗歌。从上述《诗经》开始，我们就能看出中国古代诗歌对韵律的要求。中华古代诗歌分为古体诗和近体诗，它们一般以隋唐为分界线。前者字数虽要整齐，句数却没有限制，可多可少，有四言、五言、六言和七言体，但不讲究平仄；后者却有严格规定，分为绝句和律诗两种，绝句均为四句，律诗为八

---

① 李春生：《文化·艺术卷》，见林崇德：《中国少年儿童百科全书》，杭州，浙江教育出版社，1991。

句，且都讲究平仄。不论是古体诗还是近体诗，都讲究结构整齐和押韵，这构成了我国古代诗歌的一大特点。这是因为中国诗歌多伴音乐舞蹈而俱成，而乐舞又成为举动中有节奏之表现，所以不能不禀气怀灵，发情形言，讴咏自然之至极（柳存仁，陈中凡，陈子展，等，2010）①。韵律是中华文字之美的一个特点，使诗歌产生声韵和格律，成为诗歌形式美的重要表现。韵律包括音的高低、轻重、长短的组合，音节和停顿的数目及位置，节奏的形式和数目，押韵的方式和位置，以及段落、章节的构造。中华古代诗歌对韵律的要求，增强了诗歌的音乐性和节奏感，使读者获得美的享受。近体诗比古体诗更讲究韵律。律诗中偶句末一字必须押韵，并要一韵到底，中间不能换韵，一般只押平声韵，邻韵可以通押，中间两联必须对仗。绝句受律诗影响，押韵的要求与律诗相同，但绝句也有押平仄声韵的。相比近体诗，古体诗押韵要宽得多，可压平声韵，也可押仄声韵，可以一韵到底，也可以中间换韵，句式也可以有长短变化。但不管有多大区别，讲究韵律是所有古代诗歌的共同要求。

二是兼具诗歌与散文文体特点的赋。"赋"是一种特殊的文体，最早以"赋"名篇是战国时期，盛行于汉代，故有"汉赋"之称。它是一种特定文学体制，吸收《楚辞》《赋篇》的体制辞藻、纵横加铺张的手法而成，讲究文采、韵律，兼具诗歌与散文的性质，它既像诗歌，是因为它要押韵；又像散文，因为它的写法讲究铺排，不像诗歌那样精炼。汉赋大体经历了骚体赋（继承屈原《离骚》手法，倾诉作者的忧愤、痛苦等）、散体大赋（篇幅较长，堆砌辞藻，描写都城宫宇、园林和帝王的生活等）和抒情小赋（与大赋相比，其篇幅较短，但文字清新，重视抒发个人情感，揭露现实问题等）三个阶段。促进诗歌与散文有机结合，利用语词在意味上、声音上、形体上附着的一切感性因素，表达理性的意义，增强话语文章的感染力，只有中华文明文字之美才能实现这样的创作目标。汉赋以后或向骈文方向发展，或进一步散文化：接近散文的为"文赋"，接近骈文的为"骈赋""律赋"。

三是抑扬顿挫的词。词属于诗歌的一种。词文体萌芽于南朝或隋唐之际，盛行

---

① 柳存仁，陈中凡，陈子展，等：《中国大文学史》，22页，上海，上海书店出版社，2010。

于宋朝，即"唐诗宋词"。词在形式上有严格的规定，要求具备调有定格、句有定数、字有定音和结构分片四个特点。最初的词，都是配合音乐来歌唱的，有的按词制调，有的依调填词，曲调的名称叫作词牌，词牌名一般按词的内容而定，如"浣溪沙""满江红""如梦令""西江月"等都是宋词中常见的词牌名。后来主要依调填词，曲调名和词的内容不一定有联系，而且大多数词已不再配乐歌唱，所以各个调名只做文字、音的结构定式。各种词牌句子字数长短不一，分段也不统一（每一段叫一片或一阕），不同词牌结构上的差异较大。词的音韵和谐，抑扬顿挫，富有音乐美，缘起中华文明的文字美，包括形成的词韵，即填词之韵。词韵以语言文字"倚声填词"，随之发展，越来越规范，至清代较为精确，为近代填词者所遵照使用。

四是说唱文学文体的变文。变文是唐代开始的说唱体的文学作品，又称为敦煌变文。这个"变"字，是指把文学故事的内容用与图画相配合的说唱方式表现出来，换句话说，故事内容的底本为"变文"，图画为"变相"。变文的内容分为两类：一是佛经教义，讲述佛经的故事，宣扬佛经教义；二是历史和民间故事，如"王昭君变文""孟姜女变文"等。变文以僧侣宣讲佛经为起始，后来扩展到讲述历史传说和生活故事，并逐渐成为一种独立的文体。变文的形式有散文骈文相融、全部散文和全部韵文三类，往往以第一种最为常见，并对后来的鼓词、弹词等影响较深。变文从产生到发展都体现了中华文明的文字之美，展现了中华说唱文学和民间文学的特点。

五是中国独创的章回小说。我们前面提到的中国古代四大名著都是章回小说。章回小说是中华古代长篇小说的主要形式。全书分为若干回，每回有标题，概括全回的故事内容。换句话说，分回标目、故事连接、段落整齐，开头结尾往往用诗词表述是章回小说的特点。章回小说来源于话本，王国维先生指出，宋人话本《大唐三藏取经诗话》，即已具雏形，被称为后世小说分章回之祖。意指宋代江南城镇的书场里，常有艺人讲故事，当时叫作"说话"，话本就是当年艺术演讲说唱故事底本。话本一般分两类，一类叫"小说"，另一类叫"讲史"，起先长短不一，慢慢地出现越来越多的长篇。话本语言都使用通俗易懂的口语或白话。正文用诗词或小故事"入话";用韵文写人物特点,或写景状物、渲染烘托,或赞评人物和事件;结尾又用诗词归纳全文,意在评议或劝诫。我国的章回小说就是在吸收和继承话本的基础上发展起来的,明清两代的长篇小说普遍采用这种话本形式,有的长篇小说少则十几回、几十回,多则百余回甚至数百回。每章为一回,每回都是一个较完整的故事,具有相对的独立性,以"话说……"开头,以"且听下回分解"收尾,头尾分明,脉络清晰。中华文明的文字之美使中华的章回小说成为世界文学中独具特色的小说体裁。

六是五彩缤纷的戏剧。中华戏曲源远流长,这里仅介绍两种戏剧。历史上出现最早的是一千年前的"南戏",又称"戏文",原为宋代流行于南方,用南曲演唱的戏曲形式。元灭南宋后,渐以"南戏"称之,这是中华戏曲最早的成熟形式之一,对明清两代戏曲影响较大,其剧本今知有二百余种,如《永乐大典戏文三种》中收录的著名南戏代表作品《拜月亭》《荆钗记》《琵琶记》等,至今还活跃在中国的传统戏曲舞台上。南戏剧本不分折,以场为单位。一场戏中,曲调多样,不限于押一个韵。有独唱、接唱、合唱,舞台气氛活跃热烈,讲述情节曲折的故事,表达复杂多变的情感。杂剧产生于南唐,盛行于元代,流行于我国的北方,我们熟知的关汉卿的《窦娥冤》和王实甫的《西厢记》,就属于元杂剧。元杂剧结构上分折(幕),一般为四折,也有五折、六折的,它以"楔子"开头,以二句、四句或八句诗句结尾来概括全剧,称作"题目正名"。杂剧在音乐和演唱的形式上以曲牌组合,并以动作和说白来辅助。元杂剧出现了男女角色的划分,分别为旦、末、净、杂,今天的戏曲仍然遵照这样的角色划分体例。我国目前有三百六十多种地方戏曲剧种,如南有越剧、粤剧、黄梅戏等,北有梆子、豫剧、秦腔等,尤其出现了国粹京剧,这么多剧种的发展史上,多多少少都含有南戏、杂剧的影子。从戏剧史的发展来看,杂剧是逐渐走向成熟的戏曲,因此在中华文学史上有着很高的地位。

三、中华文学的特色

中华文学博大精深,不仅百花齐放、丰富多彩,而且不断变革、富于创新。正如《南齐书·文学传论》所述"在乎文章，弥患凡旧。若无新变，不能代雄""属文之道，事出神，感召无象，变化不穷"。中华文学具有如下四大特色。

(一)创新和变化是中华文学发展的法则

一新二变突出了中华文学的创造性，推动了中华文学的发展，正如《文心雕龙·时序篇》所说的"文变染乎世情，兴废系乎时序"。

先秦文学是中华文学的始创阶段。先秦是指秦代以前的历史时期，时间跨度从远古起直到公元前221年秦始皇统一中国为止。我们第一章一开篇谈到神话故事、《诗经》《楚辞》，尤其是屈原的《离骚》，都是先秦文学中创始性的作品。先秦文学不仅为中华文学的起源、文学体裁的产生、思想体系的形成、艺术技巧的展现、文学流派的开创书写了辉煌的第一页，而且一开始就成为世界文学史上的明珠，对后来世界文学的发展产生了巨大的影响。

继先秦文学的是两汉魏晋南北朝文学，汉朝出现了以《史记》为代表的历史散文和政论散文，世界文学中独一无二的"汉赋"，以《古诗十九首》为代表作的"五言诗"。魏晋南北朝的文学理论和文学评论得到大发展大繁荣，所有这一切，说明这个时期的文学体裁正走在创新求变的历程中。

隋唐五代是中华文学全面繁荣的新阶段，也是诗歌创作的新时期，我们在前面介绍了中国最长的诗歌全集《全唐诗》，其实唐代遗留下来的诗歌远远不止5万首，独具风格的著名诗人就有五六十位，从初唐诗歌到盛唐诗歌再到中晚唐诗歌，其风格情调都呈现出种种革新的精神。此外，出现了变文、词和传奇小说，这是继两汉魏晋南北朝后又一种文学体裁的创新时期。

接着是宋元文学的新创造，宋代散文、宋词的发展走向鼎盛，出现了小说戏曲，尤其是元代南戏和杂剧。明清文学也有其新特点，越来越多的文学家认识到小说的地位与作用，于是创造了讲史小说、神魔小说、世情小说和公案小说，我们推崇备至的四大名著也在这一时期相继问世，然而，优秀的小说何止这四部。

由此可见，中华文学的第一个特色是其自始至终的创造性。钱穆先生曾在评论中指出"中国文学，一线相传，绵亘三千年以上。其疆境所被，凡中国文字所及，几莫不有平等之发展。故其体裁内容，复杂多变，举世莫匹。"（钱穆，2016）①他肯定了中华文学一新二变的创造性，肯定了其举世莫匹的世界影响。

（二）普遍性和传统性是中华文学的两大特点

钱穆先生在《中国文学论丛》中提出，"一普遍性，指其感被之广。二传统性，言其持续之久。其不受时地之限隔，即中国文化之特点所在。"（钱穆，2016）②其根源是中国文学与文学的关系、中国文化与文学的关系。钱先生的普遍性是指"空"，传统性是指"时"。中华文学的两大特点，构成了中华文学的时空观。

就空间而论，一是指地域之广，如《诗经》三百篇，雅颂可不论，涉及当时十五国风，"亦已经政府采诗之官，经过一番雅化工夫而写定"。说明中华文学创作的广泛性、群众性。《汉乐府》也是这样，它包括《吴楚汝南歌诗》15 篇、《燕代讴雁门云中陇西歌诗》9 篇、《邯郸河间歌诗》4 篇、《齐郑歌诗》4 篇、《淮南歌诗》4 篇、《左冯姗秦歌诗》3 篇、《京兆尹秦歌诗》5 篇、《河东蒲反歌诗》1 篇、《雒阳歌诗》4 篇、《河南周歌诗》7 篇、《周谣歌诗》75 篇、《周歌诗》2 篇、《南郡歌诗》5 篇。"此所谓汉乐府，亦即古者十五国风之遗意。"二是指文学体裁的范围之普遍，中华文学持有一特定的场合。就广义而言，文学分为四项："唱""说""做""写"。唱的文学，主要指诗歌之类；说的文学，主要指原始的神话故事小说，民间流传，又可称"听"的文学；做的文学，主要指表演的文学，如舞蹈与戏剧；写的文学，主要指文字表达的文学，又可称"读"的文学，这说明中华文学创作的全面性、多样性。

就时间而言，集中表现在继承与创新的关系上。中华文学之所以能继承，一是由中国文字决定的。以诗歌为例，《诗经》之后，演变为楚辞骚赋，又到汉代乐府，再到唐诗宋词，虽然诗体繁兴、变化多端，却逃不过四言、五言、七言、古近律绝，有着相似类同的趋势，这是由中国文字形、音、义的特点所决定的，于是一代又一代地继承了下来。二是由中华文化决定的。古代文学的发展全貌和诸文体的演进，鲜明地体现了中国文化的人文色彩和理性精神，即以"人"为核心，追求人的完

① 钱穆:《中国文学论丛》，53 页，北京，生活·读书·新知三联书店，2016。
② 钱穆:《中国文学论丛》，34 页，北京，生活·读书·新知三联书店，2016。

善，重视人的理性，渴望人与自然的和谐（邓天杰，2012）①。所以，一代又一代的中华文学，楚之骚、汉之赋、六代之骈语、唐之诗、宋之词、元之曲，从思想上一脉相承。继承是十分重要的，"推陈出新"中蕴含了丰富的哲理。如果中华文学没有坚实地推陈，就不可能有效地"出新"或具备创造性。在强调创新精神的同时，出新之前的推陈过程更为重要，这可能是钱穆先生把推陈的传统性作为中国文学两大特点之一的理由。推陈的实质就是继承，就是一代又一代的中华文学承上启下获得宝贵遗产并加以发扬光大。在强调继承的同时，更应看到中华文学的创新。我曾拜读王瑶先生的《文学的新与变》，颇有启发。中华文学气运风尚是"史观"或历史发展规律的问题，"但就文学史的发展来说，则总脱不了新和变，这就是一部文学史的总说明，同时也是一篇好作品的必要条件"（王瑶，2008）②。这正说明中华文学创新趋势的主旋律是在继承基础上的创新。古人在文学评论上曾写道"收百世之阙文，采千载之遗韵，谢朝华于已披，启夕秀于未振"，这正表明了中华文学创作时求新追变的态度。与此同时，我们还在中华文学史中看到，继承的目的在于创新，而创新应当以解决一代又一代的文学发展中出现的新问题为最终目标。我们所说的一代又一代文学发展的新问题，不仅是文体或文学思潮的特征，而且就语言来说，它本是多义的，但在一代又一代的文学创作中，作为载体，其内涵也会逐渐丰富起来，像王瑶先生指出的，因为侧艳之词本来源于晋宋乐府，而自齐永明以来，文人为文又皆用宫商音韵，所以《庾肩吾传》说"王融谢朓沈约，文章始用四声以为新变"，于是新的意义便多指新声，同时自宋齐以来，文章侈言用事（王瑶，2008）③。这里诠释了中国诗词一代代创新的缘由。

（三）文以载道的教化理念

在谈到今天的语文教学时，我曾多次强调要"文道结合"（林崇德，2016）④，这

---

① 邓天杰：《中国文化概论》，210 页，北京，北京师范大学出版社，2012。
② 王瑶：《中国文学：古代与现代》，267~270 页，北京，北京大学出版社，2008。
③ 王瑶：《中国文学：古代与现代》，267 页，北京，北京大学出版社，2008。
④ 林崇德：《提倡语文教学中多因素的结合》，载《小学语文》，第 1~2 期，2016。

个观念来自中国文学史的"文以载道"的理念。

在中国文学史中,"文以载道"是由宋代理学早期的代表人物之一周敦颐提出来的,他在《通书·文辞》中曾说,文所以载道也……文辞,艺也;道法,实也。……不知务道法而第以文辞为能者,艺焉而已。其意为好的文学作品,必须文道双重。文以载道的中华文学特色,使得中国古代把培养良好道法、疏导心理能量、维护心理平衡、协调社会关系当作文艺作品的首要任务,并形成了文人自觉的忧患意识和强烈的历史使命感与社会责任感这一文学艺术的优秀传统(陈江风,2014)①。如前所述,孔子把《诗经》三百篇作为道法教育的教材,正反映《诗经》以"载道"的事实,而文道双重之《诗经》的创造性我们在前文已讲,这里不再赘述了。又如,《楚辞》中屈原的《离骚》,分为前后篇:前半篇表达了对国家(楚)命运的关怀、要求革新的政治愿望和坚持理想不屈不挠斗争的意志;后半篇写了神游天上并准备以身殉国的爱国情感,这是典型的爱国主义教育的文学名著。《离骚》展示了中华文学的创造性,它运用美人香草的比喻、大量的神话传说和丰富的创造性想象,形成绚烂的文采和宏伟的结构,充分体现了中华文学文道双重的特点。

"文以载道",载什么样的道?这本身就是一种创造性的表现。我们引用两本专著的论述来阐明文以载道的内涵。

邓天杰主编的《中国文化概论》提出了四个方面:一是"强烈的济世情怀",中华文学创造了"修身、齐家、治国、平天下"的成果;二是"深沉的忧患意识",中华文学创作了"先天下之忧而忧,后天下之乐而乐"的作品;三是"深刻的人生之思",中华文学撰写了探索关注现实的理性精神的文章;四是"以人为本的仁爱精神",中华文学谱写出"仁民爱物"并处理好关于人民、国家、君主三者之间关系的大作。这四个方面以文载道丰富中华文学遗产,闪耀着古代文学家的智慧和创造力(邓天杰,2012)②。

陈江风主编的《中国文化概论》指出,在中国古代的文艺长廊中,有两大并行不悖的传统:一个传统偏重于作品的义理、抱负方面,要求为人生为政治而艺术;另

---

① 陈江风:《中国文化概论》,231 页,南京,南京大学出版社,2014。
② 邓天杰:《中国文化概论》,209～215 页,北京,北京师范大学出版社,2012。

一个传统强调抒发主体的思想感情，追求一种艺术人生（陈江风，2014）①。作者从三个方面对此做了论证。其一是古代文学艺术的哲学背景，中国哲学是"天人"哲学，作者阐述了道家的天人观、儒家的天人观，特别分析了"天人合一"的思想，指出它不仅仅是一种人与自然关系的学说，而且是一种关于人生理想、人生最高觉悟的学说。其二是通过文学史中"文以明道"的作品，反映中华文学为人生为政治而抒发的思想感情。例如，隋之王通、唐初"四杰"的作品就具备了这样的特点，其中以韩愈的"志在古道"的创作思想影响最大。其三是文体的创新，说明中华文学与社会政治的关系，作者指出无论是散文勃兴局面的形成，还是散文革新运动的兴起，都在说明中华文学有着以哲学为基础的文以载道的教化传统，在革新传统的历程中，不断地创造和发展。

（四）中华文学追求艺术表现的技巧创新

中华文学之所以达到了艺术的巅峰，与其创作技巧不无关联。为撰写中华文学的创造性一章，我拜读了几部中国文学史，对中华文学的润色修饰、趣味交会、绵历悠久、融凝深广、澎湃气势等独创性的特色心领神会。按自己的学习体会，我认为中华文学追求艺术表现的技巧创新表现在如下五个方面。

一是独特取材的匠心表现。中华文学作品重视从题材中提炼主题，而主题是作品的灵魂。它是作品内容或艺术形象的基本观点或中心思想，一篇作品的质量高低、价值大小、作用强弱、影响好坏，主要取决于主题，艺术技巧是为主题服务的。所以，如何取材，如何提炼主题十分重要。中华文学，无论是诗词散文，还是小说戏剧，作者取材往往以自身为中心，以个人日常生活为题材，并联系家国天下，表达家国情怀。这种取材方法，显示出独特之匠心。所以，中华文学的作家之作品，往往是一本自传。例如，钱穆先生以诗人杜甫为例所云，"每一文学家，即其生平文学作品之结集，便成为其一生最翔实最真确之一部自传。……所谓文学不

---

① 陈江风：《中国文化概论》，228 页，南京，南京大学出版社，2014。

朽，必演进至此一阶段，即作品与作家融凝为一，而后始可无憾。"（钱穆，2016）①
中国文学之理想最高境界，乃必由此作家，对于其本人之当身生活，有一番亲切体
味。因为这种体味，出自作家的内心，经历了长期的陶冶与修养，有"钻之弥坚，
仰之弥高"的境界，也就是说，这种独特选材的特点，在理想上达到了人己一致、
内外一致的境界，形成了中华优秀文化传统的重要精神人文修养之一的特有创造性
的境界。

二是追求情节的艺术感染。中华文学，特别是叙事文学，如前面提到的世界上
最早的传记文学《史记》、四大名著小说等，之所以令人感动或引起读者的共鸣，主
要是因为作品中的人物性格和事件。而情节就是表现人物性格形成和发展的一系列
生活事件。它表现了具有内在因果关系的人物活动及其形成的事件的进展过程，它
以现实生活中的矛盾冲突为根据，经作家的概括并加以组织、结构而成，事件的因
果关系更加突出，情节一般由开端、发展、高潮和结局四部分组成。当然，叙事文
学作品并不单纯只有中国古代有，世界各国的文学都强调"情节"，然而中华文学中
的"情节"创作有其特殊性。这不仅出现在世界上最长的叙事诗《格萨尔王传》中，
像《诗经》《乐府诗》中收集的民间的诗歌，也都有一定的情节。中华文学中的小说，
尤其是我国古典四大名著的情节更有其特殊性，在世界文学史上书写了光辉的一
页。例如，《三国演义》写了400多个人物，其中主要人物都是个性鲜明的不朽典型，
而这些人物的性格特点却是通过诸如"桃园三结义""三顾茅庐""赤壁之战""三气周
瑜""空城计"等一连串曲折生动的故事情节表现出来的。而这些情节的安排，正源
于作家创造性的写作过程，它使诸如中华古典四大名著小说成了不朽的传世遗产。

三是抒情写意的主体精神。中华文学创作有着指导思想，儒家以仁义为内容，
倡导文学创作应把治国平天下作为首要任务；而道家则提倡抒情写意，使人超越社
会，奔向自然，不再将大自然中的山川草木视为异己力量，而表现出一种由衷的喜
爱、珍惜之情，这就是移情于自然，与自然交换生命，向大自然展示一种天人合一

---

① 钱穆：《中国文学论丛》，46～47 页，北京，生活·读书·新知三联书店，2016。

的广博而富有诗意的情怀(陈江风,2014)①。于是重视情感的真实抒发,不仅成为中华文学创作的一种精神,而且成为一种创作的技巧。完成这种技巧需要以语言文字为传情达意的工具。抒情写意的文学作品应用的语言具有形象性、情感性、多义性,富于隐喻、暗示和象征,创造出一种新的风格。前边提到过东汉的《古诗十九首》就是一例,被誉为"五言之冠冕"。从隋唐到宋朝,唐诗宋词的一种重要的表现手法就是抒发作者的真挚情感,李白的诗就是抒情写意的典范之作。

四是塑造形象的语言导向。文学作品以语言作为艺术的材料和手段进行形象创造。换句话说,文学作品借助语言来塑造形象的艺术魅力,基于中国文字的中国语言在中华文学的创作中起着独特的导向作用。中华文学史的主流是诗和文。诗和文所表现的形象是有区别的,但塑造形象的共同倾向是语言的导向。首先,中华文学的表达以形象性、抒情性、美感性为特征,塑造形象的语言往往来自对日常生活语言的提炼、规范和再创造,是规范的中华民族共同语言的典型。因此,日常语言,尤其是口语中的俗语、谚语、歇后语等成分,加上适当的方言和适时的"专业"用语,就增加了中华文学作品中人物的生动性和鲜明性。其次,中国文字构成的中国语言有许多特殊的句型,包括省略、倒装、跳脱等;语句排列组合中的句齐、对称、均衡、错落等美学要求,"形、音、义"中语音上讲究韵律节调和美动听的表现,增强了中华文学作品中人物的感染性和教化性。最后,中华文学创作讲究修辞,通过修辞对中国语言单位的意义、结构、功能等加以变通,以形成超脱语义、语法乃至逻辑等常规的创新形式。正是修辞的多样性和创新性,促使中华文学中的人物风格的创造性和持久性,即修辞千变万化和日新月异,从而使塑造出生动、感人、共鸣形象的中华文学三千年相传而不朽。

五是形神兼备、虚实相生的美学追求。文艺作品追求的是美,创造的是美,而对文学创作中审美价值、审美特征和创造美规律的研究则构成了文学美学,并分为诗歌美学与小说美学。文艺创造美是有规律的,中华文学又是怎样创造美的呢?钱穆先生曾说过,西方分真善美为三,中国则一归之于善。从善出发,在文学中表达

---

① 陈江风:《中国文化概论》,234 页,南京,南京大学出版社,2014。

美，使我们更加深刻地理解了、形成了形神兼备和虚实相生的美学追求的重要性（钱穆，2016）①。西方人提倡逼真的"形似"论，而中华文学不仅讲形似，而且强调"形神"，这是由于中国文学家受天人合一思想的影响，向往广阔无垠的自由境界，于是在文学创作中表现出与众不同的意境、意向等审美范畴。在儒、释、道三学的作用下，倡导用传神之笔追求"神似"，达到形神兼备的艺术效果，出现了诸如李白《秋浦歌》那样的"神品"。西方人讲"美"，专就具体实在的指向，如希腊塑像必具三围，此属实物。而中华文学也讲实，认为实是创作的基础，同时强调"虚实相生"，"追求意境的"更高境界是"化虚为实"。于是"言志"突出了"情志"，"事胜"变成了"情胜"。例如，唐朝诗人王维的《山居秋暝》突出了安静纯朴的山村生活的环境美；岳飞的《满江红》表现出了壮怀激烈、爱国豪情的心灵美；柳宗元的《江雪》赞美了超尘绝俗、傲岸不屈的志趣美……所有这些，无一不是虚实相生或化虚为实的经典之作，都在追求独特的中国美学，也创造出各种各样美的意境和意象。

第二节

中华艺术

人类的文明史，其实也是一部艺术史。艺术是人类独有的创造性活动，也是人类传承文明、不断创新的工具和手段。中华文明包含各种艺术形式，如音乐、舞蹈、杂技、说唱、戏曲、绘画、书法、雕塑、建筑、工艺等。在不同的艺术门类上，中华文明都形成了丰富的艺术宝库，不同的地域还形成了不同的艺术风格。源远流长、博大精深的中华艺术是世界艺术宝库中独具特色、成就卓异的组成部分。它既是中华多民族艺术的历史创造，也是在社会文化形态中多姿多彩、极富民族特

---

① 钱穆:《中国文学论丛》，151 页，北京，生活·读书·新知三联书店，2016。

征的艺术结晶。

在我国几千年的历史中，中华民族长期形成的特有的和多样化的审美艺术形态，给世界艺术宝库留下了辉煌且丰富的遗产，使我们有条件深入探索中华艺术创新与发展的轨迹。在原始社会，中华民族就有音乐、舞蹈等艺术，到夏商西周时期形成了宫、商、角、徵、羽五声，有了正式的礼乐制度。同样是在原始社会开始有陶器、岩画等艺术，从夏商西周时期开始有青铜艺术和玉石艺术，这一时期还开始产生书法艺术，并出现了早期的瓷器，到汉代时瓷器艺术进入成熟阶段。到了隋唐，中华文明的各种艺术都达到巅峰，并一直不断发展，成为世界上最独特和璀璨的明珠。这些都充分体现了中华文明是追求美、创造美的文明。

中国是世界上最早有艺术史的国家之一，中华艺术有着悠久的历史和丰富的文献史料。中华艺术的成就使世界看到了中华民族惊人的创造力，也使世界听到了中华文明不断向前繁荣发展的心声。无论是第一次粗糙的石器工具，还是琳琅满目的艺术精品，它们不仅印刻着特定历史社会生活发展变化的轨迹，还体现着中华艺术的创新与发展。中华大地是创新的故乡，这不仅体现在科技、文学和教育等方面，还体现在艺术方面。因此，下面我们将主要从器物艺术、绘画与书法艺术、建筑与雕塑艺术、纺织与服装艺术、音乐与舞蹈艺术五大方面对中华民族在中华传统艺术中的创新表现进行梳理与总结。

一、器物艺术

器，意指用具。艺术器物，在我国的历史最悠久，包括陶瓷器艺术、玉器艺术和青铜器艺术。

（一）闻名世界的陶瓷器艺术

在漫长的进化中，原始人类终于依靠自身的力量，创造出了第一种新的材质——陶，并能动地掌握了它的性能，从此人类进入了使用人造材料的崭新阶段，完成了人类历史上第一次伟大、重要的创举。中华民族是世界上最早发现和掌握制陶的民族之一，中华民族制陶的第一座高峰以彩陶（指原始制陶中器表饰以彩绘装饰的各类陶器）的兴起为标志。其中，仰韶文化彩陶与马家窑文化彩陶是其最具代表性的器物，主要分布于山西、陕西、河南及甘肃等地。彩陶的艺术特征十分明显且具有时代意义，主要体现在纹样、色彩与造型上，其中又以纹样最为突出，如仰韶鱼纹彩陶和马家窑娃纹壶等（李希凡，2006）[①]。

中华民族在四千多年的制陶实践中，使制陶术得到了充分发展，使得瓷器的发明成为中华民族对世界文明的独特贡献。中国商朝的釉陶就具有瓷器的特征，但真正意义上的瓷器制造是在东汉时完成的。浙江上虞被公认为是瓷器发源地，也是中国发明与制造瓷器的主要区域（刘谦功，2011）[②]。彩瓷的出现是中国瓷器史上最具意义的标志性事件，彩瓷当首推唐代长沙窑的釉下彩瓷器，长沙釉下彩的发明为后世瓷器彩绘的繁荣和发展奠定了基础，是中国瓷器史上的一个重要里程碑。到了宋代，中国的瓷器艺术达到了巅峰，其主要标志是产生了名列史册的五大名窑（钧、汝、官、定、哥）。中国瓷都景德镇青花瓷的出现则成为中国陶瓷史上划时代的事件，景德镇青花瓷也作为中国最具民族特色的瓷器闻名于世，它用笔绘技法替代了原来的刻花、印花技法，对中国陶瓷装饰产生了深远的影响。

（二）历史优秀的玉器艺术

中国是最早制造和使用玉器的国家之一，在长期制作和使用过程中，古代工匠创造了独特的玉石雕刻工艺，并将其运用到当时社会生活的每一个角落。

新石器时代是中国玉器产生与发展的重要时期，中国大多数新石器时代的遗址中都出现了玉器，比较著名的有红山文化、大汶口文化等。红山文化遗址中的玉龙是迄今发现的中国最早的玉龙，是中国玉器的经典之作，造型简洁流畅，雕琢精致美观，红山玉龙飞腾则表现出了红山玉器的工艺风格，这在中国玉器发展史上有着特殊的代表性。元代渎山大玉海是目前已知的最早的巨型玉器，是忽必烈在1265年命皇家玉工制成的，是元朝历史状况和精神风貌的直观再现。自元代渎山大玉海

---

① 李希凡:《中华艺术通史》原始卷，北京，北京师范大学出版社，2006。
② 刘谦功:《中国艺术史论》，14 页，北京，北京大学出版社，2011。

之后，中国玉器可以说进入了一个"大"的时代。到了清代，乾隆时制造了中国有史以来最大的玉器——大禹治水玉山，这又将中国的玉器制造推上了一个新的高峰。

（三）丰富多彩的青铜器艺术

青铜器艺术是青铜时代（以青铜器为标志的人类物质文化发展阶段）最重要的艺术成就。据考古发现，中国的青铜文化起源于黄河流域，与中国奴隶制国家的产生、发展及衰亡的过程有着紧密的联系（刘谦功，2011）[1]。一般来说，中国从夏朝开始才真正进入青铜时代，最早的青铜容器是"爵"和"斝"，"爵"是夏朝青铜器的典型代表器物，是奴隶主贵族宴饮时使用的酒具。而到了商周时期，青铜器则洋洋大观，其中"鼎"可以说是中华文明中极富象征意义的一种器物，"铸九鼎，像九州"，商王文丁所制的"司母戊大方鼎"是目前发现的最大、最重的鼎（刘谦功，2011）[2]。此外，尊神重鬼是商朝的国家大事和时代潮流，这绝对不是仅仅停留在观念上，所用器物精益求精便是典型的表现，而"四羊方尊"则是所有器物中的典范，其技艺高超给人以整个器物浑然一体的感觉。

二、绘画与书法艺术

绘画与书法艺术常常连接在一起，两者都属于造型艺术，都是中国古老传统艺术，都用笔、墨等来创作可视的"形象"，只是书法写的是汉字，它是我国独具一格的艺术。

（一）别具一格的绘画艺术

中国古代绘画艺术有着几千年的悠久历史，在不同的历史时期，受当时的政治、经济和文化思想影响，绘画作品都展现出不同的特点。中国不仅是世界上最早有文字记载岩画的国家，也是世界上岩画遗迹最丰富的国家之一（中央美术学院美

---

① 刘谦功：《中国艺术史论》，82 页，北京，北京大学出版社，2011。
② 刘谦功：《中国艺术史论》，86 页，北京，北京大学出版社，2011。

术史系中国美术史教研室，2002)①。目前已经发现的岩画遗址中，最重要的是内蒙古阴山岩画、宁夏贺兰山岩画等约 30 处。

我国绘画起源于原始社会，至今已有至少六千年的历史。新石器时代的到来，在中国绘画史上具有决定性的意义，这个时期出现的彩陶画是绘画作品中的瑰宝。新石器时代的绘画遗迹还有岩画、线刻画、壁画和地画等。新石器时代的绘画，技巧上尚处于稚拙阶段，但已具有初步造型能力，对人物、鱼、鸟等外形动态也基本能抓住其主要特征，并表现出了先人的信仰和愿望。大地湾仰韶晚期居址地画则是中国迄今发现最早的、独立的绘画作品。

商、西周、春秋时代的绘画在我国古代绘画史上处于起步阶段，绘画主要表现在壁画、青铜器、漆木器、章服等的纹饰上。这一时期的青铜器纹饰在我国绘画史上占据重要位置，是继彩陶之后的又一重要的绘画种类，以动物纹为主。据文献记载，商纣王的"宫墙之画"是最早的壁画，而中国现存最古老的、具有独立绘画意义的作品是在湖南长沙两座战国楚墓出土的两幅帛画：《人物龙凤图》和《人物御龙图》（刘谦功，2011)②。

中国秦汉时期的绘画随着封建社会的日益巩固而展现出新的面貌，秦汉绘画将战国时期地域不同的绘画风格融合起来，形成统一的、雄厚博大的时代风格。丝织帛画和漆画在这一时期继续得到发展。秦汉绘画在表现形式和题材内容等方面，均比前期有了较大的丰富和提高，形成了中国绘画史上的第一个高潮，为以后绘画艺术的发展奠定了坚实的基础。

在中华绘画艺术的发展中，出现了很多优秀的画家，他们的艺术风格一脉相承，都有着精湛的绘画技法和深厚的笔墨功力。这些艺术家们所创造的绘画作品，既有浓郁的民族特征，又符合时代的风格，是中华艺术的瑰宝，并以卓越的艺术成就在世界美术史上占据着重要的地位。

顾恺之是东晋最伟大的画家，他在解决绘画创作技巧的问题上，更是取得了划

---

① 中央美术学院美术史系中国美术史教研室：《中国美术简史》增订本，北京，中国青年出版社，2002。
② 刘谦功：《中国艺术史论》，123 页，北京，北京大学出版社，2011。

时代的成就。顾恺之主张绘画要做到传神、表现神气，这使中国绘画从此出现了高层次的美学追求，其最著名的绘画作品是《洛神赋图》（李少林，2006）①。同时，他也是早期杰出的绘画理论家，并有经典画论流传下来，如《论画》《魏晋胜流画赞》《画云台山记》等。

唐朝是中国绘画走向成熟的时代，尤其是在人物画方面获得重大发展，其典型代表人物有阎立本和吴道子等人。阎立本是中国唐朝画家兼工程学家，他的代表作品有《步辇图》和《历代帝王图》，前者描绘了唐太宗将文成公主嫁给吐蕃王松赞干布的情景，后者则是两汉至隋朝13位帝王的画像。历史的大背景使得阎立本笔下的政治人物画主题宏阔，将帝王气派永远凝固在中国绘画史中。吴道子在用笔技法上更是创造了一种波折起伏、错落有致的"莼菜条"式的描法，强化了描摹对象的分量感和立体感，其画风对西方的绘画艺术也具有一定的影响，所画人物、衣袖等具有迎风起舞之势，故有"吴带当风"之美誉。

中国绘画至唐宋已经走向全面成熟，在此基础上出现了集大成的著作与画作，如唐代张彦远的著作《历代名画记》和宋代张择端的画作《清明上河图》。张彦远的《历代名画记》是中国第一部体例完备、史论结合的绘画通史，提出了"书画同体"的思想；张择端绘制的《清明上河图》震撼世人，堪称经典的艺术再创造，画中的人物不是静态而是动态的，更精彩的是，它的动态还体现在昼夜的更替上。

清代绘画延续元、明的趋势，在康熙、乾隆时期宫廷绘画获得了较大的发展，呈现出不同于前代院体的新局面，其中以"扬州八怪"为代表的扬州画派最为著名。"扬州八怪"之一的郑板桥称得上是中国古代绘画史上画竹的第一人，其代表作为《墨竹图》，他画的竹子充分表现出其在中华文化中厚重的意蕴，这与其独特的创作过程有很大的关联。

（二）博大精深的书法艺术

中国的书法艺术源远流长。在整个书法艺术的发展过程中，也出现了很多优秀

---

① 李少林：《中国艺术史》，呼和浩特，内蒙古人民出版社，2006。

的书法艺术家，历代书法大师们用手中的笔在人类历史上留下了一座座丰碑。

商朝时期出现了"甲骨文"，这是迄今已知最早的汉字成熟体系，也是最早的书法作品（史仲文，2006）①。后来人们又开始学着在青铜器上刻字，形成了"金文"或"钟鼎文"。秦朝李斯发明了"小篆"，形成了统一的标准字体，是中国书法史上的重大创造与突破。而汉代的"隶变"（汉字由篆书变成隶书的过程）更是中国书法史上一个重大的转折点。从史料记载上看，西汉时，已经出现了刻石立碑的书法表现形式，在汉代的石刻中最为重要的两种形式是摩崖和碑版。魏晋时期"楷书"的出现对于中国书法艺术的发展有着重要的意义，它使汉字的字形基本得到了固定。魏晋时期，在书法领域涌现了一批大家，他们通过各自独具特色的作品及风格，共同创造了书法艺术发展史上的辉煌成就。其中，尤以被世人尊为"书圣"的王羲之最为著名，其代表作为《兰亭序》，它的布白、结构、用笔虽各自称雄，却互不侵扰，配合默契，无愧于"天下第一行书"的称号（陈玉龙，1991②；刘谦功，2011③）。

到了唐朝，楷书已经发展成熟，并在这一时期达到了完美的境界，楷书也是唐代书法艺术的主要形式，是其他书体的基础，也是其他书体变法的基础。同时也涌现了一大批楷书的名家名作，其中最负盛名的当属"楷书四大家"之一的颜真卿。事实上，以颜真卿为代表的中唐书法家通过楷书所确立的新的审美法则，对各种书体的变法和立法均有普遍的指导意义。颜真卿不仅创造出了标志着楷书新的里程碑的"颜体"楷书，而且也创造出了"二王"之后第二个行草高峰的"颜体"行草。唐代的书法艺术不仅在楷书上众派纷呈，树立典范，而且在草书的发展上也是空前的活跃。在草书领域，当以张旭和怀素和尚最为著名。张旭曾师从吴道子，从"吴带当风"中得到启发，创造出了一种前无古人、潇洒出尘的狂草书体，有墨迹《古诗四帖》传世。怀素和尚与张旭合称"颠张（张旭）狂素（怀素）"，其传世墨迹有《自叙帖》《藏真帖》等。而宋代的书法则极具纵横跌宕、沉着痛快的书风。苏东坡、黄庭坚、米芾、蔡襄是宋代书法家中的代表人物，史称"宋四家"，而苏东坡又是其中的

---

① 史仲文：《中国艺术史：书法篆刻卷上》，226 页，石家庄，河北人民出版社，2006。
② 陈玉龙：《中国书法艺术》，59 页，北京，新华出版社，1991。
③ 刘谦功：《中国艺术史论》，182 页，北京，北京大学出版社，2011。

翘楚，他在宋代书坛上具有承上启下的地位，既继承唐风，又开创了宋代行书尚意的独特风格，其最大成就则是创造了"刚健婀娜"的苏体，主要代表作有《赤壁赋》《中山松醪赋》等，他与王羲之、颜真卿可以称作中国书法史上行书发展的三座里程碑。

三、建筑与雕塑艺术

建筑是建筑物和构筑物的统称，也是工程技术和建筑艺术的综合创作，中国的建筑是科技之作，更是艺术珍品。

雕塑是造型艺术之一，是雕、刻、塑三种制作方法的总称，以各种可塑的（如黏土等）或可雕可刻的（如金属、石、木等）材料制作各种具有实在体积的形象。

（一）匠心独运的建筑艺术

建筑是一门重要的艺术。中国古代的建筑艺术在世界建筑艺术发展史上，具有鲜明突出的民族风格和举世公认的艺术成就。在长期的历史过程中，我们形成了一套成熟且具有特点的体系，并且在世界建筑史上占有极其重要的地位，与欧洲建筑、伊斯兰建筑并称世界三大建筑体系。中国建筑艺术在世界建筑史中独树一帜，古代工匠们运用精湛的技法，创造了举世瞩目的艺术作品。

人类从新石器时代出现最初的房子以来，就从未离开过建筑。约六七千年前，在我国长江流域多水地区就有干阑式建筑。干阑是用竹木等构成的楼居，它是单栋独立的，底层架空，用来存放东西或饲养牲畜，上层住人。秦汉初期仍然承袭前朝台榭建筑形式和纵架结构，中国封建社会第一个皇帝秦始皇的宫殿阿房宫就是最好的实例之一。佛教在两晋、南北朝时曾得到很大发展，并建造了大量的寺院、石窟和佛塔。最早见于我国史籍的佛教建筑，是东汉明帝时的洛阳白马寺。北魏佛寺以洛阳的永宁寺为最大，是我国最早的佛塔。北魏开凿的著名石窟有甘肃敦煌莫高窟、山西大同云冈石窟、河南洛阳龙门石窟等。

唐朝建筑风格的特点是气魄宏伟、严整而又开朗，唐代建筑师的突出成就之一就是建造了当时世界上最大的城市——长安城，长安的规划是我国古代都城中最为严整的。同时，唐朝还兴建了最大的藏式喇嘛教寺院建筑群——西藏拉萨的布达拉宫。进入隋唐以后，中国古代木结构建筑才留存了实例，山西的南禅寺大殿和佛光寺大殿显露了唐代木结构殿堂的真面目。辽代时木塔已经很少见，绝大多数是砖石塔。其中最高的河北定州开元寺塔（又称料敌塔），也是我国现存最早的砖塔；而在福建泉州开元寺的两座石塔，则是我国规模最大的石塔。宋代砖石塔的特点是发展了八角形平面的、可以登临远眺的楼阁式塔，塔身多作简体结构。建于辽代的山西应县佛宫寺释迦塔是我国现存最高最古老的木塔。南京明孝陵和北京的明十三陵，是善于利用地形和环境来形成陵墓肃穆气氛的杰出实例。明代建成的天坛是我国封建社会末期建筑设计的优秀实例，它在烘托最高封建统治者祭天时的神圣、崇高气氛方面，取得了非常大的成就。北京故宫（旧称紫禁城）是明清两代的皇宫，也是中国现存最大、最完整的古建筑群，它严格对称的布置，层层门阙殿宇和庭院空间相连的结构组成庞大建筑群，把封建君权抬高到无以复加的地步，这种极端严肃的布置是中国封建社会末期君主专制制度的典型产物。

除此之外，在中国古代建筑设计中，还有一些非常经典的作品也是不得不提的，如万里长城和赵州桥等。万里长城长达 5 660 多千米，它显示了明代砖石材料、结构和施工方面的成就，同时雄壮墩台和关城的造型以及建筑物上细致的砖石雕刻，也是明代建筑艺术方面的优秀作品。因此，万里长城无论是在工程上还是在艺术设计上都给人留下了深刻的印象，它是世界上最伟大的工程之一。赵州桥（又称安济桥）是我国现存最古老的大跨径石拱桥，它是由我国隋朝时期的工匠李春设计建造的。李春在设计和建造大桥的过程中，从实际需要出发，大胆创新，突破旧的传统，使大桥具有独特的风格。他采取单孔长跨石拱的形式，在河心不立桥墩，使石拱跨径长 37 米多，这在当时是一个创举。赵州桥不仅是我国桥梁工程技术上的一项伟大成就，还是世界敞肩拱桥的典范。

（二）独特精湛的雕塑艺术

雕塑艺术是人们生活的反映，也是社会文明的象征，它作为一种艺术形式，具有辉煌的成就。梁思成（2001）①曾说过，"艺术之始，雕塑为先"。中国古代雕塑艺术的发展史，是中华民族文明发展的一个缩影。在不同的历史时期，雕塑艺术风格也随之发展和变化。艺术家们通过实践将观察到的事物在其雕塑艺术作品中通过艺术的手法表现出来，并具有时代特色。

据考古发现，旧石器时代的饰物可被视为最早的雕塑艺术品，其中最具代表性的是北京周口店山顶洞遗址中出土的各种材质与造型的饰物。商周时期最经典的雕塑作品则当属三星堆青铜雕塑：青铜立人像、青铜人头像和青铜面具。

秦朝在雕塑艺术上所创造的成就是令后人极为惊叹的。它所创造的雕塑作品，无论是大型的雕塑制作，还是小型工艺性的装饰品，都显示出两千多年前工匠们所具有的高超创作水平和艺术智慧。秦始皇陵兵马俑就是一个里程碑，标志着上古雕塑艺术经过战国时期的发展，到秦始皇时代已经成为完全独立的重要美术门类。其令世人震撼的艺术表现力，奠定了它在中国古代雕塑史上极高的地位。

到了魏晋南北朝，中国古代雕塑艺术已开始进入全面发展状态。佛教的传入以及与中亚各国的文化交流，使雕塑吸取了许多外来新鲜血液，并取得了辉煌的艺术成就。佛教造像在当时受到了极大的重视，为了宣传佛教文化，需要塑造大量的佛像，使佛教造像技术得到进一步的发展。这一时期的佛教雕塑，在表现技法上既将前期的传统工艺发扬光大，又在此基础上创造出成就突出的浮雕技术，成为中国雕塑发展史上又一重大突破。这种技法与前期的平面绘画形式相似，通过工匠们的长期实践，逐步发展成完善的浮雕技术。例如，在云冈石窟和麦积山石窟中，我们都可以看到运用这种方法的实例，这也体现了当时中国雕塑艺术中的创新。

在中国古代雕塑艺术史上，唐代雕塑艺术具有十分重要的地位。唐代佛教雕塑艺术已经逐渐摆脱外来样式的影响，开始以体现现实生活的作品为主，向民族化、世俗化的形式转变。在陵墓石雕方面，也具有时代的特点，开创了护卫行列体制，为后世陵墓石雕树立了典范。十分可敬的是那些留下或没有留下名字的唐代雕塑家，他们年复一年献身于石窟、庙观和陵墓，用超人的智慧和勤劳的双手创造了举

---

① 梁思成：《中国雕塑史》，见《梁思成全集》第一卷，59页，北京，中国建筑工业出版社，2001。

世闻名的"中国菩萨""中国飞天""中国狮子"，创造出后人所称颂的甘肃敦煌莫高窟、河南洛阳龙门石窟和四川乐山大佛巨雕等，集中显示了中华民族的宏伟气魄和杰出的艺术才华；并且以造型的民族化和手法的中国化建立了中国佛教雕塑的体系，创造了中国雕塑的辉煌，将中国雕塑推向了历史高峰。

四、纺织与服装艺术

中国的纺织与服装历史悠久，是我国古代艺术宝库的重要组成部分。它不仅是人们生活的必需品，在一定程度上还反映着中国不同历史时期的政治和经济发展水平。从早期古猿人用树叶兽皮御寒、遮挡身体开始，经历了用骨针缝纫最简单的服装，到人们开始懂得种植棉麻、养蚕，创造了最早的衣裳。中国纺织工艺源远流长，在长期的不断改进和完善过程中，形成了具有不同特色的服装，在中华艺术历史上留下了灿烂的一笔。

(一)工艺精湛的纺织艺术

我国是世界上发明养蚕缲丝最早的国家。春秋战国时期的纺织工艺，已经具有较高的水平。湖北江陵马山发掘一座楚墓，出土了大批丝织品以及编织和刺绣等。汉代的织绣工艺，在继承春秋战国传统织绣工艺的基础上，有了飞跃性的发展。湖南长沙马王堆发掘了一号汉墓，出土了大量的基本完整的丝织品，品种有锦、绫、绮罗、纱、绢等。六朝时期的织锦，以四川生产的蜀锦最为著名。自魏晋南北朝以后，最具有特色的设计便是莲花纹和忍冬纹，其中莲花纹是我国古代装饰中最早见到的植物纹。唐代的染织工艺努力追求华丽的色彩效果，丝织的品种很多，而以织锦最著名，一般称为"唐锦"，这是古代丝织品中最精美、贵重的纺织品。到了宋代，中国印染织绣业又达到一个新的水平，丝织品的品种在前代的基础上又有较大的发展，其中最具时代特色的就是宋锦。

(二)独具特色的服装设计

中国的冠服制度，大约在夏商时期初步确立，至周代趋于完善。据资料显示，周代已采用"深衣制"，所谓深衣，是将原有的上衣和下裳缝合在一起的衣服，这种形式成为我国历代服装的基本特征，直至近代男子的长衫、女子的旗袍、连衣裙都可说是"深衣制"的延续。战国时赵武灵王推行"胡服骑射"，堪称一次服饰改革的壮举。魏晋南北朝时期形成了中国古代服饰史上第二次大变革，其服饰主要以自然洒脱、清秀空疏为特点，醉心于褒衣博带式的汉族服饰。隋唐五代的服饰，是中国服饰史册中最为灿烂的一页。尤其是唐代女服，从面料到款式再到着装，是中国服饰史上最为精彩的篇章。盛唐贵族女服呈现出以展示女性形体和气质美的薄、露、透的特点，是中国封建社会绝无仅有的现象，这可以说是中国古代服饰史上第三次大变革。明代服饰改革中，大量接受儒家思想，最突出的一点就是调整冠服制度。明代男子服装主要为袍、裙等，明代女子服饰为冠服和便服。清代对传统服饰的变革最大，清代男子以袍、袄为主，一律改宽衣裳大袖而为窄袖筒身，衣襟以纽扣系之，代替了汉族惯用的绸带，清代满族女子主要穿旗袍，汉族女子仍是上着衫、袄，下着裙、裤。

五、音乐与舞蹈艺术

音乐是通过一定形式的音响组合，表现人们的思想感情和生活情态的艺术形式。它有歌曲、合唱和交响音乐等形式，往往与诗歌、戏剧、舞蹈等组合。舞蹈则是以提炼、组织和艺术加工的人体动作为主要表现手段，表达人的思想情感，反映社会生活。艺术与舞蹈两者结合，更具美感，更显艺术魅力，也更有感染力。

(一)独特优美的音乐艺术

无论是在东方还是西方，音乐都是最早产生的艺术形式之一。与其他艺术门类相比，音乐是最抽象的艺术。传说中远古乐器众多，然而中国古文化遗址中遗存下来最多的是埙。埙是我国特有的吹奏乐器，在世界原始艺术史中占有重要的地位

（刘谦功，2011）①。埙大都是陶制，据目前的考古发现和文献记载，最早的陶埙是浙江河姆渡遗址出土的椭圆形一音孔陶埙。在河南省舞阳县贾湖村新时期遗址发掘出了随葬的16支骨笛，距今已有8 000多年的历史，它们是用鹤类腿骨制成的，大多钻有7孔，在有的音孔旁边还留有钻孔前刻画的等分标记，个别音孔旁边另钻一小孔来调整音高。这些充分说明当时的人们已经对音高的准确度有了一定的要求，对音高与管长的关系也已具备了初步的知识。这证明当时的音乐已经发展到了相当高的程度。

世界上最早的弦乐器是中国的古琴（又称瑶琴、七弦琴），古琴早在周代就已经盛行。从西周到春秋战国时期，中国音乐又有了很大的发展，中国最早的一部诗歌总集——《诗经》，保存了自西周至春秋中期的乐歌305篇，分为"风""雅""颂"三大类。《吕氏春秋·音律》是目前发现的中国乐律学的最早文献，里面记载的"三分损益法"（三分损一和三分益一），是由春秋时期管仲提出的，即记录各音律之间的音高比例的理论（刘谦功，2011）②。在湖北随州出土的曾侯乙编钟，代表着春秋时代乐律学和乐器工艺的最高发展水平。春秋战国时期诸子百家群起，思想空前活跃，当时许多有影响的哲学家和思想家，几乎都对乐舞艺术发表过自己的真知灼见，最具影响力的是战国初年的公孙尼子所做的《乐记》。《乐记》不仅是我国音乐史上最早的专门理论著作，也是东方美学史上第一部系统的专著。汉代最有名的歌曲形式叫"相和歌"，是歌者自击节鼓与伴奏的管弦乐器相应和。魏晋时期，在相和歌的基础上，又有新的音乐发展起来，称为"清商三调"或"清商乐"。唐代音乐取得了很大的成就，它继承了清商乐的传统，形成了一种新的音乐——法曲（集器乐、舞蹈、歌曲于一体的大型表演形式）。清代则形成了另一种新的音乐形式——京剧，它已经成为我国最大的戏曲剧种，被誉为"国剧"。

（二）多种多样的舞蹈艺术

舞蹈是人类最古老的艺术形式之一，它是以有节奏的动作为主要手段来表现人

---

① 刘谦功：《中国艺术史论》，316页，北京，北京大学出版社，2011。
② 刘谦功：《中国艺术史论》，320页，北京，北京大学出版社，2011。

的生活思想和感情的艺术形式。舞蹈在远古时代就已经出现，我们的祖先通常会用舞蹈来庆祝丰收和胜利等。中国舞蹈具有悠久的历史传统和丰厚的文化积淀，它在原始时代是文化的基本形态。从青海上孙家寨出土的舞蹈纹彩陶盆来看，至少在5 000年前，中国就已经出现了真正意义上的舞蹈。

周朝舞蹈有文舞、武舞之分，从史料来看，周朝周公旦因袭夏商礼乐旧制并加以发展，其中舞蹈是重要的方面之一，周朝舞蹈成为中国乐舞文化的第一个高峰，特别是西周统治者对公元前26—前11世纪流传的历代乐舞的整理和规范，可谓人类艺术史上空前的壮举。周朝的文舞是纪念皇帝、尧帝、舜帝和禹帝的，其舞蹈作品分别是《云门》《大章》《大韶》和《大夏》；而武舞则是歌颂商汤与周武王的，其代表作品分别是《大濩》和《大武》（刘谦功，2011）[①]。历经夏商周三代，乐舞在传统的基础上规模不断扩大，舞技也越来越精湛，终于跃上了中国舞蹈的第一个巅峰。汉代舞蹈具有技艺精湛、风格灵动的特点，《盘鼓舞》和《长袖舞》就是其最好的证明。敦煌的飞天（佛教壁画或石刻中在空中飞舞的神）之舞创造了一段辉煌的舞蹈历史，敦煌壁画中的飞天自石窟创建就出现了，从十六国飞越了十几个朝代，直至元朝末年随着石窟的衰落而消亡。到了唐朝，舞蹈文化达到了一个新的巅峰，从唐太宗到唐玄宗，"乐"和"舞"大盛，从《破阵乐》到《霓裳羽衣舞》，都展示了一个辉煌时代的文治武功。元代的舞蹈则是从人间舞到天界，有着独具一格的艺术特征与文化内涵，《十六天魔舞》是其代表作。

第三节

———

中华科技

中华民族文化对科学发明的重视使中华民族在悠久的历史中一直领先于其他国

---

① 刘谦功：《中国艺术史论》，359~362页，北京，北京大学出版社，2011。

家。例如，北宋时期著名的科学家沈括，是一名卓越的工程师，出色的军事家、外交家和政治家。同时，他还精通天文、数学、物理学、化学、生物学、地理学、农学和医学。他晚年所著的《梦溪笔谈》是中国科学史上的坐标，内容极为丰富，包括天文、历法、数学、物理、化学、生物、地理、地质、医学、文学、史学、工程技术、音乐、美术等 600 余条。其中 200 余条属于科学技术方面，反映了我国古代特别是北宋时期自然科学取得的辉煌成就。

中华民族的科学文明在历史中的领先地位也是吸引英国著名科技史学家乔琵芬·李约瑟（Joseph Needhain）一生醉心于中国科技文明的原因。李约瑟老先生几十年都坚持寻书访友，尽最大可能收集文献、实物和口碑资料，钩玄提要，探幽烛微，见微知著。他从一张告诫行人慎防恶犬的墙贴印证我国早期的印刷术；从大渡河上的铁索桥联想到当年钢铁冶炼工艺的水平；从涌潮、验潮、潮汐表以及有关理论推演出一部引人入胜的潮汐学史（夏侯炳，1995）①。罗伯特·坦普尔（Robert Temple）的《中国的创造精神》一书是对中华文明的科学创造精神的最好诠释，它使西方读者对中国古代科学成就有了一个概括的了解。在《中国的创造精神》一书的序言中，李约瑟提出一个根本问题：为什么中国竟然如此遥遥领先于其他国度？这是因为中华文明具有崇尚自主的人格、质疑求真的特质、"和而不同"的思维特点以及"崇尚理性"的精神。正是由于中华文明具有这种崇尚科学的精神，无论经过了多少挫折，中华民族总是能迅速地发展科技，屹立于世界民族之林。中华文明是不断创新、不断前进的文明。

一、中国的 100 个世界第一

我曾拜读李约瑟先生的《中国科学技术史》，这部 2 000 余万字的巨著是他对世界科学史的空前贡献。我敬佩李约瑟先生以西方杰出学者公正的眼光和深邃的思想，系统而全面地总结了中国古代科学技术的光辉成就，充分肯定了历来追求科技

---

① 夏侯炳：《简论李约瑟及其〈中国科学技术史〉》，载《江西图书馆学刊》，第 2 期，1995。

发明的中华传统文化对于世界文明的伟大贡献。人民教育出版社出版的《中国的创造精神——中国的 100 个世界第一》(*The Genius of China*),从中国丰富多彩的科技遗产中,选出 100 个在时间上或科学内容上居世界第一的例子,以图文并茂的形式做了生动的描述。这里我们要说明的有两点:一是其材料大多数选自李约瑟的《中国科学技术史》《李约瑟文集》和尚未发表的一些文稿和资料,并获得李约瑟的赞赏;二是"100"是个吉利或"绝对多"的数字表达,坦普尔曾下结论,"现代世界"赖以建立的种种基本发明和发现,可能有一半来源于中国。强调"100 个世界第一"只是表达中华传统文化中科技发明对世界科技的贡献。

坦普尔列举了 96 项中国的发现与发明,并给出它们领先于西方的时间长度,这指的是一项发现或发明在中国有记载的时间与其在西方被采用或认识的时间两者的距离(坦普尔,2004)[1]。

分行栽种与精细锄地	2200 年
铁犁	2200 年
胸带马挽具	500 年
颈圈马挽具	1000 年
旋转式扇车	西方没有应用过
近代多管条播机(耧车)	1800 年

由以上可见,在农业方面中国比西方先进 2000 年。

定量制图学	1300 年
所谓的"麦卡托"投影	600 年
赤道式天文仪器	600 年
铸铁	1700 年
曲柄	1100 年
所谓的"贝塞麦"炼钢法	2000 年

---

[1] (英)R. 坦普尔:《中国的创造精神:中国的 100 个世界第一》,陈养正,译,21~23 页,北京,人民教育出版社,2004。

所谓的"西门子"炼钢法	1300 年
深井钻探天然气	1900 年
带传动或传动带	1800 年
链式泵(龙骨车)	1400 年
吊桥	1800—2200 年
第一台自动控制机	1600 年,但也可能是 3000 年
蒸汽机的基本原理	1200 年
弓形拱桥	500 年
链传动	800 年
最早的塑料,即漆	3200 年
石油和天然气做燃料	2300 年
纸	1400 年
独轮车	1300 年
滑动卡尺	1700 年
鱼竿绕线轮	1400 年
马镫	300 年
瓷器	1700 年
害虫的生物防治	1600 年
伞	1200 年
火柴	1000 年
白兰地和威士忌	500 年
机械种	585 年
雕版印刷术	700 年
活字印刷术	400 年
纸牌	500 年
纸币	850 年
纺车	200 年
对血液循环的认识	1800 年

对人体昼夜节律的认识	2150 年
内分泌科学	2100 年
对营养缺乏症的认识	1600 年
由尿液分析发现糖尿病	1000 年
甲状腺激素的应用	1250 年
天花的预防接种	800 年
十进制记数法	2300 年
算术中 0 的位置	1400 年
负数	1700 年
求高次方根和解高次数字方程	600 年
十进制小数	1600 年
代数学在几何学中的应用	1000 年
"帕斯卡"二项式系数三角形	427 年
磁罗盘(指南针)	1500 年
度盘指针装置	1200 年
对地球磁偏角的认识	600 年
剩磁和磁感应	600 年
地植物勘探	2100 年
(所谓"牛顿")第一运动定律	1300 年，先于牛顿 2000 年
雪花的六角形结构	1800 年
地动仪	1400 年
自燃现象	1500 年
近代地质学	1500 年
磷光画	700 年
风筝	2000 年
最早的载人飞行	1650 年
立体地图	1600 年
等高线运河	1900 年

降落伞	2000 年
微型热气球	1400 年
船舵	1100 年
平底帆船和错排船桅	西方没有应用过
多桅和船头船尾索具	1200 年
下风板	800 年
船内的水密舱(舱壁结构)	1700 年
直升机旋翼和螺旋桨	1500 年
桨轮船	1000 年
运河船闸	400 年
大定音钟	2500 年
定音鼓	西方未出现
密封实验室	2000 年
对音色的认识	1600 年
音乐中的平均律	50 年
化学战、毒气、催泪弹、烟雾弹	2300 年
弩	200 年
火药	300 年
火焰喷射器	1000 年
烟火	250 年
燃烧弹和手榴弹	400 年
金属壳炸弹	246 年
地雷	126 年
水雷	200 年
火箭	200 年
多级火箭	600 年
早期枪、炮、迫击炮	450 年
真正的枪炮	50 年

我们引用的这96项是原著前言中第21~23页的内容，为严格地执行知识产权法律要求，我通过人民教育出版社与译者陈养正先生取得了联系，并征得了他的同意。

坦普尔在"前言"部分"西方受惠于中国"文章中写道，认识到现代农业、现代航运、现代石油工业、现代天文台、现代音乐，还有一进制数学、纸币、雨伞、钓竿绕线轮、独轮车、多级火箭、枪炮、水雷、毒气、降落伞、热气球、载人飞行、白兰地、威士忌、象棋、印刷术，甚至蒸汽机的基本结构，全部源于中国。坦普尔还用了四个排比句：如果没有从中国引进船尾舵、罗盘、多重桅杆等改进的航海和导航技术就不会有欧洲人伟大的探险航行，哥伦布也不可能发现新大陆；如果没有从中国引进马镫，使骑手能安然地坐在马上，中世纪的骑士就不可能身披闪亮盔甲去救那些落难淑女，也就不会有"骑士时代"；如果没有从中国引进枪炮和火药，也就不可能有子弹穿透骑士的盔甲将他们射落马下，从而结束骑士时代；如果没有从中国引进纸和印刷术，欧洲继续用手抄书的时间可能要长得多，识字将不会这样普及。

普坦尔为什么要研究并撰写《中国的创造精神》一书？他的支持者李约瑟为什么把其后半生全部献给了中国科学技术史研究和中英两国人民的友好事业？是因为中国古代有着丰富的科技遗产，在科技发现和发明上取得了丰硕的成果，中华大地是科技创新的故乡。

二、独特的科学思想

中国的100个世界第一，凸显了中华文明创造精神的特点，更反映了我们新颖、独特的中华科技成就。这些特点和成就，既表现在创新的思想上，又表现在伟大发现和发明的实践中。这里我先来陈述独特的科学思想，以表达我们的祖先开启科技之窗的中华文明。这种科学思想既表现在各种学说上，又表现在著书立说上。

（一）指导社会文明的理论

中华文明科技创新，首先表现在科学思想的产生，即提出对自然、社会和人类自身的假设上，后逐步付诸实践，获取成就并成为学说。这里仅举四例（李约瑟，2003）①。

一是历法计时学说。人类认识大到宇宙星辰、小到飞禽走野的运动规律，都离不开计时，离不开历法。中国古代对历法的研究和应用在世界领先。早在公元前21世纪的尧帝时代，就已经规定一年为366天。到了商代，探索了"干支"，即天干（甲、乙、丙、丁、戊、己、庚、辛、壬、癸）和地支（子、丑、寅、卯、辰、巳、午、未、申、酉、戌、亥）的合称，以十天干同十二地支循环相配，成甲子、乙丑、丙寅……六十组，通称"六十甲子"。依此用来表示年、月、日和时的次序，周而复始，循环使用，至今三千多年来夏历的年和日仍用干支。我们的十二生肖也是后来从地支中衍生出来的。春秋末年，我国开始把一年分为365.25日，比西方早一百多年确，规定每月为29.53085日，沿用了近700年。南宋时期（1199年）开始采用的统天历又把一年修正为365.2425日，它和今天世界上通用的格里高利历，即阳历完全相同，但要早400年。此外，中华文明对日食和月食的规律的研究要比西方早1 000年，对二十四节气的研究，对中华民族的生息尤其是春耕夏耘秋收冬藏起到不可缺失的指导作用。

二是元气学说，自然界的物体或天地万物终究由什么构成的呢？这当然是物理结构和化学结构的科学问题。中国古人提出了元气学说。元气是产生和构成自然界万物的原始物质，或阴阳二气混沌未分的实体。早在西周初期，中国人提出了万物由金、木、水、火、土五种元素组成，这就是"五行说"，以说明世界万物的起源和多样性的统一。春秋时产生"五行相胜"思想，认为五行之间有相克的现象。战国时出现"五行相生相胜"的理论。"相生"，意味着无形之间相互促进，即"木生火，火生土，土生金，金生水，水生木"；"相胜"，意味着五行之间相互排斥或"相克"，即"水胜火，火胜金，金胜木，木胜土，土胜水"。"五行论"观点具有朴素唯物论和自然辩证法因素。"五行说"一直被中华文明史保存下来，对中国的历法、天文、医学等科技发展起了一定的作用。东汉的王尧把元气说发展为"元气自然论"，认为天

---

① （英）李约瑟：《中国科学技术史》，北京，科学出版社，2003。

地间万物都是由元气自然而然地构成的。唐代的柳宗元、刘禹锡接受了王尧的观点，进而分析元气的运动、静止、稳定、变化、斗争、衰落、崩溃与神、鬼、人的意志无关，显示了一种反对鬼神迷信的正确思想。宋代的张载进一步发展了"元气说"，认为阴阳两气充满了宇宙空间，由于阴阳两性推动而浮沉、升降、动静，这是宇宙自身的矛盾运动。有人曾把张载的元气论与近代科学奠基人之一——17世纪的法国科学家笛卡儿的以太漩涡理论进行了比较，发现两者有惊人的类似点。

三是天文学说。天有多大，地又有多广，天地有何关系，宇宙是怎样的，中国古代有"宣夜说""盖天说"和"浑天说"三种科学思想。"宣夜说"相传产生于殷朝，是我古代最早的一种宇宙学说，认为天没有形质，抬头望天远无止境。到了东汉，有人把宣夜说解释得较为清楚，认为日月星辰悬浮空中，依靠"气的作用"而运动，不存在什么固体的天球。尽管"宣夜说"发源得很早，但它对天体运行、季节、变迁等诸多问题没有做深入论述，所以影响不如后面两种学说。"盖天说"产生于东周，主张天像把张开的伞，而地则像个棋盘。到战国时期，"盖天说"发展为天像一个半圆形的斗笠，地则像一个倒覆着的盘子。天在上，地在下；北极是天的最高点，四面下垂；大地是拱形的，日月星辰随天盖而运动，其东升西落是由远近所致，不是没入地下。这种解释虽然极为勉强，却是中国古人早在2 300年前对宇宙的一种解说。"浑天说"也产生于战国时期，它反对盖天说中"天"像一种斗笠的说法，认为天是一个圆球，大地也是一个圆球。东汉张衡集浑天说于大成，主张天地的关系好像鸟卵壳包着蛋黄，天大而地小。因为天的形状浑圆而称为"浑天"。天和天上的星辰每天绕地南北极旋转一周，北极在正北出地36°，南极在正南入地36°。宇宙是无边无际的，时空是无限的。这种观点与西方的地心说有类似之处，产生时间也差不多。16世纪以后，不论是国内还是国际上，天文学与宇宙学的研究主流都转到以哥白尼的日心说为科学理论的轨道上来了，然而中华文明的宇宙学说也在世界的天文学与宇宙学中写下了光辉的一页。

四是"八卦"学说。电子计算机没有采用数学上的十进位，而是用了二进制。今天世界各国科学界都认为二进制最早是由法国科学家莱布尼茨倡导的，而莱布尼茨却说，二进制思想源于其研究的中国的"八卦"。八卦，亦称"经卦"，其理论出自

《周易》。《周易》即《易经》，简称《易》，系儒道两家重要经典之一。"易"当"变"字解。乾道变化，各正性命，保合太和，乃利贞。首出庶物，万国咸宁。从中悟出《周易》的核心思想是追求一种以太和为最高目标，关于人、自然与社会整体和谐（余敦康，2006）[①]。而"卦"或"八卦"，原起源于原始宗教的占卦，其历史悠久，相传神话中人类的始祖伏羲氏画八卦，周文王作辞，说法不一，但较多的观点是萌芽于殷周之际，用来代表八大不同的事物。例如，在罗盘上代表东、东南、南、西南、西、西北、北、东北八个方位。《周易》中的八卦，是八种圆形，阳爻"—"和阴爻"- -"是两种基本符号，叫作"两仪"。每卦由上爻、中爻、下爻"三爻"组成，每次取三个，则共有八种排列法，其名称为"乾"（☰）、"坤"（☷）、"震"（☳）、"艮"（☶）、"离"（☲）、"坎"（☵）、"兑"（☱）、"巽"（☴），如图2-1所示，称为"八卦"。《周易》包括《经》与《传》两部分。

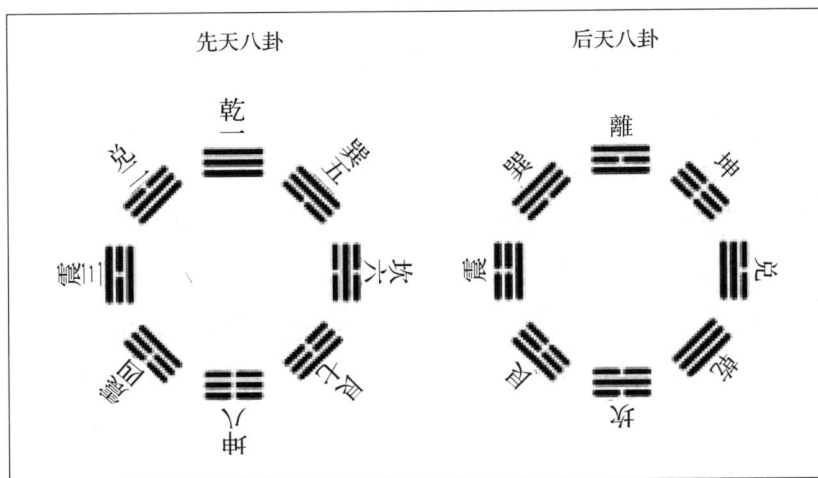

图 2-1　八卦图

《经》中的六十四卦是八卦两两相重组成，即每次取6(3×2)个爻，可得26种不同的排列，称为六十四卦。《传》认为通过八卦形式，象征天、地、雷、风、水、火、山、泽八种自然现象，推测自然和社会的变化，阴阳两种势力的相互作用是产生万物的根源，而"乾""坤"两卦在八卦中占特别重要的地位，能指示自然和社会诸现

[①]　余敦康：《周易现代解读》，前言5页，北京，华夏出版社，2006。

象的最初根源，并提出"刚柔相推，变在其中"等朴素辩证法思想。"八卦"又如何被二进制借鉴呢?《中国少年儿童全书》做了如下简单介绍(姜璐，1991)[1]:

如果把阳爻看作正号"＋"，阴爻看作负号"－"，并且把三个爻分别看成第一、第二、第三个坐标，那么八卦就是(＋，＋，＋)(＋，＋，－)(－，＋，－)(－，－，＋)(－，－，－)。

表 2-1　八卦与二进制、十进制对应

卦名	坤	震	坎	兑	艮	离	巽	乾
符号	☷	☳	☵	☱	☶	☲	☴	☰
二进位制记法	000	001	010	011	100	101	110	111
十进位制记法	0	1	2	3	4	5	6	7

(二)传世的科技著作

中华文明的科技思想，不仅提出了诸多的理论学说，而且出现了不少科技著作，这里仅简述四部古人大作。

世界数学名著——《九章算术》。《九章算术》全面系统地总结了中国古代数学成就，其主要内容在先秦已具备，经西汉张苍、耿寿昌删补而成。九章为:①方田，四则运算和各种面积;②粟，粮食交易的比例方法;③衰分，比例分配的运算;④少广，平方和与立方和的算法;⑤商功，各种体积公式和工作量计算法;⑥均输，赋税计算以及各种难题;⑦盈不足，盈亏问题;⑧方程，正负数和线性方程组解法;⑨勾股，勾股形解法以及测量问题。这中间有许多原理在世界领先，不亚于古希腊欧几里得的《几何原理》对西方数学的影响。

最早的中医书——《黄帝内经》。《黄帝内经》是中国古代 8 000 种中医文献中最早的著作。黄帝是传说中原各族的共同祖先，有很多的发明创造，如养蚕、舟车、音律、医学、算数等都创始于黄帝与岐伯、雷公等讨论的医学知识。《黄帝内经》是中国现存最早的对针灸论述较多的医学基础原理。《黄帝内经》共 18 卷 162 篇文献，

---

① 姜璐:《科学·技术卷》，见林崇德:《中国少年儿童百科全书》，116~117 页，杭州，浙江教育出版社，1991。

内容广泛，论述了中医的基础理论，兼述卫生保健、临床病症、方药、针灸等方面内容。其理论基础是自发唯物论和朴素辩证法思想的阴阳学说。《黄帝内经》是中医学的奠基之作，已被译为英、德、日、法等文出版。

中国科技史的里程碑——《梦溪笔谈》。《梦溪笔谈》是北宋科学家沈括所著，共26卷。成书后，沈括又写了《补笔谈》3卷、《续笔谈》1卷，因写于润州（今江苏镇江）梦溪因而得名，成书于11世纪末，共609条，涉及军事、法律、史实、文学艺术、考古、音乐、美术、数学、物理、天文、化学、工程、生物、地质、地理、农业、医药等领域，其中关于科学技术的条目占全书篇幅一半以上，总结了我国古代特别是北宋时期科学成就。我在《中国少儿百科全书》中曾写道，《梦溪笔谈》所记载的许多科技成就可以列为世界第一：根据化石推断古代气候的变迁，比西欧早400多年；用流水侵蚀学说阐明华北平原和雁荡山峰成因，比西方类似学说早700年；十二气历，比与它相似的欧洲萧伯纳农历早800年。沈括计算出围棋局总数是361，并且估计出它的布局方式多达连写几十个万字，更是古代世界绝无仅有的（姜璐，1991）①。难怪英国科学史家李约瑟称赞《梦溪笔谈》是"中国科学史的里程碑"，它的作者沈括是"中国整部科学史中最卓越的人物"（坦普尔，2004）②。

最早的科学著作——《墨经》。《墨经》又称《墨辩》，战国时期墨子（约公元前468—前376年）及其学生发展墨子思想的著作。内容包括：《经上》《经下》《经说上》《经说下》《大取》《小取》，共6篇，主要涉及认识论、逻辑学、数学、力学、光学、心理学以及经济学的内容。在数学方面，圆、线、面等的定义比古希腊欧几里得几何学的定义要早100多年。在光学方面，讨论了光的小孔成像原理，指出了光的直线传播规律，证述了光的反射、平面镜、凹面镜和凸面镜成像的规律，阐述了火的颜色和火的温度之间的关系。在力学方面，不仅给"力"下了定义，也提出了力矩的概念；论述了流水静力学的现象，初步形成了浮力原理的思想。在时空方面，讨论了空间、时间以及时空的关系，提出了无限时空和时空相互联系而统一的观点。《墨

① 姜璐:《科学·技术卷》，见林崇德:《中国少年儿童百科全书》，135页，杭州，浙江教育出版社，1991。
② （英）R. 坦普尔:《中国的创造精神：中国的100个世界第一》，陈养正，译，北京，人民教育出版社，2004。

经》的价值在于古代杰出思想家通过直接观察和实验现象，上升到科学理论做深刻的分析，这给西方科学家提供了可借鉴的宝贵经验。

三、重大的科技发现

《中国科学技术史》有大量的重大科技发现的例子，这里略举几项。

（一）世界上最早的冶炼金属法

传说（《云笈七籖》卷一百）蚩尤氏兄弟八十人，并兽身人语，铜头铁额。当年蚩尤反对黄帝，开始制作铠甲兜鍪，当时人不认识，说成"铜头铁额"。远古中国，已有"铜""铁"概念，是否真实，有待考证。不过我们看展览，已获悉商代的铜器制造水平已经很高；春秋晚期就有生铁器物。在熟铁中加入碳，或减少生铁中的碳含量，可以得钢，这就是中国古代生铁脱碳法、炒钢法和灌钢法等冶炼金属法的由来。今天我们讲冶金工业，是指开采和处理（选矿、烧结）金属矿石以及冶炼加工成材的工业，而生产铁及其合金的工业位于冶金工业的首位。冶金过程的方法、工艺、设备、经济问题形成的理论，构成一个技术科学，这就是冶金学。世界上最早冶炼金属的是中国，如铜、银、金，特别是铸铁炼钢。中国铸铁于公元前4世纪，先于西方1 700年；中国的炼钢，"贝塞麦"炼钢法早于西方2 000年，"西门子"炼钢法早于西方1 300年。由此可见，世界上最早研讨冶金过程方法学问的或形成冶金学雏形的也是中国。西方的生铁炼钢技术在19世纪才有。1845年，英国人凯利（Kelly）从中国工匠那里学到中国的炼钢方法，于1856年发展成了西方的第一种炼钢技术。1856年贝塞麦（Bessemer）发明的著名的酸性转炉炼钢法就吸收了中国的生铁炼钢法的知识，这就是坦普尔说的西方炼钢法比中国迟两千多年的缘由。与冶炼技术相对应的，中国还是世界上最早使用石油、天然气的国家。秦汉时代的高奴县（今延安附近）人氏发现，延河的支流洧水中有可燃烧的液体，称其为"石漆"。北宋的沈括在《梦溪笔谈》中叫它为"石油"，这一概念一直沿用至今，比使用石油还早。约公元前1世纪，四川人民在盐井时，发现从井中冒出的气体可以燃烧，后被当地人所使用，就叫其为"天然气"。所有这些说明，我们的祖先在工程技术上的科学发现才引发工程技术的发展。

（二）从穴位到针灸

《中国少年儿童百科全书》中有一段有趣的话语：相传，远古时有个人，在劳动时突然肚子疼痛难忍，在回家的路上又不小心碰伤了小腿。奇怪的是腿被碰伤了，肚子却不疼了。此后那个被碰伤的部位被命名为"足三里"穴，并留传下来刺激"足三里"穴位可治胃痛的医疗方法。穴位，又称"腧（输）穴""孔穴""穴道"。《黄帝内经》有"节""会""空"（孔）"气穴"等名。穴位为经络、脏腑、气血输注之处，包括"经穴""经外奇穴""阿是穴"等。这就构成中国特有的经络学说。《经络·保健·按摩法》的作者张声闳先生送我其著作，使我了解了经络学的深奥学问。经络遍布于人体各个部位，担当着运送气血、沟通身体内外上下的功能。十二经脉中六阴六阳。阴脉营其脏，阳脉营其腑。奇经八脉有把十二经脉联系起来。十二经脉往下又分十二经别、十二经筋、十二皮部，每个都可分手、足三阴三阳。这就有了可叫出名字的 4 个层次 48 条大小经脉（纵行部分），再与 15 条络脉（支面横者为络）交叉，这个已经很复杂的网络再与遍布全身、不计其数的孙络、浮络交会。目前已发现的人体穴位有 361 个，这就只能用树叶叶脉网络图比拟了（张声闳，1999）[①]。诊察穴位压痛等异常情况，可以协助诊断；而选择穴位施行针灸、拔火罐、推拿和按摩等手法，可防治疾病。其中，针灸是针刺和灸法的总称。针刺，是应用各种特制针具，施行一定刺激方法作用于经络穴位以防治疾病；灸法主要是用艾绒等物熏灼经络穴位以防治疾病。从《黄帝内经》起，针灸就成为中医的重要组成部分。

（三）独一无二的"脉诊"

我们请中医看病，医生仅凭三个指头，即食指、中指、无名指，轻轻地触按在病人的手腕处，就可以通过对病人体表动脉搏动情况的了解，体验识别脉象来诊断

---

① 张声闳：《经络·保健·按摩法》，4 页，北京，华艺出版社，1999。

病情，这就是中医的"脉诊"，又称"搭脉""摸脉"。脉诊与其他诊法结合，为辨证施治提供依据。脉诊在战国时期已较成熟，据说，战国时扁鹊对重病 5 天不省人事的赵国大官赵简子切脉，断定为血脉不通畅，经过 3 天的治疗，使其康复如初。脉诊在汉朝获得广泛应用。魏晋王叔和纂集扁鹊、华佗、张仲景等古代医学家的脉诊论说，撰写了 10 卷本的《脉经》，详辩三部九候及二十四脉象，并论述人体各种疾病的闻声察色等诊断方法。为什么通过脉诊能够判断病情？人的全身脉管自人体内是一个密闭的管道系统，由心脏搏动所引起的压力变化使主动脉管壁发生振动，沿着动脉管壁向外围传递而产生脉搏。在王叔和的《脉经》一书中，他把这脉搏的形象和动态叫作脉象，二十四脉象也由此产生；明代李时珍在《濒湖脉学》中又增三脉；明代李中梓《珍家正眼》又增一脉，中医的二十八脉象就是这样来的。只要人体任何一个地方发生病变，就会引起气血的变化，并从脉象上反映出来。这就是中医通过摸脉就能确诊病人得的是什么病以及病情轻重的原因。我国的脉诊学说在中西方文化交流中传播到海外，西方翻译了中国古老的《脉经》等中医著作，这是我国对世界医疗卫生事业的贡献。17 世纪英国的名医芙罗伊尔（Luoyier）受《脉经》的熏陶开始研究脉学，进而发明并制定给医生使用的切脉计数脉搏表，还完成西方第一本关于脉学的著作。

（四）最早的天文研究

中国的天象记载已有 4 000 多年的历史，而坦普尔在《中国的创新精神》却是从公元前 4 世纪"对黑子作为日象的认识"开始论述的。"新星"和"超新星"的发现，是中国古代天文观察的巨大成就。星球对人类来说，光度是不一样的，有的暗，有的亮。某时候它的光度突然增加到原来的几千倍到几万倍，这叫"新星"；增加到原来的几百万倍甚至上亿倍，这叫"超新星"。光度增加最终要恢复到原来的水平，有的时间不长，有的却要 1~30 年。新星爆发后的星体外围形成气壳，向外膨胀，速度可达几十千米每秒甚至 1 000 千米每秒。今天在银河系内已发现约 200 个新星。而最早发现这种天象的是中国，早在公元前 14 世纪，古代甲骨文中就有新星的记载，如"七日己巳夕壹出新大星并火""辛来出新星"。自商代到 1 700 年，我国共记载了

90 颗新星和超新星，而《汉书》中记载的公元前 134 年新星爆发，被国际上公推为人类发现的第一颗新星。

我国古代在行星、恒星观察方面有独到之处。战国时天文学家甘德用肉眼观察，发现了木星的卫星——"木卫三"，并记录了它的位置、早晚出没的形象、颜色和亮度。这比国际公认的伽利略等人用望远镜观察发现的"木卫三"要早两千年。东汉天文学家张衡在公元 139 年以前就观察记录了 2 500 多颗恒星，这和近代天文学家观察到的 2 500~3 000 颗的星数基本上没有什么区别。唐代天文学家一行，对恒星观察后，认为恒星并非静止，他把恒星不断移动的现象记录了下来，这比英国天文学家哈雷提出这一观察要早一千年。

提到哈雷的名字，自然要提到哈雷彗星。1676 年，哈雷首次利用万有引力定律推算了一颗彗星的轨迹，并预测它以 76 年为周期绕太阳运转，该彗星后来被称为哈雷彗星。彗星，我国称其为"妖星"，俗称"扫帚星"。我国是世界上记录彗星和哈雷彗星最早的国家。据春秋义疏记载，公元前 613 年秋天，有彗星进入北斗。我国当代天文学家张钰哲用电子计算机算出那就是著名的哈雷彗星。《春秋》上的记载是人类历史上对哈雷彗星的最早记录。从公元前 613 年到 1986 年，哈雷彗星光顾地球 35 次。我国从公元前 240 年起，对哈雷彗星的每次出现都有记载，且在《晋书》中指出，彗星没有光，其光来自其接近太阳时太阳光的反射，这比欧洲在 16 世纪才有类似认识早得多。正如法国天文学家利维在详细研究了有关 1 428 颗彗星的《彗星轨道总表》后断言："彗星记录最好的，当推中国的记载。"

公元前 2 世纪的《淮南子》中已经提到了黑子。《汉书》中记载的公元前 28 年 3 月发生的"有黑气大如钱，居日中央"，是世界上公认最早的有关黑子的记载。西方的同类记录迟至 8 世纪才出现。尤其可贵的是，从我国史料中的 106 条关于黑子的纪录中，可以发现黑子出现的几个周期——11 年、62 年、250 年，这与现代天文学的计算结果基本符合。

四、造福人类的科技发明

尽管《中国创造精神》阐述了 100 个世界第一，但我们经常提到的是中国科学技术的"四大发明"。

所谓四大发明，是指指南针、造纸术、印刷术和火药。在发明指南针之前，人类靠观察太阳和星辰来辨认方向，但如遇阴天、雨天就会迷失方向。中国人发明的指南针是为了在行动中有方向。早在远古时期，已有"指南车"的记载，传说黄帝用指南车在雾天中指明方向打败了蚩尤。到了战国时代，中国人发明了定向仪器"司南"，由于司南使用时要放在"地盘"上，所以有人把这种定向仪器叫"罗盘针"。从指南车到司南，再到罗盘针，之所以能指方向，是由于我们的祖先早早地认识了天然磁石吸引的原理。到了北宋时，中国人发明了人工磁化方法，经过磁化的钢针，穿上几根灯草，放在一只盛满水的碗里，它就能指方向，这种仪器称为指南针。从此指南针获得广泛的应用，尤其是大大推进了航海事业的发展，这比西方记载的罗盘早出200多年。宋朝沈括曾指出一种科学现象，磁针指南，但常常偏东，这不是正南。这种偏差是磁科学中的"磁偏角"，西方人到13世纪才注意到磁偏角的存在，却错误地归因于磁针有毛病。1492年哥伦布横渡大西洋，才真正承认磁偏角，这比中国晚了400多年。

纸是人类文明的载体。大约3 500多年前的商朝，中国有了甲骨文，到了春秋战国时，用竹片和木片替代甲骨；西汉在宫廷贵族中用丝织品、缣帛或绵纸写字。东汉时期的蔡伦总结了前人制造丝织品的经验，以树皮、麻头、破布等为原料，发明了适合书写的植物纤维——纸，于是纸成为普遍使用的书写材料。造纸术在7世纪经朝鲜传入日本，8世纪中叶传到阿拉伯，12世纪起，欧洲也仿效中国的方法造纸了。

印刷术是普及文化的基础。印刷术开始于隋朝的雕版印刷。它用刀在一块木板上雕刻成凸出来的反字（像今人的图章，但图章字太少，仅仅是人的名字），然后上墨，印到纸上，每印一本书要下很大功夫。后来经北宋人毕昇的发展和完善，产生了活字印刷。在公元1004年到1048年，毕昇用质细且带有黏性的胶泥，制成四方体的长柱体，在上面刻上反写的单字，一个字一个印，放在土窑里用火烧硬，形成活字。印刷时按文章内容，逐字排成印版，印刷后活字下次可再用。这种印刷方法大大地提高了效果。直到计算机排版印刷前，整整1个世纪都是活字印刷，只不过后来人们改进了，使用木活字和金属活字。中国印刷术成了人类近代文明的先导，为知识传播交流创造了条件。13世纪以后，活字印刷传到朝鲜和日本，15世纪传播到欧洲。

火药是改造自然和社会的武器。最早起始于秦汉，由于炼丹，家用硝石、硫黄和木炭等物炼丹，从偶然发生爆炸的现象中获得启示并逐步找到一硫、二硝、三木炭的火药配方，发明了黑色火药。三国时期，用纸包火药制成"炮仗"作为辞旧迎新、驱妖避邪的精神武器。唐朝末年，火药开始应用到了军事上，最原始的火炮、带火药的弓箭、火药火箭的"定向棒"（火药装在竹筒里，点火后产生推力飞向敌阵）、火枪都是军事武器。13世纪（约1225—1248年），我国火药制造技术传到了波斯、印度和阿拉伯国家，后又传到了欧洲，14世纪中叶英法各国在战争中使用火药，与此同时，应用到开山、筑路、控河的工程上，引来了工业革命。从鸦片战争开始，英国等用洋枪洋炮侵略了我国这个火药发源地，这是血的教训。

中国在科学技术的发明绝对不止这四项。《中国的创造精神》列了一个吉利数字一百项。我们不可能于此列出，这里仅从两个方面介绍几项有世界影响的科技发明和创造。

首先是"开天辟地"所做的贡献。为了"开天"，就需要发明探测上天的仪器；为了"辟地"，就得创造记录入地的工具，这就是世界上最早的天文仪器和预报地震的候风地动仪。世界上最早的天文仪器是中国的圭表、浑仪和浑象。"圭"，又叫"土圭"，是古代测量日影长度以定方向、节气和时刻的天文仪器。它包括两个部分：表，直立的标杆；圭，平卧的尺。甲骨文中有"日圭"，《左经》有"日南至"的记载。到了春秋战国时，有人用圭表测得一年为365.25天。浑仪，我国古代测量天体位置的仪器，也叫"浑天仪"，出现在春秋战国时代或更早些。元代天文学家郭守敬对浑天仪做了许多大胆革新后，发明了简仪。简仪是世界上最早制成的大赤道仪，比欧洲天文学家的发明早300多年。浑象又叫"浑象仪"，是东汉科学家张衡发明的天球仪或浑天仪，是世界上第一台观察天象的天体仪，它是用铜铸成的圆球，铜球装在一根倾斜的轴上，利用水力旋转。铜球转动一周与地球自传一周的时间相同，坐在屋子里，便能从浑象上看到天体运行的情况。唐代天文学家一行，在浑象上安装了钟与鼓，这是世界上最早的天文钟，它比 1370 年出现的威克钟早 6 个世纪。世界上最早的记录地震的仪器是上述张衡于 132 年制成的候风地动仪，它比欧洲同类发明要早 1 700 多年。用铜铸成形如大酒樽，顶上有凸起的盖，周围八个龙头对准八个方向，每条龙的嘴里含一个铜球。对着龙嘴有八个铜蛤蟆，昂着头，张着嘴，蹲在地上。哪里发生地震，对准那个方向的龙嘴会张开，铜球就落到铜蛤蟆嘴里，由此判定哪里会发生地震。138 年，即仪器制成的第六年，地动仪西边的一个铜球掉下来了，于是便测出陇西（今甘肃东南部）发生了地震。

其次我们来谈丝绸之路，即今天的一带一路。古老的丝绸之路，使古老的中国走向世界。这里的关键词是丝绸。中国丝绸一是品种多，有锦、纱、罗、绫、缎、绸、绒、缂等；二是颜色艳丽，相当多丝织品以名画做背景；三是质地优良，其以轻、薄、软、透而著称；四也是最重要的是丝织技术的发明在世界最早，河南省已经发现 8 000 年前的丝织品的遗迹。古代中国丝织品乃至丝织技术早在公元前就流传到海外，并逐渐扩大向亚洲中部、西部及非洲、欧洲等地运送。19 世纪被德国地理学家李希霍芬（Richithofen, Ferdinand von, 1833—1905）称为"丝绸之路"。丝绸之路可以分为两类，即陆上丝绸之路和海上丝绸之路，而后者开辟时间晚于前者，繁荣于中世纪，始于中国沿海地区，经东南亚、斯里兰卡、印度等地，到达红海、地中海进入欧、非两洲，这一切主要取决于航海事业。而我国首创航海世界纪录。15 世纪明成祖在位期间（1405—1433 年），曾派郑和率船队 7 次下西洋（今南海以西），创建了世界航海史上的奇遇。在第 7 次远航时，出动船舰 62 艘，共载 27 000 余人。其中最大的船长 150 米，宽 60 米，舵杆长 11 米，张 12 帆，可容千余人。这在船队规模、装备、技术、航运能力上，都远远超过哥伦布和麦哲伦所率领的船队。所有这些航海成就，源于中国 7 000 年来的造船史，因为 7 000 年前，中国就在世界上领先发明了木桨、筏及独木舟。"冰冻三尺，非一日之寒"也正好形容了中国的航海事业。

第四节

————

中华教育

《易经》曰："日新之谓盛德。"也就是说每天不断更新、创新才是人类最优秀、最美的品德。创新从哪里来？德才兼备的创新人才又从哪里来？教育！中华教育是我们的民族立于不败之地、我们的国家立于强国之林的根本。前述关于中华文学、艺术、科技的成就直接与我们的古代教育制度、思想和模式息息相关。

一、中国教育的民族特色与人才培养

教育是教育者根据一定社会或一定阶级的要求，对受教育者所进行的一种有目的、有计划、有组织地传授知识技能，培养思想品德，发展智力和体力的活动，以便把受教育者培养成为一定社会或一定阶级服务的人才。教育是民族的灵魂，一个没有教育的民族也只是一具没有血肉的空壳而已，注定消失在世界民族之林。下面将从我国学制、古代书院与书院精神以及我国古代的科举制度三个方面来阐述我国教育的民族特色。

(一)我国学制与人才培养

学制是学校教育制度的简称，在现代教育制度形成的过程中，最先形成和完善的就是学校教育系统。在现代教育中，学制是指一个国家各级各类学校的系统，它规定各级各类学校的性质、任务、入学条件、学习年限以及相互之间的衔接和关系。学制的设定与人才培养是息息相关的。

我国学校教育源远流长，在古代就已根据行政区划分，建立起中央官学、各级地方官学和各种类型的私学，自明朝以后，逐步形成了社学—府州县学—国子监三级相互衔接的学校系统。然而，它们都不是严格意义上的学制，真正的近代学制诞生于清末，是伴随着中国进入近代社会以后政治、经济、文化发展的需要，在古代教育的基础上，借鉴西方资本主义国家的学制经验逐渐发展起来的。中国近代有三种重要的学制，它们既是中国教育近代化发展到不同阶段的重要标志，又对中国教育近代化的实际进程产生了积极的推动作用。这三部学制分别是壬寅学制和癸卯学制、壬子·癸丑学制、壬戌学制。

1. 壬寅学制和癸卯学制

壬寅学制产生的历史背景是甲午战争之后维新派开始提倡的教育改革，清政府以日本为榜样进行变法，并学习日本的教育模式。后清末"新政"中清政府颁布了一系列教育改革法令，1902 年，即壬寅年，清政府公布了由官学大臣张百熙拟定的《钦定学堂章程》，所制定的学制则称为壬寅学制。壬寅学制是中国近代教育史上第一个比较系统的法定学校教育系统，纵向分为三阶段七级，横向分别有与高等小学、中学堂、高等学堂平行的各个学堂。壬寅学制强调国民教育、注重实业教育，但并没有重视女子的教育地位，且依然留有科举制的痕迹。1903 年，张百熙等在壬寅学制的基础上重新拟定《奏定学堂章程》，也称"癸卯学制"，对学校系统、课程设置、学校管理等都做出了具体规定。

癸卯学制是中国第一个完整、系统并付诸实施的学制，其中包含了从小学到大学的完整体系，纵向分为三段六级，第一阶段为初等教育 9 年，包括初等小学堂 5 年，高等小学堂 4 年，另设非正式学制内的蒙养院；第二阶段为中等教育，设中学堂 5 年；第三阶段为高等教育 11~12 年，包括高等学堂或大学预科 3 年、分科大学堂 3~4 年、通儒院 5 年三级。横向有师范学堂和实业学堂，师范学堂分为初级和优级，实业学堂分为初等、中等和高等。癸卯学制创造了一种全新的高等教育结构，它不再停留在对封建大学制度某些环节、某些方面的修补，给人们一种彻底告别旧制度、超越过去的力量，癸卯学制将高等教育的课程分为主课、补助课和随意科目三类，这是对传统教学管理制度精华的吸纳，同时又隐含向西方的学分制和选课制转变的积极取向，有利于人才的多样化培养。因此，癸卯学制的颁布实施，标志着中国封建高等教育制度的彻底崩溃和近代高等教育制度的确立（欧阳晓，2011）[1]。

2. 壬子·癸丑学制

壬子·癸丑学制是辛亥革命胜利后的产物，是中国教育史上第一个资产阶级性质或现代化性质的学制。1911 年辛亥革命之后，为了巩固和发展辛亥革命胜利成果，孙中山领导的临时政府颁布了一系列有利于民族资产阶级和社会发展的政策法令，开始了政治、经济、文化教育和社会风尚等方面的改革工作。1912 年，教育部规定了一个学校体系，称为壬子学制。1913 年 8 月，临时政府教育部颁布了各种学校规程，对新学制有所补充和修改，从而两个学制综合成更加完整的学制系统，称为壬子·癸丑学制。该学制具有借鉴日本学制倾向、学制年限缩短、课程结构开放、义务教育阶段明确、实业教育提前等特征，在我国教育史上具有重要的历史地位（周文佳，2011）[2]。

学制规定纵向分为三段四级，第一阶段为初等教育，分为初等小学 4 年和高等小学 3 年两级；第二阶段为中等教育，设中专；第三阶段高等教育，设大学本科 3 年或 4 年，预科 3 年，或专门学校本科 3 年（医科 4 年），预科 1 年。横向除小学、中学到大学的普通教育外，还有师范教育和实业教育两个系统，师范教育分师范学校（本科 4 年，预科 1 年）和高等师范学校（本科 3 年，预科 1 年），实业学校分甲乙两种（学制均为 3 年），包括农、工、商、船各类。壬子·癸丑学制强调小学教育应关注儿童身心的发育，认为该阶段的教育是培养国民道德的基础，儿童也需要学习生活所必需的知识技能。该学制改学堂为学校，废除了尊孔读经，确定了妇女的受教育权利和男女同校制度，同时筹办了各级女子学校（于述胜，2013）[3]。

3. 壬戌学制

第一次世界大战之后，民族工业进一步发展，民族资产阶级对教育提出了新要求，要求在教育方面能够提供具有文化知识的劳动力和科学技术。1915 年的新文化运动也促进了教育改革，新文化运动猛烈抨击以孔子之道为核心的旧思想文化、旧

---

[1] 欧阳晓：《近代以来中国高等学校教学管理制度演变及启示》，硕士学位论文，湖南师范大学，2011。

[2] 周文佳：《民国初年"壬子癸丑学制"述评》，载《河北师范大学学报（教育科学版）》，第 13 卷，第 1 期，2011。

[3] 于述胜：《中国教育通史》中华民国卷·下，10 页，北京，北京师范大学出版社，2013。

伦理道德，动摇了中国传统教育的根基，同时促进了外国教育理论（如实用教育理论）的传入和新教育思潮的形成。1920年，以资产阶级教育家为主的全国教育会联合会第六次代表大会提出了改革系统学制系统案；1921年，第七次大会以讨论"学制系统案"一题为中心，提出了"学制系统草案"；后1922年先后召开了学制会议及全国教育会联合会第八届年会进行讨论、修改，于1922年11月1日，以大总统令公布了《学校系统改革案》，即壬戌学制。

壬戌学制是我国近代教育制度从学习日本、德国转向学习美国的标志，它对各级学校修业年限做了规定：初等教育6年，其中小学4年，高级小学2年；中等教育6年，分初高两级，分别为3年；高等教育3~6年，其中大学4~6年，专门学校3年以上，大学院年限不定。可见，壬戌学制具有缩短小学修业年限，延长中学修业年限，重视学生职业训练和补习教育，若干措施灵活，重视课程和教材的实用性等特点。高等教育从办学思想、学校领导体制、教学管理制度等方面进行全面改革，培养出一批批知识面宽、动手能力强、适应性很强的人才，在社会各个领域发挥着重要作用。壬戌学制，又称"1922年学制""六三三"学制、"新学制"，是中国近代教育史上实施时间最长、影响最大的一个学制，该学制一直沿用到新中国成立。壬戌学制不仅是中国学制发展史上的里程碑，也是中国教育近代化的重要标志，它学习和借鉴了美国学制的某些做法，促进了中学教育和职业教育的发展，同时也促进了各类大学的建立和发展，为我国近代高素质创新型人才的培养做出了重大贡献（韩立云，2014）[①]。

（二）我国古代书院与书院精神的传承与创新

书院始于唐代，书院制度形成于宋代。唐代的书院是藏书、校书的场所，相当于一个图书馆或博物馆。书院也起源于私人讲学。宋以后科举考试盛行，官学教育成为科举考试的附庸更趋于形式化，造成了人才的危机；五代以后雕版印刷被广泛采用，印书藏书之风广为流行，指导读书也成为社会的普遍要求；宋代形成了新的

---

① 韩立云:《壬戌学制与近代中国人才培养》，载《云南社会科学》，第3期，2014。

理学教育思潮，一些著名的理学家和知名学者效法佛教徒于山林名胜之地修习讲经制度。于是传统的私人授徒、家学，在具备充分藏书的基础上，在理学教育思潮推动下，出现了一种高于蒙学的高级的教育组织形式，我国古代书院，经历了宋、元、明、清四代达数百年之久。我国古代书院"博学""审问""慎思""明辨"和"笃行"的治学理念，在中国教育史上占有重要地位，成为中国古代教育思想的有机组成部分(宗韵，2013)①。当前，我国基础教育领域着力培养学生的社会责任感、创新精神和实践能力，剖析古代书院的教育实践和教育思想，这对于推进基础教育改革、培养创新型人才具有重要的现实意义。

1. 书院在组织和教学上的特点

书院在长期的发展过程中，形成了许多显著的特点，书院在组织管理和教育教学方面有一系列值得我们今天的教育重视的特点(马镛，2013)②。

第一，书院是一个教育和教学机关，又是一个学术研究机关。学术研究是书院教育和教学的基础，而书院教育和教学又是学术研究成果得以传播和进一步发展的必要条件。学术研究和教育教学相结合，是书院制度最突出的一个特点。

第二，书院设置"博学"课程。宽厚的知识基础、多元的知识结构和能力素质结构是创新型人才的必要条件。"博学"是指为学首先要广泛地猎取，培养充沛而旺盛的好奇心。因此，古代书院教授的课程内容广泛而多样。以朱熹开设的白鹿洞书院为例，其课程内容以伦理道德为本位，儒家经典中的《四书》《五经》成为书院通用的基本教材，《诗经》《楚辞》等作为经典诗赋课程，《左传》和《史记》等也是重要的历史典籍。可见，书院学生学习的课程内容是非常系统的，应该说，古代书院具有通识教育的性质，教学生如何思考，如何学习，如何做一个德行完善的人。

第三，书院允许不同学派进行讲学，在一定程度上体现了"百家争鸣"的精神。尽管这种"百家争鸣"的范围十分有限，但较之只准"先生讲，学生听"的一般学校却自由得多。"讲会"制度是书院教学的一个重要特点，也是书院区别于一般学校的重要标志。"会讲"制度类似于今天的学术讨论会，进行学术交流和争论，没有固定

---

① 宗韵：《中国教育通史》明代卷，467 页，北京，北京师范大学出版社，2013。
② 马镛：《中国教育通史》清代卷·中，219 页，北京，北京师范大学出版社，2013。

的形式和组织。

第四，书院教学"门户开放"，不受地域限制。慕名师不远千里前来听讲求教者，书院热情欢迎，并给予周到的安排照顾。例如，白鹿洞书院在清顺治年间明确规定，书院聚四方之俊才，非仅取材于一域。或有远朋，闻风慕道，欲问业于此中者，又不可却，副洞长先与接谈，观其人果为有道之士，或才学迈众者，引见主洞，再加质难，品行灼然可见，当留洞中，以资切磋。中国教育史上素有尊师爱生的优良传统，这在私人教学中更为突出。书院制度由私人教学发展而来，尊师爱生的优良传统在书院教学中也就得到最充分的体现。师生关系融洽，以道相交，师生之间的感情深厚，师生朝夕相处，从起居生活到学习研究都在一起，大师以"人师"自律，学生则以"醇儒"自策。弟子视师长如父兄，师长视学生如子弟，互学互助，和谐共进，团结和睦，亲如一家，这一特点很值得我们借鉴。

第五，书院教学多采用"问难论辩式"，注意启发学生的思维，培养学生的能力，注重培养学生的自学能力，发展学生的学习兴趣。这比一般官学"先生讲，学生听"、呆板、生硬的注入式教学优越得多。书院教学一般以学生个人读书钻研为主，非常重视对学生读书的指导。学生读书重在自己理解，教师针对学生的难点和疑点进行讲解，所以，书院十分强调学生读书要善于提出疑难，鼓励学生问难论辩。朱熹特别重视学生提出的疑难，他认为读书须有疑，"疑者足以研其微""疑渐渐解，以致融会贯通，都无所疑，方始是学"。朱熹在白鹿洞书院，常常亲自与学生质疑问难。吕祖谦在丽泽书院讲学时，提出求学贵创造，要自己独立研究，各辟门径，超出习俗的见解而有新的发明。他说："今之为学，自初至长，多随所习熟为之，皆不出于窠臼外。惟出窠臼外，然后有功。"（马镛，2013）[①]

2. 书院精神及其对创新人才培养的启示

书院自唐末五代，经宋、元、明、清，延续一千余年，给我们留下了极其丰富的文化遗产，其最有价值、最核心、最永恒的东西，无疑是其精神。书院精神的内涵十分广泛，其中有两点最为重要，第一是人文主义精神，第二是革故鼎新精神。

---

① 马镛：《中国教育通史》清代卷·中，219 页，北京，北京师范大学出版社，2013。

（1）人文主义精神

书院教育在创立之初，就将培养高尚道德情操、发展自由个性作为教育目的，这种深厚的人文主义精神体现在书院教育的各个方面。首先，在办学宗旨上，书院不以功名利禄为目的，而是把以德育人的"明道""传道"作为办学宗旨，把"成就人才，以道济世"作为治学目的。其次，在人才培养目标上，书院要培养人三方面的基本素质：一是有明确的政治方向，即修齐治平的大志；二是有明确的人生目的，以"致君泽民"为人生目标；三是有亲民爱民的胸怀，这三点表明书院把伦理道德作为人才培养的标准，充分体现了以人为本的教育理念。再次，平等民主的师生关系也体现了人文主义精神。师生共同起居，关系平等，可以相互问难辩疑，不受压抑。最后，学术自由。教师可以自由研究和讲学，互不干涉。学派自由争辩，不持门户之见。学术交融，兼容并包，这种自由开放、尊重个性、尊重创新的学术氛围正是人文教育精神的体现（傅首清，2013）①。

（2）革故鼎新精神

纵观一千余年的书院史，革新的精神贯穿了书院发展的始终，这种精神也体现在了办学的方方面面。其一，办学理念的革新。相对于官学把科举仕进作为教学目的，书院则把"明道""传道"置于教育的首位，意在培养"内圣外王"的君子，不与流俗为伍，不为功名所动，体现了极强的人文主义精神，以及对官学重在培养官僚和利欲熏心士人的批判和革新。其二，教学方法的革新。自汉代以来，官学的教学模式主要是教师讲经，学生读经。而书院提倡教学和研究相结合，鼓励学生"审问"，以学生读书钻研、师生之间的自由研讨为主，注重师生之间的平等交流，启发学生的思维，鼓励创新。这种教学方式不仅提供了各流派之间的交流，同时还激发了更多的学术创新。创新型人才培养需鼓励学生具有自由的意志、独立的人格和鲜明的个性，要培养学生敢于质疑、辩论的精神和"吾爱吾师，吾更爱真理"的勇气。其三，教学内容的革新。自唐朝科举取士以来，经书成了考试的主要内容，并逐渐形成了死读书的氛围。对此，书院提倡"经世致用"，反对死读书的弊病，在教

---

① 傅首清：《古代书院教育对创新型人才早期培养的启示》，载《教育研究》，第 6 期，2013。

学内容方面也比较灵活，具有个性化教学的倾向。其四，管理制度上的革新。与官学相比，书院机构更为简单，经营独立。一般书院只有一位明确的主持人，多为学派宗师，以教学释难为主，兼顾管理。由于专职管理人员有限，学生也参与到管理当中，师徒轮流分任，充分发挥了学生自治、自理的积极性和主动性，形成了一种良性的管理机制。

古代书院时代无疑已经过去，但优秀的书院精神和教育理念仍有助于我们重新审视和梳理今天的大学教育与创新人才的培养。首先，大学应该实施全人格教育，将知识传授、学术研究与人格完善有机结合起来，培养全面发展的人。其次，在办学模式上将传统的教师主体型教学转变为教师主导型教学，努力调动学生学习的主动性和积极性，加强师生之间的互动和交流，鼓励学生就某一问题进行讨论，师生各抒己见，相互质疑，激发学生的研究热情，训练其批判思维和创新能力。最后，在师生关系上提倡相互平等、相互尊重。只有在自由、平等的氛围下，学生才敢于思考，敢于质疑，敢于发表自己的见解。"德高为师，身正为范"，教师应该努力提高自身修养，用自身的高尚情操、伟大人格感染教化学生。

(三) 我国古代科举制度与人才培养

1. 科举制——世界上最早、最完备的考官取士制度

今天的中国是昨天中国的延续，中国是教育大国，也是考试大国，中国考试制度萌发很早，甚至可以说是世界上最早的。汉代是中国考试制度发展的重要时期，其中的太学考试制度和察举制度被视为科举制的先河，隋朝"进士科"的设置标志着中国科举制的开始，开创了中国考试制度的新纪元，但是科举制度的完备是在唐朝奠定的，科举制度被誉为世界上最早、最完备的考官取士制度。科举制度在我国实行了 1300 年之久，是我国封建社会中持续时间最长、影响范围最广的选士制度。

2. 另一双眼看科举——公平·激励·调节器

科举考试竞争非常激烈、残酷，但是这种选拔国家官员的考试制度还是有很多优点和积极意义的。首先，考试的公开、公平性是科举制一个公认的原则和优点。科举制度不分贵贱、贫富、阶级、年龄，只问才能、道德、学识，凡是通过定

期公开的、公平的逐级考试脱颖而出的，就有可能担任各级政府的官员。通向荣誉和财富的道路对所有人都是敞开的，这给了学子们巨大的动力。因此科举制度从理论上来讲具有公平的一面（王增科，2006）①。在华美国人卫三畏肯定了科举制度的公开性、平等性原则，他说，"科举制度为所有人开辟了一条进入统治阶层的大道""科举制度把所有一切置于平等的基础之上时，正如我们所知道的那样，人人平等的事从此出现。这个体系在初始阶段，确实得到了社会各阶层的支持，因为它顺应了时代的要求；那些有望取胜的众多考生对废除科举制度的抵制与他们终身对事业不懈的追求，无疑又延长了科举的寿命"。

其次，科举制度是一种具有很强激励性的制度。科举考试的仕进制度实行奖勤罚懒，不仅可以激励学子们不断学习的热情，还可以激励人们读书的积极性，特别是促使贫寒的下层子弟发奋学习，起到推动整个社会文化教育发展的作用；同时，还可以保证行政官员的教育水平，那些成功中榜的考生必须勤于思考，无论如何，这种制度保证选出了一批有学问的官员。英国人亨利·西尔认为中国是世界上男子教育最为普及的国家，而这就是科举考试激励的必然结果。1942年，美国汉学家德克·卜德（Derk Bodde，1909—2003）在《中国物品西传考》一书中盛赞四大发明及丝绸、瓷器、茶对西方的贡献，又在1948年著写的《中国思想西传考》一书中，称科举制是"中国赠予西方最珍贵的知识礼物"，对欧美的制度文化影响深远。

3. 古代科举制度与当今高考制度的启示

科举制度的基本做法是"设立科目，以考试取士"，其精神实质上是公平竞争、择优录取。科举制的实施是中国古代用人制度的历史性变革，抛开了血缘、门第、出身等因素，为大众学子提供了公平竞争的机会，为国家选拔出大量人才。现如今的高考制度与科举制度一脉相承，都是颇具竞争性的选拔性考试，它们具有基本相同的精神实质和目的。高考作为一种社会建构，其社会功能早已超出了教育领域，对社会风气、社会秩序等都产生了重要的影响。高考制度的发展与改革早已成为社会关注的焦点。科举考试虽已是明日黄花，但其兴衰和发展为我们更好地发展高考

①　王增科：《试论中国古代科举考试的公平性》，载《历史教学》，第6期，2006。

制度提供了一个历史的视角。纵观科举制度发展的历史，我们都可以得出，公平竞争是高考制度保持生命力的源泉。所有应试者不分民族、信仰、出身、财富和性别，"分数面前，人人平等"。只有保证高考制度的公平、公正、公开，才能维护其权威不受挑战，维护正常的社会秩序，促进社会流动（刘静，2002）①。

二、中国古代教育思想特色及时代价值

中国传统教育思想博大精深，是几千年来教育思想与教育实践的积淀。无论在教育哲学、教育目的、教育内容还是在教育方法、学习方式上，古代的先贤都给我们留下了丰富的文化遗产以及无限的哲思。在当前教育改革与实践中，如何以古鉴今、寻求教育发展与改革的新思路，仍然值得我们进一步思考与摸索。

（一）教育哲学：天人合一的人性观

教育哲学是一切教育思想架构与解构的逻辑起点。因此，阐释中国古代教育思想就要从"天人合一"的人性观入手。当今教育所倡导的"以人为本"或者"以生为本"的教育理念在传统的"天人合一"教育思想中或隐或显地贯穿于教育活动的始终。《周易》中讲"天行健，君子以自强不息；地势坤，君子以厚德载物"，这是从天人关系到人与教育的关系的一种逻辑发展。《中庸》中阐释："天命之谓性，率性之谓道，修道之谓教。"这清晰地勾勒出传统教育哲学思想的基本脉络——尊崇天性，尤其是人的天性。宋明时期，"知性"与"天理"成为理学家们的指导思想。王守仁说，"必欲此心纯乎天理"，这是"天人合一"思想支配下重视本心作用的观点。从上述论断中，我们可以清晰地认识到，传统教育思想的哲学依据——注重天人关系，关注人的内心世界。如果我们细细体会这些传统的人性思想，可以发现这种"天人合一"的人性观与后来西方教育思想史上法国思想家卢梭的"自然教育"思想具有某种程度上的一致性，有异曲同工之妙，但从时间脉络上考察的话，中国"天人合一"的思想比

---

① 刘静：《科举制度的平等精神及其对高考改革的启示》，载《山西师大学报（社会科学版）》，第 29 卷，第 1 期，2002。

西方"自然教育"的思想早了上千年的历史。尽管传统教育思想缺乏严密、完整的理论体系，但是从外在规范向心灵深处探寻生活的意义、生命的真谛和教育的价值，崇尚人与自然、人与人之间的和谐，是传统教育思想给我们带来的重要启示。因此，在教育过程中，要顺从学生的身心发展规律，尊重学生的发展意愿、重视学生的个性发展。

（二）教育目的：圣贤之人的目的观

教育目的是一切教育活动的出发点和归宿。对中国古代教育目的的探寻有助于我们认清当前教育改革与实践的重心。传统的教育目的，归根结底是培养圣贤之人。这种人"格物、致知、诚意、正心、修身、齐家、治国、平天下"，既能克己复礼、独善其身，又能推己及人、兼济天下。例如，孔子认为教育目的是培养"士"，而"士"的标准就是"君子"。孔子对君子的要求有两个：第一，"君子"要注意自己的道德修养，即修养自己，谓之为"德"；第二，"君子"要使百姓得到安乐，即有治国安民之术，谓之为"才"。所以，孔子对君子的要求是"德才兼备"。唐代的韩愈以"道统"的继承者自居，并用"伯乐与千里马的关系"来阐释"人才选拔"的问题，这里"圣贤之人"的内涵远超过了以往的定义。宋明理学家们以"孔颜乐处"为心之向往，以"为天地立心，为生民立命"的理想抱负自我砥砺。因此，这种教育的理想——培养圣贤之人，在不同的历史时期具有不同的内涵，总体上趋于合理完善（杨璐，2012）[①]。

这种教育目的或者教育理想是当今精英教育的一种历史溯源。当前我国正处于高等教育大众化的历史进程中，国家应该实施什么样的教育呢？是精英教育还是大众教育？我认为，当前我国应该实施大众教育基础上的精英教育，或者说是大众教育和精英教育区别对待。另外一点就是，当前我国的教育目的应该如何正确解读呢？我们应该培养专业型人才，还是应用型人才呢？我认为，人才培养应坚持"因材制宜，因材施教"的原则，对不同类型的人才区别培养。

---

① 杨璐：《中国古代教育思想特色及时代价值》，载《教育导刊》，第1期，2012。

（三）教育内容：以德育为主的通识教育

教育内容是指教育活动中的教育材料，知识传承的有效载体。我国古代教育的内容以伦理道德为主，一般文化知识为辅。换言之，一般的文化知识教育都要服务于道德教育的需求。例如，在儒家思想教育体系中，"弟子入则孝，出则悌，谨而信，泛爱众，而亲仁，行有余力，则以学文"，主要教育内容是儒家的"四教"（文、行、忠、义）、"六艺"（礼、乐、射、御、书、数）、"六经"（诗、书、礼、乐、易、春秋），由此可见，儒家思想是在较为全面的教育基础上对德育的大力倡导。除儒家思想外，还有道家、法家、墨家等教育光辉的闪烁。期间虽几经变化但是直到清末，纵观中国古代教育史，儒家经典为古代教育的经典，为主要的教育内容。这种教育在一定程度上讲属于以德育为主的通识教育，它对于当今人才培养的发展模式仍具有重要启示意义。当前我国的高等教育发展如火如荼的同时，由于过分强调专业教育，在某种程度上也导致大学生人文素质缺失、道德滑坡等现象时有发生，这实质上就要求教育改革与发展要坚持以德育为基础的通识教育、坚持在通识教育的基础上发展专业教育（杨璐，2012）①。

（四）教育方法：因材施教和启发诱导

1. 因材施教

教育方法是指顺利完成教育活动的媒介手段，方法的得当与否直接关乎教育的效果与质量。所谓因材施教，是指针对不同教育对象的特点和实际情况，采取不同的教育方式。"栽者培之，倾者覆之。"孔子是"因材施教"原则最早的提倡者和实践者。孔子针对学生询问的同一问题，会根据不同对象的资质、思维、性格、年龄等特点，有的放矢地做出方向一致但有所侧重的回答。孔子"因材施教"，强调教人必先知人。孔子历来重视"知人"，无论是从政治国还是教书育人，他都认为必须从"知人"入手。他既能指出颜回守仁的美德，又能指出他不善于通权达变的缺点；既能指出子贡能言善辩的长处，又能指出他说话不够谨慎的缺点。这说明孔子深知他

---

① 杨璐：《中国古代教育思想特色及时代价值》，载《教育导刊》，第 1 期，2012。

的每一位学生，同时这也是他能够出色实施因材施教的重要原因。由此可见，"因材施教"的关键在于通过对学生准确、全面的了解，各依其长、兼据其短，帮助学生扬长避短，取得长足进步，最终达到人尽其才的结果，这也是我们今天所倡导的教育结果公平。"因材施教"所倡导的教育结果公平并不是使所有学生最后获得同样的发展类型或水平，而是充分发掘学生的学习潜能，使每个学生达到他们应该达到的水平，追求能够激发他们热情、发挥他们潜能的事业。

明代王守仁的"随人分限所及"的教育思想就是因材施教思想的集中体现，他批判科举教育不顾学生身心特点，一味束缚和压抑学生，最终导致"彼视学舍如囚狱而不肯入，视教师如寇仇而不欲见"，提倡教师在教学中应循循善诱，因材施教，采用诱导、培养、有趣的教育方法，使学生在愉悦的学习环境中得到潜移默化的影响。王守仁认为，教师育人如同医生治病一样，要辨症施治，对症下药。教师想要取得好的教学效果，就必须要了解学生的特点和需要，因材施教，实施针对性教学，不能简单地使用一种教法去对待所有的学生。同时，他还主张"与人论学，亦须随人分限所及"。"分限"指人的接受能力，教学就如同植树浇水一般，若一桶水全数用于灌溉一棵小树苗则会将它浸坏。教学也是如此，需要考虑学生的接受能力，循序渐进。

创新教育以人为本，核心是个性发展，因此，实施创新教育的过程正是体现个性发展的过程，创新教育的目的在于最大限度地发挥学生各自的优势，使学生的个性得到充分发展。发现并尊重学生的差异，并在此基础上发展学生的优势领域，培养学生的创新能力，这也是因材施教则所强调和认同的（刘茂军，朱彦卓，肖利，2008）[①]。

2. 启发诱导

所谓启发诱导，是指教师根据学生已有知识结构引发出学生未知知识的过程。孔子是世界上最早提出启发式教学的教育家，他认为启发式教学要以学生为主体，注意对学生的学习主动性和积极性的培养。他主张"不愤不启，不悱不发，举一隅

---

① 刘茂军，朱彦卓，肖利：《因材施教原则对创新教育的启示》，载《当代教育论坛》，第 14 期，2008。

不以三隅反，则不复也"，教师的启发是在学生努力思考而不得解的基础上适时进行的，帮助学生打开思路，从而培养学生善于独立思考的能力，因此，启发式教学的核心就是最大限度地激发学生的主动性和创造精神。几乎在同一时期，古希腊也诞生了一位伟大的教育家——苏格拉底。他出生在雅典的一个手工业者家庭中，是西方教育思想史上第一位有着长远影响的教育家。苏格拉底在研究哲学和教学的过程中，提出了西方最早的启发式教学法——苏格拉底问答法，也被称为"产婆术"，其过程包括四个步骤：讥讽、助产、归纳、定义。所谓讥讽，就是针对学生的发言不断追问，让学士认识到自己的无知；助产就是帮助学习获得知识的过程；归纳是将几种事物的不同性质总结为一般性质；定义是将个别事物归入一般概念之中，用一般概念去解释个别事物。孔子和苏格拉底的启发式教学都得到了后继学者的继承和发展，对东西方教育产生了深远的影响，但二者之间仍存在些许差别。其中最突出的差异就是教学活动中所确立的主体不同。孔子的启发式教学原则以学生为主体，以教师为引导。学生要学会自主思考，在思考而不得的基础上教师才能启发学生。整个过程中教师要给予循循善诱、循序渐进的引导，留给学生更多的思考空间，以促进学生创造力的发展。其最终的评价标准是学生能否达到举一反三的境界。在苏格拉底的"产婆术"中，教师占据了教学过程中的主导地位，从一定意义上就是一种以教师为中心的启发式教学法。教师按照自己的预设目的不断追问，达到让学生自我矛盾、困惑不解的境地，然后再通过启发诱导，让学生得出教师希望看到的结论。在这个过程中，学生虽然在思考但完全是按照教师所指定的方向进行的，其最终评价也归结为教师的既定目标。

在现代社会，因材施教和启发诱导的教育方法已经广泛被人们所认可。当前经济的快速发展要求人才培养规模扩大、人才培养数量增加、人才培养周期缩短，这就造成了人才培养的批量化和同质化的倾向，从而导致国家经济社会发展后劲不足、人才自由而全面发展的理想落空。我国正处在由"应试教育"全面转型"素质教育"的变革中，在这场变革中一个非常重要的方面就是由注入式教学转向启发式教学的变革。在这个过程中，我们应该继承、学习并改造孔子的启发式教学思想，营造良好的教学环境来恢复和培养学生的主体意识，激发和保护学生的质疑精神和创新精神，培养学生独立自主的个性。

（五）学习方式：学思行并重的学习观

学习方式是学生在学习过程中自觉不自觉使用的一种对知识进行信息加工的学习策略。孔子有云："学而不思则罔，思而不学则殆。"即孔子论述了学习与思考之间的辩证关系，主张学与思并重的原则。学习本来就是学和思相结合的思维过程。学是思的基础，"吾尝终日不食，终夜不寝，以思，无益，不如学也"。可见，学是求知、求能的起点，如果思不以学为基础，就会陷入冥思空想；思是学的继续，学由思而固，二者相互促进、相辅相成。在教学活动中，孔子很注重培养学生勤于思考的习惯，提倡"君子有九思""君子有三思"等。同时还注重发展学生的思维能力，使他们善于思考。对于创新人才的培养而言，学与思二者同等重要。在实际教学中要改变以往以知识灌输为中心的教学模式，注重培养学生的思考力、想象力和创造力，使学生在学习中学会思考，在思考中学习，养成学思结合的好习惯。后来,《礼记·中庸》把"学思并重"的教育思想又发展为博学之、审问之、慎思之、明辨之、笃行之五个学习步骤，充分肯定了学与思相辅相成的关系。明末清初的王夫之认为，"学愈博则思愈远"。这些对学思行关系的精辟总结对拓宽学生的思考空间、培养学生的学习能力以及实践能力有着重要的启发意义。

在当今这个浮躁的社会，部分学生由于各种各样的原因，不愿学习、不想思考、不愿动手，致使学习活动与思考活动相脱节、理论学习与实践应用相脱节，进一步导致学生发展片面化甚至趋于畸形。当前，在教育领域大力倡导素质教育、要求促进学生的全面发展，但在实际教育教学过程中，我们都在不同程度地"食言"甚至践踏人性。因此，我们不仅仅要倡导学思并重，更要提倡学思行三者并重，促进学生全面发展。

三、我国古代教育家论发展学生的思维能力

培养学生的创新能力，关键是提高学生的思维能力。如何提高学生的思维能

力，古代教育家有许多经验，也发表了许多精辟见解，概括起来，可以归纳为以下几方面（李天志，1994）①。

（一）强调存疑问难

学起于思，思源于疑。学生头脑里能产生问题并把问题提出来，这说明他存在未知和疑问，存疑和质疑最容易激起人们的探究反射，促使人们展开积极的思维活动，并引导人们努力去解疑，使未知转为已知。孔子非常重视学习上的"疑问"对思维的促进作用，他曾提出"多闻阙疑""多见阙殆""多闻阙疑，慎言其余，则寡尤；多见阙殆，慎行其余，则寡悔"，这是说，学生在学习过程中，既要多闻多见，又要随时发现问题，有存疑精神。遇到疑义，我们需要对问题反复思考，进行分析、综合研究，这样既能增长学生的知识，又能培养学生发现问题、分析问题、解决问题的能力。

（二）培养激发浓厚的学习兴趣

兴趣是发展思维能力和创造力的前提，只有个体有了强烈的学习兴趣，才能激发巨大的学习热情。"知之者不如好之者，好之者不如乐之者"，孔子在自己的教学过程中就非常强调学习兴趣，他认为一个人只有在学习过程中感受到乐趣所在，才会自觉主动地进行学习，使自己的思维始终处于一种积极的状态之中，才能达到"闻一以知二""闻一以知十"。他曾说自己是"默而识之，学而不厌""若圣与仁，则吾岂敢！抑为之不厌"，以此来激励学生好学乐学，以发展思维能力。明代王守仁也非常重视对学生学习兴趣的激发，认为只有把学习看作一件快乐的事情，才会思维活跃，学而不厌，不断进步。"今教童子，必使其趋向鼓舞，中心喜悦，则其进自不能已。"明清之际的王夫之，对浓厚兴趣在学生的学习及思维能力发展上的作用，也有其独到的见解。他充分肯定了兴趣所起的巨大作用，因此，也特别强调教师在教学过程中要注意激发、培养学生浓厚的学习兴趣。他说："于身、于人、于言、于

---

① 李天志：《我国古代教育家论发展学生思维能力》，载《南都学坛（社会科学版）》，第14卷，第5期，1994。

行，皆专一以向于学。如此，则其为学也，诚中心好之，而无往不致其孜孜者也，可谓好学也已。"同时，他还强调必须从本人内心愿望出发，产生对学习的浓厚兴趣，若只依靠别人在外部强加施以影响，则学习兴趣不能持久。故说："苟非其本心之乐为，强之而不能以终日。"

(三)强调启发诱导

启发和诱导是培养学生思维能力的一个重要方法，我国古代很多教育家们都倡导启发式教学，以调动学生的思维积极性。例如，孔子在长期的教育实践中，提出了"不愤不启，不悱不发"的教学方法，他认为唤起学生的好奇心，以激发其求知欲，就必须善于运用启发式教学，以调动学生思维。孔子还提出了启发诱导，要善于把握机会，不失时机，这样才能达到更好的效果。"可与言而不与之言，失人；不可言而与之言，失言。知者，不失人也不失言。"还说："言未及之而言，谓之躁；言及之而不言，谓之隐；未见颜色而言，谓之瞽。"孟子则认为"君子引而不发，跃如也；中道而立，能者从之"，意思是说教师应像拿箭的射手，做出跃跃欲试的样子，虽然拉满了弓，却不发箭，以启发学生的自动，使思维达到饱满活跃的状态。对启发诱导论述得比较完整、系统的应是《学记》篇，它不仅认识到"君子之教，喻也"，这里的"喻"即启声诱导，还提出了如何"喻"——"道而弗牵，强而弗抑，开而弗达。道而弗牵则和，强而弗抑则易，开而弗达则思。和易以思，可谓善喻矣。"即讲引导学生而不要给以牵制，积极鼓舞督促学生而不要强加逼迫，指点学习的途径而不能越俎代庖把结果告诉学生。教师如能掌握好这个分寸，师生就能够和谐相处，共同努力，密切合作，产生"和易以思"的效果。

(四)注重广闻博见

知识经验的丰富程度与个体的思维能力之间存在密切的关系。人们只有依靠自己的亲身实践和从书本里学来的大量感性经验和间接知识，才能使自己的认识从感性上升到理性，从具体上升到抽象，使自己的思维水平从低级向高级发展。因此，获得丰富的直接和间接知识及经验，是发展学生思维能力的基础。我国古代教育家也曾做了许多论述。孔子认为要想使思维之树长青，永不枯竭，途径之一就是自始至终、坚持不懈地广泛学习。"吾尝终日不食，终夜不寝，以思无益，不如学也。"从哪里学习？除书本知识外，还应向自然、社会学习，"多闻择其善者而从之，多见而识之"。荀子对闻见知行也曾有过十分明确的阐述："不闻不若闻之，闻之不若见之，见之不若知之，知之不若行之。学至于行而止矣。……故闻之而不见，虽博必谬；见之而不知，虽识必妄。"在这里，荀子虽然把闻、见、知、行看作人的一般认识步骤，把行动看作学习的终点；但同时也把获得感性经验，即闻见，作为思维发展的基础，这也是符合现代认识过程和思维发展规律的。

（五）鼓励创新

创新是思维活动的最高表现。在一定意义上讲，创新程度的大小，标志着思维能力的高低。因此，在教学中鼓励创新对发展学生的思维能力具有特别的影响和意义。对此，古代教育家们做了很高的肯定评价。墨子明确要求学生，不仅继承古代文化中的善，同时还要创新。南宋朱熹提出了"前辈固不敢妄议，然论其行事之是非何害？固不可凿空立论，然读书有疑，有所见，则不容不立论"，强调在学习过程中，一方面要尊重前辈的学术见解，但另一方面还要敢于评论前辈，敢于标新立异，提出新见。为此，他又向学生提出了"学者不可只管守以前所见，须除了，方见新意"。明代教育家王守仁也提出了类似主张，重视培养学生的创造思维。他说："夫学，贵得之于心。求之于心而非也，虽其言之出于孔子，不敢以为是也，而况其未及孔子者乎！求之子心而是也，虽其言之出于庸常，不敢以为非也，而况其出于孔子乎！"明确阐明了任何人在学习和思考过程中，都不能盲从据守他人，对古代典籍、圣贤之论也要有自己的是非观，要独立深入思考，要勇于和敢于发表自己独特、新颖的见解，以提高思维能力的创新水平、发散水平。

03

创造性心理学史
即人类的文明史

创造性研究从萌芽、发生到发展经历了一个历史过程，这个过程也是人类文明史的发展过程。文明指社会进步，有文化的状态。对"文化"概念的理解，有许多分歧。如第二章所述，我们不妨采用《辞海》的定义。《辞海》指出，文化有广义与狭义之分。广义的文化是指人类在社会实践过程中所获得的物质、精神的生产能力和创造的物质、精神财富的总和。狭义的文化指精神生产能力和精神产品，包括一切社会意识形态：自然科学、技术科学、社会意识形态。(辞海编辑委员会，1999)[①]由此可见，文明有物质文明和精神文明两个方面，而后者更被社会所关注。更为重要的是，文明或文化与人类的创造紧密联系着。离开了创造，文明或文化的传承就难以实现，物质生产和精神生产就会停滞不前，社会文明与社会进步也就成了一句空话。这就是我们把创造性心理学史与人类文明史联系在一起的缘由。

在斯腾伯格主编的《创造力手册》之"创造力研究的历史"章节中，他提出创造性心理学史有一个以达尔文为分界线的"史前史"。"史前史"从前基督史、前创造力的观点谈起，提出了"天才"(genius)这一影响人类几个世纪的概念。斯腾伯格论述早期西方的创造力时提到，"自此有了工匠遵从上帝的意思在地球上造物的理念"。文艺复兴之后，西方出现哥白尼、伽利略和牛顿三大科学家，于是出现"研究的发明"的观点。在17—18世纪，从培根(Francis Bacon，1605)所著的《学术的进步》开始，人类开启了对创造发明实证研究重要性的探索，不仅建立了法国的皇家学会机构，也出现了哲学先驱者对创造性的研究和思考。18世纪中叶，西方国家对创造性

---

① 辞海编辑委员会:《辞海》，4365页，上海，上海辞书出版社，1999。

与天赋、原产性、才能以及正规教育的含义做了明确的区分，可惜又陷入了"伟大而几乎无尽"的学术争论（斯腾伯格，2005）[①]。所有这些为创造性心理学的发生与发展奠定了"史前"的研究基础。而上述"史前史"所出现的几个不同的阶段，正是西方历史进入文明史过程的一步。

通过研究，我们认为创造性心理学史的发展，应该从达尔文（C. Darwin，1809—1882）特别是其表弟高尔顿（F. Galton，1822—1911）——创造性心理学的开拓者——进入正题。然而，创造性心理学的出现正是社会文明与创造发明两者关系统一的产物。

第一节

———

社会文明与创造发明

为什么社会文明影响创造性心理学史？因为心理学揭示和研究了创造发明的实质。人类的创造发明与社会发展尤其是社会文明紧密联系在一起。社会文明的进步推动了人类的创造发明，而人类的创造发明又促进社会的进步以及社会文明的发展。

在第二章，我们论证了中华大地历来是创新的故乡，目的在于论述中华文明为文学、艺术、科技、教育提供了创造发明的土壤，而中华文学、艺术、科技和教育等的鼎盛创新又促进了中华文明的发展，从中可见社会文明与创造发明的一致性关系。

但在第二章我们只讲了中华大地，那么世界各国的情况又如何呢？我们这里就以西方文化或文明与创造性的关系为例，来进一步阐述社会文明与创造发明的关

———

① （美）R.J. 斯腾伯格：《创造力手册》，施建农，等译，北京，北京理工大学出版社，2005。

系。事实上，西方文明也为西方创造性心理学的产生提供了实践的基础。

一、古代和中古时期西方的创造发明

在西方，文明的曙光首先出现在具有代表性的古希腊和古罗马的大地上。如恩格斯所说："没有希腊文化和罗马帝国所奠定的基础，也就没有现代的欧洲。"古希腊和古罗马作为西方文明的发源地，也出现了古代西方的创造发明。

苏格拉底（公元前 469—前 399 年）、柏拉图（公元前 427—前 347 年）、亚里士多德（公元前 384—前 322 年）是古代西方三位杰出的思想家和哲学家，其中亚里士多德所践行的"吾爱吾师，吾更爱真理"的名言流传至今，成了批判性继承的创新精神理念的源头。

（一）文学

荷马史诗《伊利亚特》和《奥德赛》是古希腊人由野蛮时代进入文明时代的主要遗产之一，世界最早的寓言集《伊索寓言》也产生在公元前 6 世纪的古希腊。希腊神话，尤其是对神或英雄的歌颂，反映了等级社会前的人类精神。这一时期涌现出大批悲剧作家，如埃斯库罗斯、欧里庇得斯、索福克勒斯三大代表性悲剧作家。悲剧盛行之后，古希腊出现喜剧，喜剧反映了希腊人所关心的政治与社会问题，而阿里斯托芬是公认的"喜剧之父"。

（二）艺术

从公元前 7 世纪起，古希腊和古罗马在雕刻技术方面日益精进，不断成熟，其中浮雕《路德维希宝座》是和谐美的代表范本。由于人们敬神，神庙的建造推动了建筑艺术的发展，如"宙斯神庙""阿斯库拉皮乌斯露天剧场"都表现出秀美、华丽和精致的造型美学风格，而古罗马建筑则广泛采用埃及人用过的拱卷结构，"提图斯凯旋门""图拉真纪功柱"就是这一结构的代表作。同时，古希腊的绘画艺术也颇有特色，蜡画、湿壁画、镶嵌画等绘画艺术极为繁荣，而古罗马除了保留希腊绘画的形式之外，采用壁画来装饰室内墙壁，画中有边，边框有花纹，表现出一种幻影式风格。

（三）科学

古希腊人追求探索，古罗马人讲求实际，形成了理论与实际并重的科学特点。古希腊把科学与哲学融为一体，产生自然哲学，并且许多科学家就是哲学家，不少哲学家也研究自然科学，如亚里士多德著有《物理学》，留基伯和德谟克利特著有《大宇宙秩序》《小宇宙秩序》等。这一时期不仅涌现出像阿基米德和托勒密这样的大数学家，还出现了百科全书著者老普林尼，写出了 160 卷涉及各个领域 2 万多种文物的文献。古希腊和古罗马人在不同学科取得了诸多成就，如公元前 3 世纪就有了制图学，公元前 2 世纪出现地图学；天文学家托勒密完成《天文学大成》(3 卷)，突出了"地心说"，毕达哥拉斯在宇宙论与天文学方面做出杰出的贡献，成为"日心说"的先导；公元前 6—前 5 世纪就出现了人体解剖学，阿尔克芒发现视觉神经，认识到大脑是思维的器官。此外，古希腊和古罗马人在农学、医学、光学等各领域也进行了探索。

（四）教育

古希腊优良的自然环境促进了人们创造力的发展，社会政治制度的繁荣和更迭激发了人的理性思维和对法律的畏惧，以希腊神话为中心的精神生活激励人们去追求智慧、勇敢、节制和正义的品质。这些都对古希腊教育制度的形成具有重要的影响（王保星，2008）[①]。而古罗马的教育既是古希腊教育的继承和发展，又基于本民族的特点进行了一系列的补充和修正。古希腊教育的经典代表是斯巴达教育和雅典教育，前者是以军事体育训练为主要内容的教育制度，后者则是重视身心和谐教育的学校体系。古罗马教育则以家庭教育为主，逐渐过渡到形成初等学校、文法学校和修辞学校的教育体系；古希腊思想家苏格拉底、柏拉图和亚里士多德从哲学角度

---

① 王保星：《外国教育史》，13 页，北京，北京师范大学出版社，2008。

来阐述其各自的教育思想，古罗马则出现西塞罗和昆体良的培养演说家的教育思想。

二、"文艺复兴"时期西方的创造发明

欧洲文艺复兴从 14 世纪的意大利开始，相继扩展到德、法、英、荷等欧洲其他国家。文艺复兴是一次资产阶级的思想文化运动，是新兴资产阶级对腐朽的封建势力所发起的全面批判，其主要锋芒首先指向教会，想要将人们从封建教会的束缚下解放出来。一些"文艺复兴"运动的代表人物大力宣扬资产阶级的"人文主义"，即"人道主义"。"人道主义"肯定人是生活的创造者和主人，强调人的价值、人的尊严和人的力量，提出了"个人自由"和"个人幸福"，并且从资产阶级的"人性论"出发，论证了资产阶级的政治要求和国家学说。尽管由于各国历史条件不同，其"文艺复兴"运动具有不同的特点、取得了不同的成就，但总的来说，"欧洲文艺复兴的时代是以封建制度普遍解体和城市兴起为基础的"（王保星，2008）[1]，这一运动涌现出了诸如培根、笛卡儿、休谟等一大批思想家，其中英国的培根在其《新工具》一书中提出"知识就是力量"的观点，主张改造、创新人类的知识；法国的笛卡儿在其《方法论》一书中提出"我思故我在"，强调人类理性的重要性。所有这一切，促进了经济、政治、思想和文化的变革，也促进文学、艺术、科技和教育的文化创新，为资产阶级革命做了舆论准备并创设了条件。

（一）文学

"文艺复兴"时期的文学创作，以反教会反封建为主题，以描述现实生活的世俗人物为主要内容，在形式上有多种多样的创新，在表现方式上出现灵活的创造性手法，揭开了欧洲近代文学的序幕。这一时期意大利、德国、西班牙、法国、英国都有著名文学家涌现，最具代表性的是英国人文主义作家乔叟和莎士比亚。乔叟的代

---

① 王保星：《外国教育史》，13 页，北京，北京师范大学出版社，2008。

表作品是《坎特伯雷故事集》，包含 24 个短篇故事，通过对骑士、侍从、地主、自耕农、贫农、僧侣、商人、海员、大学生、手工业者等人物的描述和刻画，真实地揭示了 14 世纪英国社会的真实面貌。而莎士比亚，与古希腊悲剧作家埃斯库罗斯一起，被马克思称为"人类两个最伟大的戏剧人才"，凭着非凡才华和不懈努力，一生创作了 37 部戏剧、2 部长诗、154 首十四行诗，特别是其创作的悲剧和喜剧，是世界文苑中少有的艺术珍品。

（二）艺术

在人文主义思想的影响下，艺术创作也发生了相应的变化。"文艺复兴"时期的艺术创作表现出三种特点：一是在题材上，表现现实生活以及生活中的人和人的思想感悟，显示了时代的特征；二是在表现方式上，倡导面向自然、对自然做出理性的表达；三是反映透视学和解剖学的科学成就，出现了一批集科学家、建筑家、画家等为一身的著名艺术家，代表人物有被称为"盛期文艺复兴三杰"的达·芬奇、米开朗琪罗和拉斐尔。达·芬奇的绘画《蒙娜丽莎》最负盛名，米开朗琪罗的雕塑作品《大卫》举世闻名，拉斐尔因壁画《最后的审判》和《西斯廷圣母》享有罗马教皇梵蒂冈宫廷画家的最大荣誉。

（三）科学

文艺复兴引发了欧洲一场前所未有的科学革命。正如恩格斯（1971）[①]所指出的："这是一次人类没有经历过的最伟大的、进步的变革，是一个需要巨人而且产生了巨人——在思维能力、热情和性格方面，在多才多艺和学识渊博方面的巨人的时代。"近代科技发展从此开始，提出"日心说"的荷兰天文学家哥白尼，实验科学的奠基人意大利天文学家伽利略，力学之父英国科学家牛顿，近代医学和生理学的奠基人希腊医生希波克拉底等流芳百世的伟大科学家的出现，向世界展示了社会文明与科技创新关系的新篇章。

---

① 恩格斯：《自然辩证法》，7 页，北京，人民出版社，1971。

（四）教育

从"文艺复兴"起，一些进步的思想家开始重视教育、献身教育，并提出尊重儿童、发展儿童天性的口号。这一时期涌现出了一批著名的教育家，如意大利的维多利诺、尼德兰的伊拉斯谟和法国的蒙田等，其中最杰出的是捷克的夸美纽斯。夸美纽斯是 17 世纪捷克著名的爱国主义者、伟大的民主教育家，被尊崇为教育史上的"哥白尼"。他年轻时被选为捷克兄弟会的牧师，并主持兄弟会学校的工作。三十年战争（1618—1648）爆发后 10 年，夸美纽斯被迫与三万兄弟会会员一起流亡国外，继续广泛从事教育活动和社会活动。他尖锐地抨击中世纪的学校教育，号召"把一切事物交给一切人"，提出统一学校制度，主张采用班级授课制度，普及初等教育，扩大学科的门类和内容，量力而教。不仅如此，他还强调从事物本身获得知识，并提出直观性、循序渐进性、启发儿童的学习愿望与自然适应性、主动性、彻底性和巩固性等教育原则。他撰写了许多教育著作，其中《大教学论》是他教育思想的代表作，对当今教育实践仍有不少影响。

三、自由资本主义时期西方的创造发明

1640 年，在英国爆发的资产阶级革命，标志着世界近代史的开端。之后，欧美一些国家相继进行了资产阶级革命：1789 年的法国大革命，1848 年的欧洲各国革命，1776 年的美国独立和 1861—1865 年的美国南北战争，19 世纪 60 年代的俄国农奴制度改革等。所有这些使资本主义制度确立并得以巩固。从 18 世纪 60 年代开始的各国资本主义产业革命，则极大地促进了资产阶级经济实力的增长。17 世纪至 19 世纪的资本主义的文明发展，为文化和科学进步创造了物质前提，并提出了新的迫切的需要。民主、自由、平等、博爱的道德观念，促进了人们思想的解放。科学成果的取得，为近代批判封建神学和经院哲学提供了科学的依据，也为各国文学、艺术、科技、教育的发展奠定了基础。于是，自由资本主义时期的创造性心理学及其研究也相继出现，反映了资本主义社会的发展对创造发明的要求。

（一）文学

自由资本主义的科学理性与天赋人权观念，使文学创作充满对人间生活和人性力量的赞美。这一时期的文学作品极为丰富，欧洲许多国家都涌现出了著名文豪，如英国"第一个为弑君辩护的人"弥尔顿，《鲁滨孙漂流记》的作者笛福，现实主义小说的创始人菲尔丁，自学成才的小说家狄更斯等；法国18世纪最有声望的作家伏尔泰，《巨人传》的作者拉伯雷，古典主义喜剧大师莫里哀，批判现实主义文学的奠基作品《红与黑》的作者斯丹达尔，社会百科全书式写了2400多个人物的《人间喜剧》的作者巴尔扎克，父子作家大仲马和小仲马，人道主义作家雨果等；德国有其文学史上的泰斗、民族诗人歌德，向封建专制主义宣战的作家席勒，《格林童话》的作者格林兄弟，自称剑与火的杰出诗人海涅等。

（二）艺术

自由资本主义的西方艺术创作分期分派呈现出不同的风格。上承17世纪文艺复兴和下启18世纪自由资本主义的启蒙和浪漫主义运动，产生了"巴洛克风格"，在建筑、绘画、雕塑、音乐、服饰上出现古典主义时期的形式主义风格；接着是18世纪在建筑设计、绘画、雕刻上出现了既模仿古希腊、古罗马的艺术理念，又推崇艺术的理性的新古典主义，大卫代表作《荷拉斯兄弟之誓》就是这种风格；而19世纪席卷欧洲各国的则是借助想象、夸张等技巧，使用热情奔放的措辞来创作的浪漫主义，以及以法国追求创作逼真性和准确性为代表的现实主义艺术，突破古典主义的清规戒律、克服浪漫主义的过多表露情感的印象主义艺术和强调主观印象、重视个人情感抒发的象征主义艺术等。所有的艺术风格呈现一种五彩缤纷的格局，这种创作势头也正是自由资本主义社会文明的象征。

（三）科学

19世纪自然科学的三大发现是西方自由资本主义时期科学的象征。恩格斯指出，近代科学的三大发现推翻了唯心主义僵化的自然观，树立了唯物主义新的自然观，要求科学从发展变化的观点来研究事物的本质和规律。

一是细胞学说。1838 年德国植物学家施莱登发表了"植物胚胎发生于单细胞"的观点，之后德国动物学家施旺把施莱登的理论推广到动物界，从而于 1839 年创立了细胞学说。这一学说认为，细胞是组成植物和动物有机体的基本单位，一切植物和动物的生长与发育都是从细胞的繁殖与分化中产生和成长起来的。每个细胞既有它作为独立单位而具有的生命，又有由于它是整个机体的组成部分而具有的生命。这些观点后来经德国解剖学家舒尔采等人的进一步论证渐臻完善。这一发明证明了生命起源的共同性，一切有机体都是建立在细胞的基础上的，是彼此统一和相互联系的。

二是能量守恒和转化定律。1842 年前后，德国化学家迈尔、英国物理学家焦耳和格罗夫几乎同时发现和表述了这个定律。这个定律表明，自然界的一切能量，无论机械能，热、电、光、磁等物理能，化学能还是生物能，在一定条件下都可以按一定的比例关系相互转化，并且任何能量都不能凭空产生，也不会自行消灭。这个定律表明，自然界中的一切运动都可以归结为一种形式向另一种形式转化的过程。例如，摩擦生热是机械能转化为热能，电池发电是化学能转化为电能，电动机工作是由电能转化为机械能等。这些发现，从根本上打破了否认各种运动形式之间普遍联系的形而上学的科学观。

三是物种进化。1859 年，英国伟大的博物学家达尔文发表了《物种起源》一书，提出自然选择说和进化论。达尔文证明了有机界中的全部植物、动物和人，都是由简单的蛋白质/单细胞胚胎逐渐进化和发展起来的。达尔文用自然选择和人工选择来解释物种的起源和进化。生物有机体由于生活条件的变化发生变异，有利的变异被保存下来，不利的变异被淘汰，叫作自然选择。人们利用生物有机体遗传和变异的规律来创造新品种，叫作人工选择。进化论揭示了有机界从低级到高级、从简单到复杂、种类由少到多的发展变化规律，阐明了物种之间相互联系、彼此制约的事实，为辩证唯物主义的自然观提供了重要的依据。

（四）教育

自由资本主义时期教育的一个重要特点，就是要了解儿童（学生）、尊重儿童。

杰出的教育家有洛克、卢梭、裴斯泰洛奇、赫尔巴特、第斯多惠等，而洛克、卢梭也是思想家和哲学家。英国的洛克反对天赋的观点，主张人只能在经验中获得真理，并且坚持政治哲学，重视从研究中获得发现。于是，洛克倡导"绅士教育"，认为教育要培养一种具有德行、智慧、礼仪和学问的绅士。法国的卢梭则认为人来源于自然，而后天的发展却破坏了自然人的本性，所以对社会持批判的态度，坚持用豁免观来看待个人的天赋。卢梭提倡自由人和自然人的教育目标，其代表作《爱弥尔》就反映了这一教育思想。他认为人最重要的权利就是自由，所以要顺应学生的本性，让他们的身心自由发展。裴斯泰洛奇则主张"要素教育"，包括体育、劳动教育、德育、美育和智慧等方面。他也是关爱学生的典范，主张教师以"爱"作为教育的基础。同时，赫尔巴特是 19 世纪"心理学化的教育"理论的重要倡导者。而第斯多惠是师范教育的倡导者和活动家，他认为没有师范教育的改革，就培养不出出色的教师。

从古希腊古罗马时期，到文艺复兴时期，再到自由主义时期，西方社会经历了文明的发展，文明的发展又推动了文学、艺术、科学、教育的创新。面对社会的创新，如何把这些创造性发展甚至自古以来的"天才"用于科学研究呢？这就对创造性科学包括创造性心理学的产生提出了要求：一是文化的创新，特别是从古代到自由资本主义时期的近代三大科学发现，为创造科学提供了物质基础；二是思想家的创新观念，从亚里士多德的批判质疑的创造理念，到洛克、卢梭等批判发现创造观，都为创造科学提供了思想基础；三是科学家一步步研究人类创新方法，特别是达尔文进化论的出现，为创造科学提供了人的基础。而人是有心理的，于是从人特别是从人的心理去研究创造发明，必然会产生创造性心理学。因此，第一部创造性心理学的专著是进化论的代表者达尔文的表弟高尔顿的《天才的遗传》，也就不足为奇了。

第二节

————

高尔顿开启创造性心理学的研究

从研究的时间、研究的目的、研究的方法及其产生的影响四个方面来看，高尔顿都可以说是创造性心理学的奠基人。

一、从达尔文到高尔顿

从学术思想来分析，高尔顿的创造性心理学来自达尔文进化论的思想。如前所述，达尔文是博物学家，也是进化论的创立者。进化论的创立主要源于社会生产力的需要。19世纪前半期，英国完成了资产阶级的工业革命。工业的繁荣要求农业、畜牧业的相应发展，农牧业的发展又要求不断改良品种，这就是进化论产生的社会历史背景。

达尔文年轻时受法国生物学家拉马克（Jean-Baptiste Lamarck，1744—1829）、圣提雷尔（Geoffrog Saint-Hilaire，1772—1844）及自己祖父伊拉斯谟斯·达尔文（Erasmus Darwin，1731—1802）等人的生物进化观点的影响，对生物学具有极大的兴趣。1831年，达尔文从剑桥大学毕业，正值"贝格尔号"海军勘探船出航南美。几经周折，达尔文参加了这次航行。5年的环球考察，在大量的物种变异事实面前，他认识到了物种变异进化的实质。达尔文在晚年时说，"贝格尔号"的航行在他一生中是一个重要的转折，它决定了他的整个事业。回国后，达尔文一面钻研前人的著作，一面修建温室，还开辟了试验园地进行科学试验。经过20多年的努力，他终于在1859年11月24日出版了《物种起源》，奠定了进化论的科学基础，这也成为生物学史上的一个转折点。达尔文在书中用有力的证据推翻了神创论和物种不变论，使"进化论"在整个欧洲学术界引起了轰动。达尔文晚年进一步研究人类起源，写下了《人类的由来及选择》（1871）和《人和动物的表情》（1872）。在这两本著作里，达尔文不仅阐述了从猿到人的进化理论，还探讨了人与动物在心理上的连续性和差异性，指出："尽管人类和高等动物之间的心理差异是巨大的，然而这种差异只是程度上的，并非种类上的。我们已经看到，人类所自夸的感觉和直觉，各种感情和心理能力，如爱、记忆、注意、好奇、模仿、推理等等，在低于人类的动物中都处于一种萌芽状态，有时甚至处于一种十分发达的状态。"（达尔文，1982）①也就是说从进化论出发，生物最初从非生物发展而来，地球上生存的各种生物有共同的祖先。在进化过程中，它们通过变异、遗传和自然选择由低级到高级，从简单到复杂，种类由少到多。达尔文虽然在这些问题的研究中忽视了人类的社会历史性，但他的理论激起了人们对诸如天赋、天才等问题的探讨，于是出现了高尔顿的"遗传的天才"研究。

高尔顿是英国的心理学家，也是达尔文的表弟。高尔顿生于英国伯明翰附近一个富裕家庭。16岁那年，他被迫进入伯明翰综合医院学医，一年后转入皇家学院继续学医。又过了一年，他改变了计划，进入剑桥三一学院专攻数学。接着，旅行考察引起了高尔顿的兴趣，他分别于1845年和1850年去了苏丹和西南非洲，主要研究气象学。当达尔文1859年出版《物种起源》时，高尔顿立刻对进化论产生了浓厚的兴趣。由此，他开始从事进化的遗传方面的理论研究并十分重视其社会意义。19世纪60年代初期高尔顿转入心理学领域，研究心理遗传和个别差异。1869年，高尔顿出版了他的第一部心理学著作《遗传的天才》，公布了他所研究的977名杰出人物或天才人物的思维特点，这一著作也是国际上研究创造性的第一部文献。紧接着，他又出版了《英国的科学家们：他们的禀赋和教养》，并在1883年创立了"优生学"，出版了《人类才能及其发展的研究》，1889年又出版了《自然的遗传》一书。这些著作开创了创造性心理学这一心理学分支。

尽管高尔顿对现代心理学产生了深远的影响，但他不仅是理学家，还是一个"杂家"。他对后人的影响主要在三个方面：一是遗传决定论的观点，二是个别差异

---

① 达尔文：《人类的由来及选择》，153页，叶笃庄，杨习之译，北京，科学出版社，1982。

的测量，三是统计方法的创新。这三个方面对创造性心理学的研究及其发展都是有影响的，特别是遗传决定论的观点。此外，高尔顿是心理学界最早提出智力由一般智力（G）与特殊智力（S）构成的心理学家，这一思想后由其弟子英国心理学家斯皮尔曼（C. E. Spearman，1863—1945）继承并被称为"智力二因素论"。

高尔顿的遗传决定论观点的基础是他的调查。他调查了1768年至1868年这100年间共977个英国伟人和学者的家谱，发现其中332人很有名望，而在一般百姓中4000人才产生这么一个有名望的人，从中他看到了杰出人士或创造性人才比一般人有较大的生育杰出子女的概率。于是，他得出伟人和天才出自名门世家的"智力遗传"的结论。他还研究了80对双生子，发现他们比非双生的兄弟姊妹在心理上更相像，于是他进一步提出了人的心理完全取决于遗传的论断。高尔顿所创立的优生学，正是他片面夸大遗传的作用、大肆宣扬天才遗传论的产物。

但是高尔顿的遗传决定论，一开始就遭到企图建立科学的儿童心理学及其理论的普莱尔的反对。普莱尔明确地反对"白板说"，也反对遗传决定论。于是，心理（包括创造性心理）是先天的还是后天的问题在社会上引起了激烈的争论。客观地说，高尔顿的遗传决定论，对后来有些心理学家产生了较深且不良的影响。

二、高尔顿的天才观点

"高尔顿是科学地研究行为遗传学的先驱，这一学科近年来逐渐萌芽并产生出巨大的社会影响。"［艾森克（H. J. Eysenck）］高尔顿以进化论的遗传变迁观点来研究天才即人的创造性。他在《遗传的天才》一书中，主要阐述了关于天才或创造性人才的如下观点。

（一）天才的分类

高尔顿关于天才分类的前提是，人类的自然能力是由遗传产生的，与整个有机世界的形式和物理特征几乎处于一样的限制下。尽管有这些限制，但通过仔细选择还是能够获得独特的天赋的，因此通过连续几代的明智的婚姻来产生具有很高天赋的人是非常可行的。由此可见，高尔顿关于天才分类的理论基础是遗传变异论。

1. 依据声望分类

天才的人物肯定有声望。在论述天赋甚至天才来自遗传之前，高尔顿相当重视两个概念：一是杰出的(eminent)和著名的(illustrious)的筛选标准，二是声望作为能力测试的可接受程度。事实上，这两者很难分开论述。声望往往是人是否杰出的表现，于是外部世界就依据一个人的表现，同时整合其所有优点，下意识地给某个人打出一个得分，这就是依据声望将人加以分类。声望排在前面的人，就是杰出的人物。

杰出的人才在人类中占多少比例？高尔顿通过自传体手册《时代众人》(*Man of the Time*)，得出杰出人物的筛选标准是 425：1 000 000；更严格些，则是 250：1 000 000，它更强调杰出人物工作的原创性或者带头性。如果将筛选标准降低，就无法保证偶然和机遇的影响，不能将有名与杰出区分开。他最后得出结论：当说一个人是"杰出的"时，标准是1：4 000 或者 250：1 000 000。如果标准更严苛的时候，则用"著名的"这个词。

2. 依据天赋分类

在依据声望还是依据天赋进行分类的问题上，高尔顿更倾向于依据天赋将人分类，并认为按声望分类与按天赋分类具有一致性，有声望的杰出人物，其声望往往来自天赋。

高尔顿指出，人的发展是先天遗传所决定的。智力与品质在生殖细胞的基因中就被决定了，后天和教育的影响只能延迟或加速其遗传能力的实现。对此，他从以下几个方面进行了说明：婴儿的差异是先天的，他并不认同"勤勉努力"是个体间差异的唯一解释；个体自入学到工作，所表现出来的心智水平与天赋是一致的；许多天才的天赋都是普遍的，人与人之间能力的差异是巨大的；职业选择与兴趣有关，一个有天赋的人在选择他的职业之前通常是反复无常的、变化的，但是一旦选择之后，将以一种真正热情的态度投入其中；应根据天生的能力大小，对人进行分类和排序；能力评定应用离均差的定律，苏格兰男性士兵与法国男性的生理指标，甚至智力，在人群中的分布也符合离均差定律；从智力由一般智力与特殊智力构成的观念出发，对于 1 000 000 个人的一般能力和在绘画、音乐或政治等方面特殊的天赋能力，根据其得分等距分为 14 类，会形成常态分布的趋势，50% 集中在中峰，然后以 80% 、95% 分布，天赋能力在两头的（天才与低能）不到 5% 。

3. 声望与天赋的能力

首先，要澄清声望和能力这两个概念。声望，是同一时期的人对一个人的看法，许多传记作者对某个人的性格进行批判性的分析，最终呈现一个经由后代雕琢后的人物形象。天生的能力，是一个人的智力水平和性情。他在一个人的行为过程中起着促进和限制作用，使一个人获得声望。

声望可以衡量一个人天生的能力吗？或者说，一个人的成功在多大程度上取决他的机遇，又在多大程度上取决于他天生的能力或智力？这是高尔顿提出的一个重要问题。对此，他比较了两个阶层。

一个极具天赋的人，即使处于下等阶层，也能够很容易地跨越下等社会阶层的种种阻碍，跻身精英阶层。这种阻碍无疑是一种自然选择的系统，用以压制平凡的人们，即使这些人们拥有和上等阶层相同的能力，最终成功的也不是他们。但是，如果一个人拥有巨大的天赋，渴望工作，并且有工作的能力，高尔顿相信这样一个人不会被社会阶层所阻碍。

英国在下等阶层向上等阶层流动方面设置了太多阻碍，那些不存在如此多阻碍的国家，会给一个人提供更好的文化环境，促使他成功。但这类人并不是前文提到的那类杰出人士。在美国，文化传递非常广泛。他们的中产阶级和下等阶级所受到的教育已经大大提升，但是即便如此，美国在一流的文学作品、哲学或艺术方面仍然不能达到英国的水平。即使像美国一样，英国社会中跻身精英阶层的障碍被移除，英国社会的杰出人士也不会大幅度增加。

那些在很大程度上享受良好社会资源的人们并不能成为杰出人士，除非他们天生拥有极高的能力。如果一个人天生的能力处于中等水平，即便为他提供良好的社会资源，他也无法跻身精英阶层。

这里的心理机制是什么？高尔顿提出了各种品质。天赋的杰出人物，正是由于这种品质结合得好（Galton，1978）①。那么，是哪些品质呢？是三种品质的结合：脑力、热情和体力，这三者对于人们冲破社会底层是必要的。

政治家只需要脑力和体力，因为他一旦进入公众生活，就有了兴趣，可以给他的凡夫俗子之心提供必要的刺激。因此，成功的政治家肯定出身上流社会，出身社会底层的人很难成为成功的政治家。

统治者需要若干重要品质，包括献身于特种学问、坚定的毅力、社会关系方面亲切坦率、国家最强大脑都为他工作、平等地看待兴趣和观点、知道如何产生受人民欢迎的想法、能够忍受孤独等。另外，统治者不需要智力超群，因为国家中智力最好的人都在为统治者服务。

指挥家的特质是特别的，需要有策略。策略就像下象棋一样，需要大量的练习。在和平时期很难看到策略是如何与极致的耐力、无畏的勇气、不安分的性格结合来实现卓越的。

煽动家需要勇气和力量，不需要智力超群。

那些战胜反对派的高级政治家和统治者们，一定都拥有极大的天赋。

获得高声望的过程可以看作一场对高才能的公平测试。高尔顿认为没有被赋予极高能力的人是不可能获得极大的名声的，而拥有极高能力的人是不会在获得声名的过程中失败的。

从高尔顿"天才的分类"中可见，他认为声望与天赋能力是一致的。而对天才或创造性人才的测量，正是从高尔顿开始的。

（二）杰出人物与家庭的关系

高尔顿在《遗传的天才》里的论证中，十分重视家庭因素，因为他把家庭视为遗传的一个重要标志。他比较分析了超过 300 个家庭、将近 1000 名杰出人物。如果存在决定天才在家庭中的分布规律的话，通过这个大样本，高尔顿向社会展示了这一规律。

---

① Galton，F.，*Hereditary genius*：*An inquiry into its laws and consequences*，London，Julian Friedman Publisher，1978，pp. 48-49.

第三章 ｜ 创造性心理学史即人类的文化史

```
                    0.5 曾祖父
                    ┌──────────────┐
              7.5 祖父          0.5 伯父
                    ├──────────────────────────────┐
          26父亲                              4.5 伯父
                                                   │
   100个杰出家庭100个卓越人物    23 兄弟    1.5 堂兄弟
              │
          36 儿子
              │
          9.6 孙子
              │
          1.5 曾孙
```

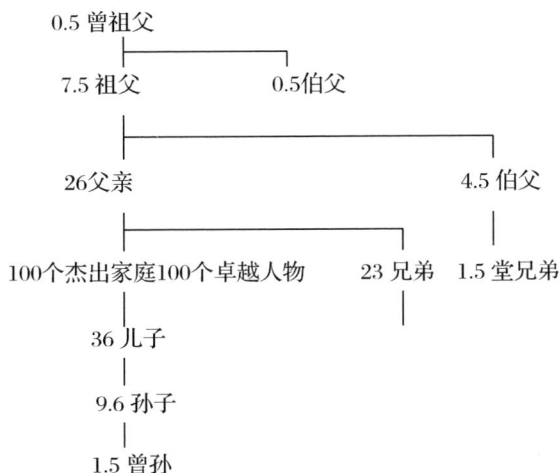

图 3-1　最具卓越天赋的家庭中每一代卓越人物的比例

我们这里仅引用了高尔顿研究中的一幅画（F. Galton，1978）①，反映了家庭与天才或遗传比例的"规律"。高尔顿认为图 3-1 只涉及了那些特别杰出的家庭，以非常准确的方式显示了相比远亲属关系，近亲属关系在遗传天赋方面的巨大贡献。大体上来讲，亲属关系隔一代，下一代遗传的比例就是 1/4 了。结果就是，第一代的比例大约是 28，第二代大约是 7，第三代大约是 1.5。他又指出，能力从长远来看，不是突然地出现和消失的，而是从家庭生活的普遍水平逐渐地、有序地上升。随着血液的逐渐稀释，法官的后代达到杰出的顶峰逐渐显示出不可能。能力必须基于一个稳定的三角，其中每一条腿必须稳扎。具体来说，一个人为了遗传能力，他必须遗传三种分离和独立的东西，即必须遗传才能、热情和活力。如果没有三种，至少应该具备联合起来的其中的两种，否则就没有希望在世界上成为一个卓越的人物。

家庭由父母与子女组成，但通常研究只考察父子的关系而忽视了母亲的因素。高尔顿却重视这个问题，并做了如下的说明。很大数量的杰出人物的后代成为有名的人，说明这个人的妻子应该是超越平庸的。杰出人物的妻子，通常应该是在他的社交场合能够碰到的，因此不太可能是愚昧的女人。并且事实上，大量杰出的男人

① Galton，F.，*Hereditary genius：An inquiry into its laws and consequences*，London，Julian Friedman Publisher，1978，p. 83.

141

都与杰出的女人成婚。接下来，他对比了男性和女性亲属间的能力传递的强度。高尔顿从研究中看到5种名人类型（法官、政治家、军事家、文化人、科学家）男性和女性的总体亲属比例几乎一致，男性：女性＝70：30，或者超过2：1，其他名人类型也超过2：1。他又指出唯有在神学家这一类上出现男女比例的翻转，女性在宗教培养上的影响力是显著的。因此，"伟人背后都有一位了不起的母亲"应该只是伟人孝顺心理的一种夸张的表达。

在研究杰出人物与家庭关系的同时，高尔顿也涉及了杰出人物与亲戚的关系、与不同职业以及教育和机遇的关系。他指出，能力在亲戚类型上的一般性分布规律也是很明显的。名人家庭中，有名的儿子的数量总是多于有名的兄弟，同时他们的数量略高于有名的父亲。按照亲疏远近，第二级和第三级亲戚关系的名人数量骤减（堂/表兄妹相对于其他第三级关系仍具有较大的数量）。在所有名人类型的分组上，不同亲戚级别的名人比例相近。其中一个异常值是军事家的儿子的数量（31）远低于平均值（48），这与军事工作的性质不无关系。但军事家的孙子的数量与其他类别没有差别，高尔顿将之归因于教育的优势，即良好的教育确保了亲戚成名的比例。另一个异常值是伟大科学家的有名父亲的数量（26）远低于儿子的数量（60）。这是因为科学成就应归因于训练和母亲的遗传，并且家庭中第一位具有科学天赋的人往往不那么容易获得成就，而他们的后代被教导以科学为专业，会少走很多弯路。另外，艺术家家庭的数量（28）并不比诗人家庭的数量（20）大很多，但艺术家有名的儿子的数量（89）却极大。对科学家后代超过前辈的解释同样适用于艺术家。伟大艺术家的后代，比那些具有同等天赋但缺少专业教育的人，更有可能成为专业的名人。艺术家的儿子成为名人数量之大，证明了特殊能力的强烈的遗传特征。以上仅呈现出一般规律的很小的变异，可以这么说，高尔顿发现每10个名人的家庭中，有2~4个有名的父亲，4~5个有名的兄弟，5~6个有名的儿子，这能正确估计24个案例中的17个，其中7个案例估计错误，而这个错误在其中2个案例（军事家的父亲、文化人）中将小于1个单位，在4个案例（诗人的父亲、法官、军事家、神学家的儿子）中等于1个单位，在1个案例（艺术家的儿子）中大于1个单位。他还指出，如果仅考虑一个人与某位名人的亲戚关系，那么有多大可能他会成名？总体的结果是，恰好 1/2 的名人具有 1 个或更多有名的关系。所以，我们把某数列的数值除以 2，将得到对应的另一数列——成功的可能性。

从杰出人物与家庭等诸多关系来分析，高尔顿强调的天才主要来自遗传。他用其测量统计方法比较了近亲与远亲的差异，仍然在证明天才或创造人才发展的第一因素是遗传。与此同时，高尔顿也承认某些教育、机遇即环境因素在天才或创造性人才的成长中起到了加速或延迟遗传能力发展的作用，但真正改变某些遗传基础的是变异。

（三）智能发展与种族的关系

高尔顿在《遗传的天才》中还进行了种族、国家和历史的比较。比较的前提是什么？是天赋的智力。他指出，文明是群居高智力动物的必要产物。智力同体力及其他自然天赋一样重要。因此，任何在其他方面享有同等天赋的物种之间，拥有最优智力的物种无疑在生存斗争中最有优势。类似地，与人类一样有智力的动物，在其他品质同等的条件下，最具社交能力的物种最有优势。

高尔顿首先比较了种族。他对研究对象做如下的假设：假设能力等级的间隔在所有种族间相同，即如果某种族的能力等级 A 等于另一种族的能力等级 C，那么前者的能力等级 B 等于后者的能力等级 D。他比较了黑人种族和盎格鲁-撒克逊人中那些能够独自成为法官、政治家等不同类型名人的品质，结果发现了他们与白人之间的差异。在一个国家，不同地区或种族之间也是有差异的。例如，英格兰和英国北部的人比普通英国人智力上具有一些优势，因为前者杰出人士的数量远高于他们自身种族按比例所能达到的数量。同样的优势，还出现在幸福感的比较上。

高尔顿还做了历史比较分析，比较种族的智力差异。通过历史分析法，他指出古希腊毫无疑问是历史记录上有才华的种族，二部分是因为他们在智力活动上的杰出事迹仍未能被超越，另一部分是因为创造杰出事迹的人口很小。古希腊不同的亚种中，阿提卡是最有才华的，主要是因为雅典不加选择地吸纳移民，吸引了很多高能力的人。阿提卡在公元前 530 年到公元前 430 年共产生了 14 名杰出人物，我们对该时间段内阿提卡的人口进行近似估计，得到杰出人物产生比例为 1∶4 300 或者更高。雅典种族的平均能力几乎比今天白人的种族高两个等级，就像白人的智力高于非洲黑人两个等级一样。

如何提高当前人们的智力呢？高尔顿断言，如果种族的平均能力提高一个等级，当今杰出人士数量将提高 10 倍。将整个国家平均能力提高一个等级，社会上有天赋的人数将提高 17 倍。具体措施是什么？高尔顿从通过变异、遗传和自然选择的进化论思想出发，提出以下三条建议（Galton，1978）①。

一是倡导文明。我们当前平均能力的提高对于将来后代的幸福必不可少。文明是能够通过历史进程作用于人类的新条件。它们或者通过自然选择修正种族的属性（当改变足够缓慢，种族适应性足够强时），或者摧毁种族（当改变太过突然时，种族不能妥协时）。集权化、交流和文化，需要比种族平均水平更高的脑力和耐力。目前我们的种族是超负荷的，需要倡导文明以提高智力。

二是改变落后的种族。随着世界人口的增加，社会关系变得复杂，在大部分野蛮人身上发现游牧文化不再适应新条件。游牧文化与开明文化的差异在于，前者的本能是猎食，满足野蛮生活的需要，不需要思考过去和未来，而这样的本能在文明社会中则是完全行不通的。人类种族在最初完全是野蛮的，在未开化的无数年之后，人们才逐渐发现通往道德和文明的路。

三是改革结婚年龄。民族的本能和智力影响国家的发展，而婚姻的年龄能从遗传变异角度提高民族的本能和智力。于是高尔顿提倡：最明智的政策应当让那些软弱的种族或阶层的平均结婚年龄得以推迟，而让那些充满活力的阶层或种族的平均结婚年龄得以提前。但让他感到惋惜和痛心的是，许多社会行为强烈地且致命地走向这一政策的反面。

高尔顿用统计方法详尽地分析了杰出人才或创造性人才与种族的关系，无论是在创造性心理学史上，还是在整个心理学史上，都是第一次。并且，这既是一个典型的遗传决定论观点的体现，又是他提倡优生学以改良人种的体现。智力是先天的，还是后天的，抑或是先天与后天的结晶，这是心理学的一个古老问题，也是当

---

① Galton, F., *Hereditary genius: An inquiry into its laws and consequences*, London, Julian Friedman Publisher, 1978.

今世界耗资最多的一个研究项目。对于智力的种族差异，距高尔顿研究整整百年后，1969 年詹森（A. R. Jensen）通过总结四大洲八个国家 100 多个不同的研究，在《哈佛教育评论》上发表了题为《我们究竟能在多大程度上提高智商（IQ）和学业成就》的文章，表达了与高尔顿 100 年前相似的观念。他指出亲缘关系越近智商相关越高的研究结果表明，种族的智力差异是存在的，智力变异的环境影响远远小于遗传影响，可以认为智力是出生时就定型了的，甚至教育的最大努力也很难改变（Arthur & Gopinathan，1981）①。詹森与高尔顿的不同之处在于，前者以人类一般智力为研究对象，后者则是以杰出人才或创造性人才的智力与能力为研究基础，但两者形成的都是悲观的种族智力遗传决定论。

三、对高尔顿创造性心理学观的简评

心理学界公认，高尔顿的《遗传的天才》不仅是遗传决定论的最初心理学著作，也是创造性心理学的奠基著作。

首先，高尔顿确定创造性或杰出人物的活动是心智或智力与能力的活动，而智力与心智分一般智力与特殊智力。高尔顿从一般智力与特殊智力构成智力的角度出发，论证了杰出人物或创造性人才在一般智力与特殊智力上的表现。他把特殊智力分为 14 级水平，形成"中间大两头小"的常态分配趋势，这"两头小"之一就是杰出人物或创造性人才。高尔顿就这样开启了创造性心理学研究之先河。

其次，高尔顿论述了创造性人才或天才的基础是遗传，也就是反复阐述杰出人物来自天赋。他从个人发展、家庭成员和种族特征等诸方面论述了遗传决定杰出人物或创造性人才的类型。换句话说，他认为创造性来自遗传。这一观点引发了心理学界一百多年激烈的争论，于是包括创造性在内的智能是先天的还是后天的，或者是先天与后天的结合，成为心理学界持续时间最长、规模最大、结论最难确定的课题。这也是心理学界遗传决定论、环境决定论和相互决定论的缘起。

---

① Arthur, R. J. & Gopinathan, S., *Straight Talk about Mental Tests*, New York, The free PR, 1981, pp. 74-127.

最后，高尔顿在创造性心理学领域乃至对心理学方法论上的贡献是他的测量学、统计学与心理学具体研究手段的创新。他应用统计方法来处理心理资料，并在收集了大量资料后证明人的心理特征尤其是生理指标与智力指标是呈常态分布的。他在研究杰出人才及其声望与家庭关系时，创造了一种数学统计方法，运用相关系数（r）来表示遗传对智能差异的影响，前边列举的图示法表征了相关系数的基本性质。高尔顿最早研究联想和问卷问题，以此来测定并表示杰出人才与非杰出人才心理特别是意向的差异指标。此外，高尔顿还发明了测定视觉距离最小可觉差的仪器——高尔顿横木（bar）和测量音高绝对上阈的仪器——高尔顿音笛（tube）。

如果说高尔顿的创造性心理学研究有何不足之处，绝对不会是他的遗传决定之天才观，因为这是一个世界性争论的课题。作为创造性心理学的开创者或者奠基人，高尔顿通过杰出人才的天赋论来研究创造性心理学仅仅只是个开始，他没有建立创造性心理学的体系，也没有应用他创造的心理学仪器开展创造性的实验研究，甚至连基本的实验研究都没有开展。然而作为一名开创者，高尔顿的贡献是永远无法磨灭的。

第三节
————

弗洛伊德对文艺创作的研究

自冯特1879年创立科学心理学以来，精神分析、行为主义和格式塔理论三大学派陆续形成。除了行为主义外，精神分析学派创始人弗洛伊德（S. Freud，1856—1939）和格式塔学派创始人韦特海默（M. Wertheimer，1880—1943），都对创造性心理学做出了重要贡献。

继高尔顿对创造性心理学研究之后，弗洛伊德采用哲学思辨、传记等方法研究了文艺创作中的创造性，并将这种创作作为人格的表现。也就是说，弗洛伊德把创造性心理学归入了人格心理学，从人格心理的视角对创造性进行分析。

一、弗洛伊德的生平与精神分析观

（一）弗洛伊德的生平

弗洛伊德是精神分析运动的奠基人。他的思想来源有两个：一个是精神病理学的早期工作，另一个是关于无意识心理现象本质的早期哲学理论。正是由于这两个主要来源，弗洛伊德的精神分析学说正式建立（Baldwin，1980）。[1]

弗洛伊德出生于摩拉维亚的夫来堡（现在是捷克的普莱波）。父亲是一个犹太呢绒商人，由于生产萧条、经济窘困，他先搬家到德国的莱比锡，而后又在弗洛伊德4岁那年，搬到奥地利首都维也纳。弗洛伊德在维也纳生活了近80年。

由于弗洛伊德从小聪慧，全家克服种种困难，为他提供学习的条件。1873年弗洛伊德17岁，大学预科毕业，成绩优异，兴趣十分广泛，对人类学、哲学、生物学，甚至军事史都很感兴趣。由于受到达尔文进化论和歌德自然论的影响，他产生了探索生命科学的愿望，于是决定选择医生这个职业，并考入了维也纳大学医学系。因为他多方面的兴趣与医学训练没有直接关系，所以他用了8年的时间才完成学业。在大学里，他听过意动心理学派代表人物布伦塔诺（F. Brentano）的课。布伦塔诺认为心理学的对象是心理活动或意动（act），而不是心理内容。从布伦塔诺那里，弗洛伊德接受了"动力观点"和精神（灵魂）结构中的"本能观念"。

在大学期间，弗洛伊德很喜欢哲学。"无意识的思想是欧洲19世纪80年代很重要的时代精神之一"（舒尔茨，1982）[2]。大学毕业之前，弗洛伊德一方面考虑到将来工作的需要，另一方面基于自己擅长生理学而忽视医学临床方面的训练，在接受医院训练的期间，他设法专门研究生理解剖和神经系统的器官疾病，特别是失语症、瘫痪、儿童脑损伤的影响和言语心理病理学。1881年，弗洛伊德获医学博士学位。

---

[1] Baldwin，A. L.，*Theories of Child Development*（2ed），New York，John Wiley & Sons Inc，1980.

[2] 杜·舒尔茨：《现代心理学史》，323~324页，沈德灿，译，北京，人民教育出版社，1982。

1885 年，弗洛伊德去巴黎跟当时治疗和研究精神病的权威沙科（J. M. Charcot，1825—1893）学习。学习时间虽然仅有短短的 4 个月，但沙科的两个观点却对弗洛伊德产生了较深刻的影响：一是癔症属于机能性的精神病，由机能错乱即动力创伤所引起，这使弗洛伊德后来放弃对精神疾病的任何机体原因的解释；二是治疗精神病时，总是涉及生殖器官方面的问题，这使弗洛伊德后来十分强调性在精神病病因中的重要性。1889 年，弗洛伊德又到法国南锡向伯恩海姆（H. Bernheim）学习催眠术。在那里，他看到被催眠者苏醒后，经过伯恩海姆的引导和暗示，能逐步回忆起引导之前不能回忆的和在催眠状态中所做的一切。这对弗洛伊德后来发展他的精神分析有一定影响。从南锡回国后，弗洛伊德与布洛伊尔仍旧有联系，并且仍采用催眠法和谈话疗法（疏导法）。但是渐渐地，弗洛伊德开始不满意催眠术了，因为他看到多数患者不接受催眠，并且催眠也不能根治精神病。于是，弗洛伊德放弃了治疗中的催眠术，保留了谈话治疗法。同时，他想起了伯恩海姆引导与暗示的方法，决定在方法上加以改造。他不用催眠术，而让患者躺在床上，并鼓励他自由而随意地谈话，引导他说出全部的想法，包括那些可笑的、丢人的或不重要的念头。弗洛伊德把这个方法叫作"自由联想法"，这是精神分析的典型方法。

1895 年，弗洛伊德和布洛伊尔合著的《癔症研究》一书出版。这本书，成为精神分析理论的第一部经典著作。但是，弗洛伊德日益发现癔症阻止了意识的中心情绪，即性的情绪。这是布洛伊尔曾发现了的，但这是令人厌恶和烦恼的问题，加之这种性的理论招致了科学界的嘲弄，这深深地伤害了布洛伊尔的自尊心。因此，布洛伊尔选择和弗洛伊德分开，去研究他自己的领域了。

（二）精神分析的发展

从 1895 年《癔症研究》问世，到 1939 年弗洛伊德逝世，这中间有 40 多年。一般心理学史家把它分为两个时期：精神分析早期理论和精神分析晚期理论。尽管划分时间并不统一①，但大都认为早期理论大多是对精神病的分析，后期理论则变成了

---

① 我国的心理学工作者倾向以 1913 年为分界线。见高觉敷主编：《西方近代心理学史》，北京，人民出版社，1982。

一种人生哲学，企图解决一系列社会生活的重大问题。

1. 精神分析早期理论的发展

一是坚持"性"论。性的后面有一种潜力，常驱使人去寻求快感。弗洛伊德把它叫作"里比多"（libido），用以指"基力""心理动力"。

二是梦的解释。经过两年的研究，弗洛伊德于 1900 年写出了《释梦》一书。在这本书中，他分析梦的实质，指出梦是欲望的满足；他把梦境分为"显梦"和"隐义"两种，通过显梦这个面具，能看到隐义的欲望；他认为梦的工作方式有凝缩（condensation，几个隐义以一种象征出现）、移置（displacement，压抑的观念占了重要地位）、视象（visual images，用形象表示抽象的欲望和思想）、润饰（secondary e-laboration，把乱梦中的材料条理化）四种。《释梦》后来被认为是弗洛伊德的主要著作。

三是形成系统理论。1900 年以后，正是弗洛伊德多产的年代，它意味着精神分析学派的建立和发展。在那个时期，弗洛伊德提出不少新的观点，并形成系统的理论。尤其是在 1910 年，弗洛伊德《精神分析引论》（弗洛伊德，1930）[①]的出版，意味着他的思想的系统化。这部著作共分三编：第一编是过失心理学，第二编是梦，第三编是神经病通论。这部书除了涉及上述的过失问题、释梦、意识和潜意识、性欲与里必多等问题之外，还讨论了焦虑、压抑与反抗、移情及分析治疗法等。这样，从理论到方法，弗洛伊德对精神分析做了全面的论述。

2. 精神分析晚期理论的发展

弗洛伊德的理论到了后期发生了一些变化，其原因有三个（高觉敷，1982）[②]：一是他的早期追随者如阿德勒、荣格，由于和他在"里比多"即性欲观上的严重分歧与他分道扬镳。弗洛伊德表面上虽然拒绝别人的批评，但实际上不得不考虑自己理论的不足之处。二是精神分析对患者的治疗效果并不显著。三是第一次世界大战后的社会变化，使他企图用其理论加以解释，以便构成更加完整的思想体系。

于是，弗洛伊德在早期理论的基础上，进行了较大的修订工作。在逝世前的 20

---

① 弗洛伊德：《精神分析引论》，高觉敷，译，北京，商务印书馆，1930。
② 高觉敷：《西方近代心理学史》，384 页，北京，人民出版社，1982。

多年中，他写了《图腾和禁忌》（1913）、《超越唯乐原则》（1920）、《文明及其不满》（1920）、《群众心理学和自我的分析》（1921）、《自我和伊底》（1923）、《摩西和一神教》（1939）等。在这些著作中，相比他的早期理论，我们可以看到两个方面的突出变化。

一个是在潜意识概念的基础上逐步完善他的人格学说。弗洛伊德把人格的组成分为三个"我"：伊底（Id）、自我（ego）和超我（superego）。起初，他认为人的心理分为意识和潜意识两个对立部分，在人格发展中起决定作用的是代表潜意识巨大力量的伊底（它由先天的本能、基本欲望所组成）。后来，1923年他在《自我与伊底》一书中，开始注意到兼有意识和无意识的自我在人格发展中的重要作用。人格学说是弗洛伊德心理学思想最重要的组成部分，本书将在后面进一步对其文艺创作中三个"我"的观点展开论述。

另一个是提出"生存本能"和"死亡本能"的社会心理学的观点。在弗洛伊德早期的理论中，他把本能分为自我本能和性本能。后来，他在第一次世界大战中看到屠杀、伤亡的现象，他不是从社会学的角度加以分析而是从生物观点出发，认为在人的心理成分中存在死亡本能，由此引起了侵略和自我毁灭。死亡本能的反面是生存本能，生存本能是什么？就是自我本能和性本能。虽然两者不尽相同，但它们都指向生命的生长和增进，因此生存本能、死亡本能产生的原因或动力是里比多。弗洛伊德认为，里比多既联结生存本能又联结死亡本能，这就是侵略的来由。由此可见，弗洛伊德的晚期理论已用于解释社会现象。然而，他完全否认了人本质的社会性，竟用以里比多为动力的"死亡本能"去解释社会战争，这不仅体现他唯心主义的生物决定论观点，在客观上也为侵略战争"涂脂抹粉"。

二、弗洛伊德的创造性与无意识

弗洛伊德论述创造性的论著很多，有人还专门编译了一本《弗洛伊德论创造力与无意识》。弗洛伊德在1908年出版的《作家与白日梦》，标志着心理学把创造性划入"人格心理学"中，并对创造性进行人格心理学的分析或精神分析。包括《作家与白日梦》在内，弗洛伊德所论述的创造性，实际上都是在阐述创造性与无意识的思想。

(一)社会文明是创造性发展的源泉

我们在第一节中陈述了"社会文明与创造发明"，这个问题也是弗洛伊德热衷研究的一个课题。

那么，什么叫社会文明？弗洛伊德有两种解释，在《图腾与禁忌》一书中，他说"文明只不过是意指人类对自然的防御及人际关系的调整所累积而造成的结果和制度等的总和"(弗洛伊德，1986)[①]；在《文明及其缺憾》中，他说："文明的第一个结果是更多的人因此能够共同生活在一起……文明的进一步发展会顺利地使人更好地掌握外部世界，也能使更多的人共同分享生活。"(车文博，1988)[②]由此可见，弗洛伊德把文明与社会联系在一起，文明就是社会生活本身，是我们所称的社会文明。

社会文明是什么呢？它改造自然、防御自然力的破坏并延续社会关系，因此社会文明的前提是创造，以促进物质工具的进步和社会的进步，从而使个体的力量被群体的力量所代替。所以只有创造，才能实现社会文明的目的。

弗洛伊德从文明的起源、社会文明是人类创造性发展的源泉、人的本性和文明冲突的内容来阐述社会文明的实质，这里就包含着社会文明推动人类创造的意义。

弗洛伊德认为，社会文明是人类发展的必然要求，并把图腾作为人类文明和社会的开始。文明产生的条件是什么？外在条件是改变艰苦的生活条件和抵制自然环境带来各种危害的威胁，内部条件则是人的精神特点或人性的特点。在弗洛伊德的思想中，人的精神特点或人性的特点是通过里比多驱使人去寻求快感，把内在条件或动力因素相互联合起来，从而解决外部条件。诸如上述"改变""抵制"的最好办法是创造，创造生产和生活工具，创造抵制外来威胁的武器，创造道德和法，使人类克服本能，相互承担义务，提高社会文明。

人的本性是什么？弗洛伊德认为它最根本的东西是基本本能，基本本能存在于任何人身上，包括性的本质与生和死的本能，其目的是满足某些需要。社会文明与

[①] 弗洛伊德:《图腾与禁忌》，杨庸一，译，北京，中国民间文艺出版社，1986。
[②] 车文博:《弗洛伊德主义原著选辑》，437页，沈阳，辽宁人民出版社，1988。

人的本性关系又如何呢？人性的满足是把"双刃剑"，一方面，人性本质是与社会文明对立的；另一方面，社会文明的存在和发展又要依赖"爱"，包括性爱。而弗洛伊德恰恰把这种爱、这种需要看作人类创造性的动力。

人生的目的或人性的本能就是追求幸福，但幸福又是难以达到的。弗洛伊德认为，社会文明虽然创造了物质工具的进步，使个体力量被群体力量所替代，但是忽视了人性的特殊过程，对人的本能尤其是性生活肆意否定和横加限制。他又指出，攻击本能是反对文明的，而文明又是建立在爱欲之上的，因此在文明进化中又充满着爱欲（生的本能）和攻击（死的本能）之间的斗争，这是人生本能与社会文明之间矛盾的表现。于此，弗洛伊德引出他的犯罪观、战争观和宗教观，社会的犯罪和战争是对创造性的一种糟蹋，而宗教的创立和出现可以视为社会文明的一种创造。

在第一节里，我们用文学、艺术、科学、教育来体现社会文明与创造发明的关系，而弗洛伊德从其社会文化观出发，以社会文明为基础，引出了他的宗教观、道德观、犯罪观、战争观、妇女观、教育观、美学观、哲学观（王启康，1992）①，尤其是围绕文艺创作观阐述其社会文明的种种表现，从而论证其创造性的思想。

（二）创造性与人格结构

如前所述，弗洛伊德的人格结构分为伊底、自我和超我，对应着意识的三级水平。从图 3-2 中，我们不仅可看出弗洛伊德人格结构中三个"我"的意识水平，而且也能看出三者之间的关系。这里要指出的是，图中的"超我"包括两个部分，即良心和自我理想，代表道德标准和人类生活的高级方向，超我和自我都是人格的控制系统，但超我居于自我之上，它的局部也是潜意识的。虽然超我也知道是非标准，与"伊底"对立，但它仍受潜意识影响。难怪弗洛伊德不重视超我的作用。在他的人格理论中，即使到后期，也仅仅强调"伊底"和"自我"的重要作用。"伊底"，类似弗洛伊德早期理论中"无意识"的概念。伊底是最原始的、本能的且在人格中是最难接近的部分，同时，它又是最有力的部分。

---

① 王启康：《弗洛伊德的社会文化理论》，见车文博《弗洛伊德主义评论》，目录 3 页，长春，吉林教育出版社，1992。

知觉和意识

前意识

超我

自我

抑压被

潜意识
伊底

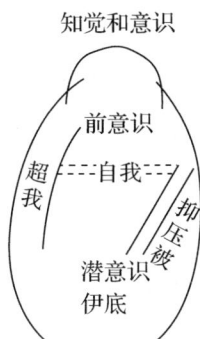

图 3-2　弗洛伊德人格结构示意图

"自我"是意识结构一部分。弗洛伊德认为，作为无意识结构部分的伊底，不能直面现实世界，为了促进个体和现实世界的交互作用，伊底必须通过自我逐步学会不能凭冲动随心所欲。弗洛伊德在《自我和伊底》一书中，把自我和伊底的关系比作骑士和马的关系。马提供能量，而骑士则指导马的能量朝着他游历的路途前进。可见，自我不能脱离伊底而独立存在，但自我并不妨碍伊底，而是帮助伊底最终获得快乐的满足，这也足见弗洛伊德理论的要害之处了。

弗洛伊德的创造性心理学正是建立在其人格结构基础上的。

在弗洛伊德看来，任何创造性活动及其作品，就像梦一样，是人格的潜意识，是愿望的想象满足。换句话说，创造性活动的动力需要或愿望来自人格中的潜意识。这种动力作用表现在两个方面：一是任何创造，与做梦、幻觉类似，都是无法实现的需要或得不到的满足所致；二是任何创造活动的技巧方法都是通过潜意识的想象获得发挥的。这种动力作用是巨大的，而动力的根源是里比多，是被压抑的东西，即"潜意识的原型"。弗洛伊德重视这种以里比多为基础的潜意识，甚至认为俄狄浦斯情结普遍存在。诗人们选择或者创造出这样一种可怕的主题似乎让人难以理解，而且其戏剧性处理的震撼人心的效果，以及这种命运悲剧的一般性质也同样让人不可思议（弗洛伊德，1988）[①]。然而，在创造性活动中，自我又如何起作用呢？正如上述的骑手和马的关系，虽然所有源自外部的生活经验都丰富了自我，但是伊

---

① 弗洛伊德：《弗洛伊德自传》，见车文博《弗洛伊德主义原著选辑》，36 页，沈阳，辽宁人民出版社，1988。

底是自我的第二个外部世界，自我力求把这个外部世界隶属于它自己，它从伊底那里提取里比多，把伊底关注的对象改变为自我结构。自我又在超我的帮助下，以人们不清楚的方式利用藏在伊底或潜意识中的过去经验。弗洛伊德认为，伊底的内容通过直接的或由自我带领的方式进入自我，而自我采取哪一条途径，对于某些创造性活动来说，可能有决定性的意义。自我从觉察到本能发展为控制它们，从服从本能发展为阻止它们，在这个（创造）成就中，自我典范起了很大的作用，实际上自我典范部分地是对抗伊底和本能过程的反向形成（弗洛伊德，1988）①。

从人格结构出发研究创造性，弗洛伊德是否完全沉浸于潜意识，如社会上所评价的"创造性等于无意识"呢？也不全是。在弗洛伊德看来，人的创造性活动，包括他热衷研究的文艺创作活动，从整体来说，还是在人的有意识控制之下进行的。骑士与马的关系是非常透彻的反映。他指出，作家正像做游戏的儿童一样，他创造出一个幻想的世界，并认真对待它。这便是说，他倾注了丰富的情感，同时，明确地把想象的世界同现实分离开来（弗洛伊德，1987）②，由此可见，弗洛伊德承认创造活动过程是由自我在起作用，是有意识的。王启康先生对此也有过类似的评论，他指出："实际的情况正是这样，艺术的创造过程是有意识的、自觉的创造过程，它是有目的、有计划地进行的，连读者的欣赏活动过程也是如此。"（王启康，1992）③作为研究弗洛伊德主义的研究专家，王先生给予了弗洛伊德的创造性与人格结构正确的评价。

（三）文学艺术创作观

弗洛伊德的创造性心理学思想突出地表现在文学艺术创作领域。

1. 什么是文学艺术

从《作家与白日梦》显著的标题中，我们不难理解弗洛伊德的文学艺术观，文学

---

① 弗洛伊德：《自我与本我》，见车文博《弗洛伊德主义原著选辑》，400 页，沈阳，辽宁人民出版社，1988。
② 弗洛伊德：《弗洛伊德论创造力与无意识》，42 页，孙恺详，译，北京，中国展望出版社，1987。
③ 王启康：《弗洛伊德的社会文化理论》，见车文博《弗洛伊德主义论评》，464 页，长春，吉林教育出版社，1992。

艺术是什么？"是创造一个幻想的世界。"这是弗洛伊德的一个重要结论。

幻想的特点有哪些？幻想是感到不满意的人才会产生的心理，幻想的动力是未能满足的愿望。每一个幻想都是一个愿望的满足，都是对一个未满足的现实的校正（弗洛伊德，1988）①。

文学家、艺术家创造性的实质是什么？是带有"时代的印记"的幻想和想象。也就是说，想象活动的产物，即各种幻想、空中楼阁和白日梦，在文学家、艺术家身上不是一成不变的，而是"随着主体对生活印象的改变而变化，随着他的环境的每一次变化而变化，并从每一个新的积极印象中获得所谓的时代的印记。"（弗洛伊德，1988）②

弗洛伊德对比了文艺家的幻想与儿童游戏的异同点。其共同点表现在：一是做游戏的儿童和一个富有想象的作家、艺术家一样，他们创造了一个自己的世界，他们在认真程度和情感投入上的真挚性，按照主观重新安排创造性，已经无法把游戏和现实区别开来。而文艺家想象的诗的世界的不现实性以及艺术创作的夸大程度，与真实生活往往是不能完全接轨的。无论是儿童的游戏，还是文艺创作者的创作过程，都分别给这两个人群带来了快感。然而，游戏与文艺创作也有区别。当儿童长大后，去追求现实的生活，逐步地停止了从游戏中获得乐趣，而代之从幻想中去获得快乐；而文学家和艺术家却力求隐瞒自己的幻想或白日梦，不让别人知道，阅读者或欣赏者获得的或许是快感，或许是厌恶，或许是无动于衷等各种情感的表达。

2. 如何进行文艺创作活动

文艺创作有个过程，这个活动是如何展开的呢？

首先，弗洛伊德讲究文艺活动的原动力。这个原动力是什么？是幻想，通过幻想在情感生活上获得快乐和享受。在《作家与白日梦》一书中，他指出一个幸福的人从不幻想，只有不满意的人才幻想。通过幻想，文艺家们创造了文艺作品，就像梦一样，是潜意识愿望的想象得到满足了。在文艺创作活动中，文艺家们的最人格

---

① 弗洛伊德:《作家与白日梦》，见车文博《弗洛伊德主义原著选辑》，197～198 页，沈阳，辽宁人民出版社，1988。

② 弗洛伊德:《自我与本我》，见车文博《弗洛伊德主义原著选辑》，199 页，沈阳，辽宁人民出版社，1988。

化、充满愿望的幻想在其表达中实现了，而观众、读者或欣赏者相应地释放了被压抑的冲动，向往在宗教、政治、社会和性事件中的自由，以发泄剧烈的感情。

其次，文艺创作中的技巧和美感从哪里来呢？对此，我们引用《作家与白日梦》中的一段话来说明：变化及伪装，使白日梦的自我中心的特点不那么明显、突出，与此同时，提供了纯粹形式的即美学的乐趣，以此使我们感到愉悦。"（车文博，1988）①而如何"变化"和"伪装"呢？这取决于文艺创作者的"升华能力"。所谓升华，就是对性的目标向社会的某种修改以及对象的转移。

最后，文艺作品对社会起到什么样的作用？在弗洛伊德看来，文艺作品有两个特点：一是由于文艺作品往往脱离现实，追求的仅仅是幻想，所以文艺作品绝不试图侵入现实领域；二是文艺作品几乎总是无害而有益的。由这两个特点看出，对社会来说，文艺作品能缓解生活中的痛苦，使人产生替代的满足，并从幻想中获得荣誉、权势和性爱。

3. 创作观念作用有无时间问题

文学艺术是幻想中的满足，这种幻想实现于文学家和艺术家的观念作用的三个阶段，即过去、现在和未来的联结上，作为幻想的动力的愿望则贯彻于始终（车文博，1988）②。正因为如此，文学家和艺术家才能创造出不同的产品，不至于停留在千篇一律的状态中，并且随着生活事件中的各种发展变化而不断创新。在弗洛伊德看来，从时间上三个阶段的关系入手，有助于人们去研究文学家和艺术家的生平及其作品之间的联系。

三、对弗洛伊德创造性心理学观的简评

在高尔顿开启创造性心理学研究的基础上，弗洛伊德又从其人格心理学角度围绕着文学艺术的创作进行心理分析，这是一项开创性的研究，使创造性研究又向前推进了一步。弗洛伊德的创造性心理学思想有三个方面颇为突出。

---

① 车文博：《弗洛伊德主义原著选辑》，200 页，沈阳，辽宁人民出版社，1988。
② 车文博：《弗洛伊德主义原著选辑》，197 页，沈阳，辽宁人民出版社，1988。

第一，弗洛伊德的创造心理学缘起于社会因素，来自他对社会文明的认识。在社会文明的进程中，他强调对自然力的改造、利用以及调节人际关系，于是人类的创造也成为必然的趋势。特别要指出的是，弗洛伊德揭示了人的本性和社会文明的关系，他企图从人的本性中去寻找社会文明发生和发展的依据。应该说，把人性作为人类创造的动力是有一定道理的，因为人类之所以能形成社会，靠的不是生物性，而是人性或社会关系，进而形成社会文明。唯有文明才能推动创造，进一步促进社会的发展，唯有创造才能促使社会物质文明和精神文明的进一步提高。

第二，弗洛伊德是从人格结构即人深层的心理结构去探讨创造性的，这是与以往对创造性的研究包括与高尔顿的研究有所区别的地方，也是其新的质的特点的展示。在弗洛伊德看来，人的创造活动尤其是文艺创作活动，从根本上来分析，还是在自我即意识控制下进行的。尽管他强调无意识的"伊底"，但从整体来说，创造还是一种意识的活动，如果以弗洛伊德的人格结构理论的意思表达，创造活动是骑手与马的协调的过程，是意识与无意识的统一过程。

第三，弗洛伊德研究创造性，不是凭空而论，而是建筑在文学艺术创作的基础上，有着长期的扎实的研究材料。弗洛伊德从人格结构中潜意识的作用出发，阐述了其文艺创作心理学思想：他对文艺创作的实质、过程、动力、技巧、职能等做了深刻的心理分析；他把创作过程看作想象的过程，并把想象活动以及想象活动与实践中三个阶段之间的关系做了有意义的探索；他从心理活动的复杂结构中去解释创作者的创作过程和观（听）众的享用过程，等等。所有这一切，不仅开创了文艺创造性心理学的先河，而且对整个文艺创作做了深入的探讨，并提供了科学的根据。

当然，在创造性心理学的发展中做出贡献的弗洛伊德，也有其不足，且引起了整个国际心理学界的批评。除了他过多强调创造性中无意识的作用，过多应用本能的"性"论之外，从创造性的实质来评议，弗洛伊德把创造性尤其是文艺创作仅仅看作幻想与想象，是远远不够的。

第四节

———

韦特海默从结构主义研究创造性

　　格式塔心理学 1912 年创始于德国，是西方现代心理学的重要流派之一。其主要观点是，心理现象最基本的特征是在意识经验中所显现的结构性或整体性。

　　格式塔心理学是由韦特海默、苛勒（W. Köhler，1887—1967）和考夫卡（K. Koffka，1886—1941）三人创建的。此外，勒温（K. Lewin，1890—1947）也是这个学派的重要人物。而韦特海默则是格式塔心理学的主要创始人和领导者，他 1945 年所著的《创造性思维》是格式塔心理学对创造性研究的代表作。

一、韦特海默的生平与格式塔的含义

　　从韦特海默开始，哲学家和心理学家开始研究创造性的认知或认识结构以及思维方法。

（一）韦特海默的生平

　　韦特海默于 1880 年 4 月出生于捷克斯洛伐克的布拉格。1898 年，韦特海默进入布拉格大学学习法律，后转学哲学。3 年后赴柏林大学，在斯顿夫（Stumpf）和舒曼（Schumann）那里学习心理学，后又转赴符兹堡大学，在屈尔佩（O. Külpe，1862—1915）的指导下，以优异成绩取得博士学位。符兹堡是无意象思维研究的故乡，而正当符兹堡高级心理活动过程的研究达到高潮的时候，韦特海默却另辟蹊径，于 1912 年发表了关于似动现象的研究报告，正式提出了格式塔的概念，从此开创了格式塔心理学的研究。

　　在韦特海默的科学旅程中，最关键的一步是 1910 年他乘坐开往莱茵河的列车到达法兰克福。在这里，触发了他在列车上所产生的全部灵感或顿悟，即他通过儿童动景器玩具想出了一个研究似动现象的新方法，即速视器。也是在这里，他碰到了两位理想的助手和同伴——苛勒和考夫卡，他们是从柏林获得博士学位后来到这里的。于是韦特海默与苛勒、考夫卡在1912年共同研究了似动现象，并在此基础上建立了格式塔心理学。韦特海默在3个人中年纪最大，又富有创造力。当然，他在心理学界之所以享有盛名，除他本人的杰出贡献外，另一个重要原因就是苛勒和考夫卡不断地宣传他的思想，引证他的研究。这3位创始人没有原则上的分歧和争论，始终保持内部和外部的一致。正像波林在《实验心理学史》中所说的：“很少有一个运动是如此特别地与几个人的名字联系在一起的。”（波林，1981）[1]

1912年到1916年，韦特海默在法兰克福大学任教，1916年到1929年，他任职于弗里德里希·威尔海姆大学，1929年又回到法兰克福大学担任教授。1933年，由于对法西斯的不满，韦特海默离开德国，受聘为美国纽约社会研究新学院教授，1943年在美国纽约州逝世。

韦特海默一生著作并不多，但他对格式塔心理学的发展却有很大的影响，格式塔心理学这一术语是他正式提出来的。1921年他同苛勒、考夫卡等人一起创办了《心理学研究》杂志，这个杂志是格式塔学派的正式刊物，共出版了22卷。韦特海默的大半研究材料是以论文形式发表的，其重要专著《创造性思维》是晚年在美国任教时写成并在逝世后两年（1945年）出版的。

（二）格式塔的含义

“格式塔”一词是德文“gestalt”的音译，意思是整体或组织结构。

整体论的观点可以追溯到德国的康德，但直接促使格式塔学派诞生的则是厄棱费尔（Christian Von Ehrenfels，1859—1932）。在他看来，有些经验的质不能用各种感觉之和来解释。例如，一支由6个乐音组成的曲子，尽管使用不同的键演奏，听起来还是这支曲子，这意味着曲子里存在着比6个乐音的综合更多的东西，即第7种

---

[1] 波林：《实验心理学史》，677页，高觉敷，译，北京，商务印书馆，1981。

东西。厄棱费尔称其为形—质，意为原来 6 个乐音的"gestalt quality"（格式塔质）。这里，格式塔质的提出作为一种新元素，一种可以分离的整体，即所谓的"第 7 种东西"。

韦特海默由此得到启示，借用"gestalt"一词，进一步研究了整体的性质，发展了自己格式塔的观点。正如考夫卡（1959）所说："厄棱费尔在他注明的文章中为他的形—质做了两条规定，它们尽管不完善，却可以运用到我们的结构上来。"格式塔研究整体，是反对元素分析的。斯皮尔曼称它为"形的心理学"（shape psychology），铁钦纳则称它为"完形主义"（configurationism），都是借以指出它和冯特内容心理学相对立的特质。按理"gestalt"本应英译为"structure"较为恰当，但"structure"已成为"构造主义"的专门名词。因此，在英文中或直接引入 gestalt 一词，或采用"configuration"一词来表示，因而格式塔心理学又称完形心理学。

这个学派的基本观点包括：①强调整体的组织、结构，反对元素分析，反对构造主义、联想主义、行为主义，认为部分相加不等于整体，整体不等于部分之和。人的每一种心理现象都是一种格式塔，任何对心理元素进行分析的方法都是违反格式塔原则的。②用"场"（field）的概念来描述心理现象及其机制，如"心理场""行为场""物理场""生理场"等。③主张"同形论"（isomorphism）观点，认为心理过程与生理过程在结构形式方面具有同形关系。④强调"顿悟"（insight）是学习和思维的本质，反对尝试—错误论，并认为顿悟理解是作为人脑的一种完形的原始智慧的表现，无须多少以往的经验为基础。

二、韦特海默的创造性心理学观

韦特海默的《创造性思维》（韦特海默，1987）①（*Productive Thinking*）展示了格式塔心理学是从结构主义来研究创造性的。《创造性思维》一书是 1945 年出版的，翻译为中文却是在 1987 年，相差 42 年。

---

① 韦特海默：《创造性思维》，林宗基，译，北京，教育科学出版社，1987。

（一）从整体结构角度去研究创造性

格式塔学派在阐明思维动力学的努力中，贯彻始终的基本概念是整体的组织、结构，强调"重定中心"，即组织结构新形式的发现。因此，结构整体性原则是以韦特海默为代表的格式塔心理学研究创造性思维的出发点，即结构重组和意义重释的整合形成了创造性思维。

韦特海默研究了创造性思维，很重要的一部分是研究了学生——儿童、青少年的创造性思维。他从中指出认识过程、创造性思维的过程是一个打破旧格式塔，建立新格式塔的过程，是一个重定中心的过程。我们可以举两个例子。

例一，在韦特海默等人的实验研究中，给被试呈现一种材料：由 9 个点排列成的矩形，每边都是等距的 3 个点。要求被试一笔连续不许重复地画出连接它们的直线，使 9 个点都位于这条线段上。在解决这一问题时，很多被试感到困难，他们都只停留在方形里面打圈子，不能摆脱这个旧的格式塔，但一经提醒，问题的解决就容易多了（见图 3-3）。

根据这种思想，他们强调要通过整体来进行思维。因而，要求儿童和教师在教学中要从整体出发，教师必须把情境作为整体呈现出来，学生必须把情境看作一个整体来进行思考。他们认为，问题的细节方面只应和整个情境的结构联系起来加以考虑，因而在解决问题时应该从整个问题向各个部分的方向进行，而不是相反。格式塔学派对学习和思维的教学具有很大的启发，它提醒我们：盲目重复和机械学习并非良好的方法，学习过程应是创造性地解决问题的过程，要培养学生的创造能力，这是我们教学中应当重视的现实问题。

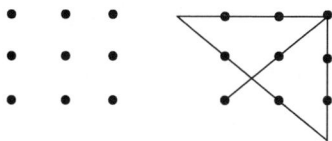

图 3-3 示意图 1

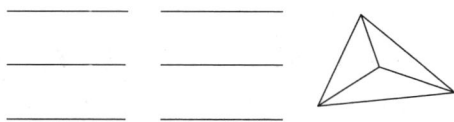

图 3-4 示意图 2

例二，给被试 6 根火柴棒，要求搭成 4 个三角形。被试反复思考，在平面上无法搭成，利用创造性思维，打破旧的即平面的格式塔，进入新的格式塔即空间，就可以完成解题任务（见图 3-4）。

创造过程，不仅有创造性思维，即思维重定中心，而且有创造性人格，需要人格或心理场、心理生活空间、心理环境的不断分化。

韦特海默重视勒温的人格理论，并认为个体的心理生活空间是不断发展和变化的，并展示了不同发展阶段的个体在发展上的不同水平和创造性水平。根据勒温的动力观点，由于心理生活空间的不断分化、整合和重组，就发展了人格的多样性、统一性和组织性。勒温（1944）①指出："儿童和成人有一最重要的动力差异，就是儿童的人格较欠分化。"勒温认为新生儿的心灵是一个未分化的整体，只需用一个简单的圆形的轮廓即可表示。由于儿童日益认识四周的外物，便在圆形的轮廓中增加了认知的成分，同时动作的成分和习惯的行为也渐次出现。于是不断分化，逐渐发展成为一个有记忆、幻想、价值及目的的内心世界。

与分化相反的是减分化（de-differentiation）。它是人格发展上的一种倒退，倒退就是已分化的区域消失。

（二）从思维角度去研究创造性

韦特海默研究创造性思维，认为创造性的基础在于思维。人类的历史，两千多年来西方世界最杰出的学者呕心沥血的历史，来源于人类的思维。因此，研究创造性，首先要研究思维，研究创造性思维。用创造性对立面的传统思维及其方法，是解决不了人类历史的创造和发展的。

1. 创造性思维是一个过程

韦特海默首先重视创造性思维的过程（韦特海默，1987）②。这个过程的特点如下。

一是传统研究方法没有发现或者忽视的，对思维起主要作用的因素是运算。这些运算的本质是以思维结构为基础的组合、重定中心和重新组织。

二是创造性思维典型的特点：不是零敲碎打的，而是与整体性特征密切相关的，它们随着整体性或"场"的特征而运转，由情境结构上的实际需要所决定。

---

① 勒温：《形势心理学原理》，高觉敷，译，南京，正中书局，1944。
② 韦特海默：《创造性思维》，214~215页，林宗基，译，北京，教育科学出版社，1987。

三是传统运算或"逻辑"，只有在与整体特征有联系时才起作用。

四是就整体性而言，创造性思维过程不是加法的累积，不是随便出现的项目、联想和运算，这样思维过程就表现出发展前后的一贯性。

五是创造性思维过程的发展往往导致切合实际的期望和假设。创造性思维以及程序之中的步骤必须检验，如果追求真理缺乏诚实态度，那么得到的结果是毫无价值的。我们需要的不是零碎的真理，而是"结构的真理"。

2. 创造性思维是逻辑性与非逻辑性的统一

韦特海默用大量的篇幅和例子来证明他并不反对逻辑性，在创造性思维过程中应该有逻辑性，因为创造性思维过程是思维的比较、分析、综合、抽象与概括的过程，是有命题、推理、归纳、经验和实验的逻辑过程，也需要重复、联想、分类等成分起逻辑的作用。然而，创造性思维同时也会出现非逻辑的现象。

韦特海默（1987）[①]指出："同现实的、有意义的、创造性的过程比较，传统逻辑的论题以及常见的例子常常显得笨拙、乏味，没有生气。诚然，传统逻辑处理问题相当严密，但是它似乎常常枯燥无味、令人厌倦、空洞，而没有创造性。"他又说道，如果从"一个变量是另一个变量的函数"出发循规蹈矩去推导，而不顾二者搭配时结构上的意义，就会发现部分离开整体关系变化而获得相悖的结论。从中可以看出，韦特海默肯定了违反逻辑常规的想象、直觉等非逻辑思维的地位。

为此，韦特海默提出逻辑性与非逻辑性互补的原则。也就是说，创造性思维是逻辑性与非逻辑性的统一，逻辑性与非逻辑性相互补充、交互作用，共同完成创造性思维的任务。他指出，研究真理的问题产生出四值逻辑的图式，其中每个项目都给它真或假的值，既可从原子论的意义也可以从结构上的意义来了解。在结构上无知的程序中，只有二值逻辑的特殊例子产生，这就是韦特海默的思维动力学原理。它强调传统逻辑集中注意准确性的问题和静止的特点，而创造性思维则致力于研究结构的动力事件或变化中个体的逻辑特点和规则。

---

① 韦特海默：《创造性思维》，11 页，林宗基，译，北京，教育科学出版社，1987。

3. 创造性思维是一个情境—紧张—重定中心的过程

上述的心理场是勒温提出的一个重要概念，而韦特海默把它运用到创造性思维的形成过程中，他指出创造性思维是一个以情境为基础的"需要—紧张—重定中心"的过程。

人的需要产生于情境之中，需要是联想的动力，是行为的动力，也是创造性思维的动力。人的需要有两种，一是客观的生理需要，二是心理场对情境中产生心理事件起作用的需要，也就是准需要，如好奇心等。后者对人的能动性和创造性有直接影响。

紧张是由于个人与情境之间的平衡状态被打破，个人有了紧张就会引起要求恢复平衡的活动。这中间出现的是需要或动机，当人有了恢复平衡的需要或动机时，个体就会产生紧张系统，这个系统随着需要的满足而松弛；反之，需要得不到满足或动机受阻，这个紧张会继续保持下去。个体在完成创造性活动任务时，任务的情境与个体之间会产生紧张，这必然会激发创造性需要或动机，并促使个体努力满足创造任务的需要或重新实现目标的意向。

重定中心往往取决于引拒力或诱发力，最后使个体向某个方向移动。在完成创造性任务时，当心理场的事实被人感知以后，无非产生两种结果，或者进一步被任务吸引，或者产生排斥。这种吸引力和排斥力就是引拒力或诱发力，于是出现一个"向量"（vector），即有方向的吸引力或排斥力。个体在创造性活动中，有成功，有失败，有喜悦，也有困难，甚至艰难，如参照系的变化、时空的转移等，这些必然影响主体在整体结构中的主动性与创造性。正如韦特海默所指出的，创造性目标的实现包含情境的特点，进而向需要的、熟习的、完整的、简便的结构主体做出合理的选择，也可能重新建构心理场，并且朝着自己认为合理的方向转动。

4. 在创造性心理学中提出顿悟学说

在心理学史里，顿悟说（insight theory）是对尝试—错误说（trial and error theory）的一种批评。尝试—错误说是美国心理学家桑代克提出的一种阐述解决问题的性质和过程的学说。桑代克根据自己一系列以动物为对象进行的实验研究，认为问题解决是一个尝试—错误的渐进过程。顿悟说是格式塔学派苛勒提出的一种解决问题或学习的理论。苛勒根据其长达 7 年的以动物为对象的实验研究，认为解决问题或学习并不像桑代克所说的那样是试误的渐进过程，而是突然顿悟，即对问题情境的顿悟或领悟。这种顿悟不是对个别刺激所产生的反应，而是通过对整个情境、对对象间整体关系的理解即重定中心或重新组织（结构）有关事件的模式而实现的。

当然，韦特海默在《创造性思维》一书中并没有完全否定尝试—错误说，他肯定了尝试错误在思维过程中的作用，他认为顿悟的出现往往以尝试错误为基础。韦特海默强调的是在创造性思维中，顿悟是一个重要的过程。关于顿悟在创造性思维中的作用，韦特海默在《创造性思维》一书中做了三点陈述。他认为创造性思维过程有一个酝酿期或潜伏期，对先前未意识或潜意识的停顿心理状态逐步理解产生顿悟进入豁朗期，产生出一个连续的完整体，正确地解决问题，形成新思想；由于顿悟促进了创造目标的实现，所以顿悟实质上是一种完形或格式塔的转变；在情境、非逻辑、结构重定中心等观点基础上提出直觉思维是创造性思维的一个组成成分，发展直觉思维对提高创造性思维是有价值的。

（三）从传记逸事的角度去研究创造性

吉尔福特在《创造性才能》一书中有一章"从高尔顿到 1950 年"，其中一个标题叫"对创造性表现的逸事研究"；斯腾伯格的《创造力手册》一书谈到创造性研究方法时，也提到了传记研究法。

事实上，对伟人的逸事研究，即对创造性人才的传记研究是从韦特海默开始的。韦特海默在《创造性思维》一书中，展示了他对高斯、伽利略的发现和爱因斯坦发现相对论的思维过程的传记或逸事的研究。

"伽利略的发现"分三节：运动着的物体情形如何、图案的另一半以及空隙发现。结论是：创造性过程的性质是渴望对事物获得真正的了解，从而开始"重新提出问题并进行研究"。该领域中的某一地区变成关键所在，从而成为注意的中心；但是它并没有因此变成孤立的东西。对情境形成一个新的、更为深刻的结构观点，其中包括各个项目的功能含义、组合等变化。情境的结构对关键地区所提出的要求，指导人们做出合理的预测。这种预测同结构的其他部分一样，也需要做出直接或间接的检验。这涉及两个内容：获得一个完整一致的图形，并考察整体结构对部分的要求是什么（韦特海默，1987）①。

"爱因斯坦发现相对论的思维过程"来自韦特海默对爱因斯坦的深度访谈。书中展示了10幕：①问题的开始；②光决定着绝对静止状态吗；③采用另一个方法；④迈克耳孙的结果与爱因斯坦；⑤洛伦兹的答案；⑥重新检验理论现况；⑦走向澄清的积极步骤；⑧不变量和变量；⑨关于运动与空间的理想实验；⑩观察与实验。这10幕反映了爱因斯坦发现相对论思维过程的故事，以此韦特海默提出了"思维过程决定性的特点"的结论。这个结论很长，归纳一下无非两个特点：一个是创造性人格的特征，爱因斯坦表现出在困难面前的毅力和克服困难的大无畏精神；另一个是创造性思维的特征，采取每个步骤都针对着非常强大的格式塔，爱因斯坦在研究质量与能量变化时，认为它们是在极宏大的特定系统中发生的，而强大的格式塔即传统的物理学结构。他坚信这个传统物理学结构与大量的事实相符；整个结构坚强有力，以致任何局部的变化必须受到整个结构的顽强抵抗。于是，爱因斯坦历时7年才取得了成就。（韦特海默，1987）②

（四）从教学实践的角度去研究创造性

在一定意义上，韦特海默的《创造性思维》，显示出"顶天立地"的研究境界。"顶天"是说他研究了像高斯、伽利略与爱因斯坦这样拔尖创新的伟大科学家，"立地"则是说他的研究紧紧联系中小学的教学实践。

《创造性思维》的第一章是"平行四边形的面积"，第二章是"对顶角的问题"，第三章是"童年高斯的著名故事"，第四章是"两个男孩打羽毛球"，第五章是"多边形诸角之和的求法"，附录是"一个级数之和"，这些理论联系实际的篇幅几乎达到全书的一半。韦特海默在这些章节里详细分析了解决问题的思维过程，但他告诉我们的是：从结构上比较简单的材料入手来讨论基本理论问题，是比较妥当的；图解往往很有用，因为图形思维是语言的思维，语言的思维仅仅是整体的一部分而不是

---

① 韦特海默：《创造性思维》，231~232页，林宗基，译，北京，教育科学出版社，1987。
② 韦特海默：《创造性思维》，189页，林宗基，译，北京，教育科学出版社，1987。

全部，看到整体需要既有语言表达，也有非语言表达；在创造性思维中，问题情境不是孤立的东西，而是要走向它的解决、它的结构的完整性，因而甚至一件任务及其解决要依靠广阔领域的视野而不是局限事物的本身；漂亮的程序只是一种花招，不能使我们直接理解它的本质结构，等等。韦特海默希望中小学都按此来发展学生的创造性思维。

车文博先生在其《西方心理学史》中高度评价了韦特海默的创造性思维对于教学实践研究的价值，他认为韦特海默《创造性思维》的一个重要亮点是强调培养学生创造性思维的重要性。韦特海默不仅探索创造思维的本质、原则和途径，还指出了教师教育学生打破框框、勇于创新，指出了培养创造思维能力的现实指导意义。韦特海默提出要通过整体进行思维。他认为，问题的细节层面应和整个情境的结构联系起来加以考虑，解决问题也应从整个问题向各个部分的方向进行。他说，如果一个教师能把课堂练习单元安排成为有意义的整体，就会使学生产生顿悟，而一旦他们掌握解决问题的原则，就可以很容易地把这种原则迁移到其他的情境中。

三、对韦特海默创造性心理学观的简评

韦特海默从创造性思维入手，开创了结构主义创造性心理学的先河。这是格式塔心理学颇有贡献的一个领域。韦特海默对创造性思维进行了长达 7 年的专门研究，并著有《创造性思维》一书。韦特海默对创造性研究的贡献主要表现在以下几个方面。

首先，韦特海默开创了从结构观点来研究创造性心理学的历史。结构观念来自自然科学，由此启示，形成了哲学上的结构主义。但哲学史上的结构主义是没有领袖、没有团体的"派别"，它由人文社会科学中文学、历史、心理学等主张结构观念的人组成。结构主义提出的观点有两个：一是整体大于部分之和，二是结构分表层结构与深层结构。在心理学史上，最早持结构主义心理学观的就是格式塔心理学。韦特海默等人强调结构重组和意义重释的整合形成创造性思维和创造性人格，突出的正是整体大于部分之和；创造性是认识过程、创造过程和重定中心的深层结构。

所以创造性的形成，不是一个简单的从分析到综合的推进，而是一个充满生机的主动创造的过程。这是对创造性心理学的实质、原则和途径的一个崭新诠释。

其次，韦特海默展现了一种创新的思维观。格式塔学派成员苛勒通过动物实验，看到学习过程是一个解决问题的思维过程。动物之所以能够解决新问题，是由于提高顿悟发现了情境中新的格式塔。韦特海默在此基础上，对思维、创造性思维展开了全面的分析，我们从上面对韦特海默的创造性思维涉及的逻辑与非逻辑性的统一、在尝试错误基础上获得顿悟、思维过程是一个需要—紧张—重定中心的过程等分析中，都可以看到这些难能可贵的思维观。

再次，在创造性研究上，以韦特海默为首的格式塔心理学提出了多元的方法论和具体方法。其方法论即整体观的研究方法论。而具体方法，有上文提到的动物实验、传记与逸事分析，尤其是韦特海默运用深度访谈法，对爱因斯坦等科学家的事例特别是创造性思维过程一幕一幕地向读者展示，推进了创造性发展的研究。这些方法论和具体方法，已经被研究创造性的后来者广泛采用。

最后，韦特海默重视理论联系实际，运用大量中小学生的创造性思维过程，启发人们"人人都有创造性思维"，应从小培养儿童青少年的创新精神和创造能力，这不仅对教育实践有指导价值，也为心理学走向应用奠定了良好的基础。

至于不足之处，1989年朱智贤教授与我在《儿童心理学史》中有过一段话："韦特海默关于创造性思维的研究是很有启发性的。但是他认为思维就等于知觉结构的改造和不断重定中心，从而把思维问题转移到知觉的水平上，这在某种意义上忽视了主体思维过程的复杂结构，也忽视了思维过程中从感性思维向理性思维的飞跃。"今天看来，这仍是比较恰当的评价。

第五节

———

吉尔福特把创造性心理引向鼎盛时期

在美国，吉尔福特（G. Guilford，1897—1987）被尊称为"创造性之父"。1950
年，他在美国心理学年会上以"创造性"为题的演讲，将美国的创造性心理学研究引
向了鼎盛时期。吉尔福特在演讲中指出，以往研究者对创造性研究得太少了，并强
调必须加强对创造性的研究。

吉尔福特的号召，不仅推动了美国创造性心理学的发展，更促进了国际心理学
界、教育界对创造性的研究。

一、吉尔福特的生平及其智力观

1897 年，吉尔福特出生于美国内布拉斯加州马奎特的一个农民家庭，他的父亲
是一位聪明且积极学习新事物的农夫，家庭成员中还有哥哥和妹妹。吉尔福特从小
在学业上表现非常优秀，12 岁时就通过了高中的入学考试。1914 年他从奥罗拉高
中毕业，之后当了两年小学教师，又进内布拉斯加大学学习一年，他一度想成为化
学家，后应征入伍。1919 年，吉尔福特回到内布拉斯加大学，并对心理学产生了兴
趣。吉尔福特在 1922 年和 1924 年先后获学士和硕士学位。他担任临时心理诊所主
任，处理了约 100 个个案，这一经历让他感到单靠智商（IQ）来了解儿童的能力是
非常有限的，因此他认为对于智力需要有更完整的鉴别方式。

1924 年，吉尔福特进入康奈尔大学攻读博士学位，师从铁钦纳，还曾与瑟斯
顿、斯皮尔曼、赫尔森有过交往。1927 年，他获得哲学博士学位，在伊利诺大学和
堪萨斯大学工作不久后，1928 年返回内布拉斯加大学任心理学教授，在这里，他逐
渐赢得国际声誉并成为美国著名的心理学家。1940 年，他在南加州大学任职。1949

年，任美国心理学会主席。1956 年，他发表了关于智力的一篇论文，他认为前人所认为的语文能力测验与非语文能力测验和计量能力测验是正交的看法是错误的。1959 年，他提出三维智力结构模式，1967 年又在其主要著作《人类智力的性质》中对此模型做了较为全面而详尽的论述。

在智力理论，尤其是在智力结构理论上，吉尔福特的智力三维结构学说占有重要地位。他认为智力是由操作（思维方法，可分为认知、记忆、发散性思维、集中性思维、评价 5 种成分），内容（思维的对象，可分为图形、记号、意义、行动 4 种成分），结果（把某种操作应用于某种内容的产物，可分为知识单元、单元种类、单位间关系、体系、变换、含义 6 种成分）所构成的三维空间（120 种因子）结构（见图 3-5）。

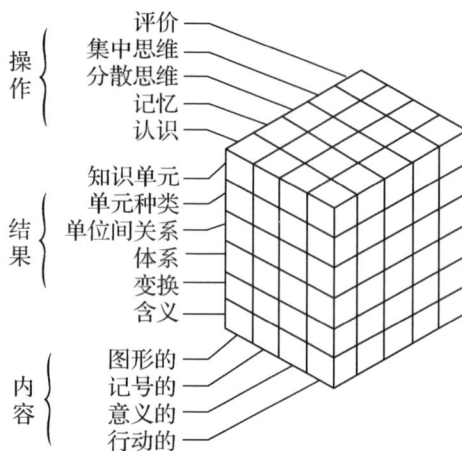

图 3-5　吉尔福特的智力三维结构模型

二、吉尔福特的创造性心理学思想

在一定意义上说，吉尔福特是专门研究创造性的，或者说他以创造性心理学研究著称，是位真正的创造性心理学家。他的著作《创造性才能——它们的性质、用途与培养》（吉尔福特，1991）①（*Creative Talents：Their Nature，Uses and Development*）

---

① 吉尔福特：《创造性才能——它们的性质、用途与培养》，施良方，沈剑平，唐晓杰，译，北京，人民教育出版社，1991。

的篇幅并不长，却深刻地展示了吉尔福特的创造心理学思想。

（一）创造性是社会发展的动力

在创造性心理学史上，吉尔福特是第一个把创造性与社会发展联系在一起的研究者。

吉尔福特于 1949 年当选为美国心理学会主席，在次年的学术会议上，他以创造性为主题做了专题报告。报告一开始，他就指出心理学界乃至社会不重视创造性研究的状况。吉尔福特列举了 23 年来美国心理学 121 000 篇研究报告，其中关于创造性的研究仅占 3‰。吉尔福特认为，心理学界忽视创造性研究的原因有四点：首先，社会上认为天才主要是一个智力或智商的问题，然而，创造性或社会的创造性生产力所需要的能力，远远超出智力的范围；其次，创造性研究的难度较大，在社会生活中，很难确立创造力的实际准则；再次，由于方法论的局限，对创造性的研究只能基于量表测量的方法，并落入某些僵化的模式；最后，多数创造力的研究对象是动物而不是人。

此外，吉尔福特（1991）①指出创造力对社会发展的重要性。第一，创造性是工业革命的需要。吉尔福特提出一个问题：为什么同一所大学的毕业生，虽然都具有很高的学业成绩和评价，但他们在输出新观念方面的观点却大不相同。新观念具有巨大的经济价值，这是得到普遍认可的。科学家或工程师发现的新原理是形成工业革命的前提，而普罗大众仅仅是完成分配给他们的日常任务。第二，创造性是政府物色领袖人物的需要。因为政府各部门是科学和技术人员最大的雇主，政府领导人员需要具备健全的判断和顶层设计能力，并且要富有想象力和洞察力。具有创造性品质的人才才能领导社会建设，创造性心理学的研究正有助于选拔富有创造力的人才，有助于了解通过何种教育程序能够培养创造力这一品质。第三，创造性是国力竞争，特别是军事发展的需要。1957 年，苏联人造卫星成功发射刺激了美国，成为其加强创造性研究的一个动力。这进一步证明当初（1950）吉尔福特提出的研究创造

---

① 吉尔福特：《创造性才能——它们的性质、用途与培养》，10 页，施良方，沈剑平，唐晓杰，译，北京，人民教育出版社，1991。

性对国力竞争、对社会发展的意义。此后，美国人意识到科技和军事等国力优势受到威胁，大力开展对创造性问题的研究，重视培养创造性人才，从而进一步提高了国家竞争力。

对社会发展来说，机器代替不了人类的思维，相反地，应该利用人的大脑来操作机器，并制造出更好的机器。工业革命、政府的变革、军事的发展都证明了使用大脑的重要性和培养人类创造性的重要性。于是，吉尔福特（1991）[1]提出两点希望：一是必须形成一种经济秩序，使人们可以获得充分的就业和谋生的工资，这要求创造性地思考出一种不同寻常的秩序；二是创造性地思考大脑能够做些什么，这是大脑拥有的唯一经济价值。据此，吉尔福特提出社会发展需要创造性心理学的研究，有力地证明了创造性心理学的研究与社会发展的关系。

（二）从智力的三维结构引出了创造性的指标

吉尔福特提出了智力的三维结构模型，从这一智力结构出发，逐渐概括出创造性人格和创造性思维是构成创造性的两大指标。前者就是图 3-5 中所示的行为结果表现出的特性，后者主要是操作的认知特性或思维特性。这两者构成创造性的两个主要指标。

吉尔福特相当重视创造性人格，他把创造性人格特征即行为特性列入能力倾向、兴趣、态度和气质品质等类别之下。他指出，创造性人格是代表了创造性人物的特性的组织方式，创造性的人格明显表现在创造性的行为上，这种行为包括诸如发明、设计、计谋、作曲和计划之类的活动，并有智力活动的"结果"。这显著地显示出这些行为类型的人，被公认是富有创造性的人。（吉尔福特，1991）[2]

创造性思维，主要包括发散性的加工和辐合性的加工。发散性加工根据主体记忆储存，以精确修正的方式，加工出许多备择的信息项目，以满足一定的需要。辐合性加工是主体从记忆中回忆出某种特定的信息项目，以满足某种要求。吉尔福特

---

[1] 吉尔福特：《创造性才能——它们的性质、用途与培养》，11 页，施良方，沈剑平，唐晓杰，译，北京，人民教育出版社，1991。

[2] 吉尔福特：《创造性才能——它们的性质、用途与培养》，7 页，施良方，沈剑平，唐晓杰，译，北京，人民教育出版社，1991。

更重视前者，认为创造性思维就是发散性思维，相反地，他认为从创造力来看不可能有辐合性思维的一席之地（吉尔福特，1991）①。因此，他用了专门的章节陈述了"创造性思维中的发散性加工"。从吉尔福特开始，发散思维（divergent thinking）和辐合思维（convergent thinking）两个概念被整个心理学界广泛应用。

此外，吉尔福特还讨论了智力与创造性或创造力的关系。吉尔福特指出，智力结构的复杂性，导致了智力研究中以多种变量作为其指标，而创造性的结构同样复杂，研究中通常也使用多个变量作为指标对创造性进行测查。吉尔福特研究团队取智商与创造思维中发散思维的流畅性的关系，探讨了智力与创造性的关系。如图3-6所示。

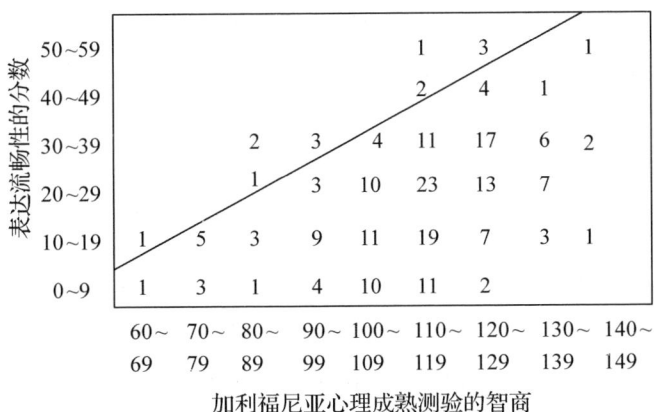

图3-6 一项与智商水平有关的流畅性能力测验的成绩分布

注：这是一项言语—语义方面的典型的流畅性测验的实际情况。

吉尔福特发现，智力（智商）与创造性才能之间不是一种单向的关系。智商低的人，在创造性能力方面肯定是低的。但智商高的人，几乎分布在创造性才能整个变动范围的任何一个点上。如果智商低于110，那这个人看来就几乎没有可能成为创造性才能高的人。同样，智商高看来是言语创造性才能高的一个必要条件，但仅仅是必要条件而不是充分条件。所以，事实上存在着许多创造性能力没有得到发挥的

———————
① 吉尔福特：《创造性才能——它们的性质、用途与培养》，110页，施良方，沈剑平，唐晓杰，译，北京，人民教育出版社，1991。

人，但几乎不会有创造性能力得到超前发挥的人。图 3-6 对角线上方有一个很大的空间，而对角线下方则数据稠密，证明了这一点。于是，"智力是创造性的必要条件而不是充分条件"在国际心理学界广为传播。与此同时，吉尔福特反复强调创造性的复杂性，他指出，当创造性才能是由意义—言语内容组成时，"智力是创造性的必要条件而不是充分条件"是正确的，但我们不能由此推论这一结论同样适用于视听领域（如绘图艺术和音乐）中的创造性表现。由此可见，在不同领域中，创造性才能是各不相同的。

（三）创造性思维的心理机制

创造性是一种智慧活动，这种智慧活动的核心是创造性思维，而创造性思维的内在心理机制是什么？吉尔福特依据广泛的研究结果，从发散性加工、转化和问题解决三个角度对此进行了深入的阐述。

1. 创造性思维是发散性的加工

如前所述，吉尔福特认为创造性思维主要是发散思维，因此，从心理机制来分析，创造性思维是一种发散式的加工。吉尔福特从大量对视觉信息、符号信息、语义信息和行为信息等诸多信息内容的加工，到习得相应能力以及形成处理系统的实验研究中发现，发散性加工是创造思维的主要加工方式，尽管发散性加工能力并不代表智力活动中所有的创造性方面，或者说不能代表全部创造性。

发散思维有流畅性（思想丰富度）、变通性（灵活性或思考途径）和独特性特性。发散性加工与思维的流畅性有关，即为了满足某一特定需要而产生许多可选择的信息项目，或是在单位时间内形成数量较多可选择的信息项目。在发散性加工这一概念中，完全不关注观念的质量，观念的数量才是发散性加工的关注内容。事实上，在通常情况下，提出众多可供选择的观念，会增加某些高质量观念产生的可能性。识别哪些是好的观念，这是智力结构的另一项功能——评价。因此，富有成效的发散性加工，既要讲数量，又要涉及质量评价的能力（吉尔福特，1991）①。两者结

---

① 吉尔福特：《创造性才能——它们的性质、用途与培养》，69 页，施良方，沈剑平，唐晓杰，译，北京，人民教育出版社，1991。

合，就是发散性加工中的组织能力，它促进了高水平的高质量观念的形成，也是新思想产生的心理机制。

2. 创造性思维中的转化

吉尔福特所说的"转化"，是指人们在信息项目方面能够认识和产生的种种变化，其中包括产生种种替代物。转化实际上是像产品一样起作用的一种心理活动，而产品是大脑可以认识或产生的信息项目的形式。

吉尔福特列举了大量可以测量创造性思维中转化的实验材料。一是测量转化的认知与转化的行为。前者有积木旋转、符号—变换代数题和方程式、理解语义的不同意义等题；后者则会要求被试根据某一特定短语意义选择出一对人（社会性转化），或要求被试看图中脸部不同部位，再在带有表情的三张脸图中选出相应图片（表情变换）。二是测量转化的记忆。对创造性思维者来说，记忆转化也许不如看出转化或产生转化那么有用，但是有些富有创造性的艺术家或科学家，不可能迅速地记下未来的各种转化，而是必须把转化置入记忆储存，以备将来需要时使用。三是测量转化后的评价。与发散性加工需要评价一样，转化也需要评价，以便问题解决者始终朝着富有成效的方向发展。评价是决策的心理基础，体现了评价与创造性思维的关系，这种关系表现为：通过发明可被有益地使用的策略或计谋，以便有助于管理或控制。

3. 创造性思维与问题解决

"问题解决"这一概念比创造性思维的概念外延更广，包摄性更大。因为问题解决包括创造性的问题解决和非创造性的问题解决，而所有创造性思维却正是依靠问题解决这个心理基础才导致新颖的结果或创造。

吉尔福特首先介绍了三种创造性思维与问题解决阶段的传统观点。（吉尔福特，1991）①哲学家约翰·杜威（John Dewey）指出，典型的问题解决过程包括以下几个依次出现的阶段：①感受到问题；②确定和解说问题；③提出种种可能的解决方法；④推断这些解决方法可能出现的结果；⑤接受其中的一种解决方法。

---

① 吉尔福特：《创造性才能——它们的性质、用途与培养》，125～126 页，施良方，沈剑平，唐晓杰，译，北京，人民教育出版社，1991。

格雷厄姆·华莱士（Graham Wallas）通过对历史上一些杰出的作家和自然科学家的创作或发明过程进行考察后，提出了解决问题步骤的顺序：①准备——搜集信息；②酝酿——让信息处于孕育状态，并使其逐渐成熟；③明朗——发现解决问题的方法；④验证——检验和完善解决问题的方法。

约瑟夫·罗斯曼（Joseph Rossman）则考察了发明家的发明过程，并确定了在这种过程中所发生的下列事件：①观察到有一种发明的需要或遇到了困难；②明确地表述问题；③对现有的信息进行普查；④批判性地考察种种解决问题的办法；⑤系统阐述新的观念；⑥检验并接受新的观念。这种序列显然是与杜威提出的问题解决的步骤相类似的。

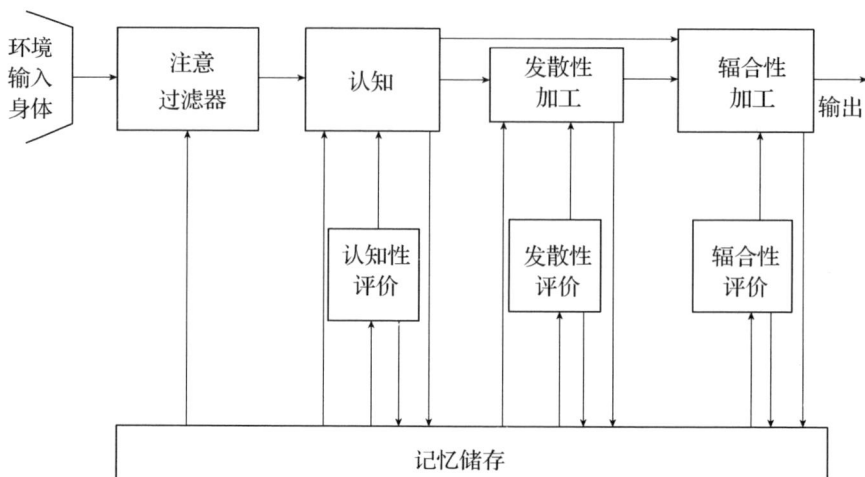

图 3-7　智力结构问题解决模式图示

在上述研究的基础上，吉尔福特以三维智力结构为基础，提出了他自己的问题解决的模式。他用这个问题解决的模式，揭示了创造性思维的产生就是来自这样问题解决的途径。（吉尔福特，1991）[①]而这个模式，把发散性加工、思维的转化和问题解决三者整合成了一体。

[①]　吉尔福特：《创造性才能——它们的性质、用途与培养》，127 页，施良方，沈剑平，唐晓杰，译，北京，人民教育出版社，1991。

（四）创造性的研究方法

吉尔福特的《创造性才能》第一章就从方法论角度提出创造性研究什么，在第二章"创造力研究的其他背景"中所提出的"从高尔顿到 1950 年""1950 年以来对创造力的研究""一些技术性问题"，其实都是在陈述具体研究方法。例如，1950 年以前有心理测量学关注创造力，研究创造性表现的逸事和传记，对创造进行实验研究，考察创造性生产与年龄的关系；1950 年以后出现对创造力的新的调查研究，如关于创造力本质的揭示、对创造性表现的一些条件或影响因素的研究等。吉尔福特展示的这些研究方法，至今仍不过时。

吉尔福特在对创造性心理学的研究中，最为关注两个问题：一是探索创造过程中的假设检验问题；二是运用多变量因素分析方法，注重可能有助于创造性思维和创造性表现的种种智力品质。在《创造性才能》一书中，第三章"创造力的参照系"和第四章"从假设到创造才能"就对上述两种研究方法进行了集中讨论。

吉尔福特认为，任何一项创造性的研究都是从假设开始的。对创造性思维与创造性人格的研究，以及从理论到实践、从过程到产品、从具体创造性的成分到发展变化等众多研究的基础是提出假设。例如，在繁多的各种测验中，主试给被试一段说明文后，可以要求被试判断他们自己的陈述最适合归为"事实""定义"或"假设"中的哪一类。

因素分析是最适合检验研究者假设正确与否的一种方法。因素分析的统计常用的是相关概念：两个测验之间的相关系数通常在 0~1.0。相关表明一种或多种共同的能力，相关系数越高，两个测验所测查能力的关系越大。因素分析的目的，就是要产生一组在同一套测验中相关高的测验，以及在不同套测验中各测验之间相关低的测验。每一套测验都表示一个不同的因素，这种因素被假定用来表示一种不同的能力。

今天，包括创造性在内的心理学研究过程，都遵循提出问题、明确问题、提出假设、检验假设的过程，用因素分析检验假设，且用统计处理数据，已成规范的研究路径。然而半个多世纪之前，吉尔福特提出了这种研究方法论，是有承上启下的科学价值的。

（五）大力培养创造性人才

吉尔福特不仅对创造性才能的理论研究或基础研究贡献良多，而且十分重视对创造性人才的实践研究或培养研究。

首先，吉尔福特提出了培养创造性人才的意义。他反复强调，人们对较有创造性的人才，尤其是从事研究和开发领域的创造性人才，是有迫切需要的。由此，会花费相当大的精力去发现较有创造性的科学家和工程技术人员，努力改善影响他们创造性表现的工作环境。由此可见，他是重视创造性人才、重视改善创造性人才工作环境的意义的。

其次，吉尔福特强调，研究创造性人才成长的影响因素是培养创造性人才的前提。他认为以下几个因素是研究创造性人才成长的内在因素：一是知识与智力，尽管智力很重要，但缺乏经验、知识也无法具有创造性。因为没有哪一位富有创造性的人，不需要以往的知识、经验或事实也能够有所作为，他绝不可能在真空里创造。二是创造性思维的培养与创造性人格的培养缺一不可。三是认知风格，表现为智力执行功能，这种认知风格可以表现在语言、逻辑和表情、情感上，实质是威特金（H. A. Witkin）的场独立性与场依存性的认知风格。四是兴趣，这是另一种智力的执行功能，特别表现在对发散性思维和辐合性思维的兴趣上。五是气质因素，这里的气质，不仅指个性或人格心理学的气质特征，还表现在自信上，自信与发散性加工呈正比。

再次，吉尔福特指出社会要重视创造性的培养。他还向社会提供了早期尝试训练创造力的材料，提出学校教育应该从发展智力过渡到发展包括创造力在内的全面智力。由此，他积极倡导创造性教学，强调除了教学生"是什么"之外，应该重点放在让学生去思考"能够是什么"。不仅要对能够记住和回忆已知观念予以奖励，而且要奖励提出新观念的学生。

最后，吉尔福特对如何发展创造性的方法也提出了许多设想。他主张学校教学，要改革课程。例如，提供提高创新性心智活动的指导，设置创造性问题解决的特殊课程；采用其学生托兰斯（E. P. Torrance）的创造性教学行为训练法；提供有利于创造性发展智力结构产品的教具和学具，改革考试、评定的方法；特别是提出发散思维或发散性加工的方法，包括 12 种发散性加工的策略与计谋。这些方法，有的延续至今，有的正是在吉尔福特的基础上做了改进，如"学科渗透法""头脑风暴法""思维训练""思维科学课程"等，与吉尔福特当年提出的方法与路径都是大同小异的。

三、对吉尔福特创造性心理学观的简评

吉尔福特是一位专门研究创造性心理学的学者，是一位真正的创造性心理学家。有文献指出，从吉尔福特开始，创造性心理学走进了"发展期"（孙汉银，2016）①。在一定意义上可以说，在吉尔福特后面的创造性心理学家，可以暂时"不必"造史料，而是走进"完善"。

首先，在创造性心理学发展中，吉尔福特有许多首创或"第一"，是一个积极创新的创造性心理学家。例如，他是世界上第一位提出创造性与社会发展关系的学者；是第一位论证创造性人才心理成分由创造性思维与创造性人格组成的学者；是第一位从智力结构出发，论述发散思维与辐合思维关系的学者；也第一次提出家庭教育、学校教育和社会教育都要关心创造性思维的培养等。

其次，吉尔福特勇敢地分析了社会忽视创造性的原因，分析了心理学界忽视研究创造性的缘由。从吉尔福特 1950 年对"创造性"的演讲后，美国社会特别是心理学界与教育界掀起了创造性研究热潮，进而推动了全世界的发达国家都开始重视创造性的研究，重视社会创新的趋势。可以说，吉尔福特促使创造性心理学趋于完善，走向繁荣。

最后，吉尔福特关心创造性的培养。20 世纪 80 年代以后，先后对"创造性学习""创造性教育"进行了深入研究。诸如"动机激发""认知冲突""自主建构""自我监控""应用迁移"等诸多理论，也在创造性心理学领域应运而生，促使教育培养了更多的创造性人才，从而把"创新""创造性"作为社会繁荣的重要手段。

---

① 孙汉银：《创造性心理学》，24 页，北京，北京师范大学出版社，2016。

尽管吉尔福特做出了如此贡献，但其在创造性尤其在创造性思维的结论上，也存在一些不足之处，主要体现为两点：一是创造性思维不能简单等同于发散思维，下一章将会进一步阐释这一观点。二是发散性加工与辐合性加工不应偏废一个。我们认为，辐合思维与发散思维是相辅相成、辩证统一的，它们是智力活动中求同与求异的两种形式。前者强调主体找到对问题的"正确答案"，强调智力活动中记忆的作用；后者则被吉尔福特团队界定为有流畅性、灵活性和独特性的创造性思维，它强调主体去主动寻找问题的"一解"之外的答案，强调智力活动的灵活和知识迁移。前者是后者的基础，后者是前者的发展。在一个完整的智力活动中，离开了过去的知识经验，即离开了辐合思维所获得的一个"正确答案"，就会使智力灵活失去了出发点；离开了发散思维，缺乏对学生灵活思路的训练和培养，就会使思维呆板，即使学会一定知识，也不能展开和具有创造性，进而影响知识的获得和辐合思维的发展。因此，我们在培养智力灵活性的时候，既要重视"一解"，又要重视"多解"，且能将两者结合起来，我们可以称它为合理而灵活的智力品质。

第六节

创造性心理研究逐渐走向整合

据我们团队孙汉银教授的分析，20世纪七八十年代以来，随着研究的深入，以托兰斯、阿玛贝尔（T. M. Amabile）、斯腾伯格、奇克森特米哈伊（M. Csikszenmihalyi）、加德纳（H. Gardner）等人为代表，研究者们对创造性的态度越来越开放、观点更加多元，研究的视野开始从仅仅关注个体（认知和人格）或社会环境转向同时关注个体及其所处的社会环境，注重对创造性进行多学科、多视野的研究。

一、托兰斯对创造性思维的测验和教学研究

托兰斯是吉尔福特的学生，也是科学创造性研究的奠基人之一，他以普通人为研究对象，运用心理测量学的方法对创造性的个体差异进行了持续几十年的研究。他既重视创造性的描述研究，也开展了创造性的干预研究；既进行横断研究，也开展了多项追踪研究；既重视创造性的认知因素，也强调非认知因素对于创造性的贡献；既强调人类的理性对于创造性的作用，也重视非理性因素对于创造性的价值。他认为，创造性主要是发散思维的功能，形成于、表现于问题解决过程之中。

托兰斯在吉尔福特的基础上，将创造性思维测验进行标准化，编制了影响深远的托兰斯创造性思维测验（Torrance tests of creative thinking，TTCT），并成为当今世界上使用最为广泛的创造性测验之一。这一标准化工具的广泛使用，不仅使创造性的研究具有可重复性和可比较性，而且加深了人们对创造性的认识，以至于在广大中小学教师心目中，甚至在心理和教育学的研究领域，很多人都将发散思维测验等同于创造性思维测验。

教育是托兰斯的研究背景，更是他的研究目的。他主张，既要加强发散思维能力的培养，也要加强批判性思维能力的培养；既要加强校内的创造性培养，也要加强校外教育。他在"教学孵化模型"（the incubation model of learning and teaching）（Torrance，1979）（Torrance & Safter，1990）①中主张，课堂中要让学生深度卷入真实问题的解决过程中，将学科内容与创造性思维技能的教学融为一体，并给予学生深入思考问题和交流想法的时间。他于1974年发起并创立"未来问题解决国际项目"（future problem solving program international，FPSPI），旨在培养全球青少年的批判性和创造性思维能力，至今已有25 000多名各国学生参与过这个项目。

---

① Torrance, E. P. & Safter H. T., *The incubation model of teaching：Getting aha!*, Buffalo, NY, Bearly Limited, 1990.

二、阿玛贝尔对创造性成分的研究

阿玛贝尔以普通人为研究对象，侧重于组织环境对创造性的影响，通过实验室研究和实证调查对创造性进行了几十年的研究。她认为，创造性是在特定的社会环境下，通过创造性相关技能、领域相关技能、内部动机的交互作用而产生的，能令人信服地被评估为创造性结果的过程。这一观点，被称为创造性成分理论（the componential theory of creativity）（Amabile，1983）[1]，并认为个体的创造性水平取决于创造性相关技能、领域相关技能、内部动机和社会环境4个基本成分的发展水平及其动态相互作用。

阿玛贝尔认为，创造性相关技能是在一切活动领域中都会起作用的认知风格和启发式思维方法等，领域相关技能是在特定领域内发挥作用的基础知识和基本技能，内部动机则是仅在某种特定工作中发挥作用的个体态度或兴趣等。因此，创造性具有可塑性和领域特异性、可干预性的特征。当然，创造性不仅取决于个体相应的能力，还需要有社会环境的强力支持，而社会环境则是通过动机间接对创造性产生影响。内部动机有助于创造性，外部压力中的信息性因素与内在动机一样对创造性具有促进作用，而控制性因素则有损创造性，会限制个体的创造性发挥和发展。她所倡导的"同感评估技术""内部动机对于创造性的影响"等都是今天创造性研究的热点。

三、奇克森特米哈伊对创造性系统的研究

奇克森特米哈伊以杰出人物为研究对象，侧重于社会大环境对创造性的影响，通过访谈法和实验法对创造性进行了几十年连续不断的研究。他认为，创造性发生于个体、领域及学门的交互作用过程中，并提出了创造性系统理论（a system per-

---

[1]　Amabile, T. M., The social psychology of creativity: A componential conceptualization, *Journal of Personality and Social Psychology*, 1983, 45(2), pp. 357-376.

spective of creativity)(csikszentmihalyi，1988)①。正所谓"千里马常有，伯乐不常有"，社会环境提供的刺激与对创造性产品的选择压力，是个体创造性产品的产生、选择与保留最重要的因素。高创造性者往往具有"复合性人格"(complexity)，善于根据实际情况而在人格特质的两极之间进行适时转换，以满足当下情境的需求。当个体处于心流(flow)状态时，具有极大的满足感和幸福感，最容易超越极限、获得创造性，并且乐此不疲。由此，他将创造性、主观幸福感、心流等联系在一起，成为当代积极心理学和创造性研究领域中最重要的概念。

四、斯腾伯格对创造性投资的研究

斯腾伯格以普通人为研究对象，在智力研究的基础上，主要运用元分析方法，重点关注个体资源的动态组合方式。他认为，创造性是个体利用其智力、知识、思维风格、人格、动机、环境等心理资源，对观念进行"低买高卖"的投资活动。它类似于资本市场的投资行为，只不过它是在观念世界里进行投资而已。这一观点，称为创造性投资理论(investment theory of creativity)(Sternberg & Lubart，1991)②。

斯腾伯格认为，不随波逐流、敢于和愿意进行"买高卖低"，是高创造者的重要品质之一。其中，综合智力是创造性思维的关键，主要体现在重新定义问题和在顿悟过程中提出新的想法；实践智力的主要作用是向社会"推销"自己的主意、产品或处理反馈信息。动机的作用取决于它以何种方式影响个体对任务的注意，如果动机能使个体专注于任务本身，就有利于创造性的发挥；反之，若分散了个体对任务的注意力，就会对创造性产生负面影响。他的观点不仅为内在动机的作用提供了依据，也从认知过程的角度解释了内在动机之所以优于外在动机的原因。

客观地说，斯腾伯格通过使用大量隐喻，以通俗易懂的语言来解释复杂的创造

---

① Csikszentmihalyi，M.，"Society，culture，person：A systems view of creativity"，In R. J. Sternberg (Ed.)，*The nature of creativity*，Cambridge，Cambridge University Press，1988.

② Sternberg，R. J. & Lubart T. I.，An investment theory of creativity and its development，*Human Development*，1991，34(1)，pp.1-31.

性机制，虽然鼓舞了一般公众的创造精神，但也由此产生了种种缺憾。创造性投资理论尽管具有一定的解释性，但也只是对股票市场投资行为"准则"的合理概括，并没有对优秀投资者究竟是如何操作的做出具体的解释。尽管从理论上离析出创造性的六种成分，并指出只有各种成分协同出现（co-occurrence）时才能产生创造性，但对于各种成分之间的汇聚方式以及相互作用的机制，他并没有做深入、细致的探讨。

五、加德纳对创造性互动的研究

加德纳在其多元智力理论的基础上，对杰出人物进行小样本的个案研究，凸显了以个体为起点的社会互动。他认为，尽管个体可能在多个领域中表现出创造性，但创造性是针对某个具体领域而言的，因而具有领域特殊性。创造性过程是一种系统的进化过程，是个体、他人和工作三者之间互动的结果，他称为创造性互动（interactive perspective）。加德纳认为，孩童时代，影响创造性的他人主要为家庭成员及同伴；当成为一位专家之后，影响创造性的他人主要为竞争对手、评断者和同行中的支持者。不过，他与斯腾伯格一样，都是以研究智力而著称，对创造性的专门研究很少，他们的许多创造性观点仅仅是其智力观点的自然延伸。

04

创造性
心理结构

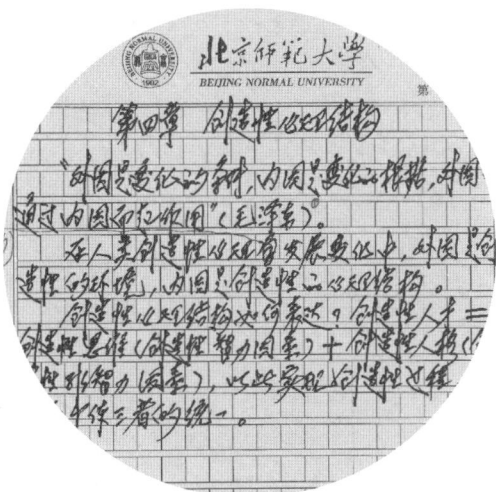

外因是变化的条件，内因是变化的根据，外因是通过内因而起作用的。(毛泽东，1991)①

在人类创造性心理的发展变化中，外因是创造性的环境，内因是创造性的心理结构。

创造性心理结构如何表达？创造性人才＝创造性思维(创造性智力因素)＋创造性人格(创造性非智力因素)，以此实现创造性的过程、产品和个体三者的统一。

第一节

创造性思维

人类所创造的一切物质的和精神的财富，都是人类在实践活动中通过思维即智力活动而形成和积累起来的。思维已经成为人类认识世界、改造世界最重要的主观能源，因此，我们可以说，思维与创造性联系在一起，正如恩格斯所说的：思维是宇宙中物质"运动的基本形式"之一，是"地球上的最美的花朵"②。这就是创造性思维的缘起。

① 毛泽东:《毛泽东选集(矛盾论)》，302 页，北京，人民出版社，1991。
② 恩格斯:《自然辩证法》，见《马克思恩格斯选集》第三卷，462、491 页，北京，人民出版社，1972。

一、思维的特性

思维是一种心理现象，它是人脑对客观事物的本质和事物内在的规律性关系的概括与间接的认知。心理学，特别是思维心理学是从心理现象的角度来研究思维的，研究它的过程，它的发生、发展的规律。

心理学研究思维是与其他学科交叉进行的。哲学从"什么是本质的""现实世界是否可以认识"两个方面来研究问题，而哲学认识论研究思维的一般性规律；心理学则在哲学认识论的指导下，研究思维的特殊规律，研究个体思维的规律，研究作为智力活动之核心的思维的规律。逻辑学的研究对象是在思维过程中产生的认识结果、认识产物之间的相互关系，以揭示思维形式和规律来研究思维的正确性；而心理学则研究思维过程进行的规律性。生理学特别是认知神经科学研究思维，着重于心理的生理机制；心理学则将这些生理机制作为思维发展的生物前提和基础，并探讨如何将这种发展的可能性变成现实性。语言学是从语言与思维的辩证关系来研究思维，侧重于语言；心理学也是从语言与思维的辩证关系来研究思维，侧重于言语——口头言语、书面言语和内部言语及其同思维的相互制约性。控制论、信息论从信息加工来模拟思维、研究思维，它为心理学研究思维提供了新途径；心理学可以根据控制论、信息论的原理，为思维的发展与培养进一步提出具体的措施。

"聚焦思维结构的智力理论"是我们对思维和智力从理论、实验、实践研究上的概括(朱智贤，林崇德，1986①；林崇德，2008②)。我们在理论上研究智力的核心之思维的实质，首先是探索思维的特性问题，如果从思维的特殊矛盾出发，应全面地探讨思维的特征。我们认为它应有概括性、间接性、逻辑性、目的性和问题性、层次性、生产性六个主要特性。下面，我们从理论上对这六个思维特性进行分析讨论。

---

① 朱智贤，林崇德:《思惟发展心理学》，1~53 页，北京，北京师范大学出版社，1986。
② 林崇德:《我的心理学观》，99~141 页，北京，商务印书馆，2008。

（一）思维的概括性

思维是一种心理过程，即认识（认知）过程。从这个过程来看，思维的最显著的特性是概括性。思维之所以能揭示事物的本质和内在规律性的关系，主要来自大脑对信息进行的概括加工，即来自抽象和概括的过程。概括是在思想上根据抽象出来的事物的共同本质的特征或内在联系结合起来的过程。数学法则"合并同类项"就是对"概括"科学而生动的表达。所以概括过程又被称为"类化"过程。概括的功能正是把个别事物的本质属性或特征，推广为同类事物的本质属性或特征。思维的概括性在思维特征中的重要地位，就是来自其揭示事物的本质特征、关系和内在联系，使认知能从个别类化为一般。从这个角度上说，有人把智力比喻为"知识的类化"，这一点也不为过。

概括性及其功能的存在，是由于人的思维是语言的思维或理性的思维（又可称理论思维）。语言有两种功能，一是指示性，即与人交际，引起别人产生相应的行为；二是概括性，即词的命名作用，每一个词都代表某一类或一般的东西，这就构成了概念。正因为如此，人类通过语言的思维达到交际的目的；人类把一般的联系或某一类从个别属性中分出以后，借助于概括性的词，思考着一般的东西或某一类事物；人类在思考一般联系和某一类事物的同时，用语言去揭示内在异同点，加以系统化，如生物学界的"门、纲、目、科、属、种"就是思维借助于语言对生物知识系统化的结果，于是概括成为科学研究的关键机制；人类思维依靠语言揭示在不同场合下事物所具有的不同性质，从而理解了物质世界和精神世界的对象和现象的本质和规律。

心理学根据概括性的不同水平分为初级概括和高级概括。所谓初级概括是指在感知觉或表象水平上的概括，表现为根据感性的具体经验抽取事物的共同特征或联系，总结出某类事物的共同属性。概括性的初级形式，尽管也有助于个体逻辑思维发展，但因受感性的具体经验的局限，较难归类以揭示事物的本质属性或内在联系。而高级概括，则是在把握事物的本质特征和内在联系基础上进行的概括。这种概括有三个重要表现：一是掌握了概念，尤其是科学的概念。掌握概念是在概括的基础上形成的。高级概括在内容上越来越多地不只是单纯掌握这个概念所包括的对象或现象的属性，而是掌握有关属于这个概念的对象或现象的全部知识。二是在形式上，形成下面"思维的逻辑性"中要提到的概念—判断—推理，且越来越多地使逻辑思维形式趋向成熟和完善。三是借助内部言语，使概括不断"深化""内化"和"减缩化"，在思想深处越来越多地"存储"了类化、减缩化、密集化的知识系统。

（二）思维的间接性

如果说思维是一种对信息的加工，那么可以把信息理解为知识经验，认为思维是凭借知识经验对客观事物进行的间接的认知。

首先，思维凭借着知识经验，能对没有直接作用于感觉器官的事物及其属性或联系加以认知。例如，清早起来，发现院子里面湿了，房顶也湿了，就可断定："昨天晚上下过雨。"昨天晚上下雨，并没有被主体所直接感知，然而能够凭借过去的经验和知识，根据地上和房上的湿度，判断出昨晚下雨的事实，使人间接地认知事物，通过现象揭示了事物的本质和内在规律性的关系。

其次，思维凭借着知识经验，能对根本不能直接感知的事物及其属性或联系进行认知。也就是说，思维继续和发展着感知和记忆表象的认识功能，但已远远超出了它们的界限。假如表象不能把握整个认知活动，不能把握每秒 30 万千米的信息加工，而思维则能够把握而且应当把握。例如，小学高年级儿童就能理解一艘星际飞船以每秒 5 万千米的速度飞行，它飞向某一遥远星球用的时间是光速的 6 倍，然而我们谁也不能直接感知或想象以每秒 30 万千米和每秒 5 万千米速度运动的两个物体的速度差别。思维的间接性使人能够揭示不能感知的事物的本质和内在规律性的关系。

第三，思维凭借着知识经验，能在对现实事物认知的基础上进行蔓延式的无止境的扩展。假设、想象和理想，都是通过思维的间接性作为基础的。例如，制订计划、预计未来，就是这方面的表现形式。思维的这种间接性，使思维能够反作用于实践，指导实践变成科学与理论，并揭示事物发展的可能性。

思维之所以有间接性，关键在于知识与经验的作用。没有知识经验作为中介，思维的间接性就无法产生。思维的间接性是随着主体知识经验的丰富而发展起来的。因此，研究一个人的思维及其能力，要研究他的知识结构，分析他的文化背景。当然，思维的间接性问题，也反映了思维与记忆即思维材料的相互关系，有了记忆，人才能积累知识，丰富经验。记忆是知识经验的储备，它是运用知识经验进行思维、认知问题、解决问题的前提。没有记忆，思维将失去材料，就没有知识经验这个思维的中介，也就没有思维的间接性。

（三）思维的逻辑性

过去不少心理学著作将思维定义为"概括的、间接的反映"。这固然有其正确的一面，但也有它不完整的地方。因为概括性不局限于思维，知觉和表象已有初级的概括性；间接性也不局限于思维，想象就是间接的认知。所以我们在讨论思维定义时，不仅强调"概括与间接的认知"，而且应该加上"对客观事物的本质和规律性关系的认知"，其理由也就在于此。我所说的思维，即指逻辑思维，也叫理论思维。这是人和动物有本质区别的一种表现。不这样理解思维，在研究思维发展中就会产生出发点混乱、前提混乱、方向混乱的现象。因此，思维有一个重要的特点，就是逻辑性。

逻辑，主要是指思维的规则或规律。思维的逻辑性，就是指思维过程中有一定形式、方法，是按照一定规律进行的。思维的逻辑性，来自客观现实变化的规律性。它反映出思维是一种抽象的理论认识。

在实践中，人脑要对感性的材料进行加工制作，也就是经过思考作用，将丰富的感觉材料加以去粗取精、去伪存真、由此及彼、由表及里的改造制作。从而，在人脑里就产生了一个认识过程的突变，产生了概念，抓住了事物的本质，事物的全体，事物的内部联系，认识了事物的规律性。有了概念，人们就可以进一步运用概念构成判断，又运用判断进行推理。这个运用概念构成判断和进行推理的阶段，就是认识的理性阶段，亦即思维阶段。概念、判断、推理，就是思维的形式。但如何形成概念、判断、推理呢？这就有一个思维方法的问题，有一个具体地、全面地、深入地认识事物的本质和内在规律性关系的方法问题。思维的方法有许多，诸如归纳和演绎的统一，特殊和一般的统一，具体和抽象的统一，等等。

思维不仅有形式、方法，而且有一定的规律，也就是说，人们的整个思维活动过程要遵循一定的法则或规则。思维过程中应遵循哪些规律呢？

思维的发展本身可以分为两个阶段：一个是初级阶段，可以叫作普通逻辑思维阶段；另一个是高级阶段，即辩证逻辑思维阶段。普通逻辑思维（形式逻辑）和辩证逻辑思维都是逻辑思维，它们是相互渗透，不可分割的。形式逻辑里包含着辩证思维，辩证思维里也包含着形式思维，但它们不是平行发展的，而是各有特殊的思维规律。

初级阶段，即普通逻辑思维应遵循同一律、排中律和矛盾律三个法则。同一律——在同一思维的过程中，每个概念和判断必须具有确定的同一内容。遵循同一律，使思维具有确定性。排中律——要求在两个矛盾判断中必须二者择一，即不能既不断定某对象是什么，又不断定某对象不是什么。遵循排中律，使思维消除不确定性。矛盾律——在同一时间、同一关系下，对同一对象所做的两个矛盾判断不能同时都真，其中必有一假。遵循矛盾律，使思维保持一惯性，即不互相矛盾。

辩证逻辑思维，即高级思维的规律，是对立统一的思维规律，量变质变的思维规律和否定之否定的思维规律。这三个辩证法规律，在思维过程中表现出来，它们表现于思维形式和思维方法之中。

总之，人类的思维主要是抽象概括的理性认知。它要求主体自觉地遵守思维的规律来进行，这样就能使概念明确，判断恰当，推理合理，具有逻辑性。

（四）思维的问题性

思维是有目的的。思维的必要性首先产生于实践活动中在主体面前出现新的目的、新的问题、新的活动要求和条件。思维总是指向于解决某个任务，思维过程主要体现在解决问题的活动中，思维形式的概念、判断、推理，既是解决问题的材料，又是解决问题的结果。难怪各国心理学家都喜欢通过对解决问题过程的分析，来研究思维过程以及思维发展的水平。也正因为这一点，我把思维与问题解决画等号，即思维就是解决问题，因为"解决问题"这个概念不论是内涵还是外延，都接近或揭示"思维"在"做什么"和"怎么做"。

思维的问题性，表现在解决问题过程的思维活动上，即一般地认为体现在解决问题的四个环节上：一是发现问题，在实践活动中，社会的需要转化为个体的思维任务，也就是提出问题；二是明确问题，面对着所发现的或所提出的问题，加以分析，分析问题过程的关键在于明确地抓住问题的核心；三是提出假设，找出并确定解决问题的方案——解决问题的原则、途径、手段和方法；四是检验假设，这是一个反思或监控的过程，检验假设有两种方法：①依靠实践或操作；②通过思维活动的逻辑推理和论证。

思维的问题性，也表现在对问题或思维任务的理解上。在解决问题的全过程中，理解是任何一个阶段或环节中紧张的思维活动的结果。离开了理解，就不能解决问题。理解就是认识或揭露事物中的本质的东西。从思维心理结构出发，理解是把新的知识经验纳入已有的认识结构而产生的，它是旧的思维系统的应用，也是新的思维系统的建立。按照理解的发展水平，它可以分为直接的理解和间接的理解两类，直接的理解是不需要经过间接思考过程就能立刻实现的理解，间接的理解是以事先的思考为依据的理解过程，是要经过一系列的阶段的。在日常生活或实践活动中，理解的方面很多。例如，理解事物的因果性，理解事物的内容、形式或结构。但在解决思维中，最主要的是两条：第一是由因导果或执果索因，理解事物或现象之间的因果关系；第二是透过现象理解其本质，将一定对象或现象归入某一范畴。这是一个运用策略的过程，需要不断反思并对思维过程加以思维的活动。这就使思维任务即问题获得解决，并体现思维任务在于揭示客观现实的对象和现象的本质与规律性的关系。在思维心理学的研究中，"解决问题过程"和"理解"都是重要的研究领域。近年来，问题解决的策略、理解事物的因果性也成为思维心理学界热门的课题，并成为我博士生和硕士生论文的选题。

（五）思维的层次性

思维是智力的核心。智力是分层次的。智力的超常、正常和低常的层次，主要体现在智力的差异上，特别是思维能力的差异上。

思维和智力在全人口中的分布，表现为从低到高的趋势，两头小，中间大。北京、上海等地的调查发现，思维和智力发育很差的，所谓低常的儿童占千分之三左右，这是一个不小的数字，是关系国家建设特别是人口素质的一个值得注意的问题。智力或思维超常的（所谓"天才"），也是少数，超常或天才，无非聪明一点。除去低常与超常的两个层次之外，大多数则是正常的层次。用统计学上的术语说，叫作"常态分配"，就是一条两头小、中间大的曲线。

如何确定一个人的智力是正常、超常还是低常呢？过去常用的表达方式是智商，而我则认为这主要是由智力品质来确定。智力品质是智力活动中，特别是思维活动中智力特点在个体身上的表现。因此它又叫作思维的智力品质或思维品质。

思维的智力品质分类的办法很多，我认为主要应包括敏捷性、灵活性、深刻性、独创性（创造性）、批判性五个方面。思维的智力品质的五个方面，是判断智力层次，确定一个人智力是正常、超常或低常的主要指标。

（六）思维的生产性

思维不仅能够使主体深刻地认识客观现实，而且能够制作思想产品能动地改造客观世界。认识从实践开始，经过实践得到了理论的认识，还需再回到实践中去。认识的能动作用，不但表现在从感性的认识到理性的认识之能动的飞跃，更重要的还表现在从理性的认识到实践这一飞跃。

人们从认识客观现实到改造客观世界的每一个阶段，都在依靠思维的作用生产着大量的思想产品。早在 20 世纪 80 年代，就有人根据思维在形成产品中的作用，将思想产品分为下述四大类（苏常浚，1982）[1]：

一是认识性的产品，如调查报告、消息报道、社会动态、科学考察等。中、小学生的大部分作业，属于认识性的产品。

二是表现性的产品，如文学作品、艺术创作等。

三是指导性的产品，如工作计划、工程设计、技术图纸、改革方案等。

四是创造性的产品，如科学实验、技术发明、远景规划等。

---

[1]　苏常浚：《基础心理学讲话》，北京，人民出版社，1982。

思维的生产性说明，人不是消极地反映现实，而是现实世界中的积极活动者。人在实践中，为了满足日益增长的社会的和个人的需要而去改变和改造环境或客观世界。马克思说："蜘蛛的活动与织工的活动相似，蜜蜂建筑蜂房的本领使人间的许多建筑师感到惭愧。但是，最蹩脚的建筑师从一开始就比最灵巧的蜜蜂聪明的地方，是他在用蜂蜡建筑蜂房以前，已经在自己的头脑中把它建成了。劳动过程结束时得到的结果，在这个过程开始时就已经在劳动者的表象中存在着，即已经观念地存在着。"（马克思，1975）①

可见，思维的生产性，反映了人们的心理的目的性、计划性和操作性，反映了思维的能动作用。与此同时，思维的生产性的存在，为我们提供了一条通过一个人的"作品"或"产品"分析其思维、测定其智力和创造力的途径。

二、创造性思维的提出

思维活动是一种极为复杂的心理现象。为了适应实践活动目的的不同需要，思维活动具有多样性，即多种形态，它不会也不可能只有某一种刻板的固定的格式。因此，对思维的分类也不可能有一个统一的模式。而按智力品质分类，思维可以粗略地分为再现性思维和创造性思维。再现性思维即一般思维活动。创造性思维则是人类思维的高级过程，是伴随着创造过程而产生的思维。人们通常把创造性思维和发明、发现、创造、革新、写作、绘画、作曲等创造性实践活动联系起来。

创造性思维较早且最有影响的提出者是英国心理学家和政治科学家华莱士。华莱士曾就读（1877—1881 年）并任教（1881—1890 年）于牛津大学。1886 年，他加入英国费边社（Fabian Society）并成为其领袖之一。1895 年，他开始任教于新近成立的伦敦经济学院，1914 年成为伦敦经济学院第一个政治科学教授，一直到 1932 年退休。华莱士倡导采用实证研究的方法探讨人类的行为，对政治科学和政治心理学的发展、对人类创造力的研究，都是他的重要贡献。1926 年，他撰写的《思维艺术》

---

① 马克思：《资本论》第 1 卷上，202 页，北京，人民出版社，1975。

(*The Art of Thought*)一书出版,全书分十二章,在心理学史中可称为第一本试图阐述创造性思维过程的著作。北京师范大学图书馆还保留着该书 1936 年的中译本《思想的方法》(胡贻谷译,商务印书馆出版)。

华莱士的研究对象主要有科学家、艺术家、政治家、军官等,尤其是法国著名数学家、拓扑学的首创者庞加莱(Jules Henri Poincare)。华莱士通过对这些权威人士创作或发现时思维活动过程的分析,以及对他们的日记、传记的研究,写成了专著《思维艺术》。全书主要论述两个问题,即创造性思维的过程与影响因素。

(一)创造性思维的过程

华莱士在自己七十大寿演讲时阐述了人类最重要的发明是怎样获得的。后写入其《思维艺术》一书中,他认为,新思想的形成或创造发明涉及四个阶段:准备阶段(preparation stage)、酝酿阶段(incubation stage,又译潜伏期)、明朗阶段(illumination stage,又译启发期)、验证阶段(verification stage)。华莱士指出,他的新思想的形成或创造发明四个阶段观念受德国心理学家赫尔姆霍茨(H. V. Helmholtz, 1821-1894)学说的影响,但赫尔姆霍茨仅讲人们对新问题的思考往往需要预备、酝酿、明朗三种心理现象,而他却将其视为创造性思维的前三个阶段,加了验证阶段,形成了创造性思维的四个过程。

对于华莱士的新思想形成阶段或创造性思维的过程,国内心理学界看法大同小异,因为都来自《思维艺术》一书。

准备阶段,是指新思想形成前从各个方面对相关方面细加思考,积累和理解有关资料。在这个阶段最重要的是明确发明的目的性,有的放矢地收集前人对类似问题的经验和结果,扩大知识面,积极归类,准备寻找新问题的突破口。准备期在创造发明或新思想形成过程中是个时间较长的探索阶段。

酝酿阶段,是在预备阶段知识经验积累的基础上深入思考问题,但往往得不到结果,这个阶段不少发明者常常将问题暂时搁置。这个阶段思路好像中断,但实际上仍在潜意识中断断续续地进行,只不过发明者处于对这个问题未加意识思考的时候。创造性思维需要一个时期,所以有的发明者转入一些轻松的活动。庞加莱在

《科学与方法》一书中曾写到酝酿潜伏期的情景，他对数学问题不做有意识的思考而去长途旅行，然后按照他的信念去做下意识的心智探索。从华莱士开始，许多学者都从各自角度阐述和解释了创造性的概念，但是，每个人在论述中，都对酝酿阶段进行了强调，即在独处时间让思想自由驰骋，让想法融合，最后在其他活动中获得启发。

明朗阶段是经过潜伏酝酿后，具有创造性的新思想豁然呈现，有一个突然而至的非常自信的特征。这是愉快的理想无意而至，是边缘意识的结果，是暗示的启示，是联想的顶点。这就是"灵感"（inspiration）。灵感可以产生于意识清晰状态，也可能产生于梦境。笛卡儿（R. Descartes）提出的解析几何正得自梦中。于是创造性思维获得创造性的结果。

验证阶段是对新思想或创造发明的产品进行检验、补充和修整使之趋于完善的时期。验证阶段与准备阶段的相同之处在于意识状态，思想者应用数学的和伦理学的规律也与准备时期相同。所以在验证阶段思想者采用伦理的、数学推理的和实验或活动等方式对明朗期获得的新思想和创造发明的价值加以评价。

华莱士强调以上四个阶段是彼此交叉混合的。经济学家在浏览统计数据时，生理学家在考察人体的实验时，或商人在阅读晨间送来的函件时，也许同样酝酿着数日前所想到的一个问题，或在积聚知识以为另一个问题做准备，或在验证第三个问题的结果。即在思考同一问题时，他的心里或许下意识地在思考着问题的一方面，而同时却有意识地在准备或验证这个问题的其他方面。

（二）创造性思维的影响因素

创造性思维的形成与发展有着许多因素。华莱士在《思维艺术》一书中，有五章在陈述创造性的影响因素，主要从思维与情绪、思维与习惯、努力与精力、思维的方式四个方面展开。在此简要介绍这几个方面。

1. 思维与情绪

情绪影响新思想的形成，即情绪对创造性思维有作用。华莱士十分重视情绪（emotion）、情感（felling）和情境（affect，又译情景）三个词，认为新思想的形成，是由于这三种情绪现象的渲染去自愿地管束新思想的过程。情绪对新思想或创造性思维的作用，主要表现在以下三个方面：一是暗示。暗示能利用潜意识去达到有意识的目的，庞加莱论述他在数学上两大发明的经过，说他在长途旅行时受到启发，在暗示中领悟进而推演与验证自己的结论。二是愉快的情感或痛苦的情感激励自己的创造活动，进而获得新思想。《雪莱全集》中"对诗的辩护"写到雪莱（Shelley）1811年被牛津大学开除后发愤图强的创作经过，而庞加莱却在不愉快的情境中发现了真理的合理含义。三是情绪通过想象促使新思想的实现，华莱士强调想象属于情感化的东西而与理性是有区别的，想象是创造性思维不可缺少的内容。

2. 思维与习惯

华莱士指出，新思想者或发明者的成功，多半是靠其习惯，从中论证习惯影响新思想的形成，即习惯对创造性思维有作用。习惯联结着注意、联结着目标、联结着"熟则生巧"的结果。良好的创作习惯涉及自觉性，如"时间刺激"的习惯，作家科学家养成每天某时间开始创作，到时间"准备创造习惯"会自然到来；良好的创造习惯涉及勤奋，如戏剧创作家莎士比亚勤勉的创作习惯；良好的创作习惯涉及追新，形成记录、传播、发现新思想或新意义的习惯，逐日研究"新闻"的习惯，丰富创造性思想。与此同时，华莱士也指出，有的习惯有利于新思想的形成，有的习惯却阻碍创造性思维，所以要改变不利于创造的习惯。笛卡儿曾参加了短期的军营生活，于是打破原先习惯的刺激，即固定的时、地或环境所给予的刺激，获得了一生最有用的刺激。华莱士强调，每个思想家必须记住：如果他要做活的机体，而不是机器，他必须做习惯的主人而不是习惯的奴隶。

3. 努力与精力

这里的"努力与精力"，实际上阐述了意志与创造性思维的关系。华莱士说，要促进思维艺术的更大发展，就要消除"安逸"的成分，去运用意识和意志的努力，保持充沛的精力。一切创造性的思想家的成就都证明了这一点。换句话说，创造需要精神力量。莫扎特（Mozart）曾在完成一首震惊世界的乐谱后所写的一封信中写道："一切发明和创造，都在内心中活动起来，使我觉得我是在做一个美丽的有力量的梦。"这个力量就是付出意志力、努力和精力。因为创造活动是一种心智活动，心智活动是一种严肃的被自愿的意志努力所推动的活动，所以要形成一种能增加精力的心智习惯，以激发潜在的能力，增加创造的激情，唤醒创造的行动。

4. 思维的方式

华莱士在阐述思维方式时，实际上是在讲文化背景与创造性思维的关系。他首先阐述职业与创造，在解释传教士、官僚、学术界、商人等思维方式的区别后，反复强调的是其职业背景、环境，特别是文化的差异。恰恰是文化，构成为什么有些国家会产生某种发明，而另一些国家产生别的创造。例如，英国传统使人更注重那些不大意识到的"暗示"与"启发"（明朗）阶段，法国传统则使人更注重"准备"与"验证"阶段，这构成了英国人与法国人创造性思维的差异。而美国人创造性思维来自对未来的希望。世界上绘画、雕刻、戏剧、历史以及自然科学创造发明方式的区别，也正是来自文化的差异。然而，每一种文化都能产生新思想或创造性思维，并经文字的传播，普及全世界，而这种传播的后果却各不相同。华莱士提到孔子、苏格拉底、笛卡儿、黑格尔等，他们起初皆经过个人精神上的努力而后凭着思想与文字的流传，构成一派思想，都成为伟大的思想家。而他们思想传播效果的结局却大相径庭。孔子道德观的善恶论除了在中国，还能在美国传播；达尔文主义经德国扩充后传播到欧洲以外；黑格尔的辩证法，适合于英国受困扰的宗教思想的需要；英国洛克的观点传入法国，成为反对路易十五之自由运动思想。

（三）从华莱士到吉尔福特创造性思维观的发展

继华莱士提出创造性思维过程及其影响因素后，我们在第三章提到的韦特海默和吉尔福特，乃至斯腾伯格，都在论述创造性思维，创造性思维研究进而一步步向前推进。尽管创造性思维观在发展，但从总体来说，研究集中在辐合思维与发散思维上。也就是说，按解决问题数量的方法的分类，思维可以分为辐合思维（convergent thinking）和发散思维（divergent thinking）。这是吉尔福特于1950年提出来的。

辐合思维，又译"聚合思维"或"求同思维"。多见一题求一解的思维。其特点有三：一是正确性。它从已知的信息出发，根据熟悉的知识经验，按逻辑规律来获得问题较佳的答案。二是方向性。它把与解决问题有关的信息聚集起来，使其有方向、有条理、有范围地获得一个正确答案。三是闭合性。它往往不能摆脱旧经验的约束，使所获得的结果总是确定的答案。

发散思维，又译"分散思维"或"求异思维"。多见一题求多解的思维。吉尔福特认为，发散思维"是从给定的信息中产生信息，其着重点是从同一来源中产生各种各样的为数众多的输出，很可能会发生转换作用"（J. P. Guilford，1959）①。它的特点如下。一是"多端"，对一个问题，可以多开端，产生许多联想，获得各种各样的结论。二是"灵活"，对一个问题能根据客观情况的变化而变化。也就是说，能根据所发现的新事实，及时修改原来的想法。三是"精细"，要全面细致地考虑问题。不仅要考虑问题的整体，还要考虑问题的细节；不仅考虑问题本身，还要考虑与问题有关的其他条件。四是"新颖"，答案可以有个体差异，各不相同，新颖不俗，难怪吉尔福特把发散思维看作创造性思维的基础。按照吉尔福特的见解，发散思维，应看作一种推测、发散、想象和创造的思维过程。他的见解来自这样一种假设：处理一个问题有好几种正确的方法。也就是说，发散思维是从同一问题中产生各种各样的为数众多的答案，在处理问题中寻找多种多样的正确途径。因此，吉尔福特学派乃至美国心理学界都按照吉尔福特的观点把发散思维称为创造性思维，把变通性（flexibility，即一题多少解）、独特性（originality，产生出如何与众不同的解）和流畅性（fluency，思想丰富程度和获得答案的速度，即在限定时间内产生观念数量的多少）三个特性作为衡量创造性思维水平高低的主要指标。这里还需要讨论一下发散思维与辐合思维的关系。吉尔福特在谈到辐合思维和发散思维时指出，目前大部分教师关心的是寻找一个正确答案的辐合思维，这束缚了学生的创造力。

吉尔福特的思想有可取之处。鼓励和支持学生发展发散思维是改革传统教学、提高教学质量所需要的。从这个意义上说，吉尔福特强调发散思维对心理科学的应用无疑是有贡献的。然而，我在多种场合提出如下的疑问：在提倡学生进行发散思维时，是否要走反方向，将辐合思维贬得一文不值呢？这也不是科学的态度。我们认为，辐合思维与发散思维是思维过程中相互促进、彼此沟通、互为前提、相互转

---

① Guilford, J. P., "Traits of creativity", In Anderson H. H., *Creativity and its cultivation*, New York, Harper and Row, 1959.

化的辩证统一的两个方面，它们是思维结构中求同与求异的两种形式，两者都有新颖性，两者都是创造性思维的必要前提。辐合思维强调主体找到对问题的"正确答案"，强调思维活动的灵活和知识的迁移。"一题求一解"的辐合思维是"一题求多解"的发散思维的基础，发散思维是辐合思维的发展。在一个完整的思维活动中，离开了过去的知识经验，即离开了辐合思维所获得的"正确答案"，就会使思维的灵活性失去出发点；离开了发散思维，缺乏灵活思路的训练，就会使思维呆板，即使学会一定知识，也不能展开和具有创造性，进而影响知识的获得和辐合思维的发展。在创造思维的发展中，发散思维和辐合思维各处在不同的地位，起着不同的作用。就发散思维来说，它具有多端性、灵活性、精细性和新颖性四个特点，是创造性思维的基础或重要组成部分。从解决问题的过程来看，提出多种假设、途径，这对创造性思维问题的解决是十分重要的。从结论上看，众多的答案，能对创造产品做出验证。就辐合思维来说，从特点上看，沿着一个方向达到正确的结果，这是创造思维不可缺少的前提。从对发散思维的制约性看，发散思维所提出的众多的假设、结论，需要集中。辐合思维确定了发散思维的方向，漫无边际的发散，总是要辐合、集中有价值的东西，才能成为真正的创造力。从创造性目的上看，是为了寻找客观规律，找到解决问题的最好办法，辐合思维集中了大量事实，提出了一个可能正确的答案（或假设），经过检验、修改、再检验，甚至被推翻，再在此基础上集中，提出一个新假设。由此可见，发散思维和辐合思维都是人类思维的重要形式，都是创造性思维不可缺少的前提，一个也不能忽视。从中可以看出我们对发散思维和辐合思维的看法与吉尔福特是有区别的。

三、我们对创造性思维的研究

我们的学术团队对创造性思维从两个角度开展研究：一是我们对发散思维和创造性思维与吉尔福特持有不同看法，并在此基础上对发散思维和辐合思维展开研究；二是从我们自己提出的创造性思维成分上进行研究。

（一）对发散思维和辐合思维的研究

我们对发散思维和辐合思维的研究主要有四个特点：一是把"发散思维和辐合思维的统一"视为创造性思维的组成因素之一，而不是单纯地强调发散思维；二是不仅参考吉尔福特的理论，也借鉴其他心理学家的观点，丰富发散思维和辐合思维的内涵；三是编制了以发散思维和辐合思维为基础的创造性测定量表；四是运用该量表对中学生群体展开了创造性思维的研究。这部分研究是由我们团队的沃建中、蔡永红、韦小满等 19 人完成的，作为我主持的教育部哲学社会科学研究重大课题"创新人才与教育创新研究"的一个子课题或组成部分。其主要内容在此做简要的介绍（林崇德，2009）[①]。

1. 测问卷设计

用 A、B 问卷，确定创造性思维测验的结构，经过初测的分析，我们最后保留的题目在发散思维也就是主观题部分包括"非常用途""图形意义解释""词语联想""可能的解释""组合图形"和"未完成图形"六道题目。聚合思维也就是客观题部分包括"遥远联想""分类概况""事件排序"和"情景逻辑"四道大题，但是"遥远联想"减少了两道小题，保留了六道题。最后的维度和题目结构见表 4-1。

表 4-1 "创造性思维测验"问卷维度和对应的题目

大维度名称	小维度名称	具体题目名称	载体	题目数量（个）
发散思维	流畅性 变通性 独特性	非常用途	文字材料	1
		图形意义解释	图形材料	1
		词语联想	文字材料	1
		可能的解释	文字材料	1
		组合图形	图形材料	1
		未完成图形	图形材料	1
聚合思维	概括性	遥远联想	文字材料	6
		分类概况	图形材料	12
	逻辑性	事件排序	文字材料	6
		情景逻辑	图形材料	6

---

① 林崇德：《创新人才与教育创新研究》，105~146 页，北京，经济科学出版社，2009。

2. 量表评估标准

发散思维部分题目的评分标准完全参考了托兰斯在《托兰斯创造性思维能力测验》(TTCT)中使用的评分标准制定方法。我们首先对初测问卷中 600 份问卷的发散思维类题目的答案进行了完整录入和归类，并计算每个答案的频次，作为对流畅性、变通性和独特性三个维度评分的基础数据库。具体评分标准规定如下。①流畅性：在所有发散思维题目中，流畅性的分数是被试能说出的某一有意义用途的数量。被试能说出多少种，就记为多少分。每个有效答案计 1 分。如果被试的答案完全脱离现实，或者不符合题目的要求，则记为 0 分。②变通性：所写出的答案可以归属某一类就计 1 分。如果新的答案与前面已有的答案属于同一类，则在这个维度上不再计分。评分标准的变通性类别表中会针对每个种类给出一些典型的例子，但并不能包括全部的情况。如果在实际评分时发现有的答案不能被归在下面任何一个种类里，这时候就产生了新的种类。把第一个新的种类标为"X_1"，第二个新的种类则标为"X_2"，依此类推。如果被试的答案距离现实太远，或无法实现，则不归为任何一类。③独特性：独特性的计分来自初测中 786 名被试的答案。如果 3% 或以上的被试都提出了某个答案，这个答案的独特性水平就被评定为 0 分；如果只有 1% 到 2.99% 的被试提出了某个答案，这个答案的独特性水平就是 1 分；如果只有不到 0.99% 的被试提出了某个答案，或者提出的答案在提供的独特性表中找不到，而又显示出创造性(就是一些非同寻常的、不一般的、非习得的、一般人难以想象出的答案)的，该答案的独特性水平就被评定为 2 分。当然，评分的前提是，这个答案是有效的、有意义的。

聚合思维部分的题目都是客观题，答案也是唯一的，因此评分标准比较简单，每题的分数都为 1 分，即答对得 1 分，答错为 0 分。

3. 研究结论

到目前为止，从思维的角度探讨和测评创造力，一直是心理学界和教育学界创造力研究的主流。开发一个以多元维度为指标，可以充分、全面地测量中学生多维创造性思维能力，并适合中国中学生实际情况的测量量表，是问卷编制最主要的研究目的。在这一研究过程中，通过理论上的探讨和实证上的分析，我们取得了如下一些有意义的研究结果。

第一，我们借鉴以往大量的创造力研究成果，最终确定创造性思维能力的两个大维度（发散思维和聚合思维）以及五个小维度（流畅性、变通性、独特性、概括性、逻辑性），并对测验材料做了文字和图形的区分，最后总结出 17 个维度，作为评价中学生创造性思维能力的维度指标。

第二，在理论研究、借鉴现有较成熟的问卷和小组讨论的基础上，收集了每个测评维度所对应的项目，编制了《中学生创造性思维能力量表》。实际施测时问卷更名为《文字和图形的游戏》。在经过对初测结果进行项目区分度分析、答案频次统计和问卷调查之后，对问卷的维度和题目进行了进一步修订与完善，形成了正式量表。

第三，对正式施测的结果进行项目区分度和信效度等数据分析之后，发现自制的《中学生创造性思维能力量表》中的项目具有很高的评分者信度、复本信度和区分度，各维度也具有很高的内部一致性系数和较好的再测信度。41 名创造性人才效标群体的成绩数据也表明，该问卷具有较好的实证效度和结构效度。

第四，通过对中学生创造性思维的研究，不仅能够揭示创造性思维发展的特点，而且能了解创造过程中创造力的结构。我们的研究表明：①被试创造性思维存在初中阶段处于上升趋势，进入高中后发展缓慢；②被试发散思维与辐合思维的发展趋势不一样，前者在七、八年级发展迅速，到了九年级之后发展却逐步缓慢，而辐合思维则整个初中阶段都在迅速发展，到高中阶段才开始变缓；③以被试在五个小维度上的得分作为因变量，年级对中学生思维的流畅性、变通性、独创性（或独特性）、概况性、逻辑性五个维度的发展有显著的主效应，但各因素发展各有特点；④男女被试的性别特点表现在九年级和高一两个年级创造性思维发展有显著性的差异；⑤不同类型学校学生的创造性思维发展有差异，反映了环境对创造性思维的影响。

(二)对自己的创造性思维观的研究

我们在研究中提出，所谓创造性思维，即智力因素，有五个特点及表现。

1. 新颖、独特且有意义的思维活动

创造性的首要特点是创新性，如前所述，"新颖"是指"前所未有"，"独特"是指"与众不同"，"有意义"是指对"社会或个人的价值"。由此可见，创造性思维不仅求"新"，而且求"好"，是"新"与"好"的统一体。我们在长期的教学实践中所构建的中小学生的数学能力与语文能力就有这个特征的创造性思维的表现，详见第七章，这里暂不展开论述。

2. 创造性思维的内容：思维加想象

思维加想象即通过想象，加以构思，才能解决别人未解决的问题。学校里每一学科的成效都与学生的想象力有着密切的关系。因此，我们在教学实验中的做法是：①丰富与学生有关的表象；②教师善于运用生动的、带有情感的语言来描述学生所要想象的事物的形象；③培养学生正确的、符合现实的想象；④指导学生阅读文艺作品和科幻作品。

与此同时，我们团队在创造性思维内容，尤其是想象方面做了三件事。

一是帮助中学实验班学生提高空间想象力，提高几何学习的成绩，检查空间想象力。这既是思维的课题，又是想象的课题。对于其研究的指标，国内数学教学界确定为四项：一是对基本的几何图形必须非常熟悉，能正确画图，能在头脑中分析基本图形的基本元素之间的度量关系及位置关系（从属、平行、垂直及基本的变化关系等）；二是能借助图形来反映并思考客观事物的空间形状及位置关系；三是能借助图形来反映并思考用语言或式子所表达的空间形状及位置关系；四是有识图能力，即从复杂的图形中能区分出基本图形，并能分析基本图形和基本元素之间的关系。

我们对学生的空间想象力做了调查，根据调查材料，把他们的空间想象力分为四级水平：①用数字计算面积和体积；②掌握直线平面；③掌握多面体；④掌握旋转体。过去，人们往往误认为培养空间想象能力主要是立体几何的任务，其实不然。我们在研究中看到，尽管客观事物存在于三维空间之中，其空间形式需要表现为三维的；但是，人们对三维空间的形式，却往往需要分解为二维的图形来掌握。可以看出对二维平面图形进行观察、分析和综合，想象是更基本的。所以在整个几何（平面的、立体的）教学中，也就培养和发展了中学生的空间想象及其有意性、目的性和创造性。

二是调查中学生创造性想象的水平。我们在实验点和北京师范大学几所附属中学调查，看到中学生想象中的创造性成分在逐步增加，到高中阶段，创造想象在想象中基本上处于优势地位。我们分析了全国青少年科技作品展览，数以千计的科技作品，出自中学生之手，深入调查了浙江新昌中学学生的科研发明，还对几部高中学生所写的小说做了分析，获得了中学生随着年龄的增长，其想象的创造成分也日益增多的结论。这就为他们以后的创造发明提供了一个重要的基础。

三是研究了中学生想象的现实性。中学生想象的现实性在不断发展。中学生是富于幻想的，但是随着年龄的增加，他们的想象，特别是理想由具体的、虚构的向抽象的、现实的方向发展。我们团队的张奇参与其恩师韩进之教授关于中学生理想的调查，把中学生理想的形成从认知能力角度分为三种发展水平：一是具体形象理想，二是综合形象理想，三是概括性理想。不同发展水平也包含创造性想象发展的成分。调查材料表明：中学低年级学生（包括小学高年级）的具体形象理想较多，中年级学生的综合形象理想较多，概括性理想则在中学高年级较多。具体材料列了数据表。从数据中看到了中学生理想发展的事实，说明青少年想象从具体性发展到概括性，从幻想型发展到现实型，从偏于感性的认识发展到偏于理性的创造性的认识。

3. 灵感

在智力创造性或创造性思维的过程中，新形象和新假设的产生带有突发性，这种新形象和新假设常被称为"灵感"。

灵感是长期思考和巨大劳动的结果，是人的全部高度积极的精神力量。灵感跟创造动机和对思维方法的不断寻觅联系着。灵感状态的特征，表现为人的注意力完全集中在创造的对象上，所以在灵感状态下，创造性思维的工作效率极高。我国对灵感或其主要表现的"顿悟"研究的代表人物是罗劲教授，他为我们团队的创造性思维研究提供了有价值的材料。当代神经科学之所以不能像研究注意、记忆或智力那样有效地研究创造性，主要的困难在于无法找到有效的方法在严格控制的实验室条件下制造创造性，很显然，我们不能把人们放进扫描设备里然后说"现在请开始创造"。针对这个困难，罗劲创制了顿悟的"谜题催化"实验范式，该范式采用谜语等难题作为实验材料，通过呈现提示或答案的办法来促发顿悟，这个方法成功地解决了因顿悟事件的偶发性特点而造成的难以多次稳定重复测量的问题，为揭示顿悟与创造性思维的脑认知机制提供了研究思路。借助于这样的研究思路，他发现了一些与顿悟和创造性思维的本质特征及其基本认知过程相关的脑认知机制（罗劲，2004[①]；Luo, Niki, & Phillips, 2004[②], 2004[③]）。

罗劲研究发现：一是创造性顿悟中"新颖性"和"有效性"特征的脑认知机制。新颖性成分由程序性记忆系统（基底节）表征，并可激活中脑奖赏系统；而有效性成分由情节记忆系统（海马）来表征，并伴随情绪中枢的激活。这一发现更新了以往认为顿悟过程主要涉及情节记忆的看法，揭示了顿悟需要程序性记忆和情节记忆的协同作用才能完成，它提示新颖性特征与人们头脑中的技能及习惯系统的修改和保持有关，而有效性则与长时情节记忆的形成有关（Huang, Fan, & Luo, 2015）[④]。二是创造性顿悟过程中"破旧"和"立新"的脑认知机制。就创造性顿悟的过程特点而言，它意味着摆脱原有的思维定势，形成新而有效的联系，因此"破旧"和"立新"是创造性顿悟的基本过程特征。在"破旧"即打破思维定势方面，我们的脑成像实验通过在无须打破思维定势的低难度题目与需要打破思维定势的高难度题目之间进行比较，发现前部扣带（ACC）与左侧前额叶在顿悟思维定势打破过程中发挥了关键性的作用。进一步研究表明，ACC对打破思维定势发挥着"冲突探测和早期预警"的作用，其功能在于探测潜在的、具有重要意义的冲突性信息；而左侧前额叶则发挥"监控执行"的作用，负责新思路的具体实施和执行。在创造性顿悟的"立新"即形

① 罗劲：《顿悟的大脑机制》，载《心理学报》，第 36 卷，第 2 期，2004。

② Luo, J., Niki, K., & Phillips, S., Neural correlates of the Aha! reaction, *NeuroReport*, 2004, 15, pp. 2013-2017.

③ Luo, J., Niki, K., & Phillips, S., The function of the anterior cingulate cortex (ACC) in the insightful solving of puzzles: The ACC is activated less when the structure of the puzzle is known, *Journal of Psychology in Chinese Societies*, 2004, 5, pp. 195-213.

④ Huang, F., Fan, J., & Luo, J., The neural basis of novelty and appropriateness in processing of creative chunk decomposition, *Neuro Image*, 2015, 113, pp. 122-132.

成新异联系方面，我们通过对顿悟和创造性思维进行理论分析，认为脑内支持其产生的神经结构必然同时满足两个条件：①它能形成新异联系，②它能将这种联系长期地保存在记忆中。而脑内能同时满足这两个条件的神经结构只有一个，那就是海马及其邻近的记忆区（MTL），我们和其他实验室的研究工作都验证了这一设想。值得注意的是，近年来国外有研究小组通过对海马损伤患者的研究发现这些患者的创造性思维能力和顿悟问题解决能力均有明显的下降（Duff，Kurczek，& Rubin，et al.，2013①；Warren，Kurczek，& Duff，2016②），这改变了以往认为海马损伤只会影响情节记忆但不会影响一般的推理和思维能力的观点，为顿悟和创造性思维的海马假设提供了进一步的脑科学依据。

4. 分析思维和直觉思维的统一

分析思维就是按部就班的逻辑思维，而直觉思维则是直接领悟的思维。人在进行思维时，存在着两种不同的方式：一是分析思维，即遵循严密的逻辑规律，按概念—判断—推理—证明的逐步推导，最后获得符合逻辑的正确答案或做出合理的结论；二是具有快速性、直接性和跳跃性（看不出推导过程）的直觉思维。我们没有相关的实验研究成果，却有丰富的实地观察材料。例如，一位数学教师在黑板上出了一道有一定难度的因式分解题，题刚出完，就见一名学生冲上去用"十字相乘"的方法解了题。老师问："能否说出解题的道理？"学生直摇头。"你是怎么想的？""说不出来。""那你为什么要用'十字相乘'法？""我也说不清，只是一看就知道这么做对。"这是比较典型的直觉思维的例子。从表面看来，直觉思维过程没有思维"间接性""语言化"或"内化"的表现，是高度集中的"同化"或"知识迁移"的结果。难怪直觉思维被爱因斯坦视为创造性思维的基础。所以，我们提倡在教学中对学生的直觉思维，一要保护，二要引导，尤其八年级以后，逐步引导学生学会"知其然，又知其所以然"。

---

① Duff，M.，Kurczek，J.，& Rubin，R.，et al.，Hippocampal amnesia disrupts creative thinking，*Hippocampus*，2013，23，pp. 1143-1149.

② Warren，D.，Kurczek，J.，& Duff，M.，What relates newspaper，definite，and clothing? An article de4scrbing deficits in convergent problem solving and creativity following hippocampal damage，*Hippocampus*，2016，26，pp. 835-840.

5. 智力创造性是辐合思维和发散思维的统一

如前所述，辐合思维与发散思维是相辅相成、辩证统一的，它们是智力活动中求同与求异的两种形式。前者强调主体找到对问题的"正确答案"，强调智力活动中记忆的作用；后者则被吉尔福特团队界定为有流畅性、灵活性和独特性的创造性思维，它强调主体去主动寻找问题的"一解"之外的答案，强调智力活动的灵活和知识迁移。前者是后者的基础，后者是前者的发展。在一个完整的智力活动中，离开了过去的知识经验，即离开了辐合思维所获得的一个"正确答案"，就会使智力灵活失去出发点；离开了发散思维，缺乏对学生灵活思路的训练和培养，就会使思维呆板，即使学会一定知识，也不能展开和具有创造性，进而影响知识的获得和辐合思维的发展。因此，我们在培养智力灵活性的时候，既要重视"一解"，又要重视"多解"，且要将两者结合起来，我们可以称之为合理而灵活的智力品质。前面已经做了陈述并有研究材料，此处不再赘述。

30多年来，我们用以上五个方面的特点来作为创造性思维的研究指标，同时，也作为实验学校培养创造性思维的措施，并获得了一系列的理论成果。

第二节

————

创造性人格

"人格"一词，在汉语的语义上，可做两种解释，一是心理学里的个性，主要指气质和性格；二是社会学里的品格。前者是指个体的差异，可以是人格的个性特征；后者是指道德品质的高低，可以称为人格的品行特征。但两者又是密不可分的，很难区分人格的个性特征和品格特征。而我们这里，更多的还是将人格的个性特征作为心理学的概念。

比起创造性思维或创造性智力因素，创造性人才更需要创造性人格

（Personality）或个性。所谓创造性人格，即创造性的非智力因素，是人格在创造活动中的表现。美国心理学家韦克斯勒（D. Wechsler）曾收集了众多诺贝尔奖获得者青少年时代的智商材料，结果发现，这些诺贝尔奖获得者中大多数并不是高智商，而是中等或中上水平的智商，但他们的非智力因素或人格因素与一般人有很大的差别。

一、人格的特点

人格这个概念是一个社会范畴，是许多学科的研究对象。在人格心理学中，有关人格的定义很多。美国人格心理学家阿尔波特（G. W. Allport）于 1937 年统计了西方心理学关于人格的定义，竟达 50 种之多。大致可以归纳为三个方面：一是强调人格的内在结构与组织，二是强调人格差异，三是强调内外环境、遗传与社会对人格形成的作用。苏联心理学家把人格称为"个性"，一般是从人的精神面貌给个性下定义的。这又有两种情况：一是强调个性是具有一定倾向性的各种心理品质的总和；二是强调个体差异。由于前者强调整体性和动力作用，所以成为 20 世纪 90 年代苏联心理学界公认的定义。我国心理学家在理解人格或个性时，一般强调两个问题：一是把人格或个性看成是个性意识倾向性和个性心理特征的总和；二是强调人格或个性的四种特征，即全面整体的人、持久统一的自我、有特色的个人和社会化的个体。

（一）国内外几种有特色的人格理论

人格是十分复杂的心理结构，研究人格就要了解组成其各种成分的特点及它们之间的相互关系，即了解人格的结构。国内外与创造性人格相关的人格理论较有代表性的有以下两种。

1. 特质理论

特质论者认为，人格是由一些特质要素组成的，这些特质要素是所有人共有的，但每一种特质要素的量因人而异，由此造成了人格上的差异。所谓特质，是指一个人的行动中具有一贯性、倾向性的东西。例如，内倾性、支配性、情绪稳定性等都属于特质，它们决定行为的倾向，但一般不能直接观察，只能通过行为和语言的表达，用因素分析的方法找出来。这种理论的代表人物有阿尔波特、卡特尔、艾森克。

阿尔波特认为，人格特质可分为普遍特质和个人特质。前者指同一文化形态下人所具有的概括的性格倾向，人人皆有。后者指个人独特的性格倾向，为个人所独有，代表个人的行为倾向。他认为个人特质才是真正的特质。他又把个人特质分为三种：主要特质、中心特质和次要特质。

卡特尔的特质论源于阿尔波特。他同意阿尔波特的观点，认为有共同特质和个人特质。共同特质（或普遍特质）是用因素分析法抽出的共同因素，个人特质是抽出的独特因素。卡特尔又进一步将特质区分为表面特质和根源特质。他运用因素分析的方法，从表面特质中得出 16 种根源特质，这就是 16 种个人测验的理论基础。

艾森克认为，人格结构有两个维度，一个是内倾—外倾，另一个是情绪稳定—情绪不稳定。这样，两个维度交叉，形成四种人格类型。这四种人格类型又与希波克拉底气质类型有关（见图 4-1）。

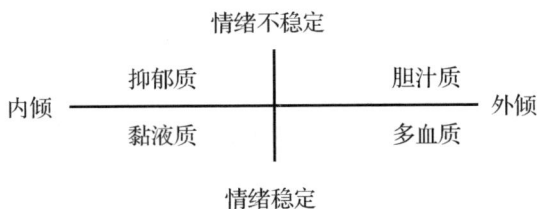

图 4-1　个人类型与气质类型图

我认为人格的特质，应有广义与狭义之分。广义的人格特质或要素，即人格与个性的同义语，人格应是个性，而个性又包括三个方面的内容：①个性倾向性（动力系统）：需要及其各种表现形态——兴趣、爱好、欲望、信念、理想、人生观、价值观、世界观等；②个性心理特征：智力、能力、气质、性格等；③自我意识（自我概念）：自我评价、自我体检、自制力等。

狭义的人格特质或要素，应该去除智力与能力的成分，它包括个性倾向性与自

我意识所包含的特质，包括个性心理结构中的气质与性格的特质。气质特质如图 4-1
所示，分为胆汁质、多血质、抑郁质和黏液质。性格特质十分复杂，上面提到艾森
克的人格环，内倾（内向）—外倾（外向）、情绪稳定—情绪不稳定，他列出了 32 种
特质，构成人格或性格维度；尽管如此，性格也可从动力出发，包括态度特征、气
质特征、意志特征、情感特征、理智特征五个方面，构成动力特征的整体结构。

2."大五因素"理论

人格五因素早在 1963 年已由美国心理学家诺曼（W. T. Noman）提出，1987 年
美国心理学家科斯塔（P. T. Costa）和迈克雷（K. K. MaCrae）在《神经质、外向性和开
放性调查表》中列出 5 个因素，作为人格的构成因素：①开放性（Openness），具有
想象、审美、感受、求异、创造、价值等特点；②责任感（Conscientiousness）：具有
胜任、条理、尽职、成就、自律、慎重等特点；③外向性（Extroversion）：具有热
情、社交、果断、活跃、冒险、乐观等特点；④宜人性（Agreeableness）：具有信任、
直率、利他、依存、谦虚、同情心等特点；⑤神经质（Neuroticism）：具有焦虑、敌
意、压抑、自我意识、冲动、脆弱等特点。由于这五种人格因素英文首字母组成
"OCEAN"，代表人格的海洋，故称这些因素为"大五"因素①。

3. 人格七因素模型

美国心理学家特莱根（A. Tellegen）等人提出人格七因素模型。他用正情绪性、
负价、正价、负性情绪、可靠性、宜人性和习俗性七个维度，编制了 161 个项目组
成人格测评量表。

我国心理学家王登峰编制的中国人人格量表由七个因素组成，包含如下表述：
①外向性，包括活跃、合群、乐观三个小因素；②善良，包括利他、诚信、重感情
三个小因素；③行为风格，包括严谨、自制、沉稳三个小因素；④才干，包括决
断、坚韧、机敏三个小因素；⑤情绪性，包括耐性、爽直两个小因素；⑥人际关
系，包括宽和、热情两个小因素；⑦处世态度，包括自信、淡泊两个小因素。

---

① 此后，许多研究者探讨儿童青少年的人格五因素，称为"小五"，自然而然就把成人人格五因素称为
"大五"了。

（二）人格特点的表现

黄希庭、郑涌（2015）[①]和李虹（2007）[②]的著作对人格特点的论述具有代表性。前者提出人格的整体性、稳定性、独特性、社会性四个特点；后者提出个性的稳定性与可变性、独特性与共同性、整体性、生物制约性与社会制约性四个特点，他们的观点大同小异，很有价值。

我认为，首先，人格的生物制约性与社会性的统一是人格的首要特征。人格主要由气质与性格构成。气质是人的高级神经系统在个性心理特征上的表现，我们在研究中看到，气质主要表现在情感体验与动作发生的速度、强度、灵活性和隐显性上，它影响着性格的态度特征和相应的行为方式。气质本身是先天与后天的"合金"，从这个意义上说，生物制约性是人格的机制或基础，反映了遗传因素在人格发展中的作用。然而，气质本身不等于遗传素质，气质在后天条件下得到改造，受到人的整个个性心理特征与个性意识倾向性的控制。何况气质、性格甚至整个人格都在一定社会环境中形成与发展，从家庭到学校教育，又到社会经济、社会政治和社会文化，都促进了人的社会化，制约了人格的发展。气质使人格发展的可能性变成现实性，因此社会性是人格的主导属性，理想、信念、社会道德、价值观、人生观、世界观等成为人格的主旋律。

其次，人格是由多维因素构成的统一整体。人格是一个十分复杂的心理结构。这个结构的分类也很不统一。常见的分类方法有两种：一种是按照人格表现的倾向类型划分，可包括内倾型和外倾型；另一种是按照性格的动力结构划分，可包括自我意识、态度特征、气质特征、意志特征、情感特征和理智特征。由此可见，人格是由多维因素所构成的。尽管如此，人格绝不是几种因素的简单拼凑，它是具有多层次、多维度、多侧面的有机结构，是一个整体，体现了一个人与众不同的精神状态，呈现出内心世界与外部行为的统一、个体意识倾向性与个性心理特征的统一、意识与自我意识的统一，展示了一个人人格的完整面貌。

再次，人格以稳定性为主，但不是一成不变的。在一定意义上，人格是一个人

① 黄希庭，郑涌：《心理学导论》，589~591 页，北京，人民教育出版社，2015。
② 李虹：《健康心理学》，154~155 页，武汉，武汉大学出版社，2007。

对待现实的稳固态度以及与之相适应的行为方式的独特结合。以客观现实为主体的反映，不断渗透到个体的生活经历之中，影响个体的生活活动。这些客观事物的影响通过认识、情感和意志活动，在个体的反映机构中保存下来，固定下来，构成一定的态度体系，并以一定的形式表现在个体的行为之中。它构成每个个体所特有的稳定的行为方式，构成人的心理面貌的一个突出的、典型的方面。这些主体对现实的态度体系和行为方式标志着人格的本质特点。例如，一个人对待周围的人直率或拘谨、诚实或虚伪，对待困难表现出来的坚强或软弱，面临险境时表现出的勇敢或怯懦，对事业积极负责或消极懒惰，等等，都是人格的表现。知道了一个人的人格，就可以预知在什么情况下，他将怎样行动，因此，人格稳定性是人格的主要特性。然而，人格也不是一成不变的。因为现实生活具有多样性，在急剧的社会变化中，人格难免会发生变化；年龄的变化，也是促使人格变化的一个因素。

复次，人格的独特性与共同性是同时存在的。人格的典型特征是个性或个体差异，世界上没有完全一样的人。人的心理面貌或人格，正如人的长相，再相似也还是有点差异。这是由于人的心理、人格来自先天与后天的统一，每个个体都有不同的遗传素质，又在不同的环境与教育条件下发展。先天与后天的条件构成人格的独特性。由于人的本质是一切社会关系的总和，人生活在某一地域，组成一定的群体和阶级，处于一定的族群或民族之中，信仰一种主义、宗教和社会制度，于是形成一定的地域心理、群体或阶级心理、族群或民族心理、宗教或社会制度心理，构成较为稳定的、共同的社会人格。人格的独特性与共同性是同时存在的，一定的社会人格，往往通过某社群内成员个体表现出来，并制约着个体人格的独特性。

最后，人格具有动力特征，它使人格内容不断丰富。如前所述，人格并不是各种气质性格特征的简单堆积。换句话说，一个人的各种人格特征并非彼此孤立地、静止地存在，而是相互作用、相互制约的。人格表现于人的活动中，而人的活动又是多种多样的。随着情境的变化，人格特征会以不同的结合方式表现出来。所有这些，使人格的结构具有动力的性质。动力的性质表现为各种人格特征之间有着一定的内在关系，在不同的行动条件下有不同的结合。我们自己在研究中看到，中学生的人格处于形成与定型阶段，他们的人格结构特征明显地出现这种制约的关系，不同的行为有着不同方式的结合，尽管这种制约有时也表现出不一致性，但中学阶段，人格结构的动力特征明显，特征之间基本上能相互制约，使人格的内容不断丰富。我们早期的研究也表明，中学生的学习态度和学习上的意志特征之间关系的密切程度，随着年级升高而加深。初中学生，尤其是七、八年级学生，学习的积极性与意志力往往不是来自自身人格的态度特征，而是由于家长、教师和学校的要求。随着年龄增长与年级的升高，中学生学习勤奋、努力、认真主要是出于他们的学习态度和学习责任心。学习态度端正、学习责任感强的学生，往往自觉地遵守纪律，不管是否聪慧，主观努力都相当突出；相反地，学习态度不够端正、缺乏责任感的学生，即使智力基础较好，也常常缺乏毅力，不能始终顽强、刻苦地学习。这种学习态度、责任感和意志特征体现了各种人格特征在不同年级、不同个体身上的独特结合，构成了中学生的人格特点和差异。我们下一个问题将论述人格与非智力因素，非智力因素在智力活动中的动力、定型与补偿三个作用。

二、人格与非智力因素

从人格的结构成分中，我们看到有一种除智力与能力之外的个性因素。这在心理学中叫作非智力因素或非认知因素，它是指除了智力与能力之外，同智力活动效益发生相互作用的因素。它的特点有：①它是指在智力活动中表现出来的非智力因素，而不包括诸如豪爽、大方、热情等与智力活动无关的心理因素。也就是说，它不是指智力因素之外的一切心理因素，而是指在智力活动中、与决定智力活动效益的智力之外的一切心理因素。②非智力因素是一个整体，具有一定的结构和功能。③非智力因素与智力因素的影响是相互的，而不是单向的。④非智力因素只有与智力因素一起才能发挥它在智力活动中的作用。事实上，不能把两者截然分开，在日常生活中，我们很难严格界定哪些是智力因素，哪些是非智力因素。在一定意义上，非智力因素就是人格因素（林崇德，1992）①。

---

① 林崇德：《智力活动中的非智力因素》，载《华东师范大学学报（教育科学版）》，第 4 期，1992。

（一）非智力因素的结构

从以上对非智力因素的界定和分析，可以看出非智力因素的结构。除心理过程中"认识过程"（属智力或认知范畴）的种种心理现象和个性心理特征中的"能力"外的一切现象，只要它在智力活动中表现出来，且决定智力活动的效率，均可称为非智力因素。也就是说，非智力因素是指与智力、能力活动有关的一切非智力、非认知、非能力的心理因素。一般来说，非智力因素的结构包括情感过程、意志过程、个性意识倾向性、气质、性格五个方面。

1. 与智力活动有关的情感因素

（1）情感强度

情感强度对智力活动或智力与能力操作的影响是明显的。研究表明，情感强度差异同智力操作效果之间呈倒"U"形相关。过高或过低的情感唤醒水平，都不如能够导致较好操作效果的适中的情感唤醒水平。适中的情感唤醒水平是一种适宜的刺激，它既可以诱发个体积极主动地同化客体，又保证了智力与能力活动的必要的活动与背景，由此，适中的情感强度可以产生良好的操作效果。故此，学生面临各种大考时，太紧张或压力太大，甚至吃不下饭睡不好觉，都会影响考生正常智力的发挥；如果一点儿压力也没有，抱无所谓的态度，也肯定考不出好成绩来。所以，创设适度的紧张气氛，也是教师的一种基本功。

（2）情感性质

情感性质与智力、能力的关系表现在两个方面：一是产生增力与减力的效能，即肯定性情感有利于智力与能力的操作，否定性情感不利于智力与能力的操作；积极情感能增强人的活力，驱使人的积极性，消极情感则会减弱人的活力，阻抑人的行动。二是情感的性质对智力与能力操作效果的影响，也就是说情感的性质同智力与能力操作加工材料的性质是否一致是有关系的。例如，被试在愉快的情况下，容易记住令人愉快的事情；在不愉快的情况下，容易记住不愉快的事情。

（3）理智感

人在智力活动中，对于新的还未认识的东西，表现出求知欲、好奇心，有新的发现，则会产生喜悦的情感；遇到问题尚未解决时，会产生惊奇和疑虑的情感；在做出判断又觉得证据不足时，会感到不安；认识某一事理后，会感到欣然自得等。

现在社会上所谈论的"情商"（EQ），来源于"情绪智力"，实质就是情感因素或非智力因素。

2. 与智力活动有关的意志因素

意志最突出的特点，一是目的性，二是克服困难。它在智力与能力活动中，既能促使认识更加具有目的性和方向性，又能排除学习活动中的各种困难和干扰，不断地调节、支配个体的行为指向预定的目的。根据这一点，与智力活动有关的意志因素，主要是意志品质，即一个人在生活中形成比较稳定的意志特点，它包括意志的自觉性、果断性、坚持性和自制力。

3. 与智力活动有关的个性意识倾向因素

个性意识倾向性的成分很多，与智力相关较大的因素主要是理想、动机和兴趣。

对学生来说，理想的种类及其表现形式也很多，而与智力活动有直接关系的是成就动机。成就动机是追求能力和希望取得成功的一种需要，是以取得成就为目标的学习方面的内驱力。它以对未来成就和成功的坚定不移的追求为特点。成就动机层次有高低，成就动机层次高的学生往往根据学习任务和未来的目标确定远大而又现实的理想，并且表现出较大的毅力，他们能认识到自己的能力，并有高度的自尊心。

心理学家研究学习的动机，主要涉及动机的性质、种类、功能、过程和差异。在这类活动中，学习动机具备的功能是：①唤起动机是唤起和推动各种智力活动的原动力，它具有引起求知行为的原始功能及指导、监控求知行为的功能。②定向动机给求知行为或智力活动的客体增添了一定的主观性，具有维持求知行为或智力活动以达到目标的志向功能。③选择动机使主体只关注有关的刺激或诱因，而忽视不相关的刺激或诱因，主体因此可以预计其行为的结果。④强化动机使主体对自己的反应加以组织和强化，以便使其求知行为或智力活动能够顺利进行。⑤调节动机使主体随时改变求知行为或智力活动以达到预期的目的。

兴趣是一种带有情感色彩的认识倾向，它以认识和探索某种事物的需要为基础，是一个人成才的契机。因为兴趣是推动人去认识事物、探求真理的一种重要动机，也是学生学习中最活跃的因素。有了学习兴趣，学生就会在学习中产生很大的积极性，并产生某种肯定的、积极的情感体验。

4. 与智力活动有关的气质因素

气质特点对智力活动的影响，主要表现为它能够影响活动的性质和效率。与此影响有关的气质因素，主要包括以下两个方面。

（1）心理活动的速度和灵活性

不同气质类型的人，其心理活动的速度和灵活性是不同的。有的气质类型的人，心理活动的速度较快，而且灵活性也较高，如多血质和胆汁质；而有的气质类型的人，心理活动的速度较慢，而且也不灵活，如黏液质。心理活动速度的快慢和灵活性的高低，必然影响到人的智力活动的快慢和灵活度。也就是说，速度和灵活性会影响智力活动的效率。

（2）心理活动的强度

心理活动的强度主要表现在情绪感受、表现强弱和意志努力程度。不同气质类型的个体，在这两方面有不同的表现。多血质、胆汁质类型的人，情绪感受表现较强烈，而他们的抑制力又差，因此注意力很难长时间地集中于某种智力活动上，较难从事需要细致和持久性的智力活动；而黏液质、抑郁质的人，其情绪感受表现较弱，但体验深刻，能经常分析自己，因此他们较适合从事需要细致和持久性的智力活动。

5. 与智力活动有关的性格因素

（1）性格的态度特征

个体对待学习的态度与智力活动有着密切的联系。个体对待学习是否用功、是否认真，对待作业是否细心，对待问题是否刻苦钻研等，一句话，个体是否勤奋，将直接影响到其智力活动成果的好坏。

（2）意志特征

除了上述的意志品质对智力活动有影响之外，个体的性格意志特征，还集中表现在是否遵守规矩、有无自制力、有无坚持性和胆量大小四个方面，这四个方面对智力活动也有很大影响。

（3）性格的理智特征

这主要指个体的智力差异在性格上的表现：①思维和想象的类型不同，如有艺术型、理论型和中间型的区别。类型的不同，其智力活动的侧重点、方式及其结果都会有所不同。②智力品质的差异，如前所述的思维的敏捷性、灵活性、深刻性、独特性和批判性等方面表现出的差异。这些差异也会直接影响到个体的思维活动。③认知方式的不一样，有场独立性和场依存性这两种个性（人格）形态。认知方式使个体在对信息和经验进行积极加工的过程中表现出个体差异。

由此可见，我们是从智力活动中来分析非智力因素的结构和功能的。

（二）"非智力因素"概念的提出及其作用

"非智力因素"这一概念，从其孕育、产生、发展到今天，已有百年的历史。

1. 非智力因素概念的提出与成熟

20 世纪初，智力测验的蓬勃发展，形成了非智力因素概念产生的土壤，而因素分析方法在智力研究中的普遍应用，则为非智力因素概念的提出与界定提供了合适的方法。

早在 1913 年，维伯（E. Webb）对一组测验和一些评定性格特质的评价进行因素分析时，从中抽取一个名为"W"的因素，将之称为正直性或目的的恒定性，认为它是一种与智力有关的因素。

1935 年，亚历山大（W. P. Alexander）在《智力：具体与抽象》一书中，详细地介绍了他对一系列言语测验和操作测验进行的因素分析，并以对成就测验和学习成绩的分析为辅来探讨智力问题的研究。结果发现，除 G 因素（一般智力）、V 因素（言语能力）和 P 因素（实践能力）之外，相当一部分的变异可由另外两种因素来解释，他把这两种因素分别称为 X 因素和 Z 因素。X 因素是一种决定个体兴趣的"关心"因素；Z 因素是气质的一个方面，它与成就有关系。X 因素和 Z 因素在不同测验上的荷重变异是比较大的，即使一些 G 因素的测验，也包括一些 X 因素和 Z 因素，几乎所有的操作测验都显示出相当大的 X 因素和 Z 因素的荷重，正如所预期的，这些因素在学术成就或技术成就中起着相当大的作用。例如，在科学方面的成就，X因素的荷重是0.74，而G因素的荷重只有0.36；在英语方面，X因素的荷重是0.48，而G因素的荷重是0.43。因此，亚历山大推论，在某种意义上，仅用智力与能力不足以很好地解释学生学习失败的原因。于是在他的文章中，首次使用了"非智力因素"一词。

在亚历山大等人的启迪下，韦克斯勒于1943年提出了"智力中的非智力因素"概念。测验的直接经验使韦克斯勒越来越重视非智力因素的研究，于是他强调了"智力不能与其他的个性因素割裂开来"的观点。1949年，他再次撰文探讨了非智力因素，题目叫作《认知的、欲求的和非智力的智力》(D. Wechsler, 1950)[①]，发表在第二年的《美国心理学家》杂志上，专门就非智力问题进行了广泛的探讨。文章中他公布了自己对相当数量的诺贝尔奖获得者青少年时期智商的调查结果，发现这些人绝大多数是中等智商(IQ为90~110)，而不是超常的智商，但这些获奖者的非智力因素却是非常人可以比肩的。于是他认为，一般智力不能简单地等同于各种智慧能力之和，还应包含有其他的非智力因素。根据他的观点非智力因素主要是指气质和人格因素，尤其是人格因素，并且还应该包括先天的、认知的和情感的成分。心理学界将韦克斯勒这篇文章，作为非智力因素概念正式诞生并进行科学研究的标志。1974年，韦克斯勒对非智力因素的含义又做了进一步说明：①从简单到复杂的各个智力水平都反映了非智力因素的作用；②非智力因素是智慧行为的必要组成部分；③非智力因素不能代替各种智力因素的基本能力，但对后者起着制约作用。

2. 非智力因素的作用

任何一种智力活动都是智力与非智力因素的综合效果。人的创造活动也是一种智力活动与非智力活动，即创造思维与创造性人格的统一。非智力因素在整个智力活动及其发展中的作用主要表现在以下三个方面(见图4-2)。

---

① Wechsler, D., Cognitive, conative, and non-intellective intelligence, *American Psychologist*, 1950, 5(3), pp. 78-83.

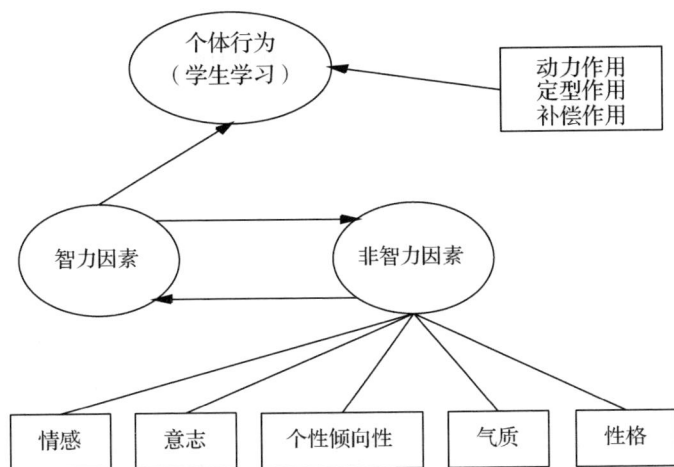

图 4-2 非智力因素作用示意图

首先是动力作用，非智力因素是引起智力与能力发展的内驱动力。具体地说，个性意识倾向性为学习活动提供动力，使学生能够顺利地选择和确定任务；成就欲、自我提高的需要与学习任务完成存在着正相关，维持学生智力活动朝着目标持续不断地进行；动机过程影响智力与能力的操作效果，促使学生发挥现有的知识技能，获得新知识技能，并将知识技能迁移到新情境中去。情绪情感是通过内在的心理过程影响认知活动的，对智力与能力具有增力或减力的效能。我于20世纪90年代初参加了一次家庭教育优秀论文的评奖，其中有一篇是关于中国科技大学少年班的调查。少年班的大学生并非个个都有天资，而他们的优秀成绩，多数来自学习动机系统，包括强烈的求知欲、学习兴趣，从而产生强烈的学习主动性和积极性。因此，我们要重视学生兴趣的激发、学习动机的培养、积极情绪的调动等诸多方面。

其次是定型作用，气质和认知方式是以一种习惯化的方式来影响智力与能力活动的表现形式。所谓定型或习惯作用，即把某种认知或动作的组织情况逐步固定化，因为智力与能力都是稳定的心理特点的综合，他们具有稳固性，在智力与能力的发展中，良好的智力或能力的固定化，往往取决于学生主体原有的意志、气质、认知方式等非智力因素及智力与能力各种技能重复练习的程度。以气质为例，它包括强度、速度和灵活度等因素，从而直接制约其智力与能力的性质、效率和特征。

我多次强调过气质没有好坏之分，关键在于后天形成什么样的智力类型和性格。平时人们喜欢把胆汁质的人称为"脾气坏"的人，其实他们工作效率往往也最高，当然粗心大意也是他们所"定型"的智力活动的缺点。那些被人称为"好脾气"的黏液质者，尽管做事准确性较突出，然而干起事来往往不讲究速度和效率，这也是这种气质"定型"的特点。对于"定型作用"来说，每一种气质既有其长处，又有其短处，这些都是良好的或不良的智能非有不可的习惯要求。

最后是补偿作用。所谓补偿作用，就是非智力因素能够补偿智力与能力某方面的缺陷或不足。这种补偿作用从哪儿来？它来自非智力因素的定向（帮助人们确定活动的目标）、引导（帮助人们从动机走向目标）、维持（帮助人们克服困难）和调节（帮助人们支配、控制改变自己的生理能量与心理能量）等功能（燕国材，马加乐，1992）[1]。作为非智力因素之一的性格在这方面的作用是比较突出的。比如，学生在学习过程中的责任感、坚持性、主动性、自信心和果断性等性格特征，勤奋、踏实的性格特征，都可以使学生确定学习目标，克服因知识基础较差而带来的智力或能力上的弱点，因此，"勤能补拙"的事例在我们的教学中是屡见不鲜的。

三、创造性人格的提出

最早的创造性人格概念是从纯经验角度出发的，后来开始用心理测量等取向来研究。提出"创造性人格"观念的有五种理论体系：进化论、精神分析论、认知论、人本主义论和经济论。

（一）五种理论从不同角度提出"创造性人格"

创造性人格或创造性个体的提出和基础研究，有一百余年的历史。

1. 进化论

我们在上一章提到了高尔顿，他是研究创造性的鼻祖。高尔顿研究创造性的理

---

① 燕国材，马加乐：《非智力因素与学校教育》，15~16页，西安，陕西人民出版社，1992。

论基础是进化论，他在论述创造性时，已经涉及不同的创造人群，即创造性个体或人格。

达尔文的进化论极大地影响了行为科学，不仅影响到高尔顿对创造性的研究，还影响了机能主义心理学。实际上，最早用达尔文的术语来讨论创造性个体的心理学家是詹姆斯（W. James，1842—1910），他在 1880 年提出了创造性个体，即创造性人格。之后，坎贝尔（D. Campbell）于 1960 年将这一观点发展为他的看不见变异和选择性保留（Blind-variation and Selective-retention）的创造性理论①。

2. 精神分析理论

如前所述，弗洛伊德把创造性心理学划入"人格心理学"中，对创造性进行人格心理学的分析。1908 年他在出版的《作家与白日梦》中介绍了他及其助手对富有创造性的诗人、作家、艺术家的个体差异的研究。弗洛伊德对这一领域的贡献仍然影响着各国学者的研究，并沿着许多方向发展，时至今日弗洛伊德还有许多重要的追随者。

3. 认知理论

前面提到的韦克斯勒是提出"创造性人格"的认知理论的代表，只是他是从非智力因素的角度提出问题罢了。

认知论原先的观点倾向于创造性即使不完全也主要与智力而非性格的相关，但近 20 年来，斯腾伯格、罗伯特等人进一步将创造性同认知方式及多种人格特质联系在一起。而人格研究专家艾森克（H. J. Eysenck，1997）②却把精神质和与创造过程有关的对背景的认知过程直接联系起来研究创造性个体或创造性人格。

4. 人本主义心理学

人本主义心理学认为心理学应着重研究人的价值和人格的发展。马斯洛（A. Maslow，2014）③在论述"自我实现"的理论时，强调创造性研究的重要性，他通过

---

① Pervin, L. A. & John, O. P. :《人格手册：理论与研究》，黄希庭，主译，859 页，上海，华东师范大学出版社，2003。

② Eysenck, H. J., "Creativity and personality," In Rounco, M. A. (ed.), *The creativity handbook*, New Jersey, Hampton Press, 1997.

③ 马斯洛：《人性能达到的境界》，曹晓慧，等译，北京，世界图书出版公司北京分公司出版，2014。

对国际心理学界代表性人物（天才心理学家）的自我实现研究后，指出创造性人格的重要性，同时他与同事们提出创造性与心理健康的联系似乎有悖于创造性天才与精神障碍间的相关。

5. 经济学理论

从商务印书馆出版的美籍奥地利人约瑟夫·熊彼特（J. A. Schumpeter）的《资本主义、社会主义与民主》一书中，可以了解到他在 1912 年出版的《经济发展理论》中提出了"创新"的概念，影响了全世界。他的创新理论包含五个观点：企业家的本质是创新，企业家是推动经济发展的主体，创新的主动力来自企业家的精神，成功的创新取决于企业家的素质，信用制度是企业家实现创新的经济条件。很显然，他是经济学界首先提出创造性人格理论的学者。

至于斯腾伯格与罗伯特虽提出了创造性的投资理论，但他们并非是试图用经济学术语理解创造性人格的唯一者，但综观这个领域研究者的观点，可将创造性人格归纳为三点：①投资于一种特殊行业的"人力资本"；②冒极大风险以达到极大目标；③占有包括最优性格等个体资源，以风险投资盈利。（Pervin & John，2003）①

（二）两个重要的创造性人格观点

"创造性人格"提出来了，但创造性人格由哪些因素组成或者有哪些表现呢？国际上较流行的是吉尔福特和斯腾伯格的观点。

吉尔福特在 1967 年提出八条：①高度的自觉性和独立性，不肯雷同；②有旺盛的求知欲；③有强烈的好奇心，对事物的运动机理有探究的动机；④知识面广，善于观察；⑤工作中讲求理性、准确性、严格性；⑥有丰富的想象，敏锐的直觉，喜欢抽象思维，对智力活动和游戏有广泛的兴趣；⑦富有幽默感，表现出卓越的文艺天赋；⑧意志品质出众，能够排除外界干扰，长时间地专注于某个感兴趣的问题。

当代美国最有影响的认知心理学家斯腾伯格讲了七种创造性人格或非智力因

---

① Pervin, L. A. & John, O. P. :《人格手册：理论与研究》，黄希庭，主译，859 页，上海，华东师范大学出版社，2003。

素。斯腾伯格生于 1947 年，北京师范大学邀请他到过中国。他在《成功智力》一书的前言中提到自己的成才过程。斯腾伯格在小学阶段、中学阶段智商测量时都不及格，他问老师，哪个学科是研究智商的，老师告诉他是"心理学"。"那我将来学心理学，我不相信智商，如果我成功了，就命名自己的智力理论为'成功智力'。"他高中毕业，通过刻苦努力，进入了美国名校耶鲁大学。到了耶鲁之后，觉得耶鲁太漂亮了，如果一辈子在这里工作就好了，但是美国的教育制度不允许留校，即不能"近亲繁殖"。虽然斯腾伯格智商不及格，但他很会动脑筋。他后来了解到，美国心理学排名第一的是斯坦福大学。于是他大学毕业后报考了斯坦福大学的研究生，如果能拿到斯坦福大学的博士学位不就能回耶鲁了？他考上斯坦福大学后，师从"元认知"的提出者、研究皮亚杰的著名心理学家弗莱维尔。他跟着弗莱维尔学习认知和智力。美国的研究生通常两年内拿到硕士学位，三至五年能拿到博士学位，大约是六年。这位智商不及格的斯腾伯格凭自己的非智力因素，三年就拿到了博士学位，回到了母校耶鲁大学，因为耶鲁大学当时正登报招聘一位认知心理学的教师。他向系主任表示来应聘这个职位，并出示了斯坦福的博士学位证书，系主任很惊讶，但让他试讲。斯腾伯格口才很好，试讲一次就留在了耶鲁。在美国拿到博士学位之后五年才能申请助理教授，再过五年才能申请副教授，再五年优秀者才可以晋升教授。换句话说，要提正教授起码要 15 年，可是斯腾伯格凭着自己的意志和勤奋，获取了好多原创性的成果，于是用了不到七年的时间就成了正教授。后来，他每年会拥有一两千万美金的课题经费。现在，已经发表了六百多种论著。斯腾伯格还当过美国心理学会的主席。当他成功的时候，他把自己以非智力因素为核心的智力理论命名为"成功智力"。这位"成功智力"的提出者于 1986 年提出了七条创造性人格因素：①对含糊的容忍；②愿意克服阻碍，意志力强；③愿意让自己的观念不断发展；④活动受内在动机的驱动；⑤有适度的冒险精神；⑥期望被人认可；⑦愿意为争取再次被认可而努力。由此可见，斯腾伯格本人的非智力因素或创造性人格十分出众。

（三）创造性人格测查工具（量表）

创造性人格的测查工具（量表），在国际心理学界有许多。对于创造性人格的研究有两种倾向，一种是用"非实在性"对某一具体的创造性人格特征研究，另一种则是研究整体性的创造性人格特征，或直接用普通人格量表来测定创造者的人格。具体介绍如下。

第一，上文分析的创造性研究者，几乎都有各自的测查工具或量表。例如，吉尔福特对创造性人格的八种认定、斯腾伯格对创造性人格的七种认定，就按照这些理论去测定创造性人格的结构；艾森克的心理结构和大五人格所测定的内容，实际上也是这类量表。这些测查工具都具有"非实在性"，即对某一具体的创造性人格特征做研究。

第二，研究整体性创造性人格特征，即对个体所具有的、对创造性任务完成起进步作用的个性特征进行测试。包括三种：一是创造性态度、情感量表，如让被试在30个形容词（其中18个与创造性人格正相关）中选择的高夫（Gough）与海尔布朗（Heilbrum）的形容词核检表，卡特纳-托兰斯（Khatena-Torrance）的创造性知觉问卷，皮特逊（Ruth C. Peterson）所编制的20道题的态度问卷等。二是传记型量表。较流行的是"阿尔法传记量表"（alpha biographical inventory，ABI），此外还有"自传量表""生活经验量表""创造性活动核检表"。三是创造性认知风格量表，目前常用的有伯德（Richard E. Byrd）的"创造性矩阵问卷"、柯顿（Michael J. Kirton）的"适应——创新问卷"、赛贝（Edwin C. Selby）的"问题解决风格问卷"和斯腾伯格的"思维风格问卷"。

第三，目前在中国用得较多的创造性人格量表应该是威廉姆斯的创造性倾向测验。该量表包括四个维度（冒险性、好奇心、想象力和挑战性），50道三选一的陈述句，被试根据自己的情况如实勾选，得到四个子分数与总分；没有时间限制，需要15~20分钟，小学生如果不懂"说明"和题意，主试可以向他解释。这里分三个方面做些说明。

首先，威廉姆斯创造力倾向测量表通过测验个人的四个维度人格特点，来确定个人的创造性倾向。它可以用来发现那些有创造性的个体。例如，趋于冒险，好奇心强，想象力丰富，勇于挑战未知的人一般是创造性倾向强的人。创造性的个体或创造性人格被认为具有以下认知和情感特质：想象流畅灵活，不循规蹈矩，有社会性敏感，较少有心理防御，愿意承认错误，与父母关系密切等。

其次，威廉姆斯创造力倾向测量表的测试题目，共 50 道题，指示语为："这是一份帮助你了解自己创造力的练习。在下列句子中，如果发现某些句子所描写的情形很适合你，则请你在答案纸（请自备）上'完全符合'的圆圈内打'√'；若有些句子仅是在部分时候适合你，则在'部分符和'的圆圈内打'√'；如果有些句子对你来说，根本是不可能的，则在'完全不符合'的圆圈内打'√'。请注意：每一题都要做，不要花太多的时间去想。所有的题目都没有'正确答案'，凭你读每一句子后的第一印象作答。虽然没有时间限制，但应尽可能地争取以较快的速度完成，越快越好。切记，凭你自己的真实感觉作答，在最符合自己情形的圆圈内打'√'。每一题只能打一个'√'。"（题略）

最后，威廉姆斯创造力倾向测验共有 50 题，包括冒险性、好奇性、想象力、挑战性四项；测试后可得四种分数，加上总分，可得五项分数。分数越高，创造力水平越高。冒险性包括 11 题，其中两道为反向题目。好奇性包括 14 题，其中两道为反向题目。想象力包括 13 题，其中一道为反向题目。挑战性包括 12 道题。四项记分方法相同：正向题目，完全符合 3 分，部分符合 2 分，完全不符合 1 分；反向题目，完全符合 1 分，部分符合 2 分，完全不符合 3 分。

四、我们团队对创造性人格的研究

我们学术团队对创造性人格做了许多研究，这里仅选三项，作为代表性成果。

（一）对创造性人格框架的确定

对创造性人格的框架结构，国际上并不统一，大家都在探讨之中。我们所做的工作有如下几个方面。

1. 按非智力因素的结构探索创造性人格的表现与培养

前面谈论"人格与非智力因素"，这是我们对创造性人格的理论研究的一个组成部分。我们在多次研究中以非智力因素的结构作为我们确定的创造性人格的框架。

经过近 30 年的实验研究，我们（1986 年，1992 年，1999 年）将创造性人才的非智力因素或创造性人格概况五个方面的特点及其表现总结如下：①健康的情感，包括情感的程度、性质及其理智感；②坚强的意志，即意志的目的性、坚持性（毅力）、果断性和自制力；③积极的个性意识倾向，特别是兴趣、动机和理想；④刚毅的性格，特别是性格的态度特征（如勤奋）以及动力特征；⑤良好的习惯。与此同时，我们强调不论是在基础教育阶段，还是在大学时期，应把创造性的非智力因素或人格因素渗透到日常教育教学中，并着重将兴趣、志向、毅力、质疑精神、信心和社会责任感作为培养学生创造性人格的突破点。近 30 年来，我们用以上五个方面的特点作为创造性人格特征的研究指标，同时，也作为实验学校培养创造性人格的措施，并获得了一系列的成果。

本书第八章将详细展开论述 2004—2009 年和 2013—2016 年我们两个课题组对创新拔尖人才（包括 34 位自然科学界的院士、36 位老一辈的社会科学界"国宝"级人才或艺术类国家级最高奖项获得者、36 位著名企业家）的心理特征进行了系统的研究，结果发现，虽然这些拔尖创新人才所属领域不同，但是他们都有着一些共同的特点：依据非智力因素结构五项因素表现出创造性人格突出。人文社会科学与艺术创造者还强调六个影响创造性人格的关键因素：政治人物、思想引领者、虚体人物、老师、家庭成员和密切交往对象，其影响效应体现在引导建立信仰、启蒙、入门、领域内发展引导、镜映现象和支持作用。

2. 从跨文化比较研究中，我们获得中国青少年创造性人格的特点

在由我们团队申继亮领衔的青少年创造性观念的跨文化比较研究中，我们更清晰地认识了中国青少年创造性人格的基本特点，他们用表列出了被试的基本情况分布表（林崇德，2009）①。从表中可以看出，无论是总体上，还是男女群体，自信心、好奇心、开放性和冒险性的得分均相对最高，这说明三者可能是中国青少年创造性人格中较为突出的方面；内部动机、怀疑性、自我接纳和独立性与其他国家的青少年差不多；坚持性的得分相对较低，并且标准差较大，说明在中国青少年创造

---

① 林崇德：《创新人才与教育创新研究》，168、173 页，北京，经济科学出版社，2009。

性人格成分中，坚持性是一个相对较弱的方面，而且不论男生群体还是女生群体，均表现出较大的个体差异。我们根据这个结论，为中小学创新教育提出如下的建议。

创造性人格在创新过程中起着更为重要的作用，所以在重视智力、知识、发散思维技能等认知因素的同时，更注重强调培养学生的自信心、好奇心、探索性、挑战性和意志力等创新人格品质。也就是说，培养和造就创造性人才，不仅要重视培养创造性思维，更要关注创造性人格的训练；不能简单地将创造性视为天赋，而更重要的是将其看作后天培养的结果；不要把创造性的教育仅限于智育，而要着眼于整个教育，即德育、智育、体育、美育的整体任务。

(二)编制青少年创造性人格问卷

2004—2009 年，我们"创新人才与教育创新研究"课题组积极编制创造性人才的测查工具(林崇德，2009)[1]，其中有创造性人格量表的制定和青少年创造性人格问卷。这里仅介绍以申继亮为组长的分课题组所编制的"青少年创造性人格问卷"，因为下一章在陈述"创造性的环境研究"中涉及的跨文化研究正是用了这个测试工具。

这个研究的被试由河北涿州四所不同性质中学的学生和北京师范大学各个学科的大学二年级的本科生共 1 520 人组成。在区分度分析、验证性因素分析与青少年创造性人格问卷的信度和效度分析中，所有数据支持了我们所提出的青少年创造性人格的结构模型，我们开始了创造性人格结构的建构。

青少年创造性人格结构模型建构的基本思路是：首先计算青少年创造性人格 9 个维度的相关矩阵，然后根据各个维度的相关矩阵情况提出相应的人格结构假设，最后对提出的假设模型进行逐一验证。

1. 创造性人格结构的提出

为了更清晰地认识创造性人格各维度之间的内在关系，表 4-2 列出了青少年创造性人格各维度变量之间的相关矩阵。

---

① 林崇德：《创新人才与教育创新研究》，第三、第四章，北京，经济科学出版社，2009。

表 4-2 青少年创造性人格 9 个维度的相关矩阵

	1	2	3	4	5	6	7	8	9
1. 自信心	1.00	0.14***	0.44***	-0.16***	0.26***	0.06*	-0.05*	0.08**	0.43***
2. 好奇心		1.00	0.25***	0.06*	0.41***	-0.07**	0.17***	0.48***	-0.05*
3. 内部动机			1.00	-0.19***	0.34***	-0.07**	0.02	0.07**	0.38***
4. 怀疑性				1.00	0.00	0.10***	0.15***	0.12***	-0.32***
5. 开放性					1.00	0.07**	0.13***	0.41***	-0.02
6. 自我接纳						1.00	0.03	0.02	-0.11***
7. 独立性							1.00	0.13***	-0.15***
8. 冒险性								1.00	-0.20***
9. 坚持性									1.00

注：* 为 $p<0.05$，** 为 $p<0.01$，*** 为 $p<0.001$。

由表 4-2 可以看出，自信心与内部动机和坚持性之间存在相对较为密切的关系（$p<0.001$），怀疑性与内部动机以及坚持性之间也存在较为密切的关系（$p<0.001$），并且，内部动机与坚持性、怀疑性与自信心之间也存在密切的关系（$p<0.001$）。为此，我们提出假设子模型 1，即自信心、内部动机、怀疑性和坚持性可能共同负载于同一个因子上，我们把该因子命名为内部性因素。

进一步分析还可以看出，好奇心与开放性和冒险性两两之间存在非常密切的相关（$p<0.001$），同时，独立性与好奇心之间也存在非常密切的关系（$p<0.001$），而独立性与开放性、冒险性之间的相关均也达到了显著水平（$p<0.001$）。为此，我们提出假设子模型 2，即好奇心、开放性、独立性和冒险性可能也共同负载于同一个因子上，我们把该因子命名为外部因素。

最后，通过相关分析矩阵可以看出，自我接纳与其他维度之间的相关系数均相对较低，因此，我们提出假设子模型 3，即自我接纳可能单独属于一个因子，我们将该因子命名为自我因素。

综上所述，通过对青少年创造性人格各个维度之间相关矩阵的分析，最后提出，自信心、内部动机、坚持性、怀疑性、好奇心、开放性、独立性、冒险性和自我接纳九个维度可以负载于三个更上位的因子上，分别为内部因素、外部因素和自我因素。其中，内部因素包括四个亚维度：自信心、内部动机、怀疑性和坚持性；外部因素也包括四个亚维度：好奇心、开放性、独立性和冒险性；自我因素则只包括一个维度，即自我接纳。具体模型用如图 4-3 所示。

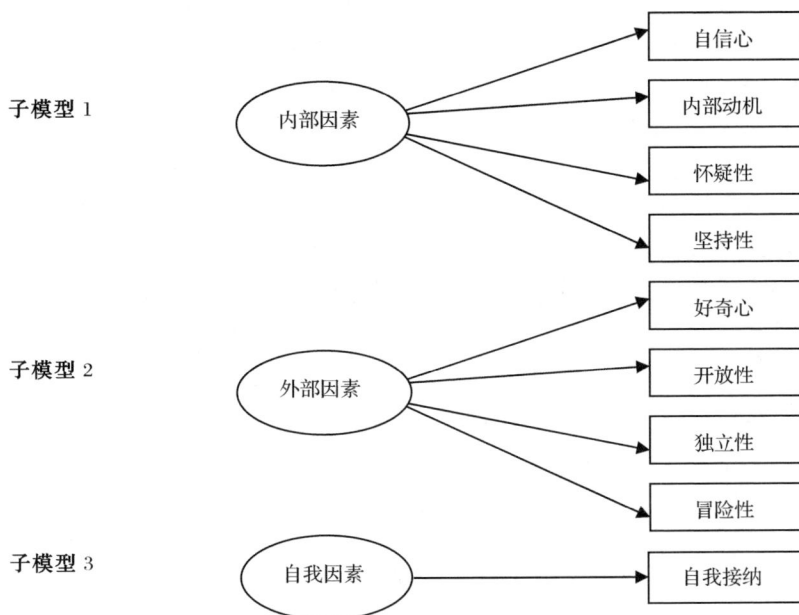

图 4-3 青少年创造性人格的结构

2. 创造性人格结构模型的验证和比较

为了考察各个分模型的拟合程度，我们分别对上述模型的数据拟合情况进行了考察，主要对前两个模型，即子模型 1 和子模型 2 的拟合情况进行验证。具体拟合指数见表 4-3。由此表可见，两个模型的拟合指数良好，均达到了可以接受的程度，尤其是子模型 2，各项拟合指数均非常好，完全被接受。总之，子模型 1 和子模型 2 均得到了数据的支持，可以被采纳。

表 4-3 青少年创造性人格结构模型的拟合指数

MODEL	χ^2	DF	χ^2/DF	GFI	IFI	TLI	CFI	RMSEA
子模型 1	38.41	2	19.21	0.99	0.95	0.91	0.98	0.08
子模型 2	2.14	2	1.07	1.00	1.00	1.00	1.00	0.01

进一步，为了考察不同年龄群体中，创造性人格结构子模型的适用程度，我们分别就子模型1和子模型2在中学生群体和大学生群体中的拟合情况进行了考察。具体拟合指数见表4-4。

表4-4 青少年创造性人格结构模型在不同群体中的拟合指数

MODEL	χ^2	DF	χ^2/DF	GFI	IFI	TLI	CFI	RMSEA
子模型1								
中学生群体	17.74	2	8.88	0.99	0.97	0.91	0.97	0.08
大学生群体	16.40	2	8.20	0.98	0.93	0.83	0.93	0.10
子模型2								
中学生群体	4.13	2	2.07	1.00	0.99	0.98	0.99	0.04
大学生群体	2.99	2	1.49	1.00	0.99	0.99	1.00	0.03

由表4-4可见，子模型1在中学生群体中具有更好的拟合指数，在大学生群体中的拟合指数相对不理想，TLI的值相对较低（0.83），RMSEA较大，但根据斯泰格尔的观点，认为RMSEA低于0.1就表示好的拟合。这里，RMSEA指数为1，基本符合斯泰格尔的观点，因此，我们认为该模型虽然不甚理想，但可以接受。另外，子模型2在中学生群体和大学生群体中的拟合指数均非常好，完全可以被接受。这说明无论是在中学生群体中还是在大学生群体中，好奇心、开放性、独立性和冒险性均在更概括的程度上反映了青少年创造性人格中的共同一面，即创造性人格中的外向性因素。

05

创造性
环境的研究

我们在第一章已经涉及环境的概念。创造性人才 = 创造性思维 + 创造性人格，这些构成了创造性人才的内因，但创造性的发展只靠内因没有外因是不够的，唯有内因与外因的交互作用才能构成真正的创造性。这个外因就是创造性的环境。

心理学在讨论环境与心理发展的关系时，非常重视在第一章介绍的布朗芬布伦纳的社会环境五因素论。然而，从环境学的角度上说，环境是指围绕着人类的外部世界，是人类赖以生存和发展的社会和物质条件的综合体。环境可分为自然环境和社会环境：自然环境中，按其组成要素，又可分为大气环境、水环境、土壤环境和生物环境等；社会环境又可分为文化环境、教育环境、政治环境、组织环境和家庭环境等，应该类似于布朗芬布伦纳的从长期系统到微系统的环境。人们追求环境美，是指人所创造的生活环境的美，它既指一个国家或民族的整个自然环境、社会环境的美化程度，又指个人、家庭、社会集体生活和工作环境的美化程度。

人的创造性是由其所处的环境决定的，特别是由其所从事的活动和实践决定的。也就是说，物质和文化环境是创造性发展的决定因素。良好的生态环境，让人们产生美感，这是诗人创作的源泉；社会的历史风貌在最受读者欢迎的文学体裁——小说中得到了最充分、最具体的创造；经济环境的变革，是科学家创新的基础；政治环境的刺激，是科研工作者成功的动力……总之，环境在人类创造发展中起着决定作用，尽管是外因，但它也是一切创造性的源泉、动力和基础，也是检验创造性价值的唯一标准。离开环境这个外因条件，创造性就变成了无根之木、无源之水。

我们团队对于环境对创造性的作用，从心理学的观念上提出三点看法（孙汉银，

2016)①：

一是环境影响个体创造性性向的形成，环境和教育是创造性潜能形成的基础，良好的环境和教育是创造性思维和创造性人格的基本保证。

二是环境影响创造性结果的认定，创造性人才早期需要有伯乐式人物或团体的认可、欣赏和扶植，才能获得成长并真正成为创造性的人才。

三是环境影响创造性结果的传播，即创造性的理念或产品在被保留到社会文化系统之中，并成为文化系统的一部分后，也就成为其他人继续创新的基础。

正是因为创造性环境的重要，所以党的十七大文件提出："进一步营造鼓励创新的环境，努力造就世界一流科学家和科技领军人才，注重培养一线的创新人才，使全社会创新智慧竞相迸发、各方面创新人才大量涌现。"

第一节

文化是创造性发展的根与魂

我们在第三章的引言中谈到文化的实质。在创造性的环境中，文化是首要因素。这与文化的作用和功能有直接关系。文化有三种功能：一是凝聚功能，它是一个民族和一个国家综合力量的标志，中华民族之所以能在五千多年的历史进程中生生不息、发展壮大，历经挫折而不屈，屡遭坎坷而不馁，靠的就是中华文化，因此文化自信是一切自信之首。二是先导性，文化是社会发展的先导，正如联合国教科文组织的《文化政策促进发展行动计划》（1998）中说的："发展最终以文化概念来定义，文化的繁荣是发展的最高目标。"三是动力作用，文化是社会进步、经济发展、人类前进的动力，因为它是人类在社会实践中所获得的物质、精神的生产力和创造

---

① 孙汉银：《创造性心理学》，201 页，北京，北京师范大学出版社，2016。

物质、精神财富的源头。由于文化具有这三种作用和功能，所以它决定创造性的水平，形成了所谓的"长期系统环境"，它是引人积极向上的各种物质创造或创新与各种精神创造或创新的根与魂。

一、文化环境与创造性的关系

按照人类对文化的认同特点，文化可以分为主流文化、地域文化、民族文化等不同的文化环境。

（一）东西方文化环境有不同特点

我们不否认东西方文化有共同点，但是其差异性构成了东西方各具特色的文化环境。

《西方文化概论》提出了西方文化的四个特点（曹顺庆，2016）[①]：一是具有鲜明的理论至上、探本溯源或逻辑建构的形而上学传统；二是具有悠久的人文主义传统，通过"以人为本"探索"人性"，追求个人自由、个性解放，渴求民主、平等的人文主义特征；三是具有鲜明的反思与批判倾向，总体而论，西方文化的发展就是由一个又一个的文化思潮推动的：古典主义、基督教文化、文艺复兴、新古典主义、启蒙运动、浪漫主义、批评现实主义、现代主义、后现代主义等，不是继承式的而是"弑父式"的，后者是对前一种文化的反思、批判与整合、重构；四是具有独特的发展阶段性，一个一个的文化思潮构成了一个又一个的独特的文化阶段性。

《中国思想文化论集》提出了以中国文化为代表的东方文化的三种基本精神（陈谷嘉，2016）[②]：一是对人类命运关注的人文精神，建立了一个以人为中心的社会发展框架，为了使人完善发展，所以重视对人的教化，教化的主要内容是"德"与"仁"；二是物我一体、人天同构的"天人合一"的精神，把人与社会、自然视为一个整体，坚持"天人合一"的整体趋同思维，强调天时地利人和，维持世界的整体生

---

① 曹顺庆：《西方文化概论》，6~7 页，北京，中国人民大学出版社，2016。
② 陈谷嘉：《中国思想文化论集》，406~421 页，长沙，湖南大学出版社，2016。

态平衡；三是"和而不同"的文化包容精神，儒、释、道三教的鼎立与互融、互补，即在碰撞中各自都努力地从异质文化找契合点，构成了汉代以后中国文化的主体结构。《中国文化概论》提出了中国文化的三个亮点与五个主题（黄高才，2016）①：中国文化精神的三个亮点是伦理道德思想、忧患意识与发愤图强的精神、重稳定求和谐；中国文化精神的五个主题是贵和持中、天人合一、以人为本、重礼崇德、刚健有为、自强不息。这些特点与《中国思想文化论集》提出的特点基本上是一致的。

通过上边三部文化论著，我认识到，东西方文化存在着较明显的差异，西方文化重理性、多逻辑思辨，东方文化则重感性、少理性思辨；西方文化重推理分析，东方文化则更重归纳综合；西方文化主张主客二分，因而人与自然、社会趋向对立，而东方文化则讲求天人合一、人与自然、社会追求和谐统一。所有这些，构成了东西方文化环境各自独特的内涵与价值。

（二）创造性的文化金字塔模型

我们团队的衣新发教授，基于国际上多种创造力的相关理论或模型，认为他们在对每一种理论的分析中，都有独特贡献和不完善之处。于是他在发展创造力的文化金字塔模型中，试图去进一步推进对创造力及其形成机制的理解（衣新发，2009）②。这一模型的图示见图 5-1。

该模型包括两大部分，即创造力金字塔和文化球层。内部的四面体是创造力金字塔，在塔的顶端是创造力，下面的三个基座分别是身体、心理和精神，塔形结构要表明的是，身体、心理和

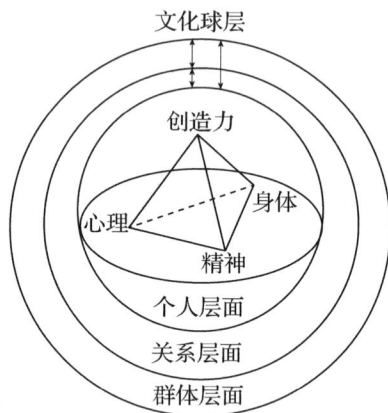

图 5-1　创造力的文化金字塔模型

精神三个因素会直接影响到创造力的生成和表达；金字塔的外部是文化球层，这个球层分为由里到外的三层，分别是个人层面、关系层面和群体层面，越往里，文化

---

①　黄高才：《中国文化概论》，22~30 页，北京，北京大学出版社，2016。
②　衣新发：《创造力理论述评及 CPMC 的提出和初步验证》，载《心理研究》，第 2 卷，第 6 期，2009。

对个体的影响就越直接。这个模型想要表达的一个基本含义是创造力的发展是创造性的心理、身体和精神与创造性的文化相互作用的结果，缺少了任何一环，创造力的发展和表达都会受到阻碍。对于模型中的各个成分，接下来分以述之。

1. 创造力金字塔

学术界一般认为，创造力指的是人产生出新颖和有价值产品的能力。本模型也肯定这一定义的合理性。

2. 身体

在本模型中，身体主要是指创造力发展和表达的生理基础，主要涉及脑、动手能力（实践操作能力）和体力（耐力）等。认知神经科学的研究发现支持这样的观点，即脑的功能会影响创造的表达和创新。

3. 心理

本模型中的心理因素包括智力—知识部分和心理动力部分，是创造力发展和表达的心理基础。智力—知识部分包括智力、创造相关的知识和创造相关的技能三个部分；而心理动力部分则包括人格、动机和情绪。

4. 精神

在本模型中，精神因素包括宗教、类宗教的体验、审美体验和道德因素，这一因素是创造力发展和表达的精神基础。这些体验是哲学、科学和艺术创造力的灵感来源，并为创意的表达提供新颖的方法。

5. 相互作用

上述身体、心理和精神三个创造力的基础因素之间是相互作用的。相互作用会使创造主体具有一个适当的生理、心理和精神基础去实现其创造性的想法。当然，这些因素同时还受到所处文化环境的影响。

6. 文化球层

文化球层指的是创造力发展和表达的社会文化基础。我们把文化球层分为由内到外的三层，依次是个人层面、关系层面和群体层面。在文化研究的领域中，个人主义和集体主义的区分已经成为一种相对基础的衡量尺度，得到越来越多研究的关注。这个构架应该包含个体、关系和集体三个因素（Brewer & Gardner, 1996）①。这个新的结构有助于清晰地理解以往关于个人主义和集体主义的研究，因此我们的研究使用这种新的视角来理解文化层次。

在文化球层之中，个人层面指的是个体的自我世界；关系层面指的是各种各样与个体发生直接人际关系的文化因素的总和，其中包括家庭、亲戚、幼儿园、学校、工作场所等，是个体的生活世界；集体层面指的是与个体有非直接关系的文化因素，包括不同种类的组织、专业团体、媒体和其他社会组织等。这三个层面是相互影响的，个人层面在关系层面中生活、发展，同时受到来自集体层面的各种影响，在有些情况下，个人通过自己的行为也会对关系层面和集体层面产生影响。

文化球层通过直接或间接（通过身体、精神和心理的中介作用）的方式影响个体或群体创造力的发展与表达，个体或群体也可能通过自身的创造性产品影响文化的演进。在人类历史上，一些卓越的创造改变了整个文化发展的方向，如马克思主义的理论、达尔文的进化论和关于计算机的思想等。在文化球层的每一个层面都有三个特征可能影响个体或群体的创造发展与表达的水平，这三个特征分别是资源丰富程度、文化的宽松程度和文化的有序程度。资源丰富程度指的是该文化环境中可以为其成员利用的物资资源的丰富程度，宽松程度指的是该文化环境对于其成员思想和行为的容许程度，有序程度指的是该文化环境内制度、法律等的秩序状况。最适合创造力表达的文化类型是这三个特征的有机组合。

（三）文化异同与创造成果

我们从已有文献中发现，不同文化有着不同的创造性（创新）成果，相同文化也有着不同的创造性（创新）成果，不同文化背景的环境也能创造出同样水平的创造性（创新）成果。由此可见，文化异同或创造性的文化环境与创造成果可以以多种排列组合的方式出现。具体地讲，我们一方面高度重视文化异同对创造成果的影响作用，同时又反对文化异同作用的绝对化、简单化的观点。创造性的文化环境对创造

---

① Brewer, M. B., & Gardner, W., Who is this we? Levels of collective identity and self-representations, *Journal of Personality & Social Psychology*, 1996, 71, pp. 83-93.

成果的影响总是通过创造者的创造性思维与创造性人格的内部原因来实现。

1. 不同文化环境有着不同的创造性成果

文化环境常常以社会阶层和地缘政治的区域来划分，所以不同文化也是以不同民族、不同社会经济阶层、不同宗教信仰等所坚持的不同文化系统构成的。

不同文化环境在文学、艺术、科学、教育的创造过程中获得不同的成果。

一是文化差异影响创造过程。有些研究指出，按照华莱士创造性思维四个阶段，西方文艺创作准备阶段包括对问题的最初分析和初步有意尝试，紧接着是包含对问题有积极作用的无意识活动的酝酿阶段；而东方文艺创作者和艺术家的创作则是从冥想开始的，其创造性过程更多的是强调情感、个人和内在心灵等因素。

二是文化对创造性的导向。例如，传统印度画家，以宗教主题作为艺术作品的风格；巴厘岛音乐的创造性受社会结构限制；用托兰斯创造性思维测验，美国没有发现男女性别差异，而在阿拉伯文化中，男性往往在创造性任务中比女性要做得好。

三是语言对创造性的影响，最典型的例子是我们在第二章谈到的中国古代的诗词创作，汉字的美使我们的诗词与西方的诗有着本质的差别。

四是在创造性培养上的文化差异。西方更多的是培养批判性，而东方较重视接受、继承与创新。

2. 相同文化也有着不同的创造性成果

在相同甚至在同一文化背景下，之所以有不同的创造性成果，在于具体创造者的内因，即由不同的创造性思维与创造性人格的差异所致。

在相同文化背景下，不同时代、不同时期创造性水平是有差异的。1998—2001年，我们团队的胡卫平等人（W. Hu, P. Adey & J. Shen, et al. 2004）[①]，对中英青少年科学创造力发展的趋势进行了研究，结果如图 5-2 所示。

调查结果表明，按《青少年科学创造力测验》7 项指标，我国 12~15 岁的青少年与英国相比，创造性物体应用能力、创造性问题提出能力、创造性产品改进能力、

---

① Hu, W., Adey, P., & Shen, J. The comparisons of the development of creativity between English and Chinese adolescents, *Acta Psychological Sinica*, 2004, 36(6), pp.718-731.

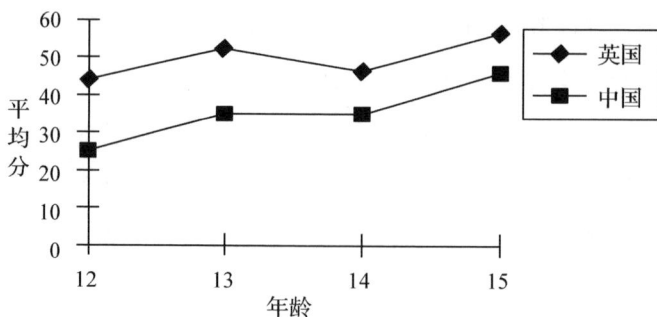

图 5-2 中英青少年科学创造力发展趋势的比较

创造性想象能力、创造性问题解决能力、创造性实验设计能力、创造性技术产品设计能力七方面的发展趋势，除了问题解决能力，另外 6 项测验我国青少年落后于英国青少年。由于 2001 年后，我国大力宣传并着重抓青少年的创新精神的培养，胡卫平、申继亮与我于 2004—2009 年再次进行了一系列的跨文化比较研究，对比了中国、英国、德国、日本青少年创造性思维的差异。基于文化公平性原则，我们仍运用课题组自编的《青少年科学创造力测验》作为该系列研究的工具。研究表明：①中国学生在问题提出和科学想象能力上高于英日学生，但是产品设计和产品改进的能力较低，中日学生的问题解决能力不存在显著差异，但高于英国学生；②中国学生的思维流畅性和灵活性水平显著高于英日学生，但中日学生在独特性水平上不存在显著差异。这些研究结果说明，中国学生在问题提出、问题解决和科学想象等方面表现较好，而在产品设计和产品改进方面表现较差。这可能与 2002 年北京师范大学百年校庆以来我国学校倡导教育创新的培养思路变化有着密切的关系，学校的教育较多的是培养学生提出问题、解决问题的能力，换句话说，学校比较重视培养学生的创造性思维能力。但是我们在培养学生解决与生活息息相关的科学问题上重视不够，导致了学生实践创新能力不强，这也从另一个侧面反映了发达国家教育的问题，值得我们借鉴。

3. 不同文化背景都能创造出同样水平的创造性成果

如上所述，中国文化与西方文化有着明显的区别，但第二章"中华大地是创新的故乡"中展示了中国古代在文学、艺术、科技、教育的成就。中西方在这四方面创造成就各具特色。近几年国际科学期刊表明，中国人发表创造性论文已在世界名列前茅，以此为例，足见我们的创造性成果。西方人、东方人的创造性智慧竞相迸发，在各方面展示自己的成果。

二、中华民族文化对创造性的意义

第二章阐述了中华民族文化的四大丰碑：文学、艺术、科技、教育，在一定意义上已经陈述了中华民族文化与创造性的关系。

（一）中华民族文化的特点

现在，谈中华民族文化特点的人很多，发表的文章也不少，处于一个百花齐放的状态。这里，我们仅仅在中共中央总书记习近平同志对中华民族文明的概括，张岱年前辈（张岱年，1994）[①]和楼宇烈学长（楼宇烈，1994）[②]等人的观点的基础上，来谈点对中华民族文化文明表现的认识。

概括来说，中华民族文化以德为核心，中华民族的美德是中华文明的基石；中华文明表现在文学、艺术、科学、教育四个方面，它们构成了中华文明的四座丰碑；中华文明以自强不息和和谐为两大精神支柱，这二者又是中华文明发展的动力；中华文明以民为出发点，为人民服务是中华文明的宗旨；法制和睦邻是历代施行仁政、稳固江山的方法，是中华文明发展的手段。就这样，中华民族在连续5000多年的漫长历史中形成了独具特色的文化传统。

第一，中华民族文化历来崇德重德。

孔子讲"为政以德，譬如北辰，居其所而众星共之""道之以政，齐之以刑，民免而无耻。道之以德，齐之以礼，有耻且格"。（《论语·为政》）这些都是强调"德政"，即有益于人民的政治措施。汉文帝刘恒以仁孝之名闻于天下，侍奉母亲从不

---

① 张岱年：《中国文化优秀传统内容的核心》，载《北京师范大学学报（社会科学版）》，第4期，1994。
② 楼宇烈：《中国文化中的儒释道》，载《中华文化论坛》，第3期，1994。

懈怠。母亲卧病三年，他常常目不交睫，衣不解带；母亲所服的汤药，他亲口尝过后才放心让母亲服用。他在位24年，重德治，兴礼仪，注意发展农业，使西汉社会稳定，人丁兴旺，经济得到恢复和发展，他与汉景帝的统治时期被誉为"文景之治"。《荀子·强国篇》说："礼义则修，分义则明，举错则时，爱利则形。如是，百姓贵之如帝，高之如天，亲之如父母，畏之如神明。故赏不用而民劝，罚不用而威行，夫是之谓道德之威。"也把道德之威视为"国威"之一，这正是"德治"的道理所在。而《左传·隐公十一年》"既无德政，又无威刑，是以及邪"则道出了不重视"德治"的后果。

中华民族文化不仅重视德政，还强调提高个人的道德修养，强调"君子进德修业"，形成了仁、义、礼、智、信的"五常"之德。《礼记》中的《大学》强调"大学之道，在明明德，在亲民，在止于至善"。这都是在讲个人要提高自身的道德修养，学校也要注重培养人的德行。可见，中华民族的美德源远流长，是中华文明的核心，是中华文明的基石。

第二，中华民族文化历来重视文学创作，崇尚艺术塑造，追求科学发明，并以教育为先，构成了中华文化的四座丰碑。这四个方面，在第二章已经展开论证，此处不再赘述。

第三，中华民族文化历来坚持自强不息，不断革故鼎新。

孔子说"生无所息"。孔子有位弟子叫子贡，据传说，子贡觉得跟孔子做学问太辛苦，提出想少学几样学问，少尽几种社会责任，孔子都不答应。子贡便问：何时可以休息？孔子说：看见那一个个像大鼎一样、像小山包一样的坟头了吗？当你进入到那里去时，就可以休息了。生命不息，奋斗不止，这就是孔子的人生信条。《周易》论"天行健，君子以自强不息；地势坤，君子以厚德载物"，荀子道"君子敬其在己者，而不慕其在天者，是以日进也"。中华民族从来就不怨天尤人，反而把挫折当作考验，活着就是要自强不息。汉代司马迁被处以宫刑，肉体和心灵的巨大耻辱反而激起了他顽强的斗志。他发愤写作，以惊人的毅力完成了五十二万字的鸿篇巨制——《史记》，实现了他"究天人之际，通古今之变，成一家之言"的伟大理想。明代庄元臣《叔苴子内篇》有"功生于败，名生于垢"之句，就是乐观地把磨难当作

"天将降大任于斯人也"的必然。而清代蒲松龄自勉联"有志者，事竟成，破釜沉舟，百二秦关终属楚；苦心人，天不负，卧薪尝胆，三千越甲可吞吴"也成为人人传诵的佳句。中华民族之所以能在五千年的历史进程中生生不息、发展壮大，历经挫折而不屈，屡遭坎坷而不绥，靠的就是这种发愤图强、坚韧不拔、厚德载物、与时俱进的精神。

第四，中华民族文化历来以和为贵，强调社会和谐、心理和谐和团结互助。

孔子说："君子和而不同。"孟子说："敬人者，人恒敬之；爱人者，人恒爱之。""老吾老以及人之老，幼吾幼以及人之幼。"庄子说："与人和者谓之人乐，与天和者谓之天乐。"这都是在强调人际和谐和社会和谐，同时，"天人合一""仁爱及物"还强调人与自然的和谐。从孔夫子到孙中山，再到中国共产党的五代领导集体，强调的都是"和为贵"的思想。追求天人合一、人际和谐、身心和谐，向往人人相亲、人人平等、天下为公，立足于人的现世关怀，确立起人性自足、终极关怀的价值系统。

第五，中华民族文化历来为民利民，以民为本，尊重人的尊严和价值。

"民惟邦本，本固邦宁""天地之间，莫贵于人"，中华文明历来以人民为社稷的根本，以人民的利益为根本利益，强调要利民、裕民、养民、惠民，实现社会公平和正义。中华文明的历史上不乏"居庙堂之高则忧其民""圣人无常心，以百姓之心为心"的明君。例如，唐太宗从波澜壮阔的农民战争中认识到人民群众力量的伟大，吸取隋朝灭亡的原因，非常重视老百姓的生活。他强调以民为本，常说："民，水也；君，舟也。水能载舟，亦能覆舟。"太宗即位之初，下令轻徭薄赋，让老百姓休养生息。唐太宗爱惜民力，他患有气疾，不适合居住在潮湿的旧宫殿，却一直在旧宫殿里住了很久。他还下令合并州县，革除"民少吏多"的弊利，这有利于减轻人民负担。当代，我们党和国家的五代领导集体也一直坚持全心全意为人民服务，把民主、民权和民生放在一切工作的首位。

第六，中华民族文化历来重视法制，重视依法治国，"崇效天，卑法地"。

中华文明早在春秋时期就重视"修法治，广政教"，把法治作为国家强盛的必由之路。战国时期，更是以法为"天下之仪"。韩非子集法家学说之大成，"以道为常，以法为本"，把法治和术治、势治相结合，形成了系统的法治理论。从秦以后各代，都推行"以法治国""治强生于法""刑过不避大臣，赏善不遗匹夫"等，不断发展和完善了法制思想和法治实践。法治强调以法为裁决根本，在法律面前人人平等。贯彻依法治国就是推行仁政，法治也正是历代仁政统治者所执行的治国方略。

第七，中华民族文化历来注重亲仁善邻，"讲信修睦"，讲求国与国之间的"和睦相处"。

老子在《道德经》中讲："以道佐人主者，不以兵强天下，其事好还。""兵者不祥之器，非君子之器，不得已而用之，恬淡为上。"这些慧语阐明了中华民族历来热爱和平，反对战争的态度。中华文明遵循"强不执弱""富不侮贫"的国家交往准则，认为只有以德服人才能"协和万邦"，才能"天下之人皆相爱"，这是强调国家之间相处的原则。"海纳百川，有容乃大"，则强调对待他国的文明要真诚地尊重和包容，要兼收并蓄、博采众长，要以合作谋求和平、反对战争，要以双赢促进人类发展、国际繁荣。由此发展而来的"和平共处五项原则"也成为国际上广为接受的国家交往准则。这也就是中华文明所强调和推崇的"以和为贵""天下大同"。

由此可见，中华民族文化博大精深，并在一代又一代的继承发展中发扬光大，绽放出夺目的光芒。而中华民族的师德观，也正是在中华民族文化的整体发展基础上的一个重要的组成部分。

（二）中华文化与创造性人才

在创新人才的心理学研究中，需要重视创新或创造性的三要素，即创造性思维（智力因素）、创造性人格（非智力因素）和创造性社会背景（环境因素）。我们认为，在创造性人才的成长中，这三个因素是缺一不可的。其中，创造性人才的成长需要良好和谐的文化环境、教育环境、所在单位或学校的环境、社会环境和资源环境。以下重点讨论文化环境与创造性人才成长的关系。

文化与创新或创造性有什么关系？美国心理学家斯腾伯格在《创造力手册》专章论述了"不同文化对创造性人才成长的影响"，这里对此稍做扩展概括。如前所述，首先，文化差异对创造性过程有影响。西方文化在创造性过程中强调对问题解决的认知取向，而东方文化在创造性过程则强调情感、个人和内在心灵等因素。其次，文化对创造性的导向存在着差异。文化影响到创造性的形式和专业，会把创造性限制在一定的社会团体内，作为文化载体的语言也会直接对创造性产生影响。再次，不同文化的特征，影响一个群体的世界观和价值观，可能刺激或阻碍创造性的发展。所以在拔尖创新人才的培养上，应提倡信念和乐观主义，有这种信念的文化能使人们努力改进这个世界，这种信念意味着该文化接受从现状出发的变化、发展和运动，而那些没有坚持进步信念和对未来持悲观主义观点的文化一般使创造性滞后。最后，创造性依赖于一定的情景，文化涉及创造性本质和创造性人才的成长机制。西方以产品为导向、以独特性为基础的创造力定义与东方人用一种新的或自我发展的方式来表达内在真理的创造力观点是不同的。西方重视个人主义，个人主义文化重视独立和自主，在与个体水平而非文化水平相关的工作中，个体和个性化的特征，表现为一个人区别自己与他人的意愿，这种意愿与创造性活动和行为密切相关，致使主体（个体）产生一种新的，与大多数的观点相对立的原创造性观点；而东方重视集体主义，集体主义文化则强调顺从、合作、义务和接受群体内的权威，顺从、合作、义务、尊重权威与创造性也会存在着联系。例如，印度吉安格拉斯行业组织的画家们认同至上的创造之神毗首羯磨，在实践中也表现出更大的灵活性和包容性，创作了重视顺从和传统价值的大量优秀创造性作品。由此可见，不同文化从不同特点上引领创造或创新，促进创造性人才的成长。

中华民族的文化历来重视创新或创造。本书第二章谈到坦普尔的《中国创造精神》一书是对中华民族创新精神的最好诠释。为了使西方读者对中国古代科技成就有一个概括的了解，李约瑟在《中国的创造精神——中国的 100 个世界第一》序言里提出两个根本问题：第一，为什么中国竟能如此遥遥领先于其他国度？第二，为什么中国现在却不比世界其他国家领先几百年？对后一问题，他明确指出了答案，是经济和社会变化起主要作用。我们的理解是，李约瑟主要在指我国从清朝到中华人民共和国成立前这一时期的经济社会变化。在此也证实了党的十七届六中全会关于文化体制改革的重要性。

中华的文学、艺术、科学和教育的创新精神从哪里来？中华民族传统文化对创造性有哪些作用呢？我们课题组的石中英教授提出了四种特质：在人与自然的关系上，崇尚"天人合一"；在人与他人的关系上，从血缘亲情与宗法人伦出发，构建了一种义务伦理规范；在人与自身的关系上，推崇"内圣外王"的人格理想和"真人"的逍遥；在人与终极关系的问题上，立足人的现世关怀确立起人性自足的终极关怀价值系统。中华民族这种特质的传统文化蕴含着丰富的创造性，主要表现在：崇尚自主的人格，是创新人才最重要的人格特征；从孔子的"述而不作"到"问孔""刺孔""难孔"，说明中国文化具有怀疑精神，这是创新的源泉之一；"和而不同"的思维方法为创新提供了思维基础；"崇尚理性"的文化，既能客观地认识自己的现实，又能公正地对待外来的文化，这为文化创新奠定了良好的基础。如何看待东西方的教育模式？简单地说，我们曾把西方教育模式比作英文字母"T"中的一横，把东方教育模式比作英文字母"T"中的一竖，提出融东西方教育模式为一体，培养"T"型的创造性人才的理念（林崇德，2001）①。这就是对一百多年以前张之洞所倡导"学贯中西"文化思想的继承。只有融东西方文化为一体，学贯中西、扬长避短，创造性人才才能大量涌现。中共十七届六中全会《决定》提出建设社会主义文化强国这一长期战略目标，必将大大激发全民族的文化创造热情，进一步增进自主创新的动力，促进创造性人才的成长，推动创造性国家的建设。

三、我们的两项创造性跨文化研究

我们围绕文化与创造性的关系，开展了两项创造性的跨文化研究。

（一）中英日德青少年创造性人格的特点

我们采用上一章已经介绍过的"创造性人格量表"，对中英日德青少年的创造性人格进行跨文化的比较研究，获得如下成果。

第一，中英日德四国青少年在创造性人格方面既存在共同性，也存在差异性。①四个国家的青少年均在好奇心和冒险性方面表现出相对一致的特点，即好奇心和冒险性是中英日德四国青少年创造性人格中较为突出的方面，在四国青少年的创造

---

① 林崇德：《融东西方教育模式，培养"T"型人才》，载《北京师范大学学报（社科版）》，第 1 期，2001。

性人格中占有突出地位。②坚持性是中英日三国青少年相对较弱的方面,三个国家的青少年在该维度上的得分均相对较低。③除了共同方面,四个国家的青少年在创造性人格方面也表现出一些差异性,具体表现在,除了好奇心和冒险性,开放性是中国青少年创造性人格中的突出特点,自我接纳是英国青少年较为突出的特点,怀疑性是日本青少年的突出特点,而德国青少年的另一较为突出点就是坚持性和独立性。可见,四个国家青少年在创造性人格方面具有很大的差异性,尤其是德国青少年,其在坚持性方面具有相对较高的得分,而其他三个国家的青少年却在该维度上具有最低的得分。④通过标准差的比较发现,中国和日本青少年在自信心方面存在较大的个体差异,英国青少年在自我接纳方面存在较大的个体差异,德国男青少年在怀疑性方面存在较大的个体差异,女青少年则在自信心方面存在较大的个体差异。

第二,四个国家青少年创造性人格在除怀疑性外的 8 个维度上均存在显著差异:①中国青少年在创造性人格的自信心和好奇心维度上表现优于其他三个国家的青少年,而在这两个维度上分数最低的是德国青少年。②在内部动机维度上,日本青少年表现最好,中国其次。③在开放性和独立性维度上,中日青少年表现无显著差异,但是明显好于英德青少年。④在自我接纳维度上,中国青少年表现不如其他三国,而在该维度上表现最好的是英国青少年。⑤在坚持性维度上,德国青少年表现最好,而在冒险性上的表现却明显差于其他三个国家的青少年。

(二)中日德中小学教师创造观念的跨文化比较

培养创造性人才的关键在于教育。教师的教育观念尤其是教师对创造性所持有的观念直接影响教师对创造型学生的态度、对创造型学生行为的评价和判断,影响到教师的教学方式和师生的交往方式。本课题组在前人研究的基础上,通过自编教师创造性观念测量工具,在中国、日本和德国进行跨文化的比较研究。

1. 制作测查工具

建立形容词核查表,施测时先让教师对形容词核查表中词汇所代表的喜欢学生特征的程度进行评价,然后让教师对同样的词汇代表创造性学生特征的程度进行评价。采用这样的施测顺序是为了避免教师因为知道是对创造性的考察而在喜欢上给予更高的评价。

预试采用随机整群取样的方法，从河北省某市选取中小学教师作为被试，共发放问卷 350 份，回收有效问卷 308 份，其中小学教师 148 人，中学教师 160 人，教龄 13.15± 8.27 年。

为揭示教师关于创造性学生特征内隐观的潜在结构，对核查表中的 72 个词语进行探索性因素分析。采用斜交旋转的方法，结果表明 KMO＝0.934，bartlett 球形检验结果 $p<0.001$，说明适合进行因素分析。项目删除标准为：①因素负荷小于 0.4；②在两个或以上因素上都存在较高负荷；③单个因素上的项目数小于 3；④共同度小于 0.16。另外，根据因素分析的载荷量大于 1，碎石图下降坡度和理论上的可解释性原则，我们抽取了 4 个因子。这 4 个因子解释总体变异的 50.75%。在此基础上对个别表述不清、意义重复的词进行了调整，最终正式问卷得到 50 个项目。

因素一(12 个)包括：勤奋、合作、热情、精力充沛、文静、集体主义、能干、友好、感情丰富、认真、随和、自律，命名为宜人性。

因素二(25 个)包括：灵活、想象力丰富、知识丰富、聪明、独创、主动性强、自信、意志坚定、喜欢接受挑战、思维发散、独立自主、思维清晰、勇敢、有主见、挑战权威、执着、愿做尝试、洞察力强、爱提问、有进取心、好奇心强、适应性强、反应敏捷、实践能力强、爱思考，命名为独创性。

因素三(8 个)包括：易冲动、攻击性强、情绪化、个人主义、不守规则、过于自信、爱幻想、激进，命名为非常规性。

因素四(5 个)包括：艺术性倾向、多才多艺、兴趣广泛、开朗、幽默，命名为才情。

2. 教师创造性观念的跨文化研究

采用整群随机取样的方法，从中国、日本和德国选取中学教师作为研究对象。国内从河北省石家庄市的几所学校选取教师 326 人；日本选取湘南一所学校的教师共 50 人，在德国选取三所学校的教师共 139 人。采用我们开发的《教师关于创造性学生特征的内隐观问卷》《教师关于创造性培养内隐观问卷》和《教师关于影响创造

性培养的因素的观念问卷》。三个问卷均采用利克特五点等级评定的形式。(数据略)

3. 基本结论

首先,教师从四个维度理解创造性学生特征:宜人性特征、独创性特征、非常规特征和才情特征;通过对中国、日本和德国教师的比较发现,中国教师更强调学生的宜人性特征和独创性特征,不强调创造性学生的非常规特征;日本教师对创造性学生的非常规特征的评分相对较高。

其次,在创造性学生的宜人性特征和独创性特征两个维度上,中国教师的喜欢程度最高,其次是德国教师,最后是日本教师;同时中国教师最不喜欢创造性学生的非常规特征,而日本和德国教师对学生的非常规特征的评分相似,均高于中国教师。

再次,教师关于创造性培养的观念可以分为创造性思维的培养和创造性人格的培养。中国教师在创造性思维、创造性人格和创造性总体培养观念上都显著优于日本和德国教师。德国教师在创造性人格培养和创造性总体培养方面显著优于日本教师,在创造性思维的培养观念上与日本教师没有显著差异。

最后,通过对中日德三国教师关于创造性培养影响因素的观念的比较得出:相对于日本和德国教师,中国教师认为给予学生纠正错误的机会、使用外部奖赏、强调自主和独立、强调竞争和给予学生置疑理论和假设的机会这些因素对创造性培养更重要,认为频繁的表扬对创造性培养更不重要;中德教师更强调发现学习、给予学生详细反馈对创造性培养的作用;中日教师更强调接受学习成败的重要性,而不强调内部动机对培养学生创造性的重要作用。

第二节

教育是创造性发展的基础

什么是教育?教育的实质又是什么?我是研究发展心理学的,从专业出发,认为教育就是发展。作为从事教育工作的教师，把人教育好了，就促进了人的发展，推进了社会发展。所以我把教育定义为是一种以促进人的发展、社会发展为目的，以传授知识、经验和文化为手段的培养人的社会活动。

"人的发展"，最高层应该是德才兼备的创造性人才。良好的教育就是培养德才兼备创造性人才的基础，即创造性发展的基础。这是由教育功能和教育目标所决定的，而教育功能和教育目标应该也是长期系统或大系统环境；至于教育中的教师，应该是所谓的从"外系统环境"到"中系统环境"直到"微系统环境"。教育的根本任务是解决培养什么样的人，以及怎样培养人的问题。

一、培养创造性人才是教育功能与教育目的的要求

在中国，"教育"一词最早出于《孟子·尽心上》："得天下英才而教育之，三乐也。"今天我们所论述的"英才"，主要是创造性人才。为了使受教育者成为英才，成为创造性人才，这是一个长期的需要精雕细刻的过程，也就是"十年树木，百年树人"。尤其是在要建设创新型国家的今天，重视创造性人才的培养是教育的一项重大任务。这一点，在教育功能与教育目的上体现得更为清楚。

(一)教育功能

早在 2003 年，我在《教育与发展》一书中就论述了教育的文化、经济、政治、社会、个性(人格)五方面的功能，哪方面的功能都离不开促进创造性发展的教育作用。

教育的文化功能表明，教育不仅仅是传授知识、经验和文化，从而提高思维能力发展智力，而且可以创造文化遗产。文化的积累并不是自然形成的，而是人类利用睿智在物质生产与精神生产中产生的。创造的价值，在于去粗取精、去伪存真、去旧存新、发扬光大。这种推陈出新、超越现状，是为了适应社会的发展，服务于物质文明和精神文明的需要。因此，教育的文化功能是繁衍社会文化和提高创造性思维，这表明了教育在促进创造性发展和进步中的贡献。

教育的经济功能表明，教育促进经济发展、提高人民生活水平，是通过提高劳动者的素质、培养经济发展所需的人才而实现的。不管是工业、农业、商业，也无论是非技术的、技术的和文书从业人员，在今天信息化和全国化的社会里，没有创新精神和创造性能力，是很难推动经济社会发展的。因此，教育的经济功能是发展社会生产力和创造社会经济效益，这表明了教育在促进创造性发展和进步中的贡献。

教育的政治功能表明，"政教合一"是教育的一个规律，换句话说，治国必须先从教育做起，所谓"欲化民成俗，其必由学乎"，指的就是教育的政治功能。我们在第三章中强调，创造性问题的研究是关系国力竞争的大问题，联系当前各国都在重视教育与创造性关系的研究，这更体现了创造性问题是政治大事。通过教育培养政治领导或国家决策人才，为的是更好地建设创新型国家。由此可见，教育的政治功能与创造性的关系。因此，教育的政治功能在振兴国家和民族中具有不可缺失的作用，与此同时表明教育在促进创造性的发展与进步中的贡献。

教育的社会功能表明，教育可以帮助个体社会化，帮助选择人才，从而促进社会的进步。今天中国社会变中求新、新中求进、进中突破，"创新、协调、绿色、开放、共享"的社会发展理念，是一刻也离不开教育的。因为教育的实施，直接授予人们以知识技能，凭此增加就业面和相应地增进社会福利；同时也间接促进经济以创新为龙头的三种理念来增长发展，带动社会流动，引导社会变迁，改变社会风气，推动社会发展。因此，教育的社会功能是选择社会人才和社会创新直接或间接元素，表现教育在促进创造性的发展和进步中的贡献。

教育的个体（个性或人格）功能表明，教育的对象是人，增强人民的体质、塑造人的人格、培养人的良好品性是教育根本的、直接的任务。所有这一切，组成了受教育的创新精神和创造性人格。尤其是我国在实施素质教育，这是一种以创新精神为核心的教育，是实施科教兴国的重要手段。因此，教育的个体功能表明，教育在促进创造性的发展和进步中的贡献。

（二）教育目的

教育是一种有目的的活动，也就是说，它是培养人的社会活动，通过培养人借以实现其文化、经济、政治、社会和个体发展的功能。

进行教育活动，需要一定的目的作为导向，教育是以培养人为总目标的。因为教育是一种有意识、有计划、有价值的规范的活动，教育预期的目的或理解，才能决定教育发展的方向，规定教育方针，指导整个教育活动的进行。

教育目的具有时代性，不同时代有着不同的教育目的。今天，我们时代的教育目的，应该坚持受教育者全面发展的观点。我们的全面发展观，从根本上来说是立德树人，坚持德智体美各方面都得到发展，坚持社会责任、创新精神、实践能力。学生全面发展的核心素养，应包含社会参与、自主发展和文化基础三大领域。从社会参与来分析，除了突出道德品质，即责任担当之外，还有强调实践创新的要求，它包括劳动意识、问题解决和技术应用，其中要求善于发现和提出问题，选择制定合理解决方式，把创意和方案转化为有形物品或对已有物品进行改进与优化等。从自主发展来分析，有健康生活与学会学习的要求，它包括乐学善学、勤学反思、信息意识，其中要求自主学习，能够根据不同情境和自身实际，选择或调整学习策略和方法等，所倡导的是创造性学习。从文化基础来分析，有文化底蕴与科学精神的要求，包括理性思维、批判质疑、用于探索，其中要求崇尚真知，尊重事实和证据，具有问题意识，能多角度、辩证地分析问题，具有好奇心和想象力，具有不畏困难、坚持不懈的探索精神，大胆尝试积极寻求有效的问题解决方法等。

从作为育人目标的学生发展核心素养对全面发展的表达，可以看出教育目的是培养责任担当的高素质创造性人才，也表明教育环境在促进创造性发展和进步中的贡献。

二、知识与创造性

知识与创造性的关系，在一定意义上也是教育与创造性的关系。我们要认真分析知识、教育、创造性三者之间的关系，进而分析知识对创造性的作用，来构成我们的观点。

知识来源于社会实践。社会实践是人类一切知识的标准。知识的形成要以人类的语言为工具，知识借助于一定的语言，物化为生产劳动和社会变革或创造产品的经验形式，用以交流或代代相传，成为人类共同的精神财富和精神文明。教育正是运用这种知识来传承文化、培养人才的。所以，教育离不开知识，否则，教育就无内容可言；知识也离不开教育，否则，知识也无从相传，不仅难以传递给下一代，也不能获得发展。知识与创造性的关系呢？知识是搭建创新大厦的基石，创造性是离不开知识，人类要有所创造有所发明，必须拥有相关领域的知识，尽管创造性需要超越已有的知识，然而，知识是创造性的必要条件。而创造过程需要知识，恰恰是来自教育，这构成了教育环境与创造性的一层新的关系，与此同时，从学校的教育过程来分析，传授知识与创造性培养的关系，是一个对立统一的过程，处理好、协调好这两者的关系，是一个营造教育环境推动创造性发展的一种要求。

作为教育环境组成因素的知识对创造性的作用表现是多样的，我们团队在讨论这个问题时认为知识属于认知范畴，知识对创造性的作用，主要表现在对创造性思维的影响上，并提出如下的看法。

（一）不同知识分类对创造性思维的作用

知识的分类很复杂，世界各国也没有统一的标准，我们根据多渠道对知识做一个大概的分类。

依知识反映对象的深刻性，可以分为生活常识和科学知识；依知识所反映层次的系统性，可以分为经验知识和理论知识；依知识具体来源，可以分为直接知识和间接知识；依知识的内容，可以分为自然科学（理科）知识、社会科学（文科）和思维科学知识；依知识的性质，可以分为陈述性知识和程序性知识；依知识功能性特点，可以分为情境性知识、概念性知识、程序性知识和策略性知识。这些分类中间有交叉性质的。生活常识往往与经验知识、直接知识、情境性知识相联系，而科学知识往往与理论知识、间接知识相联系，且表现为自然科学、社会科学、思维科学等形式。

生活常识、直接知识、情境性知识、经验知识是灵感的原型启发的基础，"鲁班发明锯"的故事，就是鲁班从被茅草割破了手的直接实践中获得灵感，从经验中的原型启发中发明了锯。而任何科学的、理性的、间接的知识，都为进一步获得新的科学原理、理论、方法论奠定知识基础，这是发展创造性思维的必要前提。

陈述性知识是关于"是什么"的知识，这是创造性思维认知事物的第一步；程序知识是关于"怎么样"的知识，这是创造性思维认知事物的方法论基础；策略知识是问题解决的一系列活动计划，这是创造性思维准备、酝酿阶段运用哪些策略以解决问题的豁朗期的前提。

(二)知识的数量对创造性思维的作用

人的知识有多有少，知识的多少，与创造性思维有何关系呢？在国际上有两种观点，一种叫"张力说"(the tension view)，另一种叫"地基说"(the foundation view)。张力说认为知识对创造性起着两个方面作用，一方面是推动作用，另一方面是阻碍作用。前者指知识是创造性的基础，而后者指丰富的知识经验使思维产生了"定势"，反而使某种创造性受阻，所以张力说提出个体在一定领域里拥有中等程度知识水平时创造性水平最高，即知识与创造性的关系上要求倒 U 形的知识量。地基说则认为知识与创造性的关系好比盖大楼时地基与大楼的关系，因此创造性来自必要的熟悉的某一领域，以及该领域的知识，且这方面知识越丰富则创造性就越高。

我们团队认为这两种观点都是对的，是从两个不同的角度去认识问题的。相关学者指出，虽然"地基说"与"张力说"有分歧，但两者都不否定知识在创造性中的作用。只不过前者强调创造性的相对性、可接受性以及知识的基础性、建设性，而后者则强调创造性的变革性、突变性以及知识的保守性、束缚性。因此，问题不在于知识的作用，而是如何在创造性思维过程中有效地运用知识。(孙汉银，2016)[1]

(三)从认知组织的角度看知识与创造性的关系

自 20 世纪 70 年代开始，心理学界从认识心理学研究知识及其传授，教学活动是一种认知活动。从知识方位分析，认知活动包括陈述性知识、程序性知识、策略

---

[1]　孙汉银：《创造性心理学》，100 页，北京，北京师范大学出版社，2016。

性知识，如第一章所表明的认知结构的构造。

认知结构如何促进创造性思维的发展呢？孙汉银（2016）[1]在其著作中从三个方面讨论这个问题：一是通过归纳推理而建设起来的图式化知识（schematic knowledge）有利于创造性思维的发展；二是通过刺激—反应的反复配对或反复经历某一事件等策略而内隐地、自动地获得的联结知识，能激活联结知识中的某些信息，从而帮助个体生成新的观念；三是基于举例的知识，蕴含着问题解决程序和各种限制背景，有利于创造性思维过程的问题建构。事实上，孙汉银所列的三个方面，正是表达协调陈述性知识、程序性知识和策略性知识三者之间的关系，建构不同的形式，这本身就体现了创造性思维的过程。

（四）从知识交叉的角度看知识与创造性的关系

所谓知识交叉，是指不同学科相互渗透，多学科知识之间相互交叉、相互补充的知识结构。北京师范大学在 20 世纪 80 年代成立了一个交叉学科研究会，由志同道合的数学、物理、化学、生物、文学、历史、教育、心理等一批年轻学者组成，时任校党委书记和校长还接受邀请当了顾问。当时的目的是为了跨学科共同探索一些科学问题，甚至想整合多种学科知识体系的信息、概念、数据以及理论，以理解或解决诸如思维科学、教育科学等重大问题，也撰写了交叉学科知识的《中国少年儿童百科全书》，本书成为 20 世纪 90 年代两个年度的"十大畅销书"。

知识交叉对创造性的发展有何意义呢？最近看了一个专访，其中有这么一段话：有人统计了 20 世纪获诺贝尔自然科学奖的 466 位顶尖科学家们所拥有的知识背景，从中我们可以清楚地发现具有学科交叉背景的人数占总获奖人数的 41.63%。特别是最后一个 25 年，交叉学科背景获奖者占当时获奖总人数的 49.07%。这有力地证明，多学科的知识结构正是创新型人才素质的核心要素和显著特征。（王焰新，2016）[2]

由跨学科交叉出发，不仅为创造性人才发展提供了知识背景，也促进了新型的交叉科学的形成，包括边缘科学、横断科学、综合科学等。交叉科学的兴起，反映

---

[1] 孙汉银：《创造性心理学》，100 页，北京，北京师范大学出版社，2016。

[2] 王焰新：《跨学科教育：一流本科的必然选择》，载《中国教育报》，2016-05-23。

了现代科学创造性发展的整体化趋势。

三、我们的一项教育与创造性发展的研究

我们课题组刘宝才老师的"小学生创造才能培养的整体实验研究"说明不同教育措施的环境对学生创造性发展起到不同的作用（刘宝才，1992）[①]。

（一）问题的提出

本研究的主要问题有：培养学生创造才能的整体改革措施有哪些？各个改革措施间的关系如何？效果怎样？学生创造才能的发展与其学习成绩、学习能力及全面发展的关系怎样？

（二）研究方法

我们运用自然实验与教育心理实验相结合的实验方法，辅之以观察法、谈话法、作品分析法。坚持"教育与儿童心理发展相促进"的观点，在被试全部正常的学习活动中，展开实验研究工作。

本研究实验班被试为北京市宣武区（今隶属西城区）香厂路小学 1984 年秋按片招收的一年级全部新生，共 63 人，其中男生 33 人，女生 30 人，并随机分为两个班。

对比班为基本条件与实验班相似的另一所小学的两个同年入学的新生班，各方面的评价指标（如父母职业、受教育水平、学校办学条件、师资水平等）与实验班基本相同。

为了科学地测量实验的效果，我们编制了小学生低、中、高三个年级段的创造才能测验，语文、数学"双基"常规测验等测查工具。创造才能测验以创造才能的四个主要品质为指标，它们是：①流畅性，心智活动畅通少阻，能在较短时间内，产

---

① 刘宝才：《小学生创造才能培养的整体实验研究》，见林崇德：《小学生能力发展与培养》，296～319 页，北京，北京教育出版社，1992。

生出大量的观念、思想或解决大量问题；②变通性，思维灵活多变，可举一反三、触类旁通，不易受定势的束缚，善于从多个不同的角度分析和解决问题；③独特性，从新的角度、新的观点认识反映事物，对事物表现出与众不同的独特见解，提出新的思想，用新的方法解决问题；④批判性，善于独立思考，敢于质疑，能够提出合理的批判性意见。

元认知知识和能力测验，包括评价、计划性和监控、调节等几个方面。

语文、数学"双基"常规测验，根据教学大纲、教材和年级特点，测试基础知识、基本技能等。

所有测验材料，均经过提出基本构想、具体编制、预测、获得信度资料等几个过程。

实验研究的具体措施和具体做法，概括起来有以下几个涉及教育条件或"环境"的方面。

1. 更新干部、教师的教育观念

提高他们的教育、心理理论水平，明确培养目标——教育的主要目标在于造就能够有所创造、发明和发现的人，而不是简单重复前人已做过的事情的人。

2. 调整课程设置

减少语文、数学课时，增设信息课、英语课、创造思维训练课、创造技法课、欣赏课，增加体育、音乐、自然常识的课时，以利于培养适应未来社会需要的人才。

3. 改革教材内容

对原有学科教材内容，进行适当调整、删改和补充，对新设学科内容，进行严格选编，一方面使教材的知识结构更加合理，另一方面为学生提供更多的最新信息量。

4. 改进教学方法

改革、创新教学方法，是本研究重要变量之一。本研究为实现知识掌握于课堂、能力培养于课堂、教法与学法创新于课堂，进行了认真的探讨。例如，"发散式识字法"（一字带多字、一字组多词、一词造多句），"动、静结合阅读法""发散—集中—发散思维训练法""探究—研讨—小结独立学习法"。这些新方法，注重学生创造才能的思维品质的培养，注重元认知的训练，注重创造动机、创造的自信心等非智力因素的培养。

在研究过程中，选取被试，确定实验班和对比班；贯彻实验措施，包括培训实验教师，全面贯彻各项实验措施，按学年评价实验效果，修正、补充有关措施，调整实验过程。本研究连续实施共 6 年，分低、中、高三个年级段测量、分析、评价。

（三）结果与分析

通过六年的追踪研究，我们获得了大量的科学数据。下面我们从学生创造才能的各种品质的发展水平、从学生创造才能发展的认知机制、从学生创造才能的发展与学习成绩的关系、从学生的创造性活动的综合效果、从教改实验与教师素质提高的关系五个方面，简要地介绍本研究的主要效果。

第一，实验班与对比班学生创造才能的四种品质的差异分析。我们对实验班与对比班学生的创造才能的四种品质进行了测查和分析，结果如表 5-1。

表 5-1　两组被试创造能力四种品质发展水平差异比较

	语文				数学			
	实验班 X	对比班 Y	差异 $X-Y$	p	实验班 X	对比班 Y	差异 $X-Y$	p
流畅性	7.6	4.8	2.8	$p < 0.01$	5.9	1.2	4.7	$p < 0.001$
变通性	6.3	3.8	2.5	$p < 0.01$	2.7	0.8	1.9	$p < 0.001$
独特性	8.1	4.9	3.2	$p < 0.01$	10.8	3.8	7.0	$p < 0.001$
批判性	1.52	0.74	0.78	$p < 0.01$	1.59	0.83	0.76	$p < 0.001$

从表 5-1 可以清楚地看出：在创造能力的四种品质上，实验班学生的发展水平远远高于对比班学生，差异均达到非常显著的水平。这说明：学生创造才能的思维品质是可以在语文、数学以及其他学科的教学中得到培养的。

在一题多解上，我们对两种被试进行的测查经过分析，结果如表 5-2。

表 5-2　两组被试一题多解正确率成绩对比

	求出另解	求出三解	求出四解以上
实验班	84.1	15.9	57.1
对比班	42.0	8	18
差异	42.1	7.9	39.1
差异检验	$p < 0.001$	$p < 0.01$	$p < 0.001$

从表 5-2 可以看出：实验班与对比班在一题多解的成绩上存在着非常显著的差异，说明本实验所施加的教育措施，培养了学生的创造能力，提高了学生的分析、概括水平，实验班学生明显表现出了多角度、多侧面、创造性地选择新颖独特的解题思路的能力。

在语文学习中，这种效果也是很明显的。在这里举个例子，"请在'英雄'这个词前面加上适当的词，加得越多越好"。结果实验班加上了 41 个适当的词。这种教学活动，不仅发展了学生的语言能力，而且培养了学生的创造性思维品质。实验班与对比班在这方面存在着非常显著的差异。结果如表 5-3 所示。

表 5-3　两组被试词语发散成绩对比

	N	M	SD	差异检验
实验班	63	7.6	2.58	$t = 4.59$
对比班	50	4.8	3.65	$p < 0.001$

从对两种被试续写结尾的作品分析，结合表 5-4 反映的结果，可以看出：实验班与对比班存在非常显著的差异。这说明实验班学生在实验措施的影响下，思维灵活、联想丰富、想象独特，设计结尾不但表现出思维流畅性，而且角度多、新颖。这正是实验变量产生的实验效果。

第二，实验班与对比班学生创造才能的认知机制的差异分析。学生创造才能的四种品质的发展，从认知机制的角度分析，是学生在学习活动中，根据自己的特点而灵活地制订相应的学习计划、采取适当的学习策略，并积极地进行反馈、监控和调节，及时地修正学习策略。本研究以此作为培养创造才能的认识基础。表 5-5 就

表 5-4　给短文续写多个结尾成绩对比

被试	续写一个结尾	续写 3~4 个结尾	续写 5 个以上结尾	平均续写结尾数
实验班	100%	30.2%	47.6%	4.24
对比班	86%	20%	16%	2.3
差异	14%	10.2%	31.6%	1.94
差异检验	$p<0.05$	$p<0.05$	$p<0.01$	$p<0.01$

表 5-5　实验班与对比班学生元认知发展比较

元认知发展	组别	M	t
元认知知识	实验班	14.20	3.66
	对比班	10.54	
元认知监控	实验班	9.98	3.02
	对比班	6.96	

是我们对实验班和对比班学生元认识知识和能力发展水平的测查与分析的结果。

表 5-5 表明：实验班学生的元认知知识和监控能力的发展水平远远高于对比班，它一方面证明了实验措施在发展学生创造才能的认识机制方面效果显著，另一方面证明了元认知水平的提高是创造才能发展的重要基础之一。实验班学生元认知知识水平较高，意味着学生懂得更多的有关学习、解决问题的过程、影响因素及其作用方面的知识，知道了更多的学习策略。而学生较强的监控能力，则说明他们在实际分析与解决问题的过程中，更善于自觉地监控、调节自己的学习活动，更善于获取反馈信息，评价自己学习活动的效果。

第三，实验班学生创造才能的发展对学习成绩的影响。在六年的研究中，我们看到：实验班学生在创造才能的发展上远远高于对比班，我们同时看到：在"双基"水平上实验班也非常明显地优于对比班。

第四，实验班学生创造性活动的效果与全面发展的分析。为培养学生的创造精神和创造才能，本研究组织了各种各样的创造性活动，诸如创造性的学习活动、创造性的班队活动、创造性的兴趣活动、小发明、小创造活动等。其中，创造性的学习活动是核心。各种创造性活动发展了学生的独立性、探索性、创新性，学生不仅得到了全面发展，同时个性特长、特殊的创造才能也得到了较好的发展。

到实验后期，随着学生知识经验的不断深化，创造精神不断增强，创造才能的四种品质不断发展，其特殊的创造才能的发展效果日益明显。在市、区级的棋类、游泳、绘画、电子琴、手风琴、摄影、作文、数学等项比赛中，实验班成绩突出，与对比班差异非常显著，各类奖共获得 50 多人次。例如，棋类共获奖 14 人次，其中一等奖 5 人，二等奖 2 人；游泳共获一等奖 22 项，二等奖 14 项；数学竞赛获区团体总分第一名。此外绘画一等奖 1 人，作文比赛一、二、三等奖共 6 人，摄影一等奖 1 人。另外在创造杯活动中，实验一班获全国前 50 名金杯奖，实验二班获全国创造杯奖。

第五，实验班教师创造才能水平提高的效果分析。科学的教改实验，不但培养了学生的创造才能，而且培养并提高了教师的素质。在六年的实验研究中，教师的改革创新意识有了明显的增强，创造才能得到很好的发展，与对比班教师的明显差异表现在：①实验班教师探索教改新路线的积极性明显高于对比班教师；②实验班教师系统学习了教育学、心理学，其教育理论水平明显高于对比班教师；③实验班教师的教育科研能力不断提高，掌握了一些科研方法，逐步将教研与科研结合起来，成为探索教育规律的核心力量。六年来，参与本研究的教师，在全国、市级报刊上发表论文 30 篇，获各类奖项 13 个，著书 6 本。这是教师在创设有利于学生创造性发展的教育环境中的一项显著表现。

由此可见，为了实施以创新精神为核心的素质教育，创设有利于创造性发展的学校环境至关重要，它对学生创新意识、创新精神、创新能力的发展是一项基础工程，我们在本书的第七章和第十章会做进一步的论述。

第三节

————

社会环境是创造性发展的源泉

社会环境是指在自然环境的基础上，人类通过长期有意识的社会活动所创造的人工环境，如城市环境、工业环境、农业环境、医疗休养环境等，也包括我们第一节陈述的文化环境。也有学者主张应包括政治环境、经济关系、道德观念、文化风俗等上层建筑。社会环境是人类物质文明和精神文明发展乃至人类创造发明的标志，并会随着人类社会的演进不断丰富。

对社会环境与创造性关系研究较多的是前文已述的文化环境和教育环境。我们这里所说的社会环境，主要涉及政治环境、组织或单位环境、资源环境以及家庭环境，也就是除文化环境和教育环境之外的社会环境。

一、政治环境

政治是经济的集中表现，又在上层建筑中居于统率地位，它应该是重要的"长期系统环境"。政治环境要涉及政体、团体、政策，涉及政治文明、政治斗争、政治路线、政治模式和政治管理等，涉及战争与和平、国家兴旺发达水平等，涉及人民民主、自由、和谐等。因此政治环境是个复杂的概念。

英国皇家科学院的李约瑟及其崇拜者坦普尔分别在《中国科学技术史》与《中国创新精神》中强调，尽管古代中国有多项发明是世界第一，但为什么近代自然科学和工业革命都起源于欧洲而不是中国？这是近代中国的政治环境所造成的。

郭有遹（2012）[1]在《创造心理学》中根据其编制的"中国创造者评鉴量表"，筛选

————

[1]　郭有遹：《创造心理学》第三版，北京，教育科学出版社，2012。

中国历史上 667 名天才（画家 234 人、文学家 204 人、哲学家 109 人、科学家 120 人），发现这些人分布在初唐、晚明至清初等九个时代，其中大部分都是在一个朝代的鼎盛时期或鼎盛时期之后。

进入 21 世纪后，我国由于要建成"创新型国家"的政治环境，所以在"创新、开放、绿色、共赢"的国策中，创新是第一要素。习近平总书记指出："创新是引领发展的第一动力。抓创新就是抓发展，谋创新就是谋未来。适应和引领我国经济发展新常态，关键是要依靠科技创新转换动力。"因为有了这个政治环境，所以在我国减少了或破除了利益固化的阻力和樊篱，把尊重知识、尊重人才、尊重创造落到了实处。连美国媒体《华盛顿邮报》（2015 年 7 月 15 日）都感叹"中国'创新热'令人印象深刻"。

由此可见，政治环境的主导者是政府，是政权。政治环境会影响到每个人的生活，当然会影响到人们的创造性。政局稳定，国家富强，人民安居乐业，就会给个人或组织（单位）营造良好的环境。于是，近 20 年来，我国海洋科学、核科学等领域取得"零"的突破，大大提升了我国综合国力和国际影响力。我国医学领域在解决人类严重传染疾病方面有了实质性的突破。我们在第一章开头篇就谈到我国航天领域的研究已经能够应用到人类的各个领域。我国建造了世界上最大的射电望远镜，"天舟一号"成功实现在轨补加推进剂，我国自制航空母舰正式下水，4500 米载人潜水器开始水池试验，大型客机 C919 成功首飞，大型水陆两栖飞机 AG600 即将陆上首飞等。由此可见，政治环境是一个国家创造性发展的最大动能。

二、组织环境

组织是指人们为实现一定的目标，互相结合而成的团队、集体或团体，又称本单位环境或外系统环境和中系统环境。自从熊彼特 100 年前提出组织创新的概念以来，创新理论与创新实践得到长足的发展，越来越多的研究指出，创新或创造性不再只是企业管理人员和研发人员的专利，还是全体员工的共同行为。员工创造性是组织创新的基础。

先来谈三个例子：

一是"两弹一星"精神。"两弹"中的"一弹"是原子弹，后来演变为原子弹与氢弹的合称，另"一弹"是导弹；"一星"则是人造地球卫星。1964年10月16日，中国第一颗原子弹爆炸成功；1966年10月27日，中国装有核弹头的导弹飞升爆炸成功；1967年6月17日，中国第一颗氢弹空爆试验成功；1970年4月24日，中国第一颗人造卫星（东方红一号）发射成功。今天我们都在称赞并高度评价"两弹一星"的功臣，他们是了不起的科研组织者，他们是永垂不朽的伟大科学家群体。尽管今天他们中的绝大多数已经离开了我们，但是他们的精神，即"两弹一星"的精神永远激励着中国人的创造性。当时我国的经济条件极差，环境因素也很不理想，知识分子的地位也不高，但我们的前辈为什么能够创造世界的奇迹呢？这源于他们的信念、理想和责任心，源于他们的爱党爱国主义的精神。这种"两弹一星"精神，是组织环境中最高的境界。

二是我们所关注的民营企业家。以华为为例，2016年8月，全国工商联发布"2016中国民营企业500强"榜单，华为以3950.09亿元的年营业收入成为榜首；同年8月，华为在"2016中国企业500强"中排名第27位。三十年前，世界上没有华为；三十年后，全世界都知道华为。华为的成功，与任正非及其所在的组织环境因素密不可分。华为实行轮值首席执行官（CEO），由几位高管轮值出任；主张以客户需求为导向，开展有价值的创新，反对为创新而创新；坚持开放、包容和鼓励试错，每年拿出大量经费用于研发，与全球诸多大客户包括沃达丰等运营商建立了28个联合创新中心；反对个人英雄主义，主张团队作战，"胜则举杯相庆，败则拼死相救"；让企业员工和合作伙伴有"获得感"，正如任正非所言："华为企业文化建立的一个前提是要建立一个公平、合理的价值评价体系与分配体系。""咱们崇尚雷锋、焦裕禄精神，并在公司的价值评价及价值分配体系中体现，决不让'雷锋们''焦裕禄们'吃亏，奉献者定当得到合理的回报。"所有这些都对华为的成功有重要影响。

三是我们自己的单位。北京师范大学发展心理研究院是一个优秀的创新组织，它隶属于学校心理学部。多年来，它的科研创造力不仅在北京师范大学位居前茅，而且作为教育部人文社会科学重点建设基地，在154家重点基地中，被评为第二名。它既能将创新成果发表在国内外重要杂志上，尤其是 SCI&SSCI 高影响杂志上；又能用其咨询报告，被中央政治局常委与委员批发；它获得大量的应用性科研成果，如为教育部制定学生发展核心素养，在全部 26 省市设置教改实验点提高广大中小学教育质量，在抗震救灾过程中不仅获得突破性的实践成果，而且将其经验用科研报告的形式在国际重要杂志发表了 30 篇引起国际同行关注的研究报告。它研究教师心理，尤其是倡导中小学教师参加教改科研的理念，获得全国优秀教师的响应。

需要说明的是，任何事业单位和企业的创新都是各种复杂因素（如组织环境、社会政治经济环境、企业所处的发展阶段等）综合作用的结果，为了阐述方便，我们这里仅仅强调了组织环境因素的作用。

以上三个例子体现了组织环境与创造性的关系。我们在研究中有三点体会：一是组织的决策要科学且人性化，特别是评价与奖罚制度要合理，所培养的员工要有如社会心理学家张志学教授所提出的"成功人士的特征：境界、胸襟、抱负、思想、能力、气魄、毅力、谋略"；二是组织人员在创造性活动中起着关键作用，进而推动组织成员创造性潜能的发挥；三是要有资源，"巧妇难为无米之炊"，这是全世界的共识，因此充足的资源和技术等物质条件在组织环境中显得十分重要。

三、家庭环境

家庭是由婚姻、血缘或收养而产生的亲属间的共同生活组织，它是典型的微系统环境或微观环境。家庭成员之间以感情为纽带，家庭环境对人的影响，尤其是父母或其他年长者在家庭中对儿童、青少年的教育有长效作用。

（一）国际认识

在创造性与家庭环境关系研究中，国际社会上有一种家庭动力理论，认为一个人是否做出创造性的成就，与他的出生顺序、性别、种族、家庭规模大小、社会经济地位、与父母的关系、遗传气质都有关系，这些影响因素之间存在相互作用的曲线关系。在家庭动力理论中，有一个进化模型，认为孩子为了获得父母的关注，在家庭中产生了分化的、相互区别的小生态环境。我们在研究中的实证材料没有发现出生顺序、性别、家庭规模等因素的作用，自然科学家、社会学家和企业家等创造人才更多提及的是父母教养态度。第八章会提到拔尖创新人才的成才环境是鼓励性的、支持探索的，就是指家庭能够提供一些智力上的支持，或是家庭环境是宽松的，即允许童年的自由探索。

关于创造人才成长的阶段，国际上有三位心理学家对家庭与创造性发展有过论述，他们是高文、维果茨基和布卢姆。其中高文和维果茨基的研究结论是在理论分析的基础上产生的，高文整合了皮亚杰的认知发展阶段与埃里克森的情感发展阶段的划分，提出了家庭教育中认知与情感发展的整合阶段模型；维果茨基关于家庭促进创造力发展阶段的思想是经过斯莫卢查整理与重构提出的，这一理论是一个关于创造性想象的发展模型。二者的共同点是，他们对创造人才成长阶段的观点是基于心理发展的理论分析，不是基于对各种科学或企业创造人才成长历程的实例分析。从前述家庭对创造人才心理特征、创造过程以及成长历程的分析来看，创造力尤其是做出创造性成就要比想象力及想象力的发展复杂得多。布卢姆的创造力发展阶段理论中所提出的阶段非常简单，将创造力的发展分为才能发展早期、中期和后期，而且主要关注才能的形成与发展，不关心情感的发展。

（二）我们的研究

我们在创造性人才成长研究中，提出一个包括五阶段的模型，本书第七、第八章会展开分析，而在这一模型中，前两个阶段与家庭密切联系，促进了个体主动性的发展，后几个阶段是作为一般成就基础的特征发展的阶段，以领域知识的积累、技能的形成以及创造性工作为主，但也离不开前两个阶段的基础，离不开家庭的影响。

我们在关于拔尖创新人才的研究报告中，提过一个"生活事件"的概念。生活事件是指发生在个体的成长过程中对个体产生深远影响，并直接或间接影响到创新人才创造过程的事件旺达，是创造者本人知觉到的事件，包括不同成长阶段的重要他人、事件，以及当事人与外界的关系。人生不同时期的重要生活事件不同，这些不同时期的生活事件最终都会被个体整理成为个人的人生经验，并对后来的生活产生深远影响。在我们的研究中，家庭创造产生重大影响的生活事件。因此在分析各个阶段的影响因素时，我们都会分析重要他人即家庭成员与个体的关系以及其对个体创造的主动性发展或一些成就基础形成的影响。

在自我探索阶段，创造人才成长的重要他人是父母和教师。父母与教师的鼓励、赞扬和宽容使儿童展开心灵的翅膀、张大好奇的双眼探索世界和自我的重要心理环境。通过这段时间的探索儿童的好奇心得到极大的满足，同时更多的秘密吸引着他们进一步去探索。在从事的许多活动中他会慢慢发现自己哪些方面比较擅长，从而在获得愉快感的那些活动中投入更多的精力。这一时期也是奠定人生观基础的重要时期，父母明确地告诉孩子一些人生的道理，如"要做一个有用的人""美好的生活要靠劳动来创造"，更重要的是他们认识到努力与美好生活的关系，因而这一时期是个体主动性形成的重要时期。当然，在创造性人才的成长过程中，家庭教育的方式是不一样的，钢琴演奏家傅聪被誉为"钢琴诗人""杰出天才艺术家"，但他从小接受的是"虎爸"教育。他的父亲傅雷曾在给他的信中写道："孩子，我虐待了你，我永远对不起你，我永远赎不了这种罪过……"为了让傅聪"第一做人，第二做艺术家，第三做音乐家，最后才是钢琴家"，父亲对他严苛残打。可是我们在自然科学家、社会科学家与企业家的调查中，却有半数以上的拔尖创新人才在家庭教育中是受到严慈相济或民主作风的良好教育。因此，严是一种良好教育，爱也是一种良好的教育。

（三）我们的个案研究

我们团队的张景焕、王静和贾绪计对钱学森先生、钱锺书先生和宗庆后先生所受的家庭教育与其创造性的关系进行了个案分析。

1. 钱学森的科技人生

我们采用《中国航天之父：钱学森》（江来，肖芬，2011）[1]和《蚕丝——钱学森

---

① 江来，肖芬：《中国航天之父：钱学森》，北京，中国少年儿童出版社，2011。

传》（张纯如，2011）①为材料来源，说明家庭环境对杰出科学创造人才成长的影响。综合这些材料分析发现，钱学森拥有良好的家庭经济条件，表现在父亲拥有较高的受教育水平，接受过国外文化的熏陶，从事与教育有关的、体面的工作，母亲也受过良好的文化熏陶。良好的家庭经济与社会背景条件使父母有更多精力和经济基础以合适的方式培养他们的子女。

钱学森的父母愿意花时间来陪伴他，并采用自主支持、民主的方式教育他，发展他的兴趣。同时，也为钱学森提供了良好的文化环境，让他在智力上不断经受挑战，不断获得新的经验。父母对钱学森寄予了较高的期望和要求。"钱学森的父母希望自己唯一的儿子成为一名学者，为社会做出长远的贡献。"

父亲的自主支持激发了钱学森的想象力、独创性，培养了钱学森的兴趣爱好。"钱家父母喜欢激发儿子的好奇心，鼓励钱学森追求自己的兴趣爱好。他们用很大精力培养孩子，抽出时间陪孩子玩儿，给孩子买低幼读物，看图画，学认字，培养孩子的兴趣。""钱学森是一位业余标本制作家，爱好音乐，兴趣广泛。""敢于质疑权威。"父母的行为控制帮助钱学森养成了良好的行为习惯和思维习惯。"父亲对儿子的管教十分严格，从小培养他良好的学习习惯和生活习惯。每天早晨按时起床，晚上按时睡觉。上学的时候一定要衣帽整洁，书包要整理得井井有条。回家以后，帽子、外衣、书包，不能乱扔乱放，有一定的规矩。做作业、写字、背书等都要一丝不苟。"这种周密、严谨的作风在他身上保持了一生。

由此可见，父母的自主支持和行为控制影响了钱学森的兴趣、爱好、开放性和行为、思维习惯，对他人格特征的养成和创造力的发展产生了重要影响。

2. 钱锺书的书香气质

著名学者钱锺书一生成就非凡。他的小说《围城》令人拍案叫绝，蜚声世界；他的诗话《谈艺录》知识广博，论述严密，开创了中国比较诗学的先河；他的学术巨著《管锥编》气魄宏伟，又独创新见，给学术研究、文化研究开辟了一个新的方向。我

---

① 张纯如：《蚕丝——钱学森传》，鲁伊，译，北京，中信出版社，2011。

们以孔庆茂的《钱锺书传》(孔庆茂,1992)①和吴泰昌的《我认识的钱锺书》(吴泰昌,2005)②为材料,分析家庭教育对其创造性成就的影响。

钱锺书出生于书香世家,祖父是当地受人尊敬的乡绅,大伯父是个很有才气的人,书法非常好。钱锺书的父亲就是一位大学问家,对其从小就严格要求,敦促学业。这样一个旧式文人家庭很注重国学教育。充满文墨气息的家庭环境对钱锺书也形成了潜移默化的影响。"他小小年纪已经在点读《尔雅》《毛诗》《唐诗三百首》了。钱家有一个良好的家风,对学校里布置给孩子的作业多不过问,课外却为他们再布置一些学习内容,如读文史著作、写议论文章。良好的家学渊源与'谈笑有鸿儒,往来无白丁'的家庭环境对他的发展极为有利。钱锺书四岁时,由大伯父教他识字。"

在这种家庭氛围的影响下,钱锺书对读书产生了浓厚的兴趣。书籍是始终伴随其左右的虚体人物,不论何时何地,钱锺书总不忘阅读,正是他的博览群书,博闻强记,使他取得非凡成就。"锺书在七岁以前已囫囵吞枣地读完了家中所藏的《西游记》《水浒传》《三国演义》等古典小说名著。对小说产生了深厚的兴趣。往往一坐就是两三小时,读得津津有味,连回家也忘了。后来他开始迷上了外文原版小说,一本接一本阅读,看得很快且很有兴趣。动力来自兴趣,完全凭着对文学的热情与天赋。常常把古今中外的学问做'比较'或'打通'的研究,也许正是小时候培养起的兴趣和习惯的发扬光大吧。"这种兴趣伴随他一生,成为他最直接的动力。他从小就表现出卓尔不群的记忆与对文字的敏感天赋。"记忆力很好,一回到家中便能把书上的内容原原本本讲给两个弟弟听。他不仅记忆力好,口才好,还善于想象和联想,常常思考一些'可笑'的问题。他从小就善于在阅读中前后联想对照比较。阅读了《圣经》《天演论》等不少的西方文学、哲学原著,英文成绩突飞猛进。他的英文完全自学,既不能归于家教,也不能说得益于听课,而是他语言天赋的体现和大量阅读外文原版书的收获。凡浏览过一遍的书,他几乎过目不忘。"

---

① 孔庆茂:《钱锺书传》,南京,江苏文艺出版社,1992。
② 吴泰昌:《我认识的钱锺书》,上海,上海文艺出版社,2005。

在学校期间，钱锺书的才华不断被老师赏识，被同学所崇拜，也被父亲夸赞，逐渐成为父亲的骄傲，这种体验大大提高了他的自尊心和自信心，确立了他在学习上出人头地的愿望，他从中发现了自己的天赋和出路，有了超越一切人的信心，这种信心又为他增添了发愤读书的动力。"取得了中文竞赛全校第七名。一个刚入校的初中新生取得了这样高的名次，这在桃坞中学是史无前例的。大受校长和老师们的青睐，把他作为重点保护对象。连外籍教师也夸奖他的英语地道纯正，不夹杂一点儿中式英语的腔调。姆妈听到后很高兴，马上就把这消息告诉了钱锺书：'阿大啊，爹爹称赞你呢！说你文章做得好。'锺书高兴得简直要蹦起来。钱氏兄弟俩以绝对优势压倒高年级优秀生，在校内引起了极大轰动。"这相当于人才成长的才华展露期。

由此可见，钱锺书早期所接受的良好家庭教育与熏陶，使得他的志趣得以培养与表现，并且从小就感受到了才华展露初期的成就体验。

3. 宗庆后的创业人生

宗庆后先生是改革开放以来中国第一代创业型民营企业家的典范人物。他一手创办的娃哈哈集团，目前已经发展成为一家集产品研发、生产、销售为一体的大型食品饮料企业集团，为中国最大的饮料生产企业。2010年，宗庆后先后被福布斯全球富豪榜、胡润百富榜、福布斯中国富豪榜评为内地首富，胡润特别评价说"这是中国第一次有'饮料大王'成为全国首富"。2012年，宗庆后再次登上福布斯中国富豪榜首富位置。2016年，胡润全球富豪榜中，宗庆后家族财富位列中国大陆第三。

宗庆后出生时家庭条件比较差，对于儿时的记忆，就是吃了上顿没下顿，很苦的。艰苦的生活，让天生内向的宗庆后总是默默地看着母亲为家操劳忙碌着，每天工作12小时以上，没有时间和精力陪伴自己，因此，宗庆后很小的时候就学会了独立。母亲经常教育他"做人要有志气，不怕吃苦；做人要老老实实，工作一丝不苟；做人要厚道，不怕自己吃亏"。当宗庆后带着年幼的弟弟羡慕地看邻居家孩子吃糖时，母亲严厉地给他们定下规矩：以后再看到别人吃东西，不许停留，要立刻离开。母亲告诉他："弟弟们年纪还小，肯定无法控制自己。身为哥哥的你，必须严格要求自己，给弟弟们做个榜样，并要管好两个弟弟。"（迟宇宙，2015）①童年的这些经历，虽然没有直接促进宗庆后的创造性，但锻炼了他的独立性、自制力和坚持性等优秀品质，这对于日后创造性成就的取得有重要影响。

最后，综合国际与我们团队的研究成果，为了更好地创设有利于子女发展的家庭环境，我们提出了五项建议：一是处理好家庭教育与学校教育和社会教育的关系，努力把子女造就成社会需要的人才；二是处理好养育与教育的关系，家庭教育也有德、智、体、美的要求；三是处理好夫妻关系与亲子关系、父教与母教的关系，一个完满的家庭在一定意义上有利于子女包括创造性在内的人格的发展；四是处理好家庭的传统性与现代性的关系，重视对子女非智力因素或情商的培养；五是家庭教育也要有原则与策略，如正面教育和积极引导，严慈相济，循序渐进，以发展的观点看孩子等。我们的建议来自我们对创造性心理学其他课题的研究。

第四节

和谐的环境是创造性发展的保证

推进科技进步，努力提高自主创新能力，这是建设创新型国家，促进国家发展的战略核心，是提高综合国力的关键，是应对国际经济形势深刻变化的必然选择。而创造性发展与自主创新，需要一个民主、和谐的环境。这就是党中央提出的建设和谐社会的要求。2010年中国科技技术协会在福州市召开了第12届学术年会，主题为"经济发展方式转变与自主创新"。我在该会的分会上做了《心理和谐是经济发展方式转变与自主创新的保证》的报告。我把报告稿作为我们学术团队重视和谐社会与创造性发展的关系，提出心理和谐是创造性发展的重要保证的一次理论性尝试

---

① 迟宇宙:《宗庆后：万有引力原理》，22 页，北京，红旗出版社，2015。

（林崇德，刘春晖，2011）①。

在今天和谐社会的大环境下，如何从心理学的角度促进创造性的发展，更好地进行自主创新人才的培养，是一个值得探讨的问题。心理和谐为的是构建和谐社会。十六届六中全会在关于"构建社会主义和谐社会若干重大问题决定"中首次阐述了社会和谐与心理和谐的关系，并指出："注重促进人的心理和谐，加强人文关怀和心理疏导，引导人们正确对待自己、他人和社会，正确对待困难、挫折和荣誉。加强心理健康教育和保健，健全心理咨询网络，塑造自尊自信、理性平和、积极向上的社会心态。"从中可见，心理和谐是社会和谐的基础，特别是自主创新的精神基础和人文保证也必然会促进创造性发展。

一、心理和谐是社会和谐发展的基础

和谐主要指的是处理与协调好各种各样的关系。和谐社会的三空间是指自我关系、个人与他人关系和个人与社会的关系。心理和谐与社会和谐是统一的，一个人如果能够处于正确对待自己、他人和社会，正确对待困难、挫折和荣誉的心理健康状况，那么他就拥有和谐心理。从心理和谐的角度说，围绕和谐社会的三个空间，我们必须处理好、协调好以下六个关系：人与自我的关系、人与他人的关系、人与社会的关系、人与自然的关系、软件与硬件的关系以及中国与外国的关系。正确处理这六大关系是建构中国和谐社会的基础，也是社会和谐发展的保障。

（一）人与自我的关系

心理和谐首先要求处理好人与自我的关系，人与自我的关系主要涉及自我修养的准则。每个人的心理和谐是以自我和谐为基础的，"信心"是人与自我关系的首要因素，它是指相信自己的愿望或预想一定能够实现的心理。对于个人乃至国家来

---

① 林崇德，刘春晖：《心理和谐是经济发展方式转变与自主创新的保证》，载《北京师范大学学报（社会科学版）》，第1期，2011。

说，信心是事业成功的保证，是自我成长的动力。所以党和国家领导人一再强调"我们有信心、有能力、有条件"建设社会主义强国。心理学中有一个名词叫"自我效能感"，意思是人们对自己是否能够成功地进行某一成就行为的主观判断。自我效能感的增强保证了人对自我的认同，进而使人更好地完成自己的工作，完善自我，发展自我。自我效能感在某种程度上可以用信心来表示，一个人对自身能力的肯定，对达成创造性结果的预期越准确越自信，就更能发挥自身创造性的潜力。

（二）人与人的关系

人与人的关系又称为"人己关系"，主要涉及个人与他人的关系，包括朋友、同伴、同事、敌我、同志、亲子、上下级、长幼等之间的关系。心理和谐要求人们正确对待自我与他人的关系，形成良好的人际关系。良好的人际关系是和谐社会的一个重要特征，也是人与社会和谐的重要组成部分，它促使个体对组织或群体环境产生归属感、安全感，继而达到自身的心理和谐状态。正因为有了归属感和安全感，人们才能更好地进行沟通，建设高效率的团队，进行团队合作，从而发挥每个人的创造性潜力。从团队之间的角度考虑，为了保证社会和谐发展，必须防止违背道德的经济竞争模式，从而形成一套和谐、良性的竞争方式。因此，努力营造一种理解、友爱、多赢的人际环境的氛围是正确处理人与人关系，促进社会和谐发展的必要条件。

（三）人与社会的关系

心理和谐不仅要求人们正确地对待自己、他人，也要重视和社会的关系。这种关系即"群己关系"，它构成政治环境的基础，包括个人对国家、民族、阶级、政党、社团、集体等关系，爱国主义是人与社会关系的核心。只有处理好人与社会的关系并树立国家意识，才能自觉地捍卫国家主权、尊严和利益，才能具有文化自信，才能传播弘扬本民族的优秀传统文化和社会文化，才能对国家、政党和政府产生信任感，自身也能更好地达到心理和谐的状态，从而为建设和谐的社会贡献自己的力量，也能发挥出最大的创造性潜力为国家服务。

（四）人与自然的关系

人与自然的关系，主要涉及人类对自然进行认知和自然环境对人的心理及其发展产生影响的问题。粗放式的经济发展方式存在着明显的问题。例如，过度消耗资源造成资源紧缺，污染环境导致生态环境恶化等，都反映出人与自然关系的不和谐。如果我们持续处于这种人与自然不和谐的状态，那么最终人与人的关系、人与社会的关系也将受到影响，不仅人们的心理和谐难以达到，和谐社会也将难以实现。因此，正确处理好人与自然的关系，有效地、合理地利用自然、开发自然，才能促使经济发展方式的转变，从而达到"天人合一"的境界。而达到这一境界有助于我们快速开发自然创造性的潜力，进行绿色发展方式，创建和谐社会。我们在阐述环境与创造性的关系时，主要在分析社会环境与创造性的关系，而很少涉及自然环境与创造性的关系，其实自然环境与创造性的发展密切相关。首先，人类创造是从改变自然开始的，我们在第一章和第三章都谈到了这一点；其次，今天的社会创新和创造仍与自然环境相关，且不说改造自然环境，我们创新创造时的资源也往往来自然；最后，自然环境又是文艺创作的源泉，古今中外，哪篇诗词不描写自然美景，哪部小说不对自然情境做描述。由此可见，处理好人与自然的关系，不仅是社会和谐的基础，也是创造性发展的重要保证。

（五）软件与硬件的关系

北京师范大学可能是全国"师范大学"中面积"最小"的一所，从而使其所拥有的硬件设施有一定限制，但在全国高校排名榜上，我校总能在第十名上下浮动。我们加强软件建设，提高教学和科研的软实力，突破硬件限制，正确地处理了硬件与软件的关系。从中我们体会到，坚持以人为本的原则、调动人的积极性的重要性，也体会到充分利用心理和谐在提高创新能力中的重要作用的益处，只有心理和谐了，人们才能潜心学术，发挥主观能动性。处理好软件与硬件的关系，有利于营造鼓励创造性的环境，以便培养造就世界一流科学家和科技领军人才，使创新智慧竞相迸发、创新人才大量涌现，使我国科技软实力大幅度提高，形成和谐经济社会。

（六）中国与外国的关系

今天的世界极不太平，从中国社会和谐发展的角度来讲，我们需要一个和谐的世界。推动建设和谐世界，是中国坚持走和平发展道路的必然要求，也是实现和平发展的重要条件。基于"和谐世界"的理念，我国提出了"和谐外交"的政策。这一政策主张通过国际合作解决各国的共同问题，增强联合国的作用，致力于确立新的国际政治经济秩序和环境。它体现了我国目前处理与外国关系的态度，正是在这种和谐外交的方式下，才有可能建立和谐世界，从而在和谐的大环境中保证中国建成创新国家，富国强民。

二、心理和谐为社会的和谐发展提出了新的指标体系

当我们谈到社会和谐发展时，仅仅用国内生产总值和国民生产总值够不够？答案是否定的。尽管国内生产总值和国民生产总值能够从某种程度上代表经济发展的水平，但在建设和谐经济社会的过程中，仅仅关注生产总值是不够的，更要结合一系列的人文指标，才能更好地、综合地评价经济社会和谐发展的程度。一个和谐的社会不仅需要对经济发展的速度和水平进行测量，更要结合对人类发展的人文和社会因素进行客观的评价和衡量。国际社会从20世纪60年代以后，就不断提出一系列的人文指标，而心理和谐是要求人们重构关于中国社会和谐发展的指标体系。目前，在与心理和谐相关的指标中，有利于评价社会发展和人民健康幸福的指标主要有以下几个。

（一）人类发展指数

该指数的目的在于展示一个国家是如何使其国民长期享受健康生活的，它由寿命、受教育程度以及生活水平3个指标构成。寿命以出生时的预期寿命测量；教育程度以成人的识字率（占2/3权重）和国民受教育的平均年限（占1/3权重）来测量；生活水平以真实的人均国内生产总值测量，不过，这必须通过购买力加以矫正。如果一个国家或地区的人类发展指数大于0.80，说明该国家或该地区已处于高层次的

人类发展水平；如果处于 0.50～0.79，处于中等层次的人类发展水平；低于 0.50 则处于低层次人类发展水平。联合国开发计划署《2009 年人类发展报告》的数据显示，改革开放以来，中国的人类发展指数稳步提升，增长了近 50 个百分点，是世界平均增长水平的两倍。这说明我国人民生活水平逐步提高，生活质量有很大改善，这既是经济社会和谐发展的表现，又成为促使为和谐社会和创新或创造性发展的个人因素的基础。

（二）幸福指数

发达国家的经验证明，越是经济发达的社会，越要考虑到主观幸福感，国内生产总值和国民生产总值等经济指标并不足以评价个人和国家真正的幸福感。自此，幸福指数逐渐成为评价一个国家国民幸福程度的重要指标。作为一个非常重要的非经济因素，幸福指数是社会运行状况和民众生活状态的"晴雨表"，也是社会发展和民心向背的"风向标"，又是社会成员创造性发展的"方向标"。科学发展观的核心是以人为本。我们国家努力的方向是走共同富裕道路，促进人的全面发展，提高人民的生活水平。然而，有些地区片面追求总量增长，牺牲环境，浪费资源，甚至直接损害劳动者和人民群众的合法权益。结果是经济增长速度上去了，但人民的收入并未相应增加，有些生活质量反而下降，幸福感降低。这一矛盾就是旧有的经济发展方式与人民幸福指数的矛盾，正确解决这一矛盾的做法就是转变旧有的经济发展方式，走可持续发展的道路，建立和谐的社会环境。

（三）信任（信仰）指数

信任是对国家、政府、社会的一种深信并敢于托付的指数。通常有以下三种含义：一是指信奉，相信、崇奉并奉行某项原则；二是指信仰，对某人或某种主张、主义、宗教极度相信和尊敬，以此作为自己行动的榜样或指南；三是指信念，是指带有情感色彩的确信的认知。共同的理想信念是构建和谐社会的重要思想基础，坚定理想信念能够激励人们为构建和谐社会贡献力量。信任指数取决于党和国家领导人的威望，我国近几年来多灾多难，每当灾情发生后，党和国家领导人冒着生命危险，最早到达受灾最严重的地方，如此关心民生的举止怎么会不让百姓群众信服。当然，对国家、对政府和对社会的信任指数也与一个国家的"清廉指数"有关。尽管我国的清廉指数排名逐年上升，但并不太高，这使我们深感惩除腐败任重道远，虽然腐败仍旧是一个重大的全球难题。

（四）儿童青少年发展指数

2001 年，联合国儿童基金会制定了一个衡量儿童发展的综合指标，目的是促进 0~8 岁儿童发展，充分开发他们的认知、情感社会和体能等方面的潜力。2004 年后，联合国儿童基金会对 0~18 岁儿童青少年开展较全面的研究。儿童和青少年是我们社会的未来，是我们国家未来的栋梁，因此如何确保他们健康快乐地成长也成为和谐社会建设的一个重要任务。我们主持的国家科技部立项的科技基础性工作专项重点课题"中国儿童青少年心理发育特征调查"研究，项目的研究成果为我国儿童青少年认知健康与心理健康保障工作提供了可参照的科学标准，获得了中国儿童青少年的发展指标。在国际上，还有一个儿童青少年风险指数，可以作为一个反证，列入儿童青少年发展指数中。其内容是指一个国家的儿童青少年总数与经历风险，如身体残疾、营养不良、心理障碍、性别歧视、家庭暴力和同伴欺辱等因素的儿童青少年相对比例数。我们在研究中看到，儿童青少年的创造性发展，与儿童青少年发展指数具有一致性，而与风险指数呈负相关。

（五）教育发展指数

根据《国家中长期教育改革与发展规划纲要》（2010—2020）（以下简称《纲要》）有关的条款，我们把教育发展指数理解为一个国家或一个地区各级各类教育事业发展部署与安排的指标。该指标的重要任务是根据一定时期内国家和地方经济与社会发展战略，综合考虑经济与社会发展的需要和可能提供的条件，以及教育发展现状，确定教育发展的指导思想、目标、任务、规模、结构、投入，规定教育发展的各项指标。《纲要》提出，到 2020 年，我国要基本实现教育现代化，基本形成学习型社会，进入人力资源强国行列。这就要求我们大力发展教育，增加对教育的投入，解决教育公平问题。教育是一个国家发展的保障，办好教育也是心理和谐和社会和谐的一个重要支柱。而教育与创造性发展的关系，我们在第二节已经论证，此处不再赘述。

三、和谐社会为创造性营造了文化氛围

当前，我国正处在加速转变经济发展方式、建立和谐发展社会的关键时期，如何更好、更快地完成这一重要任务，关键是发展创造性，尤其是要提高自主创新能力。创新是心理学研究中颇为重要的概念。我们反复强调在心理学界，"innovation"（创新）和"creativity"（创造性、创造力）是同义语。不管是创新还是创造性，都在强调一种精神，它是一个民族进步的灵魂，是一个国家兴旺发达的不竭动力。创新或创造力的实质是主体对知识经验或思维材料高度概括后集中而系统的迁移，进行新颖的组合分析，找出新异的层次和交结点。如前所述，概括性越高，知识系统性越强，减缩性越大，迁移性越灵活，注意力越集中，创造性就越突出。提高国家的自主创新能力，关键是大力培养创新或创造性人才。

从创新或创造性的实质出发，创新人才既包含创造性思维即智力因素，也包含创造性人格即非智力因素。培养和造就创新人才，不仅要重视培养创造性思维（智力因素），也要特别关注创造型人格（非智力因素）的训练。

从创新或创造性的含义到创造性人才心理结构的探讨，我们能够看到，和谐社会和和谐心理是创造性的关键。原因有以下几点。

第一，营造和谐的、有创造性的文化氛围，有利于人们创新意识、创造性活动和创造性才干的发展。这就要求提高认识和内化创造力，使创新意识深入人心，形成支持型环境气氛，呈现创造性的环境气氛，激发人们的创造热情。要营造鼓励科技创新的社会氛围就必须大力倡导和弘扬崇尚创新、鼓励创新的精神，为造就一支创新型科技人才队伍、建设创新型国家提供强有力的文化支撑。要在全社会培育创新意识，大力提倡敢于创新、敢为人先、敢冒风险的精神，营造鼓励人才干事业、支持人才干成事业、帮助人才干好事业的良好社会环境。只有文化氛围鼓励创新，

社会环境和谐，人们才能处理好人与社会的关系，从而对国家、政党和政府产生高度信任，才能充分发挥自身的自主创新能力，涌现出更多具备自主创新能力的人才。

第二，我们在第一章曾指出，智力是创造力的必要条件，但不是充分条件。智力高的人群比智力较低的人群的创造力潜能要大，然而智力高的人未必有创新的意识和创造的能力，这就取决于其他的因素或"外部因素"，这种"外部因素"中最主要看是否有和谐社会、和谐心理。例如，积极的兴趣和爱好、创新的动机和成就感、导师或类似导师的人指引、交流和合作的气氛、亲人的鼓励作用、多样化的经历、挑战性的经历、有利于个体主动性发展的成长环境、有利于产生创新性观点的研究环境等，这些都是影响是否具有和谐心理的外部因素。外部因素只有适合创造力潜能的开发，才能和内部因素一起促进创造力的培养。

第三，构建新型的人际关系，促进创造性人际关系的形成，包括树立民主型的领导方式，改善领导与被领导的关系；构建"你—我"型的朋友关系，改善"人—己"关系，积极开展团队合作，强调团队精神，培养团队内良好的同伴关系，促进自主创新的发展。这与前面所讲的人与人的关系紧密相连，只有完成和谐的团队建设，保证每位成员的心理和谐，才能最大限度地发挥成员的自主创新能力，为和谐经济社会发展打下良好的基础。

第四，健全创新组织管理制度。如第三节提到，营造鼓励和谐的、创新的环境，包括重视科技人员(包括高校教师)的管理，给这些人群足够的研究时间和空间保证；重视在科研经费的管理中，给研究人员充分的经费保证，这样能够确保研究人员专心研究学术，从而有利于创造力潜能的激发；实行分层管理，消除人事管理中"一刀切"问题对创造力的不利影响；形成创新评价制度，解除当前贯彻创新教育理念的束缚。

四、"人文关怀，心理疏导"的心理和谐方法为社会发展与创造性扫除了障碍

我们要注重人文关怀和心理疏导，用正确方式处理人际关系。人文关怀是关

心、爱护、尊重人；心理疏导是遵循人的心理活动规律，通过解释、说明、沟通等方式，疏通人们的心理障碍。人文关怀侧重满足人们多层次、多方面的感受和需求，心理疏导则侧重解决人们的心理障碍问题。二者相辅相成，互为补充。注重人文关怀和心理疏导，帮助人们解除思想困惑、疏导情绪，有助于缓解人的心理压力、促进人的心理健康和心理平衡。这两种途径都是建设心理和谐乃至社会和谐的方法，只有正确运用这两种方法，才能为社会创造性发展扫清心理上的障碍。心理和谐则要求我们从人文关怀和心理疏导的角度关注中国社会面临的现实问题，加大对一些特殊群体的关注，关注他们多层次的心理、情感需求。只有通过"人文关怀，心理疏导"的方法达到和谐心理，才能为经济社会发展与自主创新扫除各种障碍。

今天，应该给予哪些人群"人文关怀"呢？

一是应重视学生的心理行为问题。他们是未来的创造性群体，儿童青少年强，国家才能发展创造性。作为教育工作者，我们把关注焦点首先集中在学生的心理行为问题上。当今社会，随着竞争压力逐年增大，学习压力也随之增大，学生经常会出现一些心理行为问题，主要表现三方面：①人际关系的问题；②学习问题，如考试焦虑、厌学情绪等；③"自我"问题，青春期处于整合自我同一性时期，因此会对自我存在的价值产生疑问，可能随之出现情绪问题。这些都需要教育工作者和心理学工作者通过正确的引导，不断避免和克服上述心理行为问题。

二是要重视严重的心理障碍症，防止创造性人群被心理障碍困扰。在社会上，人文关怀的重点是做好高校毕业生、农民工、就业困难人员就业和退伍转业军人就业安置工作，解决他们一系列的心理问题，只有这样才能保障和改善民生，促进社会和谐进步。与此同时，对于社区来说，我们给予人文关怀的主要对象是患抑郁症的病人，要和医生配合，防止患者有自杀的倾向；对于学校来说，我们给予人文关怀的主要对象是有抑郁倾向的青少年，做好这一些青少年的预防、咨询和初步治疗工作。

三是关怀儿童青少年中的弱势群体，他们蕴藏着创造性潜力。儿童青少年中的弱势群体，主要有以下几种：①留守儿童青少年。如何使留守儿童青少年保持心理的和谐和健康，摆脱孤独感等，是我们要面对的新要求和新挑战。②流动儿童青少年。如何使从农村进城市的儿童青少年更好地适应城市生活、融入社会，以及他们的教育安置问题，也是我们面临的新要求。③离异家庭儿童青少年。当前，父母婚姻破裂的离异家庭儿童青少年的心理发展和教育已成为一个世界性的社会问题。④贫困儿童青少年。我们要积极促进教育公平，大力加强素质教育，更加注重教育的普惠性，推动公共教育资源向农村、中西部地区、贫困地区、边疆地区、民族地区倾斜。⑤艾滋致孤孤儿。应加强对这一群体的研究，促进他们的身心健康发展，这是和谐社会人文关怀的一个重要方面，也是心理学工作者应尽的义务。

四是注重灾后受灾群体的心理疏导，以防灾害给受灾群体的创造性带来损害。举国震惊的"5·12"特大地震、"4·14"玉树地震以及"8·7"舟曲特大泥石流等自然灾难都给广大人民群众造成了难以平复的心理创伤。在党中央国务院的领导下，我国对受灾人群进行心理疏导和干预工作，尽可能将灾难带来的影响降到最小，减少心理疾病的发生以及对心理社会功能的后续影响。如何分阶段对受灾人群进行适当的心理干预？北京师范大学心理学工作者正承担着教育部重大社科攻关项目，深入研究，积极工作，为的是更好地为社会实施"人文关怀"提供科学的依据。"人文关怀，心理疏导"的最好手段是开展心理健康教育。

在社会发展方式的转变与创新型国家建设中，特别是自主创新的过程中，会遇到一系列来自客观或主观的障碍。"人文关怀，心理疏导"会帮助我们克服障碍，有利于形成创新型氛围，保证我们尽快完成社会发展方式的转变和创造性的发展，从而营造一个创新型的、和谐的社会环境，培养出更多的具有创新性的、心理和谐的创造性人才，进而建设或创新型国家。

06

创造性的
生物学基础

从认知神经心理学的发展角度来说，创造性可理解为人类特有的一种信息加工能力，它是推动人类文明不断进步和发展的核心要素。但对个体而言，历史的观察和实证研究都提示人类的创造性存在着极大的个体差异。例如，爱迪生一生拥有超过 2000 项发明，他发明的电灯对世界产生了重大而深远的影响。但更大量的个体可能一生都是在利用别人发明的产品进行重复劳动。

鉴于创造性对人类社会进步的巨大推动力，心理学家们一直在努力探究：为什么部分个体具有极高的创造性？高创造性个体有什么样的认知和生物学特征？如何通过各种干预包括教育提高个体的创造性？本章主要从生物学角度来阐述学术界在创造性个体差异方面的研究。

第一节

创造性生物学基础研究概况

生物学是研究生物的结构、功能、发生和发展规律的学科。对创造性而言，"生物学基础"指的是人这一客体在结构、功能、发生和发展规律上那些与创造性有关的特征。因此，理论上，高创造性人群和低创造性人群在人体解剖结构、生理功能与生化指标、基因编码和表达等方面表现出来的差异性或是创造性思维时人体生理生化的特异性反应都属于创造性生物基础的研究范畴。事实上，受制于研究技术或是其他原因（如指标的不稳定性等），迄今为止，这一领域的研究多数围绕"脑"这一研究对象展开。因此，本节主要介绍创造性神经基础方面的研究成果，简单概括创造性在人体其他结构和功能方面的特异性表现，而分子遗传学方面的内容放入本章第三节作为"展望"来介绍。

受研究技术的局限，创造性神经基础的研究在20世纪90年代以前进展缓慢。最初，人们只能通过观察和归纳在真实世界中表现出高创造性个体的头部形态结构特征来尝试解析这一问题，即以貌取人。源于18世纪末期的德国的颅相学可以算作类似的尝试；而在中国，民间也一直有"额头饱满者聪明"的传说。这类说法或观点，并不完全符合现代科学所呈现的证据，但现代科学已发现脑特别是前额叶与人类高级思维活动密切相关。因此这些观点还是有一定的朴素唯物性的。

病理学尸体解剖法的出现为这一领域的研究提供了比较科学的研究手段。但鉴于这一方法的特殊性，研究进展依然缓慢。例如，20世纪50年代，美国病理学家托马斯·哈维试图运用病理学的尸体解剖法，通过对科学家爱因斯坦大脑的研究来揭示高创造性和脑结构间的关系。爱因斯坦于1955年逝世后，哈维医生悄悄把他的大脑切成240片保存了下来。哈维医生和后继的学者们分析了他大脑的重量、沟回的形状特征和大小、神经细胞和神经胶质细胞的数量等脑的结构特征。结果也确实发现了一些不同于普通人脑的指标，如爱因斯坦的脑重为1230克（76岁逝世时，低于人类1375克的平均脑重）；他的脑细胞数量多于常人，星形胶质细胞突起比较大等。但是，人们可否因此推断"这些异于常人的脑形态特征决定了爱因斯坦的高创造力或是创造性成就"？答案是否定的。因为，我们不能确定爱因斯坦表现出高创造性成就的成年早期的脑是否也和普通人的脑存在上述的形态差异，也不能确定爱因斯坦成年期的脑结构是否和老年期的脑结构完全一样。事实上，人脑的结构和功能也是随着个体生物年龄的增加而逐渐成熟又转而逐渐退化的。人脑正常老化是所有试图通过尸体解剖方法解决科学问题的一大障碍。

一、创造性与脑的结构和功能关系

20 世纪 90 年代无创性脑功能成像技术的问世极大地推动了这一领域的研究。学术界出现了大量探讨创造性思维（或称状态创造力）和创造性（或称特质创造力）与人脑结构和功能间的关系的研究报道。下面主要根据自变量和因变量的不同对这一领域的成果进行分类阐述。

（一）创造性思维（发散思维）过程的脑活动和连接模式

这方面的实验结果根据数据采集的实验技术可归为两类，一类是基于脑电的数据，另一类是基于核磁共振信号的数据。基于脑电数据的实验结果一致性较高。目前认为，创造性思维时脑电 alpha 波功率增加（Fink & Benedek，2014）[1]。卢斯滕贝格等（C. Lustenberger，et al.，2015）[2]的因果性实验设计更是为这一结论提供了强有力的支撑。他们在成人被试的前额进行电刺激或是假装电刺激的同时让被试完成托兰斯创造性思维测试（TTCT）。实验发现当在双侧额叶施加 10 Hz 跨颅交流电刺激以加强 alpha 功率时，被试创造性增加；但当在额叶施加 40Hz 跨颅交流电刺激时被试的创造力则无变化。

理论上，创造性思维产生原创性的观念或是产品。这一产生过程离不开新联系的生成和自动的普通反应的抑制。因此，与认知控制和抑制有关的脑区及与联想思维有关的脑区可能在创造性思维中起重要作用。另外，新联系的生成基于记忆中提取的旧信息，因此与记忆有关的内侧颞叶应该也参与创造性思维过程。实践中，大量研究也确实发现，创造性思维主要与前额叶执行控制系统和默认网络的功能有关（Mayseless & Shamay-Tsoory，2015；[3] Heinonen，Numminen，& Hlushchuk，et al.，

---

[1] Fink, A. & Benedek, M., EEG alpha power and creative ideation, *Neuroscience and Biobehavioral Reviews*, 2014, 44, pp. 111-123.

[2] Lustenberger, C., Boyle, M. R., & Foulser, A. A., et al., Functional role of frontal alpha oscillations in creativity, *Cortex*, 2015, 67, pp. 74-82.

[3] Mayseless, N. & Shamay-Tsoory, S. G., Enhancing verbal creativity: Modulation creativity by altering the balance between right and left inferior frontal gyrus with tDCS. *Neuroscience*, 2015, 291, pp. 167-176.

2016①；Kleibeuker，De Dreu，& Crone，2016②），并认为默认和执行控制网络间的相互作用构成限制观念产生时的反应抑制的基础（Beaty，Christensen，& Benedek，et al.，2017）③。例如，贝内德克（Benedek）等发现创造性观念的生成（发散思维）与左前额和右内侧颞叶的广泛激活及右颞顶联合区的去激活有关。吴等（C. Wu 等，et al.，2016）④发现数字类比推理中规则的发散产生与左右额中回的 BA10、左顶下叶的 BA40 和额上回的 BA8 的显著激活有关。维拉里尔（M. F. Villarreal，2013）等⑤的研究结果也提示前额叶和旁边缘叶（如岛叶）的激活与音乐创作能力（领域特异性创造性）有关。皮尼奥（A. L. Pinho）等（2016）⑥的研究也为前额叶参与音乐即兴创作提供了证据。瓦塔尼安（O. Vartanian）等（2014）⑦发现通过睡眠剥夺暂时损害额叶功能可导致被试在发散思维测试中流畅性得分减少，这也从另一维度间接地证明了额叶和创造性思维的紧密关系。

　　语义和语义记忆相关脑区参与创造性思维的观点也得到了不少实验结果的支持。例如，克勒格尔（S. Kroeger）等（2012）⑧采用改编的用途任务和被动概念扩展的实验范式发现，双侧额下回，左颞极和左额极在概念扩展中被激活。埃拉米尔（M. Ellamil）等（2012）⑨以给书设计插图为创造性生成任务，也发现创造性思维过程

　　① Heinonen, J., Numminen, J., & Hlushchuk, Y., et al., Default mode and executive networks areas: Association with the serial order in divergent thinking, *Plos One*, 2016, 11(e01622349).

　　② Kleibeuker, S.W., De Dreu, C.K., & Crone, E.A., Creativity development in adolescence: Insight from behavior, brain, and training studies, *New Directions for Child and Adolescent Development*, 2016(151), pp. 73-84.

　　③ Beaty, R.E., Christensen, A.P., & Benedek, M., et al., Creative constraints: Brain activity and network dynamics underlying semantic interference during idea production, *NeuroImage*, 2017, 148, pp. 189-196.

　　④ Wu, C., Zhong, S., & Chen, H., Discriminating the difference between remote and close association with relation to White-Matter structural connectivity, *Plos One*, 2016, 11(e016505310).

　　⑤ Villarreal, M.F., Cerquetti, D., & Caruso, S., et al., Neural correlates of musical creativity: differences between high and low creative subjects(vol 8, e75427, 2013), *Plos One*, 2014, 9(e947394).

　　⑥ Pinho, A.L., Ullen, F., & Castelo-Branco, M., et al., Addressing a paradox: Dual strategies for creative performance in introspective and extrospective networks, *Cerebral Cortex*, 2016, 26(7), pp. 3052-3063.

　　⑦ Vartanian, O., Bouak, F., & Caldwell, J.L., et al., The effects of a single night of sleep deprivation on fluency and prefrontal cortex function during divergent thinking. *Frontiers in Human Neuroscience*, 2014, 8, p. 214.

　　⑧ Kroeger, S., Rutter, B., & Stark, R., et al., Using a shoe as a plant pot: Neural correlates of passive conceptual expansion, *Brain Research*, 2012, 1430, pp. 52-61.

　　⑨ Ellamil, M., Dobson, C., & Beeman, M., et al., Evaluative and generative modes of thought during the creative process, *NeuroImage*, 2012, 59(2), pp. 1783-1794.

更多地激活内侧颞叶（双侧海马、双侧海马旁回）。达夫（M. C. Duff）等（2013）[1]以脑损伤患者为对象的研究也支持这一观点。他们发现，双侧海马受伤者在 TTCT 言语和图形测试中的表现显著差于健康者。沃伦（D. E. Warren）等（2016）[2]发现海马受损，辐合问题解决能力也受损。

研究还发现，创造性思维时，不仅人脑各功能区自身的活动模式会出现变化，人脑各功能区之间的功能连接模式也会产生变化。例如，德皮萨皮亚（N. De Pisapia）等（2016）[3]比较了 12 名艺术家和 12 名非艺术家在艺术创作时脑区间功能连接的差异。结果发现，与字母表视觉想象任务相比，艺术品设计任务时默认网络和执行网络间的功能连接加强，而且这种加强在专业艺术家脑中表现得更为明显。这一实验结果与前面探讨创造性思维时脑活动模式的文献相呼应，从功能连接角度证明了额叶执行控制系统和默认网络在创造性思维中的重要作用。

（二）创造性与个体安静状态下脑的结构和功能关系

安静状态下人脑耗氧量占人体总耗的 20%，而大脑任务状态下的氧耗变化率小于 5%，这表明安静状态下大脑的结构和功能可能与认知能力有关。如此，研究者一直试图揭示大脑静息状态下的结构和功能差异与个体创造性高低的关系。

1. 创造性与个体安静状态下脑灰质形态学特征（包括皮质、神经核等）

近几年来，随着脑成像数据处理技术方面的不断创新，人们开始探索创造性和安静状态下脑的结构和功能关系。这样的研究在实验时分别采集行为数据和脑结构或功能活动数据，最后把两部分数据融合起来，分析比较不同创造性的被试表现出来的脑结构或功能差异或是其与被试创造性得分的相关性，从而揭示创造性的神经基础。与在线、实时考察创造性思维过程的神经基础相比，这样的研究可以直接引

---

[1] Duff, M. C., Kurczek, J., & Rubin, R., et al., Hippocampal amnesia disrupts creative thinking, *Hippocampus*, 2013, 23(12), pp. 1143-1149.

[2] Warren, D. E., Kurczek, J., & Duff, M. C., What relates newspaper, definite, and clothing? An article describing deficits in convergent problem solving and creativity following hippocampal damage, *Hippocampus*, 2016, 26(7), 835-840.

[3] De Pisapia, N., Bacci, F., & Parrott, D., et al., Brain networks for visual creativity: A functional connectivity study of planning a visual artwork, *Scientific reports*, 2016, 6, p. 39185.

用心理学原有的各种经典创造性测试，也不用担心因为外显创造性思维的结果而引发各类运动伪迹污染信号。因此，这一领域的研究虽然起步较晚，但近几年来也积累了丰富的数据。

(1)领域一般性的创造性与安静状态下脑灰质结构的关系

例如，荣格(R. E. Jung)等(2010)①首次把皮层形态指标(如厚度和容积)的测量与创造性心理测量关联起来考察创造性与脑结构间的关系。他们的实验以 65 名约 23 岁的健康成人为对象，先通过问卷得到被试的创造性成就得分，通过 3 个发散思维任务得到他们的混合创造性指数；再把被试的这些行为指标和他们脑的皮层厚度进行融合分析。结果发现，舌回内一个区的皮层厚度与被试混合创造性指数呈负相关；右扣带后部与创造性指数呈正相关；较低的左外侧眶额容积和较高的创造性成就相关；右角回较高皮层厚度与高成就有关。而芬克(A. Fink)等(2014)②以 71 名约 25 岁的成人为被试发现，言语创造性与右楔叶和右楔前叶的灰质密度呈显著正相关。D. A. Gansier 等(2011)③研究发现，右顶灰质容积和 TTCT 创造性测试中的创造性视空能力表现出显著的正相关。结合前面创造性思维过程的神经基础研究，似乎与创造性思维过程有关的脑区在安静状态下的形态学特征与创造性思维水平的高低没有必然联系。

竹内(H. Takeuchi)等(2010)④首次探讨了成人皮质下结构的形态学特征和创造性之间的关系。他们的研究以发散思维为创造性指标。结果发现，多个脑区的灰质容积和创造性呈正相关，包括大脑右背外侧前额叶、双侧纹状体和中脑的部分结构(如黑质、中脑腹侧被盖区、中脑水管周围的灰质)。

---

① Jung, R. E., Segall, J. M., & Bockholt, H. J., et al., Neuroanatomy of creativity, *Human Brain Mapping*, 2010, 31(3), pp. 398-409.

② Fink, A., Koschutnig, K., & Hutterer, L., et al., Gray matter density in relation to different facets of verbal creativity, *Brain Structure & Function*, 2014, 219(4), 1263-1269.

③ Gansier, D. A., Moore, D. W., & Susmaras, T. M., et al. Cortical morphology of visual creativity, *Neuropsychologia*, 2011, 49(9), pp. 2527-2532.

④ Takeuchi, H., Taki, Y., & Sassa, Y., et al., White matter structures associated with creativity: Evidence from diffusion tensor imaging, Neuro Image, 2010, 51(1), pp. 11-18.

而焦克(E. Jauk)等(2015)[1]进一步细化了创造性的三个指标(独创性、流畅性和灵活性)和成人脑局部灰质容积的关系。他们在研究中以独特性和流畅性为自变量,智力和开放性为协变量。结果发现,楔前叶的灰质容积和创造性观念的独创性而非流畅性有关。另外,观念独创性还与尾状核灰质容积有关。相反,观念流畅性和脑的结构相关性仅在低智力个体的楔叶/舌回有所体现。

但库辛(J. Cousijn)等(2014)[2]的研究却没有如文献一样得到纯阳性的结果。他们在研究中招募了两组不同年龄的被试,一组为青少年(15~17岁),另一组为年青成人(25~30岁),然后分析被试的灰质容量和皮质厚度与发散思维能力间的关系。结果发现,被试的灰质容量和皮质厚度与言语发散思维能力不存在显著的相关关系;但视空发散思维的独创性和流畅性与右颞中回和左脑多个区域(包括额上回和枕叶、顶叶、颞叶的多个区域)的皮层厚度呈正相关。而且,实验结果不受年龄影响。

(2)领域特异性创造性水平与脑灰质形态学特征

国内邱江团队(Zhu, Chen, & Tang, et al., 2016)[3]探讨了日常创造性个体差异的脑结构基础。研究采用修订的创造性行为问卷来测量日常创造性。结果发现,日常创造性活动越多,右侧前运动区的灰质体积越大。他们认为,前运动区域是高级运动计划的区域,负责新颖行为的产生和选择,是日常创造性活动所必需的。他们(Li, Yang, & Li, et al., 2015)[4]还发现高低学术成就的大学教授在大脑相关脑区的灰质体积上也存在差异。

巴什维纳(D. M. Bashwiner)等(2016)[5]以脑皮层表面积为指标考察了音乐创造

① Jauk, E., Neubauer, A. C. & Dunst, B., et al. M., Gray matter correlates of creative potential: A latent variable voxel-based morphometry study, *Neuro Image*, 2015, 111, pp. 312-320.

② Cousijn, J., Koolschijn, P. C. M. P., & Zanolie, K., et al., "The relation between gray matter morphology and divergent thinking in adolescents and young adults," *Plos One*, 2014, 9(e11461912).

③ Zhu, W., Chen, Q., & Tang, C., et al., Brain structure links everyday creativity to creative achievement, *Brain & Cognition*, 2016, 103, pp. 70-76.

④ Li, W., Yang, W., & Li, W., et al., Brain Structure and Resting-State Functional Connectivity in University Professors with High Academic Achievement, *Creativity Research Journal*, 2015, 27(2), pp. 139-150.

⑤ Bashwiner, D. M., Wertz, C. J., & Flores, R. A., et al., Musical creativity 'revealed' in brain structure: Interplay between motor, default mode, and limbic networks, *Scientific Reports*, 2016, 6, 20482.

性与脑结构形态学特征的关系。结果发现，高音乐创造性者（自我报告）在下列脑区有更大的皮层表面积：一是与音乐特异性相关的运动（如按键）和声音加工有关的脑区（背侧运动前区、辅助和前-辅助运动区、颞极）；二是与一般创造性思维有关的默认网络（背内侧前额叶、颞中回和颞极）；三是与情绪相关的脑区（眶额皮层、颞极、杏仁核）。他们认为，音乐创作可能需要领域特异性音乐专业知识、默认模式的认知加工风格和情绪经历协同加工；因此，音乐领域的创造性的神经基础也可能不同于一般意义上的创造性的神经基础，它可能需要以上三方面的脑功能区的参与。

纳瓦斯-桑切斯（F. J. Navas-Sanchez）等（2016）[1]探讨了数学天才的脑结构形态学特征。结果发现，与年龄、智商匹配的控制组（平均年龄约 13 岁，智商 120 ~ 130）比较，少年数学天才在额顶和默认网络的关键区域皮质厚度较薄、表面积较大。他们认为天才少年大脑同时出现的皮质厚度下降和表面积增大的现象可能反映了他们比生物年龄更早的神经成熟。

2. 创造性与脑白质形态结构和网络拓扑属性的关系

创造性想法经常要求在远距离概念间建立多个连接，因此，很可能，创造性思维能力的提高与脑神经细胞间的连接（神经纤维、白质）改变有关。目前已有不少实验结果支持这一观点。例如，竹内等（H. Takenchi，2010）[2]探讨了 21 岁成人行为创造性（发散思维）和白质完整性（以各向异性分数 FA 为指标）的关系。结果发现，FA和个体发散思维能力呈正相关的白质包括：胼胝体邻近双侧前额叶皮层部分、双侧基底神经节、双侧颞—顶联合区和右顶下叶。结果提示：高创造性基于完整的白质纤维束。白质在创造性中的参与性可能与创造性需要不同脑区和结构的远距离概念的整合有关。荣格等（R. E. Jung，2010）[3]以 18 ~ 29 岁成人为研究对象也得到了类似结果。他们发现，综合创造性指数（4 个发散思维任务的平均值）与左额上回白质的

[1] Navas-Sanchez, F. J., Carmona, S., & Aleman-Gomez, Y., et al., Cortical morphometry in frontoparietal and default mode networks in math-gifted adolescents, *Human Brain Mapping*, 2016, 37(5), pp. 1893-1902.

[2] Takeuchi, H., Taki, Y., & Sassa, Y., et al., White matter structures associated with creativity: Evidence from diffusion tensor imaging, *Neuro Image*, 2010, 51(1), pp. 11-18.

[3] Jung, R. E., Segall, J. M., & Bockholt, H. J., et al., Neuroanatomy of creativity, *Human Brain Mapping*, 2010, 31(3), pp. 398-409.

FA 相关。竹内等（2015）①发现苍白球的平均扩散和言语创造性（发散思维）有关。

最近，竹内等（2017）②进一步应用大样本（男 776，女 560，平均年龄为 20.8
岁）研究了白质容积和发散思维的关系。结果发现，在新皮层的广泛区域均观察到
白质容积和发散思维显著的正相关，女性更加明显。这再次证明了脑区间的纤维连
接对创造性的重要性。吴（C. Wu）等（2016）③的研究结果还提示创造性不仅与白质
的完整性有关，还与脑白质连接效率有关。他们研究发现，个体远距离联想能力与
白质整体效率呈正相关，与小世界水平呈负相关。

3. 创造性思维水平和创造性水平与安静状态下脑区间的功能连接

借助于脑电技术，学术界得以在更早的年代探讨创造性与安静状态下脑活动的
关系。研究发现，创造性可能与一个较高的唤醒静息状态（脑电图表现出较高的 α
波频率或是振幅）有关。但这一论点的支撑比较弱。马丁戴尔（C. Martindale，
1990）④总结了七个探讨创造性和安静脑电信号间关系的研究，发现七个研究中只有
两个研究得到了阳性结果，即高创造性被试和低创造性被试的皮层基础脑电信号间
存在显著差异。

新兴的高空间分辨率的磁共振成像技术为这一主题的研究提供了更多的实验数
据。这类研究发现创造性与人脑安静状态下各脑区间的功能连接存在关系。例如，
竹内等（2012）⑤以内侧前额叶为种子点，探讨内侧前额叶和其他脑区的功能连接强
度与个体发散思维得分间的关系。结果发现，扣带后部与内侧前额叶的功能连接与

---

① Takeuchi, H., Taki, Y., & Sekiguchi, A., et al., Mean diffusivity of globus pallidus associated with verbal creativity measured by divergent thinking and Creativity-Related temperaments in young healthy adults, *Human Brain Mapping*, 2015, 36(5), pp. 1808-1827.

② Takeuchi, H., Taki, Y., & Nouchi, R., et al., Regional homogeneity, resting-state functional connectivity and amplitude of low frequency fluctuation associated with creativity measured by divergent thinking in a sex-specific manner, *NeuroImage*, 2017, pp. 258-269.

③ Wu, C., Zhong, S., & Chen, H., Discriminating the difference between remote and close association with relation to White-Matter structural connectivity, *Plos One*, 2016, 11(e016505310).

④ Martindale, C., "Creative imagination and neural activity", In R. Kunzendorf & A. Sheikh (Eds.), *The psychophysiology of mental imagery: Theory, research, and application*, Amityville, NY, Baywood, 1990, pp. 89-108.

⑤ Takeuchi, H., Taki, Y., & Hashizume, H., et al., The Association between Resting Functional Connectivity and Creativity, *Cerebral Cortex*, 2012, 22(12), pp. 2921-2929.

发散思维得分呈显著正相关。贝蒂（R. E. Beaty）等（2014）[①]的研究提示前额叶下部和默认网络间功能连接的增加可能是高创造性的神经特征之一。他们在实验中以发散思维测试中的得分为个体创造性高低的指标，结果发现，与低创造性个体相比，高创造性个体左额下回和整体默认网络有更强的功能连接，右额下回与双侧顶下皮层和左背外侧前额皮层也有强的功能连接。

洛策（M. Lotze）等（2014）[②]比较了作品富有创造性的作家和作品创造性低的非作家安静状态下脑区间功能连接的差异。结果发现，作家组左右脑44区间的功能连接下降，右半球尾状核和顶内沟间的功能连接加强。对作家组作品的创造性得分和功能连接值做相关发现两者之间存在明显的负性关，这种负相关在左44和左颞极表现得更为突出。实验结果支持"高言语创造性个体安静时半球间脑区功能连接下降和右半球功能连接增加"的观点。而皮尼奥等（A. L. Pinho，2014）[③]的研究发现音乐即兴创作能力与双侧背外侧前额皮层、背侧前运动区和前辅助区功能连接呈正相关。

综上可见，创造性神经基础的研究目前尚处于数据积累阶段，处于百花齐放、百家争鸣的时代。在创造性行为指标的选择上，有的研究用言语发散思维能力，有的用图形发散思维能力，有的用辐合思维能力，或者直接用特殊领域内的成就。在与行为指标相关联的神经层面的指标选择上，有的研究考察任务诱发的脑活动，有的考察安静状态下无任何创造性任务时脑的结构和功能；仅灰质的形态学这一级的指标，有的研究分析它的厚度，有的分析它的容积，有的分析它的表面积。实验设计上的多样性引出了实验结果的多样性，因此，尽管这一领域已积累了丰富的实验数据，但我们尚不能获得一个一致性的或是确定性的结论。但是，透过纷繁的数据表面，我们还是可以发现一种趋势，一种和理论假设相一致的趋势，即无论是创造

---

① Beaty, R. E., Benedek, M., & Wilkins, R. W., et al., Creativity and the default network: A functional connectivity analysis of the creative brain at rest, *Neuropsychologia*, 2014, 64, pp. 92-98.

② Lotze, M., Erhard, K., & Neumann, N., et al., Neural correlates of verbal creativity: Differences in resting-state functional connectivity associated with expertise in creative writing, *Frontiers in Human Neuroscience*, 2014, 8 (516).

③ Pinho, A. L., De Manzano, O., & Fransson, P., et al., Connecting to create: Expertise in musical improvisation is associated with increased functional connectivity between premotor and prefrontal areas, *Journal of Neuroscience*, 2014, 34(18), pp. 6156-6163.

性任务状态下的脑活动和连接模式还是安静状态下与创造性水平有关联的脑形态学特征和连接特征，我们都能捕捉到额叶执行控制系统和默认网络系统的影像，这意味着这两个系统在个体创造性中的重要作用。

4. 创造性与左右半球的关系

从上可见，创造性思维或是创造性与多个脑区的协同活动有关。但一直以来，大家认为创造性依赖于将远距离概念结合成新的和有用的观念的能力，而这种能力取决于右半球的联想加工。因此，右半球曾被认为在创造性思维中起主导作用。从本章前面的内容也可以看出，右半球确实参与了创造性思维过程，右半球的部分结构确实与创造性的高低有一定相关关系。欧伯格（K. C. Aberg）等人（2016）[①]更进一步从神经递质层面（多巴胺）阐述了右半球在创造性中的重要作用。

现在的争论是：右半球在创造性认知中的作用是否有自主性？似乎越来越多的证据支持这样的观点：右半球在创造性思维中的作用可能受左半球制约，如"去抑制说"认为是左半球因各种原因减少了对右半球的抑制作用从而导致创造性的明显提高（De Souza，Volle，& Bertoux，et al.，2010）[②]。

神经心理学研究发现，左半球损伤的患者创造性提高或是出现了以前没有的某类创造性。例如，沙迈-索里（S. G. Shamay-Tsoory）等（2011）[③]在研究中评估了内侧前额叶、额下回、顶颞后部损伤的患者在创造性任务（TTCT 图形测试和用途任务）中的独创性得分。结果发现，内侧前额叶损伤与多数独创性的严重损伤有关。而且，右内侧前额叶的损伤程度与独创性得分呈负相关；而左顶颞后部损伤与创造性得分呈正相关，即这个区域损伤面积越大，独创性越大。

吴等（T. Q. Wu，2015）[④]报道了三例左脑损伤后出现文学类创造性的个案。患

---

① Aberg, K. C., Doell, K. C., & Schwartz, S., The "creative right brain" revisited: Individual creativity and associative priming in the right hemisphere relate to hemispheric asymmetries in reward brain function, *Cerebral Cortex*, 2016, 27(10).

② De Souza, L. C., Volle, E., & Bertoux, M., et al., Poor creativity in frontotemporal dementia: A window into the neural bases of the creative mind, *Neuropsychologia*, 2010, 48(13), pp. 3733-3742.

③ Shamay-Tsoory, S. G., Adler, N., & Aharon-Peretz, J. N., et al., The origins of originality: The neural bases of creative thinking and originality, *Neuropsychologia*, 2011, 49(2), pp. 178-185.

④ Wu, T. Q., Miller, Z. A., & Adhimoolam, B., et al., Verbal creativity in semantic variant primary progressive aphasia, *Neurocase*, 2015, 21(1), pp. 73-78.

者因左外侧语言区（颞叶）缺血和内侧颞叶萎缩（杏仁核，边缘系统）而出现语言障碍，但却表现出以前没有的创造性写作行为，且在疾病期间产生了广泛的原创性作品。其中，病人 A 对文字游戏有了兴趣，写了大量诗歌。病人 B 热衷于押韵和说双关语。病人 C 写作和发表了一本生活指导手册。绿川（A. Midorikawa）等（2015）①也报道了左脑损伤出现艺术类创造性的个案。梅斯利斯（N. Mayseless）等（2014）②发现，先前没有任何艺术家经历的个体，在左颞顶叶出血后，发展出明显的艺术创造性，这种创造性随着脑出血的好转而消失。他们认为这可能是一种创造性评估网络损伤引发新观念生成系统的自由从而对创造性产生释放的效应。他们随后还进一步应用 fMRI在健康成人身上验证了这一假设。扫描前，要求被试完成 TTCT 图形测试以获得个体的创造性水平。在扫描时要求被试完成观念生成任务（用途任务）和创造性观念的评估任务（对他人生成的用途的独创性进行评定）。结果发现，健康成人评估创造性观念时左颞和顶叶的激活下降特异性地预测高创造性。整体上，左脑损伤的个案研究结果比较一致地支持：脑损伤个体突发的创造性是无意识行为的释放而非创造性的发展；或者说是左半球对右半球抑制的解除或是减弱而继发的一种释放效应。

梅斯利斯等（N. Mayseless，2015）③进一步用干预手段（跨颅直流电刺激，tDCS）验证了这一假设。实验以被试在言语发散思维任务（用途任务）中的行为表现为创造性指标。他们在实验 1 中把阳极放在右额下回、阴极放左额下回。结果发现，被试创造性增加。但如果把电极反过来放置则电刺激对创造性不产生显著影响。实验 2发现，如果仅刺激左额下回（阴极），或是右额下回（阳极），被试的创造性也不产生显著变化。

二、各类干预或训练引发创造性提高的神经基础

状态性的创造性思维是可以训练或者干预的，科学研究已证明学生接受创造性

---

① Midorikawa, A. & Kawamura, M., The emergence of artistic ability following traumatic brain injury, *Neurocase*, 2015, 21(1), pp. 90-94.

② Mayseless, N., Aharon-Peretz, J., & Shamay-Tsoory, S., Unleashing creativity: The role of left temporoparietal regions in evaluating and inhibiting the generation of creative ideas, *Neuropsychologia*, 2014, 64, pp. 157-168.

③ Mayseless, N. & Shamay-Tsoory, S. G., Enhancing verbal creativity: Modulation creativity by altering the balance between right and left inferior frontal gyrus with tDCS, *Neuroscience*, 2015, 291, pp. 167-176.

思维训练与创新性想法的产生间有着相关关系。例如，芬克等（A. Fink，2012）[1]的研究发现认知干预（呈现他人的高独创性观念）能提高被试的创造性；格鲁泽利耶（J. H. Gruzelier）等（2014）[2]的研究提示神经反馈训练能有效提高音乐创造性。格林（A. E. Green）等（2017）[3]进一步发现认知和神经干预相结合可以更好地提高状态创造性（远距离概念的联结能力）。这儿探讨的问题是：这种短暂干预或训练引起的创造性的提高伴随着脑活动和连接模式什么样的变化？

（一）短暂的认知干预

芬克等（A. Fink，2010）[4]探讨了认知干预下情境创造性改变时伴随的脑活动模式改变。实验采用发散思维用途任务来测量个体的创造性，实验设置了 4 个条件：条件 1 为目标特征任务条件（创造性需求最低，非创造性控制任务）；条件 2 为用途任务条件；条件 3 和条件 4 还是用途任务但稍有变化，分别为孵化条件（对用途任务中生成的观念再反省并进行改善）和认知刺激条件（暴露于别人的观念）。结果发现，认知刺激可以有效地提高发散思维的独创性，且这种独创性与包括右半球颞—顶、内侧额叶和双侧扣带后部神经网络的激活增加有关。本苏桑（T. D. Ben-Soussan）等（2013）[5]发现发散思维能力的提升与脑 alpha 波一致性变化有关。他们的被试分别进行三种训练：7 分钟 Quadrato 运动训练（被试根据设备发出的指令在一块地毯上往不同的方向移动身体）、言语训练和简单运动训练（控制组）。结果发现，两个控制组的创造性在实验前后没有显著变化，但 Quadrato 运动训练组实验后在用

---

① Fink, A., Koschutnig, K., & Benedek, M., et al., Stimulating creativity via the exposure to other people's ideas, *Human Brain Mapping*, 2012, 33(11), pp. 2603-2610.

② Gruzelier, J. H., EEG-neurofeedback for optimising performance. II: Creativity, the performing arts and ecological validity, *Neuroscience and Biobehavioral Reviews*, 2014, 44(SI), pp. 142-158.

③ Green, A. E., Spiegel, K. A. & Giangrande, E. J., et al., Thinking cap plus thinking zap: TDCS of frontopolar cortex improves creative analogical reasoning and facilitates conscious augmentation of state creativity in verb generation, *Cerebral Cortex*, 2017, 27(4), pp. 2628-2639.

④ Fink, A., Grabner, R. H., & Gebauer, D., et al., Enhancing creativity by means of cognitive stimulation: Evidence from an fMRI study, *NeuroImage*, 2010, 52(4), pp. 1687-1695.

⑤ Ben-Soussan, T. D., Glicksohn, J., & Goldstein, A., Into the Square and out of the Box: The effects of Quadrato Motor Training on Creativity and Alpha Coherence, *Plos One*, 2013, 8(e550231).

途生成测试中的变通性得分增加，同时伴随着半球内部和半球间的 α 波一致性增加。

（二）长期训练

不少研究者还对长期行为训练引发的创造性提高的神经机制进行了探讨。库辛（J. Cousijn）等（2014）[1]探讨了发散思维能力变化所伴随的安静状态下脑功能连接的变化。他们对 15~16 岁青少年分别进行 2 周用途任务训练和转换任务训练（控制组）。实验前后以用途任务测试两组的发散思维能力和脑区在安静状态下的功能连接。结果发现，训练前，颞中回和双侧中央后回更强的连接与更好的发散思维能力有关；而左缘上回和右枕叶的连接可预测发散思维能力随时间发生的变化。萨加（M. Saggar）等（2016）[2]综合脑活动和功能连接模式探讨了认知训练引发创造性加强的神经机制。他们对成人进行了 5 周创造性思维训练（斯坦福的创造体操课）或是语言能力训练。训练前后进行核磁扫描，要求被试在核磁扫描时完成两类任务：一是画出某个词（一般为动作词），二是画"之"词形，两个任务包含的运动和视空成分相匹配。结果发现，组别和测试时间有交互作用，创造性组训练后右背外侧前额叶、旁扣带/前、辅助运动区和顶叶任务相关的激活减少。而且，训练后，创造性训练组表现出更大的大脑-小脑连接。施莱格尔（A. Schlegel）等（2015）[3]发现艺术类创造性的提升与脑白质完整性变化有关。他们在实验中招募了两类被试：艺术专业接受画画训练的学生，非艺术专业上美术欣赏导论课的学生。在 11 周的实验期间对被试进行了 4 次磁共振成像扫描。结果发现，接受画画训练的学生，他们前额叶白质的 FA 随着画画课程的进行而下降。

（三）情绪

行为实验已发现情绪对创造性具有明显的制约作用，而且这一制约作用有着神

---

① Cousijn, J., Zanolie, K., & Munsters, R. J. M., et al., The relation between resting state connectivity and creativity in adolescents before and after training, *Plos One*, 2014, 9(e1057809).

② Saggar, M., Quintin, E., & Bott, N. T., et al., Changes in brain activation associated with spontaneous improvization and figural creativity after design-thinking-based training: A longitudinal fMRI study, *Cerebral Cortex*, 2016, 27(7), p. 3542.

③ Schlegel, A., Alexander, P., & Fogelson, S. V., et al., The artist emerges: Visual art learning alters neural structure and function, *NeuroImage*, 2015, 105, pp. 440-451.

经基础。例如，麦克弗森（M. J. McPherson）等（2016）①以 12 名专业爵士钢琴家为研究对象探讨了情绪影响创造性思维的神经基础。实验中向被试呈现演员表现正性、负性和模糊情绪的图片，要求被试应用特制的磁体内适用键盘，即兴创作音乐以表达他们从图片中感受到的情绪。结果发现，前额和其他参与创造性的脑区被情绪背景高度调节。而且，情绪内容直接调节边缘和旁边缘区（如杏仁核和岛叶）的功能连接。他们认为情绪和音乐创造性是紧密相关的，而创造性的神经机制可能取决于情绪状态。

（四）睡眠

德拉式（V. Drago）等（2011）②发现睡眠可能通过降低皮层唤醒度从而加强远距离联系能力而影响创造性思维。他们在实验中对 8 名健康年青成人进行连续三晚的多导睡眠图记录，并在第二天和第三天早上让被试进行简版 TTCT 测试。结果发现，非快速眼动睡眠期的阶段 1 和创造性的某些指标（如流畅性和灵活性）呈正相关，阶段 4 与独创性和图形创造性的总分呈正相关。

三、创造性生物学基础的脑外指标和个体差异研究

（一）创造性生物学基础的脑外指标研究

在创造性生物学基础的研究中，除了前述的以与创造性相关的脑结构和功能特征为对象的主流研究，也有极少部分报道报告了创造性与人体其他生理生化指标的相关性。例如，马丁戴尔（C. Martindale，1977）③发现创造性测试结果与个体基础的皮电传导系数间存在着正相关关系。弗洛瑞克（H. Florek，1973）④的研究结果提示

---

① McPherson, M. J., Barrett, F. S., & Lopez-Gonzalez, M., Emotional intent modulates the neural substrates of creativity: An fMRI study of emotionally targeted improvisation in jazz musicians, *Scientific Reports*, 2016, 6(18460).

② Drago, V., Foster, P. S., & Heilman, K. M., et al., Cyclic alternating pattern in sleep and its relationship to creativity, *Sleep Medicine*, 2011, 12(4), pp. 361-366.

③ Martindale C., Creativity, consciousness and cortical arousal, *Journal of Altered States of Consciousness*, 1977, 3, pp. 69~87.

④ Florek, H., Heart rate during creative ability, *Studia Psychologia*, 1978, 15, pp. 158-161.

创造性还可能与基础心率的快慢有关。他发现创造性高的画家的基础心率较高，但因为他的研究没有设计对照组，所以实验结果的可靠性有待检验。还有学者研究发现，创造性可能与血清中的尿酸含量有关（Cropley, Cassell, & Maslany, 1970）[1]。但是，在解释这些结果的时候，它们几乎都与"唤醒水平"有关联，即从皮层的唤醒度来解释这些指标的变化，将它们与创造性的关系推测到皮层唤醒水平与创造性的关系。例如，血清中较低的尿酸含量意味着低基础的唤醒。因此，脑外的生物学特征是否与创造性有关及哪些脑外生物学特征与创造性有关还有待进一步的研究。

（二）创造性生物学基础的年龄差异

我们团队主要从事发展心理学的研究，所以特别关心创造性神经基础的年龄和性别等问题的探讨。

个体的创造性随着年龄而变化，这种变化是否有潜在的神经基础？研究者试图通过分析比较不同年龄段个体创造性和脑结构与功能的差异来探讨这一问题。例如，克莱布克（S. W. Kleibeuker）等（2013）[2]比较了成人（25～30 岁）和青少年（15～17 岁）在用途任务和普通特征任务中脑激活的差异。结果发现，成人在两个任务上的行为得分都高于青少年；与特征任务相比，用途任务时在左额下回/额中回的激活和发散思维能力间有正相关关系，且成人的激活强于青少年，他们认为这可能这与青少年这一脑区未发育成熟有关。但在另一个不同的实验设计中，克莱布克等（2013）[3]得到了完全相反的结果。实验同样是以青少年（15～17 岁）和成人（25～30 岁）为研究对象，但采用了不同的创造性指标。被试在进行功能磁共振扫描时完成火柴问题任务，磁体外完成视空发散思维任务。结果发现，行为学上，两组被试在整体上不存在显著差异，但青少年在火柴任务中的表现更佳。神经层面，与成人相比，青少年在问题解决时外侧前额叶（腹侧和背侧）表现出更多的激活。

---

① Cropley, A. J., Cassell, W. A., & Maslany, C. W., A biochemical correlate of divergent thinking, *Canadian Journal of Behavioral Science*, 1970, 2, pp.174-180.

② S. W. Kleibeuker, S. W., Koolschijn, P. C. M. P., & Jolles, D. D., et al., The neural coding of creative idea generation across adolescence and early adulthood, *Frontiers in Human Neuroscience*, 2013, 7(905).

③ Kleibeuker, S. W., Koolschijn, P. C. M. P., & Jolles, D. D., et al., Prefrontal cortex involvement in creative problem solving in middle adolescence and adulthood, *Developmental Cognitive Neuroscience*, 2013, 5, pp.197-206.

（三）创造性生物学基础的性别差异

个体的创造性是否存在性别差异？巴特等（2015）①以学生为研究对象得到了动态变化的结果。他们的研究招募了 996 名八年级学生（平均年龄为 14.11 岁）和 748 名十一年级学生（平均年龄为 17.32 岁），应用 TTCT 图形子测试考察被试的创造性。结果发现，性别差异只存在于低年级。八年级女生的独创性得分显著高于男生，但流畅性得分与男生无显著差异。而十一年级学生，无论是流畅性还是独创性，均不存在显著的性别差异。研究者认为，这可能与低年级的女生比男生更早成熟有关；而到高年级，男女生间的成熟差异减少，所以创造性测试任务中的行为能力差异也就减小。但目前，对于"创造性在行为学上是否存在性别差异"仍有分歧。

但在神经层面，已有研究发现，男女在创造性思维中的脑活动和连接模式似乎是不同的。例如，亚伯拉罕等（2014）②要求被试在核磁扫描中同时完成改编的用途任务（概念扩展）。结果发现，概念扩展时，男性大脑中与语义认知、规则学习和决策有关的区域激活，而女性在与言语加工和社会知觉有关的脑区表现出更强的激活。结果提示，在同样的发散思维任务中，男女可能因采用的策略或是认知风格不同而产生不同脑活动模式。赖曼等（2014）③考察了成人（平均年龄为 22 岁，59 名男性，47 名女性）脑白质连接组学特征与创造性间的关系是否存在性别差异。结果发现，人脑白质整体连接与以发散思维为指标的创造性间的关系存在性别差异。女性的整体连接和创造性间呈现出负相关，而男性没有这种关系。节点特异性分析发现女性脑的广泛区域存在连接性、效率、簇和创造性间的负相关。研究者认为这种差异可能反映了女性在加工产生新观念时需要更多脑区及更大的效率消耗（更长途径）。竹内等（2017）④的研究提示创造性和安静状态下脑连接模式有性别差异。他

---

① Bart, W. M., Hokanson, B., & Sahin, I., et al., An investigation of the gender differences in creative thinking abilities among 8th and 11th grade students, *Thinking Skills and Creativity*, 2015, 17, pp. 17-24.

② Abraham, A., Thybusch, K., & Pieritz, K., et al., Gender differences in creative thinking: Behavioral and fMRI findings, *Brain Imaging and Behavior*, 2014, 8(1), pp. 39-51.

③ Ryman, S. G., Van den Heuvel, M. P., & Yeo, R. A., et al., Sex differences in the relationship between white matter connectivity and creativity, *NeuroImage*, 2014, 101, pp. 380-389.

④ Takeuchi, H., Taki, Y., & Nouchi, R., et al., Regional homogeneity, resting-state functional connectivity and amplitude of low frequency fluctuation associated with creativity measured by divergent thinking in a sex-specific manner, *NeuroImage*, 2017, pp. 258-269.

们从对左颞前部脑区的局部一致性、内侧前额叶和左额下回的静息态功能连接、一些脑区的低频振幅（包括楔前叶、扣带中部、左颞中回、右额中回和小脑）的分析中发现，言语发散思维和性别有交互作用。

综上所述，关于"创造性或是创造性思维生物学基础的研究"目前主要围绕着"脑"展开，集中在"神经基础"上。这一主题虽然已积累了大量的实验数据，取得了一定的成果；但由于创造性结构的复杂性、创造性任务的异质性、用作基线的控制任务的异质性、反映脑结构和功能变化的指标多样性等原因，创造性神经基础的研究尚未能得到一个清楚的结论。很可能，不同的脑区选择性地参与创造性的不同方面，不同类型的创造性有着不同的神经基础。例如，亚伯拉罕等（2012）[1]发现顶-颞损伤患者在流畅性相关测试中表现差，而额外侧损伤患者在产生独创性反应中效率较低。相反，基底神经节和额极损伤组在生成创造性反应时能更好地克服语义干扰的制约。再如，朱等（（Zhu，et al.，2017）[2]以健康成人为对象比较了 TTCT 言语创造性和视空创造性与安静状态下脑功能连接的关系，结果发现，视觉创造性与默认网络内的楔前叶和额顶网络的右额中回间的功能连接呈负相关，言语创造性与默认网络的内侧前额内的功能连接呈负相关。可见，要在这一主题上获得结论性的成果还需要更多更严谨的实验研究。

第二节

我们团队对创造性神经机制的研究

与国际学者同步，我们团队和国内学者也利用多种技术，采用多种实验范式，

---

① Abraham, A., Beudt, S., & Ott, D. V. M., et al., Creative cognition and the brain: Dissociations between frontal, parietal-temporal and basal ganglia group, *Brain Research*, 2012, 1482, pp. 55-70.

② Zhu, W., Chen, Q., & Xia, L., et al., Common and distinct brain networks underlying verbal and visual creativity, *Human brain mapping*, 2017, 38(4), pp. 2094-2111.

从不同角度探索了创造性的神经机制。下面分别介绍国内有关创造性神经机制的主要成果以及我们团队的主要工作。

一、国内相关创造性神经机制研究对我们的启发

国内西南大学、华中师范大学、华东师范大学和华南师范大学的学者们以创造性神经机制为研究焦点展开了多维度的探讨，取得了可喜的成果。这些成果不仅为国际上创造性神经基础的研究提供了中国文化背景下的宝贵数据，还给我们团队的研究带来了很大的启发。

（一）西南大学研究团队有关创造性神经基础的研究

西南大学邱江团队对创造性的神经机制进行了系统深入的研究。他们主要关注创造性思维产生的规律和机制，基于大脑特征的创造性评估模型，以及提升创造性的大脑可塑性机制等问题，取得了一系列丰富的研究成果，受到国内外创造性领域研究者的广泛关注和高度评价。

1. 创造性思维产生的规律和机制

根据创新思维中原型激活促发顿悟的理论构想，邱江等人编写了用于创造性脑机制研究的《配对字谜库》和《科学发明问题库》，克服了创造性脑机制研究的认知过程难以捕捉与实验叠加次数不足两大难点（张庆林，邱江，曹贵康，2004[1]；张庆林，邱江，2005[2]；邱江，张庆林，2007[3]；Qiu, Li, & Jou, et al., 2010[4]）。这些材料库为使用脑影像技术探讨创新思维的脑机制提供了可能。运用"学习—测试"实验范式，邱江和张庆林等人以字谜和科学发明问题为实验材料，开展了一系列有关

---

① 张庆林，邱江，曹贵康：《顿悟认知机制的研究述评与理论构想》，载《心理科学》，第27卷，第6期，2004.
② 张庆林，邱江：《顿悟与原型中启发信息的激活》，载《心理科学》，第28卷，第1期，2005。
③ 邱江，张庆林：《字谜解决中的"啊哈"效应：来自ERP研究的证据》，载《科学通报》，第152卷，第22期，2007.
④ Qiu, J., Li, H., & Jou, J., et al., Neural correlates of the "Aha" experiences: Evidence from an fMRI study of insight problem solving, *Cortex*, 2010, 46(3), pp. 397-403.

创造性思维的原型激活及其脑机制的研究，揭示了原型启发过程所涉及的大脑激活模式，进一步探讨了原型激活、思维定势打破、新异联结形成以及"Aha!"情绪体验等关键认知过程的神经机制，进一步丰富和完善了创造性的理论体系（Qiu，Li，& Yang，et al.，2008[①]；Qiu，Li，& Jou，et al.，2008[②]；Luo，Li，& Fink，et al.，2011[③]；朱海雪，杨春娟，李文福，2012[④]；李文福，罗俊龙，贾磊，2013[⑤]；Tong，Li，& Tang，et al.，2015[⑥]）。

2. 基于大脑特征的创造性评估模型

基于多模态数据，他们团队开展了大量工作，试图揭示高创造性个体的大脑结构和功能特征，进而发现能够有效预测个体创造性的脑影像指标。他们研究发现高言语创造性个体在涉及言语产生、表征（左侧额下回）以及认知控制（右侧额下回）的大脑区域具有更高的运作效率（Zhu，Zhang，& Qiu，2013）[⑦]，体现在相关脑区的灰质与白质体积均与言语创造性呈正相关。同时，新颖想法的产生涉及自发思维活动以及有效语义检索，而楔前叶可能在此过程中扮演着重要角色，研究发现高言语创造性个体的右侧楔前叶表现出更低的局部一致性，且该区域的灰质体积与皮层厚度均与言语创造性能力呈正相关（Chen，Xu，& Yang，et al.，2015）[⑧]。他们团队还研究了高低学术成就的大学教授在大脑神经机制上的差异（Li，Yang，& Li，et al.，

---

① Qiu, J., Li, H., & Yang, D., et al., The neural basis of insight problem solving: An event-related potential study, *Brain and Cognition*, 2008, 68(1), pp. 100-106.

② Qiu, J., Li, H., & Jou, J., et al., Spatiotemporal cortical activation underlies mental preparation for successful riddle solving: An event-related potential study, *Experimental brain research*, 2008, 186(4), pp. 629-634.

③ Luo, J., Li, W., & Fink, A., et al., The time course of breaking mental sets and forming novel associations in insight-like problem solving: An ERP investigation, *Experimental Brain Research*, 2011, 212(4), pp. 583-591.

④ 朱海雪，杨春娟，李文福，等：载《问题解决中顿悟的原型位置效应的 fMRI 研究》，《心理学报》，第 44 卷，第 8 期，2012。

⑤ 李文福，罗俊龙，贾磊，《字谜问题解决中顿悟的原型启发机制再探》，载《心理科学》，第 36 卷，第 2 期，2013。

⑥ Tong, D., Li, W., & Tang, C., et al., An illustrated heuristic prototype facilitates scientific inventive problem solving: A functional magnetic resonance imaging study, *Consciousness and Cognition*, 2015, 34, pp. 43-51.

⑦ Zhu, F., Zhang, Q., & Qiu, J., *Relating inter-individual differences in verbal creative thinking to cerebral structures: an optimal voxel-based morphometry study*, Plos One, 2013, 8(11), e79272.

⑧ Chen, Q. L., Xu, T., & Yang, W. J., et al., Individual differences in verbal creative thinking are reflected in the precuneus, *Neuropsychologia*, 2015, 75, pp. 441-449.

2015)①。结果发现，高学术成就教授左侧额下回（主要是在眶额回的后部）和辅助运动区的体积更大，这些区域涉及认知计划和执行；而右内侧前额叶和顶下小叶的体积更小，这些区域可能负责对新颖事物的探索和对假设的思考。随后，选取这些显著区域为种子点做大脑功能连接，进一步发现，高学术成就教授与低学术成就教授相比，左侧中央后回和右侧豆状核、左侧框额叶和右侧颞极、左侧辅助运动区、左侧丘脑和后侧颞下回的连接更强。此外，通过元分析的方法，他们进一步确定了创造性相关的核心大脑区域（Wu，Yang，& Tong，et al.，2015）②。

纵向跟踪研究发现大脑关键区域的结构特征可以预测个体未来2~3年后的创造性思维发展水平。他们通过与哈佛大学罗格·E. 贝蒂（Roger E. Beaty）的合作，基于长达3年的追踪数据，探究了大脑结构及认知因素对个体未来创造性发展的影响。结果发现，背外侧前额叶的灰质密度可以显著预测个体3年后的创造性思维能力，行为—脑结合指标的预测率可达到30%。此外，额颞、额顶网络灰质密度缓慢减少有利于个体创造性能力的提升，且这一效应受到个体自身背外侧前额叶大小以及工作记忆高低的调节（Chen，Beaty，& Wei，et al.，2016）③。

此外，团队还关注创造性个体的大脑动态特征及基因基础。尝试探索高创造性个体对应的大脑动态功能网络特征。初步研究结果发现默认网络和执行控制网络等大尺度网络多个节点的动态功能网络特征与发散思维能力密切相关。并且，一些编码兴奋性和抑制性神经递质的基因可以很好地预测个体的创造性。

3. 提升创造性的大脑可塑性机制

他们团队的研究发现，认知（如认知灵活性等）、人格（如开放性人格等）和家庭环境（如独生子女家庭）等因素在个体的创造性与大脑结构或功能基础中起着中介

① Li，W.，Yang，W.，& Li，W.，et al.，Brain structure and resting-state functional connectivity in university professors with high academic achievement，*Creativity Research Journal*，2015，27(2)，pp.139-150.

② Wu，X.，Yang，W.，& Tong，D.，et al.，A meta-analysis of neuroimaging studies on divergent thinking using activation likelihood estimation，*Human Brain Mapping*，2015，36(7)，pp.2703-2718.

③ Chen，Q.，Beaty，R.E.，& Wei，D.，et al.，Longitudinal alterations of frontoparietal and frontotemporal networks predict future creative cognitive ability，*Cerebral Cortex*，2016，pp.1-13.

或调节的作用（*Chen*，*Yang*，*& Li*，*et al.*，2014①；Li，Li，& Huang，et al.，2014②；Yang，Hou，& Wei，et al.，2017③）。例如，陈群林等人基于创造性成就与大脑结构的关联分析，探讨了创造性成就的大脑结构基础，发现认知灵活性通过背外侧前额叶与内侧额上回的功能连接间接影响了个体的创造性表现。这些研究表明认知因素、人格因素及家庭环境因素对创造性的发展起着至关重要的作用。以上发现可能预示了早期开放性人格特点的培养及相关认知能力的提升，对于激发个体的创造性潜能具有重要的作用。

此外，创造性任务对大脑具有可塑性的影响。个体在进行创造性的任务后，与创造性相关的大脑内侧前额叶和颞中回的功能连接显著的增强。该发现为创造性的提升和大脑可塑性提供了初步的实验证据（Wei，Yang，& Li，et al.，2014）④。另一项研究发现短期的创造性训练对大学生创造性具有显著的提升作用。并且任务态fMRI数据表明在执行一物多用任务时，相对于控制组，训练组被试的多个大脑区域，如左右脑背外侧前额叶、背侧前扣带、顶下小叶等的活动显著强于训练前（Sun，Chen，& Zhang，et al.，2016）⑤。这些研究表明，创造性的行为干预不仅可以促进创造性的提升，还对大脑的结构和功能具有可塑性的影响。

（二）华中师范大学研究团队有关创造性神经基础的研究

华中师范大学周治金、赵庆柏教授等采用ERP（事件相关电位）和fMRI（功能性磁共振成像）等认知神经科学技术，以成语谜语顿悟解决范式为主，从功能特化和

---

① Chen，Q.，Yang，W.，& Li，W.，et al.，Association of creative achievement with cognitive flexibility by a combined voxel-based morphometry and resting-state functional connectivity study，*NeuroImage*，2014，102，pp. 474-483.

② Li，W.，Li，X.，& Huang，L.，et al.，Brain structure links trait creativity to openness to experience，*Social Cognitive and Affective Neuroscience*，2014，10(2)，pp. 191-198.

③ Yang，J.，Hou，X.，& Wei，D.，et al.，Only-child and non-only-child exhibit differences in creativity and agreeableness：Evidence from behavioral and anatomical structural studies，*Brain Imaging and Behavior*，2011，11(2)，pp. 493-502.

④ Wei，D.，Yang，J.，& Li，W.，et al.，Increased resting functional connectivity of the medial prefrontal cortex in creativity by means of cognitive stimulation，*Cortex*，2014，51，pp. 92-102.

⑤ Sun，J.，Chen，Q.，& Zhang，Q.，et al.，Training your brain to be more creative：Brain functional and structural changes induced by divergent thinking training，*Human Brain Mapping*，2011，37(10)，pp. 3375-3387.

功能整合等角度探究了语义类问题创造性解决的神经加工机制。

他们研究发现，在顿悟解决的早期，颞中回、额中回和前扣带等脑区激活，并认为这与突显和非突显语义信息加工有关；而海马激活滞后于前额皮层及左右颞中回，发生在顿悟问题解决完成的时刻，从而证实了海马是新颖联结产生的关键脑区，揭示了顿悟问题解决的动态神经网络（Zhao，Zhou，& Xu，2013[1]，赵庆柏，李松清，陈石，等，2015[2]）。

他们还发现，顿悟问题解决存在一条额叶—颞叶—海马的右半球神经通路，以完成新颖信息的选择和新颖联结的形成（Zhao，Zhou，& Xu，et al.，2014）[3]。（提示：创造性问题解决各相关脑区并非各自单独发挥作用，而是协同合作完成创造活动。）

此外，新颖语义联结形成是顿悟问题解决的关键过程。赵庆柏等人采用谜题歇后语为材料，直接操控语义联结的新颖性，考察了汉语新颖语义联结形成的神经机制。fMRI 的结果显示，相对于寻常语义关联条件，新颖语义关联条件下更强地激活了右侧颞上回，该脑区可能与新颖语义信息的激活有关；而 ERP 的结果显示，新颖语义关联条件在右侧颞区和右侧额区又激发了更正的晚期正成分，可能分别反映了新颖语义信息的激活以及选择与整合。以上结果支持了新颖语义联结形成的右半球加工优势效应（赵庆柏，魏琳琳，李瑛，等，2017）[4]。

（三）华东师范大学研究团队有关创造性神经基础的研究

华东师范大学郝宁教授所领导的科研团队采用 EEG、fMRI 等技术，结合心理学实验设计，从群体创造活动的脑际互动机制、发散性思维的神经机制、执行功能在

[1] Zhao，Q.，Zhou，Z.，& Xu，H.，et al.，Dynamic neural network of insight：A functional magnetic resonance imaging study on solving Chinese "Chengyu" riddles. *Plos One*，2013，8(3)，e59351.

[2] 赵庆柏，李松清，陈石，等：《创造性问题解决的动态神经加工模式》，载《心理科学进展》，第 23 卷，第 3 期，2015。

[3] Zhao，Q.，Zhou，Z.，& Xu，H.，et al.，Neural pathway in the right hemisphere underlies verbal insight problem solving，*Neuroscience*，2014，256，pp. 334-341.

[4] 赵庆柏，魏琳琳，李瑛：《新颖语义联结形成的右半球优势效应》，载《心理学报》，第 49 卷，第 11 期，2017.

创造性思维中的作用等多个方面展开研究，取得了丰富的研究成果。

观点产生及观点评价在发散产生过程中占据重要地位。他们团队探索了观点评价在发散思维中的作用。研究要求个体在完成不寻常用途任务过程中穿插进行观点评价任务或分心任务，然后通过记录分析个体任务过程中的脑电活动考察个体的创造性思维过程中与观点评价有关的神经活动。研究结果显示，在创造性思维产生过程中，观点评价条件下产生的发散性思维比分心任务条件下产生的发散性思维更具独创性，upper α 波（10~13 Hz）的变化与观点评价相同步，且在额叶皮层最为突出（Hao，Ku，& Liu，et al.，2016）[①]。

此外，他们还关注发散思维中序列效应的神经机制。在发散思维产生过程中，新颖想法产生的数量减少通常伴随其独创性的增加，这种现象在发散思维中被称为序列效应。他们的研究结果显示，相比起 epoch1，个体在 epoch2 阶段表现出更高的独创性，低抑制个体左侧额叶区域的 upper alpha（10~13 Hz）在 epoch1 阶段活动更强。这些结果表明，执行功能中的记忆刷新和优势反应抑制在创造性思维产生的过程中表现出了序列效应，这也许是因为个体努力抑制了其他无关想法的干扰，并将注意力和思维转换到了当前任务（创造性任务），因此随着时间的推移，更具独创性的新颖想法就出现了（Wang，Hao，& Ku，et al.，2017）[②]。

（四）华南师范大学研究团队有关创造性神经基础的研究

华南师范大学刘鸣和黄瑞旺研究团队利用个体静息状态下的脑功能数据，探究了高低创造性个体在低频振幅、功能连接强度、大脑网络属性以及动态功能连接模式上的差异。

他们团队采用托兰斯图形创造性测量（TTCT）评估了 180 名本科生的创造性能力，通过成绩高低筛选出高创造性组（22 人）和低创造性组（22 人），然后利用磁共振技术获得个体的静息态功能数据和 T1 结构像数据。采用低频振幅算法（fALFF），

---

① Hao，N.，Ku，Y.，& Liu，M.，et al.，Reflection enhances creativity: Beneficial effects of idea evaluation on idea generation，*Brain and Cognition*，2016，103，pp. 30-37.

② Wang，M.，Hao，N.，& Ku，Y.，et al.，Neural correlates of serial order effect in verbal divergent thinking，*Neuropsychologia*，2017，99，pp. 92-100.

研究者比较了不同频率段上高低创造性组的大脑功能差异，结果发现，在低频频段（0.01~0.08Hz），高创造性组在突显网络（salience network，SN）脑区的自发神经波动显著增强，而在默认网络（default mode network，DMN）脑区的自发神经波动则显著降低（梁皑莹，梁碧珊，张得龙，等，2014）[1]。基于体素的功能连接分析发现，高创造性组在外侧前额叶、脑岛以及小脑上的连接强度显著高于低创造性组。基于全脑功能连接分析显示，与个体创造性相关网络不仅涉及默认网络、皮层下组织网络，也涉及特异性模态加工网络（如听觉网络、视觉网络等）；进一步分析发现，高创造性组在这些网络上具有更好的全局加工效率（Gao，Zhang，& Liang，et al.，2017）[2]。他们通过全脑水平的分析也同样发现，高创造性个体的信息传递效率更高，在特定网络（如默认网络、感觉运动网络）的功能整合更好（Jiao，Zhang，& Liang，et al.，2017）[3]。尽管通过静息态脑网络分析可以探明与创造性相关的脑区或网络，但无法说明这些脑区或网络间的动态连接差异是否也可以反映个体创造性能力的不同。基于此，该研究团队通过动态脑网络分析发现，高创造性组在大脑功能状态上的切换频次更多，这反映了个体更灵活多样的认知加工能力（Li，Zhang，& Liang，et al.，2017）[4]。（提示：大脑信息传递的高效率以及大脑网络间灵活多变的协同模式更有利于创新思维的产生。）

二、我们为智力脑科学的研究奠定了创造性生物学研究的基础

四十多年来，我一直从事思维和智力心理学的行为学研究。在认知神经科学层

[1] 梁皑莹，梁碧珊，张得龙，等：《基于静息态功能磁共振低频振幅算法的创造力脑机制研究》，载《华南师范大学学报（社会科学版）》，第 4 期，2014.

[2] Gao，Z.，Zhang，D.，& Liang，A.，et al.，Exploring the associations between intrinsic brain connectivity and creative ability using functional connectivity strength and connectome analysis，*Brain Connect*，2017，7(19)，pp. 590-601.

[3] Jiao，B.，Zhang，D.，& Liang，A.，et al.，Association between resting-state brain network topological organization and creative ability：Evidence from a multiple linear regression model，*Biological Psychology*，2017，129，pp. 165-177.

[4] Li，J.，Zhang，D.，& Liang，A.，et al.，High transition frequencies of dynamic functional connectivity states in the creative brain，*Scientific Reports*，2017，7.

面，和国内发展同步，我和我的学生在 21 世纪初就开始了对思维和智力脑机制的探讨。在脑科学研究中，为了更纯粹地获得与创造性和创造性思维有关的脑活动信号，在设计实验任务时我们力求应用减法原则把创造性思维这一认知过程单纯化。但事实上，创造性不能孤立存在，它是多种认知过程（如思维）的执行加工、工作记忆和思维的自我监控等共同作用的结果。我们探讨了这些对创造性有重要影响的认知成分的神经基础，为我们团队后续探讨创造性的神经机制打下了坚实的基础。

（一）执行加工的脑机制

思维执行加工负责认知活动的调节和任务计划等，包括抑制、转换加工、双任务协调和编码刷新等成分（Collette & Linder，2002）[1]，是人类高级认知活动的关键环节，同样是创造性思维的重要环节。以往研究多聚焦于执行加工神经基础的空间特征，以空间分辨率较高的 fMRI 作为实验手段，且实验刺激材料多为英文（D'Esposito, Detre, & Alop, et al., 1995;[2] Markela-Lerenc, Ille, & Kaiser, et al., 2004）[3]。我们应用时间分辨率极高的事件相关电位技术，采用 N-back 范式探讨了执行控制的神经基础（王益文，林崇德，2005）[4]。N-back 实验范式要求被试持续刷新工作记忆中的信息编码，同时存储和提取与任务相关的信息点，抑制与任务无关的信息点，这一过程是一种典型的思维执行控制加工；并且这种范式还可以让主试通过变化任务负荷，来观察哪些脑区随任务中信息量的增加而出现激活程度加强的现象，进而确认参与认知活动的脑区。我们在实验中以汉字为刺激材料，采用 1/2/3-back 任务，要求被试在每个汉字呈现时判断当前汉字是否与向前第 n 个汉字相同（如 $n=3$ 时，判断当前汉字与向前第 3 个汉字是否相同）。分析刺激诱发的脑电活动发现，刺激呈现后约 360ms 出现的一负性成分（N360）表现出显著的任务主效应

---

① Collette, F. & Linder, M. V., Brain imaging of the central executive component of working memory, *Neuroscience and Biobehavioral Review*, 2002, 26(2), pp. 105-125.

② D'Esposito, M, Detre, J. A., & Alop, D. C., et al., The neural basis of the central executive system of working memory, *Nature*, 1995, 378(10), pp. 279-281.

③ Markela-Lerenc, J., Ille, N., & Kaiser, S., et al., Prefrontal-cingulate activation during executive control: Which comes first?, *Cognitive Brain Research*, 2004, 18(3), pp. 278-287.

④ 王益文，林崇德：《额叶参与执行控制的 ERP 负荷效应》，载《心理学报》，第 37 卷，第 6 期，2005。

（$p<0.001$）和与电极位置的交互作用（$p<0.05$）。N360 在额叶 AF3/AF4 和 F3/F4 电极点的波幅最大，3-back 任务中 N360 的波幅显著大于 2-back 任务和 1-back 任务，表现出一种逐级任务负荷效应。N360 在左半球的波幅大于右半球，F7/F8 和 T7/T8 点上存在左右侧的显著差异，均是左侧显著大于右侧，表现出一种左半球优势效应，左额区皮层电流密度也高于右侧，其偶极子位于额中回。结果提示，额叶特别是左额叶可能在执行控制中起着重要作用。潜伏期分析发现，汉字 1/2/3-back 任务 N360 的负荷效应出现在刺激消失后 $250\sim600\text{ms}$，360ms 达到最高强度，这可能反映了信息编码、刷新以及执行控制的时间过程。

（二）工作记忆的脑机制

工作记忆是为完成某一特定任务而暂时存储和保持有限容量的信息，并对其进行操作加工和执行控制的系统。工作记忆容量已被认为是导致一般智力差异的"X 因素"（Conway，Kane，& Engle，2003）[1]。研究也发现能够在工作记忆中保持更多规则和目标的个体在瑞文推理测试中的成绩越好（Carpenter，Just，& Shell，et al.，1990）[2]。我们的团队也发现空间工作记忆任务诱发的脑神经电活动可能受个体推理能力的调节（罗良，2005）[3]。而创造性的产品似乎总是在已有知识的基础上把原来不相关的知识点进行创新组合，同时提取的不相关知识点越多，可能产生的新组合也就越多。因此，工作记忆的个体差异和创造性的个体差异有着紧密的关系。我和我的学生主要探索了不同类型的信息在工作记忆中进行存储和复述时大脑神经元的电活动变化。

在以汉字为刺激材料的实验中，我们设计了 2-back、0-back 和复述三种任务。结果发现，在头皮后部顶枕叶区域，2-back 任务晚期负成分（Late Negative Component，LNC）的平均波幅显著大于复述任务，两任务相减后出现了差异波 N430。

---

[1] Conway, A. R. A., Kane, M. J., & Engle, R. W., Working memory capacity and its relation to general intelligence, *Trends in Cognitive Sciences*, 2003, 7(12), pp. 547-552.

[2] Carpenter, P. A., Just, M. A., & Shell, P., et al., What one intelligence test measures: A theoretical account of the processing in the raven progressive matrices test, *Psychological Review*, 1990, 97(3), pp. 404-431.

[3] 罗良：《视空间工作记忆系统的分离与个体差异——来自 ERP 研究的证据》，65~68 页，硕士学位论文，北京师范大学，2005。

2-back 任务减复述任务将得到词语存储成分，差异波 N430 很可能反映了工作记忆中汉字的短时存储。在头皮前部，2-back 任务的 P230 和 LPC 波幅均显著大于复述任务，相减后在头皮前部出现了持续正成分（SPC），这一正成分可能反映了 2-back 任务减复述任务后剩余的执行控制成分（王益文，林崇德，魏景汉，等，2004）①。

在以图形为刺激材料的实验中，我们设计了相同刺激材料的两种实验任务：客体工作记忆任务和空间工作记忆任务。客体工作记忆任务要求被试尽量记住刺激图形（如三角形）的形状，而空间工作记忆任务要求被试尽量记住刺激图形在二维矩阵里的位置。分析两种任务下刺激材料诱发的脑电活动发现，客体工作记忆与空间工作记忆所诱发的皮层慢电位（sp 成分）存在时间和空间上的分离。空间任务在图形刺激呈现后约 700ms 时间点上就出现负 sp 成分，这一成分在各电极位置的潜伏期基本相同；但客体任务负 sp 成分的潜伏期因电极位置的不同而不同，有些电极位置甚至观察不到这个成分。结果发现，与客体工作记忆任务比较，空间工作记忆任务的编码可能开始得更早，空间信息从编码到保持/缓存系统的传递更快（沃建中，罗良，林崇德，等，2005）②。

（三）自我监控的脑机制

思维的自我监控则直接决定了思维批判性水平的高低，而思维的批判与创造性的高低有着直接的相关关系。因此，对思维执行加工的脑机制进行研究也可以从另一个侧面揭示创造性潜在的神经基础。我们主要对不确定监控过程中脑神经电活动的变化进行了考察。

在此实验中，两组被试所接受的刺激完全相同，而指导语却要求他们根据不同的判断标准做出反应，知觉组被试判断两种色块的面积是否相等，是针对刺激特性做出的判断；而监控组被试则判断自己做出准确分辨的确定性，是针对自身能力做出的判断。

---

① 王益文，林崇德（通讯作者），魏景汉，等：《短时存贮与复述动态分离的 ERP 证据》，载《心理学报》，第 38 卷，第 6 期，2004.
② 沃建中，罗良，林崇德（通讯作者），等：《客体与空间工作记忆的分离：来自头皮慢电位的证据》，载《心理学报》，第 37 卷，第 6 期，2005。

行为学分析比较了知觉组被试与监控组被试在反应时上的差异。结果发现，监控组被试的反应时间(1210ms)显著长于知觉组被试(928ms)，即被试在判断自己做出准确分辨的确定性如何的时间显著长于直接判断两种色块是否相等的时间，这说明确定性判断可能包含了色块是否相等判断所没有的一个心理加工过程。根据先前不确定性监控的研究，这个心理加工过程可能就是监控，它是被试对自身判断准确性的一个反省过程。分析不同任务下相同刺激所诱发的 ERP 信号发现，两组被试在头皮后部诱发的 P1(50~110ms)和 N1(110~170ms)成分的波幅和潜伏期都没有显著的差异，这说明两组被试对刺激的早期加工没有因任务的不同而不同。但在 160~220ms 的时间窗口内，监控组被试在头皮前部诱发出的 N2[反映了一种监控机制(Van Veen & Carter，2002)[1]]的波幅显著大于知觉组被试的。此外，我们还对与 N2 出现时间相近，在大脑后部出现的 P2(170~230ms)成分的波幅进行分析，发现监控组显著大于知觉组。P2 是早期视觉皮层再次激活的一个指标，可能反映了从高级大脑皮层到低级视觉皮层的信息逆向反馈(Kotsoni，Csibra，& Mareschal，et al.，2007)[2]。我们认为本研究发现的 N2 与 P2 可能反映了两个相关联的加工，首先大脑前部额叶进行监控加工，根据监控加工的结果对后部低级视觉皮层进行信息的逆向反馈。前部额叶对监控加工投入的注意资源越多，可能从前部额叶逆向反馈给后部低级视觉皮层的信息量就越大，因此诱发出波幅较大的 P2。我们还对大脑头皮前部的晚期成分进行了分析，发现监控组被试与知觉组被试在刺激呈现后约 340~440ms 和 440~540ms 两个时间窗口诱发出的 ERP 平均波幅存在显著差异，监控组被试诱发的 ERP 成分与知觉组相比表现出更负的走向，这种差异在 540ms 时间点上开始消失。结果发现：前额叶在监控加工后期起到非常重要的作用，与知觉视觉刺激相比，监控需要前额叶投入更多的资源，且这种资源的投入在刺激出现后的 540ms 左右完成。

---

① Van Veen，V. & Carter，C. S，The anterior cingulate as a conflict monitor: fMRI and ERP studies, *Physiology & Behavior*，2002，77(4)，pp. 477-482.

② Kotsoni，E.，Csibra，G.，& Mareschal，D.，et al.，Electrophysiological correlates of common-onset visual masking, *Neuropsychologia*，2007，45(10)，pp. 2285-2293.

三、我们团队对创造性脑机制的探讨

如上所述，创造性神经基础的研究已积累了大量的研究报告。从方法学上分类，已有研究可以分为三类：脑电研究、临床个案研究和磁共振成像技术研究。其中，磁共振成像技术具有极高的空间分辨率，且可以从结构和功能、任务态和静息态等多个角度考察与创造性和创造性思维相关的神经基础，这一技术的发展极大地推动了创造性神经基础的研究，绝大多数的已有文献都是利用这一技术进行研究的。但不可否认，这一方法同样存在技术上的局限性，这些局限性也在很大程度上制约了创造性脑机制的研究。

磁共振成像技术最大的局限性是被试在磁体内难以外显地呈现创造性思维的产品。传统的创造性行为测试一般要求被试按任务要求口头或是书面呈现创造性思维的产品，然后主试通过对这些产品的新颖性等特性的评定来界定产品的创造性，从而间接反映产品对应的思维过程的创造性高低或是产品生成个体的创造性高低。但发声或是书写都可能引起头动和肌肉用力，而功能性磁共振成像技术的信号易受头动和肌电干扰。其中肌电易导致极强的运动伪迹，进而污染真正的信号；而头动过大还可能造成对信号源进行准确的空间定位的困难，这两个方面最后都可能影响实验结果的可信性和可靠性。因此，在利用磁共振成像技术进行创造性神经基础的研究中，为了适应实验技术对数据采集的要求，已有研究大多用远距离联想任务或是谜面谜底的方式探讨顿悟的神经基础(邱江，张庆林，2011[1]；朱海雪，杨春娟，李文福，等，2012[2])。这样的实验范式也能诱发出创造性思维，顿悟也确实是创造性思维的重要过程之一，但它与真实世界中原发性的创造性思维发生过程还是存在着质的区别的。

功能性磁共振成像技术的另一个局限是易诱发情绪变量对数据的污染。在功能

---

[1] 邱江，张庆林：《创新思维中原型激活促发顿悟的认知神经机制》，载《心理科学进展》，第19卷，第3期，2011。

[2] 朱海雪，杨春娟，李文福，等：《问题解决中顿悟的原型位置效应的FMRI研究》，载《心理学报》，第44卷，第8期，2012。

性磁共振成像技术实验中，数据采集是在一个狭长、强噪音的圆柱体内完成的，实验环境与被试日常生活学习的自然环境有着很大的差异，被试在这样的环境中容易产生紧张、恐惧心理甚至出现幽闭恐惧，这些负性情绪对认知活动的正常进行具有一定的干扰作用，个别情绪反应强烈的被试甚至在实验中途要求停止实验并撤出磁体和磁共振成像室。行为实验也确实发现了情绪与创造性之间的相关关系（如 Byron & Khazanchi，2011[①]；Fernández-Abascal & Díaz，2013[②]）。更重要的是，如本章第一节所述，研究已证实情绪可以调节创造性思维过程的脑活动和连接模式（McPherson，Barrett，& Lopez-Gonzalez，et al.，2016）[③]。如此，在创造性脑机制的 fMRI 实验中，情绪变量完全有可能通过改变创造性思维的认知过程而影响其潜在的神经活动。

功能性近红外光学脑成像技术（functional near-infrared spectroscopy，fNIRS）是另一种新兴的无创性脑成像技术，它将大脑的活动与近红外光学特性的变化相联系，利用近红外光学脑成像系统探测人类大脑皮质的功能激活状态，为认知神经科学领域的研究提供了更多的技术选择。虽然它和 fMRI 一样也是基于大脑的血氧响应机制，但它利用的是血红蛋白不同状态下（氧合和脱氧）对近红外光线不同的敏感性。实验通过光极帽上的发射光极将不同波长的近红外光经颅骨射入皮层，然后通过探测光极接收反射回来的光，通过不同波长光入射和反射的强度变化推测某认知活动进行时脑内氧合血红蛋白和脱氧血红蛋白浓度的相对变化，从而推测光极所覆盖脑区与认知活动的关系。就创造性脑机制研究而言，与同样用于探测神经活动空间特征的 fMRI 相比，fNIRS 具备更高的生态效度。fNIRS 的实验环境更接近自然，它的数据采集是在一个开放的环境中完成的，被试在比较接近日常生活学习环境的状态下完成实验任务，不易产生紧张、恐惧等负面情绪，数据不易受情绪变量的污染。而且，fNIRS 的信号相对不易受头动、肌电的干扰，被试在数据采集过程中可以口

[①] Byron, K. & Khazanchi, S., A meta-analytic investigation of the relationship of state and trait anxiety to performance on figural and verbal creative tasks, *Personality & Social Psychology Bulletin*, 2011, 37(2), pp. 269-283.

[②] Fernández-Abascal, E. G. & Díaz, M. D. M., Affective induction and creative thinking, *Creativity Research Journal*, 2013, 25(2), pp. 213-221.

[③] McPherson, M. J., Barrett, F. S., & Lopez-Gonzalez, et al., Emotional intent modulates the neural substrates of creativity: An fMRI study of emotionally targeted improvisation in jazz musicians, *Scientific Reports*, 2016, 6(18460).

头报告，可以小范围手动写字或画画等。如此，离线数据处理时主试可以根据被试的在线反应来评估被试是否按任务要求进行了创造性认知过程，可以对数据进行基于反应的分析，从而提高数据信噪比，并得到更为精确的结果。然而，据我们所知，这一技术极少被应用于创造性神经基础的研究中。

于此，我们团队的金花教授在承担我主持的"拔尖创新人才与培养模式"教育部重大攻关课题时，采用生态效度较高的近红外光学脑成像技术，分别以文字和图形为任务载体，借助任务过程中血氧信号的变化考察成人创造性思维（概念扩展和创造性想象）的神经基础；同时，用威廉姆斯创造性倾向测验获取被试创造性人格（特质创造性）的行为数据，通过对创造性思维过程相关脑区的激活强度和创造性人格行为数据间的相关分析来探讨状态创造性和特质创造性之间的关系，为创造性理论的完善和实践应用提供更多的实验依据。

我们团队对创造性生物学研究材料也有不少，这里挑选其中的两项研究。

（一）概念扩展的脑机制及其与特质创造性的关系

概念扩展是指通过较远距离的联想，扩展已有概念的界限，以获得新颖的、有价值的问题解答，其核心在于扩展已有概念的界限以获得新的含义（Abraham，Pieritz，& Thybusch，et al.，2012）①。概念扩展是创造性思维的重要过程，在创造性认知"过程式"导向的研究趋势下，概念扩展神经基础的研究日益成为创造性脑机制研究的热点主题之一。但是，已有研究均通过被试对目标刺激的新颖性和适用性评估来诱发概念扩展过程，这样的任务操作很可能混杂着较大权重的认知评估过程，从而使概念扩展和认知评估相关的脑功能区同时激活，且难以将认知评估相关的脑活动从结果中分离出去。为此，本研究先通过预实验筛选出概念扩展高低不同的两组刺激，正式实验时要求被试在看到目标刺激时思考该刺激与报纸之间的合理联系，而无须进行刺激的新颖性和适用性的评估，试图分离出创造性思维过程中概念扩展特有的脑功能活动，并与创造性行为问卷数据进行相关分析以进一步探讨创

---

① Abraham, A., Pieritz, K., & Thybusch, K., et al., Creativity and the brain: Uncovering the neural signature of conceptual expansion, *Neuropsychologia*, 2012, 50(8), pp. 1906-1917.

造性研究中行为测试与脑功能活动间的联系。另外，已有部分研究探讨了人格特质与安静状态下脑结构和功能的关系（如 Li，Li，& Huang，et al.，2015）[①]。但探讨与特质创造性和状态创造性相关的脑功能活动间关系的研究极少。仅芬克等人（2014）[②]考察了分裂型人格特质与个体主动报告客体用途条件下脑活动模式的关系，但他们在实验过程中也未控制认知评估因素的影响。因此，后续研究有必要在控制认知评估因素之后，进一步考察个体执行创造性认知任务过程中伴随的脑功能活动与人格因素之间的关系。

金花团队的研究从概念扩展出发，采用高生态效度的功能性近红外光学脑成像技术进一步考察了概念扩展的神经基础，特别是额颞脑区在概念扩展中的作用，以丰富和完善人类创造性神经机制的研究。研究以徐芝君等人（2012）编制的《〈报纸的不寻常用途〉测验》为初始实验材料，经过适当调整（将繁体描述用途转换成等意的简体双字词，以及使表述更符合大陆表述习惯）后，编制成 7 级评定量表，用途项目随机排列。由 10 名大学生根据各个用途与报纸之间建立合理联系的难易程度进行等级评定，等级越高表明联结越不易产生，概念扩展越高。得到高低扩展组各 60 个用途刺激（高扩展组 H，如饲料；低扩展组 L，如练字）。两组平均联结难度分别为：5.36 ± 0.47，2.76 ± 0.55。内部一致性系数 $\alpha_H = 0.98$，$\alpha_L = 0.94$。

fNIRS 实验时将不同扩展性的报纸用途随机呈现给被试，这样便人为地避免了被试在正式实验对报纸用途进行认知评估从而混淆实验结果。实验要求他们认真思考呈现用途与报纸之间的合理联结——通过合理的操作方式，使得报纸能够实现这种用途。通过对比执行高低扩展性任务间的神经活动，既可揭示概念扩展特定的神经机制，也有效控制了评估因素对扩展过程的影响。fNIRS 实验完成后，继续指导被试完成两个行为问卷。一个是自编量表，请被试对实验中用途刺激材料的新颖性、联结难易分别进行 5 级等级评定；另一个是威廉姆斯创造性倾向测验（威廉姆斯 1980 年编制，林幸台和王木荣 1994 年修订），指导被试根据表述与自身的符合

① Li，W.，Li，X.，& Huang，L.，Brain structure links trait creativity to openness to experience，*Social Cognitive and Affective Neuroscience*，2015，10(2)，pp.191-198.

② Fink，A.，Weber，B.，& Koschutnig，K.，Creativity and schizotypy from the neuroscience perspective，*Cognitive，Affective，& Behavioral* Neuroscience，2014，14(1)，*pp.*378-387.

程度对测验中的自我评定性陈述作答。

行为数据分析发现，高扩展组的反应时显著长于低扩展组，新颖性显著大于低扩展组，联结难度也显著高于低扩展组，说明被试在进行该组概念扩展过程中需要跨越更大的"意义距离"将目标刺激与报纸建立联结（Mednick，1962）[1]。同时，相关分析发现，材料的新颖性和联结难易度呈显著正相关。这一结果与预实验时不同被试对材料的评估结果相似，从统计学上为实验材料的有效性提供了依据。

对于 fNIR 实验的数据，她们主要分析了概念扩展过程涉及的脑激活情况。结果发现，与低扩展条件比较，高扩展条件下右颞中回（BA21 和 BA22）、右辅助运动区（BA6）表现出了显著的正激活；右额上回（BA8 和 BA9）、双侧额极（BA10）、双侧背外侧前额叶（BA9 和 BA46）覆盖的脑区表现出了显著的负激活。可见，前额叶和颞叶等皮层均参与了概念扩展过程，但颞叶皮层表现为功能活动加强，而更多的前额叶皮层表现为功能活动减弱。另外，右半球的不同脑区分别参与了概念扩展过程所诱发的脑活动加强（正激活）或减弱（负激活），这提示了右半球在概念扩展过程中的重要作用。

额叶和颞叶的不同表现可能与它们在创造性思维中的不同功能和本实验设计有关。研究发现，创造性生成更多地与颞叶的激活有关；而创造性观念生成后的评价更多地与额叶的激活有关（Ellamil，Dobson，& Beeman，et al.，2012[2]；Liu，Erkkinen，& Healey，et al.，2015[3]；Hao，Ku，& Liu，et al.，2016[4]），额极也被发现与个体对生成信息进行内在的评估有关（Christoff & Gabrieli，2000）[5]。本研究仅要求被试思考呈现的用途与报纸之间的合理联结，无须被试进行新颖性和适用性的评估。在这样的实验设计下，概念扩展任务激活语义系统但不涉及"评估"这一认知过

---

[1]　Mednick，S.，The associative basis of the creative process，*Psychological Review*，1962，69(3)，p. 220.

[2]　Ellamil，M.，Dobson，C.，& Beeman，M.，et al.，Evaluative and generative modes of thought during the creative process，*NeuroImage*，2012，59(2)，pp. 1783-1794.

[3]　Liu，S.，Erkkinen，M.G.，& Healey，M.L.，et al.，Brain activity and connectivity during poetry composition：Toward a multidimensional model of the creative process，*Human Brain Mapping*，2015，36(9)，pp. 3351-3372.

[4]　Hao，N.，Ku，Y.，& Liu，M.，et al.，Reflection enhances creativity：Beneficial effects of idea evaluation on idea generation，*Brain and Cognition*，2016，103，pp. 30-37.

[5]　Christoff，K. & Gabrieli，J.D.，The frontopolar cortex and human cognition：Evidence for a rostrocaudal hierarchical organization within the human prefrontal cortex，*Psychobiology*，2000，28(2)，pp. 168-186.

程，因此有可能引起额叶激活的减弱。但右颞在激活、整合远距离语义信息中起着重要作用（Kuperberg, Lakshmanan, & Caplan, et al., 2006）[1]；而本实验操纵的高概念扩展任务需要被试以合理的方式在呈现的新颖用途和报纸间建立起联结，这一联结过程需要右颞叶远距离语义联想功能的支持，在神经层面表现为显著激活状态。

进一步利用 fNIR 数据与威廉姆斯创造性人格测验数据进行联合分析发现，威廉姆斯创造性人格测验中想象性维度的得分与右额极、眶额等的激活呈负相关；冒险性维度得分与右额极、眶额的激活呈负相关；挑战性维度的得分与双侧额极、双侧背外侧前额叶的活动正相关。结果与李文福（2014）[2]的研究结果基本一致。他们发现，背外侧前额叶与创造性呈正相关，眶额皮层与创造性呈负相关。本结果为额极皮层以及眶额皮层等脑区参与概念扩展过程提供了实验依据。至于，不同维度间结果的分离，一方面可能是各脑区结构和功能还存在更小维度上的区别，而当前技术的空间分辨率不足以分离引起的；另一方面也提示与创造性认知相关的各维度间具有更为复杂的潜在关系，这都需要后续开展进一步的实验研究进行相应的探讨。

本结果提示，概念扩展过程可能需要不同脑区协同工作，但新颖观念的生成主要与负责远距离语义联想的右颞叶的激活增加有关；而创造性人格与创造性思维过程诱发的神经活动存在复杂的相关关系，需要后续更多的数据积累以提取出准确的结论。

（二）创造性想象的脑机制及其与特质创造性的关系研究

创造性想象是创造性思维的重要过程之一，探究创造性想象过程所伴随的脑活动模式也是创造性神经基础研究的重要内容。但因技术的局限性，已有研究在实验操作中对想象的结果（想象的产品）是否具有创造性均是事后评定的，即事后请专家对创造性想象的产品进行新颖性和实用性方面的离线评定，按一定的规则将它们划分成创造性和非创造性两类，再逆推这些产品对应的想象过程是否真正属于创造性

① Kuperberg, G. R., Lakshmanan, B. M., & Caplan, D. N., et al., Making sense of discourse: An fMRI study of causal inferencing across sentences, *NeuroImage*, 2006, 33(1), pp. 343-361.

② 李文福:《创造性的脑机制》，博士学位论文，西南大学，2014。

想象。这样的操作产生的问题是：专家无从知晓创造性产品是被试自己在实验中进行创造性思维得到的还是源于对以前生活经历或者记忆中已有信息的回忆，如此就难以分离出纯粹的与创造性想象相关的神经活动。

为此，金花团队在另一实验研究中使用较为严谨的实验设计，事后对数据进行基于反应的分析，并将基于回忆得到的伪创造性产品对应的干扰信号分离出去，以更纯粹的数据考察创造性想象中脑活动的空间特征及其与创造性人格的关系。她们在 fNIRS 实验中以托兰斯图形创造性测验（TTCT）为创造性想象诱发任务，要求被试利用所给的线条图形在白纸的上方区域设计出一幅具有新颖性、创造性的画；以几何简笔画（可以最大限度降低因刺激诱发语义相关脑区的激活而衍生的信号污染）的抄写作为非创造性任务。fNIRS 实验后通过"设计—回忆"自评问卷，请被试选择回答 fNIRS 实验中被试画出来的新颖图形是在实验过程中想到的还是来自记忆提取（若被试不能区分以上两种情况，则勾选"不能区分"）。此外，fNIRS 实验后还指导被试完成威廉姆斯创造性倾向测验。被试在 fNIRS 实验的想象任务中生成的产品的创造性由三名专家分别进行 7 点量表的评定（"1"代表非常不新颖，"7"代表非常新颖），然后分别计算每名被试在 24 幅画上得分的总和，得出每名被试的状态创造性总分。

由创造性产品的专家评定结果发现，被试按实验要求生成的"创造性"产品中仅有 27.14% 被专家评定为高创造性产品；而由"设计—回忆"自评问卷的数据发现，被试按实验要求生成的"创造性"产品中仅有 72.92% 是在任务过程中在线自主设计而非回忆生成的。结果提示，即使被试是按要求进行创造性任务的，任务生成的产品仍有可能是无创造性的普通产品；而且，即使被专家鉴定为高新颖性的产品，也可能不是被试创造性思维的结果，而是被试记忆提取的结果。这样的行为数据分析结果说明，在探讨创造性思维的神经基础时，如果仅对数据进行基于任务（创造性任务—非创造性任务）的分析，得到的脑功能区很可能混杂了与一般性思维和记忆有关的脑区，还可能相对地弱化单纯创造性思维诱发的信号从而掩盖与创造性思维相关的激活脑区。因此，后续研究非常有必要对脑成像数据进行基于反应的分析。

金花团队对 fNIRS 实验数据的分析也支持上述观点。她们首先对数据进行了常规的基于任务(或条件)的分析。结果发现,以同样的非创造性任务为基线,创造性想象任务诱发了四个激活簇,分别位于:双侧背外侧前额叶、左侧额眶区和右三角部。高创造性产品对应的想象过程诱发了三个激活簇,分别位于:右侧背外侧前额叶、左侧额眶区和右三角部。"设计"类产品对应的想象过程诱发了四个激活簇,分别位于:右侧背外侧前额叶、左侧额眶区、右岛盖区和右三角部。可见,在相同的基线条件(非创造性条件)下,分别控制或不控制创造性任务过程中两种可能的干扰因素,创造性条件诱发的脑激活区不完全相同,提示着低创造性的试次及回忆产生的试次对整体信号存在污染的可能性。同时,我们必需指出,右侧三角部和右背外侧前额叶保持了不同处理间一致性的正激活,左侧眶额皮层呈现出始终如一的负激活。这一结果提示这三个脑区和创造性想象关系密切,可能是人类进行创造性想象的主要功能脑区,参与非新颖信息产生的抑制和新颖信息的产生。

为了探讨人格与创造性想象诱发的脑功能区间的关系,金花团队计算了每位被试的威廉姆斯创造性人格测验的总分。她们首先考察威廉姆斯特质创造性分数与状态创造性(设计条件)下各脑区激活情况的相关关系。结果显示,威廉姆斯创造性分数与多个脑功能区的激活呈现出显著正相关,分别是:双右侧三角部(右:$r = 0.442$,$p<0.05$;左:$r = 0.439$,$p<0.05$);双侧颞中回(右:$r = 0.468$,$p<0.05$;左:$r = 0.476$,$p<0.05$);双侧下额叶皮层(右:$r = 0.428$,$p<0.05$;左:$r = 0.444$,$p<0.05$);双侧下角后区(右:$r = 0.409$,$p<0.05$;左:$r = 0.439$,$p<0.05$);左侧中央下区($r = 0.474$,$p<0.05$)。随后,鉴于特质创造性和状态创造性可能存在的交互作用,即高特质创造性被试在某些情境中也会提出一般的问题解决策略,表现出低状态创造性;而低特质创造性的被试在某些情境中也可能表现出高状态创造性,提出高新颖性的观点,因此她们考察了二者的交互作用。操作时先按照被试人格测试所得的总分排序,选择上下端各38%的被试分别作为高特质创造性组和低特质创造性组,然后与创造性想象时激活的脑功能活动进行关联分析。结果发现,在前额叶范围内,人格特质与创造性想象时在以下脑区的活动存在显著的交互作用($p<0.05$):双侧眶部额叶皮层、双侧背外侧前额叶、右侧三角部。进一步简单效应分析发现,表现高状态创造性时,人格得分高的被试在双侧眶额区的氧合血红蛋白浓

度变化小于低的被试；而表现低状态创造性时，两组被试在这些脑区的活动则无显著差异。这一结果与前面单纯的脑成像数据分析结果相呼应，再次证实了这些脑区在创造性想象过程中的重要作用。而且，这样的结果也提示在创造性思维中同样存在神经效能（neural efficiency）说，即在完成相同难度的任务时，认知能力高的个体比认知能力低的个体出现更少的激活（Haier，Siegel，& Nuechterlein，et al.，1988）①。在本实验中，为了表现高创造性，高特质创造性个体只需新诱发较少的神经活动即能完成创造性任务；而低特质创造性个体需要引发较多的不同于常态下的神经活动才能产生出高创造性产品，这使二者在双侧眶部额叶皮层的血红蛋白浓度变化出现显著差异。而在低状态创造性情境中，两类被试均无须调动较多能量即可完成任务，高特质创造性个体的数据还可能出现地板效应，导致无组间差异的统计检验结果。

总体上，本实验结果提示：右侧三角部、右背外侧前额叶和双侧眶额皮层在创造性想象中起着重要作用；和概念扩展过程类似，创造性想象时的脑活动模式也受创造性人格的影响；在创造性思维的神经基础研究中，对数据进行基于反应的分析可以使结果更为纯粹。

综上所述，金花课题组以高生态效度的近红外光学成像技术考察了创造性思维的神经基础。结果发现，不同载体诱发的不同的创造性认知过程的神经活动有着不同的空间特征；而且，不同脑功能区在创造性思维过程中表现出不同的功能变化，有的表现出激活加强，有的则表现出激活减弱。但是，无论是以文字为创造性任务载体的概念扩展过程还是以图形为创造性任务载体的创造性想象过程，均诱发了右半球更多脑区的功能变化。同时，她们的研究还考察了创造性人格测试获得的个体特质创造性和创造性任务诱发的这些脑功能区的激活，结果同样发现，个体的特质创造性更多地与右半球的脑区存在关联。结果更倾向于支持右半球在创造性思维中具有更重要作用的假说。

---

① Haier, R. J., Siegel, B. V. & Nuechterlein, K. H., et al., Cortical glucose metabolic rate correlates of abstract reasoning and attention studied with positron emission tomography, *Intelligence*, 1988, 12(2), pp. 199-217.

第三节

——

对创造性生物学研究的展望

目前国内外对创造性生物的研究，主要是围绕着创造性的认知神经科学，这个领域非常重要，应该继续深入研究，但是还须扩大研究范围。在此我们提出三点展望，以求教国内外的同人。

一、继续深入开展创造性神经基础的研究

进入 21 世纪以来，世界各国相继制订了本国的脑科学计划，中国脑计划制订为 15 年计划（2016—2030 年）。科技部、教育部、中国科学院、国家自然科学基金委员会联合印发的《"十三五"国家基础研究专项规划》将"脑科学与类脑研究"放在"十三五"期间我国将组织实施的重大科技项目的首位；而且，脑科学与类脑研究重大科技项目将围绕脑与认知、脑机智能和脑的健康 3 个核心问题展开。因此，创造性神经基础的研究正处于历史最好的科研环境下。

目前，虽然关于"高创造性者到底有着怎么样的脑结构和功能特征，具备什么样的脑结构功能特征的个体具有高创造性"这个双向性问题，学术界迄今还没有得到明确、清晰、一致的结论。但无论是对爱因斯坦的个案研究还是大量对正常成人的研究，也确实发现高创造性个体或是个体进行高创造性思维时，其脑结构或功能特征不同于低创造性个体或是个体进行低创造性思维时。综合文献和我们的研究，能得到的比较笼统的结论是"创造性思维与前额执行控制系统和默认网络有关"；但事实上，我们可以看到，即使是默认网络，不同的研究得到的与创造性相关的脑区也不尽相同，如有的研究发现与内侧前额叶相关（如 Ellamil, Dobson, & Beeman, et al., 2012①；Liu, Erkkinen, & Healey, et al., 2015②；Takeuchi, Taki, & Nouch, et al., 2017③），有的研究发现与楔前叶相关（如 Takeuchi, Taki, & Hashizume, et al., 2011④；Jauk, Neubauer, & Dunst, et al., 2015⑤；Zhu, Chen, & Xia, et al., 2017⑥）。创造性思维似乎不严重地依赖于任何一个单一心理过程或是脑区，也不是特定地如单个研究发现的那样与右半球、散焦的注意、低唤醒度或是 alpha 同步有关。这有可能与数据积累相对较少且各研究间太大的异质性有关。近几年来，虽然创造性神经基础的研究有了极大的进展，但研究内容太分散。在研究理念上，有把创造性作为一个整体来考虑的，也有把创造性相关的认知成分分离出来考虑的。在反映创造性或是创造性思维的内容选择上，有反映领域一般性创造性的，如经典的TTCT 测试；也有反映领域特殊性创造性的，如音乐创作等。而代表神经特征的指标的多样性也是实验结果难以凝练的重要原因之一。例如，有的研究考察脑功能连接的差异性，有的研究考察灰质或是白质结构的差异性等。整体上，可以认为创造性神经基础的研究还处于数据积累期，还需要更多的实证研究。特别是当前积累的数据绝大多数源于成人大学生，而 30 岁以后或是 18 岁以前个体的数据几乎是空白，今后的研究要特别注意这些年龄段数据的积累。

另一个层面，基础研究不是为研究而研究，认识脑是为了更好地开发脑和保护脑。探索创造性和脑之间的关系也是如此。虽然这一领域的数据量还是非常有限，还不能得到顶层结论，但有限的研究结果依然为我们在实践中提升个体的创造性提供了极好的启示。如前所述，各类干预或是训练方法诱发的个体创造性的提升均伴

---

① Ellamil, M., Dobson, C., & Beeman, M., et al., Evaluative and generative modes of thought during the creative process, *NeuroImage*, 2012, 59(2), pp. 1783-1794.

② Liu, S., Erkkinen, M.G., & Healey, M.L., et al., Brain activity and connectivity during poetry composition: Toward a multidimensional model of the creative process, *Human Brain Mapping*, 2015, 36(9), pp. 3351-3372.

③ Takeuchi, H., Taki, Y., & Nouchi, R., et al., Regional homogeneity, resting-state functional connectivity and amplitude of low frequency fluctuation associated with creativity measured by divergent thinking in a sex-specific manner, *NeuroImage*, 2017, 152, pp. 258-269.

④ Takeuchi, H., Taki, Y., & Hashizume, H., et al., Failing to deactivate: The association between brain activity during a working memory task and creativity, *NeuroImage*, 2011, 55(2), pp. 681-687.

⑤ Jauk, E., Neubauer, A.C., & Dunst, B., et al., Gray matter correlates of creative potential: A latent variable voxel-based morphometry study, *NeuroImage*, 2015, 111, pp. 312-320.

⑥ Zhu, W., Chen, Q., & Xia, L., et al., Common and distinct brain networks underlying verbal and visual creativity, *Human Brain Mapping*, 2017, 38(4), pp. 2094-2111.

随着脑活动和功能甚至结构上的变化，这提示个体创造性的可塑性不仅仅外显地反映于行为指标上，还可以发生在其生物学基础的脑结构层面；为外因诱发的创造性行为改变的可持续性提供了物质基础。研究发现诸如即时的情节细节诱导（Madore，Addis，& Schacter，2015[①]；Madore，Jing，& Schactet，2016[②]）、原型启发等（如朱丹，罗俊龙，朱海雪，等，2011）[③]均可提升学生的创造性。而扮演游戏（Russ，2016）[④]、体育活动（Ben-Soussan，Glicksohn，& Goldstein，et al.，2013[⑤]；Oppezzo & Schwartz，2014[⑥]；Simon & Bock，2016[⑦]）等不仅可以提升个体创造性思维还能促进身体健康，更值得在中小学阶段提倡推广。有的研究还发现操纵课堂教学环境也能有效提升学生创造性思维。他们发现，相比于无绿植无外景的课室，多绿植且可以透过大窗口看见自然风光的课室能有效提高学生视觉空间创造性，但对言语创造性的影响无差异（Studentea，Seppala，& Sadowska，2016）[⑧]。国内胡卫平团队（Jia，Hu，& Cai，et al.，2017）[⑨]的研究则直接为我们提供了提升学生创造性的教学模式，他们发现"讲授+探究式"教学方式更利于创造性问题的解决。现在的问题是研究成果如何及时地转化为教学实践。

最后，如贝尔（J. Baer，2016）[⑩]认为的那样，我们有必要指出，走向创造性思

① Madore，K. P.，Addis，D. R.，& Schacter，D. L.，Creativity and memory：Effects of an Episodic-Specificity induction on divergent thinking，*Psychological Science*，2015，26（9），pp. 1461-1468.

② Madore，K. P.，Jing，H. G.，& Schacter，D. L.，Divergent creative thinking in young and older adults：Extending the effects of an episodic specificity induction，*Memory & Cognition*，2016，44（6），pp. 974-988.

③ 朱丹，罗俊龙，朱海雪，等：《科学发明创造思维过程中的原型启发效应》，载《西南大学学报（社会科学版）》，第37卷，第5期，2011.

④ Russ，S. W.，Pretend play：Antecedent of adult creativity，*New Directions for Child and Adolescent Development*，2016（151），pp. 21-32.

⑤ Ben-Soussan，T. D.，Glicksohn，J.，& Goldstein，A.，et al.，Into the Square and out of the Box：The effects of Quadrato Motor Training on Creativity and Alpha Coherence，*Plos One*，2013，8（1），e550231.

⑥ Oppezzo，M. & Schwartz，D. L.，Give your ideas some legs：The positive effect of walking on creative thinking，*Journal of Experimental Psychology. Learning，Memory，and Cognition*，2014，40（4），pp. 1142-1152.

⑦ Simon，A. & Bock，O，Influence of divergent and convergent thinking on visuomotor adaptation in young and older adults，*Human Movement Science*，2016，46，pp. 23-29.

⑧ Studentea，S.，Seppala，N.，& Sadowska，N.，Facilitating creative thinking in the classroom：Investigating the effects of plants and the colour green on visual and verbal creativity，*Thinking Skills and Creativity*，2016，19，pp. 1-8.

⑨ Jia，X.，Hu，W.，& Cai，F.，et al.，The influence of teaching methods on creative problem finding，*Thinking Skills & Creativity*，2017，24.

⑩ Baer，J.，Creativity doesn't develop in a vacuum，*New Directions for Child and Adolescent Development*，2016（151），pp. 9-20.

维和创造性行为的技能、知识、态度、动机和人格特质并不是凭空存在和发展的。它们与内容、领域紧密联系，特别是随着领域的变化而变化。我们对创造性了解得越多，越发现创造性是领域特异性的。我们不能离开内容来谈创造性的培养和教育。不同的领域要求不同的创造性相关技能、知识、态度、动机和人格，不同领域的创造性其提升方法也不相同。贝蒂等（R. E. Beaty，2014）①曾考察了解决经典顿悟问题和真实世界创造性成就间的相关关系，结论是：没有证据表明顿悟问题解决和创造性行为与成就间有相关关系。他们认为：如果我们想让学生学习微积分、世界史和生物学，我们假设没有某些通用的学习有助于学生学习这三门课程。我们明白这是三个不同的领域，各自需要不同的领域特异性的指导和学习，几乎没有理由期望它们之间有很多的迁移。许多的创造性训练被发现是浪费时间。因此，在现实的教育教学中融入创造性培养方案时，我们必须注意领域特异性。目前，这部分的基础研究还相当贫乏，需要更多的数据积累。

二、从认知神经科学走向情绪神经科学展开多维度的研究

情绪影响创造性认知过程的神经机制，也是未来应加强加深研究的一个方面。

情绪与创造性之间的关系是创造性领域的热点研究问题，胡卫平教授所领导的陕西师范大学"现代教学技术"教育部重点实验室（下边简称为实验室）采用行为与认知神经科学技术相结合的方法，分别从个体的创造性行为表现、情绪与创造性认知活动特有的生理机制、情绪效价以及情绪动机对创造性活动的影响作用等多个方面展开了研究，并取得了丰富的研究成果。

（一）情绪对创造性活动影响的行为学研究

情绪对个体创造性活动的影响作用首先体现在个体的创造性行为上，因此，实验室首先从行为层面展开了相关研究。研究选用较为成熟的创造性科学问题提出能

① Beaty, R. E., Benedek, M. & Wilkins, R. W., et al., "Creativity and the default network: A functional connectivity analysis of the creative brain at rest," *Neuropsychologia*, 2014, 64, pp.92-98.

力测验作为创造性任务，并对不同情绪状态下个体的绩效水平进行了评估。研究结果显示：积极情绪相比负性、中性情绪显著提升了个体在创造性问题的流畅性、灵活性维度上的表现。而在消极情绪下，恐惧（而非愤怒）会阻碍开放性问题的提出。这一发现提示，在青少年的创造性培养中，教师应注重孩子的情绪、情感状态，避免消极情绪的发生（Chen，Hu，& Plucker，2016）①。

（二）情绪加工的生理机制

实验室对"高焦虑者引导性认知重评异常的时程动态机制"这一课题进行了研究，采用脑电技术，证实了高焦虑者认知重评的异常可能导致其体验到普遍较高水平的负性情绪。不仅如此，研究团队进一步比较认知重评的两种子成分在情绪调节的不同阶段的时程动态特征。结果表明，分离重评与积极重评在效价、唤醒度及神经反应上具有不同的调节效应，并强调了这两种重评策略在情绪调节不同加工过程上的分离。这为后期探究高焦虑者的认知重评异常到底反映在分离重评还是积极重评上奠定了基础（Qi，Li，& Tang，et al.，2017）②。

（三）创造性认知加工活动的生理机制

研究团队首次提出借助认知神经科学技术，以创造性认知加工的初级过程和次级过程为线索，采用新颖性判断、远距离联想、顿悟字谜任务等改进的实验范式，通过时空二维脑机制参数，重点测查创造性相关脑区激活的时间进程与空间模式，揭示情绪影响创造性认知活动的大脑动态加工过程。现有研究结果表明：人脑对创造性新颖信息的加工过程更为复杂，图像新颖性属性的识别并未与早期知觉活动同时展开，其主要发生在涉及图像特征融合、图像记忆编码等多项认知活动参与的晚期加工阶段；个体对新颖性图像的加工存在半球右侧化效应（Wang，Duan，& Qi，

---

① Chen, B., Hu, W., & Plucker, J. A., The effect of mood on problem finding in scientific creativity, *The Journal of Creative Behavior*, 2016, 50(4), pp.308-320.

② Qi, S., Li, Y., & Tang, X., et al., The temporal dynamics of detached versus positive reappraisal: An ERP study, *Cognitive, Affective, & Behavioral Neuroscience*, 2017, 17(3), pp.516-527.

et al.，2017）①；文字创造性新颖性信息的加工则会引发出明显的 N400 效应，并涉及个体对冲突信息的二次语义整合以及对文字材料的理解与评价活动的参加。

（四）情绪效价对创造性认知加工活动的影响作用

来自行为与事件相关电位的研究结果共同表明，情绪对个体的创造性新颖信息加工活动发挥着显著的影响作用。具体表现为，消极情绪不利于个体对创造性新颖信息的加工，其作用方式体现在新颖信息加工过程的各个阶段（王博韬，2017）②。为进一步确定消极情绪状态与个体创造性活动之间的关系，实验室进一步对个体的消极情绪状态进行了区分，并采用 fNIRS 技术探究其认知神经机制。来自愤怒与创造性认知活动的关系研究结果表明：愤怒情绪对创造性认知过程的影响在不同阶段存在差异，具体表现为愤怒情绪在整个创造性认知过程中均降低了适宜性，但是对新颖性的影响却因阶段的不同而存在差异。具体表现为，愤怒情绪在观点产生阶段提高了新颖性，但在观点评价阶段，愤怒情绪与平静情绪下的新颖性无显著性差异（石婷婷，2017）③。同时，来自焦虑与创造性认知过程的研究结果表明：状态焦虑对创造性认知过程的影响在行为结果上都表现为促进新颖性，抑制适宜性。但新颖性更多地与产生阶段有关，而适宜性更多地与评价阶段有关，因此，研究结果表明，状态焦虑能够部分地促进创造性观点的产生，但对创造性评价却发挥着抑制作用（刘冰洁，2017）④。

（五）情绪动机对创造性认知活动的影响作用

实验室还在区分情绪效价的基础上，从情绪的动机维度入手，按照高动机趋近情绪、低动机趋近情绪、高动机回避情绪和低动机回避情绪四种情绪条件，对不同动机水平的情绪状态与个体创造性活动之间的关系进行了考察。采用远距离联想测

---

① Wang, B., Duan, H., & Qi, S., et al., When a dog has a pen for a tail: The time course of creative object processing, *Creativity Research Journal*, 2017, 29(1), pp. 37-42.

② 王博韬：《情绪影响创造性新颖信息加工的时间进程》，博士学位论文，陕西师范大学，2017。

③ 石婷婷：《不愤怒情绪影响创造性认知过程的 fNIRS 研究》，硕士学位论文，陕西师范大学，2017。

④ 刘冰洁：《状态焦虑影响创造性认知过程的 fNIRS 研究》，硕士学位论文，陕西师范大学，2017

验的研究结果发现：低动机情绪可以促进远距离联想问题的解决，与高动机情绪相比，低动机情绪能够拓展个体在语义网络中的注意广度，使远距离联想问题更容易被解决（许施阳，2016）[1]。同时，采用创造性顿悟任务的研究表明：高动机强度的情绪阻碍了顿悟问题解决，减缓了紧组块破解的反应速度且降低了其正确率；低动机强度的情绪促进了顿悟问题解决，加快了紧组块破解的反应速度且提高了其正确率；高、低动机强度情绪状态对松组块破解任务并无显著影响（韩蒙，2016）[2]。

从胡卫平教授领导的实验室较长期积累的研究结果可以看出，情绪与个体的创造性活动之间存在着复杂而密切的关系，情绪对创造性认知活动的影响作用受到多种变量的中介与调节。未来研究将对现有研究结果进行进一步的梳理与整合，力争早日构建出情绪与创造性之间的作用关系模型，为我国创造性人才的培养提供可靠的依据。

三、开展创造性的遗传基础——基因研究

在创造性生物学基础的研究中，近十年来，创造性的遗传基础——基因研究进入了创造性心理学的视线，我们团队从事基因研究的专家朱茚教授为我提供了与创造性相关的基因研究材料，以飨读者，也作为我们对创造性的生物学基础研究的一个展望。

（一）创造性基因研究的国外最新进展综述

最早的创造性遗传研究多为家族谱系研究（例如，高尔顿 1869 年出版的专著《遗传天才》）或双生子研究［例如，采用同卵和异卵双生子考察创造性是否存在遗传因素（Bouchard, Lykken, & Tellegen, et al., 1993[3]；Reznikofftff, Domino, &

---

① 许施阳：《不同动机强度趋近（回避）情绪对远距离联想的影响》，硕士学位论文，陕西师范大学，2017。
② 韩蒙：《不同动机强度的情绪对顿悟问题解决的影响》，硕士学位论文，陕西师范大学，2016。
③ Bouchard Jr, T. J., Lykken, D. T. & Tellegen, A., et al., Creativity, heritability, familiarity：Which word does not belong?, *Psychological Inquiry*, 1993, 4(3), pp. 235-237.

Bridges, *et al.*, 1973①]。随着基因分析技术的快速发展，近几十年来国内外研究者采用候选基因分析（根据以往生理或药物研究基础，挑选一个或几个基因的位点）或采用全基因组关联分析（采用人类基因组中数百万个基因位点为分子遗传标记），考察具体哪些基因与创造性具有关联。

1. 创造性思维相关的基因

近十年来，许多研究者采用候选基因的方式考察了多巴胺和五羟色胺基因与创造性思维的关系。2006 年，德国研究者罗伊特（Reuter）等人，率先采用候选基因分析方法，在 92 名欧洲健康个体中，考察多巴胺基因和五羟色胺基因与图片创造性、言语创造性、数字创造性的关联（Reuter，Roth，& Holve，et al.，2006）②。该研究发现，多巴胺 DRD2 基因和五羟色胺 TPH1 基因与总体创造性具有关联，这些基因可以解释 9% 的创造性个体差异，而且该结果不受个体智力的影响。2011 年，雅典研究者罗科（Runco）和美国研究者诺贝尔（Noble）等人重复并扩展了该项研究（Runco，Noble，& Reiter-Palmon，et al.，2011）③。他们采用 147 名美国白人大学生为被试，发现言语思维流畅性与多巴胺 DAT、DRD4、COMT、DRD2 基因有关，而图片思维流畅性与多巴胺 COMT、DRD4 基因和五羟色胺 TPH1 基因有关；言语发散性思维与多巴胺 DAT、DRD4 基因、DRD2 基因有关，而图片发散性思维与多巴胺 DAT、DRD4 基因有关，但是在控制个体的思维流畅性水平之后，发散性思维与基因之间的关联消失；思维灵活性只与多巴胺 DAT 基因有关。由于该研究只发现了与思维流畅性相关基因，而没有找到与思维原创性相关的基因，所以研究者们认为未来研究需要进一步探索创造性的遗传基础。墨菲（Murphy）等人对这篇 2011 年的研究数据进行了重新分析，发现多巴胺基因之间的交互作用对创造性的影响（Murphy，

① Reznikoff, M., Domino, G. & Bridges, C., et al., Creative abilities in identical and fraternal twins, *Behavior Genetics*, 1973, 3(4), pp. 365-377.

② Reuter, M., Roth, S., & Holve, K., et al., Identification of first candidate genes for creativity: A pilot study, *Brain Research*, 2006, 1069(1), pp. 190-197.

③ Runco, M. A., Noble, E. P., & Reiter-Palmon, R., et al., The genetic basis of creativity and ideational fluency, *Creativity Research Journal*, 2011, 23(4), pp. 376-380.

Runco, & Acar, et al., 2013)①。许多研究者采用托兰斯创造性测验考察了基因与创造性思维的关系。例如，俄罗斯研究者在 2009 年，利用 62 个白种人大学生样本，发现了五羟色胺 5HTTLPR 基因与图片和言语创造性的关联（Volf, Kulikov, & Bortsov, 2009)②；以色列研究者 2013 年利用 185 个健康白种人样本，发现多巴胺 DRD4 基因与发散性思维有关（Mayseless, Uzefovsky, & Shalev, et al., 2013)③；2016 年，美国研究者利用 100 名健康白种人样本，发现多巴胺 COMT 和 DAT 基因及其交互作用与创造性思维的关联（Zabelina, Colzato, & Beeman, et al., 2016)④。

2. 创造性人格相关的基因

以往与创造性相关的人格研究表明，创造性与三维人格量表测查的寻求新颖维度以及与大五人格量表的开放性维度有关（Li, Li, & Huang, et al., 2015⑤；Mayseless, Uzefovsky, & Shalev, et al., 2013⑥）。近二十年来，很多研究表明多巴胺 DRD4 基因与三维人格量表测查的寻求新颖水平有关，研究者也对其进行了元分析（Schinka, Letsch, & Crawford, 2002)⑦。最近几年，随着大规模全基因组与人格关联研究的增长，全球五十多个研究单位的研究者综合多个基因数据库，采用元分析方法考察大五人格量表所测得的人格维度与全基因的关联结果（Trampush, Yang, & Yu, et al., 2017)⑧。该研究采用 3 万多名健康欧洲后裔人群为样本，以全基因关联

---

① Murphy, M., Runco, M. A., & Acar, S., et al., Reanalysis of genetic data and rethinking dopamine's relationship with creativity, *Creativity Research Journal*, 2013, 25(1), pp. 147-148.

② Volf, N. V., Kulikov, A. V., & Bortsov, C. U., et al., Association of verbal and figural creative achievement with polymorphism in the human serotonin transporter gene, *Neuroscience Letters*, 2009, 463(2), pp. 154-157.

③ Mayseless, N., Uzefovsky, F., & Shalev, I., et al., The association between creativity and 7R polymorphism in the dopamine receptor D4 gene (DRD4), *Frontiers in Human Neuroscience*, 2013, 7, p. 502.

④ Zabelina, D. L., Colzato, L., & Beeman, M. B., et al., Dopamine and the creative mind: Individual differences in creativity are predicted by interactions between dopamine genes DAT and COMT, *Plos One*, 2016, 11(1), e0146768.

⑤ Li, W., Li, X., & Huang, L., et al., Brain structure links trait creativity to openness to experience, *Social Cognitive and Affective Neuroscience*, 2015, 10(2), pp. 191-198.

⑥ Mayseless, N., Uzefovsky, F., & Shalev, I., et al., The association between creativity and 7R polymorphism in the dopamine receptor D4 gene (DRD4), *Frontiers in Human Neuroscience*, 2013, 7, p. 502.

⑦ Schinka, J., Letsch, E., & Crawford, F., DRD4 and novelty seeking: results of meta-analyses, *American Journal of Medical Genetics Part A*, 2002, 114(6), pp. 643-648.

⑧ Trampush, J. W., Yang, M. L. Z., & Yu, J., et al., GWAS meta-analysis reveals novel loci and genetic correlates for general cognitive function: a report from the COGENT consortium, *Mol Psychiatry*, 2017, 22(3), pp. 336-345.

数据库，发现开放性人格特质与认知能力之间有共同点基因遗传关联。

3. 音乐、美术等特殊创造性天才的基因研究

研究者采用双生子和分子遗传分析方法考察了音乐、美术等特殊创造性天才的遗传力和相关基因。首先，荷兰研究者采用 1 600 多对青少年双生子的研究表明，音乐、美术等特殊天才的遗传力在 0.50 到 0.93 之间（Vinkhuyzen，Van der Sluis，& Posthuma，et al.，2009）[①]。其次，芬兰研究者对 200 多个家庭成员的全基因连锁分析发现，音乐才能与四号染色体基因有关。在候选基因研究中，以色列研究者发现 AVPR1A 基因和 SLC6A4 基因与创造性舞蹈能力有关（Bachner-Melman，Dina，& Zohar，et al.，2005）[②]；芬兰研究者利用 300 名家庭成员为样本，发现 AVPR1A 基因与音乐能力有关（Ukkola-Vuoti，Oikkonen，& Onkamo，et al.，2011[③]；Ukkola，Onkamo，& Raijas，et al.，2009[④]）。近期，芬兰研究者还采用全基因组拷贝数变异分析方法利用有亲缘关系和无亲缘关系个体为样本，考察了与音乐能力和创造性相关的基因和拷贝数变异（Ukkola-Vuoti，Kanduri，& Oikkonen，et al.，2013）[⑤]。

4. 全基因关联研究表明：创造性与精神疾病有共同的遗传基础

历史上许多高创造性人才（例如，画家梵·高、数学家纳什、作家海明威等人）都患有精神疾病，但是以往研究无法说明高创造性与精神疾病的关联是源于先天遗传还是后天环境（Keller & Visscher，2015）[⑥]。鲍尔（R. A. Power，2015）等人利用全基因关联分析方法，在欧洲上万人群的样本中发现：如果一个人患神经分裂症或双向情感障碍的风险越高，那么这个人从事艺术工作的可能性越大，该研究于 2015

---

① Vinkhuyzen，A. A.，Van der Sluis，S.，& Posthuma，D.，et al.，The heritability of aptitude and exceptional talent across different domains in adolescents and young adults，*Behavior Genetics*，2009，39(4)，pp. 380-392.

② Bachner-Melman，R.，Dina，C.，& Zohar，A. H.，et al.，AVPR1a and SLC6A4 gene polymorphisms are associated with creative dance performance，*Plos Genet*，2005，1(3)，e42.

③ Ukkola-Vuoti，L.，Oikkonen，J.，& Onkamo，P.，et al.，Association of the arginine vasopressin receptor 1A (AVPR1A) haplotypes with listening to music，*Journal of Human Genetics*，2011，56(4)，pp. 324-329.

④ Ukkola，L. T.，Onkamo，P.，& Raijas，P.，et al.，Musical aptitude is associated with AVPR1A-haplotypes，*Plos One*，2009，4(5)，e5534.

⑤ Ukkola-Vuoti，L.，Kanduri，C.，& Oikkonen，J.，et al.，Genome-wide copy number variation analysis in extended families and unrelated individuals characterized for musical aptitude and creativity in music，*Plos One*，2013，8 (2)，e56356.

⑥ Keller，M. C. & Visscher，P. M.，Genetic variation links creativity to psychiatric disorders，*Nature Neuroscience*，2015，18(7)，pp. 928-929.

年在《自然神经科学》（*Nature Neuroscience*）期刊上发表（Power, Steinberg, & Bjorns-dottir, et al. , 2015）①。

（二）我国有关创造性基因研究的进展

近年来，我国学者，包括我们团队的张景焕教授等人也积极投入有关创造性基因研究，并有所进展。

1. 中国人群创造性思维相关的基因

我国研究者近年来采用候选基因分析的方式考察了创造性思维相关多的基因。2010 年，中科院心理所研究者以 108 名 6～14 岁中国儿童为样本，采用托兰斯创造性测验，考察了 COMT 基因与创造性的关联，但发现该基因只与想象力有关，与其他创造性思维指标无关（Lu & Shi, 2010）②。2015 年，北京大学研究者以 753 名 14～19 岁健康中国高中学生为样本，也发现了 COMT 基因与顿悟问题解决的关联（Jiang, Shang, & Su, 2015）③。

2014 年至今，山东师范大学的研究者以 500 多名汉族大学生为样本，考察了多巴胺 DRD2 和 COMT 基因及其交互作用、五羟色胺 TPH 基因与言语和图片创造性思维、顿悟问题解决、创造潜力的关联（Zhang & Zhang, 2016④, 2017⑤）。例如，该研究团队采用图片和言语发散性思维测验，发现了创造潜力与 DRD2 基因的关联（Zhang, Zhang, & Zhang, 2014）⑥, 与 COMT 基因及其与 DRD2 基因之间交互作用的

---

① Power, R. A. , Steinberg, S. , & Bjornsdottir, G. , et al. , Polygenic risk scores for schizophrenia and bipolar disorder predict creativity, *Nature Neuroscience*, 2015, 18(7), pp. 953-955.

② Lu, L. & Shi, J. , *Association between creativity and COMT genotype*, Paper Presented at the Bioinformatics and Biomedical Engineering (iCBBE), 2010 4th International Conference on, 2010。

③ Jiang, W. , Shang, S. , & Su, Y. , Genetic influences on insight problem solving: The role of catechol-O-methyltransferase (COMT) gene polymorphisms, *Frontiers in Psychology*, 2015, 6, p. 1569.

④ Zhang, S. & Zhang, J. , The Association of DRD2 with Insight Problem Solving, *Frontiers in Psychology*, 2016, 7.

⑤ Zhang, S. & Zhang, J. , The association of TPH genes with creative potential, *Psychology of Aesthetics, Creativity, and the Arts*, 2017, 11(1), pp. 2-9.

⑥ Zhang, S. , Zhang, M. , & Zhang, J. , An exploratory study on DRD2 and creative potential, *Creativity Research Journal*, 2014, 26(1), pp. 115-123

关联（Zhang，Zhang & Zhang，2014）①，与 TPH 基因的关联；采用经典顿悟问题解决任务（Zhang & Zhang，2017）②，发现了空间顿悟问题解决与 DRD2 基因的关联。

2. 中国人群创造性人格相关的基因

我国研究者采用问卷量表的方式考察了创造性人格特质与基因关系。例如，河南科技大学研究者采用威廉姆斯创造性倾向量表，以 800 多名中国大学生为样本，发现脑源性神经营养因子 BDNF 基因与大学生创造性人格特质（好奇性）有关（李舍，曹国昌，张培哲，等，2012）③。该研究团队还以 700 多名中国大学生为样本，发现了 X 染色体上的单胺氧化酶 A 基因（MAOA）与大学生想象力的关联（韩海军，李舍，杜坤朋，等，2015）④。

3. 中国人群基因环境交互作用对创造性的影响

近期，山东师范大学的研究者开始探讨多巴胺和五羟色胺基因与家庭环境交互作用对创造性的影响（张景焕，张木子，张舜，等，2015）⑤。研究者提出从以下三个方面探讨创造性的遗传与观景因素。第一，创造性相关的基因和神经递质相关基因对创造性个体差异的解释力。第二，家庭环境与基因型交互作用对创造性的影响。第三，创造性思维与人格遗传环境因素的异同。例如，山东师范大学的研究者以两百多名中国汉族大学生为样本，发现多巴胺 DRD2 基因与创造性问题提出能力的独创性和灵活性有关，并且 DRD2 基因与父母教养方式的交互作用对创造性问题提出有显著影响（原鹏莉，2016）⑥。

① Zhang, S., Zhang, M., & Zhang, J. Association of COMT and COMT-DRD2 interaction with creative potential, *Frontiers in Human Neuroscience*, 2014, 8, p.216.

② 张景焕，张木子，张舜，等：《多巴胺、5-羟色胺通路相关基因及家庭环境对创造力的影响及其作用机制》，载《心理科学进展》，第 23 卷，第 9 期，2015。

③ 李舍，曹国昌，张培哲，等：《脑源性神经营养因子基因 Val66met 位点多态性与大学生创造力、人格特质的相关性研究》，载《中华行为医学与脑科学杂志》，第 21 卷，第 1 期，2012。

④ 韩海军，李舍，杜坤朋，等：《MAOA 基因与创造力倾向的关系》，载《河南科技大学学报（医学版）》，第 3 期，2015。

⑤ 张景焕，张木子，张舜，等：《多巴胺、5-羟色胺通路相关基因及家庭环境对创造力的影响及其作用机制》，载《心理科学进展》，第 23 卷，第 9 期，2015。

⑥ 原鹏莉：《DRD2 基因、父母教养方式与创造性问题提出能力的关系》，硕士学位论文，山东师范大学，2016。

4. 中国人群创造性"基因—脑—环境—创造性行为"研究展望

随着神经影像遗传学研究方法和技术的快速发展，研究者可以基于以往认知神经科学和遗传学的发现，从脑结构、(静息态和任务下的)脑功能、大脑两个半球的偏侧化模式角度，利用不同类型人群(儿童、一般成人、特殊被试)，考察与创造性相关的基因与环境因素，研究其交互作用，并从个体差异角度研究基因、环境、大脑与创造性思维和人格的关系。近期，我国研究者呼吁在"基因—脑—环境—行为"框架下，开展有关创造性与精神疾病关系的大数据交叉整合研究以及发展性研究，探索遗传与环境对我国不同年龄个体的创造性行为及其脑机制的影响(李亚丹，黄晖，杨文静，等，2016)①。

---

① 李亚丹，黄晖，杨文静，等:《"基因—脑—环境—行为"框架下创造力与精神疾病的关系及大数据背景下的研究展望》，载《科学通报》，第 11 期，2016。

07

创造性
发展的研究

创新是一个民族进步的灵魂，人类的创造力和其他各种能力一样，也是逐步形成不断发展的。创造性的发展受到先天条件和后天环境等各种因素的影响，在个体的不同年龄阶段表现出不同的特点和发展趋势，而对于不同的个体来说，创造性发展的个别差异也是十分明显的。因此，研究创造性的发展是培养和造就创造性人才的前提。

我们在研究中发现，创造性人才的成长由自我探索期、集中训练期、才华展露与领域定向期、创造期、创造后期五个阶段构成。研究中看到了早期促进经验、研究指引和支持、关键发展阶段指引是创造性人才成长中的三种主要影响因素。自我探索期主要是指幼儿、小学和中学阶段。所谓早期促进经验，包括父母和中小学教师的作用、成长环境氛围、青少年时期广泛的兴趣和爱好、具有挑战性经历和多样性经历，这些对"自我探索期"的形成是十分重要的。因为这些因素不仅为创造性人才提供创造性思维的源泉，也奠定其人生价值观的基础或创造性人格的基础，那就是"做一个有用的人"。中小学阶段，表面上似乎是学生在探索外部世界，其实是一个学生探索自己的内心世界、自我发现的阶段，是个体创新精神和创新素质形成的决定性阶段。接着是进入特定专业领域阶段，即进入集中训练期，大学本科阶段的教师和研究生导师的指引和支持，对于创造性人才的培养起着关键的作用。这期间的主要收获体现在两个方面：一是获得扎实的专业知识；二是通过勤奋的学习和研究工作，坚定专业方向，热爱自己的工作，从研究进展中增强创新的信心，以最终实现自己的人生价值。也是在这个阶段前后，创造性人才进入才华展露与领域的定向期。在这期间名师的指导，对于创造性人才研究习惯与思维方式的发展至关重要。与此同时，科学的环境氛围，交流、争议、合作与和谐团队关系，都是在具体学科领域实现创新所不可缺少的环境因素。在具体创造期，其年龄大致在青年晚期（30~35 岁）。这个时期，研究者本人质疑反思、勇于竞争、不怕失败的精神和扎实细致的研究工作很重要。例如，收集资料、运用逻辑手段进行分析，一步一步由时空、社会、实践的检验，直到最后得到创新性的结论。创造后期主要指有学术造诣、创造性成果的中年人，进入收获季节，成为本学科领域的学术带头人或本行业的领军人物，甚至成为拔尖创新的人才。

第一节

幼儿就有创造性的萌芽

幼儿又称学前儿童，是指儿童三至六七岁时期。"幼儿园的小天使"，这是儿童正式进入学校以前的一个阶段，他们进入幼儿教育机构，在环境和教育的影响下，在以游戏为主的各种活动中，其身心各方面都有很大发展。儿童出生以后，在一定的社会生活和教育条件下，经过三年进入幼儿时期，此时，他们渴望社会生活，需要参与社会生活，游戏则成为幼儿参与社会生活的主要活动形式，幼儿是这种社会生活的积极参与者。

游戏不但是幼儿认识世界的手杖，观察生活的窗口，积累知识和经验的源泉，也是通过实际活动，积极探索周围世界的重要方式。创造性的萌芽表现在幼儿游戏中。游戏一方面满足了幼儿参加成人社会生活和实践活动的需要；另一方面又使幼儿以独特的方式把想象和现实生活结合起来，从而对他们的心理行为以及创造力发展都起到重要的作用。

一、幼儿创造性发展的思维基础与人格基础

幼儿创造性的萌芽表现在其动作、言语、感知觉、想象、思维及人格特征等方面的发展之中，尤其是幼儿的创造性想象的发展和好奇心的人格特征，是他们创造力形成和发展的两个重要表现。一般来说，幼儿通过游戏和各种活动来表现他们的创造力，如绘画、音乐、舞蹈和制作，以及创造性游戏等。具体来说，其思维基础与人格基础表现如下。

（一）思维基础

在幼儿思维研究中，最著名的观点莫过于瑞士心理学家皮亚杰（J. Piaget, 1896—1980）的"前运算思维"理论。皮亚杰认为 2～7 岁儿童的各种感觉运动图式开始内化为表象或形象图式，特别是语言的出现和发展促进儿童日益频繁地用表象符号来代替外界事物、重现外部活动，这主要是表象性思维（representative thinking），又称具体思维（concrete thinking），即个体利用头脑中的具体形象来解决问题的思维，它具有如下四个特点：一是相对具体性，是一种表象性的思维；二是不可逆性，还没有守恒结构；三是自我中心主义，以自我为参照物；四是刻板性，转移能力较差。

我们通过对幼儿思维一系列的实验研究，获得以下结果：3 岁之后，儿童进入幼儿期。由于幼儿生活范围的扩大，兴趣的不断发展，幼儿出现最初的"求知欲"与"好奇心"，他们对周围的事物好动、好问、新颖和猎奇。"是什么？""怎么样？""为什么？"一类发问在这个年龄阶段会经常而频繁地出现。于是幼儿的思维在婴儿期思维水平的基础上、在新的生活条件下逐渐得到发展。

幼儿期思维的特点是什么？主要是它的具体形象性以及进行初步抽象概括的可能性。

首先，思维的具体形象性成为主要特点。具体形象思维是依靠具体形象或表象的联想来进行的。也就是说，思维结构的材料，主要是具体形象或表象。幼儿期的

思维主要是凭借具体形象的联想来进行的，而不是依靠理性的材料，即凭借对事物的内在本质和关系反映的概念、判断和推理等形式来进行的。例如，谈到"老师"，幼儿头脑里思考的往往是自己幼儿园的"张老师"或"王老师"。

其次，思维的逻辑抽象性开始萌芽，创造性想象开始出现。在正确的早期教育下，到了幼儿晚期，随着儿童言语，特别是内部言语的发展和知识经验的增长，儿童思维中的逻辑抽象成分开始出现。也就是说，儿童出现依靠概念、判断和推理等形式的思维，开始反映事物的本质属性和内在规律的联系；出现掌握最初的词的概括和概念，掌握最初实物概念、最初社会概念和数概念，并进行一定数量的加减运算；出现理解一定材料的内在联系和初步本质关系。此外，创造性想象在逐步发展。小班儿童出现的基本上是再造现象；到中班，随着逻辑抽象成分的提高儿童出现一定的创造性想象的成分；大班儿童这种创造性想象成分越来越明显，在幼儿"看图说话"的练习中表现得十分明显。

再次，幼儿思维发展有一个过程。这是由于幼儿知识经验的贫乏和语言系统的发展不够成熟，还不能经常有意地控制和调节自己的行动，一般心理过程还带有很大的不随意性（involuntary），即心理过程往往是不能意识到的、不由自主的。于是幼儿的心理活动也带有很大的不稳定性。因此，很大程度上幼儿还是受外界印象调节支配的，他们很容易受外界新颖事物的吸引而改变自己的心理活动，有目的、有系统的独立思考能力是很差的。当然，在整个学期内及在教育影响下，这种特点正在逐渐发生改变。一般说来，5岁以后，儿童的各种心理过程的稳定性和随意性都在不断增长。学前儿童心理过程的随意性和稳定性的不断增长，逻辑思维和创造性想象的逐步发展，就为儿童进入学校学习准备了重要条件。

最后，幼儿思维发展过程中具有情景性和模仿性。幼儿思维有一个突出的特点是情境性（situationality），即他们在思维活动的过程中，大多活动往往受情境（situation）或情景（sentiment and scene）的左右。于是模仿性（imitationality）——由仿效别人的言行举止而引起的与之类似的行为活动——必然成为幼儿阶段的一种明显的思维。

上述思维发展的特点，就为幼儿的创造性萌芽奠定认知的基础。

（二）人格基础

在婴儿期社会化的基础上，幼儿开始掌握社会认可的一些行为方式。三至六七岁的儿童初步学习基本的生活技能，掌握最初级的社会规范，认同一定的社会角度，产生情境性的道德品质。于是，在他们的自我意识、道德、性别认同和社会交往的发展中都体现出明显的人格年龄特征。

对幼儿创造性发展的最重要人格基础是其好奇心的发展。幼儿教育工作者普遍反映，幼儿变得特别爱提问题，只要他们不懂的，他们就会去问，并且常常追根究底，似乎要弄个水落石出。幼儿的提问表现出强烈、稀奇、究源等好奇心。而这个好奇心又是怎么产生的呢？我们团队的董奇教授做出以如下解释：这是由于个体发展到幼儿阶段，当原有的认知结构与来自外界环境中的新奇对象之间有适度的不一致时，幼儿就会出现"惊讶""疑问""迷惑"和"矛盾"，从而去探究。幼儿显然已具备初步的感知、思维能力和知识经验，但周围许多事物对他们说来仍是陌生的、新奇的，且随着活动能力和感知能力的进一步发展，幼儿能够注意到、接触到比以前多得多但同时又不太懂的新事物，这就大大激发幼儿的好奇心（董奇，1993）[1]。正是在这种好奇心的促使下，他们才会从事以前未玩过的活动、参与有关的游戏，提出非同寻常的问题，尝试做以前没做过的事情，并从中表现出他们的创造性。

二、我们对幼儿创造性发展的研究

我们团队对幼儿的创造性发展最早的研究是来自 1985 年翻译的美国的《幼儿创造性活动》（M. 梅斯基，D. 纽曼，R.J. 伍沃德考斯基，1983）[2]。该书首先把幼儿的创造性贯穿于其绘画的发展之中，并指出幼儿绘画经过乱涂阶段、基本形状阶段、初期画阶段。幼儿的创造性不仅通过绘画表现出来，而且在绘画中得到不断发展。同时，该书展示了各种类型的绘画对幼儿的创造力特别是想象力起着不同的作用，如主题画、故事画、诗画、装饰画和自由画对幼儿的创造性发展就产生了不同

---

① 董奇：《儿童创造力发展心理》，77 页，杭州，浙江教育出版社，1993。
② M. 梅斯基，D. 纽曼，R.J. 伍沃德考斯基：《幼儿创造性活动》，林崇德，等译，北京，北京出版社，1983。

的影响。此外，该书还论述了其他课程中幼儿创造性的活动，如音乐、戏剧表演、科技活动及其制作、食品制作、舞蹈、诗歌朗诵，以及环境教育等。该书的各种创造性活动设计，不仅使我们看到了幼儿有创造性的萌芽，也为我们的初步研究提供了研究方案。

我们团队对幼儿创造性的研究一直未中断，而做出有价值的创造性心理学研究的是方晓义教授的课题组，下面我们着重介绍这项"幼儿创造性思维与艺术创造力发展情况"研究。

（一）问题提出

从个体发展的角度来看，幼儿拥有与创造性相关的三个特质，即对内外刺激的反应、缺乏抑制并能够完全沉浸在活动中，这一时期是创造力发展的萌芽时期和关键阶段。因此，我国高度重视幼儿的创造力培养，如 2012 年颁布的《3—6 岁儿童学习与发展指南》就提道，"幼儿应具有自尊、自信、自主的表现，在艺术活动中能用多种工具、材料或不同的表现手法表达自己的感受和想象"。

按照创造力游乐园模型（the amusement park theoretical model of creativity）的观点，创造力既具有领域一般性，又具有领域特殊性（Baer & Kaufman, 2005）[1]。创造性思维通常被视为一般创造力，而各个领域的创造力是其具体体现。对于幼儿而言，包括绘画、音乐、舞蹈、手工制作在内的艺术领域是最常见的创造力表现领域（林崇德, 2013）[2]。幼儿期是艺术创造力发展的第一个高峰期（Arasteh & Arasteh, 1976[3]; J. S. Decey, 1989[4]），被加德纳（H. Gardner, 1980）[5]称为"踏入校门之前的艺术特性大爆发"时期。在这一时期发展的创造力不仅能够预测后续的创造能力，而且能使

---

[1] Baer, J. & Kaufman, J. C. , Bridging generality and specificity: The amusement park theoretical (APT) model of creativity, *Roeper Review*, 2005, 27(3), pp. 158-163.

[2] 林崇德:《教育与发展——兼述创新人才的心理学整合研究》, 393 页, 北京, 北京师范大学出版社, 2013。

[3] Arasteh, A. R. & Arasteh, J. D. , Creativity in human development: An interpretive and annotated bibliography, *Cambridge, Mass*, New York, Schenknow Publishing Compang, 1976.

[4] Decey, J. S. , Peak periods of creative growth across the lifespan, *Journal of Creative Behavior*, 2011, 23(4), pp. 224-247.

[5] Gardner, H. , *Artful Scribbles: the Significance of Children's Drawings*, New York: Basic Books, 1980。

儿童得到巨大的个人乐趣和满足，对其整个心理发展具都有重要的作用。

实证研究从流畅性、灵活性和独创性三个维度对幼儿的创造性思维进行了探讨。发现幼儿的创造性思维呈现随年龄的增长而逐步提高的趋势（王小英，2005）[①]，并且各个维度之间存在差异，如总体趋势是流畅性高于灵活性，灵活性高于独创性。具体表现为，在流畅性和独创性维度上，5 岁儿童才有显著发展；在灵活性维度上，从 4 岁开始每个年龄段均有显著发展（叶平枝，马倩茹，2012）[②]。在性别差异上，有研究者认为幼儿的创造性思维没有性别差异（W. Ward，1968[③]；王小英，2005[④]），也有研究者发现除流畅性外，男孩的创造力各维度均显著高于女孩（叶平枝，马倩茹，2012）[⑤]，而萨利（Sali）则发现女生的创造性思维各维度均要高于男生。

幼儿艺术创造力的发展特点得到极为有限的关注。厄本（Urban）对 171 名 4～6 岁幼儿进行创造性思维测验—绘画创作（The Test for Creative Thinking-Drawing Production，TCT-DP）测试，即让他们在 6 个给定的片段基础上作画，并从连续性、完整性、新元素、关联性、主题性、突破性、观点性、幽默和情感、非传统性等维度进行评估。结果发现年龄发展趋势为 4 岁到 5 岁上升，5 岁到 6 岁下降，6 岁以后再次上升。卡莱恩斯基等（Gralewski, Gajda, & Wisniewska, et al., 2016）[⑥]在波兰进行的一项全国性的大型研究中，也对 466 名 4～6 岁的幼儿使用 TCT-DP 测试，发现创造在幼儿的非传统性上是线性增长的，在新元素上则是 5 岁的幼儿最低，6 岁最高。这两项研究都没有发现幼儿艺术创造力在性别上的差异。

可以看到，幼儿创造性思维和艺术创造力发展特点的研究不仅在数量上明显少于其他年龄阶段，并且均采用横断研究的方法，这种方法难以得出幼儿创造力连续变化的过程，并不能够真正地反映其发展特点。此外，幼儿艺术创造力发展特点研究中使用的工具仍然是基于发散性思维测验编制的，尽管发散思维测验有很好的信

---

① 王小英：《幼儿创造力发展的特点及其教育教学对策》，载《东北师大学报》，第 2 期，2005。
② 叶平枝，马倩茹：《2～6 岁儿童创造性思维发展的特点及规律》，载《学前教育研究》，第 8 期，2012。
③ Ward, W. C., Creativity in young children, *Child development*, 1968, 39(3), pp. 737-754.
④ 王小英：《幼儿创造力发展的特点及其教育教学对策》，载《东北师大学报》，第 2 期，2005。
⑤ 叶平枝，马倩茹：《2～6 岁儿童创造性思维发展的特点及规律》，载《学前教育研究》，第 8 期，2012。
⑥ Gralewski, J., Gajda, A. & Wisniewska, E., et al., Slumps and jumps: Another look at developmental changes in creative abilities, *Creativity. Theories-Research-Applications*, 2016, 3(1), pp. 152-177.

度，但是连续性（流畅性）等维度主要是用来衡量创造性思维能力的，并不能够完全反映艺术创造力当中的美学特征（Chan & Zhao，2010）[1]。

因此本研究采用追踪研究的方法，使用被广泛认可的托兰斯创造性思维测验和粘贴画测验对幼儿的创造性思维和艺术创造力进行三次重复测量，以了解我国幼儿创造性思维和艺术创造力的发展特点。

（二）研究方法

1. 研究对象

选取北京市一所公立幼儿园和一所私立幼儿园的幼儿进行三次调查，各次测查的人数、幼儿月龄、性别如表 7-1 所示。

表 7-1　三次测查统计表

		2014 年 12 月 （N = 405）	2015 年 9 月 （N = 253）[2]	2016 年 6 月 （N = 193）
公立园	月龄	60.33± 11.30	53.53± 6.50	60.53± 8.50
	男生	108	62	42
	女生	84	50	38
	总人数	192	112	80
私立园	月龄	60.44± 10.82	53.96± 7.52	60.96± 7.52
	男生	111	68	60
	女生	102	73	53
	总人数	213	141	113

注：其中由于 2015 年 6 月幼儿园大班幼儿毕业（N = 152），因此在进行重复测量分析时只对参与三次测查的中小班幼儿（N = 193）进行分析，这群幼儿在第一次测查时平均年龄为 3.54 岁，第二次测查平均年龄为 4.29 岁，第三次测查平均年龄为 5.04 岁，标准差均为 0.71 岁。

---

① Chan, D. W. & Zhao, Y., The relationship between drawing skill and artistic creativity: Do age and artistic involvement make a difference? *Creativity Research Journal*, 2010, 22(1), pp. 27-36.
② 由于第二次测查时，两所幼儿园原来的大班幼儿毕业，因此样本量缺失较大；幼儿月龄降低也是该原因所致。

2. 研究工具

（1）托兰斯创造性思维测验

选用托兰斯创造性思维测验中文版（Torrance Test of Creative Thinking-Chinese Version，TTCT-CV）（叶仁敏，1989；吴静吉，1981）[1][2]言语测验中的"空盒子任务"（尽可能多地说出空盒子的用途）、"云线任务"（根据不可能事件编故事）和图形测验中的"双线任务"（尽可能多地根据两根线条作图）来评估幼儿创造性思维的流畅性、灵活性和独创性。流畅性的计分方法为除无效反应之外，被试的每个有效反应记 1 分，完全重复的不记分，分数累加则为该被试的流畅性得分；灵活性的计分方法为根据材料库分类标准来计算有效反应的类别数，每个类别记 1 分；独创性则根据有效反应的频次计分，频次大于 5% 的反应记 0 分，2%~5%（不含 5%）的反应记 1 分，小于 2% 的反应记 2 分，分数累加则为该被试的独创性得分。该测验各题目 3 次的平均评分者一致性达 0.91。

（2）粘贴画

采用阿玛贝尔（Amabile）开发的粘贴画任务来测查幼儿的艺术创造力水平。测验材料包括粘贴画和 1 张 A4 白纸。粘贴画由 3 种尺寸（大、中、小）、3 种颜色（红、黄、蓝）的圆形、三角形、正方形贴片组成，材料数量不做限制。幼儿需在 15 分钟内以"家"为主题完成创作。根据共感技术，由 6 名心理学专业的主试经过严格培训后对每名幼儿的粘贴画作品进行独立打分，打分指标包括精致性（使用的粘贴画数量）、独特性（与其他作品相比的独特程度）、适宜性（与主题的关联程度）和总体创造力（创造力程度），主试根据自己的判断从 1~7 分（1 分＝很差，7 分＝非常好）进行打分。3 次测查的评分者一致性均在 85% 以上。

3. 研究程序

在 2014 年 12 月、2015 年 9 月和 2016 年 9 月对两所幼儿园的幼儿进行了一对一的测查，对测查过程进行录音及文字记录。材料收集完后由转录公司对录音材料进行转录，对粘贴画进行拍照，招募具有专业背景的主试根据转录的文字与照片资料进行编码打分。

---

[1] 叶仁敏：《Torrance 创造性思维测验施测与评分指导手册》，上海，上海师范大学，1989。
[2] 吴静吉：《拓弄思创造思考测验指导及研究手册》，台北，远流出版公司，1981。

（三）研究结果

1. 描述统计

对两所幼儿园所有参加测验的幼儿进行分析，发现除在艺术创造力的精致性维度上存在差异（私立幼儿园儿童优于公立幼儿园儿童，$p < 0.05$）外，其他创造力各维度均无显著差异（$p > 0.05$），因此对两所幼儿园的情况进行统一描述，其情况如表 7-2、图 7-1 所示。

表 7-2　描述统计表

	第一次测查 （$N = 405$）	第二次测查 （$N = 253$）	第三次测查 （$N = 193$）
创造性思维			
流畅性	5.66± 3.74	8.58± 4.62	7.17± 3.31
灵活性	3.71± 2.26	5.31± 2.88	4.92± 2.06
独创性	8.14± 6.04	12.58± 7.64	13.09± 6.38
艺术创造力			
精致性	4.34± 1.90	5.03± 1.66	5.54± 1.80
独创性	4.11± 0.92	4.20± 0.87	4.66± 0.62
适宜性	4.05± 0.86	4.22± 0.83	4.86± 0.75
总体创造力	3.95± 0.97	4.52± 6.84	4.83± 0.66

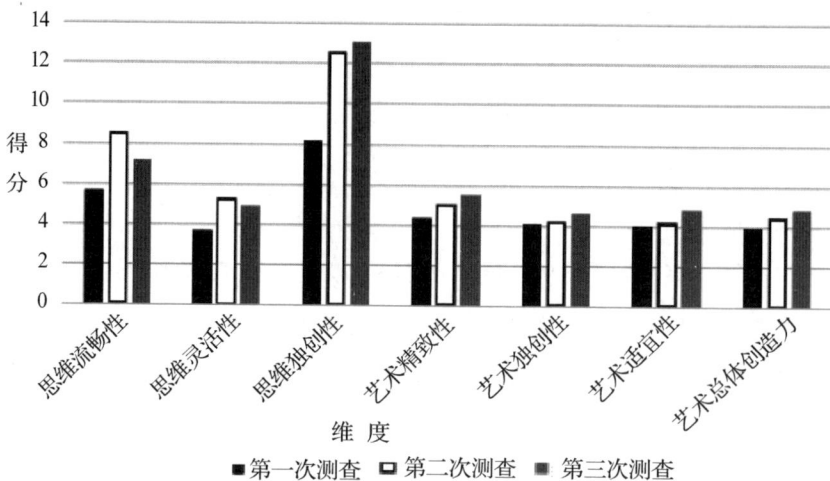

图 7-1　三次测查幼儿创造力得分统计图

2. 推断统计

进一步对幼儿的创造性思维和艺术创造力的各维度在月龄、性别和测查次数上进行三因素方差分析,其中测查次数为被试内变量,月龄和性别为被试间变量。其结果如表 7-3 所示。

表 7-3 幼儿创造力的 3 因素方差分析表($N=193$)

因变量	变异来源	SS	df	MS	F	Partial η^2	Post-hoc
思维流畅性	月龄	655.54	32	20.49	0.80	0.22	
	性别	66.91	1	66.91	2.61	0.03	
	测查次数	578.37	2	289.183	27.39***	0.23	3>1;2>1
	月龄×性别	242.39	19	12.76	0.50	0.09	
	月龄×测查次数	575.63	64	8.99	0.85	0.23	
	性别×测查次数	1.95	2	0.98	0.92	0.00	
	月龄×性别×测查次数	308.55	38	8.12	0.77	0.14	
思维灵活性	月龄	321.68	32	10.05	1.26	0.31	
	性别	23.94	1	23.94	3.01	0.03	
	测查次数	213.32	2	106.66	25.357***	0.22	3>1;2>1
	月龄×性别	115.93	19	6.10	0.77	0.14	
	月龄×测查次数	301.16	64	4.71	1.12	0.28	
	性别×测查次数	3.91	2	1.95	0.46	0.01	
	月龄×性别×测查次数	156.90	38	4.13	0.98	0.17	
思维独创性	月龄	1753.293	32	54.79	0.82	0.22	
	性别	252.48	1	252.48	3.79	0.04	
	测查次数	2177.08	2	1088.54	31.83***	0.26	3>1;2>1
	月龄×性别	657.36	19	34.60	0.52	0.10	
	月龄×测查次数	1593.00	64	24.89	0.73	0.20	
	性别×测查次数	22.58	2	11.29	0.33	0.00	
	月龄×性别×测查次数	957.56	38	25.20	0.74	0.13	

续表

因变量	变异来源	SS	df	MS	F	Partial η^2	Post-hoc
艺术精致性	月龄	237.50	32	7.42	1.76	0.38	
	性别	9.20	1	9.20	2.18	0.02	
	测查次数	103.09	2	51.54	21.78***	0.19	3 > 2 >1
	月龄×性别	49.71	19	2.62	0.62	0.12	
	月龄×测查次数	138.64	64	2.17	0.92	0.24	
	性别×测查次数	6.87	2	3.44	1.45	0.02	
	月龄×性别×测查次数	95.41	38	2.51	1.06	0.18	
艺术独创性	月龄	30.39	32	0.95	1.34	0.32	
	性别	1.41	1	1.41	2.00	0.02	
	测查次数	18.48	2	9.24	18.63***	0.17	3 > 2 >1
	月龄×性别	15.28	19	0.80	1.14	0.19	
	月龄×测查次数	41.36	64	0.65	1.30	0.31	
	性别×测查次数	2.04	2	1.02	2.06	0.02	
	月龄×性别×测查次数	21.44	38	0.56	1.14	0.19	
艺术适宜性	月龄	34.15	32	1.07	1.33	0.32	
	性别	0.89	1	0.89	1.11	0.01	
	测查次数	42.67	2	21.33	32.65***	0.26	3>2; 3>1
	月龄×性别	8.76	19	0.46	0.58	0.11	
	月龄×测查次数	40.64	64	0.64	0.97	0.26	
	性别×测查次数	0.22	2	0.11	0.17	0.00	
	月龄×性别×测查次数	19.82	38	0.52	0.80	0.14	
艺术总体创造力	月龄	43.00	32	1.34	1.53	0.35	
	性别	1.34	1	1.34	1.53	0.02	
	测查次数	53.04	2	26.52	50.90***	0.36	3>2; 3>1
	月龄×性别	15.91	19	0.84	0.95	0.17	
	月龄×测查次数	38.93	64	0.61	1.17	0.29	
	性别×测查次数	0.64	2	0.32	0.61	0.01	
	月龄×性别×测查次数	26.81	38	0.71	1.35	0.22	

从表中 7-3 中知，除测查次数的主效应显著（$18.63 \leqslant F \leqslant 50.90$，$p < 0.001$）外，月龄和性别的主效应及各交互效应均不显著（$p > 0.05$）。进一步对测查次数进行事后比较（Bonferroni 校正），发现创造性思维各维度第三次测查和第二次测查的得分显著高于第一次（$p < 0.01$），第二次和第三次测查的得分无显著差异（$p > 0.05$）；艺术创造力精致性和独创性维度第三次测查显著高于第二次，第二次也显著高于第一次（$p < 0.01$）；艺术创造力的适宜性和总体创造力第三次成绩显著高于第二次和第一次（$p < 0.01$），但第一次和第二次之间没有显著差异（$p > 0.05$）。

（四）讨论

1. 幼儿创造性思维的发展特点

三次测查均表明，幼儿创造性思维各维度在其月龄和性别上均没有显著的差异。这说明幼儿彼此之间的创造性思维差异并不大，与以往研究中性别差异不显著的结论一致（W. Ward，1968[1]；王小英，2005[2]）。不同月龄幼儿的创造性思维没有显著差异，这与以往横断研究的结论不一致。

但这并不说明幼儿创造性思维不会随着时间的增长而提升。本研究每次测查间隔 9 个月，第一次测查时平均年龄为 3.54 岁，第二次测查平均年龄为 4.29 岁，第三次测查平均年龄为 5.04 岁。结果表明幼儿在 4 岁左右达到创造性思维的高峰，4 岁到 5 岁发展较为平稳。这比王小英（2005）[3]"5 岁是幼儿发散思维发展的转折期"的研究结论要更为提前。这种差异可能是由于本研究选取的幼儿园为北京市一级一类幼儿园，幼儿的创造性思维发展较为提前，也可能是由于年代发展，儿童的创造性思维发展也更为迅速。

2. 幼儿艺术创造力的发展特点

与创造性思维一致，幼儿的艺术创造力在月龄和性别上也没有显著的差异，但各次测查的差异极其显著。按照 9 个月的时间间隔，幼儿艺术创造力精致性和独创

---

① Ward, W.C., Creativity in young children, *Child Development*, 1968, 39(3), pp. 739-754.
② 王小英：《幼儿创造力发展的特点及其教育教学对策》，载《东北师大学报》，第 2 期，2005。
③ 王小英：《幼儿创造力发展的特点及其教育教学对策》，载《东北师大学报》，第 2 期，2005。

性在 3~5 岁呈现出明显的递增趋势，这与萨利关于精致性的研究结论相一致。

而适宜性和总体创造力在 3~4 岁发展较为平缓，在 5 岁时迅速发展，超过以往的水平。这一发现与翁亦诗的论断相一致，她认为 2~5 岁的幼儿都不具备进行创作的能力：2~4 岁处于梦想阶段，儿童自己头脑中有一些不受限制的惊人想象和各种各样想法，主要表现为喜欢探索，摆弄奇才，不听从成人控制；3~5 岁处于诗人阶段，各种想法比较有顺序，有步骤地涌现，即多种多样的想法有一定的联系而不是杂乱无章的。到了五六岁的时候，儿童才进入发明者阶段，能够利用材料进行有创意的发明制作。

三、在游戏的王国中促进幼儿创造性的发展

诚如前述，幼儿喜欢游戏，游戏是幼儿的主要活动形式；幼儿的心理包括创造性在游戏的王国中获得发展，游戏是幼儿身心发展的源泉。因此，有效地组织幼儿的游戏活动成为幼儿创造性培养的主要方式和手段。

（一）游戏的特点

游戏理论不仅很丰富，而且分析的角度也极不一致。尽管如此，也有其共同点。我曾把其归纳为四个特点（林崇德，2001）[1]。

第一，游戏是儿童在社会生活中，满足自身身心发展需要而反映现实生活的活动，它是儿童的生物性与社会性发展的统一。

第二，游戏是儿童自愿参与的非强制性的活动，它体现儿童在游戏中自由、松散、易变，其内容与形式多种多样、丰富多彩。

第三，游戏是一种具有多种心理成分的综合性活动，具有虚构性、兴趣性、愉悦性和具体性，是儿童按照自己的意愿坚持下去，表现出创造能力在内的各种智能。

---

[1] 林崇德：《发展心理学》，杭州，浙江教育出版社，2001.

第四，游戏是幼儿的主要活动形式，它的功能是促进幼儿认知、情感、行为和人格的积极发展，使主体较好地适应现实、有目的地认识世界、创造性地反映生活。

（二）要重视创造性的游戏

游戏的种类很多，究竟如何分类在学前心理学与教育学界并不统一，我们曾对游戏做过分类。依儿童行为表现，游戏分为语言游戏、运动游戏、想象游戏、表演游戏和交往游戏；依儿童认知特点，游戏分为练习性游戏、象征性游戏、结构性游戏和规则性游戏；依儿童社会性特点，游戏分为独自游戏、平行游戏、联合（分享）游戏和合作游戏；依儿童创造性，游戏分为累积型游戏、幻想游戏、角色游戏和假定游戏；依儿童教育方面，游戏分为自发游戏、教学游戏等（林崇德，2001）①。应该看到，每一种游戏，都能激发幼儿的创造性。

游戏的各种特点，诸如游戏的内容、形式、时间、参加的成员和创造成分，都随着儿童年龄的递增而发生变化。从游戏的创造性来看，最初幼儿的游戏几乎完全是模仿或再现成人的动作。他们的独立性很差，往往要求助于成人，所以愿意与父母、教师一起玩。在幼儿中期，幼儿逐渐能够重新组织或改造以往的经验，创造性地开展游戏，他们已能构思、组织游戏，但有了纠纷还要依靠成人来处理。在幼儿晚期的结构游戏、角色游戏和表演游戏这样的创造性游戏中，幼儿更乐意与同伴一起玩，出现了问题能自己商量着解决，只是在万不得已时，才让成人来决断。至此，我们可以发现幼儿的创造性在不断地发展。

创造性游戏（creative play）是儿童游戏中高级的表现形式，具有明显的主题、目的、角色分配，有游戏规则，具有内容丰富、情节曲折多样等特色。在游戏中儿童相互了解对方的游戏构思，并将各人的构思吸收到游戏内容中去。每次游戏时变换方式，增加情节。儿童在游戏中需要处理好相互之间的关系。这种游戏反映了儿童的实际生活，也较充分地表现了儿童的情感、愿望和知识水平，体现了儿童思维和

---

① 林崇德：《发展心理学》，杭州，浙江教育出版社，2001。

创造想象发展的新水平，是教育性较强的游戏形式。下面我们介绍几种创造性的游戏。

1. 累积型游戏

它是一种把不同内容的片段性游戏活动连接起来的游戏类型。例如，把看画册、随意画线、要点心吃、看电视等活动连接起来，每种活动都能持续 10 分钟左右，但上一个动作与下一个动作并没有必然联系。在一小时内，能表现出 4~9 种活动。这种类型的游戏一般在 2~3 岁时比较多见，在 6 岁儿童中为数也不少。

2. 幻想游戏

在幻想游戏中，儿童对行动赋予某种意义，即代表某些东西。儿童在这类游戏中独立进行探索，以想象反映社会生活，解决各种实际生活中无法解决的问题。儿童在游戏中表现出渴望交际的心情，假装成人并模仿他们的举止行为。为满足社会行为的需要，幻想游戏使儿童有可能在想象中虚构同伴。3~4 岁时幻想游戏占优势。早期的幻想游戏中，主要是简单的模仿性幻想，随着经验和想象力的增加，儿童幻想游戏的内容日趋复杂，并具有一定的创造性。据研究，儿童的幻想游戏存在着性别差异。男孩的幻想游戏主要反映各类活动及攻击行为，多与客体相联系；女孩的幻想游戏更为细致和被动，多与人际关系相联系。在幼儿晚期，这种性别差异明显地表现出来。

3. 假定游戏

假定游戏是指既与现实相似而又夸张的游戏活动。这种活动从婴儿期就已开始，在整个学龄前期继续发展，从简单到复杂，从自我中心到社会化，直到小学初期才逐渐消失。假定游戏随儿童认知的发展而发展。据研究，12 个月或 13 个月的婴儿就开始出现了简单的假定游戏形式，以玩具代替现实物体，即采用替代物。这种早期的假定游戏来自直接情景的触发，并依赖于客观实体。在儿童生活的头两年中，游戏的性质发生了巨大的变化，从动作性游戏转向了表现现实生活的模仿性游戏。到了三四岁，儿童可以将活动作为转换时间和空间的工具，可以不再依赖于实体。随着年龄的增长，儿童游戏中的替代物越来越简单。假定游戏是儿童游戏中的一个重要内容，可以促进儿童的自信和自控，使儿童保持适宜的兴奋水平，帮助儿童获得控制环境的感觉，并帮助儿童正确区分幻想和现实。这种游戏活动对于儿童的思维创造性和流畅性的发展起着重要作用。假定游戏的发展也体现了儿童社会性的发展，游戏的内容从关心自我到关心玩偶，最后到关心他人；游戏的形式从独立游戏到平行游戏，最后到联合游戏、合作游戏。

4. 想象游戏

想象游戏是指儿童在假想的情境里按照自己的意愿扮演各种角色，体验各种角色的思想情感的游戏活动。想象游戏约在 1.5 岁出现，通常有单独的想象性游戏，如给布娃娃喂饭、穿衣；3 岁时开始出现合作的想象性游戏，它常常以怪诞、夸张的形式出现。想象游戏的高峰期大约在 6 岁，此时儿童的想象力很丰富，能协调、迅速地从一种角色转换到另一种角色，从一种情境转移到另一情境。想象游戏或角色游戏通常都有一定的情节，这种游戏情节是幼儿根据其知识经验想象设计出来的。在这种游戏中，扮演什么角色，角色如何行动，游戏怎样进行等，都需要儿童自己去想象、去创造。因此它往往被认为是发展幼儿主动性和创造性的最佳手段之一。儿童入学后，这类游戏逐渐减少。想象游戏在儿童社会能力的发展中起着重要作用。

5. 表演游戏

表演游戏以故事或童话情节为表演内容的一种游戏形式。在表演游戏中，儿童扮演故事或童话中的各种人物，并以故事中人物的语言、动作和表情进行活动。这类游戏是以儿童语言、动作和情感发展为基础的。一般认为，幼儿中期的儿童才能较好地从事这类游戏。随着幼儿语言、动作和情感的不断发展，表演游戏的水平也不断提高。此外，幼儿在进行表演游戏时，需要利用以前的表象进行想象，并结合所表现的内容创新出新形象。由于表演偏重文艺形式表达情感和主题，因此它对幼儿具有较强的感染力，能够培养幼儿对文学艺术的兴趣和才能，促进幼儿艺术创造力的发展，也就是说，儿童通过这类游戏，不仅可以增长知识，而且可以提高表演才能和语言表达能力。

6. 结构游戏

结构游戏是指儿童运用积木、积塑、金属材料、泥、沙、雪等各种材料进行建筑或构造(如用积木搭高楼)，从而创造性地反映现实生活的游戏。该类游戏要求儿童手脑并用，不断调控注意力和动作，并且积极回忆、重组、加工头脑中已有的表象，因此可以促进儿童手部动作和对物体数、形、空间特征的精细观察与理解，以及想象力和创造力等方面的发展。这类游戏有三个基本特点：①以造型（搭、拼、捏等）为基本活动；②活动成果是具体造型物（"高楼"等）；③与角色游戏存在着相互转化的密切关系。一般认为结构游戏的发展呈如下顺序：1.5 岁左右，儿童开始简单堆叠物体；2~3 岁时，儿童活动具有先动手后思考，主题不明，成果简单、粗略、轮廓化的特点；3~4 岁儿童逐渐能预设主题，成果的结构相对复杂，细节相对精细；5 岁以后儿童游戏中的计划性增强，并可以多人合作建造大型物体。在 5~8 岁，结构游戏占儿童全部活动的 51% 以上（Rubin，Fein，& Vandenberg，1983）①。在皮亚杰的认知理论中，结构游戏被视为感知运动游戏向象征性游戏转化的过渡环节，而且一直延续至成年期转变为建筑等活动。

（三）我们对游戏与创造力的有关研究

我们团队的董奇教授，曾对游戏与创造力开展过研究。

1. 游戏、模仿、观察与幼儿创造性关系的对比研究

研究者在实验中把幼儿分成三组。第一组幼儿用新奇材料自由玩耍，即自由游戏组；第二组幼儿对实验者用该材料所示使用方法进行模仿，即模仿组；第三组让幼儿对实验者用该材料所示使用方法进行观察，即观察组。之后，对三组幼儿进行了这些材料用途的测验。结果发现，第一组的幼儿在举出材料独特用途方面的得分明显高于其他两组。由此可见，游戏比模仿、观察有利于促进儿童的想象力和创造性。

2. 游戏和模仿与幼儿创造性关系的进一步研究

研究者在实验中不以幼儿的语言反应作为分析对象，而把幼儿的非语言反应作为分析对象。研究的第一步是将五六岁的幼儿分成模仿组和游戏组，让他们分别对实验者所示的操作行为进行模仿和游戏；第二步是让幼儿把一个掉进盛了水的桶里

---

① Rubin, K., Fein, G., & Vandenberg, B., Socialization, personality, and social development, In E. Hetherington & P, Mussen (Ed.,), *Handbook of child psychology*, New York, Wiley, 1983, pp.693-774.

的玩具猴救起来。第一步和第二步的实验场面虽然类似但不完全相同。研究人员从创造性思维的流畅性、变通性、独创性因素出发对被试的反应进行了分析，结果是游戏组比模仿组在创造性上得分高。具体来说，利用所准备的材料装配成救援工具，在种类、独创性、同一材料利用的多样性（装配某一形式的救援工具所用的材料，也可以用来装配其他形式的救援工具）等方面，游戏组都比模仿组高出一筹。

3. 游戏性质与幼儿创造力关系的研究

研究者将幼儿分为两组，分别进行性质不同的游戏，一组进行"集中性游戏"，对游戏方法进行限定，实际用的是拼图板。另一组进行"扩散性游戏"，游戏方法未限定，实际用的是图块。实验中，进行集中性游戏的大多数幼儿，花了一半以上的时间来完成拼图；而进行扩散性游戏的幼儿把时间都花费在图块的特征、把图块组装起来进行观察，以及把图块比作别的什么东西的象征性游戏上。在幼儿取得游戏经验后，实验者让幼儿进行集中型问题解决和扩散型问题解决。结果发现，在集中型问题解决上，有集中型游戏经验的幼儿比有扩散型游戏经验的幼儿成绩好；在多种方法解决扩散性问题上，有扩散型游戏经验的幼儿则明显好于别人，显示出很大的可塑性。这个实验表明了，集中型游戏受条条框框限制，容易使幼儿产生固定化的倾向；而扩散型游戏未受条条框框限制，使幼儿有可能去寻求解决问题的多种方法。由此可见，游戏性质与幼儿创造力有密切关系，扩散型游戏更有利于幼儿创造力的形成和发展。

第二节

小学儿童有较明显的创造性表现

小学儿童一般年龄在 6~11 岁，这个时期是上小学的阶段，这个阶段又称为学龄儿童期（或儿童期）（school childhood）。小学儿童心理的发展，顾名思义，主要是指小学生心理活动规律和特点。

　　小学生进入学校后，学习便成为他的主导活动（dominant activity），促进了他们的心理过程和社会性的全面发展，并呈现四个特点：①小学生心理发展是迅速的，尤其是智力和思维能力；②小学生心理发展是协调的，特别是在道德方面，这是人一生中道德品质发展最为协调的阶段；③小学生心理发展是开放的，他们经历有限，内心世界简单，所以显得纯真、直率，能将内心活动表露出来；④小学生心理发展是可塑的，其发展变化具有较大的可塑性。

　　随着儿童入学，其思维与想象获得进一步发展，创造性的表现就越来越明显（或呈现出越来越明显的趋势）。20 世纪 80—90 年代，我们通过对小学生课外活动的观察，通过对他们在数学与语文学习中的实验，看到小学儿童创造性发展的三个显著的特点：一是小学儿童在各种学习活动和课外活动中有明显的创造性表现，但社会意义或社会价值还是不高；二是小学儿童的创造性更多地与创造性想象联系在一起；三是小学儿童在数学与语文学习上，其创造性主要从掌握和应用知识、内容和独立性两个方面表现出来。于是小学儿童创造性的一题多解或一题多做的发散加工，克服定势追求灵活性，自编数学题、作文题，甚至自编文艺节目等都有展示。

一、小学儿童创造性发展的思维基础与人格基础

　　影响小学儿童思维发展与人格发展的主要有两个条件，一是学生自身的生理发育趋势，二是客观环境的变化。这里的环境变化，突出地表现为学习活动对小学儿童思维与人格起决定作用。儿童进入学校，开始学习系统的自然与社会知识，以及各种规章、守则；进入学校，儿童的首要任务是掌握读、写、算，从而发展了他们心理的有意性、自觉性；教学过程要求学生掌握间接的知识经验，促使他们的抽象逻辑性的提高；集体的组织性和纪律性增长儿童的社会性。所有这一切，都决定了小学儿童思维与人格的发展。

（一）思维基础

如前所述，创造性思维的内容包括思维与想象，因此，小学儿童创造性的思维基础也应该包含其思维与想象特点。

1. 小学儿童的思维特点

小学儿童的思维在学前儿童的基础上，在小学教育与教学的条件下，开始有了进一步的新发展。学习活动要求小学生掌握前人的知识经验，如前所述，仅靠直接感知就不够了，它要求小学生掌握间接的知识经验。小学生为了掌握大量的间接知识经验，就必须逐步地进行分析、综合、比较、抽象、概括等思维活动，使知识系统化和条理化。但是，初入学的小学生的思维还基本上属于具体形象思维。这就产生了要求发展逻辑抽象思维的新需要与原有的具体形象思维的旧水平的矛盾。这个矛盾使小学生的思维处于具体形象和逻辑抽象过渡的阶段，其基本特点是：从以具体形象思维为主要形式逐步过渡到以抽象逻辑思维为主要形式。但这种抽象逻辑思维在很大程度上，仍然是直接与感性经验相联系的，仍然具有很大成分的具体形象性。因此，小学生这种过渡式的思维被称作形象抽象思维。

小学生这种形象抽象思维有什么特点呢？小学生从具体形象向抽象逻辑思维过渡，不是立刻实现的，也不是一个简单的过程。它主要表现在：随着年龄增大，年级增高，具体形象成分逐步减少，而逻辑抽象的成分却日益增加。在思维过程中，不随意成分逐步减少，而抽象逻辑思维的自觉性成分却日益增加。从前者发展到后者是一个由量变发展到质变的过程，是一个飞跃的过程，这个质的变化时期，就是关键年龄。这个关键年龄，我自己的研究和多项相关研究都认为出现在四年级。四年级前以具体形象成分为主要形式，四年级后飞跃到以逻辑抽象成分为主要形式。当然，这个关键年龄不是绝对的，而是相对的，它取决于教师水平、教学方法等教育与教学条件；取决于思维对象，即不同学科、不同教材而反映出不平衡性；取决于小学生的个体差异。尽管差异存在，但这个关键年龄一般是不可忽视的。

2. 小学儿童的想象特点

入学前儿童的想象很大程度上是无意想象和再造想象占优势。想象的主题容易变化，想象的内容具有直观性、片面性和模仿性，而想象的有意性、创造性和现实性都还不占优势。

小学生入学后，在教学的影响下，想象有了进一步的发展，整个小学阶段，学生的想象是十分生动的。想象扩大了小学生积极活动的范围，充实了他们活动的内容。小学生的想象有哪些特点呢？

一是想象的有意性迅速增长。在教学过程中，教师要求小学生按照教学的目的产生符合教材内容的想象，因此，小学生想象的有意性、目的性就增长起来。我们曾以"春天"为主题与小学生谈话，了解他们的想象力。结果我们看到：低年级学生由于知识缺乏，他们对"春天"的情景的想象东拉西扯，缺乏明确的目的和既定的目标；中、高年级学生在这方面有很大的进步。一般情况下，四年级以上的学生才能围绕着"春天"这个主题系统地、有条理地展开想象。

二是想象中的创造性成分日益增多。小学生在教学影响下，由于表象的积累，由于抽象逻辑思维的发展，不但再造想象更富有创造性成分，而且以独创性为特色的创造想象也日益发展起来。当然，在整个小学阶段，学生想象的复杂性、概括性、逻辑性的水平，还是不高的，对于不熟悉的事物，他们的想象总是简单贫乏的。我们让不同年级的小学生都来写描述好学生的作文，结果，低年级学生描述的形象非常具体，限于上课、下课的行为表现；中、高年级学生开始涉及思想品质的表现，对好学生的形象做出一些概括性的、实质性的描写。因此，在教学中，教师不仅要善于运用生动的、带有情感的言语来描述学生可能想象的事物形象，而且要用言语对具体的形象做出概括，培养其想象时举一反三的能力。

三是想象逐步富于现实性。在教学的影响下，小学生想象的现实性也在发展。经验告诉我们：一二年级学生由于知识的缺乏，他们的想象往往有许多东西是脱离实际的；三四年级以后，他们的想象才能较确切地反映现实事物。以图画为例，一般初入学的学生，只能以几根乱七八糟的线条来表示一个司机开着一辆汽车，一门大炮正打下一架飞机，等等。他们的想象尽管也出现一些创造成分，但布局十分简单，只顾大体的轮廓，不顾具体的细节，没有合理的比例，与现实差距很大。中年级以上的学生，在绘画的时候，就能不但注意所画事物的完整性，而且能初步运用透视关系来更好地表现事物，使绘画的想象更真实地反映事物。在想象的现实性方面，突出地表现了小学生幻想与理想的发展。

3. 小学儿童的幻想与理想

幻想是创造想象的一种特殊形式，是一种与生活愿望相结合并指向未来的想象。很多创造性的活动常常是从幻想开始的。例如，宇宙航行最初不过是一种幻想而已。

幻想可以分为两类：一类是从实际出发的，鼓舞人们向上的。这是有意的幻想。那种以现实生活发展的规律为依据的，经过一定努力可以实现的幻想，叫作理想。理想是人们奋斗的目标，是一种最有价值的幻想。另一类想象是荒诞的，它引导人们脱离现实甚至歪曲现实，产生不切实际的幻想，这叫作空想。

小学儿童富于幻想，这是他们想象的重要年龄特征。20 世纪 80 年代初我们深入小学几个年级进行初步调查，看到：随着年级的升高，小学儿童的幻想由直观性、虚构性向抽象性、现实性发展；由笼统性、肤浅性向分化性、深刻性发展；由易变性向稳定性发展。与此同时，我们还看到小学儿童幻想的内容具有明显的社会性和历史性。

（二）人格基础

小学是人格形成与发展的重要时期，特别是人格中具有代表性的心理特征，如自我意识、性格和社会性都是在这个时期迅速发展起来的，且趋于特有的、稳定的内外行动形成的阶段。

1. 小学时期的自我意识

一年级至三年级自我意识处于上升阶段，三年级至五年级处于平稳阶段，五至六年级处于第二个上升期，所有这些变化，主要表现在逐渐以内化的行为准则来监督、调节、控制、评价自己的行为上，具体地表现在自我概念、自我评价和自我体验的发展上。

2. 性格是比较稳定的人格特征，一旦形成便相对稳定

我国心理学家对中国儿童青少年的性格发展与教育进行了研究（朱智贤，

1990)①。研究采用问卷调查的方法，问卷包括 104 个问题，以测查学生的性格特征，了解其生活的社会文化背景。结果发现，小学儿童的性格发展水平是随年龄的增长而逐渐升高的。但其发展速率表现出不平衡、不等速的特点。小学二年级至四年级发展较慢，表现为发展的相对稳定时期；四年级至六年级发展较快，表现为快速发展时期。

3. 小学儿童社会性在较快地发展着

助人、合作、分享的亲社会行为在小学阶段明显地表现出来；随着年龄的增加，利他性与非利他性开始逐步分化，出现合作与竞争并存的心理状态；攻击性行为具有相对的稳定性或个体差异，6~10 岁儿童所表现出的身体攻击和言语攻击的数量与 10~14 岁时的恐吓、侮辱、取笑同伴或与同伴竞争的倾向相关。

二、我们团队对小学儿童创造性发展的研究

我们团队早在 20 世纪八九十年代，就对小学儿童创造性发展开展了较系统的研究。

(一)结合课外活动来研究小学儿童的创造性特点

例 1：小学生有无创造性呢？全国青少年科技作品展览里，有很多小学生的获奖作品，这说明小学生已经有了创造性的活动。1980 年，我们专门去有获奖作品的北京市崇文区(今隶属东城区)下三条小学参观和调查，并把当时所见所闻简单地写在当年正在撰写的《小学生心理学》里(林崇德，叶忠根，1982)②。

北京崇文区下三条小学的许多学生，都有一个"奇怪"的爱好：家里吃鸡或吃鱼，孩子就要求家长整只、整条地炖。食后，就把骨头一根不落地收集起来。原来，他们学校有个生物小组，这些骨头经过加工，就组装成很有意思的骨骼标本。这个小组制作的几件骨骼标本，是全国青少年作品展览上的获奖作品。他们这些创

---

① 朱智贤:《中国儿童青少年心理发展与教育》，390 页，北京，中国卓越出版公司，1990。
② 林崇德，叶忠根:《小学生心理学》，107 页，合肥，安徽教育出版社，1982。

造性活动的范围从小到大，从制作小动物标本，发展到制作大动物标本。1979年夏天，他们还制作了一具狗熊的骨骼标本。这些小学生在制作各类骨骼标本时的思维，无疑是创造性思维的开端；制作标本的活动过程，正是创造性活动，这说明小学儿童创造性的表现。当然，这种表现有其不足之处，一是需要获得成人的指导，二是顶层设计也往往来自成人。这说明他们在创造性中的独立自主性尚需提高。

例2：北京市朝阳区航模小组挂靠在我工作过的三道子学校（十年一贯制），所以我有机会深入观察，并与指导教师和航模组成员的小学生交流。

小学生课外活动制作中的创造性是如何发展起来的，又有何特点呢？我们从对北京市朝阳区航模小组做的一些粗浅的调查中，看到在航模制作中，既有年龄特征，又有个体差异。组内的低、中年级小学生，很少有什么创新的作品。四年级以上的组员，开始不满足于教练或图纸的要求，有的人追求新颖式样，他们超过规定的项目而构思，并改进了航空模型的局部结构或器材，探索如何让小飞机飞得高，飞得快，提高飞行的持续时间和表演技巧。可见，小学生四年级之后出现的创造性思维和创造性行为，是在一定知识积累的基础上，是在逻辑思维和创造想象发展的基础上，逐步发生和发展起来的。我们在追踪观察后强调：小学生在课外活动中的创造性活动，具备四个主要特点：①有一定的新颖性，但社会意义和社会价值还是不太高的；②创造思维的水平与创造想象、逻辑思维发展的水平是直接相联系的；③没有什么创造的灵感；④某些小学生从事什么样的课外活动，与其兴趣、意志（毅力）有关，来自某种创造性的人格因素或非智力因素。因此，即使四五年级之后出现的创造性，其水平也是不高的，整个小学阶段学生的创造性，仅仅只是个开始。然而，这个开始，不论是对小学生还是社会，都是非常可贵的。

（二）结合数学与语文学习来研究小学儿童的创造性特点

在20世纪八九十年代，我们深入研究"学习与发展——中小学生智力能力发展与培养"的实验，我们以思维品质为突破口，从数学与语文两个学科能力着手研究，其中研究了数学与语文学习中小学儿童创造性的发展，这里仅展示我们对小学儿童数学学习中创造性发展与培养的一篇研究报告，题目为《自编应用题在培养小学儿童思维独创性中的作用》（林崇德，1984）①。

1. 问题

本研究是我们对思维的智力品质的系列研究的一个组成部分。小学儿童在自编应用题中具有独立性、发散性和新颖性等特点，即包含着创造性或独创性的成分。我们对之研究，企图探讨自编应用题对培养小学儿童思维创造性的作用，探索小学儿童在数学运算中思维的创造性品质的发展趋势与潜力，并提出一些不成熟的教学建议。

2. 方法

研究对象是北京市幸福村学区二年级至五年级学生八个班。每个年级两个班，一个实验班，一个控制班，我们随机取样，确定每班被试 35 名，共有被试 280 名。

无论是实验班还是控制班，均系就近入学。实验前通过智力检查和数学测验，实验班与控制班被试的成绩并没有显著差异，组成每个年级的两个等组。其中二年级、五年级两个年级的实验班，系一入学就进行追踪性的实验；三年级、四年级两个年级的实验班接受实验措施仅一年。

实验班与控制班都使用全国统编教材；在校上课、自习、作业量也相同；被试的家长文化程度都不高，未见特殊的家庭辅导。所不同的是教学方法和联系要求。我们对实验班突出地抓数学教学中思维的智力品质即敏捷性、灵活性、深刻性和创造性的培养。其中对创造性，我们坚持让学生自编习题，特别是引导他们自编应用题，而对控制班则运用一般的教学方法。对实验班儿童自编应用题的训练方法包括十一种：①根据实物演示编题；②根据儿童生活的实践编题；③根据调查访问编题；④根据图画编题；⑤根据图解编题；⑥根据实际的数学材料编题；⑦根据文字式题编题；⑧仿照课本的应用题编题；⑨改编应用题；⑩根据应用题的问题编题；⑪补充题目缺少的条件或问题。

上述的十一种应用题编题的方法，大致可以分为两大类：①～⑦为一类，反映编题过程要求抽象概括的程度的差异性。例如，①②③多要求以直观客体的材料加

---

① 林崇德：《自编应用题在培养小学儿童思维能力中的作用》，载《心理科学》，第 1 期，1984。

以编题；④和⑤多要求以具体形象加以编题；⑥和⑦则在不同程度上要求以语词或数字及文字相互关系加以编题。⑧~⑪为另一类，反映编题过程中从模仿，经过半独立的过渡，最后发展到独立性的趋势。

我们的研究采用自然实验性质的综合性调查，主要是：

①观察。长期深入被试中间，随堂听课，观察被试运算过程中的各种表现。

②问卷。以课堂测验、竞赛和考试的方式，分别对自编应用题的成绩进行多次的测定。试题的确定，经过预备实验的一系列"筛选"。

我们以被试自编各类应用题的数量作为小学儿童在数学运算中思维活动的创造性的指标。

（1）编题的"质"的规定

每次在同时测定自编直观、形象和抽象应用题的水平，或者同时测定模仿、半独立和独立编题的水平时，所给的数量关系是一致的，数扩充的领域是相同的。

编题的范围分两种：一是在"横断"测定中，不同年级用同一套试题，以测定不同年级自编应用题能力的差异；二是在"追踪"班测定中，按照每个学期或每个学年的教学进度、内容，给被试增加一种相应试题的难度，以测定被试到一定年级时自编应用题的水平。后一种试题比前一种试题的难度要大些。使用这两种方法，为的是了解小学儿童自编应用题能力的发展趋势或倾向。

（2）测定时"量"的要求

自编应用题数量的统计，并不是以编出一道题就算一个成绩，而是以编出"各类"应用题的"类型"，诸如加、减、乘、除、小数运算、分数运算、四则混合运算、倍比等应用题数量统计。例如，给出两个数要求被试自编应用题，被试光是编加法题，即使编出十道，但只限一种类型，在统计"自编各类应用题的数量"时，其数量为"1"，而不是"10"。这样，我们既保证了量，又保证了质，使指标客观可靠，能反映自编应用题的难度和实际水平。

我们按照这个指标及统计方法的规定，统计被试自编各类应用题的数量，以确定其结果。

3. 结果

研究结果表明，小学儿童在数学运算中思维的独创性的发展趋势，主要表现在两个方面：一是在内容上，从对具体形象材料加工发展到对语词抽象材料的加工；二是在独立性上，先易后难，先模仿，经过半独立性的过渡，最后发展到独创性。研究还表明，小学儿童思维独创性的培养，主要依赖于教育措施。

（1）从对具体形象的信息加工发展对语词抽象的信息加工

研究项目中①～⑦七种编题形式，代表着直观客体、具体形象和语词抽象三种不同性质的材料。我们选择被试完成①根据实物演示编题，④根据图画编题，⑥根据实际数字材料编题三类应用题，分析他们自编应用题的水平。

我们通过横断测定，将二年级至五年级被试用三种类型编题方法所编拟应用题的平均数列于表 7-4。

表 7-4　各年级被试自编各类应用题的平均数

	二年级	三年级	四年级	五年级
实物编题	4.1	5.1	6.6	7.8
形象编题	3.8	4.7	6.6	7.5
数字编题	2.5	3.6	5.1	6.4

各类型之间差异检验 实物编题与形象编题 $p > 0.1$，数字编题与形象编题 $p < 0.05$

将上述数据的均数之差及它们的 t 检验的显著性水平列于表 7-5。

表 7-5　各年级被试自编各类应用题之间的差异及 t 检验的显著水平

	二、三年级之间	三、四年级之间	四、五年级之间
实物编题	1	1.5*	1.2
形象编题	0.9	1.9**	0.9
数字编题	1.1	1.5*	1.3

注：$*p < 0.05$，$**p < 0.01$，下同。

从表 7-4、表 7-5 可以看出：

第一，小学儿童自编应用题的能力，要落后于解答应用题的能力。我们的调查资料表明四、五年级可解答全部应用题（10 道），三年级可完成 80%（8 道），二年级可完成 60%（6 道），而表 7-4 反映的各年级被试自编应用题的平均数要比之少得多。可见，思维的独创性，是思维活动的一种重要品质，它是一种在新异或困难面前采取对策，独立地和新颖地发现问题和解决问题的思维能力。

第二，在小学阶段，根据直观实物编题与根据图画具体形象编题的数量之间，没有显著的差异（$p > 0.1$），而根据图画具体形象编题与根据数字材料编题的数量之间，却存在着显著的差异（$p < 0.05$）。可见，小学儿童在运算过程中，自编应用题这种独立创造性的活动，主要表现为从对具体形象的信息加工发展到对语词、数字抽象的信息加工。

第三，整个小学阶段根据具体形象编拟应用题的能力在直线上升；而根据数学材料或算术试题编拟应用题的能力尽管不如前者，但也在发展着，特别是五年级之后，可达应编题的 50% 以上，不管是形象编题，还是数字材料编题，四年级是自编应用题能力发展的一个转折点（$p < 0.05$ 或 $p < 0.01$）。

第四，各年级被试在自编应用题中除表现出一般年龄特征之外，还表现出明显的个别差异。

（2）先模仿，经过半独立性的过渡，最后发展到独创编拟应用题

各个研究项目，特别是从⑧～⑪四种形式，代表着自编应用题中各种不同等级的水平；模仿→半独立编题→独立地编拟应用题。我们选择被试完成⑧仿照课本的应用题编题，⑪补充题目缺少的条件或问题，⑤和⑥联合，根据有数字的图解自编应用题三类问题，数量关系和数的扩充都一致，以分析他们自编应用题的水平。

现将横断测定中不同被试完成上述三类问题的平均率列于表 7-6。

表 7-6　各年级被试编拟各类不同独立程度的应用题的成绩

	二年级	三年级	四年级	五年级
模仿编题	61%	68%	75%	79%
半独立编题	43%	59%	67%	76%
独立编题	34%	38%	54%	63%

将上述数据的差异数及差异之间的 z 检验数，列于表 7-7 中。

表 7-7 各年级自编应用题中独立性的差数及检验

	二、三年级之间	三、四年级之间	四、五年级之间
模仿编题	7%	7%	4%
半独立编题	16%**	8%	9%
独立编题	4%	16%**	9%

从表 7-6、表 7-7 可以看出：

第一，小学儿童能自编一定水平应用题，但是小学儿童自编应用题的能力尚待发展，即使四、五年级，其独立完成较复杂的应用题编拟任务还是有一定困难的，对这类应用题编拟的完成正确率，也未超过第三"四分点"（75%）。可见，小学儿童能够独立地自编应用题，但这种能力并不强。否认小学阶段学习中有发现因素错误的，但夸大这种思维活动的独立程度也是不对的。

第二，在正常的教学条件下，三年级是从模仿编题向半独立编题发展的一个转折点（$p<0.01$），四年级是从半独立编题向独立编题发展的一个转折点（$p<0.01$）。

第三，各年级被试在独立地编拟应用题中，既有独创性发展较稳定的年龄、年级特征，又有内外因素左右而造成年龄特征的可变性，特别是个别差异。

（3）影响自编应用题能力发展的决定性条件是教学

研究结果表明，实验班与控制班的自编应用题的能力存在着显著的差异。

我们以实验时间较长的二年级一班、五年级三班两个实验班为例，与同年级的控制班做比较来加以分析。

表 7-8 实验班与控制班自编各类应用题平均数的差数

	二年级			五年级		
	实验班	控制班	差数	实验班	控制班	差数
实物编题	4.8	3.4	1.4*	8.4	7.2	1.2
形象编题	4.6	3.0	1.6**	8.2	6.8	1.4*
数字编题	3.4	1.6	1.8**	7.2	5.6	1.6**

由表 7-8 看出，不论是二年级一班，还是五年级三班，这两个追踪实验班在自编应用题的能力上，与同年级的控制班之间，存在着显著的差异。可见，一定的教学措施，不仅能够提高小学儿童自编应用题的数量，而且能够提高他们对抽象信息的加工能力，这种趋势，随着年级增高，显得越发明显。

实验研究的数据有趣地表明，在三种不同类型的自编应用题中，实验班与控制班的显著差异，恰恰表现在半独立性编题和独立编题上，模仿编题却无显著差异，而五年级在独立编题中，这种差异比二年级更为显著。可见，一定的教学措施，不仅能够提高小学儿童自编应用题的数量，而且能够提高他们在困难与新异刺激面前采取对策的独创性；随着所受教学影响加深，这种独创性的表现越来越明显。

4. 小结

小学儿童在自编应用题的过程中，表现出独立性、发散性和新颖性，表现出创造性思维或思维的独创性智力品质的特点；随着年龄的增加，从对具体形象的信息加工发展到对语词抽象的信息加工，从模仿，经过半独立的过渡，发展到初步独创性编拟应用题。

采用适合于小学儿童心理的内因的学习内容和教学方法，不仅能够提高他们自编应用题的数量，而且能够提高他们对抽象信息加工的能力，提高他们自觉编拟应用题的独立性。

三、在小学语文、数学教学中促进小学儿童创造性发展的建议

具体内容见表 7-9、表 7-10。

表 7-9　对小学生数学能力结构的例举与剖析①

运算能力	逻辑思维能力	空间想象能力
1. 表现在概括过程中：善于运用运算结果比较分析，并联系生活经验归纳、概括运算的意义、法则、定律、性质；能灵活选用数学技巧，紧扣目标展开思索。 2. 表现在理解过程中：善于利用已有的数、式、运算等知识、技巧和生活经验，从多侧面去弄懂数学运算问题。 3. 表现在运用过程中：善于自觉地调用运算意义、法则、定律、性质和技巧，善于根据计算目的灵活调节运算过程、选用运算方法进行合理、巧妙的运算；既能用一般的方法、规则进行运算，也能用特殊技巧进行运算，还能用多种方法解同一个运算问题。 4. 表现在运算效果上：流畅、停顿等；富于联想，解法多；方法灵活、恰当。	1. 表现在概括过程中：善于调用已学数学知识与学习经验，从不同角度进行比较、归纳、假设，概括出数与运算、数量关系中的规律。 2. 表现在理解过程中：善于调用已有的数学知识、技巧、经验，灵活采用分析、演绎"模仿"想象、尝试等思维方法，去弄懂数学问题（包括概念和需求解的问题）。 3. 表现在运用过程中：善于灵活调用数、式、几何知识，从不同角度、方向和环境出发考虑和解决问题；善于用一般的方法和特殊技巧解决同一个问题；求同思维与求异思维兼容，正向与逆向、扩展与压缩变换机智灵活，善于运用变化的、运动的观点考虑问题的习惯表现。 4. 表现在推理效果上：目标跟踪意识浓，方向、过程、技巧及时转换，水平高，解法多。	1. 表现在概括过程中：善于画图和动手实验，灵活调用已学知识、技巧，较容易地概括出几何形体的基本特征与性质（包括公式）。 2. 表现在理解过程中：善于调用已有的几何知识与经验，从不同角度、用多种方法（推理和实验等）去理解几何形体的位置与度量关系的某些性质（如稳定性、圆锥体中高与底面积的反比例性质等）。 3. 表现在运用过程中：善于灵活地从不同角度、运用不同的几何知识，去分析几何问题，解决几何问题；善于在某个条件不变的情况下，变换几何位置与形状，去解决某些几何问题；善于由已知几何条件联想到多种几何位置、形状与度量的关系，并灵活地解答各种变形问题。 4. 表现在几何想象效果上：空间想象能力强、变换多，不仅能从一种几何状态想象到另一种几何状态，而且还能从某些算式想象出具有相应的度量性质的几何形体；解题思路多，方法选择得当，善于解答组合形体问题。

思维的灵活性

---

① 制作者为课题组谭瑞、李汉两位老师。

	运算能力	逻辑思维能力	空间想象能力
思维的创造性	1. 表现在概括过程中：善于用独特的思考方式，去探索、发现、概括运算方法（技巧）。 2. 表现在理解过程中：善于用独特的方式，去理解和解释运算方法与规律。 3. 表现在运用过程中：善于用独特的、新颖的方法，进行运算（包括解方程、化简比、繁分数等）。 4. 表现在运算效果上：解法新颖，有独到之处。	1. 表现在概括过程中：善于发现矛盾、提出猜想、给予验证（论证）；善于按自己喜爱的方式进行归纳，具有较强的类比推理能力与意识。 2. 表现在理解过程中：善于模拟和联想；善于提出补充意见和不同的看法，并阐述理由或依据。 3. 表现在运用过程中：分析思路、技巧调用独特新颖；善于编制机械模仿性习题。 4. 表现在推理效果上：新颖、反思与重新建构能力强。	1. 表现在概括过程中：善于用独特的思考方法去探索和发现几何形体的数学特征与度量性质。 2. 表现在理解过程中：善于提出等价的几何公式和修正意见；善于用一般化的和运动的思想方法去认形体中的数学特征。 3. 表现在运用过程中：善于创设几何环境；善于制作几何模型；善于用独特、新颖的方法分析、解答几何问题。 4. 表现在想象效果上：想象丰富、新颖、独特。

表 7-10 对小学生语文能力结构的例举及剖析①

	听	说	读	写
灵活性	1. 在变化的不同环境中，均能听清听准对方发出的语音符号。 2. 善于接收双方在不同情绪下发出的语音符号，能进行综合分析。 3. 善于多角度地分析不同场合中的语言信息，并能概括、迁移。 4. 善于从听话中得出多种合理而灵活的结论。	1. 能在变换的环境中正确地发出语音符号。 2. 善于在双方不同的情绪下，发出语音符号，说话得体。 3. 善于从不同角度、方面、方向，进行分析、概括；顺应变化，机敏地加以调整，巧妙应对。	1. 善于从不同角度思考所读的内容。 2. 善于灵活地采不同的阅读方法，集中精力吸收有用的材料，处理没有信息价值的材料。 3. 善于变换阅读速度，"没有用的地方"快速读，内容丰富而有实用价值的地方慢速读。	1. 作文思路开阔，善于从不同角度、不同方面选材。 2. 善于灵活运用表达方式和修辞方法。能够在不改变原意的前提下，改变原材料顺序，进行创造性设想。

---

① 制作者为课题组耿盛义、樊大荣两位老师。

续表

听	说	读	写
创造性			
1. 善于从所听内容出发进行比较分析，发现规律性的特点。 2. 善于对所听内容进行想象和联想，产生独到的体会和新异的感受。 3. 善于运用求异思维，提出与所听内容不同的观点或思想。	1. 不为别人的意见所左右，不人云亦云，能说出新颖、独特的见解。 2. 善于想象和联想，即兴发表意见，能够出口成章，谈出独到的体会和新异的感受。	1. 阅读时善于比较、联想、发散和鉴别。 2. 阅读过程能够再现语言中所描述的现象，进行创造性复述。	1. 立意新颖。 2. 构思、表达不落俗套。 3. 能够运用与原文不同的方式，重新表达原文内容。

第三节

青少年在学习中发展创造性

作为青少年期的中学生，一般年龄为十一二岁至十七八岁，其身心发展的特点决定了他们的创造性既不同于幼儿和小学儿童，也不同于成人。我们看到，与学前、小学儿童的创造性相比，中学生的创造性有如下特点：①中学生的创造力不再带有虚幻的、超脱现实的色彩，而更多地带有现实性，更多地是由现实中遇到的问题和困难情境激发的；②中学生的创造力带有更大的主动性和有意性，能够运用自己的创造力去解决新的问题；③中学生的创造力逐步走向成熟。我们在研究中看到：在语文学习中，中学生通过听、说、读、写等言语活动发展着思维的变通性和独创性。例如，听讲时提出不同的看法，在讨论时说出新颖、独特的见解，阅读时对材料进行比较、联想、发散和鉴别，作文时灵活运用各种方式表达自己的思想，等等。在数学学习过程中，中学生的创造性既表现为思考数学问题时方法的灵活性和多样性，推理过程的可逆性，也表现为解决数学问题时善于提出问题、做出猜测和假设，并加以证明的能力。物理和化学的学习要求中学生动手做实验，对实验现象进行思考和探索，尝试去揭示和发现事物的内在规律，运用对比、归纳等方法加深对规律的理解，并运用这些规律来解释现象、解决问题。这些对于激发中学生去探索自然界的奥秘，提高实际动手操作能力，促进创造力发展都十分重要。

一、青少年创造性发展的思维基础与人格基础

青春是美好的，青春期是人一生中最宝贵而又有特色的时期。中学阶段是人生中的黄金时代之一。青少年最突出的表现是朝气蓬勃、风华正茂、富有理想、热情奔放，发挥着聪明才智，身心都在迅速成长。青春期的特点主要有：①过渡性，从幼稚（童年期）向成熟（成人期）过渡，是一个半幼稚、半成熟的时期，是独立性与依赖性错综复杂、充满矛盾的时期。②闭锁性，内心世界逐步复杂，从开放转向闭锁，开始不大随意将内心活动表露出来。③社会性，比起小学生的心理特点，中学生的心理带有较大的社会性。如果说儿童心理发展的特点更多依赖于生理的成熟和家庭、学校环境的影响，那么青春期的心理发展及其特点在很大程度上则更多地取决于社会和政治环境的影响。④动荡性，青少年的思想比较敏感，有时比小学生和成年人更容易产生变革现实的愿望。然而青少年也容易走向"极端"并且比较敏感，有激情又有波动性。

（一）思维基础

青少年的思维，在小学期思维发展的基础上，因新的教学条件和社会生活条件的影响而出现新的特点。

中学期青少年思维的基本特点是：中学阶段，青少年的思维能力迅速得到发展，他们的抽象逻辑思维处于优势地位。但少年期（主要是初中生）和青年初期（主要是高中生）的思维是不同的。在少年期的思维中，抽象逻辑思维虽然开始占优势，可是很大程度上，还属于经验型，他们的逻辑思维需要感性经验的直接支持。而青年初期的抽象逻辑思维，则属于理论型，他们已经能够以理论为指导来分析、综合

各种事实材料，从而不断扩大自己的知识领域。同时，我们通过研究认为，从少年期开始他们已有可能初步了解辩证思维规律，到青年初期则基本上可以掌握辩证思维。

1. 抽象逻辑思维的特征

（1）通过假设进行

思维的目的在于解决问题，问题解决要依靠假设（hypothesis）。青少年时期是产生撇开具体事物运用概念进行抽象逻辑思维的时期。此时青少年通过假设进行思维，按照提出问题—明确问题—提出假设—检验假设的途径，经过一系列的抽象逻辑思维过程以实现课题的目的。

（2）思维具有预计性

思维的假设性必然使主体在复杂活动开始前，事先有了诸如打算、计谋、计划、方案和策略等预计因素。古人说："凡事预则立，不预则废"。这个"预"就是思维的预计性（prediction）。青少年开始在思维活动中就表现出这种"预计性"。通过思维的预计性，青少年在解决问题之前，已采取了一定的活动方式和手段。

（3）思维的形式化

从青少年开始，在教育条件的影响下，思维的成分中，逐步地由具体运算思维占优势发展到由形式运算思维占优势，此乃思维的形式化。

（4）思维活动中自我意识或监控能力的明显化

自我调节思维活动的进程，是思维顺利开展的重要条件。从青少年开始，反省性（或内省）（introspection）、监控性（monitoring）的思维特点越来越明显。一般条件下，青少年意识到自己智力活动的过程并且控制它们，使思路更加清晰，判断更加正确。当然，青少年阶段反省思维的发展，并不排斥这个时期出现的直觉思维（intuition thinking），培养直觉思维仍是这个阶段教育和教学的一项重要内容。

（5）思维能跳出旧框框

任何思维方式都可以导致新的假设、理解和结论，其中都可以包含新的因素。从青少年开始，由于发展了通过假设的、形式的、反省的抽象逻辑思维，思维必然能有新意，即跳出旧框框。于是从这个阶段起，创造性思维（creative thinking），或思维的独创性获得迅速发展，并成为青少年思维的一个重要特点。在思维过程中，青少年追求新颖的、独特的因素及个人的色彩、系统性和结构性。

2. 青少年的抽象逻辑思维的特点

少年期思维发展的一个主要特点是：抽象逻辑思维日益占有主导地位，但是思维中的具体形象成分仍然起着重要作用。

少年期的思维和小学儿童的思维不同，小学儿童的思维正处在从具体形象向抽象逻辑思维过渡的阶段，而在少年期的思维中，抽象逻辑成分已经在一定程度上占有相对的优势。当然，有了这个"优势"，并不就是说，到了少年时期只有抽象思维，而是说，在思维的具体成分和抽象成分不可分的统一关系中，抽象成分日益占有重要地位。而且，由于抽象成分的发展，具体思维也不断得到充实和改造，少年的具体思维是在和抽象思维密切联系中进行的。

青年初期的思维发展具有更高的抽象概括性，并且开始形成辩证思维。具体地说，它表现在两个方面。

（1）抽象与具体获得较高的统一

青年初期的思维是在少年期的思维基础上发展起来的，但它又不同于少年期。少年期思维的抽象概括性已经有了很大的发展，但由于需要具体形象的支持，因此，其思维主要属于经验型，理论思维还不很成熟。到了青年初期，由于经常要掌握事物发展的规律和重要的科学理论，理论型的抽象逻辑思维就开始发展起来。在此思维过程中，它既包括从特殊到一般的归纳过程，也包括从一般到特殊的演绎过程，也就是从具体提升到理论，又用理论指导去获得知识的过程。这个过程表明青年初期的思维由经验型向理论型的转化，抽象与具体获得了高度的统一，以及抽象逻辑思维的高度发展。

（2）辩证思维获得明显的发展

青年初期理论性思维的发展，必然导致辩证思维的迅速发展。他们在实践与学习中，逐步认识到一般与特殊、归纳和演绎、理论及实践的对立统一关系，并逐步发展着那种从全面的、运动变化的、统一的角度认识、分析问题和解决问题的辩证思维。

由此可见，青少年思维发展趋势，是要达到那种从一般的原理、原则出发，或在理论上进行推理，做出判断、论证的思维。

3. 抽象逻辑思维的发展存在着关键期和成熟期

我们自己对中学生运算能力发展的研究发现，八年级是中学阶段思维发展的关键期。从八年级开始，他们的抽象逻辑思维即由经验型水平向理论型水平转化，到了高中二年级，这种转化初步完成。这意味着他们的思维趋向成熟。我们的研究对象共 500 名，从七年级到高二每个年级各 100 名，分别测定其数学概括能力、空间想象能力，即确定正命题、否命题、逆命题和逆反命题的能力，以及逻辑推理能力。从这四项指标来看，八年级是逻辑抽象思维的新的"起步"，是中学阶段运算思维的质变时期，是整个阶段思维发展的关键时期。

高中一年级到高中二年级（15~17 岁）是逻辑抽象思维的发展趋向"初步定型"或成熟的时期。所谓思维成熟，我们认为主要表现在趋于稳定状态、差异个性化和发展变化的可塑性变小三个方面。

（二）人格基础

青少年期的生理、认知和情感发展变化的特点，也决定着这一时期的人格发展。青少年人格发展的任务主要表现在以下六个方面。

1. 追求独立自主

由于成人感的产生而谋求获得独立（independence），即从他们的父母及其他成人那里获得独立。

2. 形成自我意识

确定自我，回答"我是谁？"这个问题，形成良好的自我意识（self-consciousness），增强自信。

3. 适应性成熟

所谓适应性成熟，即适应那些由于性成熟带来身心的特别是社会化的一系列变化。

4. 认同性别角色

获得真正的性别角色，即根据社会文化对男性、女性的期望而形成相应的动机、态度、价值观和行为，并发展为性格方面的男女特征，即所谓男子气（或男性气质）和女子气（或女性气质），这对幼儿期的性别认同说来是个质的变化。

5. 社会化的成熟

学习成人，适应成人社会，形成社会适应能力，逐步形成价值观、道德发展的成熟是适应成人社会社会化的重要标志。

6. 定型性格的形成

发展心理学家常把性格形成的复杂过程划分为三个阶段：第一阶段是学龄前儿童所特有的、性格受情境制约的发展阶段；第二阶段是小学儿童和初中的少年所特有的、稳定的内外行动的形成阶段；第三阶段是内心制约行为的阶段，在这个阶段，稳固的态度和行为方式已经定型，因而性格的改变就较困难了。

青少年人格发展与社会化是一致的。社会化的有些过程在青少年阶段可完成，这就是儿童青少年社会化的成熟。这个成熟的核心，表现在自我意识的稳定、价值观的形成和道德趋向初步成熟三个方面，它为青少年的人格发展奠定了社会性基础。

二、我们对青少年创造性发展的研究

我们团队的成员胡卫平教授当年的博士论文研究可以代表我们学术团队对青少年创造性发展的研究范例。

他的论文题目为《青少年科学创造力的发展研究》。我们摘录下边一些结果并略做分析。由于年龄对青少年科学创造力的发展有显著的影响，这里比较了各个年龄阶段的青少年在科学创造力测验各项目及总量表得分的平均分之间差异的检验，并给出了发展趋势图。

（一）在创造性物体应用上得分的年龄差异

不同年龄被试在创造性物体应用上得分的年龄差异及发展趋势结果见表 7-11 和

图 7-2。

表 7-11 不同年龄组被试在创造性物体应用上平均分之间差异的检验

年龄	12	13	14	15	16	17	18
12							
13							
14	*	*					
15	*	*	*				
16	*	*	*				
17	*	*	*				
18	*	*	*				

注：* 表示 $p < 0.05$，无 * 表示 $p > 0.05$，下同。

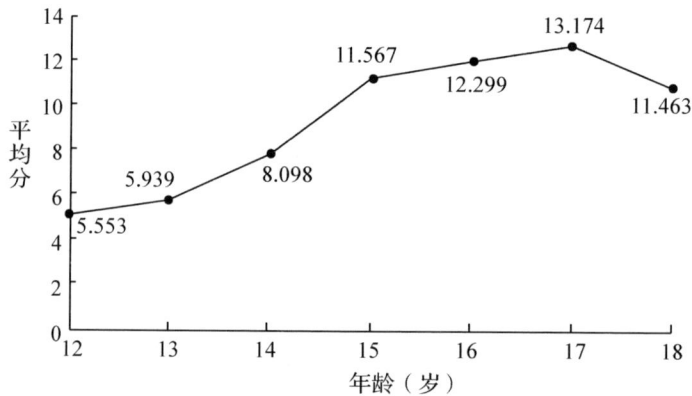

图 7-2 青少年创造性物体应用能力的发展趋势

表 7-11 和图 7-2 表明：被试创造性的物体应用能力从 12～17 岁平稳增长，在 18 岁时有所下降。从统计学意义上讲，被试创造性的物体应用能力在 12 岁、13 岁时处于同一水平，在 15～18 岁时处于同一水平，13～15 岁是被试创造性的物体应用能力迅速发展的时期。这说明，13～15 岁是青少年创造性的物体应用能力发展的关键时期，17 岁时基本定型。

（二）在创造性问题提出上得分的年龄差异

不同年龄被试在创造性问题提出上得分的年龄差异及发展趋势，结果见表

7-12 和图 7-3。

表 7-12 不同年龄组被试在创造性问题提出上平均分之间差异的检验

年龄	12	13	14	15	16	17	18
12							
13							
14							
15	*	*	*				
16	*	*	*	*			
17	*	*	*	*			
18	*	*	*				

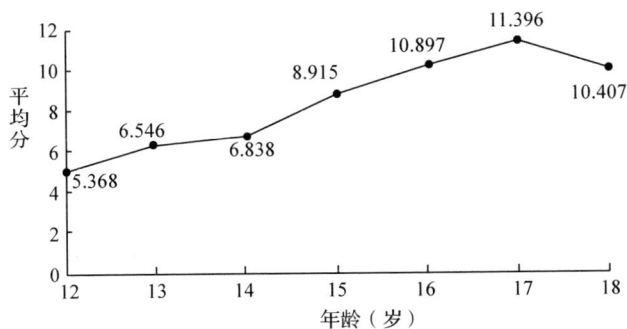

图 7-3 青少年创造性问题提出能力的发展趋势

表 7-12 和图 7-3 表明：被试创造性问题提出能力从 12~17 岁呈平稳增长趋势，但在 18 岁时有所下降。从统计意义上讲，12~14 岁处于同一水平，16~18 岁处于同一水平，14~16 岁是青少年创造性问题提出能力发展的关键时期，17 岁时基本定型。

(三) 在创造性产品改进上得分的年龄差异及发展趋势

不同年龄被试在创造性产品改进上得分的年龄差异及发展趋势，结果见表 7-13 和图7- 4。

表 7-13　不同年龄组被试在创造性产品改进上平均分之间差异的检验

年龄	12	13	14	15	16	17	18
12							
13							
14							
15	*	*	*				
16	*	*	*	*			
17	*	*	*	*			
18	*	*	*		*	*	

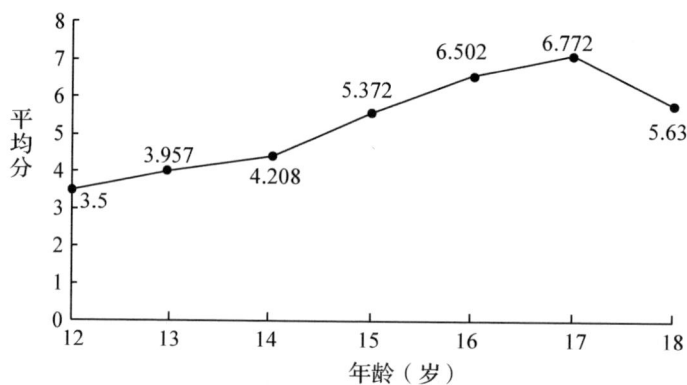

图 7-4　青少年创造性产品改进能力的发展趋势

表 7-13 和图 7-4 表明：被试创造性产品改进能力从 12～17 岁呈平稳增长趋势，但在 18 岁时有所下降。从统计意义上讲，12～14 岁处于同一水平，16 岁、17 岁处于同一水平，14～16 岁是被试创造性产品改进能力迅速发展的关键时期。这说明，14～16 岁是青少年创造性产品改进能力发展的关键时期，17 岁时基本定型。

（四）在创造性想象力上得分的年龄差异

不同年龄被试在创造性想象上得分的年龄差异及发展趋势，结果见表 7-14 和图 7-5。

表 7-14 不同年龄组被试在创造性想象上平均分之间差异的检验

年龄	12	13	14	15	16	17	18
12							
13	*						
14							
15	*		*				
16	*	*	*	*			
17	*	*	*	*	*		
18	*	*	*	*		*	

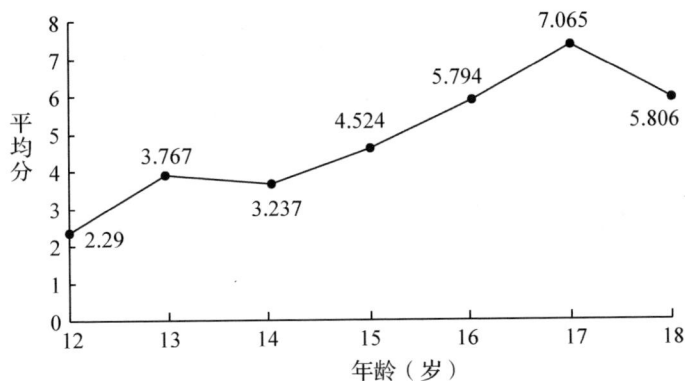

图 7-5 青少年创造性想象能力的发展趋势

表 7-14 和图 7-5 表明：被试创造性想象能力从 12~17 岁呈平稳增长趋势，但在 14 岁和 18 岁时有所下降。从统计意义上讲，12~13 岁、14~17 岁是被试创造性想象能力迅速发展的关键时期。这说明，12~13 岁、14~17 岁是青少年创造性想象能力发展的关键时期，17 岁时基本定型。

(五) 在创造性问题解决上得分的年龄差异

不同年龄被试在创造性问题解决上得分的年龄差异及发展趋势，结果见表 7-15 和图 7- 6。

表 7-15　不同年龄组被试在创造性问题解决上平均分之间差异的检验

年龄	12	13	14	15	16	17	18
12							
13	*						
14	*	*					
15	*	*	*				
16	*	*	*				
17	*	*	*				
18	*	*	*				

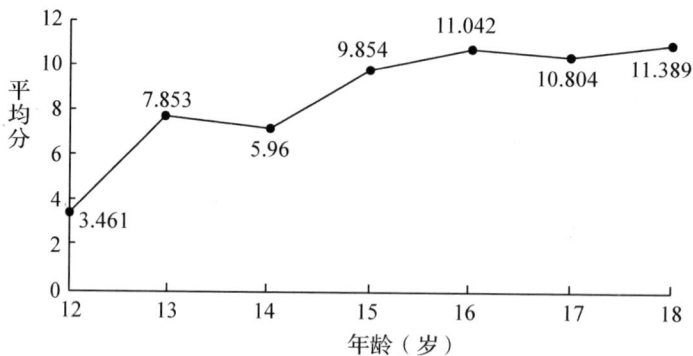

图 7-6　青少年创造性问题解决能力的发展趋势

表 7-15 和图 7-6 表明：青少年创造性的问题解决能力 12~13 岁迅速上升，13~14 岁急剧下降，从 14 岁开始，呈现出平稳上升的趋势。从统计意义上讲，15、16、17、18 岁青少年创造性问题解决能力处于同一水平。这说明，12~13 岁，14~15 岁是青少年创造性问题解决能力迅速发展的关键时期，16 岁时基本定型。

（六）在创造性实验设计上得分的年龄差异

不同年龄被试在创造性实验设计上得分的年龄差异及发展趋势，结果见表 7-16 和图 7-7。

表 7-16 不同年龄组被试在创造性实验设计上平均分之间差异的检验

年龄	12	13	14	15	16	17	18
12							
13							
14							
15							
16	*						
17	*	*	*	*			
18	*	*	*	*	*		

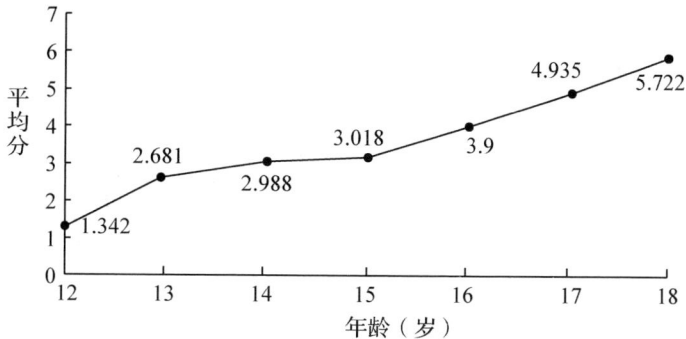

图 7-7 青少年创造性实验设计能力的发展趋势

表 7-16 和图 7-7 表明：随着年龄的增大，青少年创造性的实验设计能力持续上升，从统计意义上讲，12～15 岁的青少年处于同一水平，15～18 岁是青少年创造性的实验设计能力迅速发展的时期，到中学毕业，这种能力还未定型。

（七）在创造活动上得分的年龄差异

不同年龄被试在创造活动上得分的年龄差异及发展趋势，结果见表 7-17 和图 7-8。

表 7-17　不同年龄组被试在创造活动上平均分之间差异的检验

年龄	12	13	14	15	16	17	18
12							
13							
14							
15		*					
16		*					
17	*	*	*		*		
18				*		*	

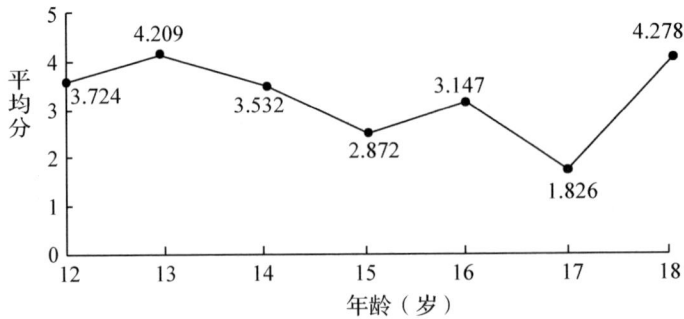

图 7-8　青少年创造性技术产品设计能力的发展趋势

由表 7-17 和图 7-8 可知，12～17 岁，随着年龄的增长，青少年创造性的产品设计能力持续下降。这是一种极不正常的现象，产生这一结果的原因可能是由于我国的中学教学中很少让学生参加各种各样的科技活动，从而严重限制了青少年这一能力的发展。

（八）在总量表上得分的年龄差异

不同年龄被试在总量表上得分的年龄差异及发展趋势，结果见表 7-18 和图 7-9。

表 7-18　不同年龄组被试在总量表上平均分之间差异的检验

年龄	12	13	14	15	16	17	18
12							
13	*						
14	*						
15	*	*	*				
16	*	*	*	*			
17	*	*	*	*			
18	*	*	*	*			

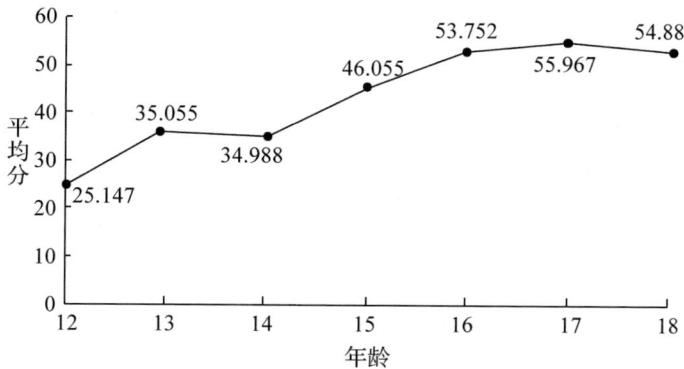

图 7-9　青少年科学创造力的发展趋势

　　由表 7-18 和图 7-9 可知，随着年龄的增长，青少年的科学创造力呈持续上升趋势，但并非直线上升，而是波浪式前进。12~13 岁上升，14 岁时有所下降，14~17 岁又持续上升。从统计意义上看，13 岁和 14 岁处于同一水平，16~18 岁处于同一水平。这一结果表明，12~13 岁、14~16 岁是青少年科学创造力迅速发展的关键时期，17 岁时基本定型。

　　综上所述，青少年科学创造力及其各成分的发展存在着显著的年龄差异，随着年龄的增大，科学创造力及其各成分呈持续发展趋势，但并非直线上升，而是波浪式前进。具体来讲：第一，12~17 岁创造性的物体应用能力、创造性的问题提出能力、创造性的产品改进能力、创造性的实验设计能力持续上升，17 岁时基本定型。第二，12~17 岁，创造性的想象能力、创造性的问题解决能力及总的科学创造力呈上升趋势，但在 14 岁时有所下降，17 岁时基本定型。第三，12~17 岁，青少年创造性的技术产品设计能力呈持续下降趋势，18 岁时有所回升。

在青少年期，我们应鼓励在科技、文艺创作中涌现出来的创新苗子，当然这里的关键在于教育工作者的指引。于此，我们仅举浙江省新昌中学的事例。1992 年，新昌中学被省教委命名为"浙江省青少年创造发明学校"。新昌中学在第 22 任校长、后浙江省新昌县副县长、政协副主席张岳明先生的带领下，以"创造发明"作为学校奋斗的精神。在张校长的领导下，全校教职员工积极投入，同心同德来办好这所"创造发明学校"。就这样，新昌中学经过十余年的奋斗，形成了全面发展、培养个性的办学特色，不仅每年高考升学率为 100%，而且有 1000 多项学生发明的作品在各级各类青少年创造发明比赛和科学讨论会中获奖，其中获省级发明奖 124 项次，全国级发明奖 34 项，国际级发明奖 3 项次，有 2 件作品被原国家教委、团中央送日本、保加利亚展出，有 2 项发明申请了国家专利。作品"两用柔性栏架"在北京钓鱼台国宾馆通过了部级鉴定，开创了国内学生发明、作品通过部级鉴定的先河。这项发明投入生产后，产生了良好的社会效益和经济效益。所有这些，在"创造发明"的学校精神引领下，都突出反映了学校适应社会需求、为社会培养创造性人才的努力。"青少年创造发明学校"展示了新昌中学的学校精神，反映了特色办学面貌和特征；也反映了青少年蕴藏着巨大的创造性发展的潜力。

三、对青少年创造性发展的七点建议

创新教育的内容十分丰富，培养未成年人创新能力的形式也可以多种多样，我们团队黄四林教授提出应主要通过以下七种途径培养青少年的创新能力。

第一种途径是改善校园文化的精神状态，营造有创造性的校园文化氛围，包括认识和内化创造力，使创新意识深入人心；形成支持型校园气氛，营造学校创造性校园气氛；开展创造力教学活动，激发师生的创造热情。

第二种途径是把培养学生创新能力渗透到各科教育中。我们课题组曾探讨了中学各学科对学生创新能力的要求，并结合具体学科的某种具体能力制定了一系列要求，通过达到这些教学要求，来培养学生的创新能力。

第三种途径是在课堂教学中开发学生的创新能力。通过激发学生创造的动机，教师的灵活性提问和布置作业，教师掌握和运用一些创造性教学方法（如发现教学法、问题教学法、讨论教学法、开放式教学法等），在课堂上创设创造性问题情境引导学生等方式培养学生的创新能力。

第四种途径是构建新型的校园人际关系，促进创造性人际关系的形成，包括树立民主型领导方式，改善领导与教师关系；构建"我—你"型师生关系，改善师生关系；积极开展"小组合作"学习，培养良好的同伴关系。

第五种途径是创新学校组织管理制度，营造创造性校园，包括重视在教学和学生管理中给学生足够的课时和空间保证，重视在学校经费管理中给学生充分的经费保证，积极实行分层管理，消除人事管理中"一刀切"问题对学生创造力的不利影响，形成创新性评价制度，解除当前贯彻创新教育理念的束缚。

第六种途径是教给学生创造力训练的特殊技巧。我们曾向中学生被试介绍，并让他们掌握美国托兰斯"创设适宜的条件"来进行创新能力训练的方法，我们还教给他们如何有效地进行发散式提问。我们通过让学生掌握这些有效的创新能力训练方法，进行自我训练，以提高其自我创新能力。

第七种途径是在科技活动中培养学生的科学创新能力。不管在校内还是校外，科技活动是学生课外活动中与创新能力发展关系最为密切的一项活动。科技活动可以开阔视野，激发对新知识的探索欲望，增强学生自学能力、研究能力、操作能力、组织能力与创造能力。

此外，我们在中学语文、数学教学中也有促进中学生创造性发展的建议。

第四节

————

成人期创造性的特点

从 18 岁开始，进入成人期，其中 18～35 岁为成人初期，又叫青年期；35～60 岁为成人中期，又叫中年期；60 岁以后为成人晚期，又叫老年期。

综观世界科学技术发展史，许多科学家的重要发明创造，都是产生于风华正茂、思维最敏捷的青年时期。这是人生最富有创造性的黄金时期。因此，今天倡导大学生创新创业是十分重要的。

经过青年期，转入中年期，构成了我们研究中的创造性发展集中训练期、才华展露与领域定向期、创造期与创造后期，中、青年期是创造性发展的鼎盛阶段。

一、成人前期与中期创造性发展的思维基础与人格基础

孔子曰："吾十有五，而志于学，三十而立，四十而不惑，五十而知天命，六十而耳顺，七十而从心所欲不逾矩。"（《论语·为政》）这是孔子的毕生发展观，阐明人的心理，特别是成人心理发展趋势，它不仅体现了人的心理发展的一种规律，也指明了成人期，包括成人前期与中期创造性发展的心理基础，即广义的思维基础与人格基础。

（一）从志于学到而立之年

成人前期的基本特征大致表现为五个方面。

1. 从成长期到稳定期的变化

儿童青少年阶段被称为成长期，从前三节我们都可以看到这种趋向。青少年时期生理发展达到高峰期，心理也趋向初步成熟，如上节所述，15～17 岁无论是思维

（认知、智力），还是人格（社会性），都达到了一定的成熟水平。进入成年前期后，就转入到稳定期（period of maintenance level）。这种稳定性体现在这个阶段的绝大多数人的身上，具体表现为：①生理发展趋于稳定；②心理发展，尤其是情感过程趋于成熟，性格已基本定型，若要改变也是非常困难的；③生活方式，在 35 岁之前基本趋于固定化和习惯化；④有一个较为稳定的家庭；⑤社会职业稳定，且能忠于职守。

2. 智力发展到达全盛时期

人的认知、智力在 18~35 岁进入全盛时期。图 7-10 是流体智力与晶体智力发展图。

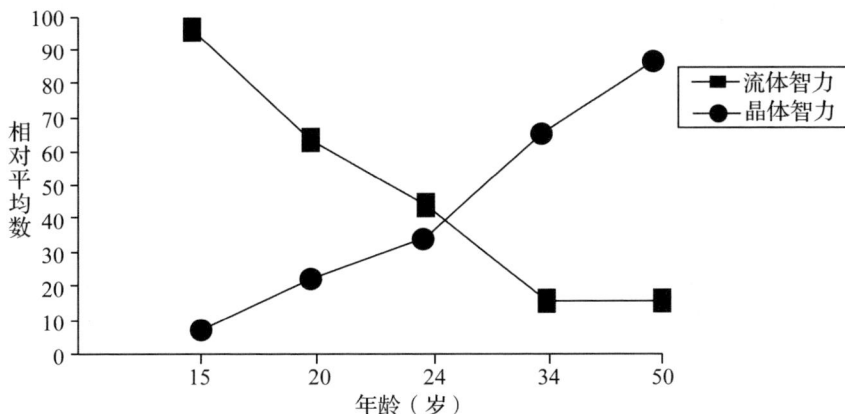

图 7-10　流体智力与晶体智力的发展图

从图 7-10 看到，在毕生发展中，人们既能充分运用流体智力（依靠个体生理发育因素）又能充分运用晶体智力（依靠个体的经验、知识、教育和学习因素）的时间大致在 20~34 岁，也就是成人初期。这符合中国俗语"少壮不努力，老大徒伤悲"的道理。

国内的研究（杨治良，1999）[①]表明，18 岁前（高中一、二年级）青年记忆学习材料的数量几乎是小学一、二年级学生的四倍，是七、八年级学生的一倍多，18 岁则

———————————

① 杨治良：《记忆心理学》，上海，华东师范大学出版社，1999。

达到了记忆的高峰期。一般而言，假定 18~35 岁记忆成绩为 100 的话，则 35~60 岁记忆平均成绩为 95，60~85 岁为 80~85。可见，成人前期正处于记忆力的全盛时期。

沙伊（K. W. Schaie & I. A. Parbam，1978[①]；Schaie，1978[②]）等人从 1956 年到 1977 年的 20 年间，对成年人的数字、语词流畅、语意理解、归纳推理和空间定向五种基本认知能力进行了追踪研究。他们选择了从 1889 年到 1938 年出生的人为被试，根据年龄划分成七个被试组，其中 162 名被试在 1956 年、1963 年、1970 年、1977 年接受四次测查，250 名被试在 1963 年、1970 年、1977 年接受三次测查，获得很有意义的结论：①18~35 岁被试在五种基本能力测查中得分最高；②50~60 岁被试，五种基本能力呈下降趋势，但下降幅度较小；③60 岁以后，五种基本能力急剧下降；④被试的个体差异很大，不同能力测查所表现出来的差异也很大，年龄效应变化从未超过 9%。这里，尽管造成差异的原因很复杂，但成人前期，其智力或基本认知能力正处于全盛时期，这是客观存在的事实。

3. 恋爱结婚到为人父母

18~35 岁这个阶段是恋爱、结婚、养儿育女的年龄。我国城市的女性在 20 世纪 40 年代平均初婚年龄为 19.2 岁，50 年代为 20 岁，60 年代为 21.5 岁，70 年代为 23.1 岁，到了 1980 年为 24.8 岁，1985 年又上升到 25.4 岁。另据调查，1989 年男女青年初婚年龄分为 26.3 岁和 25.3 岁，青年农民分别为 24.8 岁和 22.8 岁。2017 年中国人初婚年龄已突破 30 岁。

恋爱为结婚的定向阶段，自然早于上述年龄，但一般也在 18 岁之后。这是因为：①大多数青年此时已经就业，获得了一定的劳动技能，初步完成了社会化的重要任务；②心理发展成熟，特别是价值观和人生观相对稳定；③生理发育成熟，性意识也趋于成熟（约 20 岁左右，其成熟指标为理解两性关系、产生精神上的性需要、形成自觉控制性冲动的意志力）（卢家楣，1989[③]）。于是他们自然地开始考虑终

---

① Schaie, K. W. & Parham, I. A., Cohort-sequential analyses of adult intellectual development, *Developmental Psychology*, 1977, 13(6), pp. 649-653.

② Schaie, K. W., Toward a stage theory of adult cognitive development, *International Journal of Aging & Human Development*, 1978, 8(2), p. 129.

③ 卢家楣：《现代青年心理探索》，上海，同济大学出版社，1989。

身大事。

结婚之后未必人人都要孩子，但生儿育女毕竟是婚后的一件大事。对绝大多数成人前期的成员来说，为人父母是最重要的生活角色。尽管有人在成年中期也继续生育，但多数女性在 40 岁之前生育，再加上目前多数配偶年龄相仿，所以，成人前期是进入扮演父母角色的重要阶段。

4. 创立事业到紧张工作

金兹伯格（E. Ginzberg，1972）[①]提出一个人的职业选择要经历三个阶段。

（1）幻想阶段

10 或 11 岁之前，个体憧憬着各种令人瞩目的职业，而不考虑现实的可能性。

（2）尝试阶段

青少年期为尝试阶段，此阶段开始产生选择职业的倾向，但由于年龄不同，这种倾向的侧重点也不一样。11~12 岁，主要从兴趣、爱好出发；13~14 岁，开始注意自己相应的能力条件；15~16 岁，从一些职业的价值进行分析；17~18 岁，综合考虑兴趣、能力、价值观诸方面因素，做出有关职业可能性的选择。

（3）现实阶段

现实阶段始于 18 岁，个体开始选择职业，并在一定领域内实现自己的愿望。

现实阶段正是在成年前期开始的。由于成年前期有了一定的职业，且这种职业是和兴趣、能力、价值观联系在一起的，于是职业必然成为个体的一个立足点，以此确信自己的存在，并作为实现自我价值的重要手段；顺理成章的，创业也必然成为这个年龄阶段的主要目标。

创业是追求事业的成功。尽管成功要有一定的机遇，但更重要的是利用自己的智慧和潜力为实现既定目标去不断奋斗。因此，而立阶段的成年前期肯定要努力工作。

努力工作对个人来说就是一种压力。如果需求适度，成就辉煌或知足常乐，往往会越来越有所作为；如果需求太高，成就一般，或事业成就与个人期望相差太

---

① Ginzberg, E., Toward a Theory of Occupational Choice: A Restatement, *The Career Development Quarterly*, 1972, 20(3), pp.2-9.

大，则会为感到自己成了一名爬不上顶峰的"登山者"而沮丧。可见，紧张的工作也带来了紧张的情感体验，甚至于产生焦虑，这常出现在 30~35 岁这个年龄阶段。

5. 困难重重到适应生活

成年前期将面临很多从未遇到过的困难。过去有双亲照顾、老师指导、同学协助，而今独自在结婚成家、养儿育女、事业成就、社会关系、经济问题面前，一切要自行解决，这必然是一个与过去成长期不一样的"多问题"时期。因此，良好的生活适应，就成了这个时期的主要发展课题。如何适应种种不同的生活领域？这些内容适合于所有国家，包括中国人。当然，各种适应不可能同时完成，也不可能同时结束与被接受。在成人前期，个体的生理发展在很早就已经完成，其中性成熟在 18 岁告一段落，体格成熟也在 22 岁、23 岁基本结束；而如就业、结婚等，则要在 28~30 岁才能完成，且这种形式上的完成并不意味着心理上的适应，以结婚为例，一个人在结婚到后才能逐步适应这种婚姻生活。如果适应不良，可能产生心理问题。可见，生活事件与成人心理变化的关系是十分密切的，不同生活事件又对成人心理起着不同的影响，因此，对成人期的心理研究应该强调生活事件对成人心理的影响。

(二) 从不惑到知天命

处于人生旅途"中点站"的中年人，其心理发展有着特殊的表现。

1. 生理功能的衰退

成人中期的各种生理功能较前一阶段都有不同程度的改变。特别是中年后期，这种"老化"的倾向尤其明显。从外表看，毛发逐渐稀少，变白；皮肤日益显得粗糙，出现褶皱；体重有增加趋势，尤其是腰部脂肪明显增加；身高也有所降低。机体组织中钙质增加，感受功能衰退，尤其视听能力变化明显。视力衰退，容易发生病变，45 岁后老化；听觉方面按声音频率高低顺序，听觉逐渐减弱。进入成人中期后，新陈代谢的速度开始减慢，脑重量减轻，血液对黏液腺、肝、肾上腺、胰腺、性腺的供应减少，内分泌腺功能改变或降低，性欲和性冲动减退。女性 50 岁左右经历更年期，男性的更年期则要晚几年。许多人对更年期的变化不能适应，女性尤其明显。当然，这种生理变化都是相对的。生活条件、工作状况、身体素质、心理特点等都对生理变化产生一定影响，从而造成个别差异。

2. 智力有明显的上升或下降

成人中期的智力变化很复杂。那些直接与神经系统状态相联系，而较少依赖于后天经验的智力因素有下降趋势，如机械记忆能力、快速反应和注意分配或高度集中能力等。对于那些较多依赖于教育和实践经验的智力因素，如词汇、推理能力、解决问题的策略等，中年人的成绩要优于青年期。从整体发展趋势看，在职业、家庭中负以重任的中年人，其智力并没有明显改变。但对于某一个体来说，智力可能有明显的上升或下降，个体间有很大差异。例如，坚持学习和高成就的动机，就能使中年人的智力有所提高。

智力活动的最高形式是创造力。成人前期是创造与成就最佳年龄的开始，为成人中期达到顶峰创造了条件。成人中期是创造的黄金年华，顺理成章成为创造的年华，这就是我们自己研究的创造后期，即创造的高峰期。

3. 紧张的情绪状态

成人中期不仅有诸如上述的生理变化，而且也面临着社会角色的变化。中年人在社会生活的各个方面都扮演着骨干的角色，他们在承担繁重的社会工作的同时，又有沉重的家务劳动。所有这些变化给中年人带来沉重的压力，于是容易产生紧张与焦虑。一般地说，中年人对于生理和社会的变化，需经过较长的时间才能适应，随着适应性的提高，紧张与焦虑的状态才会逐步消失。其他的情绪特征在55岁以前，也在不断变化着。例如，男子较年轻时表现出更多的柔情和情绪性；女子则比年轻时增加了攻击性，减少了情绪性。一般到55岁左右时，个体的角色、兴趣、活动与自己的身心状态均取得良好的协调和平衡。

4. 兴趣爱好的重点在转移

成人中期的兴趣范围不如青年期那么广泛，但兴趣的重点有所转移。一般表现在：①事业心增强，对社会公务越来越感兴趣。②社会参与心增强，对政治时事比较关心。③休闲需求增强，休闲方式从剧烈运动型转变到安静型。中年人喜欢的休闲活动主要有：阅读、听广播、看电视、钓鱼、散步、下棋、拜访亲友和适当旅游等。随后，中年人兴趣的变化趋于稳定。以上三方面的兴趣既决定了中年人的社会地位，又反映了中年人承担着社会中坚的角色。

5. 面临中年危机的人格

成人中期的人格处于矛盾变化的状态。人到中年，一方面，人格趋于稳定，且更趋于内向，他们关心自己的内心世界，经常反省，男女性格也逐渐趋中。另一方面，几十年的生活会使每个中年人对人、对己、对事的态度均发生改变，随之而来的可能是整个人格的不同程度的变化。这是因为人到中年后，敏锐地感到自己的体力、精力、魅力逐渐不如从前，个体主观愿望与客观条件、与事业成就的矛盾也逐步加剧，加上子女逐渐长大，有的不再将父母当作权威，有的进入社会不再依靠父母，这些都会给中年人带来某种失落感，使其产生中年危机，即表现出对诸多新问题、新情况不能适应而出现了一种心理不平衡的现象。多数人能够顺利度过这场"危机"，他们重新衡量自己的价值，并在健康、生活、工作、成就诸方面确立了新的起点。

二、我们对成人期创造性的研究

我们对成人期创造性的研究，是从文献到自己对拔尖创新群体的实证研究。

(一)文献研究

文献表明：青年是创造力发展的关键时期，中年则到了创造性的收获季节。

在青年创造性的发展过程中，青年人的自我意识、自我评价、自我教育和自我控制等能力起了重要作用。青年时期创造性的发展有以下几个特点（王极盛，1983）[1]：①处在创造心理的大觉醒时期，对创造充满渴望和憧憬；②受传统习惯的束缚较少，敢想敢说敢做，不被权威、名人所吓倒，有一种"初生牛犊不怕虎"的精神；③创新意识强，敢于标新立异，思维活跃，心灵手巧，富有创造性，灵感丰

---

[1]　王极盛:《青年心理学》，北京，中国社会科学出版社，1983。

富；④在创造中已崭露头角，孕育着更大的创造性。

一般来说，成人期的创造力趋于成熟，在 30 多岁（青年晚期）达到高峰。

中年期的创造性到达收获的季节，这里不仅指一般的创造性，也包括成功的创造发明，当然成人期的创造领域和成功年龄存在着较大差异（H. C. Lehman，1977）[1]，不同人才的最佳创造年龄不同，具体见表 7-19。

表 7-19 不同人才的最佳创造年龄

各类人才	最佳创造年龄
化学家	26～36
数学家	30～34
物理学家	30～34
哲学家	35～39
发明家	25～29
医学家	30～39
植物学家	30～34
心理学家	30～39
生理学家	35～39
作曲家	35～39
油画家	32～36
诗人	25～29
军事家	50～70
运动健将	30～34

1935 年，罗斯曼（T. Rossman）对 701 位发明家的研究发现，发明家的最佳创造年龄是 25～29 岁，但完成最重大的发明的平均年龄为 38.9 岁。1946 年，亚当斯调查了 4 万多名科学家的研究成就与年龄的关系发现，他们产生最优秀作品时的年龄中数为 43 岁，其中 9% 在 30 岁以下。亚当斯还发现这个年龄中数在不同时期有高

---

[1] Lehman, H. C., Reply to dennis' critique of age and achievement, *Journal of Personality and Social Psychology*, 1977, 35, pp. 791-804.

度的稳定性。17—19 世纪，每个世纪的科学家产生最优秀作品的年龄中数都是 42 岁，只有 20 世纪是 44 岁。因此，亚当斯认为，最优秀的作品多半是在 40 岁的早期产生的。

佩尔兹和安德鲁斯研究发现，人的创造活动有两个高峰期：第一个高峰期是 30 岁后半期至 40 岁后半期，第二个高峰期是 55 岁左右。创造力在 40 岁后半期以后就停滞了，到 55 岁时又活跃起来。对于第二个高峰期出现的原因，佩尔兹和安德鲁斯解释为：55 岁时，人已度过了身心多变的更年期，迎来了家庭、经济和地位的稳定，又重新积累了知识，对工作充满信心和责任感，从而引发出强烈的创造欲望。

丹尼斯研究了 100 位寿命在 70~79 岁和 56 位 80~89 岁的科学家发表科研论文的数量的情况，结果发现，他们在 20 岁时发表论文的数量很少，30~59 岁则相当多，平均每人每年有两篇，而到 60~69 岁时论文数量减少了 20%。对科学家而言，创造力在中年期达到高峰，40~60 岁则保持相对稳定，60~70 岁呈相对下降趋势，但 60~70 岁的创造力仍高于 20~30 岁（艺术家除外）。

我国的研究工作者也研究了创造力与年龄的问题。张笛梅和王通讯等人对公元 600 年到 1960 年间的 1243 名科学家的 1911 项重大创造发明进行了研究，结果表明，中年早期和中年中期是发明创造的最佳时期。而目前面临的知识经济时代，最迫切需要的便是发明创造，因为知识经济主要是依靠知识创新、知识的创造性应用和知识广泛传播及发展的经济。目前，美国、欧洲等发达国家和地区科技对经济的贡献早已高达 60%~80%。我们应该奋起直追，而其中一个重要的方面便是激励创造性人才做出创造发明，为中青年提供一切便利条件。因为，王极盛等人研究发现，中国科学院院士中年时代的创造力明显高于青年时代，一般科技工作者中年时代的创造力也高于青年时代。这表明，中年时期是创造力的收获季节。有鉴于此，创新是知识价值的核心，而现在的青少年，又是 21 世纪的创新主体，如果我们现在重视培养他们的创造能力，那么，他们能创造出高新的知识，其价值也越高，而知识的增值也就是经济的增值，这样，中华民族就能立于不败之地。

（二）我们的研究

我们团队的张景焕教授对科学创造人才的影响因素和成长阶段进行如下研究。

1. 研究目的

通过创造人才对自己成长历程的分析，了解科学创造人才成长的阶段，分析影响各个阶段心理特征的影响因素。

2. 研究假设

①科学创造人才的成长存在阶段性；

②科学创造人才成长的各个阶段存在起关键作用的影响因素；

③不同发展阶段中的关键影响因素存在内容和性质上的差异。

3. 研究方法

（1）研究对象与研究材料

本研究是对科学创造人才的研究，研究的对象必须是科学领域的创造人才。从事科学研究、取得一般性研究成就的人不一定是本研究的合格被试。为了保证最终研究出来的心理特征确实是创造人才的，而不是一般科学研究人员的特征，研究人员花费较大精力与时间寻找本研究的合格被试。

根据以上对科学创造人才的分析，科学创造人才是生活于特定历史阶段的科学家，他们在自己所在的学科、通过科学发现产生了创造性的产品，并受到本学科领域同行的认可，这些做出创造成就的人就是科学创造人才，本研究的被访科学家共34名，见表7-20。

表 7-20　被访科学家情况表

学科分布		年龄分布	
学科名称	各个学科人数	年龄段	各年龄段人数
数学学科	6	40 岁以下	3
物理学科	8	41~50 岁	7
化学学科	6	51~60 岁	6
地学学科	7	61~70 岁	8
生命科学	7	71~80 岁	7
		80 岁以上	3
合计人数	34		34

被访者出生年份在 1911—1965 年，其中 2 人为女性科学家，其余 32 人为男性科学家。受访科学家的出生地与童年成长地遍布包括台湾地区在内的我国 27 个省市（自治区）。

（2）访谈资料整理与分析

分析访谈资料原则

第一，理论驱动与资料驱动相结合；第二，分析既要考虑创造心理特征的结构又要考虑创造心理特征的内容；第三，资料分析以主题为单位进行。第四，分析不仅要考虑创造人才心理特征的结构和内容，还要考虑结构建构的过程。特别注意科学创造人才心理特征如何根植于中国社会以及文化背景中，存在于特定学科，与学科的发展状况相联系，并最终体现在领域内的判断标准上，因而是通过社会相互作用、沟通和社会生活事件及个人心理生活事件产生与发展起来的。

分析访谈资料的方法与步骤

本研究运用主题分析法对访谈资料进行内容分析。主题分析是一种用来进行质性资料分析的方法，也是一种将质性资料转变成量化资料的方法（R. E. Boyatzis，1998）[1]。主题分析的目的是对研究材料进行编码。本研究的编码方法如下：

①研究人员阅读所有访谈资料，并对材料进行微观分析（microanalysis）。

②归纳微观分析结果，进行主轴编码。

③建立初步的编码类别以及初步的编码主题描述。

④有了初步的编码类别与编码主题样例后，需要进一步完善编码索引与编码手册。

⑤编码、检验编码信度。

⑥在检测出重要心理特征的基础上，根据每项特征的具体内容以及表现程度，对每项心理特征进行 5 级评分。

---

[1] Boyatzis, R. E., *Thematic Analysis and Code Development*, Thousand Oaks, CA, SAGE Publications, Inc., 1998。

4. 结果与分析

（1）科学创造人才成长的影响因素

科学创造人才成长影响因素的编码信度分析

本研究采用三位编码者同时编码的方法，在统计编码之前首先对编码信度进行分析。信度分析通过计算三位编码者的编码一致性实现。由于编码采用的是判断被试是否具有某一特征的方法（0，1 编码），因而采用库德-理查森的 20 号公式（KR20）（Kuder-Richardson 20 coefficient）进行计算。编码的信度系数值从 0.717 到 1.00，编码信度平均为 0.840，标准差为 0.109，编码信度达到可接受水平。

科学创造人才成长影响因素的编码结果

研究者利用编码手册来辨识影响科学创造人才成长的因素是有效的。利用这一手册，研究者对影响科学创造人才成长的主要因素进行了分析，得到以下分析结果（见表 7-21）。

表 7-21 科学创造人才成长的主要影响因素

影响因素名称	被提及的频次	占受访人数的比例（%）	重要程度排序
交流与合作	26	76.47	1
多样化的经历	22	64.10	2
导师或研究指导者	20	58.82	3
中小学教师的作用	19	55.88	4
父母的作用	18	52.94	5
青少年时爱好广泛	14	41.18	6
大学教师	11	32.35	7
挑战性的经历	9	26.47	8
科研环境氛围	7	20.59	9
成长环境氛围	5	14.71	10

注：$N = 34$（人）。

（2）科学创造人才成长影响因素的分类

对评分结果进行 KMO 和 Bartlett 球形检验，结果表明可以对数据进行探索性因素分析（$\chi^2 = 161.108$，$df = 45$，$p < 0.0001$）。我们运用主成分分析法，并进行方差最

大旋转。载荷量的碎石图表明，可以抽取 3 或 4 个主成分。抽取 4 个主成分时，各测量的主成分分布比较零乱，抽取 3 个主成分时，各测量的分布相对整齐，理论上容易解释。根据因素分析的载荷量大于 1、载荷量变化急剧程度、理论上的可解释性原则，我们抽取了 3 个主成分(见表 7-22)。

表 7-22　科学创造人才影响因素的主成分分析

心理特征名称	因素 1	因素 2	因素 3
父母的作用	0.894		
成长环境氛围	0.758		
青少年时爱好广泛	0.532		
挑战性的经历	0.440		
多样化的经历	0.405		
导师的作用		0.961	
科研环境氛围		0.762	
交流与合作		0.411	
中小学教师的作用			0.988
大学教师的作用			0.591
贡献(%)	22.837	19.667	18.057
贡献率之和(%)	22.837	42.504	60.561
因素命名	早期促进经验	研究指引和支持	关键发展阶段指引

表 7-22 的分析结果表明，这些影响因素可以抽取出 3 个主成分，这 3 个主成分可以解释总体变异的 60.561%。根据主成分所包含的心理特征，这 3 个主成分分别命名为本章的引言部分：早期促进经验、研究指引和支持、关键发展阶段指引。

通过对我国科学创造人才访谈资料的分析发现，科学创造人才的发展大致经历本章引言部分已做展示的 5 个基本阶段：自我探索期、才华展露与专业定向期、集中训练期、创造期和创造后期。其中青年与中年期，涉及下面三个阶段的特点。

集中训练阶段　经过上一阶段，当事人发现自己在某一方面展露出特别的才华，以至于他们决定将这一领域作为自己终生奋斗的方向以后，他们就投入到集中学习与训练的阶段。在这一阶段中，重要他人是大学本科阶段的教师和研究生阶段的指导教师。本科阶段教师的作用在于使学生通过教学了解到这个学科的意义与研究前景，大学教师的榜样使他们看到从事这方面研究的乐趣，大学期间老师的作用是用自己对学科的敏感影响学生，同时为学生打下坚实的专业基础。硕士或博士期间导师的作用是，锤炼学生的研究技能，使学生通过实际的研究学习与掌握研究技能。导师们往往用自己对学科的热爱塑造学生对学科的热爱，学生的科研态度也是通过与导师一起做研究培养起来的。学业上的进展反过来也激发了他们进一步学习与探究的兴趣，职业兴趣和专业方向更加坚定，特别是到了硕士研究生或博士研究生阶段，导师的作用更显得重要了。在才华展露与专业定向阶段，科学创造人才成长的重要他人是教师或同伴。这期间教师与学生的关系主要是引导、鼓励。在广泛探索的基础上，学生积累了进行活动的经验，形成了对自己的一些基本认识，但是这一阶段初期他们进行的活动仍然是广泛的。这时也许是一些特殊事件，如获奖等使他们感到特别激动或愉快的事件发生，使得他认定自己从事某一方面的活动会带来更多的愉快感，也更容易取得成功，或者是在广泛探索的基础上，发现自己做某方面的事比较有优势，产生领域上的定向。这一阶段开始有早有晚，是自主定向的过程，越是早定向，就越有助于早做出创造性的成就。

创造阶段 创造阶段以发表一系列高质量的研究成果为标志，最后做出了代表性的创造性研究成果。在前一阶段的基础上，当事人形成了对本学科研究的整体把握，形成了对自己所在学科的品位、学术理想和学术追求。这一阶段如果研究者来到一个适宜的学术环境中，创造性的研究成果就会出现。对于创造者来说身心处于创造的环境中是很重要的，这种环境主要表现为交流与合作的环境氛围。在具体的创造阶段，首先，研究者本人扎实细致的研究工作很重要，如收集资料、运用逻辑手段进行分析、一步一步推进研究工作，直至最后得到结论；其次就是要想顺利推进研究工作，激发研究者产生创造性的观点，讨论时的研究气氛很重要，甚至良性竞争也能促进创造。在创造阶段，交流与合作的环境与气氛也是非常重要的，由于科学发展日趋复杂，许多学科领域里重要的研究是由一大群人来完成的。研究报告上常常有十个、二十个甚至更多人的名字。那些不能与别人共事的研究者也许会发现，他们被排斥在许多重要项目之外。因而失去了进行重大研究的机会。

创造后期 这一时期研究者的工作精力大不如前，但是对科学研究有丰富的经验，有人经过短暂的调整之后，还可以重新做出创造性的成果，但是大多数人主要把精力投入到培养学生上，或将自己的研究成果转换成实际的产品，从事的是研究的具体开发工作。但是这对于新一代创造人才的成长是很重要的。在创造后期，科学创造人才有很多人成为学生以及整个学术领域的重要他人，通过指导学生、科研成果的产品化以及运用自己熟悉的知识伸张正义（如科学打假、批判邪教等）等社会活动服务于社会。由于具备严谨的科学态度与深厚的学科素养，这些人对学术环境的培育与下一代年轻科学创造人才的成长起着重要作用。尽管科学研究工作比较清苦，许多人科研道路坎坷，但是他们都会自豪地说，如果有来生，还会选择做科学家，说明他们对自己的人生有一种完善感。

科学创造是一种强制随机行为，理由有三点。第一，科学家提出的观点或构思的总量与他从事研究的数量有关，即科学家一生的产品分布呈正偏态，有一个长长的尾巴，在科学家所有思想中产生创造性观点的机会是均等的，服从机会均等原则，且产生创造性观点的机会是那样稀少，在任何给定时间阶段内，创造性观点的产生都服从泊松分布①（F. A. Haight，1967②；E. C. Molina，1942③；D. K. Simonton，2003④）。第二，横向数据进行分析时发现，那些产生了值得同领域工作者重视观点的科学家也最容易受到同行批评或忽视。他们的观点受到追捧和忽视的机会也是随机的。第三，这个领域选择性地接受了一些观点而拒绝了另外一些观点，即最适应的观点保存下来。因此科学创造行为是一个服从泊松分布的随机过程。有人的研究视角是产品的数量与被评价为创造性产品数量的关系，因而得出创造行为是一种随机行为的结论，对提出随机理论的解释是描述随机性体现在哪些方面，并没有解释为什么是随机的。我们认为，创造性产品的出现之所以是随机的，是因为创造性产

---

① 泊松分布源于二项分布，它有2个参数：p（事件发生的概率）和n（试验次数）。泊松分布假设p极小，而n极大，即大量实验中只有极小的命中率。我们常常用μ和σ^2 2个参数个参数来描述一个正态分布，泊松分布中却只有一个参数μ或者σ^2，那是因为$\mu=\sigma^2$，而当n→∞时，$\mu=np$。
② Haight, F. A., *Handbook of the Poisson distribution*, New York, John Wiley & Sons, Inc, 1967.
③ Molina, E. C., *Poisson's Exponential Binomial Limit*, New York, D. Van Nostrand Company, Inc., 1942.
④ Simonton, D. K., Scientific creativity as constrained stochastic behavior: The integration of product, person, and process perspectives, *Psychological Bulletin*, 2003, 129(4), p.475.

品的出现不仅依赖于创造者个人的主观努力，还有外界因素的影响；即使是创造者本人的成长环境也的确不是创造者本人能够控制的，因而使创造行为呈现出内、外部因素共同起作用的特征。

三、对成人初期的创新创业教育

提高成年期创新意识是个复杂的课题，我们只就大学生（含研究生）为主的成年前期提点建议，这就是创新创业教育。我的小老乡、创新创业教育研究的专家黄兆信教授为我提供了不少创新创业教育的材料。

进入 21 世纪以来，创新创业已不再是少数精英人士天生品质的"神话故事"，而被认为是新世纪经济社会发展所需的社会性、大众性行为。而在我国，"创新创业"也已成为我们这个时代异常火热的词汇和最强音符，"大众创业，万众创新"的理念也已深入人心，这既是信息化社会发展的大潮流、大趋势，也反映出我们国家新的发展取向和迫切的现实需求。与此同时，以 1947 年哈佛大学开设创业课程为标志，创新创业所需的素质和能力也被认为可以通过学习来实现。正是基于这一认识，无论是一国政府还是社会，都开始把注意力转移到教育身上，尤其是转移到教育对象为成年人的高等教育身上，这使得开展创新创业教育成为高校的又一重要使命。目前，从把创新创业教育纳入整个国民教育体系的美国，到提出"要使高校成为创业者的熔炉"的德国，再到提出"大学自我就业教育"的印度，创新创业教育已俨然成为世界教育改革发展的基本共识。

（一）创新与创业的关系

奥地利经济学家约瑟夫·熊彼特（1990）[①]在《经济发展理论》一书中首次对"创新"这一概念进行解释并开创了针对创新的理论研究。他认为，"创新"就是"生产函数的建立"，是"生产手段的新组合"（new combinations of productiveness）。同时，熊

---

① 约瑟夫·熊彼特：《经济发展理论：对于利润资本信贷利息和经济周期的考察》，17 页，何畏，译，北京，商务印书馆，1990。

彼特也将社会经济活动中的创新划分为五种类型：采用一种新的产品；采用一种新的生产方；开辟一个新的市场；掠取或控制原材料或半制成品的一种新的供应来源；实现任何一种工业的新的组织（约瑟夫·熊彼特，1990）①。

对创新与创业关系论述得较为清晰的是黄兆信教授。他在熊彼得观点的基础上指出，创新的概念范畴涵盖了推动社会经济发展的所有技术的、组织的、方法的、系统的变革及其最终价值实现过程（黄兆信，王志强，2013）②。而创业则是为了推动创新的实现、由一大批拥有企业家精神的创业者所进行的一个动态过程。与创新相比，创业更加强调愿景形成与价值实现的有机统一，它要求人们必须具有将创新精神、创新意识和创造力转化为成功的社会实践的能力。这不仅包含了个人创新能力的培养，也要求人们必须具备发现变革趋势并把握机遇的能力，组建有效的创业团队并整合各类资源的能力、打造可持续的创业计划的能力以及抵御风险、解决应激性问题的能力。可以说，与创新这个宏观的、注重系统分析的词语相比，创业是一种更加注重实践性、个体性、多样性的过程。

实际上，创新与创业类似于一个硬币的两面，彼此密不可分。创业是创新在实践中进一步的拓展，是将能力转化为价值的一种实践活动。但相对于创业，创新才是"里子"，是创业的"地基"。从某种意义上讲，只有包含"创新"意义的创业，才能够被称为一种实质性的创业，也就是说，只有包含着创新精神与创新能力在内的创业过程对人的发展才真正具有潜力和爆发力。也正是基于创新与创业密不可分、可以相互转化的关系，本书主张在一定条件下，可以将二者累加在一起，如"创新创业""创新创业教育""创新创业人才培养""创新创业课程"等。

（二）创新创业素质与能力的培养

对主要是高校大学生的创新创业教育来讲，其本质在于培养具有创新创业素质与能力的人才（薛明扬，2012）③。这一本质，意味着创新创业教育的开展绝不仅仅

---

① 约瑟夫·熊彼特：《经济发展理论：对于利润资本信贷利息和经济周期的考察》，69 页，何畏，译，北京，商务印书馆，1990。

② 黄兆信，王志强：《地方高校创新创业教育转型发展研究》，33 页，杭州，浙江大学出版社，2013。

③ 薛明扬：《大学与创业教育：人才培养质量提升的新战略》，41~43 页，北京，高等教育出版社，2012。

是简单开设几门与创新创业相关的课程，更不是专注于培养"大学生老板、企业家"的商业教育或创业培训，而是要站在人发展的起点上，着眼于大学生综合素质与能力的培养。以下我们仅从高校这一层面，阐述创新创业素质与能力培养的实施路径。

1. 感性发动阶段

创新创业意识是创业行动的一个必要前提。在高校，感性发动是通过学校校园网站、校园广播电视、宣传材料印发或张贴、企业人士创业演讲、创业学专家专题讲座等方式，广泛宣传国内、国外的创新创业概况，宣传国家及当地的创业政策，宣传学校的创业教育政策，宣传中外一些企业家的成功创业经历，等等，以营造出开展创新创业所需要的情感与舆论的氛围，达到拓宽大学生眼界、激发大学生创业愿望与热情的目的。只有这样，大学生心中才有一种创新创业的冲动，有了这种冲动，才能够在实践中坚持不懈。

2. 知识传授阶段

知识传授可以丰富大学生的头脑，激发大学生的创新创业意识，培养大学生的创新创业精神，同时也是形成大学生创新创业能力的一个重要基础，而这些创业品质、能力的形成反过来又可以促使大学生主动学习更多的创新创业知识并通过实践验证自己所学的知识。在高校，要体现知识传授这一基础性环节，就需要把有关创新创业方面的知识纳入学校整个课程体系中，在课堂、在校园、在校外，进行有选择性的、能体现学生个性化需求的课程知识传授，如创新创业基础类知识、创新创业实践类知识等，以达到大学生能从创新创业的"自在的冲动"迁移到"自为的认知"中，为其以后的创新创业行动做好必要的知识储备。

3. 实训模拟阶段

实训模拟阶段是学校创造条件让大学生把所感、所想、所听、所见、所学运用于实践，让大学生在实际的锻炼中激发创业愿望，增长知识，提高能力，形成品质。为此，高校一方面要加大跟当地政府、社区以及企事业单位的联系，争取它们能为大学生的创新创业实训模拟提供更多的机会和条件；另一方面高校也要整合自身资源，搭建各种类别的实地操作平台供大学生去选择、操作、验证、消化、提高。只有这样，才能使大学生的创新创业意识、创新创业知识在创业实践行动中得到融合，检验其愿望、能力与效果的一致性，从而锤炼培养大学生未来创新创业所需的创业品质。

4. 政策辅助阶段

政策辅助阶段是高校创新创业素质与能力培养各个其他环节的"黏合剂"，是学校利用自身的行政资源，对学校已有的教育教学能量进行有效配置，通过政策的引导、激励、规范、评价等功能以期达到创新创业教育效用最大化的一系列活动过程。对此，高校一方面要统筹安排，使创新创业教育的各项活动都纳入学校的人才培养计划中；另一方面也要通过一些特别的政策措施，促进创新创业教育加快走向正轨，如目前高校所采取的以大学生创新创业计划代替毕业论文就是一个不错的选择。

以上在时间上继起、在逻辑上递进的四大阶段创新创业素质与能力培养实践活动，往复循环，不断引导大学生从"我要创新就业"转变为"我要创新创业"，再从"我要创新创业"转变成"我能创新创业"，最终"生成"的是大学生优良的创新创业素质与能力，完成高校人才培养目标。

08

拔尖创新人才
成长规律研究

创新是推动一个国家和民族向前发展的重要力量，也是推动整个人类社会向前发展的重要力量。哪个国家能最大限度地发现、发展、鼓励人民的创新，哪个国家就可以立于不败之地。因此，世界各主要发达国家都力图通过最大限度地培养、开发自己国民的创新能力，从而带动整个国民经济和社会的全面发展与进步。当前，我国面对经济发展新常态下的趋势变化和特点，必须实施创新驱动发展战略，把创新摆在国家发展全局的核心位置。习近平总书记曾指出"创新是一个民族进步的灵魂，是一个国家兴旺发达的不竭动力，也是中华民族最深沉的民族禀赋。在激烈的国际竞争中，惟创新者进，惟创新者强，惟创新者胜。""我国是一个发展中大国，目前正在大力推进经济发展方式转变和经济结构调整，正在为实现'两个一百年'奋斗目标而努力，必须把创新驱动发展战略实施好。"创新驱动，从何处驱动？驱动的关键是什么？如果说人才是创新驱动的第一要素、核心要素，那么，拔尖创新人才作为高端的、宝贵的人才资源，无疑是推动创新驱动的"关键少数"。拔尖创新人才作为国家实施创新驱动战略的"关键少数"人才，在国家经济社会发展进程中是中流砥柱，探索建立拔尖创新人才培养的有效机制，是建设创新型国家，实现中华民族伟大复兴的历史要求，也是当前对教育改革的迫切要求。因此在心理学领域进行关于拔尖创新人才的研究具有重大的战略意义，我们的任务是通过他们所回顾的创造过程以及成长经历，发现并系统描述拔尖创新人才在心理特征、成长规律等方面的特点，为人才培养、管理与使用提供科学依据。

第一节

———

拔尖创新人才研究的相关研究

"拔尖创新人才"一词与教育的结合，最早出现在 2002 年党的十六大报告中（高晓明，2011）[1]。党的十六大报告提出，"造就数以亿计的高素质劳动者、数以千万计的专门人才和一大批拔尖创新人才"。此后，2003 年第一次全国人才工作会议、2010 年《国家中长期教育改革和发展规划纲要（2010—2020）》再次对培养拔尖创新人才这一教育目标予以确认。如今，拔尖创新人才培养已成为教育界探讨的热点问题之一。

一、拔尖创新人才的概念界定

对于什么是拔尖创新人才？学者们在不同的语境下对"拔尖创新人才"的概念进行了常识性的阐释，但理解、释义各不相同，如郝克明（2004）[2]认为，拔尖创新人才是"在各个领域特别是科学、技术和管理领域，有强烈的事业心和社会责任感，有创造精神和能力，为国家发展做出重大贡献，在我国特别是在世界领先的带头人和杰出人才"。杨叔子（2005）[3]指出"知识越高深越渊博，思维越精邃越奇妙，方法越有效越卓越，精神越向上越高尚，文化就越先进越精湛，有这一文化而教育而培养而造就出的人才，其素质、其层次就越高，其品位、其格调就越醇，其影响、其作用就越大。显然，我们所要培养的研究生特别是博士生，就应该是这样的拔尖创新人才"。

---

①　高晓明：《拔尖创新人才概念考》，载《中国高教研究》，第 10 期，2011。
②　郝克明：《造就拔尖创新人才与高等教育改革》，载《北京大学教育评论》，第 2 卷，第 2 期，2004。
③　杨叔子：《文化的全面教育，人才的拔尖创新》，载《学位与研究生教育》，第 10 期，2005。

我们也尝试从心理学的角度对"拔尖创新人才"的概念进行必要的解析。首先什么是"人才",《国家中长期人才发展规划纲要(2010—2020 年)》提出,人才是指具有一定的专业知识或专门技能,进行创造性劳动并对社会做出贡献的人,是人力资源中能力和素质较高的劳动者。显然判断是否为人才的基本标准是能否对社会做出贡献。"创新"一词,一般认为与心理学中的"创造力"同义,林崇德认为,创造力是根据一定目的,运用一切已知信息,产生出某种新颖、独特、有社会价值或个人价值的产品的智力品质,这里的产品是指以某种形式存在的思维成果,既可以是一种新概念、新设想、新理论,也可以是一项新技术、新工艺、新产品(林崇德,2009)[①]。而拔尖,其本意是超出一般,在次序、等级、成就、价值等方面位于最前面,居领先地位,是一个相对概念,需要有一个参考系或比较对象(如个人自己、同一个集体内、同领域内甚至整个人类社会)。联系到考夫曼(Kaufman)和贝葛多(Beghetto)的创造性 4C 模型,该模型将创造力划分为微创造力(mini-C)、小创造力(little-C)、专业创造力(Pro-C)和杰出创造力(Big-C),这构成了创造力的四种发展水平或层次。拔尖创新人才是在领域内做出公认的杰出成就的人,他们拥有创造力的最高发展水平——杰出创造力。这与高晓明拔尖创新人才的观点是一致的。他认为拔尖创新人才是一个概念模型,并非特别某一种特殊的人。判断一个人是否是拔尖创新人才的标准不是他的学历,不是他的聪明才智,更不是他的头衔光环,而是他对社会所做出的杰出贡献。

二、拔尖创新人才的研究思路和方法

纵观创造性心理学的研究历史,研究者的研究思路、研究方法往往是多元化的,我们在第一章已经谈了"研究取向"就是多元的研究方法。从研究思路看,横断研究主要通过对杰出创造性人才和普通人的研究,寻找不同创造性个体在认知、人格等方面具有的共性和差异,以及影响创造力相关的因素等;纵向研究主要集中于

---

① 林崇德:《创新人才与教育创新研究》,北京,经济科学出版社,2009。

创造潜能的获得、创造潜能的实现以及创造性的发展阶段(张景焕,林崇德,金盛华,2007)①。从创造性的研究方法看,主要有我们第一章所指出的心理测量法、实验法、传记法、生物学法、计算机模拟、社会情境法和访谈法等。鉴于杰出创造性人才的稀缺性、宝贵性以及创造过程的复杂性等特点,对杰出创造性人才的研究过程中主要采用的方法有心理测量法、访谈法和传记法。

如前所述,心理测量法是指通过恰当的测量工具对个体创造性活动过程或产品进行量化的方法,其潜在的假设是:创造性是一种可以量化的心理特质。该法始于吉尔福特的发散思维测验,之后研究者基于创造性的不同研究视角,开发了各种用于测量创造性思维和创造性人格的工具。该方法常用于比较高低不同创造者在心理特质上的差异,且标准化程度较高,缺点是预测效度低,而且杰出创造性人群取样比较困难。

访谈法是通过与创造性人物进行口头交流来了解他们的创造性特征及其相关因素的一种方法。访谈法常用于了解创造性人物的创造性过程、创造性人格以及创造性观念;比较不同领域创造者、高低不同水平的创造者的创造性特征;探索不同因素对创造性人物的影响作用等。其中最著名的例子是奇克森特米哈里伊(Csikszent-mihalyi,1996)②对高创造性人物的访谈研究。访谈法的优势主要体现在:有助于更加深入地研究创造性动机、情感、观念等问题,更加广泛地探索创造性的产生、发展过程及其与周围环境的动态关系;更灵活、更有针对性地开展创造性资料的收集工作,如可根据情况进行追问或请其详细解释说明等。访谈法能从创造性人物身上获得更多、更有价值、更深层的信息,但访谈法在设计、实施和数据分析方面比较复杂,标准化程度低,而且研究结果容易受到研究者和访谈者的影响。

我们已经谈过传记法,它是将创造性的产生和发展视为人与生活事件相互作用的产物,通过考察创造性人物的生活轨迹理解创造性,包括个案研究法和历史测量法。个案研究法是通过对杰出创造性人物的成长历程和生活事件进行多层次、综合

---

① 张景焕,林崇德,金盛华:《创造力研究的回顾与前瞻》,载《心理科学》,第 30 卷,第 4 期,2007。

② Csikiszentmihalyi, M., *Creativity: Flow and the psychology of discovery and invention*, New York, Harper Collins, 1997.

性分析来研究创造性的，资料收集可通过访谈、自传、新闻报道等多种方法进行。历史测量法是运用量化方法分析创造性人物的有关资料，从而考察其成长轨迹及其影响因素的方法，西蒙顿(D. K. Simonton，1997)[①]是采用该方法研究创造性人才成长规律的杰出代表。传记法能为研究提供丰富、真实的资料，有较高的生态效度，但由于影响创造性的不可控因素太多，很难得出普适性的创造性理论。

总之，创造性是认知因素、人格因素、社会环境因素交互作用的结果，它既是个体现象，也是社会和文化现象。对杰出创造性人物的研究，无论是样本取样、研究过程以及结果分析都是一个艰苦卓绝的过程，都需要研究者们不断在探索中前行。

三、国外对拔尖创新人才的相关研究

创造性人才的核心素质包括创造性思维和创造性人格。因此，关于创造性人才成长规律的研究主要集中于创造性人才的认知和人格特点、成长历程及其影响因素等方面。

在创造性认知和人格特点方面，主要是采用传记或访谈法等对杰出创造性人才的特征进行描述和概括。从 20 世纪 50 年代开始，人们就试图找出杰出创造性人才的典型特征，以期为创造性人才的培养提供科学依据。我们在第四章已经介绍了吉尔福特和斯腾伯格关于创造性人格的组成因素，吉尔福特曾提出创造性人格有 8 个方面构成，斯腾伯格认为创造性人格由 7 个因素组成，吉尔福特和斯腾伯格(T. Z. Tardif & R. J. Sternberg，1998)[②]将不同心理学家关于创造性人格特点概括为 19 个方面：甘愿理智冒险和面对反对意见；坚持不懈；好奇心；对新的经验保持开放；严格要求自己，热衷于所从事的工作；内部动机强；精力集中；精神自由，拒绝外部强加的限制；自我组织和管理能力强，从众心理低；愿意面对挑战；善于影

---

① Simonton, D. K., "Historiometric studies of creative genius," In M. A. Runco (Ed.), *The creativity research handbook*(Vol. 1, pp. 3-28), New Jersey, Hampton Press, 1997。

② Tardif, T. Z. & Sternberg, R. J., What do we know about creativity? In R. J. Sternberg (Ed.), *The nature of creativity*, New York, Cambridge University Press, 1988, pp. 429- 440.

响周围的人；忍耐模糊；兴趣广泛；善于产生奇特的想法；不因循守旧；情感体验深刻；寻找有趣的情形；乐观；在自我批评和自信之间有一定程度的冲突。麦金农（Mackinnon）在加州大学伯克利分校的人格评估与研究协会（Institute of Personality Assessment and Research，IPAR）对高创造者的研究结果表明：高创造个体聪明、认知灵活，具有独创性，独立，开放，好奇心强，乐于学习，经验开放；富于知觉，有强烈的理论和审美兴趣；有强烈的掌握自己命运的感觉，对自己的创造性努力充满信心。最有代表性的研究有 1990—1995 年奇克森特米哈里伊（Csikszentmihalyi）等对 91 名科学、艺术、商业、政府等领域的创造性人物的访谈研究（Csikszentmihalyi，1996）[1]。他们认为创造性人物具有 10 种看似相反的"复合"人格：①精力充沛但又能沉静自如；②聪明又天真；③好玩又自律；④在想象、幻想和现实中灵活转换；⑤兼具内外向相反性格；⑥兼具谦虚与自豪感；⑦兼具男性化和女性化两种倾向；⑧叛逆又独立；⑨对工作充满热情，但又保持客观；⑩开放性和敏感性并存。另外，菲斯特（Feist）对 188 项创造性艺术家和科学家的研究做元分析，结果显示：他们都具有高度的离群性，即内向、独立、敌意和自负；具有高内驱动力、自信、对经验的开放性、思维灵活性和想象的跳跃性等人格特征。

创造性人才的发展是一个受到各种因素制约的动态发展过程。研究者从认知、情绪、动机、家庭环境、学校环境和社会环境等方面对创造性的影响因素进行了研究，得出了很多有价值的结论（林崇德，胡卫平，2012）[2]。在认知方面，除了从传统的智力、知识等方面进行研究，研究者还尝试从认知抑制和创造性关系的角度探索高创造者是认知抑制能力更高、抗干扰能力更强（Burch，Hemsley，& Pavelis，et al.，2006）[3]还是认知抑制能力较低，表现出认知去抑制的特点（Carson，Peterson，&

---

① Csikszentmihalyi, M., *Creativity: Flow and the psychology of discovery and invention*, New York, Harper Collins, 1996.

② 林崇德，胡卫平：《创造性人才的成长规律和培养模式》，载《北京师范大学学报（社会科学版）》，第 1 期，2012.

③ Burch, G. S. J., Hemsley, D. R., & Pavelis, C., et al., Personality, creativity and latent inhibition, *European Journal of Personality*, 2006, 20(2), pp. 107-122.

Higgins，2003）①。在情绪方面，研究者的观点从"只有正性情绪促进创造性"转向"正性情绪和负性情绪都有助于创造性"，但其促进作用都是有条件的。例如，双通道模型认为积极情绪通过提高认知的灵活性和包容性而促进创造性，消极情绪则通过提高认知坚持性而促进创造性（de Dreu，Baas，& Nijstad，2008）②。动机作为个体行为的重要动力源泉，与创造性的关系也成为一个重要问题。在内部动机与创造性的关系上，一般认为内部动机能够促进创造性的发展。而外部动机与创造性的关系研究存在较大分歧。以往动机与创造性关系的研究，主要从产生创造性产品的角度考察动机的影响。近年来，研究者开始考虑动机对创造过程的不同阶段的影响。但到目前为止理论观点并不一致，也没有确凿的实证结论。

环境方面，如我们第一章所讲的，家庭环境是影响个体创造性最早、最直接、最具体的微观环境，研究者主要考察家庭的客观环境（如子女数量及出生顺序、家庭结构、父母受教育水平和职业等硬环境）和主观环境（如家庭文化、亲子关系、家庭教养方面等软环境）。例如，费尔德曼（Feldman）认为，安全、自由、温馨的家庭环境对儿童的创造性发展有积极促进作用；虽然少数杰出人才来自破碎、有问题的家庭，但多数杰出人物还是生活在美满且积极向上的家庭中（孙汉银，2016）③。学校是最主要的环境因素之一，教师作为学校环境的重要创设者、学校课程的开发者、教学活动的组织者、学生学习的引导者，其创造性观念、创造性教学策略、师生关系等都对学生创造性的发展有直接影响；同时，学校的创新氛围、同伴关系、课堂气氛、物理环境等也以不同的方式影响学生的创造性。社会环境，主要是指社会政治环境、经济环境和文化环境等。每个历史阶段的高创造性作品的迸发都与当时的政治、经济环境以及当时政府的政策有密切关系，如文艺复兴时期科学和艺术的巨大发展，得益于当时政治的民主和思想的自由。其中，文化与创造性的关系受

---

① Carson，S. H.，Peterson，J. B.，& Higgins，D. M.，Decreased latent inhibition is associated with increased creative achievement in high-functioning individuals，*Journal of Personality & Social Psychology*，2003，85（3），pp. 499-506.

② de Dreu，C. K.，Baas，M.，& Nijstad，B. A.，Hedonic tone and activation level in the mood-creativity link：Toward a dual pathway to creativity model，*Journal of Personality & Social Psychology*，2008，94（5），pp. 739-756.

③ 孙汉银：《创造性心理学》，221页，北京，北京师范大学出版社，2016。

到研究者的广泛关注。有研究者指出，文化会通过影响价值观、思维方式以及语言来影响创造性。这些文化差异主要体现在对创造性概念的理解不同和不同文化下创造性的表达方式不同等（Rudowicz & Ng，2003）①。

与此同时，随着研究的深入，研究者们认识到个体创造性成就的取得，不仅依赖天赋、个体努力、内部动机、人格特质等个体因素，同时还要考虑到环境各要素之间以及环境各要素与个体因素之间的影响。例如，创造性是儿童和父母双向影响的过程或结果，也是家庭背景、父母教养方式、儿童在家庭中的独特特征、家庭事件等各种因素互相交织在一起、彼此影响的结果，而且这些因素也可能影响儿童与学校和邻里之间的互动，进而影响创造性。因此，越来越多的研究开始重视将创造性的各种因素汇合在一起，并提出不同的理论观点，运用系统的观点综合考虑影响创造性的各因素之间相互影响、彼此互动的性质。比较突出的汇合理论有：阿玛贝尔的创造性成分理论（componential model of creativity）、斯腾伯格和鲁伯特的创造性投资理论（the investment theory of creativity）、西蒙顿的修正和完善的"创造性的盲目变化和选择性保留理论（blind variation and selective retention theory of creativity）、格鲁伯（Gruber）等提出的创造性的系统进化观（evolving systems approach）、奇克森特米哈伊创造性系统观和叶（Yeh）的创造性生态系统模型等。

四、国内有关拔尖创新人才的研究

中华传统文化具有优秀的历史，也培养和孕育了无数具有传统文化背景的政治家、科学家、文人学者以及巨贾商人等，他们很多人做出了极富创造性的杰出成就。然而，在中华文化范围内，以中国人作为研究对象，针对特定领域的创造性人才进行研究的不多。根据我们的文献搜索结果，找到相关的研究主要包括以下几方面。

---

① Rudowicz, E. & Ng, T., On Ng's why Asians are less creative than Westerners, *Creativity Research Journal*, 2003, 15, pp. 301-302.

（一）自然科学领域科学家的特点研究

张庆林、谢光辉（1993）[①]从国家科委发明评审委员会公布的 1985 年、1986 年、1988 年科技发明奖的名单中选取 25 名创造者，邀请他们填写《卡特尔十六种人格因素量表》，结果表明，他们在低乐群性、高稳定性、低兴奋性、高有恒性、低情绪性、低妄想性、低忧虑性、高实验性、高独立性和高自律性 10 个方面有别于一般科技人员。

甘自恒（2005）[②]对《走近科学家》一书中的 23 位著名科学家传记和其他著名科学家传记、文献进行研究，概括出中国科学家创造性人格的 10 种基本素质：高尚的理想和志向；爱国主义精神；善于合作的精神；善于提出和讨论问题的精神；善于综合、勇于创新的精神；甘于奉献、敢冒风险的精神；求实严谨的治学精神；逆境发愤、老当益壮的精神；尊敬师长、关爱晚辈的精神；争创一流、再创辉煌的精神。

白春礼（2007）[③]主编的《杰出科技人才的成长历程：中国科学院科技人才成长规律研究》借助科学社会学研究方法，对中国科学院系统内的"两院"院士、"百人计划"人选者、国家"973 计划"和"863 计划"重大项目负责人等杰出专家人群的成长历程进行分析认为，"所谓科技人才成长规律，就是一定社会历史条件下科技人才成长所表现出来的一般特征。这些特征是在科技人才自身素质与环境条件的相互作用中表达出来的"。此研究提供了一些规律性的认识：①少年时代家庭稳定的经济条件与良好的学习传统支持和激励科技人才成长；②接受良好的高等教育有助于成才；③留学对科技人才成长具有重要作用；④传统优势学科更易汇集科技人才；⑤年长一代主要根据国家需要决定自己的职业，年轻一代则主要依据知识兴趣选择科研职业。此研究认为影响科技人才成长的主要问题是：①政策支持力度不够，影响青年科技人才的快速成长；②岗位结构不合理，既影响人才的成长，也影响科研产出；③激励手段和激励导向不合理，影响科技人才创造力的发挥；④过高的压力

---

① 张庆林，谢光辉：《25 名国家科技发明奖获得者的个性特点分析》，载《西南大学学报（社会科学版）》，第 3 期，1993。
② 甘自恒：《中国当代科学家的创造性人格》，载《中国工程科学》，第 7 卷，第 5 期，2005。
③ 白春礼：《杰出科技人才的成长历程：中国科学院科技人才成长规律研究》，北京，科学出版社，2007。

影响优秀科技人才的稳定，不完善的环境因素影响科技人才的创新能力；⑤单一的学术背景影响科技人才创新思维的产生。

刘少雪（2009）①对拔尖创新人才的研究将创新人才的成长分为素质养成、专业能力形成、创新能力激发和完型等几个阶段进行考察发现：科学技术领域创新人才的成长具有优势累加效应；通常出身名门，来自学术历史悠久名牌大学；本科和研究生阶段的教育对他们的成长贡献很大；通常就职于名牌大学中，创新人才与名牌大学之间彼此相依、关系密切。

（二）杰出艺术家、社会科学家的特点研究

台湾学者陈昭仪（2003）②以六位杰出表演艺术家作为研究对象，采用深度访谈和搜集相关文件资料的方法了解杰出表演艺术家的创作历程。她将艺术家的创作历程分为六个阶段：素材积累、主题构想与刺激连接、内容的构思、具体化空间化和舞台呈现的可能性、修正作品的可能性和团队的配合、作品的呈现以及观众的反馈支持。影响艺术家历程的主要因素有：家庭环境、艺术工作的养成教育、从事艺术工作的历程、生命中"贵人"的引导以及时代背景等因素。另外，陈昭仪（2007）③以台湾四位杰出音乐家为研究对象发现音乐家的人格特质可归纳为五个方面：音乐是最大的兴趣，且多才多艺；动静皆宜且理性与感性兼具；广纳意见但有自我的格调；崇尚理想且具使命感；坚持到底的执着与毅力。

谷传华博士采用历史测量学研究和个案研究对中国近现代30位社会创造性人物（如周恩来总理）的人格发展特点及其影响因素进行研究，既考察了社会创造性人格的终生发展特点，又从一般性与特殊性、普遍性与个别性两个层次上更好地描绘社会创造性人格的发展轨迹。部分相关研究结果"中国近现代社会创造性人物早期的家庭环境与父母教养方式"已正式发表，该结果表明30位中国近现代社会创造性人物的早期家庭环境在控制性、组织性、亲密度、独立性、道德宗教观等维度上的

① 刘少雪：《面向创新型国家建设的科技领军人才成长研究》，北京，中国人民大学出版社，2009。
② 陈昭仪：《杰出表演艺术家创造历程之探析》，载《师大学报（教育类）》，第51卷，第3期，2006。
③ 陈昭仪：《杰出音乐家人格特质之探析》，载《台北市立教育大学学报》，第38卷，第32期，2017。

平均得分较高，而在矛盾性上的平均得分较低；其家庭环境特点主要表现在家庭的价值观和人际关系、家庭秩序性与家庭活跃性三个方面（谷传华，陈会昌，许晶晶，2003）[①]。

王帆、郭洪林、张冉（2015）[②]考察了 268 位人文社会科学领军人才（长江学者特聘教授）所应具备的基本条件及客观环境，认为人文社会科学高层次人才成长过程中存在一些共性：人文社会科学领军人才成长周期较长，成才较晚；大多数人才接受了良好的高等教育，求学名校，师从名师；接受严格的科研训练，追逐学术前沿；人才分布不均衡，地区差异较大；"向上"流动为主，人才流动频繁；成长速度较快，破格晋升较多；行政任职和学术兼职普遍。老一辈长江学者特聘教授经历丰富，学术生涯起步较晚，却凭借自身努力实现成长成才。但是，从宏观背景来说，国家对人文社会科学的重视仍然不够。人文社会科学高层次人才的培养需要更多的资源投入、更大的政策支持，更需要广泛重视、平等对待的社会环境。

（三）杰出企业家的特点研究

尹继东（1999）[③]对 62 家在中国市场经济中崛起的成功企业进行了调查研究认为，中国企业家的成长道路一般都经历了闯市场、找市场、做市场、驾驭市场 4 个成长阶段；他们成长的精神特点有吃苦耐劳的创业精神、危机意识的创新精神、把握机遇的冒险精神、寻求优势的超前精神。

李志、罗章利、张庆林（2008）[④]对 30 名国内外杰出企业家的传记资料进行分析，并对企业家传记文献中人格形容词频数进行因素分析，结果表明，杰出企业家的人格特征由诚信责任、战略沉稳、敏锐创新、勤奋进取、坚韧务实、合作尽职六

[①] 谷传华，陈会昌，许晶晶：《中国近现代社会创造性人物早期的家庭环境与父母教养方式》，载《心理发展与教育》，第 19 卷，第 4 期，2003。

[②] 王帆，郭洪林，张冉：《人文社会科学领军人才成长特征研究——基于长江学者特聘教授的分析》，载《中国人民大学教育学刊》，第 4 期，2015。

[③] 尹继东：《中国企业家的特点与成长方向》，载《南昌大学学报（人文社会科学版）》，第 30 卷，第 3 期，1999。

[④] 李志，罗章利，张庆林：《国内外知名企业家的人格特征研究》，载《重庆大学学报社会科学版》，第 14 卷，第 1 期，2008。

大因素构成。

李枫(2016)①通过对 21 位成功的科技型企业家以及中国和世界 6 位杰出的科技型企业家的案例分析研究发现，要成为成功的科技型企业家，必须具备行业知识、市场悟性、创造激情、沟通特质四种核心素质；法律、文化、市场等与企业家的成长没有明确的关系，最重要的客观条件是产业机会和社会网络；科技型企业家成长发展经历素质孕育、角色定位和持续发展三个阶段，每一阶段都有其相应的成功助推因素。

五、已有研究述评

纵观国内外关于拔尖创新人才的研究，涉及自然科学、社科与艺术、商业等各个领域，但也都有各自不同的侧重点。研究要么关注创造性人格特征，要么关注成长历程，而没有将其很好地综合起来整体对不同领域的人才进行一个全方位的探讨。在研究方法上，多数都立足于历史测量学的角度，以对被试已有作品、档案等资料的分析作为主要研究方法，采用深度访谈法的相对较少。虽然现有研究已有部分的研究论证，但对于拔尖创新人才具有的特征，创新人才的成长历程和影响因素，都需要进一步深入探索。因此，我们选取自然科学领域的科学家、人文社科和艺术领域的高创造者，以及商业领域的创业型民营企业家作为研究对象，系统探讨他们具备的特征以及影响因素，以期为拔尖创新人才的培养、管理提供借鉴。

第二节

我们对拔尖创新人才的实证研究

中央文件多次指出，培养和造就数以亿计的高素质创造性的劳动者、数以千万

---

① 李枫:《科技型企业家成长规律》，载《山东工商学院学报》，第 1 期，2016。

计的高素质专门人才和一大批拔尖创新人才，这是国家发展战略的核心，是提高综合国力的关键。这里的拔尖创新人才，我们认为至少要有以下几个特点：首先其成果要有原创性、对社会有重大推动作用，甚至具有重大历史意义；其次，在同领域或专业中具有领军地位，如院士、社科权威专家、有声望的企业家等。我们团队在2003—2007年承担的"创新人才与教育创新"和2011—2016年承担的"拔尖创新人才成长规律与培养模式"两项教育部重大攻关课题都聚焦于探讨创新人才的特点、关键影响因素，以及相应的教育建议。最终，我们选取了34位自然科学领域、38位人文社会科学与艺术领域、33位商业领域等创新人才，他们都是社会所公认的杰出创造性成就的人才，通过他们所回顾的创造过程以及成长经历，我们发现并系统描述高创造力群体在心理特征、成长规律等方面的特点，最终揭示创造力的发展及实现过程，进而为人才培养、人才管理与使用提供科学依据。

一、自然科学领域拔尖创新人才研究

自然科学领域拔尖创新人才是指生活于特定的历史时期、在所在学科领域中做出了创造性成就并得到社会认可的科学家。这些成就既是他们自身创造潜能的体现，也积极推动了社会的发展与进步。20世纪以来，中国出现了一大批杰出的科学家，他们在不同学科领域做出了重大贡献，这为研究工作提供了有利条件。同时在当今高度重视科学对社会发展的驱动作用的背景下，探讨自然科学领域拔尖创新人才具有重要意义。因此，我们团队的张景焕、金盛华等对自然科学领域的拔尖创新人才的成长规律进行了实证研究。

（一）研究目的

通过对自然科学领域拔尖创新人才的研究，为创新人才的培养以及教育科研管理提供关于人才成长规律的实证研究基础，从而为设计符合科学领域创新人才成长规律的教育与管理服务。

（二）研究方法

研究采用方法是访谈法。访谈研究的被试来自数学、物理、化学、生命科学和地学 5 个领域，包括两院院士以及获得国家自然科学一、二等奖的科学家。本研究共访谈了 34 名科学家，其中男性 32 名；40 岁以下的 3 人，41~50 岁的 7 人，51~60 岁的 6 人，61~70 岁的 8 人，71~80 岁的 7 人，80 岁以上的 3 人；数学学科 6 人，物理学科 8 人，化学学科 6 人，地学学科 7 人，生命科学学科 7 人。

访谈主体设计主要是让科学家讲述自己最有代表性的科学研究工作的研究过程，同时让科学家谈对他们的成长以及进行创造性活动具有影响的重要生活事件，并说明这些事件对创造活动的意义。

（三）研究结果

1. 科学创造人才的心理特征

界定重要心理特征时采用的标准是：某一特征的出现频次不少于总人数的 25%。编码后的结果显示共有 26 项心理特征符合该标准。按重要程度排序分别为一般智力强、勤奋努力、内在兴趣、研究技能与策略、洞察力、坚持有毅力、有理想有抱负、愉快感、发现问题的能力、专业素质与功底、独立自主、积极进取、注意吸收新信息、愿意尝试、自信、系统的研究风格、思维灵活变通、乐于合作、冒险性、思维独特新颖、综合思维能力强、知识广博、联想能力强、开放性、分析思维能力强和寻求规律的倾向。对 26 项特征进行探索性因素分析，抽取了 5 个主成分，分别命名为：内部驱动的动机、问题导向的知识构架、自主牵引性格、开放深刻的思维与研究风格以及强基础智力。具体维度见表 8-1。

2. 科学创造者的概念结构

了解了科学创造者的心理特征后，需要进一步回答的问题是：科学家做出“创造性成就”与“一般成就”是否具有明显不同的心理特征？30 位科学创造者回答了由 30 个词构成的“科学创造人才重要心理特征调查表”。研究使用多维尺度法对结果进行分析。

表 8-1 科学创造者的主成分分析

心理特征名称	因素 1	因素 2	因素 3	因素 4	因素 5
专业素质与功底	0.682				
研究技能与策略	0.661				
知识广博	0.654				
愿意尝试	0.579				
发现问题的能力	0.546				
勤奋努力		0.698			
乐于合作		0.668			
坚持有毅力		0.599			
独立自主		0.559			
自信		0.551			
有理想有抱负			0.740		
积极进取			0.505		
愉快感			0.502		
内在兴趣			0.430		
开放性				0.670	
思维独特新颖				0.569	
思想灵活变通				0.520	
洞察力				0.512	
系统的研究风格				0.493	
分析思维能力					0.575
综合思维能力					0.561
一般智力强					0.491
联想能力					0.434
贡献率(%)	17.320	12.145	8.320	7.619	6.242
贡献率之和(%)	17.320	29.456	37.785	45.405	51.647
因素命名	问题导向的知识构架	自主牵引性格	内部驱动的动机	开放深刻的思维与研究风格	强基础智力

（1）创造性科学成就及一般科学成就中重要的心理特征

所有科学家都认为做出创造性成就需要许多重要心理特征。勤奋努力、有理想有抱负、内在兴趣、积极进取、思维综合能力强、专业素质与技能、注意吸收新信息、自信、乐于合作、思想独特有新意、坚持有毅力、善于发现问题、富有洞察力、开放性、分析能力强、独立自主、知识广博这 17 项特征是重要的特征。而当科学家在做出一般成就时，最为重要的心理特征有 2 项：勤奋努力和坚持有毅力。

（2）科学创造人才关于创造成就的概念结构

科学创造人才在评价各个心理特征在科学创造中的重要意义时使用的概念可划分成两个维度，每一维度都有正负两个方向，第一维度命名为"成就取向/内心体验取向"，其正向是积极追求成就的心理特征，负向为注重内心感受的心理特征；第二维度为"主动进取/踏实肯干"，其正向为"主动进取"，负向为"踏实肯干"。具体包含的心理特征见表 8-2。

表 8-2　科学创造人才关于创造心理特征的维度

特征名称	特征赋值（weight）
维度 1	
正向：成就取向	1.6889
工作勤奋、努力	1.5216
内在兴趣	1.4249
开放性	1.2589
自信	1.1730
注意吸收新信息	1.0795
积极进取	1.0422
专业素质与技能	0.8784
坚持有毅力	
负向：内心体验取向	
内向性	−2.5716
爱好艺术	−2.675
工作中体验到愉快	−2.8217

续表

特征名称	特征赋值(weight)
维度 2	
正向：主动进取	1.8552
有理想有抱负	1.3328
思维综合能力强	1.0813
内在兴趣	0.9500
敢于冒险	0.9169
愿意尝试	0.8776
积极进取	
负向：踏实肯干	
勤奋努力	−1.5437
寻求规律的倾向	−1.5037

（3）科学创造人才关于一般成就的概念结构

对科学创造人才取得"一般成就"的心理特征同样进行多尺度分析，发现它也由两个维度构成：第一个维度是"成就取向/内心体验取向"，正向是"成就取向"，负向为"内心体验取向"；第二个维度是"知识/动机"，其正向为"知识"，负向为"动机"。具体包含的心理特征见表8-3。

表 8-3 对"一般成就基础"的进一步分析

特征名称	特征赋值(weight)
维度 1	
正向：成就取向	1.7991
坚持有毅力	1.7346
工作勤奋、努力	1.2049
专业素质与技能	0.8022
积极进取	0.4015
注意吸收新信息	
负向：内心体验取向	
内在兴趣	−0.5929
工作中体验到愉快	−1.4150
内向性	−1.6357
爱好艺术	−2.2432

续表

特征名称	特征赋值(weight)
维度 2	
正向：知识	1.2352
内在兴趣	0.6621
坚持、有毅力	0.5645
专业素质与技能	0.5462
爱好艺术	
负向：动机	−0.6356
工作中体验到愉快	−0.9157
积极进取	−1.0201
工作勤奋、努力	

将具有创造成就的科学家关于"创造成就"的概念结构与关于"一般成就"的概念结构相比较，相同之处体现为，二者的第一个维度基本相同，都是"成就取向/内心体验取向"。但在"成就取向"的构成上既有共同成分，也有不同成分。最大的不同体现在第二个维度，创造成就概念结构的第二个维度是"主动进取/踏实肯干"，一般成就的概念结构却是"知识/动机"，二者没有任何共同成分。

3. 科学创造力的影响因素

对影响科学创造人才成长的主要因素进行了分析，得出了十个主要的影响因素，分别为中小学教师的作用、导师的作用、父母的作用、科研环境氛围、成长环境氛围、大学教师的作用、青少年时爱好广泛、挑战性的经历、交流与合作以及多样化的经历。进一步用主成分分析法抽取了 3 个主成分，根据每个主成分所包含的心理特征，分别命名为早期促进经验、研究指引和支持、关键发展阶段指引。具体见表 8-4。

4. 科学创造人才的成长阶段

通过对我国科学创造人才资料的分析可以看出，科学创造人才的发展大致经历 5 个基本阶段：自我探索期、才华展露与专业定向期、集中训练期、创造期和创造后期。

表 8-4　科学创造人才影响因素的主成分分析

心理特征名称	因素 1	因素 2	因素 3
父母的作用	0.894		
成长环境氛围	0.758		
青少年时爱好广泛	0.532		
挑战性的经历	0.440		
多样化的经历	0.405		
导师的作用		0.961	
科研环境氛围		0.762	
交流与合作		0.411	
中小学教师的作用			0.988
大学教师的作用			0.591
贡献率(%)	22.837	19.667	18.057
贡献率之和(%)	22.837	42.504	60.561
因素命名	早期促进经验	研究指引和支持	关键发展阶段指引

（1）自我探索期

该阶段以当事人从事各种探索性活动为出现标志，以确定自己的兴趣以及在某一方面有突出表现为结束标志。该阶段对创造人才成长起作用的人主要是父母与小学教师，作用方式是创造宽松的探索和教育环境，使当事人能从事自己喜欢的活动，获得成功的乐趣。同时也帮助养成良好习惯，激发好奇心，奠定人生价值观的基础。

（2）才华展露与专业定向期

经过前期的广泛探索，当事人逐渐将兴趣集中于探索某一方面。这可能是由于他发现这方面的学习能给他带来更多的快乐。愉悦的情感与对自己优势才能的发现共同促使当事人确立自己的主攻方向。

（3）集中训练期

该阶段重要他人是大学阶段的教师和硕士、博士研究生阶段的指导教师。大学阶段教师的主要作用在于使学生了解到学科的意义与前景，为学生奠定专业基础。硕博士期间导师的作用是使学生获得扎实的专业基础知识，掌握基本的研究技能，了解科学研究的一般策略，开始进行一些有意义的研究工作；同时通过学习和研究工作，更加坚定了专业方向，热爱自己的研究工作。

（4）创造期

该阶段以发表一系列高质量的研究成果为标志，最后做出具有代表性的创造性研究成果。在前一阶段的基础上，当事人形成了对本学科研究的整体把握，形成了对自己所在学科的品位、学术理想和学术追求。该阶段如果研究者来到一个适宜的学术环境中，有著名导师或研究者的指导与影响，创造性的研究成果就会出现。

（5）创造后期

该阶段研究者的工作精力大不如前，但对科学研究有丰富的经验，有人经过短暂的调整之后，还可以继续做出创造性的成果，但是大多数人主要把精力投入到培养学生上，或将自己的研究成果转换成实际的产品，从事研究的具体开发工作。

（四）研究结论

科学创造人才重要的心理特征可以分为五个维度：内部驱动的动机、问题导向的知识构架、自主牵引性格、开放深刻的思维与研究风格、强基础智力。其中内部驱动的动机包括有理想有抱负、积极进取、内在兴趣和工作中的愉快感；问题导向的知识构架包括专业素质与功底、研究技能与策略、知识广博、愿意尝试和发现问题的能力；自主牵引性格包括勤奋努力、乐于交流与合作、坚持有毅力、独立自主和自信；开放深刻的思维与研究风格包括开放性、思维独特新颖、思维灵活变通、洞察力、系统的研究风格；强基础智力包括一般智力水平、综合思维能力、分析思维能力、联想能力。

科学创造人才关于科学创造成就的概念结构是二维的，分别是"成就取向/内心体验取向"和"主动进取/踏实肯干"。取得科学创造成就的重要特征是"成就取向"和"主动进取"。

影响科学创造人才的主要因素可以分为三类：早期促进经验、研究指引和支持以及关键发展阶段指引。其中早期促进经验包括父母的作用、成长环境氛围、青少年时爱好广泛、挑战性的经历与多样化的经历；研究指引和支持包括导师的作用、科研环境氛围和交流与合作氛围；关键发展阶段指引包括中小学教师的作用和大学教师的作用。

以科学创造人才在不同阶段中的主要活动为标志，根据科学创造人才在知识积累、情感发展和才华发展的进程将科学创造人才的成长过程划分为五个阶段：自我探索期、才华展露与专业定向期、集中训练期、创造期与创造后期。

二、人文社会科学与艺术领域拔尖创新人才的研究

人文社会科学与艺术领域的发展推动了社会文明进步，增强了人类的精神力量。人文社会科学与自然科学犹如车之两轮、鸟之双翼，缺一不可。自然科学是人类认识和改造自然的科学；而社会科学是人类认识和改造社会、促进社会进步的科学，不仅要研究社会，还要研究由于自然科学和技术的应用所引起的社会问题，研究社会和自然的相互关系和相互作用（马瑞萍，2008）[1]。因此，对于人文社会科学与艺术领域拔尖创新人才的研究具有深刻的社会价值。以往对于社会和艺术领域创新人才的研究未能将人格特征与成长历程综合起来，且研究方法多立足于历史测量学的角度。我们团队的王静、金盛华等以 38 位人文社会科学与艺术创造人才为被试，通过结构化访谈与半结构化访谈相结合，采用质性研究的方法，全面分析其心理特征及影响因素。

(一)研究目的

对人文社会科学与艺术领域创造人才的研究不仅是人类社会发展的需要，也是个体自身发展的需要。探究人文社会科学与艺术创造人才的特征及其成才机制，为培养人文社会科学与艺术创新人才提供了借鉴意义，为提高自身的人文与艺术气质

---

① 马瑞萍:《哲学社会科学也是生产力》，载《理论前沿》，第 23 期，2008。

提供重要启示。

(二)研究方法

本研究选定的创造人才分两类，一类是人文社科创造者，主要指从事人文社会领域相关学科研究，并在其领域取得了独创性成果的人员；另一类是艺术创造者，主要指社会认可程度较高，有一定的为世人所瞩目的作品和成就。被试选择考虑的条件有：①在所在的领域必须有所创新；②目前仍然活跃在所在领域；③从事相关工作 20 年以上。最终收集到 38 人的访谈资料，其中艺术领域专家 22 人，社会领域专家 16 人；6 位女性，32 位男性；41~50 岁的 10 人，51~60 岁的 8 人，61~70 岁的 6 人，71~80 岁的 10 人，80 岁以上的 4 人。

本研究以质性研究的思路为主，通过访谈，期待被试通过"讲故事"的形式，追溯被试有创造性成就的产生过程和自身成长经历；同时采用人格特征自评问卷，获取被试对创造过程中的核心人格要素的反身认知。

(三)研究结果

1. 人文社会科学与艺术创造人才的心理特征

(1)人文社会与艺术创造人才的思维特征

对访谈资料编码后发现，人文社会与艺术创造人才的思维特征主要包括两个方面。

思维的特点：涵盖思维的系统性、思维的综合性、类比迁移能力、思维的批判性、思维的连续性、思维的对比性、目标明确、求新求变、想象、被激发性、精确性、辩证思维、多向思考、敏锐。

思维的形式：围绕特定目标的发散思维、聚合思维、抽象逻辑思维、形象具体思维。

此外，还包外围辅助因素，如天分和兴趣；思维的核心因素是瞬间的突破。

该结果表明，创造性思维特征是在创造过程中表现出来的，瞬间的突破是创造性思维最核心的要素，是创造的关键步骤。连续不断的思考和坚持的投入最终都会以瞬间的思维突破作为创造的巅峰状态表现出来。另外，创造性思维还有外围的影响要素，即天分和自身的兴趣。虽然天分和兴趣不是思维本身的特征，但却影响思维的整个过程，在很大程度上决定了创造性观点的产生。

（2）人文社会与艺术创造人才的人格特征

对访谈资料编码后发现，人文社会与艺术创造人才的人格特征可归纳为两个核心类别：积极的自我状态、良好的外界适应力。其中，积极的自我状态包括坚持、投入、完美倾向、有抱负、有责任感、迎难而上、挑战不服输、平衡、执着、沉着、勤奋等特征；良好的外界适应包括计划性、淡泊名利、严谨、目的性、自信、独立性、反思、强执行力等特征。详见表8-5。

表 8-5　人文社会科学与艺术创造者人格特征出现频次及排序

核心类别	概念词	频次	占所有频次的 比例（%）	概念词 比例排序	核心类别 比例排序
积极的 自我状态	坚持	20	12.26	1	
	投入	12	7.36	6	
	完美倾向	8	4.90	11	
	有抱负	14	8.59	3	
	有责任感	14	8.59	3	
	迎难而上	6	3.68	12	
	挑战不服输	17	10.43	2	
	平衡	2	1.23	16	
	执着	4	2.45	14	
	沉着	1	0.61	18	
	勤奋	11	6.75	7	
	总计		66.85		1
良好的 外界的 适应力	计划性	2	1.23	16	
	淡泊名利	6	3.68	13	
	严谨	8	4.90	10	
	目的性	3	1.84	15	
	自信	10	6.13	8	
	独立性	10	6.13	8	
	反思	1	0.61	18	
	强执行力	14	8.59	3	
	总计		33.11		2

2. 人文社会科学与艺术创造人才概念结构

请 30 位人文社会科学与艺术创造者回答了由 111 个词语（包括 3 个测谎题）组成的人格特征形容词自评量表。各个词语分成三个层次：纯正向特征、偏正向特征和偏负向特征。根据这些创造人士的回答，有 45 个对于他们创造性成就至关重要的核心特征词。采用 Q 型聚类分析对这 45 个核心特征词的结构进行聚类，参考已获得的人格特征的研究结果，最终选择聚合成 4 类的结果，分别命名为：独立、积极自我状态和有效心理功能、可靠外界结合与成熟的自我把握以及满足。详见表 8-6。

表 8-6　核心人格特征聚类分析结果

类型 1：独立	独立
类型 2：积极自我状态和有效心理功能	积极　爱好艺术　自信　有尊严　坦率　诚实　聚精会神　有责任感　有爱心　宽容　心理健康　爱思考　好学　有决心　开放　有洞察力　精力充沛　坚持　亲切　感情丰富
类型 3：可靠外界结合与成熟自我把握	朴素　可靠　敏感　乐于合作　感激　有礼貌　要求严格　友好　果断　有说服力　慷慨　心肠软　无私　庄重　一丝不苟　理性　适应力强　沉着　镇定　成熟　有计划　勇敢　有吸引力
类型 4：满足	心满意足

3. 人文社会与艺术创造人才的影响因素

研究者的系统分析和研究分别揭示了关键事件与重要他人对于人文社会科学与艺术创造者发展的具体影响。

（1）成长过程中关键影响的事件

研究者运用质性研究中的分析方法最终获得 6 个成长过程中关键影响事件的核心类别，分别为文化环境（文化事件、自由竞争的外在条件、生活经历的积累、传统文化影响），时代特征（"文化大革命"的影响、大事件的影响、改革开放），系统教育（早期专业启蒙、中小学的教育、大学的教育、出国留学），家庭环境（家庭教育方式、家庭的经济条件、家庭的文化条件），自身因素（兴趣的早期表现、优秀体验、天生的给予、争取、合作、多元知识背景）和人生际遇（人生信念产生的偶然事件、进入领域的偶然事件、发展阶段的偶然事件）。

进一步分析结果发现，受访者提及的具有重大影响的事件中最多的是与系统教育相关的事件，其次分别是时代特征、自身因素、人生际遇、文化及家庭环境。详见表8-7。

表8-7　人文社会科学与艺术创造者成长关键影响事件频次及排序

核心类别	概念词	频次	占所有频次的比例（%）	概念词比例排序	核心类别比例排序
系统教育	早期专业启蒙	9	6.87	4	
	中小学的教育	10	7.63	2	
	大学的教育	10	7.63	2	
	出国留学	8	6.11	6	
	总计	37	28.2		1
时代特征	"文化大革命"的影响	16	12.21	1	
	大事件的影响	5	3.82	11	
	改革开放	2	3.05	21	
	总计	23	17.6		2
自身因素	兴趣的早期表现	2	1.53	21	
	优秀体验	9	6.87	4	
	天生的给予	6	4.58	9	
	争取	2	1.53	21	
	合作	4	3.05	13	
	多元知识背景	4	3.05	13	
	总计	27	18.3		3
人生际遇	人生信念确立的偶然事件	3	2.29	17	
	进入领域的偶然事件	5	3.82	11	
	发展阶段的偶然事件	7	5.34	7	
	总计	15	11.5		4
文化环境	文化事件	2	1.53	21	
	自由竞争的外在条件	6	4.58	9	
	生活经历的积累	3	2.29	17	
	传统文化影响	4	3.05	13	
	总计	15	11.5		4

续表

核心类别	概念词	频次	占所有频次的比例（%）	概念词比例排序	核心类别比例排序
家庭环境	家庭教育方式	4	3.05	13	
	家庭的经济条件	3	2.29	17	
	家庭的文化条件	7	5.34	7	
	总计	14	10.7		6

　　六大核心类别及其概念词包含了从个人自身到教育、家庭、时代以及机遇等对个人发展与成长具有至关重要影响的因素，这些因素组成了一套全面而完整的生态系统体系。

　　系统教育是指从一个小孩子在家中受到的熏陶开始，直到走上工作岗位的初期为止，包括启蒙教育、大学教育、中小学的教育、出国留学。系统教育在一个人取得创造性成就的过程中起着非常重要的作用。

　　启蒙教育发生在儿童还不具备验证知识的能力时，他们忽略证明的过程，只能简单记住知识的结果而加以应用。当儿童提出问题时，作为启蒙的人，不论是老师还是父母，如果能够耐心倾听，因势利导，鼓励其大胆质疑，积极去观察、发现、探索，就能激起他们对知识获取的积极性与主动性。启蒙教育的非强制性不要求孩子一定完成某个目标，也不要求为特定目的去学习。孩子是在无意识的情况下产生了极强的兴趣，为日后的发展奠定了基础。

　　大学正统教育是创造的基本训练，38位受访的被试中，无论经历过什么样的时代，都是从系统的大学教育中走出来的。有一位没有进过正式的大学校门，但是进入了当时国家一流的文艺团体，受到了正统艺术院校教育的熏陶与影响。

　　在系统教育中除了知识与经验的积累，还有对于中小学自由开放、多元化教育的回溯。例如，"学校民主开放思想""中学老师教会了学习，还教会了锻炼身体""功课少，自由探索""参加多种活动，在学校演话剧"等。

　　在所有影响事件被提及的比例中，出国留学的影响被提及的比例占6.11%，排在第六位。可见出国对于一个人创造性成就的取得有着至关重要的作用。

时代特征的影响作用排在系统教育之后，名列第二。这种影响是全方位的，它可以影响人的思维方式、行为方式以及世界观的形成。更为重要的是，本项研究受访者的专业领域大都与人们的社会生活息息相关，他们的创造大多来源于生活的体会和感悟，因此时代特征中大的政治事件都是他们进行创造的第一手资料，是他们创造的源泉。在所有的事件中，作用最为突出的是"文化大革命"的影响。

自身因素是外在家庭、环境、文化等因素发挥作用的内因条件。兴趣与天分对其领域选择具有重要作用，如果一个人在早期就表现出对某一领域的兴趣，同时又具有独特的天分，那么他在这一领域必然会发展迅速、出类拔萃，为进一步取得创造性成就做好铺垫。同时，一个人从小一直到步入领域初期如果获得优秀体验，根据镜像自我理论，个体在别人对自己的赞美和认可中获得了快乐和满足感，逐渐在成功中找到自信，形成高的自我效能。这种良好的自我状况又会激发个体进一步追求更高成就的欲望，从而有了创造的前提条件。

虽然偶然的际遇不是成功的充分条件，但是一个人的成功大多数又离不开特殊的人生际遇，他在一个人的成功中也起到相当重要的作用。在 36 位受访者中，将机遇列为对自己或是某项成就有着关键作用的人占 11.5%（一个中等水平的比例）。

很多研究都提出一个人的创造性成就不仅仅依赖天赋、个体的努力、内在的动机或是其他人格特质，还要考虑社会环境各个要素对其产生的影响。在本研究中此结论得到了验证。这里的环境更多的是考虑一个人所处的团体环境，本研究得出的环境要素包括几个方面：自由竞争的外在条件、生活经历的积累、传统文化影响、文化事件。

在本研究提取的 6 个核心类别中，家庭也是一个不可忽视的影响因素。家庭对于个体创造性的影响主要表现在家庭教养方式、家庭良好的经济条件和文化条件三个方面。父母民主的教育方式让孩子体会到自由的感觉，这种自由的体验为每个人日后的创造带来了积极的影响，这一点在访谈文本资料中多次被提到。良好的家庭经济状况，能够使受访者接触到更广泛的知识、更全面的教育。尤其是很多受访者都提到较高的英语水平使自己日后能够站在领域的前端，比别人赢得更多的机会，而这一点恰恰和良好的家庭经济条件无法分开。家庭中的文化氛围，如父母或是祖辈较高的文化水平或知识素养、家庭中的大量藏书、家庭人际关系、父母的做人态度等这样一些无形的文化条件要素对于一个人的影响作用更为重大。很多影响都是在潜移默化中潜入人的内心，固化到子女的性格当中，对其日后取得成就发挥重要作用。

从六大核心因素的现有数据分析来看，似乎家庭环境是占比最小的因素，但是仔细分析各要素及其构成，发现早期专业启蒙占 6.87%，兴趣早期表现占 1.53%，加上家庭环境自身的 10.7%，家庭因素占比可达 19.1%。因此，总体来说，家庭环境有关因素是六大核心要素中是除系统教育外最重要的影响因素。

（2）成长过程中的重要他人

出现在受访者生命中的重要他人对他们自身的成长发挥了不同的作用。研究者采用开放编码和主轴编码同时进行的方式，对访谈文本进行了深入分析。受访者在访谈过程中提到的对自己有重要影响的具体对象和类别对象共有 20 种，本研究将这 20 种被提及的人物加以归纳，获得 6 个核心类别，包括政治人物，思想引领者，虚体人物（著名科学家、书籍），教师（名师、中小学老师、大学老师、工作中的领导或老师），家庭成员（父母、兄弟姐妹、子女、爱人、爷爷辈），社会交往中的他人（邻居、同行、合作者、同学）。

进一步统计 20 个影响源出现的频次并将频次求和，得到人文社会科学与艺术创造者成长重要他人频次及排序。统计结果发现各核心类别出现频次从高到低依次为：教师、家庭成员、社会交往中的他人、虚体人物、政治人物、思想引领者。详见表 8-8。

教师与家庭成员的影响作用最大、最持久，此外，业内人士也是创造性成果产生的重要影响源。这几类重要他人，除政治人物以外，对被试的影响并不是单一的，而是同时对被试的多个方面都产生影响。

教师对创造人才的影响处于最重要的地位。与其他影响源作用不同的是，教师的影响常常是系统和长期的。一个人的成长要经历不同的阶段，但是任何人都必须在特定时期接受学校教师的系统培养，这一点任何领域的创造者都不例外。教师对于人文社会科学与艺术创造者的影响作用居于第一位，并且是高度综合的。他们的作用可以广泛渗透到激发、启蒙、引领、规范、赞赏、参照等多个方面。

表 8-8　人文社会科学与艺术创造者成长重要他人频次及排序

核心类别	概念词	频次	占所有频次的比例（%）	概念词比例排序	核心类别比例排序
教师	名师	7	8.14	3	
	中小学老师	3	3.49	7	
	领域内老师	20	23.26	1	
	总计	30	34.9		1
家庭成员	父母	19	22.09	2	
	兄弟姐妹	3	3.49	7	
	子女	1	1.16	14	
	爱人	4	4.65	6	
	爷爷辈	1	1.16		
	总计	28	32.6		2
社会交往中的他人	邻居	1	1.16	14	
	同行	6	6.98	5	
	合作者	2	2.33	10	
	同学	2	2.33	10	
	总计	11	12.8		3
虚体人物	著名科学家	1	1.16	14	
	书籍	7	8.14	3	
	总计	8	9.30		4
政治人物		6	6.98		5
思想引领者		3	3.49		6

在教师中，大师级人物对于人文社会科学与艺术创造者的学业成长、做人，以至信仰追求的影响都是很大的，与大师级人物直接接触，包括听课、听讲座，或有幸成为这些大师的弟子，都可能与人文社会科学与艺术创造者的成功和创造性成就发生实质关联。这从另一个侧面验证了"名师出高徒"的千古名言。在这里，名师提供了一种环境，也提供了一种参照，使得创造者从自我定位开始就赢得超越的优势。

从具体的影响机制分析，首先，优秀的教师可以提供一个良好的专业资源，为学生专业的积累奠定一个良好的基础。这些教师在研究方法上往往胜人一筹，学生可以相应地得到最为直接的训练。其次，优秀教师提供的指导能够使受访者直接站到领域前沿，更容易帮助其把握研究方向，找准突破点。优秀教师带来的良好环境和氛围，能够推动学生的全方位发展。还有一点不能忽视，那就是优秀教师，特别是名家大师的无形魅力更容易激发学生、带动学生。最后，教师的作用还体现在引发学生思考，使学生行为以师为镜等方面。

父母 受访者提到父母对自己影响的频次仅次于领域内教师，居于第二位。父母对孩子早期生活的影响，直接影响着孩子未来的成就，这已经被很多研究证实。奇克森特米哈伊通过对美国杰出人士的研究，发现高成就者的家庭大多平等地对待子女、尊重孩子，家庭教育主要是以鼓励孩子为主。本次访谈的结果也充分证明了这一点。父母营造的开放民主、充满爱的氛围，以及父母为人风格、尊重知识的态度，都对受访者产生了深远影响，并且这种影响直接延伸到了他所在专业领域的研究。

比较父母影响的大小可以发现，母亲对孩子的影响略大于父亲。母亲的影响多数是通过具体行为来实行的，主要影响其人格特征，教会了孩子具体的行为和态度；父亲的影响则更多体现在信仰和做人态度上，通过无形的方式发生影响。研究结果还表明，家庭浓厚的知识氛围、艺术积淀、精神层面的高追求，都会对孩子的成长产生积极的影响。谷传华等人对我国近现代社会创造性人物的早期家庭环境和父母教养方式的研究获得了类似的结果。

奇克森特米哈伊除了提出了父母对于创造性人才有着重要影响以外，还提出了另外一个重要影响源——业内人士，或者叫作学门（field）、守门人（gatekeeper）。他们是各个领域的评判者，只有有幸接触到这些业内人士，被这些学门赏识，已有成就才有可能在这个领域被认可，从而更好地激发创造性成就的取得。实际上"守门人"并不限于各个领域的专业评判者，很多其他人事实上也充当着这种角色，如专业领域的教师，基金会的资金提供者，甚至同学同行，都有可能提供机会，发挥实际上的"学门"作用。他们通过自己的影响力，在不同程度上帮助受访者在领域内寻找到机会，获得成长过程中的关键支持。

对各类重要他人的影响机制的具体分析还发现，对于这 6 类影响源，除政治人物的影响作用限于影响信仰建立以外，其他 5 类影响源的影响作用都是多重的，即每一类影响源的作用并不是单一的，而是一种影响源同时起着不同的作用，由此形成了如下影响源影响作用的重叠模型（见图 8-1）。

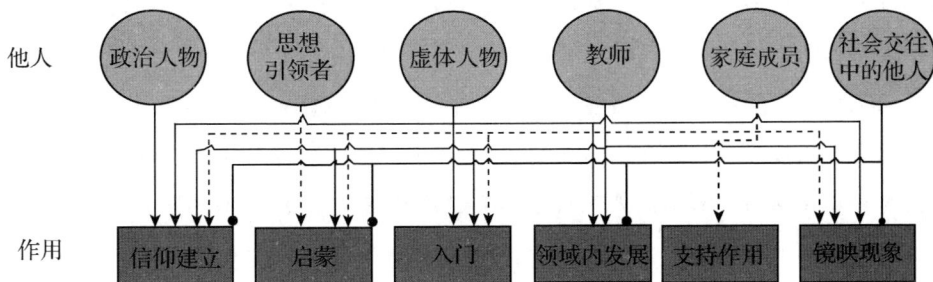

图 8-1　不同影响源作用重叠模型

其中最重要的是虚体人物的作用。在这里虚体人物主要指国际知名的科学家和书籍。本研究发现很多人多次提及一些著名科学家对自己的重要影响，这些科学家对受访者树立科学信仰，建立追求科学精神的决心，都起着非常重要的作用。另外，人文社会科学与艺术创造者对于书都是情有独钟的。他们认为，书籍可以开阔眼界，看书可以潜移默化地影响自己。

社会交往中的他人也在各个方面影响着人文社会科学与艺术创造者的发展和成功。不少受访者都提及社会交往中他人对于自己成长的启蒙作用，影响之大甚至可以排到对自己产生最重要影响的三人当中。密切交往对象是多种多样的：邻居家姐姐（哥哥）专业启蒙；堂兄的榜样力量；中学老师倡导新思想，对自己影响很大；小学老师的高期望；外婆或外祖父的早期领域启蒙承担了启蒙者的角色。他们的作用或者是使受访者接受了相关领域最早的专业启蒙教育，或者引导受访者建立了献身科学的决心。而最早的启蒙作用往往是无意识地发挥作用的，只有当受访者追溯往事时，才发现它的价值和作用。

（四）研究结论

人文社会科学与艺术创造者的思维过程中思维特征的系统结构以瞬间的思维突

破为核心，依托创造性思维的突出特点，以思维的形式为主要载体，外围受到天分和自身兴趣的影响。人文社会科学与艺术创造者的人格特征有坚持、投入、有抱负、迎难而上、淡泊名利、严谨、挑战、勤奋、自信、独立性、平衡、执着、计划性、完美倾向、责任感、目的性、强执行力、沉着、反思 19 个。从大的分层上看可以分为两个层面，分别是积极的自我状态和良好的外界适应力。创造者的人格特征中非常强调个体的独立性这一特征。

人文社会科学与艺术创造者对自身人格特征的概念结构可以分为四个类型，分别是独立、积极自我状态和有效心理功能、可靠外界结合与成熟自我把握、满足。与人文社会科学与艺术创造人士自身特点符合程度最高的特征被称为纯正向特征，结果表明，独立、自信、诚实、爱思考、有爱心、坦率、开放 7 个词语构成这个层次。

人文社会科学与艺术创造者成长的关键影响事件主要有 6 类，按重要程度从大到小依次为：系统教育、时代特征、自身因素、人生际遇、文化环境、家庭环境。影响最重要的是可控的教育要素，即系统的教育。人文社会科学与艺术创造者成长的重要他人主要有 6 类，分别是教师、家庭成员、社会交往中的他人、虚体人物、政治人物、思想引领者。其中最为重要的三个影响源按照重要程度序列依次为：领域内教师、父母和虚体人物（书籍）。

三、商业领域杰出民营企业家的研究

民营企业家，尤其是创业型民营企业家，是打破现有均衡的创新者，他们带领企业从无到有、由弱变强，善于发现并抓住机会、愿意承担风险，通过有效的资源配置在市场中获得竞争优势，实现企业成长或变革。他们是商业领域的创新人才，在调配企业资源、主导企业决策、决定企业创新行为中起关键性作用。因此，我们团队的贾绪计、林崇德等对商业领域杰出民营企业家进行了深入的研究。

（一）研究目的

加强民营企业家创造性的研究，探索影响民营企业家创造性的关键因素，有助于为增强民营企业家的创造性、营造有利于民营企业家健康成长的环境和氛围、培育和造就更多优秀的民营企业家提供重要启示。

(二) 研究方法

本研究的访谈对象是"杰出创业型民营企业家"。为了保证选取的创业型民营企业家是"杰出"的，我们确定的标准为：民营企业家的企业创立时间至少在 7 年以上，且企业的利润在同行业同等规模企业中处于前 20%。杰出创业型民营企业家作为企业的主导者。考虑到我们的研究更关注企业家的创造性，而成功创业无疑是企业家创造性的集中体现。因此，我们主要采用民营企业家创业成功的企业名称及所在的行业作为标准，因为这也是民营企业家做得最成功、最为自豪的企业。

访谈对象来源主要分为两部分：一是 2013 年、2014 年全国富豪排行榜中属于自主创业成功的民营企业家；二是通过北京市、上海市、浙江省、山东省商会、驻京办或相关领导的推荐，按照既定标准选取，共获得 240 名不同行业、不同规模的杰出创业型民营企业家的推荐名单，这形成我们研究的备选对象。然后邀请一位企业家和一名创造性研究专家对 240 位民营企业家的创造性成就做评定，最终根据评定结果选取 60 人作为正式的潜在访谈对象。

研究人员给 60 名合乎要求的潜在访谈对象发邮件或打电话，说明研究目的，恳请他们能够接受访谈。但由于各种原因，共面对面访谈了 33 名企业家。他们中既包括财富榜排名前十的创业型民营企业的董事长，全国排名前四的电商的董事长、上海最大的建筑企业之一的总经理等，也包括领导小型但效益非常好的新兴科技公司的杰出企业家。其中小型企业 9 个 (27.3%)，中型企业 13 个 (39.4%)，大型企业 11 个 (33.3%)；男性 28 人 (84.8%)；年龄在 30 ~ 40 岁的 12 人 (36.4%)，40~50 岁的 9 人 (27.3%)，50 岁以上的 12 人 (36.4%)。

(三) 研究结果

1. 民营企业家创造性特征的频次分布

研究在资料编码的基础上，获得了民营企业家强调的创造性特征出现的频次。

为突出比较重要的创造性特征，对"比较重要"做了界定，即以某一特征出现频次不少于 5 次作为入选标准。按照该标准，民营企业家的创造性特征分别有：坚持性、德行修为、有理想和抱负、全局思维、责任心、勤奋、胸怀宽广、创新精神、团队合作、自信、知识广博、感染力、终身学习、冒险性、沟通协调、机会识别、执行力和独立自主(见表 8-9)。

表 8-9　民营企业家创造性特征的频次分布表($N = 33$)

序号	特征名称	频次	占受访人数比例	重要程度排序
1	坚持性	21	63.64%	1
2	德行修为	15	45.45%	2
3	有理想和抱负	14	42.42%	3
4	全局思维	14	42.42%	3
5	责任心	13	39.39%	5
6	勤奋	12	36.36%	6
7	胸怀宽广	12	36.36%	6
8	创新精神	11	33.33%	8
9	团队合作	11	33.33%	8
10	自信	10	30.30%	10
11	知识广博	10	30.30%	10
12	感染力	9	27.27%	12
13	终身学习	9	27.27%	12
14	冒险性	7	21.21%	14
15	沟通协调	7	21.21%	14
16	机会识别	6	18.18%	16
17	执行力	6	18.18%	16
18	独立自主	6	18.18%	16

2. 民营企业家创造性特征的探索性因素分析

为探索创业型民营企业家创造性特征的心理结构，采用二分变量的探索性因素考察分析其创造性特征的潜在心理结构。在研究中，根据企业家在访谈过程中是否强调某一特征，将每个特征分成两类：0（未强调）和1（强调）。如果某一特征被同一位企业家在不同情境中多次强调，也记为"1"。

传统线性因素分析模型拟合二分变量会扭曲变量的潜在结构，导致错误的因素分析结果。稳健加权最小二乘法采用对角加权矩阵的加权最小二乘法，并采用均值—方差校正卡方检验，这是二分变量因素分析的最好方法（T. A. Browne，2006）[①]。因此，本研究采用稳健加权最小二乘法进行参数估计，因素旋转的方法采用的是GEOMIN斜交旋转法。在确定因素数目时，研究者并没有按照对连续性变量进行探索性因素分析时，以特征值大于1作为确定公因素数量的标准。我们主要的参考标准是：①公因素的特征值大于2；②每个因素至少包括3个项目；③理论上容易解释。根据这些标准，最终确定了4个公因素。其中，公因素1可以解释方差总变异的19.51%；公因素2可以解释方差总变异的15.88%；公因素3可以解释方差总变异的14.50%；公因素4可以解释方差总变异的12.14%。四个公因素共解释方差总变异的62.03%。

表 8-10 因素分析结果

特征名称	公因素 1	公因素 2	公因素 3	公因素 4
知识广博	0.83			
全局思维	0.73			
创新思维	0.66			
沟通协调	0.59			
坚持性	0.55			
终身学习		0.76		
机会识别		0.74		
执行力		0.68		
自信		0.63		

---

① Browne, T. A. , "*Confirmatory factor analysis for applied research* ," New York, Guilford Press, 2006.

续表

特征名称	公因素 1	公因素 2	公因素 3	公因素 4
团队合作		0.60		
勤奋			0.86	
德行修为			0.73	
责任心			0.52	
胸怀宽广			0.48	
冒险性				0.78
独立自主				0.55
有理想和抱负				0.52
感染力				0.42
因素命名	创造性基础素养	创造技能与品质	个性与品德	创造性驱动

从表 8-10 可以看出，第一个公因素包括知识广博、全局思维、创新思维、沟通协调和坚持性五个特征。由于这些特征都在个体创造性的产生和发展中起基础性作用，因此命名为"创造性基础素养"。第二个公因素包括终身学习、机会识别、自信、团队合作和执行力五个特征。由于这些特征更多地与创造性观念或产品的获取以及执行过程有关，因此命名为"创造性技能与品质"。第三个公因素包括勤奋、德行修为、责任心和胸怀宽广四个特征，这些主要与个性品质等有关，因此命名为"个性与品德"。第四个公因素包括冒险性、独立自主、有理想和抱负和感染力四个特征，这些都具有明显的驱动力特征，因此命名为"创造性驱动"。

3. 民营企业家创造性的促进因素结果分析

民营企业家提及的对创造性有促进作用的因素，整理结果见表 8-11。这些因素包括：①家庭因素。无论是出身家庭富足还是家庭贫寒，都有可能成长为杰出民营企业家，这说明，虽然家庭起点不同，都以不同方式促进个体创造性发展。家庭中最重要的是父母，父母通过塑造良好的支持性环境和刺激性环境，促使孩子主动探索世界，发现自己的兴趣，这对于孩子主动性、创新精神的培养非常有帮助。②中小学教育。企业家主要强调教师对自己的激励、赞赏和支持，增强了自己学习自我

表 8-11　民营企业家创造性的促进因素编码结果

	促进因素名称	提及次数	占总人数的比例（%）
家庭因素	1. 父母职业：		
	事业单位	14	42.42%
	商人	8	24.24%
	农民	6	18.18%
	2. 家庭环境		
	刺激性环境	9	27.27%
	支持性环境	15	45.45%
学校教育	3. 中小学教育（中小学教师）	10	30.30%
	4. 高等教育（大学教师）	8	24.24%
宏观环境	5. 时代特征	13	39.39%
	6. 国家政策扶持	10	30.30%
	7. 丰富的职业经历	14	42.42%
	8. 伯乐和贵人扶持	13	39.39%
	9. 良好的社会网络：		
	与朋友关系	9	27.27%
	与家庭关系	4	12.12%
	与政府关系	8	24.24%
	10. 团队与组织文化：	9	27.27%
	11. 市场需求	9	27.27%
机遇	12. 机遇	13	39.39%

效能感，从而在学习上取得优异成绩。③高等教育。高等教育的影响主要通过大学教师的角色榜样、激励和赞赏等实现。④丰富的职业经历。有 42.42% 的企业家表示，以前的职业经历对自己的发展有积极促进作用，而且自己当前的商业领域通常与创业前的工作密切相关。⑤时代特征和国家政策扶持。国家或政府的鼓励和扶持，既为企业家创造性的发挥提供了必要的支持性环境，又在一定程度提供了创新创业所需要的资源。⑥伯乐和贵人的扶持。39.39% 的企业家提到伯乐和贵人对自己的扶持和帮助（尤其在创业阶段）。这种扶持主要体现在：作为业内人士/"守门人"

角色，通过提供重要市场信息，让企业家了解行业发展趋势，协助评估创业的优势或劣势，以及成功的可能性，从而影响企业家是否会进入该领域内创业；为企业家提供创业或创造性发挥所需要的资源。⑦良好的社会网络。这里包括与朋友的关系、与客户(上下游经销商)的关系、与家庭的关系、与政府的关系。⑧团队与组织文化。27.27%的企业家谈到团队与组织文化的重要性。⑨市场需求。27.27%的企业家提到市场需求对企业创新的影响，从某种意义上讲，市场需求会起到决定你是否有资格继续留在市场竞争大潮中，即"守门人"的角色。⑩机遇。39.39%的企业家强调机遇的重要性。

4. 民营企业家创造性的阻碍因素结果分析

在访谈中，企业家不仅谈及对创造性有促进作用的因素，也谈到阻碍企业家创造性的因素(见表8-12)。归纳起来，阻碍企业家创造性的关键因素就是缺少资源，或者说缺乏良好的企业发展生态，主要表现为：①缺少人才资源。如何招募到合适的人才，如何组建高效的企业团队，有12位企业家(36.36%)在访谈中提到。他们认为，缺少人才，缺乏有凝聚力的团队，是影响创造性的重要因素。②缺少资金，缺乏好的融资平台等问题。有8位企业家(24.24%)在访谈中提到。③法制不健全。有8位企业家(24.24%)在访谈中提到，目前我国法制不健全，对企业家有歧视；同时需要加强知识产权保护的力度，维护企业创新的活力。④职业压力大。有5位企业家(15.15%)在访谈中提到，企业家的职业压力大，他们需要承受来自各个方面的压力，这也在一定程度上影响到创造性动机等。

表 8-12　民营企业家创造性的阻碍因素编码结果

序号	阻碍因素	提及次数	占总人数的百分比
1	人才资源匮乏	12	36.36%
2	融资困难	8	24.24%
3	法制不健全	8	24.24%
4	职业压力大	5	15.15%

5. 民营企业家创造性发展阶段划分

创业型民营企业家创造性的发展阶段是一个连续发展的过程，是一个不断学习、不断实践、不断创造的过程。我们将对科学创造人才创造性的发展分为自由探索期、才华展露与专业定向期、集中训练期、创造期和创造后期。我们在对访谈资料进行整理分析的基础上，结合以往研究对创造性人才发展阶段的划分，将创业型民营企业家创造性的发展划分为自由探索期、领域定向期、才华初现期、才华绽放期四个阶段，其中在后两个发展阶段，企业家创造性的发展与企业的创新和发展息息相关。不同发展阶段表现出不同的特征，有不同的发展任务，且受不同因素的影响。

（1）自我探索期

该阶段的主要任务是通过良好成长环境氛围的塑造、榜样作用的引领等，塑造个体的道德品质或创造性人格，如诚信、独立性、兴趣等。年龄大约为出生到正规基础教育阶段的结束，由于时代、家庭条件等的不同，正规教育的结束时间不一，多数是高中毕业。这一阶段的探索不一定与日后创业或者经商有直接关系，但却为以后的发展提供重要的心理准备。在该阶段，影响创造性的关键因素有家庭因素（尤其是父母的作用）和中小学教育（尤其是中小学老师的作用）。

（2）领域定向期

在该阶段，主要是领域知识的获取和运用，以及从事该领域的动机的激发。这些领域知识一方面来源于大学的专业教育，另一方面来源于企业家的实践经验，有6名企业家（18.18%）表示在大学时代就开始做小生意，为自己挖了"人生第一桶金"。除此之外还来源于创业前丰富的职业经历，而且企业家创立的企业都与自己过去从事的行业有关。这些经历，是企业家习得领域知识、获得相关资源的途径之一，这些都为企业家创业或创造性的发挥提供了良好的知识基础和可资利用的资源。在该阶段，重要的影响因素有高等教育（尤其是大学教师）和丰富的职业经历。

（3）才华初现期

在该阶段，企业家的创造性突出表现为在适当的时机做适合自己的事情，从创业的角度讲，就是在综合分析国内外经济形势和发展趋势的基础上，寻找、识别市场机遇，并整合已有资源牢牢抓住机遇，使自己的想法得以实施。至于具体表现形式则可能是自主或合伙开创新企业，也可能把国有企业转变为创业型企业。就创业动机而言，有为了经济利益，改善自己和家庭的生活条件；有为了实现自己的理想，主动挑战自我；有不喜欢为他人工作的；有受到家庭影响的等。不管初始动机如何，都不影响他们创业才能的展现。在该阶段，企业家要有深刻的洞察力，围绕市场需求开展技术创新、产品/服务创新等；要有人格魅力，能感染身边的人，使他们愿意相信你，愿意追随你，愿意为企业未来的美好愿景而奋斗；要有一定的关系能力，能为企业争取各种发展所需的资源。从该阶段开始，影响因素的多元化、重叠化趋向越来越明显，访谈中发现的主要因素有时代特征、国家政策的扶持、伯乐和贵人的扶持、良好的社会网络以及机遇。

（4）才华绽放期

在该阶段，企业家的创造性表现为从"如何做到从无到有"，转向"从可能没有到继续拥有"或"从平庸生存到独特发展"；企业发展从企业家个人决策逐渐转向团队决策，从个人创造性逐渐转向团队创造性和组织创造性；企业家的动机已从"单纯追逐经济利益、短期利益"转向"追求大众利益"的使命驱动，"企业家是追求自己的事业，顺带赚钱"。他们会努力挖掘市场潜力，抓住一切有利时机，把产品或服务做到极致，或者有一定的市场占有率；已经具备一定的经济实力和人才资源，开始逐渐放权给下属，自己专心考虑企业的长远发展。在该阶段，重要的影响因素除了与才华初现阶段的影响因素重合外，还有企业家团队。

（四）研究结论

民营企业家的创造性特征包括坚持性、德行修为、有理想和抱负、全局思维、责任心、勤奋、胸怀宽广、创新思维、团队合作、自信、知识广博、感染力、终身学习、冒险性、沟通协调、机会识别、执行力和独立自主18个特征。这些特征分为创造性基础素养、创造性技能与品质、个性与品德、创造性驱动四个维度。

影响创业型民营企业家创造性的因素有家庭环境、中小学教育、高等教育、丰富的职业经历、时代特征和国家政策的扶持、伯乐和贵人的扶持、良好的关系网络、团队与组织文化、市场需求、机遇的作用。

以不同发展任务为标志，企业家创造性的发展划分为自我探索、领域定向、才华初现、才华绽放四个不同的阶段。在企业家创造性的不同发展阶段，其心理发展的任务不同，重要的生活事件或意义也不同。

第三节

──────

拔尖创新人才的特征

虽然在第二节对自然科学领域、哲学社会科学领域以及商业领域的拔尖创新人才的研究中，研究目的、研究方法以及程序有一定差异，但依据相应的实证研究结果，结合相关的经验和理论思考，我们对拔尖创新人才特征的相同之处和区别之处进行了总结和概括，以期为拔尖创新人才的选拔、培养和使用提供借鉴；同时也起到抛砖引玉的作用，激起学者对该领域的关注和深入探讨。

一、不同领域拔尖创新人才的共性

创造性领域一般性的研究认为，创造性是某种一般的、跨领域的人格特质和认知能力，并认为不同领域的创造性人格和认知能力是相同和相似的，而且倾向于寻找某种一般性的理论来揭示各种类型的创造性。从这个角度讲，不同领域的创造性人才之间存在一些共同的特征。在研究中我们看到不同领域拔尖创新人才的共同特征主要表现在以下几个方面。

（一）深厚的专业领域知识

创造力需要坚实的知识基础，专门领域知识的积累是拔尖创新人才产生的必要条件。专门领域的知识积累在一定范围内，是与创造力成正相关的（R. W. Weisberg，

1999)①。海耶斯(Hayes)通过分析艺术家(76 位作曲家和 131 位画家)的传记发现，他们在第一部杰出成果问世前，都经历多年的专门领域知识的累积阶段。这些证据都表明，要想在某一行业内有所创新，必须首先成为领域内专家型的人，丰富的领域内知识是做出创造性成就的重要前提。张景焕对自然科学领域拔尖创新人才的研究也显示，科学创造者所具有的问题导向的知识架构是做出高创造性成就的重要基础。这种知识架构不仅包括陈述性知识，还包括程序性知识(包括研究技能与策略在内)，是一种集理论知识与实践知识于一体的、问题导向的知识。而且，拔尖创新人才的知识结构是以开放和动态的体系存在的，需要研究者不断更新自己的知识体系和知识结构，不断发挥知识的相关性或激发性作用，使灵感的火花不断闪现。但不是知识越多，创造性越好，领域知识经验的增加与创造性成倒 U 形曲线 (D. K. Simonton, 1984)②。过多的知识，作为一种习惯和经验也许会束缚新观念的产生和连接，从而阻碍创造性。因此，更重要的是对领域内知识进行组织和建构，灵活地进行加工，从而发现现有知识经验的缝隙，突破知识边界，进而促进创造性的发挥(衣新发，蔡曙山，2011)③。

(二)思维独立、灵活，具有较强的创新精神

无论是科学家、人文学者还是企业家，他们之所以能创造性地推动社会的变革和发展，都与其思维特点以及强烈的创新精神密不可分。在思维方面，拔尖创新人才的思维通常比较独立、灵活，遇到问题能够从不同角度考虑问题，知识、经验和整合能力强，善于系统地思考、分析问题。由于其认知比较灵活，思维跳跃性强，考虑问题就不容易墨守成规，能够推陈出新，提出与众不同的问题解决方法。谢尔登(Sheldon)的研究也表明，高独立自主性的个体更愿意对信息进行深层次加工，对引起其兴趣的问题愿意付出更多的意志努力，而且通常有较高的情绪唤醒水平，这

---

① Weisberg, R. W., *Creativity and knowledge: A challenge to theories*, New York, Cambridge University Press, 1999.

② Simonton, D. K., *Genius, Creativity, and Leadership*, Cambridge, MA, Harvard University Press, 1984.

③ 衣新发，蔡曙山:《创新人才所需的六种心智》，31~40 页，载《北京师范大学学报(社会科学版)》，第 4 期，2011。

都有利于创造性的发挥（K. M. Sheldon，1995）[①]。拔尖创新人才以发现新理论、新技术、新方法为己任，以解释、认识和改造自然社会问题为主旨，其生命真谛在于创新——思前人所未思，言前人所未言，做前人所未做——不仅批判现实，而且建构未来。这种创新精神正是拔尖创新人才的核心素养之一。

（三）内部驱动的动机

内在动机指的是个体对工作和活动本身有兴趣，因为喜欢该项工作而工作，而不是为了名誉、地位、金钱、害怕惩罚等外在因素。从对拔尖创新人才的研究发现，不论这些人物之间所从事的领域多么不同，都有一个明显的共同特征：他们深深地热爱着自己的工作，并全身心地投入，甚至达到废寝忘食、近乎上瘾的程度（M. Csikszentmihalyi，1996）[②]。创造首先是一个内部驱动的过程，内在的兴趣、好奇心和求知欲以及怀疑精神和责任感是创造的原动力。例如，诺贝尔文学奖获得者法朗士说"好奇心造就科学家和诗人"，爱因斯坦认为"好奇心是科学工作者产生无穷的毅力和耐心的源泉"，万科创始人著名企业家王石认为企业家精神就是对自我现状的不满足和对未来永远的好奇。奇克森特米哈伊特别用"酣畅"（flow）这一概念描述个体在创造过程中高度投入的心理状态，它包含了专注、愉悦、忘我和勤奋。驱使个体保持这种"酣畅"的心理状态、在行为上反复尝试的动力在很大程度上就是其强烈的内在动机。阿玛贝尔也认为，内部动机是创造者最重要的机制。这些研究的成果和观点相互印证，充分说明了内部动机的重要性，它能保证个体将所有心理资源投入到创造性工作中，这是取得创造性成就的必备条件。

（四）懂得坚持，有坚强的意志力

创新的道路，历来是坎坷不平，有时甚至险象环生。这就需要具有顽强的意志

[①] Sheldon, K. M., Creativity and self-determination in personality, *Creativity Research Journal*, 1995, 8(1), pp. 25-36.

[②] Csikszentmihalyi, M., *Creativity: Flow and the psychology of discovery and invention*, New York, Harper Collins, 1996.

力，具有很强的坚持性或耐挫折能力。创造性人才通常对自己的目标有坚定的信心，表现出不达目标誓不罢休的决心。他们的意志力建立在深入思考的基础上，因而也会不断尝试新的问题解决方案，不会被目前的挫折和困难所吓倒，在逆境中执着追求、锲而不舍。一遇到困难就退缩的人不可能成为创新人才，更不可能产出杰出的创造性成果。以往对创造性人才研究的元分析也表明坚持有毅力、意志坚强等是创造性人才的重要特征（G. J. Feist，1998）①。斯腾伯格（R. J. Sternberg）和鲁伯特（T. I. Lubart）（1999）②也认为，长久保持创造性的人与那些昙花一现的人的主要区别并不在于他们是否遇到阻碍，而在于面对阻碍时能否坚持下来，善于创造的人会迎难而上，接受挑战。马克思指出，"科学是地狱入口处"，拔尖创新人才正是在"地狱"门口执着追求的一群人。伟大科学家诺贝尔研究炸药，没有因炸伤父亲和炸死弟弟、自己也被炸得鲜血淋漓而有丝毫犹豫和怯懦，经过几百次失败，最终获得成功；创作《命运交响曲》的杰出音乐家贝多芬，用音符表达了自己和命运搏斗并最终战胜命运的过程；如今杰出的企业家马云，在最初创建阿里巴巴时并不被看好，做客国外 BBC 节目还惨遭主持人羞辱，说马云不是百万富翁。

（五）良好的道德品质

道德品质是个人按社会规定的道德准则和行为规范而行动时所表现出来的稳定特性和倾向，是一个人思想意识、人生观、价值观、道德观的综合体现。它体现了一个人是否具备正确的世界观、人生观，是否有社会责任感等。创新型人才首先要有良好的道德品质，犹如一个人的灵魂，如果只具备才学，没有起码的道德标准，一个人就失去了灵魂。"才者，德之资也；德者，才之帅也"精辟地概括了德与才的关系，良好的品德不仅能为创新活动提供源源不断的精神动力，也能为创新活动提供必要的思想保证，以确保创新活动的正确价值取向。这都说明了良好的道德品质对创新型人才的重要作用。

---

① Feist, G. J. , A meta-analysis of personality in scientific and artistic creativity, *Personality and Social Psychology Review*, 1998, 2(4), pp. 290-309.

② Sternberg, R. J. , & Lubart T. I. , *Handbook of creativity*, New York, Cambridge University Press, 1999.

（六）相似的成长阶段及其影响因素

科学家的发展阶段划分为自我探索期、才华展露与专业定向期、集中训练期、创造期与创造后期；民营企业家的成长阶段分为自我探索期、领域定向期、才华初现期、才华绽放期。仔细分析发现，他们在本质上经历相似的发展阶段。自我探索阶段是发展个体兴趣、好奇心以及养成良好行为习惯的阶段，这与以后从事何种领域的工作关系不大，是一个很基础、很重要的阶段。领域定向期是发现自己的领域才能、为自己确定方向的阶段，越早定向，越有助于早做出创造性成就。企业家的才华初现期对应着科学家的集中训练期，也是展现自己的创造才能、发现创造乐趣的重要阶段。企业家的才华绽放期对应科学家的创造期，也是创造的高峰期，是整合各种资源产出具有广泛影响力产品的时期。需要说明的是，之所以民营企业家的成长没有创造后期或衰退期，主要是与选择的样本有关，访谈研究中的民营企业家基本处于上升或鼎盛阶段，因此很少有人提及衰退的问题。

事实上，无论是企业家本人还是所经营的企业，都会处在创造或创新的衰退期，这既是创造力发展的正常规律，也是企业或行业发展的正常规律。

通过对民营企业家和科学家的影响因素进行对比发现二者之间存在很多共同之处：①无论是企业家还是科学家，其成长都受到父母和教师的支持与鼓励，父母和教师允许其兴趣的自由发展，注重培养其优良品德的形成，以及他们的榜样示范作用。这一阶段，科学家和企业家的成长环境，并没有表现出差异。②科学家得到良师的指导，而企业家得到伯乐和贵人的扶持帮助，即在专业生涯的发展过程都受到伯乐和贵人、良师或益友的指引。他们不仅给予创新人才所需的专业基础知识，带领他们接触或领略前沿领域的魅力，而且让他们体验到创造的快乐，并最终实现人生价值。③成就的取得都离不开团队的作用。通过团队合作，团队成员彼此分享知识和解决问题的视角，互相启发和鼓励，从而产生新颖、独特和有价值的产品和服务（Eisenbeiss，van Knippenberg，& Boerner，2008）[1]。④都受到多样化或多元文化经历的影响。多样化或多元文化经历使得人们的思想更加开放、包容性更强，更愿

---

[1] Eisenbeiss, S. A., van Knippenberg, D., & Boerner, S., Transformational leadership and team innovation: Integrating team climate principles, *Journal of Applied Psychology*, 2008, 93(6), pp. 1438-1446.

意接受不同的观点，从而为创造性的产生和发展奠定良好的基础。

其中，教师在拔尖创新人才成长中起着独特的作用。与其他影响源相比，教师的影响居于第一位。这种影响不仅是综合系统的，而且是长期的。一个人的成长要经历不同的阶段，但是任何人都必须在特定时期接受学校教师的激发、共鸣、熏陶、赞赏和培养。启蒙教育的作用一般发生在中小学教师的身上，课堂教学是培养学生创新素质的主渠道，教师的人格、品德、气质直接影响学生创新精神的成长。引导其进入专业领域的老师通常在大学阶段。大学教师在本科阶段是人们后来取得重要创新成就的领路人，帮助学生选择日后从事的领域，建构该领域的知识体系。可以说，教师在拔尖创新人才成长中的作用主要表现在：为学生提供良好的专业资源；帮助学生把握领域热点问题，并找到突破点；用人格魅力激发学生，为学生树立榜样。

二、不同领域拔尖创新人才的差别

创造性的领域特殊性研究表明，创造性是一种具体的特质，而不是普遍的特质。韩（K. S. Han）和马文（C. Marvin）（2002）①认为，天才也更可能限于特定的领域，只有少数天才可能在多个领域表现出杰出的创造性。因此，我们也尝试探讨不同领域拔尖创新人才之间存在的差别，以更好地揭示不同领域创新人才的成长特点。在我们的研究中可以看到不同领域拔尖创新人才之间的差别，具体表现在以下几个方面。

（一）研究对象的差别

自然科学领域的杰出科学家关注自然界及其发展变化的规律，旨在探究理解物质世界规律性本质的客观知识，不存在价值问题；而杰出人文社科学家则关注人类社会以及人类情感的发展，致力于理解意义的历史解释和人的自由发展与提高，不

---

① Han, K. S. & Marvin, C., Multiple creativities? investigating domain-specificity of creativity in young children, *Gifted Child Quarterly*, 2002, 46(46), pp. 98-109.

仅研究客观事实，即"是什么"，还研究"为什么""怎么样"的价值问题（王鉴，2010）①；商业领域的杰出企业家关注的是社会财富的创造，并把社会财富的创造作为自己的人生追求。这种研究对象的差别与他们认识事物的视角以及人格特征有秘密的关联。例如，莫言在"科学与文学的对话"中说，"同样一个事物，在文学家和科学家的眼里可能就不一样，我记得鲁迅说过，我们一般看到的鲜花就是美丽的花朵，但是植物学家眼里就变成里植物的生殖器官"，同一事物，不同领域的人基于不同的视角会得出不同的结论。

（二）心理特征上的差异

自然科学拔尖创新人才的重要心理特征主要包括内部驱动力的动机形式、面向问题解决的知识构架、自主牵引性格、开放深刻的思维与研究风格、强基础智力五个因素。社会科学和艺术领域的拔尖创新人才的心理特征突出表现在人格方面，这些领域的创新动机不仅包括关注活动过程本身的内在兴趣，还包括价值内在化程度较高的外部动机以及与内在兴趣紧密联系的情感体验。而民营企业家的重要特征包括创造性基础素养、创造性技能与品质、个性与品德、创造性驱动四个方面。民营企业家的创新行为通常是为了自己和企业的美好愿景，有强烈的经营和发展企业的内部动机，愿意为企业的美好愿景而努力打拼，着眼于利益的最大化，这是企业家创新的动力资源。而科学家和社科艺术人才更多地受到这样一种不可抗拒的创造冲动所驱使，即使他们的生活艰苦，报酬较低，也愿意付出代价来取得从事这项工作的机会。

另外，民营企业家特别重视"德行修为"。这也与已有对企业家的研究结果一致（白光林，李国昊，2012）②。商业领域特别看重德行修为，这可能与商业领域问题情境的复杂性有关。商业领域的问题情境比科学和艺术领域更加复杂多变，经济形势、市场需求在不断变化，人际互动（企业与企业、企业与消费者、企业与员工、

---

① 王鉴：《论人文社会科学研究的实践性》，25-29 页，载《教育研究》，第 4 期，2010。

② 白光林，李国昊：《农民企业家胜任特征模型构建——基于 43 位农民企业家案例的内容分析研究》，载《中国农学通报》，第 28 卷，第 5 期，2012。

企业与政府等)频繁,从某种意义上讲,很少出现完全相同或重复发生的问题情境,这就需要企业家具有高尚的品德,能与客户/消费者、员工、合作伙伴等形成彼此信任的关系,而相对稳定的品德因素是维系商业活动的重要桥梁和纽带。

(三)对于创造心理特征的反省认知有差别

自然科学拔尖创新人才关于科学创造成就的概念结构是二维的,分别是"成就取向/内心体验取向"和"主动进取/踏实肯干";取得科学创造成就的重要特征是"成就取向"和"主动进取"。而人文社会科学与艺术拔尖创新人才自评人格特征分别是"纯正向特征""偏正向特征"和"偏负向特征"三个层次,自评的核心人格特征主要有独立、积极自我状态和有效心理动能、可靠外界结合、成熟自我把握和满足四种类型,其中独立的倾向性最强,满足的特征倾向性最弱。

与其他领域拔尖创新人才相比,民营企业家更加善于自我否定、更加重视大局观。之所以更加重视自我否定,可能是因为:企业家在面对模糊、复杂、不确定性的决策情境时,要做出创新性举措,这意味着他们不仅要承担巨大的经济风险,还要承受巨大的心理压力,这就需要企业家自身经常自我反思、自我否定、自我调整,进而在企业内部形成自我否定的机制和文化,这样才能保证决策的有效性和正确性,并在市场竞争中占据有利地位。之所以强调大局观,可能是由于:企业家创造性的发展与企业的创新是息息相关的,企业的创新既需要满足国家和社会以及市场的需求,又需要根据自己企业的实际情况,这就需要企业家具有宏观思维,高瞻远瞩,能从全局看问题和解决问题,能将国家的大政方针政策、产业和同行业的发展趋势、企业内部的各项运营等通盘考虑,才能做出最有利于企业创新发展的举措。

(四)影响因素的差别

尽管自然科学和社会科学两个领域的拔尖创新人才在成长中都受早期促进经验、研究指引和支持以及关键发展阶段指引,但人文社会科学与艺术创造还有几个关键的影响因素:政治人物、思想引领者、虚体人物、密切交往对象,其影响效应体现在引导建立信仰、启蒙、入门、领域内发展引导、镜映现象和支持作用（林崇德，胡卫平，2012）[1]。其中镜映现象是指个体对自我的概念是由别人的态度和观点来塑造的现象。人文社会科学和艺术领域的创新人才在他们的探索成长过程中，由于诤友的真实批评和建议，他们像是照镜子时看到自己真实面貌的折射一样，真正发现了自己研究的不足或是在别人提醒下寻找到实质突破点，从而为创造性成就的取得奠定基础。

与自然科学、社会科学领域创新人才相比，杰出民营企业家的一个重要区别是对国家宏观政策或环境的敏感性或依赖程度不同。自然科学、社会科学的研究虽然也会受到国家宏观政策的指导，如国家提倡节能减排，在该领域会聚集更多相关的研究人员；《高等学校哲学社会科学繁荣计划（2011—2020）》的贯彻落实，会有助于"造就一批学贯中西、享誉国际的名家大家，一批功底扎实、勇于创新的学术带头人，一批年富力强、锐意进取的青年拔尖人才，构建结构合理的哲学社会科学人才队伍体系，增强可持续发展能力"。然而，民营企业以及杰出民营企业家的发展，对政策的敏感度、依赖度更高。改革开放以来，党和国家出台了一系列关于非公有制经济发展的政策措施，我国的历次创业潮也与政府的政策密切相关，从 20 世纪 80 年代的"个体户"式的创业潮，到 20 世纪 90 年代末的"网络精英"式的创业潮，再到当前的"大众创业"，在这个过程中，民营企业迸发出惊人的创造力，极大地推动了经济的增长，一批民营企业家脱颖而出，快速成长为商界领袖。这也与中国企业家成长与发展专题调查报告的结果一致（中国企业家调查系统，2015）[2]。该报告分析了企业家对当前宏观环境的判断与企业未来创新意愿的相关关系。结果显示，企业家对经济体制、法律体制、政策体制、社会舆论、文化环境和市场环境 6 个方面的评价，与企业未来增加创新投入、引进人才和更新设备呈正相关关系。这说明企业家对宏观环境的判断越乐观，企业未来的创新意愿越强，因此增强企业家对我国经济长远发展的信心，对促进创新驱动战略的实施具有积极意义。另外，政府支

---

① 林崇德，胡卫平：《创造性人才的成长规律和培养模式》，载《北京师范大学学报（社会科学版）》，第 1 期，2012。

② 中国企业家调查系统：《新常态下的企业创新：现状、问题与对策——2015·中国企业家成长与发展专题调查报告》，载《管理世界》，第 6 期，2015。

持创新的政策措施与企业增加创新投入和引进人才均有显著的正相关关系，政府简政放权的各项措施整体上都与企业未来创新意愿呈正相关关系，这表明政府创新政策措施的有力支持、政府简政放权会更多影响企业未来的创新意愿。

09

心理健康
与创造性

在目前创造性心理学的研究中，有一个重要课题是创造性与心理健康的关系，它成为创造性心理学研究的一个亮点。

心理健康（psychological well-being or mental health），简单地说，是指一种良好的心理或精神状态。心理健康过去称心理卫生，两者能否等同呢？如果按照新编的《大英百科全书》的解释，心理卫生是"用以维护和增进心理健康的种种措施"。由此可见，心理健康以追求良好的心理或精神状态为目的，心理卫生则是达到这个目的的手段或途径。

心理健康与创造性有什么关系，其表现形式有哪些，机制又是什么，我们团队做了哪些探索，这是本章将要介绍的内容。

第一节

心理健康及其与创造性的关系

为什么要讨论心理健康与创造性的关系？为的是让人类在创造性或创新活动中保持更适宜创造或创新的心理或精神状态，以获得更好的创造性成果。

一、从健康谈起

要讨论心理健康与创造性的关系，首先要弄清什么叫健康、什么是心理健康。我们团队的李虹教授著有《健康心理学》一书，论述了这些问题。

（一）"健康"的概念

健康，是人类十分珍重的概念。

世界上的发达国家早已开始重视健康，深入地研究了"健康"的实质、组成、途径。

我国越来越关注健康，把人民健康放在优先发展的战略地位，提出"没有全民健康，就没有全面小康"的理念。

《辞海》中"健康"概念为"人体各器官系统发育良好、功能正常、体质健壮、精力充沛，并具有健全的身心和社会适应能力的状态"（辞海编辑委员会，1999）[①]。

定义是概念的核心。《辞海》的定义不仅建立在医学模式的基础上，而且已涉及社会学、心理学等，对健康做了较为全面的概括。为此，李虹（2007）[②]谈了"健康"定义变化的"简史"。

生物医学模式下的健康观被后来研究者称为"消极健康观"，健康的定义是："一个有机体或有机体的部分处于安宁状态，它的特征是机体有正常的功能，以及没有疾病。"这时，健康被简单地定义为没有症状和体征。症状和体征是机体处于某种生物学紊乱状态的表现。这种紊乱状态，会降低机体正常生理功能。简单地说，健康是"没有疾病"，疾病是"失去健康"。这种解释导入了健康是"没有疾病"，疾病是"失去健康"的循环定义，最终并未弄清楚健康是什么，疾病是什么。

第二次世界大战后，人类疾病谱和死因谱发生了改变，许多非传染病性疾病和慢性退行性疾病逐渐增加（如心脑血管疾病、恶性肿瘤等）。消灭这类疾病以获得健

---

① 辞海编辑委员会：《辞海》，722 页，上海，上海辞书出版社，1999。
② 李虹：《健康心理学》，6 页，武汉，武汉大学出版社，2007。

康，要采用综合防治的方法降低和排除各种危险因素，并且达到个体的身心平衡及其与环境的协调一致。于是，有了对健康与疾病本质的新认识。这一认识是从世界卫生组织宪章开始的。

于是，国际上出现类似于我国《辞海》的定义。

一是世界卫生组织的定义。世界卫生组织宪章（1947年）的健康定义："健康是一种生理、心理和社会康宁（well-being）的完善状态，而不仅仅是没有疾病和虚弱。"这被称为健康的三分法（B. L. Bloom，1988）[1]。

二是英国《不列颠百科全书》的定义。"健康是人在体力、感情、智力和社交能力等方面可持续适应其所处环境的程度。"（美国不列颠百科全书公司，1999）[2]

三是英国《简明不列颠百科全书》（1985年）的定义。"健康（人的）是个体能长时期适应环境的身体、情绪、精神及社交方面的能力。"这被称为"健康的四分法"。（《简明不列颠百科全书》编辑部，1986）[3]

四是整体健康观。哈尔伯特·邓恩（Halbert Dunn）在世界卫生组织的三分法的基础上，增加了智力方面（理性思维过程）和精神方面（心灵的或精神的），使健康具有了五个方面的内容，即躯体、社会、情绪、智力和心灵（精神）。这被称为"健康的五分法"。（黄希庭，郑希付，2003）[4]

（二）健康行为的领域

健康行为，分为"积极的健康行为"和"消极的健康行为"。积极的健康行为是与良好的健康状态有关的行为；消极的健康行为是不利于健康状态的行为。健康心理学中所说的健康行为，一般是指积极的健康行为以及减少或消除消极健康行为。

健康行为包括哪些领域？国内外的看法是不统一的。有四分法，即四个领域（生理健康、心理健康、社会健康、对健康的总知觉）；有五分法，即健康五维论

---

[1]　Bloom，B. L.，*Health Psychology*：*A Psychosocial Perspective*，Englewood Cliffs，N. J.，Prentice Hall，1988.
[2]　美国不列颠百科全书公司：《不列颠百科全书（七）》，515页，北京，中国大百科全书出版社，1999。
[3]　《简明不列颠百科全书》编辑部：《简明不列颠百科全书（四）》，32页，北京，中国大百科全书出版社，1986。
[4]　黄希庭，郑希付：《健康心理学》，上海，华东师范大学出版社，2003。

（生理健康、社会健康、心理健康、情绪健康、精神健康）；有七分法或健康的七维度（健康的生理维度、健康的情绪维度、健康的社会维度、健康的智力维度、健康的精神维度、健康的职业维度、健康的环境维度）。

我们团队的李虹教授（2007）①曾介绍过四分法。

生理健康，是一个人的生理功能状态，也是健康的个体在正常情况下进行各种活动的能力。个体从事的活动可以分为六类：自我护理活动、运动、体力劳动、角色活动、家务劳动、休闲活动。

心理健康，确定的方法是看个体是否有抑郁症及其他情感障碍，是否有焦虑症。另外，衡量心理健康时还要观察积极的方面，如幸福感、自我控制感及良好的情绪、思想和感情。

社会健康是指人际之间的交往和活动，如与朋友的交往、参加集体活动以及一些自我评价，如是否与他人合得来。

对健康的总知觉是指个体如何看待自己的健康，包括的内容主要有对自己过去、现在、未来健康的总看法，对自己抗病能力的判断，是否担心自己的健康以及认为疾病在自己的生活中占多大比重。

然而，李虹在《健康心理学》中的结论还是坚持健康包含身心健康，即包括生理健康和心理或精神健康。我们团队也赞同这个观点，也就是说，健康包括生理健康和心理健康，而心理健康包含智力与非智力诸领域的健康，其中包含社会适应能力。

二、关于心理健康

我们团队，除李虹教授的《健康心理学》之外，还有一部著作，即俞国良（2017）②的《20 世纪最具影响的心理学大师》。前者循着"积极"而不是"被动"这个积极健康心理学的方向，集中力量探索利用人积极的本质；后者介绍了 18 位心理

---

① 李虹：《健康心理学》，7~8 页，武汉，武汉大学出版社，2007。
② 俞国良：《20 世纪最具影响的心理学大师》，北京，商务印书馆，2017。

健康者的生平事迹、主要学术思想、学术观点和学术贡献。从中我们能看到"心理健康"概念的提出、发展、分歧和关注点。

(一)较为典型的心理健康定义

定义是对含义的界定,在众说纷纭的心理健康定义中,我们选择了国内外较为典型的 7 种定义。

英国《简明不列颠百科全书》中译本将心理健康定义为:"心理健康是指个体心理在本身及环境条件许可范围内所能达到的最佳功能状态,但不是十全十美的绝对状态。"(《简明不列颠百科全书》编辑部,1985)[1]

美国《大美百科全书》引用阿佩尔(Appel)精神医学辞典关于心理健康的定义:"心理的幸福及充分的适应,尤其是在人际关系上能够符合社会的标准。"(《大美百科全书》编辑部,1994)[2]

以罗杰斯为代表的自我理论学者认为,"心理健康指在各种自我之间,即在主观自我、客观自我、社会自我、理想自我之间获得和谐关系"(林崇德,杨治良,黄希庭,2003)[3]。

美国健康与人力服务部(U. S. Department of Health and Human Services)发表的心理健康报告(Mental Health:A Report of the Surgeon)给心理健康的定义是:"心理健康是心理功能的成功性表现,它带来富有成果的活动,完善人际关系,有能力适应环境变化和应对逆境。心理健康对于个人幸福、家庭、人际关系、社区和社会是必不可少的。"(黄希庭,郑希付,2003)[4]

我们主编的《心理学大辞典》将心理健康定义为"个体的心理状态(如一般适应能力、人格的健全状况等)保持正常或良好水平,且自我内部(如自我意识、自我控制、自我体验等)以及自我与环境之间保持和谐一致的良好状态。"

---

[1] 《简明不列颠百科全书》编辑部:《简明不列颠百科全书(八)》,613 页,北京,中国大百科全书出版社,1985。

[2] 《大美百科全书》编辑部:《大美百科全书(十八)》,412 页,北京,外文出版社,1994。

[3] 林崇德,杨治良,黄希庭:《心理学大辞典》,1395 页,上海,上海教育出版社,2003。

[4] 黄希庭,郑希付:《健康心理学》,39 页,上海,华东师范大学出版社,2003。

我们的《心理学大辞典》同时提出了"心理健康的标准",从外延上进一步对心理健康加以定义:情绪稳定,无长期焦虑,少心理冲突;乐于工作,能在工作中表现自己的能力;能与他人建立和谐的关系,且乐于和他人交往;对自己有适当的了解,且有自我悦纳的态度;对生活的环境有适当的认识,能切实有效地面对问题、解决问题,而不逃避问题。

《心理咨询大百科全书》将心理健康定义为:"个体在内外环境允许的条件下保持最佳的心理状态。"(车文博,2001)[①]

国务院学位委员会办公室编的《同等学力人员申请硕士学位心理学学科综合水平全国统一考试大纲及指南(第二版)》对"心理健康定义"的表述是:"我们认为,心理健康是指个体具备正常的心理特质,从而能更好地调控心理以维持内外的平衡与协调,合乎常规地应付环境与交往。"(国务院学位委员会办公室,2003)[②]

(二)从心理健康的定义或含义中我们看到什么?

综上所述,心理健康的概念既代表心理健康,也表示它的相反方向——心理问题,也就是说,心理健康分为正负两个方面。关于心理健康的定义,我们将从以下四个方面来阐述。

1. 国际争议

第一,关于心理健康的含义有不同认识。有的学者强调心理健康的客观标准,认为具有良好的身体、良好的品德、良好的情绪以及良好的社会适应能力等就是心理健康,如艾里克森(E. H. Erikson)的心理社会发展阶段论和彪勒(C. Buhler)的基本生命倾向论(C. D. Ryff & C. Keyes,1995)[③];有的则强调心理健康是一种主观感受,如马斯洛(A. H. Maslow)的自我实现概念等;有心理学家从外部标准、主观感受、情绪三个方面来论述心理健康;还有学者认为心理健康通常包括两个方面:积

---

① 车文博:《心理咨询大百科全书》,65 页,杭州,浙江科学技术出版社,2001。
② 国务院学位委员会办公室:《同等学力人员申请硕士学位心理学学科综合水平全国统一考试大纲及指南(第二版)》,609 页,北京,高等教育出版社,2003。
③ Ryff, C. D. & Keyes, C., The structure of psychological well-being revisited, *Journal of Personality and Social Psychology*, 1995, 69, pp. 719-727。

极方面和消极方面(Boey & Chiu，1998)[①]。

第二，关于心理健康的测量指标有不同看法。在对西方心理健康研究文献检索中发现，关于心理健康的测量指标有很多，如情绪和情感、主观幸福感、自尊(M. Rosenberg，C. Schooler，& C. Schoenbach，et al.，1995[②]；Owens，1993[③])、一般健康状况、生活满意度等，那么，什么指标最能够反映心理健康的本质和核心呢? 这就构成了争议。

第三，关于心理健康的测量存在有不同理解。目前心理健康工作者所使用的心理健康测量工具，是存在争议的，因为大部分测量工具是对心理问题或心理症状的测量，如对于忧郁、焦虑和其他负面情绪的测量，布位德伯恩的负性情绪量表(N. Bradburn，1969)[④]，而忽略了对心理健康积极方面的量度。这样的测量能否指出"健康"与"不健康"之间的区别，有待商榷。

2. 心理健康的含义

迄今为止，对心理健康公认的理解如下。

(1)心理健康分为正负两个方面

心理健康分为正负两个方面，它不仅仅是消极情绪情感的减少，也是积极情绪情感的增多，心理健康也就被默认成了这两种情感。积极情绪情感和消极情绪情感彼此独立。换句话说，积极情绪情感的增加/减少并不意味着消极情绪情感的减少/增加，它们可以同时存在。

(2)心理健康内涵的核心是自尊

所谓自尊，是指个体对自己(或自我)的一种积极的、肯定的评价、体验和态度。自尊是心理健康的核心。因为自尊与心理健康各方面的测量指标都有高相关(J. Crocker，2002)[⑤]。

---

① Boey, K. & Chiu, H., Assessing psychological well-being of the old-old, A comparative study of GDS-15 and GHQ-12, *Clinical Gerontologist*, 1998, 19(1), pp. 65-75.

② Rosenberg, M., Schooler, C., & Schoenbach, C. et al., Global self-esteem and specific self-esteem: Different concepts, different outcomes, *American Sociological Review*, 1995, 60, pp. 141-156.

③ Owens, T., Accentuate the positive and the negative: Rethinking the use of self-esteem, self-confidence, *Social Psychology Quarterly*, 1993, 56, pp. 288-299

④ Bradburn, N., The structure of psychological well-being, Chicago, Aldine, 1969.

⑤ Crocker, J., The costs of seeking self-esteem, *Journal of Social Issues*, 2002, 58, pp. 597-615.

（3）心理健康是一种个人的主观体验

这种主观体验具有三个特点：一是主观性，心理健康与否，往往来自个人的主观体感受，客观条件只是作为影响体验的潜在因素；二是积极性，表现出肯定的、正面的精神面貌，热忱的、进取的心理状态；三是全面性，心理健康与否，不仅表现在知、情、意的各个过程和个性的各个方面，也往往表现在个人生活的各个方面（E. Diener，1984）①。

3. 心理健康的标志

其一，没有心理障碍。心理障碍是指心理现象或精神现象发生病理性的变化，它有轻度与重度之分；大、中、小学生常见的心理问题或行为问题，主要属于心理素质或心理质量不高的表现，它不属于心理或精神疾病的范畴，充其量是一种心理失衡的状态。

其二，具有一种积极向上发展的心理状态。心理状态可以是积极的，也可以是消极的，而积极向上的心理状态是心理健康的重要标志。

4. 心理健康概念的具体表述

国际心理卫生大会标准（四条）：①身体、智力、情绪协调；②适应环境，人际交往顺利；③有幸福感；④发挥潜能。

人本主义心理学（经典十条）：①我安全感；②了解自己；③理想、目标切合实际；④适应环境；⑤保持人格的完整与和谐；⑥善于从经验中学习；⑦良好的人际关系；⑧控制情绪；⑨适应群体，发挥个性；⑩适当满足个人需要。

美国人格心理学的标准（七条）：①自我开放（不自我封闭）；②良好的人际关系；③具有安全感；④正确地认识现实；⑤胜任自己的工作；⑥自知之明；⑦内在的统一的人生观。

（三）心理健康走向积极心理学

长期以来，病理学与缺陷观占据着健康心理学的主要地位，而人类的积极特

---

① Diener, E., Subjective well-being, *Psychological Bulletin*, 1984, 95, pp.542-575.

征，如乐观、希望、知识、智力和创造力等却被忽视了。于此，在世纪之交，积极心理学产生了，其创设人是塞利格曼（M. E. P. Seligman），他以研究人类的积极心理品质，关注人类健康幸福与和谐发展为主要方向，试图以新的理念、开放的姿态诠释与实践心理学，因此，积极心理学是关于人类幸福和力量的科学。

积极心理学研究涉及多个领域，主要研究内容是积极的情绪和主观幸福感体验、积极的个性特征、积极的心理过程对于生理（身体）健康的影响，以及积极的心理治疗等。

特别要指出的是塞利格曼提出的六大人类核心美德和24种性格力量。这个科学的结论固然有其理论上的分析，更重要的是来自他的团队对54个国家及美国的50个州的117 676名成人被试进行的跨文化研究的数据。六大美德有智慧、勇气、仁爱、公正、克己和自我超越；24种性格力量是六大美德的具体表现形式，表现为个体的思维、情感和行动中的积极品质：创造力、好奇、开放思维、好学、有见地、真实、勇敢、毅力、热情、仁慈、爱、社会智力、公正、领导力、团队精神、宽恕、谦逊、谨慎、自律、审美、感恩、希望、幽默和虔诚。

我们不必去细细评论积极心理学的具体内容，应该看到的是积极心理学使心理健康或健康心理学走向积极的或正能量的方向。

1983年，在国内我率先提出学校心理卫生与心理健康的设想，20世纪90年代起我国学校开展心理健康，我又强调学生心理健康是主流，不要把心理问题扩大化。1995年，我与几位专家商议心理健康的标准，我们从学习上的"敬业"、人际关系中的"乐群"和自我的"修养"这三个方面来确认标准（心理学百科全书编辑委员会，1995）①。后来我按这三个标准，提出了18项心理健康的指标（林崇德，1999）②：敬业（乐学善学、勤学反思、有满足感、卫生用脑、排除忧惧、良好习惯），乐群（权利义务、客观看人、关心他人、诚实守信、积极沟通、和谐相处），自我（自知之明、镜像自我、正确归因、珍爱生命、抱负实际、自制力强）。对照塞利格曼的积极心理学，我们提出的时间相近，各有内涵与外延。让我们一起把心理

---

① 心理学百科全书编辑委员会：《心理学百科全书》第二卷，杭州，浙江教育出版社，1995。
② 林崇德：《教育的智慧》，242～248页，北京，开明出版社，1999。

健康理解为积极的心理特征吧。

三、关于心理健康与创造性关系的文献综述

长期以来，关于心理健康与创造性的关系，有两种截然不同的观点。一种观点认为具有高创造力的人都是心理不健康的，并出现了天才者丧失理智观；另一种观点则认为心理健康是创造性的基础和保证。

（一）创造者有心理健康的缺陷

在西方心理学的文献中，在心理健康与创造性的关系研究中，持高创造力者有心理问题的往往居多数。

1. 当代西方应用率最高的三个研究

在当代西方的创造力与心理健康这一主题上，被引用和转述最多的三个文献（J. C. Kaufman，2016）[①]如下。

第一个就是贾米森（K. R. Jamison，1993）[②]总结的她曾做过的一些小型调查分析，包括一些传闻逸事以及有关精神疾病和创造力的观点。她在文中主要专注于研究躁狂抑郁症和创造力之间的联系，所收集的个案大都服务于证实这种联系。后来，她（K. R. Jamison，1997）[③]写了一本关于自己与病魔斗争的回忆录，这本书后来成为畅销书。该论著在欧美有较为广泛的传播，这使得躁狂抑郁症与创造力存在紧密联系的观念深入人心。

第二个得到广泛引用和传播的研究是安德烈亚森（N. C. Andreasen，1987）[④]做出的。他曾经用结构化访谈的方法分析了 30 位具有高创造力的作家，还选取了 30 位与作家相匹配的一般人作为对照组。此外，他还访谈了这 60 位被访谈者的一级血

① Kaufman, J. C., *Creativity 101*, New York, Springer Publishing Company, 2016.
② Jamison, K. R., *Touched with fire：Manic-depressive illness and the artistic temperament*, New Youk, NY, Free Press, 1993.
③ Jamison, K. R., *An unquiet mind：A memoir of moods and madness*, London, England, Picador, 1997.
④ Andreasen, N. C., Creativity and mental illness, *American Journal of Psychiatry*, 1987, 144, pp. 1288-1292.

亲。基于访谈内容，安德烈亚森得出结论，高创造力的作家更容易患上躁狂抑郁症及其他情感性精神障碍；高创造力作家的一级血亲也更有可能同时具有高创造力和患有情感性精神障碍。安德烈亚森和格利克（N. C. Andreasen & L. D. Glick，1988）[①]还得出结论，与高创造力的科学家相比，艺术家看起来存在更多的焦虑、情绪不稳定和容易冲动。

第三篇引用和转述较多的文献是基于路德维格（A. M. Ludwig）采用历史测量学方法所做的研究（A. M. Ludwig，1995）[②]。加州大学西蒙顿曾经完善和开拓了这一有悠久历史的创造力心理学研究方法（D. K. Simonton，1990[③]，1994[④]，2009[⑤]）。历史测量学的数据主要来自高创造性杰出人物的传记资料，涉及杰出人物个体层面的变量主要包括出生顺序、智力早慧、精神创伤、宗教信仰、家庭背景、移民迁徙和教育经历等。路德维格的这项大规模研究囊括了西方 1 005 位出现在 1960 年到 1990年主要传记中的高创造性杰出人物，这些人来自 18 个职业领域。在研究中，他发现艺术领域（如写作、视觉艺术和戏剧）杰出人物比非艺术领域（如商业、政治和科学）杰出人物更易出现心理和行为上的病态（包括酗酒、吸毒、精神病、焦虑障碍、躯体化问题和自杀等）。

这三篇文献被引用和转述最多，它们均支持高创造力人群与高的精神疾病患病率存在高相关这一观点，同时，这三篇文献还容易衍生出这种假设，即所有的创造力都与精神疾病高度相关（J. C. Kaufman，2016）[⑥]。当然，所有上述三项研究在得到了高度关注的同时，也都受到了严格的批判。例如，罗斯伯格（Rothenberg，1990）[⑦]认为安德烈亚森（N. C. Andreasen）的实验对照组并没有与选中的作家很好地匹配；

---

① Andreasen, N. C. & Glick, L. D., Bipolar affective disorder and creativity: Implications and clinical management, *Comprehensive Psychiatry*, 1988, 29, pp. 207-216.

② Ludwig, A. M., *The price of greatness*, New York, Guilford Press, 1995.

③ Simonton, D. K., *Psychology, science, and history: An introduction to historiometry*, CT, Yale University Press, 1990.

④ Simonton, D. K., *Greatness: Who makes history and why*, New York, Guilford Press, 1994.

⑤ Simonton, D. K., *Genius* 101, New York, Springer Publishing Company, 2009.

⑥ Kaufman, J. C., *Creativity* 101, New York, Springer Publishing Company.

⑦ Rothenberg, A., *Creativity and madness: New findings and old d stereotypes*, Baltimore, MD, Johns Hopking University Press, 1990.

施莱辛格(J. Schlesinger, 2009①, 2012②, 2014③)做了大量的工作来证明这三项研究的缺陷(她称这三项研究为创造力研究领域"不稳定的三脚架")。而考夫曼(J. C. Kaufman, 2016)④认为,尽管路德维格的研究存在缺陷,但却具有研究价值,但贾米森和安德烈亚森的研究除了增加了这个主题的喧嚣之外,几乎无法给有关精神疾病和创造力之间关系的讨论提供任何有价值的论据。

2. 创造力与心理健康的特殊领域

与路德维格(A. M. Ludwig, 1995)使用类似方法的其他研究也发现了创造力与精神疾病存在较高的相关这一结论。这些研究分析了不同领域的创造力与精神疾病的联系,如有研究发现爵士音乐家具有更高的患精神疾病的可能(G. I. Wills, 2003)⑤,有的研究发现杰出的男性艺术家和作家多伴有人格障碍(F. Post, 1994)⑥,还有研究进一步证实了高创造性作家更容易罹患情感性障碍(F. Post, 1996)⑦。路德维格(A. M. Ludwig, 1998)⑧在另一项历史测量学研究中发现,艺术领域的高创造性人才比其他职业领域的同类人才具有更高的精神疾病患病率。马钱特-海寇斯(Marchant-Haycox)和威尔逊(G. I. Wilson, 1992)⑨使用艾森克人格问卷(EPQ)测量了162位表演艺术家(包括演员、舞蹈家和音乐人及歌手),结果发现这些人在焦虑、内疚和抑郁几项上的得分显著高于一般人群;哈蒙德(J. Hammond)和

---

① Schlesinger, J., Creative mythconceptions: A closer look at the evidence for "mad genius" hypothesis, *Psychology of Aesthetic, Creativity, and the Arts*, 2009, 3, pp. 62-72.

② Schlesinger, J., *The insanity hoax: Eposing the myth of the mad genius*, New York, Shrinkunes Media, 2012.

③ Schlesinger, J., "Building connections on sand: The cautionary chapter," In J. C. Kaufman (Ed.), *Creativity and mental illness*, New York, Cambridge University Press, 2014, pp. 60-76.

④ Kaufman, J. C., *Creativity 101*, New York, Springer Publishing Company, 2016.

⑤ Wills, G. I., A personality study of musicians working in the popular field, *Personality and individual Differences*, 2003, 5, pp. 359-360.

⑥ Post, F., Creativity and psychopathology: A study of 291 world-famous men, *British Journal of Psychiatry*, 1994, 165, pp. 22-34.

⑦ Post, F., Verbal creativity, depression and alcoholism: An investigation of one hundred American and British writers, *British Journal of Psychiartry*, 1996, 168, pp. 545-555.

⑧ Ludwig, A. M., Method and madness in the arts and sciences, *Creativity Research Journal*, 1998, 11, pp. 93-101.

⑨ Marchant-Haycox, S. E. & Wilson, G. D., Personality and stress in performing artists, *Personality and Individual Differences*, 1992, 13, pp. 1061-1068.

埃德尔曼（R. J. Edelmann）（1991）①则发现职业演员比非职业演员在 EPQ 的神经质量表上得分更高，这表明职业演员可能更容易焦虑、紧张、担忧、郁郁不乐和忧心忡忡，他们的情绪可能起伏更大，遇到外界的刺激，更易有强烈的情绪反应。

另外一个研究方向是关注创新人才所在的领域在精神疾病发病率方面的差异。考夫曼（J. C. Kaufman，2001）②的研究发现，与其他类型的女作家（小说作家、剧作家和纪实文学作家）和男作家（小说作家、诗人、剧作家和纪实文学作家）相比，女诗人更容易罹患精神疾病（此处的精神疾病是按是否具有自杀企图、是否曾住院接受治疗或特定时期是否出现抑郁症来衡量的）。将诗人与政治家、女演员、小说家和视觉艺术家进行比较研究发现，诗人比其他职业类型更容易患精神疾病。还有研究发现，知名诗人比其他作家患有精神病的可能更大（J. C. Kaufman，2005）③，并表现出认知扭曲（K. Thomas & M. P. Duke，2007）④。

研究也发现，西方作家的平均寿命要短于其他从业者（包括与艺术相关的职业）（V. J. Cassandro，1998）⑤。考夫曼（J. C. Kaufman，2003）⑥对近两千名美国、中国、土耳其和东欧作家的大规模研究发现，平均而言，在这四种文化中，诗人的寿命比小说作家和纪实类作家的寿命都短。早期研究（Simonton，1975⑦）也发现，诗人是所有作家中最容易英年早逝的人群。

前文提到的西蒙顿对 204 名西方杰出的科学家、思想家、文学家、艺术家和作曲家进行历史测量学研究发现，精神疾病与创造力之间存在着某种函数关系，这些

---

① Hammond, J., & Edelmann, R. J., "The act of being: Personality characteristics of professional actors, amateur actors and non-actors," In G. Wilson (Ed.), *Psychology and performing arts*, Amsterdam, Swets & Zeitlinger, 1991.

② Kaufman, J. C., Genius, lunatics, and poets: Mental illness in prize winning authors, *Imagination, Congition, and Personality*, 2001, 20, pp. 305-314.

③ Kaufman, J. C., The door that leads into madness: Eastern European poets and mental illness, *Creativity Research Journal*, 2005, 17, pp. 99-103.

④ Thomas, K., & Duke, M. P., Depressed writing: Cognitive distortions in the works of depressed and non-depressed, *Psychology of Aesthetic, Creativity, and the Arts*, 2007, 1, pp. 204-218.

⑤ Cassandro, V. J., Explaining premature mortality across fields of creative endeavor, *Journal of Personality*, 1998, 66, pp. 805-833.

⑥ Kaufman, J. C., The cost of the muse: Poets die young, *Death Studies*, 2003, 27, pp. 813-822.

⑦ Simonton, D. K., Age and literary creativity: A cross-cultural and trans historical survey, *Journal of Cross-Cultural Psychology*, 1975, 6, pp. 259-277.

函数关系又表现出领域性差异。具体来说，对于文学家和艺术家，创造力成就是精神疾病的单调递增函数，而对于科学家、思想家和作曲家，创造力成就是精神疾病的非单调单峰函数。达米安和西蒙顿在探讨精神疾病与创造力的关系时还引入了另一个因素，即成长逆境。他们发现，在预测创造力成就时，成长逆境具有与精神疾病相似的作用，而且两者之间存在此消彼长的关系，即有些天才人物具有很高的精神疾病表现，但成长逆境得分较低；而另一些终身未曾罹患任何精神疾病，但其成长逆境的得分会很高。西蒙顿等人用"均衡"理论（trade-off theory）来解释这种互补现象①。

贾米森（K. R. Jamison, 1989）②采访了 47 位英国艺术家和作家，结果发现他们中患有某种形式精神疾病的比例高于普通人口中一般的预测比例，特别是罹患情感障碍（如双相情感障碍）的比例较高。不过正如前文提到的施莱辛格（Schlesinger）指出的那样，该研究没有控制组；路德维格（A. M. Ludwig, 1994）③研究了 59 位女性作家和 59 位对照被试，结果也发现作家罹患精神疾病的可能性更大，这些精神疾病包括情绪障碍（包括双相障碍）和一般性焦虑。科尔文（K. Colvin, 1995）④发现音乐家比那些有天赋的音乐专业的学生出现更多的情绪情感障碍。内特尔（D. Nettle, 2006）⑤研究了诗人、数学家、视觉艺术家和普通人的心理健康水平，发现诗人和视觉艺术家具有更高的罹患精神分裂的可能，数学家罹患精神分裂的可能性较低。

① Damian, R. I. & Simonton, D. K., Psychopathology, adversity, and creativity: Diversifying experiences in the development of eminent African Americans, *Journal of Personality and Social Psychology*, 2014, 108(4), pp. 623-636.

② Jamison, K. R., *Touched with fire: Manic-depressive illness and the artistic temperament*, New York, NY, Free Press, 1993.

③ Ludwig, A. M., Mental illness and creative activity in female writers, *American Journal of Psychiatry*, 1994, 151, pp. 1015-1656.

④ Colvin, K., *Mood disorders and symbolic function: An investigation of object relations and ego development in classical musicians*, Unpublished doctoral dissertation, San Diego, CA, California School of Professional Psychology, 1995.

⑤ Nettle, D., Schizotypy and mental health amongst poets, visual artists, and mathematicians, *Journal of Research in Personality*, 2006, 40, pp. 876-890.

3. 综合探索创造者的心理困扰

考夫曼(J. C. Kaufman，2001)①对 1629 名作家进行了研究，发现女诗人比男作家和女性作家经历更多的心理疾病的困扰。这可能与女诗人的情绪状态有关。进一步追溯该类研究时，我们可以清楚地看到，巴伦(F. Barron，1966)②在研究创造性作家时发现，他们在 MMPI 测定精神分裂症倾向、抑郁症倾向、癔症倾向和心理变态倾向的一些量表中，得分较高。如果我们认真而谨慎地接受这些测验的结果，那么作家似乎比普通人心理健康水平更高，也更成问题。换言之，他们有更多的心理问题，但也更有能力解决这些问题。巴伦认为，只有这样才能更好地解释作家的社会行为。他们显然是一群高效率的人，他们骄傲地、与众不同地驾驭自己，但他们置身于现实世界时却是痛苦的，这个世界常常容不下他们，有时又是冷漠和令人畏缩的，而且他们的确也容易对此大动感情。然而这些心理品质显然都是正常的品质，他们在诊断测验中较高的得分便是这些品质的标志。赖恩-艾希鲍姆早在 1932 年就提到，许多变成精神病患者的天才，只是在完成了他们的伟大事业之后才生病的，如哥白尼、多尼采第、法拉第、康德、牛顿、司汤达等。哈夫洛克·埃利斯(Havelock Ellis)在 1904 年对英国天才人物的研究中发现，确实有 4.2% 的天才患有精神病。他认为"天才与精神病之间的联系不是没有意义的。但证据表明这种情况的出现仅仅不到 5%。面对这一事实，我们必须要对任何关于天才乃是精神病的一种形式的理论采取蔑视态度。"

(二)心理健康与创造性呈正相关

在心理学界还有另一种意见，认为创造力在某种程度上是每个人所固有的，而且只要创造性潜力一实现，不管其范围如何，都使人在心理上处于正常状态。特别是人本主义心理学家更认为只有心理健康的人才将创造能力更好地付诸实现，富有创造力正是心理健康的标志和表现。

---

① Kaufman, J. C., Genius, lunatics, and poets: Mental illness in prize-winning authors, *Imagination*, *Cogition*, *and Personality*, 2001, 20, pp.305-314.

② Barron, F., The psychology of the creative writer, *Theory into Practice*, 1966, 5(4), pp.157-159.

　　牛(Niu)和考夫曼对722名20世纪中国杰出文学家进行研究发现，相对于西方文学家，中国文学家表现出更低的精神疾病得分，似乎在中国高创造性的文学家身上并不存在比普通人更高的罹患精神疾病的可能。他们指出，存在这种文化差异的原因可能是中国人普遍受儒家和道家传统哲学影响，推崇与自然及他人和谐共处，认为这样才更具创造力(罗晓路，2004)①。

　　一些精神病学家认为，借助于唤起病人创造性能力的精神治疗，应当是心理疗法的全部目的。他们把创造性能力的培养，视为使神经官能病患者养成克服对他们来说苦难情境的行为的心理治疗程序。通过学习解决日常问题的战略方面的课程，加强了心理的稳定性。在这种情况下，起主要作用的并不是所获得的知识，而是有可能变换策略和使行为正常化的灵活性。根据这种观点，"个人创造性天赋"与"正常人的心理"的概念的意义是相同的。人本主义心理学家认为，真正的创造力是两种创造力的整合，即初级创造力(primary creativity)和次级创造力(second creativity)。初级创造力来源于无意识里的冲突，而次级创造力则是自我状态良好的、心理健康的成人的行为中自然的、逻辑的产物。人本主义关于创造性人格的观点和高自尊的特征基本相同。一项关于那些具有高自尊的个体才能获得高水平的创造力研究探索了阻碍大学生个人创造力的因素，发现缺乏时间/机会、压抑/羞怯是两个重要因素，且男女生存在显著差异。这为教育者帮助大学生减少阻碍创造力发展的因素提供了科学依据(罗晓路，2004)②。

　　近年来，我国学者从不同角度对创造力和心理健康的关系进行了研究。程喜中等人2003年利用卡特尔16PF问卷作为测量工具，对大学新生的创造能力与心理健康的关系进行了研究，结果发现，学生的心理健康因素与创造能力个性因素成负相关关系，创造能力个性因素超常组的心理健康因素与正常组存在显著差异，超常组心理健康因素高于平均数的仅占26%，远低于正常组62%和总体56.5%的水平。说明超常组较其他学生有更多的焦虑和抑郁，在适应社会上有更多的苦难。但是，更

---

①②　罗晓路：《大学生创造力、心理健康的发展特点及其相互关系的模型建构》，博士学位论文，北京师范大学，2004。

多的研究结果与此相反。俞国良（2003）①从理论上具体阐述了创造意识和创造精神、创造性思维和创造性人格、创造能力与实践能力，以及这些特征与心理健康的关系，并明确提出以心理健康教育为突破口，全面培养和提高儿童青少年的创造素质。王极盛、丁新华（2002）②发现中学生创新心理素质与心理健康水平关系较为密切，创新意识与学习压力、抑郁、焦虑呈显著负相关，创新能力与学习压力、抑郁呈显著负相关，与适应不良呈显著正相关，竞争心与抑郁、焦虑、学习压力有显著的负相关；心理健康水平高者其创新意识和竞争心较心理健康水平低者高；学习压力对创新意识和竞争心的预测作用较大，学习压力、适应不良和抑郁对创新能力的预测作用较大。还有研究者（卢家楣，刘伟，贺雯，等，2002）③通过教学现场实验，研究了情绪状态对学生创造性的影响，结果表明，学生在愉快情绪状态下的创造性总体水平显著高于难过情绪状态，且主要体现在流畅性和变通性两个方面。盛红勇（2007）④也利用威廉姆斯创造力倾向量表探讨了大学生的创造力倾向与适应不良、心理健康水平的关系及相互作用方式。结果发现，大学生的适应不良与心理健康总分呈显著正相关，与创造力倾向呈显著负相关，适应不良对创造倾向、心理健康有很好的预测作用。适应不良学生的心理健康状况较差，适应性强的学生的创造力倾向明显。这些研究从不同角度说明健康的心理是创造性活动得以顺利进行的基本心理条件。

（三）对于心理健康与创造性关系分歧的文化分析

从上述材料中，我们能初步看出，西方的研究结论是西方的高创造力者大多是心理不健康的；西方学者对中国的高创造力者的研究，或中国学者对心理健康与创造性关系的研究结论是心理健康是创造性的基础和保证。

---

① 俞国良：《论创新教育与心理健康教育的关系》，载《中小学心理健康教育》，第7期，2003。
② 王极盛，丁新华：《中学生创新心理素质与心理健康的相关研究》，载《心理科学》，第25卷，第5期，2002。
③ 卢家楣，刘伟，贺雯，等：《情绪状态对学生创造性的影响》，《心理学报》，第34卷，第4期，2002。
④ 盛红勇：《大学生创造力倾向与心理健康相关研究》，载《中国健康心理学杂志》，第15卷，第2期，2007。

1. 西方对心理健康与创造性关系的结论来自古代西方的教条，在一定意义上是来自西方的文化

古代西方的不少学者都将创造力与意识状态的改变或强化联系起来，这种改变或强化通常具有个体心理健康变化方面的含义。在古希腊，创造力也被视为魔鬼附体。在当时的语境下，这种魔鬼是半神性的，是给予特殊个体的神圣礼物。苏格拉底曾说他的大部分思想来自魔鬼，柏拉图用"神圣的疯狂"来描述创造力，亚里士多德认为创造性的个体具有抑郁质，但是此处的抑郁并不是现在语义，而是指其后有某种东西支持他们。在希波克拉底（Hippocraties）的体液说中，抑郁质也并不等同于某种精神疾患，而是四种气质类型之一，与抑郁症相关的特征包括了敏感、情绪化、内向和古怪（R. M. Ryan & E. L. Deci，2000）[①]。前文提到的西蒙顿的研究发现，到 1800 年这种创造力与疯狂之间存在必然联系的刻板印象已经成为教条。

在西方，相信精神疾患会导致创造力的观念主要发端于浪漫主义时期。当时的人们认为，疯狂是极端创造性带来的副作用。这一阶段许多浪漫主义诗人认为疯狂的状态是创作所需要的，所以开始拥抱疯狂，宣称自己经历着精神折磨甚至患有某种精神疾病；这种将创造性与疯狂联系起来的信念产生了根深蒂固的影响，直到当代社会仍然存在。西方的作家和艺术家有时行为怪异，不少富有创造天赋的个体觉得正常就意味着平庸，从而渴求将自己与普通人区别开来。有一位曾获得过奥斯卡提名奖的电影明星，曾有过吸毒、因犯罪被拘捕的历史。后来，他说："我的恶习，现在看来，是创造力。"

2. 中外学者对心理健康与中国创造者关系的研究结论反映了东方文化的特点

衣新发、谌鹏飞和赵为栋（2017）[②]运用历史测量学的方法研究了 92 名唐宋杰出文学家的创造力成就及其影响因素，其中包括唐朝杰出文学家 48 名，宋朝杰出文学家 44 名。结合唐宋杰出文学家的传记及文学史相关资料，研究者们使用"远距离人格测量"（At-a-distance Personality Assessments，APA）（R. I. Damian & D. K. Simon-

---

① Ryan, R. M. & Deci, E. L., Intrinsic and extrinsic motivations: classic definitions and new directions, *Contemporary Educational Psychology*, 2000, 25(1), pp. 54-67.

② 衣新发，谌鹏飞，赵为栋：《唐宋杰出文学家的创造力成就及其影响因素：一项历史测量学研究》，载《北京师范大学学报（社会科学版）》，第 3 卷，2017。

ton，2014)①的方法对文学家的精神疾病逐一编码评分，其中所涉及的精神疾病包括以下四个维度：①心境障碍（如抑郁、躁狂、焦虑等）；②认知神经障碍（如精神分裂、精神错乱、精神衰弱等）；③成瘾（药物或酒精）；④自杀。同时，研究者们使用历史测量学的技术对这些杰出文学家的创造力成就予以评分。此外，还将朝代、性别、出生年份、智力早慧、成长逆境、移民迁徙和宗教信仰作为唐宋杰出文学家创造力成就的影响因素纳入整体分析。研究结果显示，成长逆境对唐宋杰出文学家的创造力具有稳定的正向预测作用，即取得高创造力成就的文学家历经了更多的成长逆境。但精神疾病对唐宋杰出文学家的创造力成就未产生任何影响，也未发现成长逆境与精神疾病在预测西方杰出人物创造力成就时所存在的"均衡"现象。无论是在唐宋合并的总体样本，还是在分朝代分析的样本中，都未出现成长逆境与精神疾病之间此消彼长的关系。因此，我们有理由推测，在精神疾病与杰出创造力成就关系方面可能存在中西方跨文化差异，这个差异可能折射了精神疾病作为一种心理特质在东西方可能具有不同的社会意义和个人意义，也可能是中西方文化心理结构的差异所导致的。这有待于未来进一步研究。

第二节

―――――

心理健康在创造性活动中的地位

我们讨论心理健康与创造性的关系之实质，是研究心理健康在创造性活动中的地位问题。

―――――――――――

① Damian，R. I. & Simonton，D. K.，Psychopathology，adversity，and creativity：Diversifying experiences in the development of eminent African Americans，*Journal of Personality and Social Psychology*，2014，108(4)，pp. 623-636.

一、全国卫生与健康大会

2016 年 8 月 19—20 日，我国召开了 21 世纪以来的第一次卫生与健康大会。习近平主席在大会上做了重要讲话，他在讲话中强调，健康是促进人的全面发展的必要条件，是经济社会发展的基础条件，是民族昌盛和国家富强的重要标志，也是广大人民群众的共同追求。整个会议以"没有全民健康，就没有全面小康"为主题词。这对我们颇有启示，它为我们探讨心理健康在创造性活动中的地位问题提供了许多有价值的观念。

（一）健康是促进人的全面发展的必要条件，全面发展包含着创造性

大会按习近平主席提出的健康是促进人的全面发展的必要条件的要求，反复强调要把人民健康放在优先发展的战略地位，这里的健康，包括心理健康。因为大会指出要加大心理健康问题的基础性研究，做好心理健康知识和心理疾病科普工作，规范发展心理治疗、心理咨询等心理健康服务。也就是说，健康，包括心理健康是促进人的全面发展的必要条件。

全面发展的含义十分广泛，既可从人的德、智、体、美诸方面来论述，也可从身心健康各方面来陈述，又可从人的自主发展。社会参与和文化修养几方面来表达。然而，不管从哪方面来论证问题，都会包含实践创新的内容。换句话说，身心健康是促进人的创造性发展的必要条件。

（二）健康是实现"以人为本"的必然要求，而人是创造的主体

大会体现了"以人为本"的理念，即建设健康中国，是坚持"以人民为中心"的发展思想的必然要求。身心健康，不仅是广大人民群众的共同追求，也是我国富强发达、民族昌盛的一种象征。"东亚病夫"的时代早已经一去不复返了，中国人的寿命早已从新中国成立初期平均为 37 岁，发展到今天的 73.8 岁。

一个国家的创造性，往往与一个国家振兴、人民健康相联系。如果 70 年以前

我们被侮辱是"东亚病夫"，那时我们连造火柴都有困难；今天人民追求自身健康、民族昌盛，正是与我们振兴中华要建设创新型国家紧密相连的。人是创造的主体，人民是创新型国家的主人。建设健康中国，突出的是以人民为中心，有了健康的人民，才能万众一心奔小康、齐心协力建成创新型国家。所以，人的身心健康，是创造性的必然要求。

（三）把健康融入政策，政策是创造的保证

长期以来，我国广大卫生与健康工作者弘扬"敬佑生命、救死扶伤、甘于奉献、大爱无疆"的精神，全心全意为人民服务，为患者竭尽全力。为了推进健康中国建设，大会号召要把健康融入所有政策。为此，一要树立大卫生、大健康观念，站在全局的、长远的、整体的角度审视我国卫生与健康事业，加快转变健康领域发展方式，实现健康与经济社会良性协调发展；二是坚持中国特色卫生与健康发展道路，把握好一些重大问题；三是以改革创新为动力，预防为主，中西医并重，人民共建共享，使人人享有公平可及的健康服务的目标。

把健康融入政策，使我国的卫生与健康事业坚持改革与创新，也就是说，政策是创新或创造性发展的保证。身心健康的发展中有创造，它需要政策做保证。

（四）良好的生态环境是人类生存与健康发展的基础，也是人类创造的条件

大会提出人类生存与健康发展的环境基础的建设要求，加强制度建设，特别是按照绿色发展理念，实行最严格的生态环境保护制度；建立健全环境与健康监测、调查、风险评估制度。重点抓好空气、土壤、水源等与人民群众健康相关的突出问题；提倡继承和发扬爱国卫生运动的优良传统；倡导健康文明的生活方式，共同建设健康、宜居、美丽家园。所有这一切，都是为了使人民群众有一个良好的生态环境。

如前所述，在人类创造性发展中，创造性环境是根本的条件。全国卫生与健康大会指出的良好生态、文明环境的建设，不仅保障了我国人民群众的健康，也是身心健康改革创新的建设。身心健康为建设创造型国家提供了一条绿色的通道。

二、健康的身心是创造性发展的基础

全国卫生与健康大会强调健康的正能量。对人类创造性发展来说，健康也是正能量。在一定意义上说，健康的身心是创造性发展的基础，健康的中国是建成创新型国家的必要条件。这就提出了健康、心理健康在创造性发展中的地位。

尽管在上一节文献综述中出现"创造者有心理健康的缺陷"，但我们同意哈夫洛克·埃利斯的观点即"天才与精神病之间的联系不是没有意义的。但证据表明这种情况的出现毕竟是少数，所以我们必须要对任何关于天才乃是精神病的一种形式的理论采取蔑视态度。"这说明在创造者中健康、心理健康是主流。

在上一节，我曾谈到，不管国内外对健康有多少种归类，四分法、五维论还是七维健康观，归根结底，它包括身心两个方面。对"身"而言，涉及身体的良好状态、对环境中的致病因素具有抵抗力的状态、预防疾病和治疗疾病的状态；对"心"而言，涉及智力、精力（精神状态）、非智力因素、社会关系以及道德修养等。

（一）健康的身体，支撑人的创新或创造性活动

身体健康是创造性活动的基础。身体健康，往往与"没有疾病"相联系，当然患病不是身体健康与否的唯一指标。我不否定，患病者也有非凡的创造性成果。霍金（S. W. Hawking, 1942—2018）就是一个杰出的例子。霍金是英国剑桥大学著名物理学家，也是 20 世纪享有国际盛誉的伟人之一。他因患肌肉萎缩性骨髓侧索硬化症，禁锢在轮椅上 55 年，却身残志坚，克服了残疾之患而成为物理界的超新星。他不能书写，甚至口齿不清，但他超越了相对论、量子力学、大爆炸等理论而迈入创新宇宙的"几何之舞"——无边界条。尽管他那么无助地坐在轮椅上，但他的思想使人们遨游到广袤的时空，渐渐解开宇宙之谜。这样的例子，是极少见的，又是极珍贵的。

如第五章我们提到的身体，它应该涉及脑、动手能力和体力。身体健康，就体现在创造性发展和表达为脑的健康，且有动手能力和体力耐力，即创造性的生理基

础要健康。认知神经科学的研究结果支持这样的观点，即脑的功能会影响创造的表达和创新。无论是大脑皮层，还是小脑的发育情况都与创造力和创新密切相关。近期的研究也表明，工作记忆、大脑皮层和小脑的合作是创造性和创新产生的基础（L. R. Vandervert，P. H. Schimpt，& H. Liu，2007）[1]。无论是在科学创造力，还是在艺术创造力等其他创造力的发展和表达过程中，动手能力（实践操作能力）都是很重要的，是创意产生、保持和实现的主观条件，而体力则让创造主体有足够的时间和耐力来完成大量细致的探索和实验（衣新发，2009）[2]。所以上述三个身体因素组成的身体健康因素是创造性发展和表现的生理基础。

（二）健康的智力或智能，使创新或创造发展有了"硬件"的基础

创新或创造是一种智慧活动，尽管我们在前边多次提到，智力是创造力的必要条件而不是充分条件，因为创造性或创造力的发展，还有"软件"的动力因素即人格或非智力因素，还取决于环境条件。

然而创造性毕竟是智慧活动或智力活动。人的智力，至少应该包括感知、记忆、想象、思维、言语和操作技能，智力健康就体现在敏锐的观察、良好的记忆、丰富的想象、健全的言语、熟练的操作技能，特别是我们在第四章论述的创造性思维上。这里不再赘述。

尽然，在中国曾出现过唐氏综合征的乐队指挥者，但也只是一个特例。如前所述，创造性的发展还是与健康的智力相联系的，与智力水平保持着密切的联系的，尽管不是正相关。

（三）健康的人格，是创新或创造性发展的动力因素

我们在第四章谈到创造性的内因时，强调创造性人才的心理因素是由创造性思维与创造性人格组成的。人格的组成，前面谈了很多。人格健康，就体现在创造性

---

[1] Vandervert L. R, Schimpt P. H., & Liu, H., How working memory and the cerebellum collaborate to produce creativity and innovation, *Creativity Research Journal*, 2007, 19, pp. 1-18.

[2] 衣新发:《创造力理论述评及 cpmc 的提出和初步验证》，载《心理研究》，第 2 卷，第 6 期，2009。

形成和发展中所需要的健康的情绪情感、坚强的意志、合理的个性意识倾向性或需要、坚强的性格和良好的习惯上。

任何领域的创造都需要创造者对该领域的知识和技能做充分的掌握和娴熟的运用，也就是智力的作用。如果说智力-知识部分是创造力发展所需的"硬件"基础，那么心理动力部分则是其"软件"部分，这就是健康的人格因素，或者叫创造性人格。阿玛贝尔尤其强调动机的作用，斯腾伯格等人则强调人格特质的作用。对于情绪的作用，奇克森特米哈伊提出"酣畅"（flow）的概念，认为积极的情绪状态有助于创造者打开思路、产生创造性的观念。所有这些，都是在强调健康人格对创新或创造的作用。所以，创造性发展和表达的心理因素一直在研究中得到广泛的关注，早在1980年以前，就有大量关于创造力与智力及人格等心理因素关系的研究问世，巴伦（Barron）和哈林顿（Harrington）曾经在心理学年鉴（*Annual Review of Psychology*）发表过一篇总结此类研究的综述，题目就叫"创造力、智力及人格"。

这里我们着重来分析健康的情绪情感对创新或创造性的作用。对于这个问题，我们曾在第四章第一节论述华莱士创造性思维的影响因素与第二节创造性人格与非智力因素中涉提到过。情绪情感是人对客观现实的主观态度，是人对作用于事物的体验的不同形态；这种体验是人对现实的对象和现象是否适合人的需要和社会要求而产生的。情绪情感对创造性的动力作用，从结构上来说，主要是由其性质、紧张性和强度来决定的（斯米尔诺夫，1957）①。依据人的需要和社会向其提出的要求是否得到满足，个体就产生肯定的或否定的情绪情感，前者如满意、愉快、爱等，后者有不满意、痛苦、忧愁、愤怒、仇恨等。然而，健康的情绪情感不一定就是肯定的情绪情感，有时否定的情绪情感反而是健康的，如面对邪恶的势力，你能产生满意、愉快和爱吗？情绪情感是否健康主要是视其积极作用还是消极作用而定的。凡能提高人的实践活动，增强其体力、精力、创造力，驱使人积极地投入实践活动的，就是积极的情绪情感，创造活动正是需要这种增力的情绪情感；消极的减力的情绪情感则会降低人的实践活动，减弱人的精力和创造力。因此，情绪情感在人的

---

① 斯米尔诺夫：《心理学》，朱智贤，等译，北京，人民教育出版社，1957。

创造性活动中，在人为了达到既定目标而创新中的作用是巨大的。为了创新或创造，必须热爱其为之奋斗的相关活动，并且痛斥有阻创新或创造的条件。正如列宁所说的没有"人的情绪"，则过去、现在和将来永远也不可能有人对真理的追求。与人的创造性活动联系的情绪情感的另一个对立结构表现是紧张和轻松，这来自我们在第三章论述到的格式塔心理学关于创造性思维是"情境—紧张—重定中心"过程的机制。紧张通常使创造性活动处于积极状态。健康活动之前的准备、注意的集中、体脑积极性的调动都是有意义的，但有时候紧张也可能带来抑制状态，如使行为解体、妨碍注意集中，反而使创造性活动受阻，所以在创造性活动中，保持既紧张又适度轻松的状态有利于情绪情感的动力作用的发挥。至于情绪情感的强度，在第四章已经做了较详细的分析，不再赘述。

（四）健康的动机，是创新或创造性的内驱力

动机应属于人格范围，这里，我们把其抽出来做独立分析，因为良好的动机，是心理健康的重要表现，是创新或创造性的内驱力。

动机，是指引起、维持一个人的活动，并将该活动导向某一目标，以满足个体某种需要的兴趣、愿望、理想、信念等。动机是个体的内在过程，即需要的过程，行为则是这种过程的结果。动机有始发机能、指向或选择机能、强化机能。引起动机的两种条件，一是内在条件，即个体的某种需要使人产生欲望和驱力，引发活动；二是外部条件，即环境因素、外部刺激的诱因所发。两者并不矛盾，可由需要引起，也可由环境因素引起，但动机往往是内在条件和外在条件交互作用的结果。动机的分类相当复杂，从态度来分类，有肯定的动机（如尊敬、喜爱、宽容、自尊等），也有否定的动机（蔑视、厌恶、嫉妒、自卑等）；从归因来分类，有内归因（是行为者内在的原因，如人格、情绪、努力程度等），有外归因（产生行为的环境因素，如工作设施、任务难度、机遇等）；从志向来分类，有成就动机（个人在学习、工作、科研等活动中力求成功的内部动因，其又包括追求成功的动机和避免失败的动机两种），有消极的动机（如羞耻、屈辱等）。

在创新或创造性活动中，我们同样不否定那种否定的动机、外归因的动机和消

极动机也能产生一定的作用，如"忍辱负重"的现象，但是，我们更倡导健康的或良好的动机，如肯定动机、内归因动机和成就动机在创新或创造性活动中的作用和地位。心理学研究证明，在创造性活动中，成就动机高的人所具有的共同行为特征包括以下几个：①对适度难度工作具有挑战欲，全力以赴欲求成功；②想要知道自己活动的结果如何，求得自身假设的正确性；③精力充沛、探新求异，具有开拓精神；④对于自己做出的决定勇于负责，即有责任担当的道德品质；⑤选择有能力的人作为工作的同僚，而不是选择亲近的人，有种任人唯贤的精神。（朱智贤，1989）①为此，我们认为，健康或良好的动机，是创新或创造性的内驱力。

（五）健康的社会关系，是创新或创造性发展的重要环境因素

在第五章，我们从组织环境、从社会和谐与心理和谐的关系中，已经看到健康的社会关系，特别是人际关系对创造者的创新和创造性发展的影响。有人对我说：《鲁滨孙漂流记》中的鲁滨孙在荒岛上待了28年，他种植大麦和稻子，自制木臼、木杵、筛子，加工面粉、烘出面包，制作陶器、驯养野山羊，制造木船，并与野人做斗争，这些不是创造吗？鲁滨孙有社会关系吗？我做了三点回答：第一，《鲁滨孙漂流记》仅仅是一部优秀的长篇小说，既然是小说，可以有作家笛福的"创造"和"虚构"的成分；第二，鲁滨孙确实是创造了生活条件，但他更多是与大自然搏斗，是最大化利用了已有资源；第三，如果有"创造"，证明了是由于前边提到的"健康的智力或智能"，但是没有社会关系，也局限了像鲁滨孙这样智慧的人的创造性。

社会关系是人们在社会活动和交往过程中所形成的相互关系的总称。最基本的可分为物质的社会关系和精神的社会关系两大类。从其他角度还可分为阶级关系、民族关系、国家关系、经济关系、政治关系、法律关系、道德关系、婚姻家庭关系，等等。其中人际关系是社会关系中的一个重要侧面，它是指人与人之间的关系和联系，尤其是指人与人之间心理上的关系和联系。人际关系是社会关系的产物，从这个意义上说，它由社会关系决定和制约；但是，社会是由人组成的，从这个意

---

① 朱智贤：《心理学大辞典》，64页，北京，北京师范大学出版社，1989。

义上我们又可以说，人际关系是社会关系的集中表现。调节组织环境中的人际关系，能够充分发挥个体的积极性和创造性，心理学中的霍桑实验是一项典型的研究。实验表明，员工的创造性、生产效率的提高，固然有物质条件（如照明）的改变和提高福利待遇（如工资）的因素，但这些都属于次要的因素，员工最重视的是人际关系，健康的、良好的人际关系对于调动人们劳动积极性和创造性具有决定性的作用。霍桑实验告诉我们，人是社会的人，影响人际活动的积极性和创造性因素，除了客观的物质条件之外，主要还是社会关系，特别是人际关系。

人际关系的分类并不统一，按需要的性质可分为感情关系型（满足相互间情感交流形成良好心理气氛）和工具关系型（为了相互协调达到某一目的）；按喜欢程度可分为吸引性关系型（相互喜欢、亲近、友好）和排斥性关系型（彼此心里厌恶、疏远、对立）；按双方地位可分为支配关系型（一方对另一方控制）和平等关系型（彼此地位平等）；按关系存在时间可分为长期关系型（如夫妻关系、师生关系）和临时关系型（如营业员与顾客关系）；按包容性可分为主动关系型（主动与他人交往）和被动关系型（期待他人接纳自己），等等。从中我们可以看出哪些是健康的良好的人际关系，哪些是有问题的人际关系。对于创造性发展来说，健康的人际关系是一种直接影响个体的微观环境。健康的人际关系是和谐社会关系的基本侧面，它能增强群体的凝聚力，使单位、组织、家庭拥有一种良好的人际关系环境，以提高人们的友谊、幸福感，激励人们的积极性，进而促进人们创造性的发展。

三、心理健康与创造性关系的机制

我们承认文献综述中涉及创造者有心理问题，但更认为多数的创造者身心是健康的。什么是心理健康与创造性关系的机制呢？我们认为压力与自主性是心理健康与创造性关系的心理机制。

（一）心理健康与创造性关系的心理机制之——心理压力

健康心理学十分重视对心理压力的分析。"井无压力不出油，人无压力轻飘飘。"

这是当年石油工人的豪言壮语，颇有哲理。我们认为人无压力不可能产生创新的需要，创造力就无以发展。

1. 压力的定义

压力（stress）一词，又叫"应激"或"紧张"，是指个体生理或心理上感受或应对某种需求时所产生的紧张状态，有生物学取向、社会学取向和心理学取向。其作用是增强个体的动机水平。

压力来自压力源，即来自个体在一定的社会环境中各种各样的刺激对其施加的影响，压力源主要指那些使个体感受到紧张的事件或内外刺激。李虹教授把压力源归为四类：一是躯体性压力源，包括各种理化和生物刺激物等；二是心理压力源，特别是人格压力源，包括人际关系、个人需求、意志品质、对能力的期望等；三是社会压力源，包括社会文化、社会关系、社会工作、社会生活等社会学、政治学、经济学和创新要求等；四是文化压力源，包括语言、风俗习惯、生活方式、宗教信仰等改变造成的刺激或情境。

压力是一种主观反应，是主客观的相互作用。它具有如下三个特点：一是压力是紧张或唤醒的一种内部状态。它是个体内部出现的解释性的、情感性的、防御性的应对过程。二是压力是个体行为潜在的诱发者。它不同于一般性的刺激，并非简单地引发某种即时的具体反应，其影响先于外显行为反应而被感受到，所以压力具有方向性，客体、情境中的事件提供推向或拒斥力量。三是应对压力具有积极性与消极性。这种积极性与消极性由六种信号（称为 6D）表现出来：防御（defensiveness）、忧郁（depression）、紊乱（disorganization）、挑战（defiance）、顺从（dependency）和决策困难（decision-making difficulties），这六个方面表现了个体如何增强有效的动机水平，减少或预防压力，于此显示出积极与消极的应对状态。积极压力状态较为突出的特点是主动性、理性和决策能力，面对压力构建起心理蓝图。它使个体具有特殊防御排险功能，能使个体精力旺盛，激化活动，使思路特别清楚、精确、动作机敏，推动人化险为夷，转危为安，及时摆脱困境。而消极压力状态，尤其是处于紧张而长期的压力状态下，会产生全身兴奋，注意和知觉的范围缩小，言语不规则、不连贯，行为动作紊乱。然而，压力的消极表现是可以调节的，个体的个性特点、过去的经验、经受的锻炼和训练在调节过程中起着重要的作用。事业性、责任性和良好的人格因素或非智力因素等，都是在紧张条件下防止行为紊乱的重要因素。

2. 压力产生创造力

无论是在第一节里出现的来自心理不健康的创造，还是心理健康与创造性呈正相关，从机制上分析，创造力首先都来自压力。

其一，创新或创造性来自压力源，心理困扰与创作的压力源往往是两码事。从第一节文献综述中"当代西方引用率最高的三个研究"来看，这三个例子有一个共同点：被试都是做文艺的，文艺学者一般在人格上更偏情感型，如果出现情绪困扰或不健康的现象，犯双相障碍症的人数比"非艺术领域人物多"，这并不奇怪。而三项研究都强调情绪（心理）困扰者仍在坚持文艺创作。文艺创作是来自相关创新创作的压力源，它与情绪（心理）困扰是两码事。心理困扰者也一样能接受创作或创造的相关压力源，有了这种压力源，坚持创造是十分符合情理的。因为文艺创作的压力也能促进心理困扰者产生紧张或唤醒创作状态。

其二，某种压力会使人产生潜在的心理伤害，压力影响心理健康，"下丘脑-垂体-肾上腺轴（HPA）"是压力反应的重要途径；但这类压力要少于影响大脑的创新或创造活动的压力，这就是为什么我们前面提到的霍金等各类病人或不健康者仍能做出成就的原因，情感、意志、价值观等人格因素的压力源是创新或创造能力或行为潜在的诱发者，这些因素在使创造者抵抗身心不健康因素、增强有效的动机水平中起着关键的作用。

其三，压力应对有着差异性，如性别的差异、年龄的差异、领域的差异等。这就可回答我们第一节文献综述中"创造力与心理健康关系的特殊领域"研究疑问。男女作家心理困扰或不健康的比例，职业演员与非职业职员在焦虑、内疚和抑郁上的异同，应看作压力应对的差异的表现，或者说这是由于压力应对差异造成的。

其四，健康身心创造者的创造性是怎么来的？按照第一节文献综述，我们坚持健康的创造者还是占绝大多数的。他们的创新或创造也是来自创新或创造的压力。这是由于两个原因造成的。第一，社会性强，更容易接受社会文化的创造性的压力源。压力源有躯体的、心理或人格的、社会的和文化的，创新或创造性的压力源更多来自社会的和文化的；对压力的不同反应决定心理健康与否，压力的生物反应、压力的心理或人格反应、压力的社会反应，决定多数人的心理健康水平，这就是健康人的心理或人格状态。创造性活动压力与社会需求联系在一起，这就促使人的创造性压力显得健康而高尚。这就是我们在第一节文献综述中看到的多数创造者的心理是健康的，同时也可以看到正常人创新或创造性压力的特征。第二，具有应对压力的积极性。健康人在创造活动时，往往表现出健康的身心状态，在接受创造压力源的过程中，能持悦纳压力的激情、积极地迎接挑战、精确地决策全局、防御并克服困难，变压力为动力，并调节压力源中可能发生消极影响的因素。

从压力产生创造性的因素来看，创造性心理学应改变如前所述的病理学与缺陷观占据主要地位的现状。创新或创造性绝不是人类的"神圣的疯狂""魔鬼""精神疾患"等，而是人类对幸福人生、和谐社会与改造客观世界的一种追求，一种神圣的、理性的智慧活动。

（二）心理健康与创造性关系的心理机制之二——主体性

1. 主体性的定义

主体，原是哲学中认识论范畴的一个概念。心理学将研究的主体之重点置于主观性或主体性上，认为某些以需要为核心的主观性构成人的主体的主要内容，如人的意识、道德性、意向、价值等个性意识倾向性。心理学的主体观具有两个含义，一是把人视为有生命的个体，人是自然实体与社会实体之总和；二是自我理论，即把人视为意识、精神活动的人格统一体。

主体性或主观性的一个重要表现是主动性。所谓主动性，是指个体按照自己规定或设置的目标行动，而不依赖外力推动的行为品质，它集中地由个体的需要、动机、理想、抱负和价值观等推动。主动性也是心理健康的一个正面概念，艾里克森认为，主动性是个体心理社会性发展的第三个阶段，即主动对罪恶阶段（3~6岁），在该阶段，个体可能形成积极的品质。在父母的鼓励下，具有该行为品质的儿童对外界事物好奇，充满兴趣，积极探索和控制外在环境，形成目的意识，为自信心和创造性品质的形成打基础(林崇德，杨治良，黄希庭，2003)①。

主体性在哲学和社会学里被称作主观能动性。主观能动性又称自觉能动性，它指人的主体需要或主观意识和实践活动对于客观世界的反作用或能动的作用。毛泽东同志在《论持久战》一文中指出："思想等等是主观的东西，做或行动是主观见之客观的东西，都是人类特殊的能动性。这种能动性我们名之曰'自觉的能动性'，是人之所以区别物的特点。"(毛泽东，1991)②也就是说，主观能动性或自觉能动性是人类的特点，它的功能必然有主动性，使思维结论有着自由权。由于能动性的存在，人类在实践中知行统一。能动地认识客观世界，在认识的指导下能动地改造世界。行动就必须先有人根据客观事实，引出思想理论、意见，提出计划、方针、政策，反映了人的心理的目的性、计划性和操作性，也必然产生创造性。人的主观意识有消极的，又有积极的，积极的主观意识就是尊重客观规律、掌握客观规律，这是充分地、有效地发挥主观能动性的前提。

人的主体性，包含着我们在第四章论述思维中涉及的"思维的生产性"，它表明人不是消极地反映现实，而是现实世界中积极的活动者和创造者。

2. 主体性产生创造力

人类的创新或创造性活动，不仅来自压力和压力源，也来自创造者个体的需要及其表现形式的兴趣、动机、理想、信念、抱负和价值观，即来自主体性。几乎所有的发明创造者都谈到，创造探索是与实际问题(压力源)、与满足实际的主体需要或愿望相联系着的(斯米尔诺夫，1957)③。

人的主体性或个性意识倾向性的一个重要成分是需要，需要是人类对客观或实际需求的反应。主体性成为心理健康与创造性关系的心理机制，就是由于需要的功能。

其一，从需要的特征来看心理健康与创造性的关系。人的需要有四个特征，一是需要总是具有自己的对象，无论健康与否，若要投入创造性活动，就要明确创造

---

① 林崇德，杨治良，黄希庭：《心理学大辞典》，上海，上海教育出版社，2003。
② 毛泽东：《毛泽东选集》第二卷，477页，北京，人民出版社，1991。
③ 斯米尔诺夫：《心理学》，朱智贤，等译，北京，人民教育出版社，1957。

的内容；二是需要都依赖于它在什么条件下以什么方式得到满足而获得具体内容，达尔文的观察实验就证明了这一点；三是同一些需要能够重新产生，重新出现，具有周期性，不论是心理困扰者还是健康者，产生的创造性的需要都具有周期性；四是需要是否满足随需要范围的改变和满足它的方式的改变而发展，如果在创造性活动中屡次失败到了无法获得成功希望时，无论健康与否的创造者都只得放弃这个创造项目。

其二，从需要的分类来看心理健康与创造性的关系。人本主义心理学家马斯洛对人的需要从低向高做了五种类型的划分：生理需要、安全需要、社交需要、尊重需要、自我实现需要。在自我需要中实现个人的理想抱负，进行创造发明，这是需要层次系统中最高的一种需要；满足这种需要，要求最充分地发挥一个人的潜在能力和创造力。我认为需要的分类尽管复杂，但不外乎是两种：一是需要从其产生上分类，可以分为个体的需要和社会需要，前者系个体的要求而产生，后者系社会的要求而产生。不同健康程度的创造者，各自的创造动机可能是不一样的，有的是从个体的需要出发，有的则是从社会的需要出发，很难分清是健康者的创造发明还是心理困扰者的创造发明。二是需要从其性质上分类，可以分为物质方面的需要和精神方面的需要。健康程度不同的创造者，有精神有问题仍从事精神方面，如文艺创造的实例，但很少有从事非文艺的创造，如自然科学的创造，这可能来自各自需要性质的差异。此外，上述两种分类是交叉的，不管哪种分类方法，人的需要总是带有社会性的，个体需要和社会需要、物质方面的需要和精神方面的需要相互制约，因此，人的需要又带有主观能动性的。

其三，从需要在人的创造性活动中的功能——动力作用来看心理健康与创造性的关系。人类的创新或创造性的动力是人的需要，是人的主体性，即主观能动性。创造压力源到来后，会激起人的紧张，唤醒创造的需要，使创造者产生理论、构想，提出计划方案，按既定目的而不懈努力做出创造性的操作，换句话说，创造的压力源通过外因激发或通过创造性思维与创造性人格的内因来完成创造性的任务。对于广大健康的创造者来说，发挥主观能动性，是构成其达到创新或创造性目的的内在动力；对于心理困扰者，包括躁狂抑郁症患者，只要他意识清晰，他肯定是从情感上发挥主观能动性，这构成其达到创新或创造性目的内在动力。

从主体性产生创造力的影响因素来看，创造性心理学应加强创造性需要，特别是动机对创造性作用的研究；不仅要研究心理健康与创造性发展的关系，而且要加强心理健康干预与创造性发展关系的探讨。

第三节

我们对心理健康与创造性关系的研究

综合各种创造性理论与研究成果可以发现，个体创造性的发展必须建立在一定的心理健康水平之上，心理健康是个体创造性发展、发挥的基础，对创造性具有促进和保证的作用。因此，我们团队不仅重视创造性的研究，还开展了心理健康与创造性关系的研究。探索二者之间的关系，不仅可以基于实证研究来确定心理健康与创造性之间的相关关系，还能够以心理健康为切入点，进行心理健康教育与干预，从而提高创造性水平。这类研究或许能够为我们今后开展创造性培养提供或开辟了一种新的思路与视角。正是基于这种考虑，我们团队首先进行动机与创造性思维关系的研究，因为良好的动机是心理健康的重要表现，然后进行了心理健康与创造性关系的探索，最后还开展了一项以心理健康干预为手段来提高创造性水平的实验研究。

一、动机的激发与创造思维的关系

我们团队的张景焕教授基于自我决定论的理论框架，采用动机激发类型问卷、学业自主调节问卷和托兰斯创造性思维测验（图画）对 305 名小学五、六年级学生进行问卷调查，考察了小学高年级学生的动机激发类型、动机调节方式与创造思维的关系。

所谓自我决定理论(Self-Determination Theory，SDT)是德西(E. L. Deci)和赖安(R. M. Ryan)(2000)[1]从动机的外部激发因素以及外部激发因素逐渐被内化为个体动机的过程的角度来分析动机及其作用，提出动机激发类型(motivating style)与动机调节方式(motivation regulation)的概念，细致地刻画了动机的外部激发因素对个体行为产生作用的过程。瓦勒朗(R. J. Vallerand)、佩尔蒂埃(L. G. Pelletier)和克斯特纳(R. Koestner)(2008)[2]将这一关系明确为：长期生活于某种动机激发类型下的个体会形成特定的动机调节方式，这种调节方式以自我决定的形式影响个体的行为表现。

创造力是产生被特定的社会文化所接受的新颖且适用的产品的能力(J. A. Plucker, R. A. Beghetto, & G. T. Dow, 2004)[3]，其中创造思维是创造力的核心，因而许多研究用创造思维代表个体创造力水平。动机作为激发和维持个体活动的内在心理过程和内部动力，其与创造力的关系一直是创造力研究的核心领域。根据上述分析，该研究以小学高年级学生为研究对象，基于SDT的理论框架，探讨动机与创造思维的关系及其作用机制。

(一)四个研究假设

一是动机激发类型及其与创造力的关系。根据外部激发因素的性质及其对个体自主的支持程度，将外部激发因素划分为高度控制、中度控制、中度自主和高度自主四种类型(E. L. Deci, A. J. Schwartz, & L. Sheinman, et al., 1981)[4]。不同动机激发类型对创造力的作用和影响是不同的。在组织领域的研究发现，感知到的领导支

---

① Ryan, R. M. & Deci, E. L. , Intrinsic and extrinsic motivations: classic definitions and new directions, *Contemporary Educational Psychology*, 2000, 25(1), 54-67.

② Vallerand, R. J. , Pelletier, L. G. , & Koestner, R. , Reflections on self-determination theory. *Canadian Psychology*, 2008, 49(3), 257-262.

③ Plucker, J. A. , Beghetto, R. A. & Dow, G. T. , Why isn't creativity more important to educational psychologists? Potentials, pitfalls, and future directions in creativity research, *Educational Psychologist*, 2004, 39(2), 83-96.

④ Deci, E. L. , Schwartz, A. J. , & Sheinman, L. , et al. , An instrument to assess adults' orientations toward control versus autonomy with children: reflections on intrinsic motivation and perceived competence, *Journal of Educational Psychology*, 1981, 73(5), 642-650.

持是影响员工创造力的关键因素(T. M. Amabile, E. A. Schatzel, & G. B. Moneta et al. , 2004)①。因而提出研究假设 1：自主支持的动机激发类型(包括高度自主与中度自主)正向预测创造思维，控制性的动机激发类型(包括高度控制与中度控制)负向预测创造思维。

二是动机调节方式及其与创造力的关系。根据外部激发因素的内化程度可以区分出 5 种动机调节方式：外在调节(external regulation)、内摄调节(introjected regulation)、认同调节(identifiedregulation)、整合调节(integrated regulation)和内部动机(intrinsic motivation)，它们均匀地分布在由外到内的连续体上。其中外在调节是自主性程度最低的动机，指的是个体的表现和行为是为了获得奖励或避免惩罚，是由外部因素所控制的；内摄调节是个体为了维持自尊或避免内疚感而采取行动；认同调节是个体理解并认可了行为的价值，并将其纳入自我内部的一种较自主的动机；整合调节是一种自主程度较高的动机，指个体接受了外界目标，并使其成为个人的核心价值和信念；内部动机指个体因活动带来的内在满足感而从事活动。从这个意义上看，整合调节已非常接近内部动机了。

SDT 对动机的重新分类深化了人们对环境因素内化为个体动机过程的理解，也更有利于预测行为结果。有实证研究发现，自主性动机正向预测个体的幸福感水平和学业表现(W. S. Grolnick, M. S. Farkas, & R. M. Sohmer, 2007)②，尤其是促进需要深度加工和创造性的复杂任务上的表现(E. L. Deci & R. M. Ryan, 2008)③。而控制性动机与积极结果不相关甚至负相关(W. S. Grolnick, M. S. Farkas, & R. Sohmer, et al. , 2008)④，如加涅(M. Gagné)和德西(E. L. Deci)(2005)⑤认为控制性动机不利于

① Amabile, T. M. , Schatzel, E. A. , & Moneta, G. B. , et al. , Leader behaviors and the work environment for creativity: Perceived leader support, *Leadership Quarterly*, 2004, 15(1), pp.5-32.

② Grolnick, W. S. , Farkas, M. S. , & Sohmer, R. , et al. , Facilitating motivation in young adolescents: Effects of an after-school program, *Journal of Applied Developmental Psychology*, 2007, 28(4), pp.332-344.

③ Deci, E. L. & Ryan, R. M. , Self-determination theory: A macrotheory of human motivation, development, and health, *Canadian Psychology*, 2008, 49(3), pp.182-185.

④ Grolnick, W. S. , Farkas, M. S. , & Sohmer, R. , et al. , Facilitating motivation in young adolescents: Effects of an after-school program, *Journal of Applied Developmental Psychology*, 2007, 28(4), pp.332-344.

⑤ Gagné, M. & Deci, E. L. , Self-determination theory and work motivation, *Journal of Organizational Behavior*, 2005, 26(4), pp.331-362.

积极结果，尤其是当任务需要创造性、认知灵活性或深度信息加工时。在启发式任务上，自主性动机将会产生比控制性动机更积极的结果；而在算法任务上，控制性动机将会产生和自主性动机相同甚至更好的结果。研究假设2：创造思维任务在本质上属于启发式的任务，由此可以推断自主性动机显著正向预测个体创造思维。

三是动机激发类型、动机调节方式与行为结果的关系。SDT认为，个体动机是外部激发因素内化的结果，也就是说外部激发因素会直接影响个体动机的内化程度。自主支持的教师会通过支持学生内部动机和活动价值内化等方式激发学生的主动性，发展其自主性的动机调节方式；而控制取向教师更多地使用外在奖励甚至惩罚，或口头指示的方式引导学生的依从和努力，不利于学生动机的内化，容易形成控制性的动机调节方式(J. Reeve & H. Jang，2006)[1]。研究发现，控制性、压力性的人际环境会削弱内部动机，而支持性、信息性的环境会增强内部动机(M. Vansteenkiste, J. Simons, & W. Lens, et al., 2004)[2]。还有研究发现，知觉到的自主支持能较好地预测其自主性动机(I. M. Taylor & N. Ntoumanis，2007[3]；I. M. Taylor, N. Ntoumanis, & M. Standge，2008[4]；I. M. Taylor, N. Ntoumanis, & B. Smith，2009[5]；K. M. Sheldon & L. S. Krieger，2007[6]；W. S. Grolnick, C. E. Price, & K. L. Beiswenger, et al., 2007[7])。即使在相对重视权威的俄罗斯，教师的自主支持也显著正向预测个体的自主性动机(V. I. Chirkov & R. M. Ryan, 2001)[8]。因此提出

---

① Reeve, J. & Jang, H., What teachers say and do to support students' autonomy during a learning activity. *Journal of Educational Psychology*, 2006, 98(1), pp. 209-218.

② Vansteenkiste, M., Simons, J., & Lens, W., et al., Motivating learning, performance, and persistence: The synergistic effects of intrinsic goal contents and autonomy-supportive contexts, *Journal of Personality & Social Psychology*, 2004, 87(2), p. 246.

③ Taylor, I. M. & Ntoumanis, N., Teacher motivational strategies and student self-determination in physical education, *Journal of educational psychology*, 2007, 99(4), p. 747.

④ Taylor, I. M., Ntoumanis, N. & Standage, M., A self-determination theory approach to understanding the antecedents of teachers' motivational strategies in physical education, *Journal of Sport & Exercise Psychology*, 2008, 30(1), p. 75.

⑤ Taylor, I. M., Ntoumanis, N. & Smith, B., The social context as a determinant of teacher motivational strategies in physical education, *Psychology of Sport & Exercise*, 2009, 10(2), pp. 235-243.

⑥ Sheldon, K. M. & Krieger, L. S., Understanding the negative effects of legal education on law students: a longitudinal test of self-determination theory, *Personality & Social Psychology Bulletin*, 2007, 33(6), p. 883.

⑦ Grolnick, W. S., Price, C. E., & Beiswenger, K. L. et al., Evaluative pressure in mothers: Effects of situation, maternal, and child characteristics on autonomy supportive versus controlling behavior, *Developmental Psychology*, 2007, 43(4), pp. 991-1002.

⑧ Chirkov, V. I. & Ryan, R. M., Parent and teacher autonomy-support in Russian and U. S. adolescents: Common effects on well-being and academic motivation, *Journal of Cross-Cultural Psychology*, 2001, 32(5), pp. 618-635.

假设3：自主支持的动机激发类型（包括高度自主与中度自主）显著正向预测自主性动机。

四是动机激发类型、动机调节方式与创造力的关系。有关创造力影响因素的研究从最初仅关注个体因素，逐渐发展到关注个体所处的社会环境，再到关注个体和环境的相互作用的历程（C. E. Shalley，J. Zhou，& G. R. Oldham，2004）①。叶（Y. C. Yeh，2004）②提出的创造力发展的生态系统模型（The Ecological Systems Model of Creativity Development）认为，个体成长的生态环境（包括家庭和学校）对个体创造力发展的作用主要是通过影响个体因素实现的。有研究发现员工自身的内部因素积极情绪中的支持性因素（来自主管、同事、朋友和家人的支持）对员工创造力的影响起中介作用（N. Madjar，G. R. Oldham，& M. G. Pratt，2002）③。创造力成分理论（Componential Model of Creativity）（R. Conti，H. Coon，& T. M. Amabile，et al.，1996）④也提出外部因素往往通过影响个体的动机状态进而影响创造力。在梳理创造力研究脉络的基础上，基于叶和阿玛贝尔人提出的理论，根据SDT关于个体的自我决定在自主支持性的环境和结果变量之间起中介作用的理论预期（R. M. Ryan & E. L. Deci，2000）⑤，我们提出研究假设4：自主性动机在自主支持性的动机激发类型（高度和中度自主）和创造思维之间起中介作用。

（二）研究结果

一是动机激发类型对创造思维的预测作用。对研究变量的描述统计结果显示，中度控制、中度自主和高度自主两两之间具有强的正相关（r 从 0.49 到 0.73，$ps <$

① Shalley, C. E., Zhou, J., & Oldham, G. R., The effects of personal and contextual characteristics on creativity: Where should we go from here?, *Journal of management*, 2004, 30(6), pp. 933-958.

② Yeh, Y. C., The interactive influences of three ecological systems on R & D employees technological creativity, *Creativity Research Journal*, 2004, 16(1), pp. 11-25.

③ Madjar, N., Oldham, G. R., & Pratt, M. G., There's no place like home? The contributions of work and nonwork creativity support to employees' creative performance, *Academy of Management Journal*, 2002, 45(4), pp. 757-767.

④ Conti, R., Coon, H., & Amabile, T. M., Evidence to support the componential model of creativity: Secondary analyses of three studies, *Creativity Research Journal*, 1996, 9(4), pp. 385-489.

⑤ Ryan, R. M., & Deci, E. L., Self-determination theory and the facilitation of intrinsic motivation, social development, and well-being, *American psychologist*, 2000, 55(1), p. 68.

0.001）。为了避免可能出现的抑制效应（suppression effects）（M. Vansteenkiste & M. Zhou，et al.，2005）[1]，在回归分析时，控制了性别和年级的影响后，分别考察四种激发类型对创造思维的独立作用。结果发现，高度控制对创造思维的预测作用不显著（β 为 0.02，$p > 0.05$）；中度控制、中度自主和高度自主均显著正向预测创造思维（β 分别为 0.18、0.26 和 0.27，$ps < 0.01$），同时模型的解释率显著增加（ΔR^2 分别为 0.03、0.07 和 0.07，$ps < 0.01$）。因此假设 1 得到了部分支持。

二是动机调节方式对创造思维的预测作用。采用回归分析，在控制性别和年级影响后，考察了动机调节方式对创造思维的独立预测作用。当自主性动机、控制性动机及其交互项进入模型后，模型的解释率具有显著的增加（ΔR^2 为 0.05，$p < 0.001$）。其中，自主性动机正向预测创造性思维（β 为 0.23，$p < 0.001$），控制性动机及交互项对创造思维没有显著预测作用，验证了假设 2。

三是动机调节方式在动机激发类型与创造思维关系中的中介作用。中介模型的结果发现，自主性动机在中度控制和创造思维间起完全中介作用，在中度自主/高度自主和创造思维间起部分中介作用，中介效应分别为 0.07、0.06 和 0.07，中介效应分别占总效应的 39%、23% 和 27%。另外，自主性动机在中度控制和流畅性间起完全中介作用，在中度自主/高度自主和流畅性之间起部分中介作用，在中度自主/高度自主和独创性之间起完全中介作用，中介效应分别为 0.07、0.07、0.07、0.05 和 0.05，中介效应占总效应的值分别为 39%、28%、26%、33% 和 31%。

（三）研究结论

该研究的主要结论有：①中度控制/中度自主/高度自主的动机激发类型和自主性的动机调节方式均能显著正向预测创造思维；②中度控制/中度自主/高度自主的动机激发类型通过促进自主性动机进而促进创造思维，并具体体现在思维的流畅性和独创性上。

---

① Vansteenkiste, M., Zhou, M., & Lens, W. et al., Experiences of autonomy and control among chinese learners: Vitalizing or immobilizing? *Journal of Educational Psychology*, 2005, 97(3), pp. 468-483.

二、心理健康与创造力的关系

2003 年，我们团队的罗晓路教授采用精神症状临床自评量表（SCL-90）、自评焦虑量表、自评抑郁量表、艾森克人格问卷、实用性创造力测验、威廉斯创造力个性量表、典型行为的创造性思维能力测验，用随机整体抽样的方法对从全国八大行政区十所大学抽出的 796 名大一至大四学生进行了调查研究。被试的年龄为 17～28 岁，平均年龄为 20.79 岁，标准差为 1.28。

（一）大学生心理健康的状况

1. 大学生在 SCL-90 上得分的一般情况

对大学生进行的 SCL-90 调查表明，我国大学生在 SCL-90 各维度上的得分最高的是人际敏感，其次是强迫症状。各维度在 3 分以上的比例为 4.1%～22%（见表 9-1）。

表 9-1　我国大学生在 SCL-90 各维度上的得分情况

SCL-90	躯体化	强迫症状	人际敏感	抑郁	焦虑	敌对	恐怖	偏执	精神病性
M	1.57	2.18	2.29	1.94	1.80	1.89	1.59	1.94	1.79
SD	0.60	0.70	0.80	0.76	0.66	0.75	0.64	0.71	0.61
3 分以上比例	4.1%	15.8%	22%	12.1%	7.7%	10.9%	4.9%	11.1%	5.4%

从本研究的结果来看，我国大学生在 3 分以上的人数比例在有些维度上还相当高，特别是人际敏感、强迫、抑郁、偏执等。这说明，大学生在这些方面可能存在一定的心理困惑。

2. 大学生在自评抑郁量表上的得分情况

采用自评抑郁量表（SDS）对大学生的心理健康状况进行了调查，结果表明我国大学生 SDS 量表上的平均分为 34.196± 9.464。不同抑郁指数人数的比例为：抑郁指数在 0.5 以下者（无抑郁者）为 73.4%，抑郁指数在 0.5～0.59（轻微至轻度抑郁者）为 15.8%，抑郁指数在 0.6～0.69（中至重度抑郁者）为 9.2%，抑郁指数在 0.7

以上者(重度抑郁)为 0.7%。

3. 大学生在自评焦虑量表上的得分情况

采用自评焦虑量表(SAS)对大学生进行了焦虑水平的调查,结果发现,我国大学生焦虑水平的平均得分为 33.798±8.63,高于全国正常人的总分均值(29.78±0.46)。

总之,从本研究的结果来看,大学生心理问题并不算严重,心理健康是他们的主流,要求健康是当前大学生积极向上的一种表现。因此,加强大学生的心理健康教育要注重解决大学生的人际困惑,重点培养大学生掌握情绪调节方法,使大学生能够控制自己的情绪。本研究的结果提示,要特别加强对大一学生的心理健康教育。

(二)不同心理健康程度的大学生创造力的差异

1. 心理健康与创造力的相关关系

本研究中,大学生在心理健康量表各维度上的得分与实用性创造力、威廉姆斯创造力个性测验、典型行为的创造力测验之间的相关,结果见表 9-2。

从相关表中可以发现,总体上心理健康的得分与创造力得分呈显著负相关。这说明,心理健康水平越高,创造力得分越高。但是,具体分析可以发现,有些创造力维度与心理健康的关系不显著,特别是创造性人格中的想象力,与心理健康的各个方面都没有显著相关;创造性人格中的挑战性与强迫症状、人际敏感、抑郁、焦虑、敌对、恐怖、偏执等都没有显著相关。在创造性思维中联想力(除与恐怖维度之外)和洞察力与 SCL-90 各维度得分之间也没有显著相关。

2. 自评抑郁量表高低分组大学生在创造力测验上的得分

借鉴国内外的相关研究,按照前后 27% 的标准对自评抑郁量表的总分进行了划分,将大学生分为抑郁高分组和抑郁低分组。

(1)自评抑郁量表高低分组在实用性创造力测验上的得分

采用多元方差分析,考察了高分组和低分组大学生在实用性创造力测验上的得分差异,结果表明,高低两组在实用性创造力测验上的得分有显著差异。进一步分

表 9-2 心理健康各维度与创造力测验各维度之间的相关分析

心理健康量表		躯体化	强迫症状	人际敏感	抑郁	焦虑	敌对	恐怖	偏执	精神病性	SDS分	SAS分	P量表	E量表	N量表
实用性创造力	新颖性	-0.19**	-0.16**	-0.14**	-0.13**	-0.18**	-0.11**	-0.23**	-0.11**	-0.20**	-0.21**	-0.19**	-0.14**	0.11**	-0.07**
	流畅性	-0.20**	-0.16**	-0.14**	-0.13**	-0.18**	-0.10**	-0.26**	-0.11**	-0.20**	-0.21**	-0.19**	-0.15**	0.09**	-0.07**
	变通性	-0.21**	-0.15**	-0.13**	-0.12**	-0.18**	-0.09**	-0.25**	-0.10**	-0.19**	-0.21**	-0.19**	-0.16**	0.09**	-0.05**
威廉姆斯创造力	冒险性	-0.15**	-0.20**	-0.23**	-0.22**	-0.16**	-0.12**	-0.17**	-0.13**	-0.18**	-0.18**	-0.21**	-0.12**	0.34**	-0.17**
	好奇性	-0.06	-0.06	-0.12**	-0.11**	-0.06	-0.05	-0.12**	-0.05	-0.08**	-0.08**	-0.16**	-0.13**	0.20**	-0.06
	想象性	-0.02	0.00	-0.02	0.02	-0.03	0.02	0.00	0.02	0.00	-0.03	-0.04	0.07	0.13**	0.02
	挑战性	-0.11**	-0.10	-0.14	-0.11	-0.08	-0.06	-0.11	-0.04	-0.07*	-0.08*	-0.15**	-0.13**	0.18**	-0.06
典型行为的创造力测验	把握重点	-0.21**	-0.29**	-0.32**	-0.27**	-0.25**	-0.17**	-0.25**	-0.15**	-0.25**	-0.24**	-0.28**	-0.16**	0.25**	-0.20**
	综合整理	-0.10*	-0.16**	-0.19**	-0.19**	-0.12**	-0.14**	-0.10**	-0.10**	-0.13**	-0.13**	-0.22**	-0.10**	0.17**	-0.13**
	联想力	0.00	-0.06	-0.07	-0.04	0.00	-0.01	-0.08**	0.05	-0.01	-0.05	-0.09**	0.01	0.22**	0.05
	通感	-0.11**	-0.09**	-0.12**	-0.12**	-0.13**	-0.12**	-0.14**	-0.07	-0.08**	-0.11**	-0.14**	-0.18**	0.18**	-0.01
	兼容性	-0.21**	-0.29**	-0.37**	-0.33**	-0.27**	-0.24**	-0.27**	-0.25**	-0.25**	-0.25**	-0.28**	-0.22**	0.43**	-0.27**
	洞察力	0.03	-0.10	-0.10	-0.10	-0.03	-0.04	-0.03	0.02	-0.06	-0.06	-0.08**	-0.01	0.24**	-0.10**
	独创性	-0.12**	-0.15**	-0.18**	-0.17**	-0.13**	-0.10**	-0.15**	-0.04	-0.15**	-0.14**	-0.18**	-0.10**	0.19**	-0.15**
	概要解释	-0.20**	-0.30**	-0.34**	-0.29**	-0.24**	-0.22**	-0.25**	-0.20**	-0.28**	-0.20**	-0.24**	-0.18**	0.34**	-0.21**
	评估力	-0.21**	-0.21**	-0.25**	-0.24**	-0.21**	-0.19**	-0.26**	-0.15**	-0.23**	-0.21**	-0.26**	-0.27**	0.23**	-0.14**
	投射未来	-0.17**	-0.15**	-0.17**	-0.17**	-0.12**	-0.19**	-0.17**	-0.11**	-0.16**	-0.17**	-0.21**	-0.25**	0.18**	0.00

注：*p<0.05，**p<0.01，***p<0.001。

析发现，低分组大学生在新颖性、流畅性、变通性和总分维度上都显著高于高分组。

（2）自评抑郁量表高低分组在威廉姆斯创造力测验上的得分

采用多元方差分析，考察了高分组和低分组大学生在威廉姆斯创造力测验上得分上的差异，结果表明，高低两组在威廉姆斯创造力测验上的得分有显著差异。进一步分析发现在冒险性、好奇性、挑战性和总分维度上均是抑郁低分组大学生的得分均显著高于抑郁高分组大学生的得分。

（3）自评抑郁量表高低分组在典型行为创造性思维测验上的得分

采用多元方差分析，考察了高分组和低分组大学生在典型行为创造性思维测验上的得分的差异，结果表明，高低两组在典型行为创造性思维测验上的得分有显著差异。进一步分析发现，在把握重点、综合整理、联想力、通感、兼容性、洞察力、独创性、概要解释力、评估力、投射未来及总分维度上抑郁低分组的得分均显著高于抑郁高分组大学生的得分。

3. 自评焦虑量表高低分组大学生在创造力测验上的得分

借鉴国内外的相关研究，按照前后 27% 的标准对自评焦虑量表的总分进行了划分，将大学生分为焦虑高分组和焦虑低分组。

（1）自评焦虑量表高低分组在实用性创造力测验上的得分

采用多元方差分析，考察了高分组和低分组大学生在实用性创造力测验上的得分差异，结果表明，高低两组在实用性创造力测验上的得分有显著差异。进一步分析发现，低分组大学生在新颖性、流畅性、变通性和总分维度上都显著高于高分组。

（2）自评焦虑量表高低分组在威廉姆斯创造力测验上的得分

采用多元方差分析，考察了高分组和低分组大学生在威廉姆斯创造力测验上的得分上差异，结果表明，高低两组在威廉姆斯创造力测验上的得分有显著差异。进一步分析发现，自评焦虑量表上的低分组大学生在冒险性、好奇性、挑战性和总分维度上的得分均显著高于高分组大学生。

（3）自评焦虑量表高低分组在典型行为创造性思维测验上的得分

采用多元方差分析，考察了高分组和低分组大学生在典型行为创造性思维测验上得分差异，结果表明，高低两组在威廉姆斯创造力测验上的得分有显著差异。进一步分析发现，在把握重点、综合整理、联想力、通感、兼容性、独创性、概要解释力、评估力、投射未来及总分维度上焦虑低分组的得分均显著高于焦虑高分组大学生的得分。

从本研究的结果来看，心理健康与创造力之间有着极为密切的关系，心理健康为创造力的开发和创造潜能的实现提供必要的认知、人格等心理条件。实际上创造力也是现代人心理健康的重要表现和基本内容，并能促进认知、个性及适应性等心理品质的发展。美国心理学家阿瑞提将创造力划分为普通的创造力和伟大的创造力，认为普通的创造力是每个心理健康的人都具有的，它能使人获得满足感，消除受挫感，为人类提供一种对于生活的积极态度。现代的心理健康观，不仅指没有心理疾病，还包含具有创新见解、能创造性地解决问题和创造新事物能力等多种心理素质健全的积极心理健康观。从这个角度来看，本研究测量的是大学生的一般创造力，因此得出心理健康水平越高，创造力越好的结论是符合现代心理健康观的。

总之，个体创造力的发展必须建立在一定的心理健康水平之上，即心理健康是个体创造力发展、发挥的基础。心理健康对创造力的发挥与发展起着促进和保证的作用，而创造力的提高，反过来也会增进心理健康的水平和质量。因此，培养大学生的创造力，是现代教育的任务，也是个体完善、发展的基础。积极维护心理健康，对大学生创造力的开发也具有特别重要的意义。

三、基于心理健康的大学生创造力培养实验

我们的结果表明，心理越健康的学生表现出越高的创造力，因此心理健康是大学生更好地发挥自身创造力的一个重要前提。但是，在高校中怎样开展心理健康教育来促进大学生创造力的发展，有待进一步研究。罗晓路、俞国良两位教授以心理健康教育中的个别心理咨询和团体心理辅导为突破口，用自然实验的方法，对大学

生创造力的培养进行干预研究。

该研究对 2002 年 9 月至 2004 年 4 月，到北京师范大学等四所大学心理咨询中心寻求心理帮助，经诊断为中度至重度抑郁症状、焦虑症状的学生进行单盲实验，采用现场自然实验，探讨接受心理辅导干预后，大学生心理健康水平和创造力情况的发展变化。研究使用了精神症状临床自评量表、自评焦虑量表、自评抑郁量表、实用性创造力测验、威廉姆斯创造力个性量表。被试分布情况见表 9-3。

表 9-3　被试的分布情况

年级	焦虑症状		抑郁症状		合计
	男	女	男	女	
一	9	11	7	8	35
二	10	8	8	10	36
三	7	9	9	9	34
四	7	6	7	7	27
合计	33	34	31	34	132

（一）实验设计

1. 研究变量

本研究的自变量指实验组所接受的心理辅导实验处理。实验组和控制组接受每周一次 1 小时的心理咨询心理辅导，但控制组不接受任何实验处理。

本研究的因变量是被试在接受心理咨询、辅导后，与辅导前相比，在 SCL-90、实用创造力测验和威廉姆斯创造力个性量表中所表现出的由自变量引起的变化。

对于控制变量，为了减少实验误差，降低实验干扰因素，本研究的设计采取了如下措施。

（1）实验效应的控制

本研究采用了实验组、对照组和控制组的三组实验设计，由此可以仔细考察因变量的变化，了解实验效应的存在情况，避免因实验效应引起误差。为了避免创造力测验和威廉姆斯创造力倾向量表的前测导致学习和记忆的干扰，本研究特设控制组被试，不参加前测。

（2）实验者误差的控制

来自四个学校心理咨询中心的 8 名咨询员每个月就抑郁和焦虑个案进行讨论分析，对个案进行录像，请专家督导。

（3）被试控制

为避免被试的自我期待对实验结果的影响，实验组被试并不知道自己是被试。

2. 前后测设计

采用实验组—控制组—对照组的前后测设计，将研究对象随机分配为实验组和控制组。实验组和控制组均接受心理辅导干预，实验组接受心理健康和创造力的前测和后测，为避免前测效应，控制组的被试不参加前测。在 2002 年 10 月进行的新生心理健康测试总分为前 27% 的学生中，随机选取 40 名作为对照组，对照组不做任何心理辅导干预。实验设计如表 9-4、表 9-5 所示，其中，R＝将所选的被试随机分配到实验组和控制组；X＝根据实验设计和实验目标对被试进行的治疗和干预；O＝对独立变量的观察和测量。

表 9-4　焦虑组实验设计

组别	分配方式	前测	实验处理	后测
	R	O_1	X_1	O_2
Group1（实验组）N＝34		实用创造力测验 威廉姆斯创造力个性量表	实施 心理辅导干预	实用创造力测验 威廉姆斯创造力个性量表
Group2（控制组）N＝33	R		X_2 实施 心理辅导干预	O_3 实用创造力测验 威廉姆斯创造力个性量表
Group3（对照组）N＝40	R	O_4 实用创造力测验 威廉姆斯创造力个性量表		O_5 实用创造力测验 威廉姆斯创造力个性量表

表 9-5 抑郁组实验设计

组别	分配方式	前测	实验处理	后测
R	O_1	X_1	O_2	
Group1		实用创造力测验	实施	实用创造力测验
（实验组）			心理辅导干预	
N = 33		威廉姆斯创造力个性量表		威廉姆斯创造力个性量表
Group2	R		X_2	O_3
（控制组）			实施	实用创造力测验
N = 32			心理辅导干预	威廉姆斯创造力个性量表
Group3	R	O_4		O_5
（对照组）		实用创造力测验		实用创造力测验
N = 40		威廉姆斯创造力个性量表		威廉姆斯创造力个性量表

因此，前后测的实验设计可以表达如下：

Group1（实验组）：RO_1 X_1 O_2

Group2（控制组）： X_2 O_3

Group3（对照组）：RO_4 O_5

（二）焦虑、抑郁实验组和对照组前测在实用创造力和威廉姆斯创造倾向上的差异

本研究首先比较了焦虑实验组学生与正常学生在创造力上的差异，结果如表 9-6 所示。在实用创造力的三个维度上，焦虑组的得分显著低于正常学生。而在威廉姆斯创造力个性量表上，焦虑组学生只有在好奇性和想象性上的得分与正常学生有明显差异。在冒险性、挑战性和 WLS 总分上，正常学生的得分略高于焦虑学生，但二者的差异并不显著。

表 9-6　焦虑组和对照组前测在创造力各维度上的差异结果

心理健康量表	创造力各维度	组别	N	均值	标准差	F 值	t 值	自由度	显著性
实用性创造力	流畅性	焦虑组	34	3.176	2.492	0.121	-3.567***	71	0.001
		对照组	40	5.425	2.644		-3.592***	69.902	0.001
	变通性	焦虑组	34	2.962	2.239	0.634	-3.043**	71	0.003
		对照组	40	4.500	1.954		-3.006**	64.514	0.004
	新颖性	焦虑组	34	8.25	6.708	0.130	-3.114**	71	0.003
		对照组	40	13.5	6.968		-3.129**	69.466	0.003
威廉斯创造力	冒险性	焦虑组	34	2.122	0.277	1.616	-1.838	71	0.070
		对照组	40	2.341	0.292		-1.906	68.459	0.061
	好奇性	焦虑组	34	2.210	0.247	1.450	-2.159*	71	0.034
		对照组	40	2.320	0.563		-2.294*	58.378	0.025
	想象性	焦虑组	34	1.890	0.242	1.839	-2.077*	71	0.041
		对照组	40	1.925	0.447		-2.121*	70.958	0.037
	挑战性	焦虑组	34	2.348	0.445	0.255	-0.578	71	0.565
		对照组	40	2.347	0.263		-0.612	60.409	0.543
WLS 总分		焦虑组	34	2.142	0.207	2.795	-1.838	71	0.070
		对照组	40	2.240	0.293		-1.906	68.459	0.061

　　抑郁组和正常学生在创造力各维度上的前测差异见表 9-7。与焦虑组的结果一样，抑郁组学生在实用创造力各维度上与正常学生有显著差异，特别是在流畅性和变通性上，抑郁组学生显著低于正常学生。在 WLS 创造性倾向量表上，抑郁组学生的冒险性、好奇性明显低于正常学生，而在想象性和挑战性上，二者的差异不显著。在 WLS 总分上二者的差异也较显著。

表 9-7　抑郁组和对照组前测在创造力各维度上的差异结果

创造力各维度	组别	N	均值	标准差	F 值	t 值	自由度	显著性
流畅性	抑郁组	33	4.045	1.981	0.262	-3.086**	71	0.003
	对照组	40	5.425	2.644		-3.118**	70.451	0.003
变通性	抑郁组	33	3.742	1.686	0.391	-2.589**	71	0.012
	对照组	40	4.500	1.954		-2.5276**	66.479	0.012
新颖性	抑郁组	33	10.015	5.741	0.143	-2.649*	71	0.010
	对照组	40	13.5	6.968		-2.665*	69.743	0.010
冒险性	抑郁组	33	2.051	0.247	2.248	-2.735*	71	0.008
	对照组	40	2.341	0.292		-2.921*	55.668	0.005
好奇性	抑郁组	33	2.179	0.274	0.002	-2.133*	71	0.036
	对照组	40	2.320	0.563		-2.141*	69.347	0.036
想象性	抑郁组	33	1.857	0.304	0.375	-0.734	71	0.466
	对照组	40	1.925	0.447		-0.760	68.721	0.450
挑战性	抑郁组	33	2.241	0.314	0.094	-1.966	71	0.053
	对照组	40	2.374	0.263		-1.931	60.409	0.058
WLS 总分	抑郁组	33	2.082	0.198	1.698	-2.631*	71	0.010
	对照组	40	2.240	0.293		-2.728*	68.459	0.008

从上述结果可以发现，在没有进行心理健康实验干预以前，焦虑组和抑郁组学生的创造力水平明显不如正常学生。

（三）焦虑、抑郁实验组与对照组后测在实用创造力和威廉斯创造倾向上的差异

经过实验干预，焦虑组被试的焦虑水平下降到正常水平后，我们对其再次施测，使用创造力和 WLS 创造倾向性量表，其后测结果与正常学生的后测结果差异见表 9-8。焦虑实验组和正常学生后测在创造力的各个维度上的差异均不显著，说明经过心理咨询、心理辅导，实验组学生的心理健康恢复正常水平后，其创造力的

发挥也恢复到正常水平。

表 9-8 焦虑实验组和对照组后测在创造力不同维度上的差异结果

创造力各维度	组别	N	均值	标准差	F 值	t 值	自由度	显著性
流畅性	焦虑实验组	34	5.823	3.106	1.885	1.362	72	0.177
	对照组	40	4.775	2.42		1.330	60.007	0.188
变通性	焦虑实验组	34	4.911	2.401	0.167	0.750	72	0.456
	对照组	40	4.325	2.173		0.740	65.488	0.462
新颖性	焦虑实验组	34	14.455	10.039	0.796	0.633	72	0.529
	对照组	40	12.812	7.577		0.617	59.559	0.539
冒险性	焦虑实验组	34	2.088	0.273	1.094	−0.896	72	0.373
	对照组	40	2.150	0.312		−0.906	71.928	0.368
好奇性	焦虑实验组	34	2.122	0.277	0.026	0.524	72	0.602
	对照组	40	2.260	0.425		0.528	71.485	0.599
想象性	焦虑实验组	34	1.893	0.280	0.791	−0.348	72	0.729
	对照组	40	1.917	0.300		−0.350	71.349	0.727
挑战性	焦虑实验组	34	2.335	0.445	0.058	0.455	72	0.650
	对照组	40	2.288	0.444		0.450	70.068	0.650
WLS 总分	焦虑实验组	34	2.157	0.259	0.271	0.044	72	0.965
	对照组	40	2.154	0.317		0.045	71.907	0.964

抑郁实验组学生经过实验干预后，心理健康水平恢复到正常水平（抑郁指数小于 0.5），再次施测创造力测验，与正常学生创造力测验后测的差异见表 9-9。抑郁组和对照组（正常大学生）在创造力各个维度上的差异均不显著，说明抑郁学生的抑郁情绪得到改善，恢复到正常水平后，其创造力的发挥也得到了提高。

表 9-9 抑郁实验组和对照组后测在创造力不同维度上的差异结果

创造力各维度	组别	N	均值	标准差	F 值	t 值	自由度	显著性
流畅性	抑郁实验组	34	5.075	3.356	1.885	1.362	72	0.177
	对照组	40	4.775	2.420		1.330	60.007	0.188
变通性	抑郁实验组	34	4.484	2.473	0.167	0.750	72	0.456
	对照组	40	4.325	2.173		0.740	65.488	0.462
新颖性	抑郁实验组	34	13.393	8.507	0.796	0.633	72	0.529
	对照组	40	12.812	7.577		0.617	59.559	0.539
冒险性	抑郁实验组	34	2.261	0.270	1.094	−0.896	72	0.373
	对照组	40	2.150	0.312		−0.906	71.928	0.368
好奇性	抑郁实验组	34	2.368	0.250	0.026	0.524	72	0.602
	对照组	40	2.260	0.425		0.528	71.485	0.599
想象性	抑郁实验组	34	1.973	0.302	0.791	−0.348	72	0.729
	对照组	40	1.917	0.300		−0.350	71.349	0.727
挑战性	抑郁实验组	34	2.367	0.286	0.058	0.455	72	0.650
	对照组	40	2.288	0.444		0.450	70.068	0.650
WLS 总分	抑郁实验组	34	2.242	0.216	0.271	0.044	72	0.965
	对照组	40	2.154	0.317		0.045	71.907	0.964

（四）焦虑、抑郁实验组和控制组后测在实用创造力和威廉斯创造倾向上的差异

为了检验在本实验中实验组创造力的提高是否存在前测效应，本研究特意安排了没有前测的控制组。焦虑实验组和控制组后测在创造力各维度上的差异见表 9-10。尽管在实用创造力的三个维度上，实验组的均值略大于控制组，但这种差异不显著。在 WLS 创造性倾向量表的各维度上，实验组的均值都略低于控制组，而这种差异也不显著。从这个结果我们可以认为，在本研究中不存在前测效应。

表 9-10 焦虑实验组和控制组后测在创造力不同维度上的差异结果

创造力 各维度	组别	N	均值	标准差	F 值	t 值	自由度	显著性
流畅性	焦虑实验组	34	5.823	3.106	3.107	1.532	65	0.130
	控制组	33	4.636	2.169		1.541	57.608	0.129
变通性	焦虑实验组	34	4.911	2.401	0.993	1.074	65	0.287
	控制组	33	4.151	1.847		1.079	60.358	0.285
新颖性	焦虑实验组	34	14.455	10.039	1.516	0.876	65	0.384
	控制组	33	12.257	6.76		0.882	57.095	0.382
冒险性	焦虑实验组	34	2.088	0.273	1.228	−1.653	65	0.103
	控制组	33	2.206	0.311		−1.650	63.377	0.104
好奇性	焦虑实验组	34	2.122	0.277	0.771	0.146	65	0.884
	控制组	33	2.297	0.353		0.147	64.634	0.884
想象性	焦虑实验组	34	1.893	0.280	0.031	−0.851	65	0.398
	控制组	33	1.952	0.282		−0.851	64.899	0.398
挑战性	焦虑实验组	34	2.335	0.445	2.613	−0.647	65	0.520
	控制组	33	2.394	0.266		−0.651	54.291	0.518
WLS 总分	焦虑实验组	34	2.157	0.259	0.118	−0.906	65	0.368
	控制组	33	2.212	0.240		−0.907	64.843	0.368

对抑郁组的被试我们做了同样的检验，抑郁组和控制组后测在创造力不同维度上的差异见表 9-11。抑郁实验组被试和正常大学生在后测创造力的各个维度上差异不显著。这个结果同样说明，对抑郁组被试来说，不存在前测效应。

表 9-11 抑郁实验组和控制组后测在创造力不同维度上的差异结果

创造力 各维度	组别	N	均值	标准差	F 值	t 值	自由度	显著性
流畅性	抑郁实验组	33	5.075	3.356	3.107	1.532	65	0.130
	控制组	32	4.636	2.169		1.541	57.608	0.129
变通性	抑郁实验组	33	4.484	2.473	0.993	1.074	65	0.287
	控制组	32	4.151	1.847		1.079	60.358	0.285

续表

创造力各维度	组别	N	均值	标准差	F 值	t 值	自由度	显著性
新颖性	抑郁实验组	33	13.393	8.507	1.516	0.876	65	0.384
	控制组	32	12.257	6.76		0.882	57.095	0.382
冒险性	抑郁实验组	33	2.261	0.270	1.228	-1.653	65	0.103
	控制组	32	2.206	0.311		-1.650	63.377	0.104
好奇性	抑郁实验组	33	2.368	0.250	0.771	0.146	65	0.884
	控制组	32	2.297	0.353		0.147	64.634	0.884
想象性	抑郁实验组	33	1.973	0.302	0.031	-0.851	65	0.398
	控制组	32	1.952	0.282		-0.851	64.899	0.398
挑战性	抑郁实验组	33	2.367	0.286	2.613	-0.647	65	0.520
	控制组	32	2.394	0.266		-0.651	54.291	0.518
WLS 总分	抑郁实验组	33	2.42	0.216	0.118	-0.906	65	0.368
	控制组	32	2.212	0.240		-0.907	64.843	0.368

（五）焦虑组前后测在实用创造力和威廉姆斯创造倾向上的差异

在上面研究结果的基础上，进一步考查心理健康干预对创造力的影响，我们比较了实验组前后测在创造力各维度上的差异。表 9-12 反映了焦虑实验组在实验前后的创造力差异，焦虑实验组的前、后测在实用创造力的三个维度上差异均显著，而在 WLS 创造性倾向量表的各维度上前、后测差异均不显著。

表 9-12　焦虑实验组在创造力各维度上的前、后测差异结果

创造力各维度	前测 N	后测均值	标准差	均值	标准差	平均差	t 值	显著性
流畅性	34	3.176	2.492	5.823	3.106	-2.647	3.876***	0.000
变通性	34	2.926	2.239	4.911	2.401	-1.985	3.531**	0.001
新颖性	34	8.250	6.708	14.455	10.039	-6.205	3.053**	0.004
冒险性	34	2.122	0.277	2.088	0.273	0.034	-0.472	0.640

续表

创造力各维度	前测 N	后测均值	标准差	均值	标准差	平均差	t 值	显著性
好奇性	34	2.210	0.247	2.122	0.277	−1.01	1.072	0.292
想象性	34	1.890	0.242	1.893	0.280	−0.003	0.049	0.961
挑战性	34	2.348	0.445	2.335	0.445	0.013	−0.110	0.913
WLS 总分	34	2.142	0.207	2.157	0.259	−0.015	0.215	0.831

（六）抑郁实验组前后测在实用创造力和威廉姆斯创造倾向上的差异

抑郁实验组在创造力各维度上的前测、后测差异见表 9-13。抑郁组被试在冒险性、好奇性和 WLS 创造性倾向总分上的前、后测差异显著，而在实用创造力的三个维度以及 WLS 的想象性、挑战性维度上差异不显著。

表 9-13　抑郁实验组在创造力各维度上的前、后测差异

创造力各维度	前测 N	后测均值	标准差	均值	标准差	平均差	t 值	显著性
流畅性	33	4.045	1.981	5.075	3.356	−1.030	−1.523	0.138
变通性	33	3.742	1.686	4.484	2.473	−0.742	−3.272	0.148
新颖性	33	10.051	5.741	13.393	8.507	−3.378	−1.482	0.057
冒险性	33	2.051	0.247	2.261	0.270	−0.210	−3.272*	0.003
好奇性	33	2.179	0.274	2.368	0.250	−0.188	−2.850*	0.008
想象性	33	1.857	0.304	1.973	0.302	−0.115	−1.593	0.121
挑战性	33	2.241	0.314	2.367	0.286	−0.126	−1.590	0.122
WLS 总分	33	2.082	0.198	2.242	0.216	−0.160	−2.994*	0.005

该研究通过对大学生心理健康水平的改善来促进其创造力的发展，落脚点是通过心理咨询、心理辅导的技巧，对焦虑和抑郁这两种大学生中最常见的不良情绪进行干预，使大学生的心理健康水平恢复到正常状态。这是目前许多大学心理咨询中心都在开展的工作。本研究采用单盲的方法，对到心理咨询中心求助的具有中至重度焦虑和抑郁情绪的学生进行创造力培养研究。

　　本研究在自然条件下通过心理咨询、治疗的形式，改善大学生的心理健康水平，从而发现其创造力水平也得到了相应的提高，验证了我们的假设之一，即学生心理健康水平的提高，能促进其创造性思维的提高，也部分验证了假设之二：心理健康水平的提高能改善学生的创造性人格，但这需要一个长期的心理健康教育过程。

　　该研究结果向我们展示了一条全新的创造力培养的途径，那就是通过对学生进行各种形式的心理健康教育，提高其心理健康水平，可以促进其创造力水平的发挥和发展。因此，我们在教育观念上要树立起创造力培养离不开心理健康教育这样一个指导思想，把心理健康教育作为大学创新教育系统工程中的一个重要子系统。在进一步的研究中，探讨如何通过多种形式的心理健康教育，促进大学生心理素质的全面提高，为大学生创造力的正常发挥和进一步发展提供必要的条件。

10 创造性
教育的研究

　　我们团队重视创造性教育的研究。从 1978 年起我开始关注思维品质创造性或独创性的培养，到我的弟子胡卫平教授近 10 年来对创新教育模式的探讨，这些都是我们研究团队对于创造性教育的重要研究内容。

　　第三章我们提到的英国心理学家高尔顿开启创造性教育研究之先河，他的《遗传与天才》就有创造性教育的理念。20 世纪 40—60 年代，从奥斯本到吉尔福特，都提倡创造性思维方法的培养，于是在第二次世界大战后创造性教育研究逐渐形成了初步的理论体系。美国、德国、日本等发达国家都出现创造性教育的实验，上面已提到的斯腾伯格就是这方面的典型代表。在中国，陶行知先生是创造性教育的开拓者，早在 20 世纪 30 年代他在育才学校设立"育才创造奖金"，后又发表《创造宣言》，为中国的创造性教育奠定了理论与实践的基础。

　　我们的课题组对创造性教育的研究，主要集中在以下三个方面：一是对创造性培养模式的阐述；二是创造性学习的研究；三是创造性教育，特别是创造性教育的结果分析。我们已把这三个方面研究结果，发表在国内外相关的刊物上。

第一节

———————

创造性教育的培养模式

所谓创造性教育模式，主要指在一定社会条件下形成创造性培养的具体方式或式样。它包括创造性教育与教学过程的组织方式、程序和方法。

一、国外对创造性人才培养模式的简介

创造性人才成长规律与培养模式是国外学术界、心理学界和教育界所关注的问题，但在我国，这类研究刚刚开始，与国际研究的深度还存在着一定差距。所以，我们课题组试图系统地研究国外创造性人才成长的规律与培养模式，梳理了国外近些年有关创造性人才培养的理论、教程、创新技能训练方法和世界发达国家的实践，为课题组研究提供有价值的资料与研究基础。

（一）创新人才培养的理论

20 世纪 50 年代以来，人们提出了一些创造性人才培养理论，比较典型的有如下几种。

第一，吉尔福特（J. P. Guilford，1967）[①]的三维智力结构模型。吉尔福特提出了智力的三维结构模型（The Structure of Intelligence），简称 SOI 模型，并在此基础上，设计了一种以解决问题为主的思维培育教学模式。该模式强调记忆储存（知识经验）是问题解决的基础，问题解决的过程始于环境和个体的资料对系统的输入，经过注意的过程以个人的知识经验基础对资料加以过滤选择，然后引起认知操作，了解问

———————

[①] Guilford, J. P., "Some theoretical views of creativity," In H. Helson & W. Bevan (Eds.), *Contemporary approaches to psychology*, Princeton, NJ, van Nostrand, 1967, pp. 419-459.

题的存在及本质，接着进行发散思维，酝酿各种解决问题的方法，通过集中思维选择解决问题的方案。有时可能未经发散思维而直接以集中思维解决问题，而在这一过程中，如有反对观点，则必须靠评鉴的运用，但在发散思维的情况下，有些取出的资料则避开评鉴的作用，也就是所谓的"拒绝批判"，这在创造性思维能力的培养中是非常重要的。

第二，泰勒(I. A. Taylor, 1976)[1]的三维课程模型。泰勒提出了一种用于培养学生创造力的三维课程模型，第一维是知识维，即学生所学的学科知识，包括生物、物理、艺术、数学、语言、历史、音乐等各种技能；第二维是心理过程维，即学生学习学科知识的过程中发展起来的心理能力及所需要的心理过程，包括认知、记忆、发散思维、聚合思维、评估、学习策略等智力因素和直觉、敏感性、情绪、情感、需要等非智力因素；第三维是教师行为维，包括教师的教学方法、教学媒体以及影响思维与学习过程的教师、学生和环境因素等。该模型强调通过学科教学来培养学生的创造力。

第三，威廉姆斯(F. E. Willianms, 1980)[2]的认知—情感交互作用理论。威廉姆斯提出了一种创造性思维培养的理论，叫作认知—情感交互作用理论(Cognitive-Affective Interaction Theory)，简称 CAI 理论。在这一理论的指导下，他设计了思维培育方案。整个方案包括指导手册、张贴部分和磁带。威廉姆斯的创造性思维培养的理论是一种强调教师通过课堂教学，运用启发创造性思维的策略以提高学生创造性思维的教学模式，强调教师在课堂教学和课外活动中的渗透。教学中宜采取游戏和活动方式，以便学生在宽松自由的氛围中，大胆猜测，多方向发散，最大限度地发挥自己的想象力，从而有效地培养学生的创造性思维能力。

第四，崔芬格等(D. J. Treffinger, Selby, & E. C. Isaksen, 2008)[3]的创造性学习模型。该模型包括创造性学习的三级水平，并且在每一级都考虑了认知与情感两个

---

① Taylor, I. A., Psychological sources of creativity, *The Journal of Creativity Behavior*, 1976, 10, pp. 193-202, p. 218.

② Williams, F. E., *Creativity assessment packet*, Buffalo, NY, DOK, 1980.

③ Treffinger D. J., Selby E. C. & Isaksen S. G., Understanding individual problem-solving style: A key to learning and applying creative problem solving, *Learning and Individual Difference*, 2008, 18(4), pp. 390-401.

维度。第一级水平包括一类具有发散功能的认知与情感因素，强调开放性——发现或感觉到许多不同的可能性。因为这一级水平包括对创造性学习来说基本的和重要的一类发散思维和情感过程，因此，构成创造性学习的基础。第二级水平包括更高级的或更复杂的思维过程，如应用、分析、综合、评价、方法论与研究技能、迁移、比喻和类比，同时还包括更高级或更复杂的情感过程，如认知冲突、善于想象等。第三级是学习者真正融入真实的问题和挑战。认知方面包括独立探究、自我指向学习、资源管理和产品的发展，情感方面包括价值的内化、对有效生活的承诺、自我实现。

第五，伦祖利等（J. S. Renzulli & S. M. Reis，2009）①的创造力培养理论。伦祖利提出了一种通过追求理想的学习活动促进青少年发展的一般理论。该理论认为，一个理想的学习行为应处理好教师、学生及课程之间的相互作用及关系，同时要处理好教师内部（包括教师的学科知识、教学技能和对该学科的热爱），学生内部（包括能力、学习风格和兴趣），课程内部（包括学科结构、学科内容及方法和激发想象）各因素之间的相互作用及关系。

（二）创新人才培养教程

近几十年来，国外发展了几种影响较大的创造性人才培养课程，主要有如下几种：

第一，科温顿（M. V. Covington，R. S. Cruchgield，& L. B. Davies，1996）②的创造性思维教程。卡温顿等人编写了《创造性思维教程》（*Productive Thinking Program*），该教程包括 15 本卡通一样的小册子，每册 30 页，每册讲述一个侦探故事，故事中主要有四个人物——两个儿童（吉姆和莱拉）和两个成人（吉姆的叔叔约翰和大侦探塞奇先生）。故事先就某个谜案提出一些线索，要求读者回答问题，目的是让读者

① Renzulli J. S. & Reis S. M.，"*The schoolwide enrichment model：A focus on student strengths & interests*，" In Renzulli, J. S., Gubbins J. E. & McMillen K. S., et al.（Eds.），*Systems & models for developing programs for the gifted and talented*，Mansfield Center，CT，Creative Learning Press，Inc.，2009.

② Covington, M. V., Cruchgield, R. S., & Davies, L.B.，*Productive thinking program：A course in learning to think*，Columbus，OH，Charles E. Merrill，1996.

"用自己的话陈述问题""自己提出问题""产生能解释谜案的各种想法"。当读者产生了某些想法之后，小册子中的吉姆和莱拉通过对话提出他们的想法，实际上，吉姆和莱拉就成了思维方法的"榜样"。就像真正的破案过程一样，他们起先会产生一些错误的想法，但后来在两个成人的评析和帮助下，最终揭开了要侦破的谜案。每个故事中成人评析都针对解决问题的一些策略。多项研究表明这一思维教程可以有效地提高青少年的思维能力。

第二，德·波诺（E. de Bono，1987）①的认知研究基金（Cognitive Research Trust，CoRT）教程。德·波诺的教程起初是为成人设计的，目的是通过训练发散思维来改进他们的思维能力。该教程并不是基于某一学习理论或发展心理学理论开展的，其目的是学习一套思维策略并将其应用于更广泛的情境中。CoRT 教程共有 6 个单元，每一单元包括 10 节课，每一节课训练在一个问题情境中的一种特定的思维策略。在每一节课开始时，先由老师简要地解释所要学习的思维策略，然后将学习者分成小组，讨论如何解决问题。几分钟后，各小组汇报他们的进展情况，并在老师的引导下进行讨论。CoRT 教程的大部分问题来自实际生活和实践。这一教程在全世界有广泛的应用，有数千个班的人参加了训练。但到目前为止还没有经过严格的实验检验。

第三，阿迪等（P. Adey，M. Shayer，& C. Yates，1995）②的思维科学课程。阿迪等人对英国青少年思维能力的发展进行了研究，结果发现，青少年的思维能力达不到皮亚杰提出的水平，而英国中学的课程是按照皮亚杰思维能力发展阶段设计的，故学生在学习科学等课程时会遇到困难。在这一研究的基础上，阿迪等实施了通过科学教育对学生进行认知（思维）加速的研究（Cognitive Acceleration through Science Education，CASE）。CASE 项目的理论依据是皮亚杰的认知发展理论和维果茨基的社会文化理论，具有事实准备（concrete preparation）、认知冲突（cognitive conflict）、元认知（metacognition）、架桥（bridging）等特点，特别强调在学生大脑中产生认知冲

---

① De Bono，E.，CoRT thinking program：Work cards and teachers，notes，Chicago，Science Research Associates，1987.

② Adey，P.，Shayer，M. & Yates，C.，*Thinking Science*，London，Thomas Nelson and Sons Ltd.，1995.

突，并通过学生之间以及学生与教师之间的交谈来寻求解决问题的思路和方法，建构认知结构，然后让学生总结自己的思维与解决问题的策略，发展自己的元认知能力，最后，将在活动中形成的这些策略应用到其他的问题上，推广到其他的领域。阿迪等人在理论建构和发展研究的基础上，出版了训练教程《思维科学》，用于指导认知（思维）加速实验。思维科学包括 30 个活动，这些活动可以分为变量问题、比例问题、守衡问题、组合问体、相关问题、分类问题、模型问题、平衡问题等类型。CASE 项目特别重视教师培训，培训内容包括 CASE 理论及每一个活动的实施方法，强调将这种教学思想和方法迁移到课堂教学活动中。有近 20% 的英国中学生及南非、欧洲等国家和地区的中学生参加了这一项目，大量的数据表明，CASE 不仅有效地提高了学生的科学、数学、英语成绩，以及学生的思维能力，同时，也大幅提高了学生的创造力。

（三）创新技能训练方法

训练创新技能是国外创新人才培养的主要方法，比较著名的有如下几种。

第一，奥斯本（A. F. Osborn，1963）[1]的头脑风暴法。奥斯本从心理功能的角度将人的心理能力分为信息输入能力、记忆能力、思维能力、创造能力四种，将思维分为判断思维和创造思维。他认为，经验是产生新思想的源泉，数量中包含质量，推迟判断能使人们产生更多的想法，并提出了一种创造技能——头脑风暴法（brainstorming）。这种方法既可以用于在特定的情境中产生创造性的想法，也可以用于创造性思维能力的培养。它利用集体思维的方式，使思想互相激励，发生连锁反应，以引导创造性思维。

第二，德·波诺（E. de Bono，1985）[2]的侧向思维训练。德·波诺将思维分为纵向思维和侧向思维。纵向思维即逻辑思维，是一步一步进行推理的，在推理过程中，每一步都必须是正确的；侧向思维是跳跃式的，为了得出正确的结论，思维的某一阶段可能是错误的。纵向思维关心的是提供或发展思维模式，侧向思维则关心改变原有的模式，建立新的模式。在整个思维过程中，纵向思维和侧向思维都是必

---

① Osborn, A. F., *Applied imagination*, New York, Charles Scribner's Sons, 1963.
② De Bono, E., *Six thinking hats*, Boston, Little Brown, 1985.

要的，它们具有互补的关系。由于侧向思维是一种创造性的思维方法，且容易被人们忽视，故需对其进行训练。德·波诺侧向思维的训练材料主要有视觉材料、言语材料、问题材料、主题材料、逸事与故事以及物资材料，训练方法主要有改变想法、挑战假设、推迟判断、分解问题、逆向思维、头脑风暴、任意激发、类比、寻找核心概念和关键因素、选择切入点和注意范围等。

第三，托伦斯(E. P. Torrance，1970)[1]的创造技能训练。托伦斯将儿童的创造技能分为 6 级水平，并通过阅读活动对其进行训练，他列举了课前、课中、课后能促进创造力发展的 71 个行为特征，并强调期望的作用，帮助学生想象未来。在以上研究的基础上，人们提出了各种各样的创造技能，共有 100 多种。在这些技能中，既有内部联系技能，又有外部联系技能；既有强迫联想技能，又有自由联想技能；既有问题相关技能，又有问题无关技能；既有言语技能，又有非言语技能，最常用的有任意输入、反转问题、提出问题、总结问题、侧向思维、列举项目、头脑风暴、强迫类比、列举属性、心理图示、比喻思维、形象思维、优选假设、模糊思维、模仿、训练六种思维风格、遵循不连续原理、从形态上强迫联系、莲花开放技能等。

(四)世界发达国家创造性人才培养的实践

1. 美国创造性人才培养的实践

美国注重创造性教育，各级各类学校在加强基础知识和基本理论教学的同时，高度重视学生创新能力的培养。在基础教育中，美国的中小学除了将创新能力的培养贯穿在整个教学活动之中，使所有学生都有机会提高其创新能力外，还设立专门的天才班级和天才学校。

中小学教育在创造性人才培养方面的具体做法和特点是：①教学内容丰富，重视培养学生的实际动手能力；②学校与社区密切联系，强调学生的社会责任感；③师生平等交流，鼓励学生的参与意识；④课堂教学活动除教师以外，还有同学互教、小组讨论或团队协作等形式；⑤教师通常作为协调人和协作人的角色出现在课

---

① Torrance，E. P.，*Encouraging creativity in the classroom*，Debuque，Iowa，W. C. Brown Company Publishers，1970.

堂；⑥学生不仅是为了教师而且是为了教师以外的现实社会而完成作业；⑦课内外活动丰富多彩，为激发学生开发和发挥其想象力和创造力提供机会；⑧强调理解并掌握新知识，坚持重温所学内容；⑨实行定期或不定期测试与评估。

2. 英国创造性人才培养的实践

英国是创造力研究的发源地，20世纪80年代以来，英国实施了国家课程，强调学生创新精神和实践能力的培养，特别是科学领域创造力的培养。英国在《学校课程框架》中提出了发展创新思维，了解世界群体和个人，养成正确道德观念等教育目标要求。具体来说，创新人才具有这几方面的素质：①创新意识，包括追求创新、推崇创新、乐于创新等；②创新思维，包括创造性想象、积极的求异思维、直觉思维、敏锐的观察力、敏捷而持久的记忆力、良好思维品质等；③创新技能，包括获取、处理信息的技能，动手操作、与他人合作，善于捕捉灵感技能等。

英国教育部担负创造性人才早期培养的主要责任，并且特别重视加强小学、中学和大学之间的联系，指定牛津布鲁克斯大学"高能儿童研究中心"为中小学校的超常人才计划协调人进行培训。同时，鼓励地方企业、工业资助超常学生，为超常生的长期培养奠定基础。

3. 澳大利亚创造性人才培养的实践

在澳大利亚英才教育过程中，教师对每个学生都有充分的了解，学校专门存放这些学生的档案包，记录着对其学习兴趣、认知风格的详细分析。教育重点是教会学生用辩证的眼光、批判的思维来学习和思考，教师经常采用诸如辩论的方式，培养学生独立学习、合作学习和研究性学习的能力。

澳大利亚鉴别创造性人才的标准，可以归纳成以下几个方面：全面的综合智能、特殊的学术能力、创造性思维能力、领导能力、艺术表现能力、体育运动能力等若干方面。具体鉴别的方法是，先由学生主动申请，通过教师评估、水平测试、IQ测试后，综合三方面鉴定判断这个学生的学习潜能——学习和思考的能力。当学生被认定为天才学生后，学校将与学生及家长签订一份特别教育协议，明确规定发展要求、预期成就以及所需时间等。

澳大利亚各地教育部门都在研究英才教育，众多高校纷纷建立了英才教育研究中心。1997年，新南威尔士大学成立的英才教育研究、咨询和信息中心，成为南半球的第一个英才教育研究中心，先后有60多名教师已经拿到了英才教育硕士学位，600多名来自澳大利亚各地以及新西兰、中国香港等地的教师在此完成了关于英才教育课程的学习。

4. 日本创新人才培养的实践

日本人提出教育要成为"打开能够发挥每个人的创造力大门的钥匙""教育要适应技术新时代而提高学生的人格品位，发展学生的想象力、谋划能力和创造性智力以及为创造而进取的不屈不挠的意志力"，使受教育者成为"面向世界的日本人"。

日本心理学教授宫城音弥认为创造性素质应包括：活力（精力和魄力），扩力（发展力、思考力和探索力），结力（组合信息能力、灵感、感知能力、联想力、构成力）以及个性四个方面。创新首先要通过活力即身心的精力，使扩力发挥作用，扩力扩散出来的东西又依靠结力而结合。个性能调控活力、扩力和结力。

坚持个性化是促进创造性的必不可少的条件。可以这样说，没有个性化，就不会有创造性。日本第三次教育改革为了实现培养创造性人才的教育目标，把实行个性化作为基本价值指向和最重要的原则，并贯彻于整个教育教学过程之中。坚持个性化原则，首先，要实行教学民主化，师生之间必须建立真诚、平等、共融的密切关系；其次，要尊重学生的人格，提倡学生在共同性前提下的独特性；再次，废除给予性学习，实行自主的解决问题学习，实行知识、技能与培养创造力三位一体的教育；最后，必须使教育环境"人性化"，创设有利于个性发展的环境。

5. 法国创造性人才培养的实践

法国的教育改革高度重视培养儿童青少年的创造性或创造力，强调树立正确的学生观，认识学生是学习活动的主体和主人，使其充分得到自由发展；启发学生的求知欲望，培养学生的学习兴趣，尊重学生的人格；通过创新构思、造型艺术、素描、绘画等各种实验活动，培养学生的创造力。在教学时间上，分成创造时间、吸收时间、对话时间、探索时间、自学时间等。

6. 新加坡创造性人才培养的实践

《新加坡教育法》（1993年）就明确规定：使学生具备活跃的和具有探索精神的

思维方法，使他们能够理性地思考和提出问题、讨论问题和争论问题并具备解决问题的能力。新加坡发表的《理想的教育成果》提出了新加坡 21 世纪的教育目标，规定了应达到的八大成果：人格发展、自我管理技巧、社交与合作技巧、读写与计算技巧、沟通技巧、资讯技能、知识应用技巧、思维技巧与创意。

新加坡实施创造性教育的主要手段：第一，营造创造性环境。鼓励教师培养学生的创造性思维、创造性能力，地铁站、街道口等人来人往的地方都悬挂大幅标语，宣传创意，鼓励创新。第二，推行课程改革。为了培养学生的创造性，新加坡教育部自 1987 年起，开始试行"思考"课程。1997 年，新加坡教育部将思维技能、资讯科技与国民教育规定为各个学科中必须融入与落实的"三大教育创导"。第三，课堂教学改革。创新教育要求创造自由、安全、和谐和无拘无束的情境与气氛。新加坡教育部要求教师在课堂上少讲一点，把更多的时间交给学生。新加坡的"少教多学"取得了良好的效果。第四，改革评估办法。教育评估重点包括对学校、教师、学生的评价，特别是国家对人才的甄别制度的改革是创造性教育能够顺利实施的关键。第五，搭建展示平台。各中小学纷纷搭建了不同级别、不同形式的平台来展示学生的创造性才能。新加坡各校在发展学生的创新意识上都制定了相关的计划，开辟了专门的场地，设置了专门的创新校本教材，安排了专门的教师来引导学生发挥创意。第六，加强教师培训。为了发展教师的创意，新加坡政府主要采用了三种方法：一是扩大教师的资讯信息；二是有计划、有目的地把教师送到企业、银行、工厂等部门工作、学习，开阔眼界，了解企业的创新制度、方案、技术等；三是分层次培训教师的创意思维和创意教学法。

二、陶行知是中国创造性教育的先驱

陶行知是中国教育家，原名文浚，又名知行，安徽歙县人。1910 年入金陵大学文学系，1914 年赴美国留学，1915 年获伊利诺依大学政治硕士学位。同年秋入哥伦比亚大学研究教育，为杜威·孟禄的学生。1917 年获该校都市总监学位，秋季归国。先后任南京高等师范学校教授、东南大学教授。"五四"时期主张改革旧教育，提倡新教育，提倡女子教育、学生自治等。1927 年后积极提倡乡村教育运动，认为这是由中国的国情所决定的，教育应为古老民族最多数的贫苦农民服务。于是在南京郊区晓庄创办试验乡村师范学校，培养具有改造自然、改造社会的活本领的教师。1930 年他系统地提出生活教育理论的基本观点"生活即教育，社会即学校""教学做合一"等。陶行知先生被毛泽东同志誉为"伟大的人民教育家"。

陶行知是中国创造性教育的先驱，早在 1933 年就提出了"创造的教育"之观点，在《陶行知全集》与《陶行知文集》中有许多创造性教育的理论，这里我们来概括几个方面。

（一）创造性教育是完成行为—思想—新的价值的教育

陶行知先生分析当时中国的教育是传统教育，是关门来干的，只有思想，没有行动的。教员们教死书，死教书，教书死；学生是读死书，死读书，读书死。传统教育是死的教育，不是行动的教育。陶行知要扭转王阳明的"知是行之始，行是知之成"为"行是知之始，知是行之成"。

陶行知从其老师杜威的"反省思维"五步骤（感觉困难、审查苦难所在、设法去解决、择一去尝试、屡试屡验得到结论）出发，提出"行动的教育"，即创造的教育，"有行动才能得到知识，有知识才能创造，有创造才有热烈的兴趣。所以我们主张'行动'是中国教育的开始，'创造'是中国教育的完成"（陶行知，2008）[1]。

（二）创造性教育呈现"生活即教育，社会即学校"的模式（陶行知，2008）[2]

陶行知先生批评当时的教育脱离生活、脱离社会。

陶行知首先提出创造性教育就是"以社会为学校""学校和社会打成一片"，彼此之间很难识别。其措施是拆除各人心中的围墙。各人把其感情、态度从以前传统教育那边改变过来，解放起来，实则这种教育，只要有决心去干，是很容易办到的。

---

[1] 陶行知:《陶行知文集》，494~495 页，南京，江苏教育出版社，2008。
[2] 陶行知:《陶行知文集》，354~361 页，南京，江苏教育出版社，2008。

与此同时陶行知提出创造性教育是"以生活为教育，就是生活中才可求到教育"。教育是从生活中得来的，虽然书也是求知的一种工具，但生活中随时随处是工具，就是教育。况且一个人有整个的生活，才可得整个的教育。

（三）创造性教育的目的是为了建设国家、完善理论、技术创新

陶行知先生是一位伟大的爱国教育家，他为抗日战争呕心沥血，他反对国民政府的独裁暴行，他希望中华复兴、祖国富强，于是他倡导教育性教育是为了"培养科学儿童以创造科学中国之始基"。他提倡学校加强自然科学教学、加强实验，这是建设科学中国的出路。

陶行知认为创办好创造的教育，也是为了更好地创造。创造性教育者不是造神，不是造石像，不是造爱人，而是接过创造主未完成之工作，继续创造。创造需要理论，需要技术。所以创造性教育者也要创造值得自己崇拜之创造理论和创造技术。他做了如下的一个形象比喻：活人的塑像和大理石的塑像有一点不同，刀法如果用得不对，可能万像同毁，刀法如果用得对，则一笔下去，万龙点睛（陶行知，2008）①。

（四）创造性教育要培养学生手脑相长

陶行知先生在创造教育的措施上，提倡"创造儿童教育"，即了解儿童、尊重儿童，用今天的话来说，就是发挥学生的主体性。他提出"陪着儿童一起创造"，即把我们摆在儿童队伍里，成为他们的一员，认知儿童有力量，解放儿童的创造力，培养创造力。

在这个前提下，创造性教育应该如何进行呢？陶行知提倡把学生的头脑、双手、嘴、空间都解放出来，培养手脑相长的创造力。他多次用"工学团"作为教育目标，"工是工作，学是科学，团是团体"，也就是说，工以养生，学以明生，团以保生。以大众的工作，养活大众的生命；以大众的科学，明了大众的生命；以大众团

---

① 陶行知:《陶行知文集》，891~892 页，南京，江苏教育出版社，2008。

体的力量，保护大众的生命。陶行知实际上希望把工场、学校、社会打成一片，产生一个富有生活力的新教育。

创造性教育的目的，是帮助造就手脑都会用的人。陶行知先生指出："我们需要的一种教育，是造就脑子指挥双手、双手锻炼脑子的手脑健全的人。"（陶行知，2008）[①]

三、我们对创造性模式的探索

近 30 年特别是近 10 年来，在系统研究创造性人才成长规律的基础上，我们一直在探索创造性人才的培养途径，提出了营造创造性环境、实施创造性教育、培养创造性能力、塑造创造性人格的培养思路，开发了儿童青少年创新素质培养的活动课程，提出了创造性课堂教学的理论，组织了部分中学与大学联合培养创造性人才，建立了三百多所实验学校，探索了创造性人才培养的活动课程模式、学科渗透模式和中学与大学联合培养模式等，取得了显著的效果。

（一）三种较典型的模式

1. 中小学活动课程培养模式

创造性人才除应具备创造性思维和创造性人格这两个关键素质外，还应有强烈的学习动机、良好的学习策略、较高的思维能力和对知识的深入理解。为全面培养学生的创新素质，我们构建了活动课程培养模式。思维是智力和能力的核心，创造性思维是创造力的核心，基于中小学生思维发展的特点和学生的直接经验，我们陕西师范大学课题组开发了以思维方法为主线、以学生活动为载体、体现对知识的综合运用的思维活动课程。该课程共有 8 册，每个年级 1 册，每册都以活动为单位（小学每册 24 个活动，初中 14 个活动），由"基础能力训练篇"和"综合能力训练篇"两部分构成，每个部分都包括形象思维、抽象思维和创造性思维三种思维形式，同

[①]   陶行知：《陶行知文集》，271~272 页，南京，江苏教育出版社，2008。

时涵盖了 15 种思维方法。每个活动包含活动导入、活动过程、活动小结、活动拓展四个部分，一些活动后面还有与活动内容相一致的课外阅读。同时，提出了动机激发、认知冲突、社会建构、元认知和迁移等教学原理和民主性、开放性、建构性、合作性和个性化等教学原则，建构了针对不同活动的教学策略和教学方法。10 年来的教学实验表明：活动课程培养模式能够有效促进学生创造素质的提高，并把这种模式介绍到国际上（W. Hu, P. Adey, & X. Jia, et al., 2011）①。

2. 高校与中学联合培养模式

为在人才成长的关键时期，采取特殊措施，加快创造性人才的发现和培养，在系统研究创造性人才成长规律和总结国内外创造性人才培养模式的基础上，陕西省启动了高校与中学联合培养创造性人才的"春笋计划"。我们负责了方案的制订、学生的选拔、活动的组织和效果的评估。

"春笋计划"的内容主要包括三个方面。第一，选拔少数具有创造性潜质且学有余力的高中生，利用综合实践活动课程时间和节假日进入高校实验室参加课题研究。第二，组建创造性人才培养专家报告团，为高中生举办讲座、报告，开设选修课，参与高中生研究性学习的指导。第三，高校重点实验室对中学生实行开放日制度，接待中学生有计划地参观和学习。通过这些活动，培养高中生的创新素质。经过一年的实验，第一期"春笋计划"已经结束，经过评估，取得了非常显著的成绩，参与"春笋计划"的学生不仅产出了一批创造性的成果，更重要的是有效培养了学生强烈的求知欲望，加深了学生对学科知识的理解，提高了学生的创造性人格。调查表明：学生在怀疑性、独立性、好奇心、开放性和坚持性等人格特质方面有了很大的改变，学生的学习由被动变为主动。

类似于陕西省的"春笋计划"，北京市实施了"翱翔计划"，上海市的上海交通大学与上海中学等基础教育名校也开始联合培养创造性人才。高校也在围绕专业学科，特别是基础专业学科，如数、理、化、生、信息技术、文、史、哲、经、法等学科，围绕着拔尖创新人才的培养积极制定计划。基础和高等教育积极推进以创新

---

① Hu, W., Adey, P., & Jia, X., et al., Effects of a "Learn to Think" intervention programme on primary school students, *British Journal of Educational Psychology*, 2011, 81, pp. 531-557.

精神为核心的素质教育，充分利用课堂教学的主渠道培养学生的创新思维与创新人格，所有这一切都是在探索符合中国具体情况的创造性人才培养模式。

3. 高校培养创新人才模式

我们曾在前文中阐述了拔尖创新人才成长阶段中的"集中训练期"和"才华展露与领域定向期"，主要在大学本科和研究生阶段。高校培养创新人才更要体现创新性（创新）教育的特点，更要转变教育观念。高校领导（管理层）要营造有创造性的校园文化，包括认识和内化创造力，使创新意识深入人心，营造学校创造性校园气氛；开展创造力教学活动，提高师生的创新精神，激发师生的创新热情。北京师范大学创办"励耘实验班"，就是一种高校培养创新人才模式的一种尝试。为落实《国家中长期教育改革和发展规划纲要（2010—2020 年）》和人才强国战略，培养具有国际一流水平的基础学科领域拔尖创新人才，促进我国基础科学研究水平的提升，2009 年，我国教育部出台了一项人才培养计划——"基础学科拔尖学生培养试验计划"，简称"珠峰计划"。该计划选定了全国 19 所高等院校的五个基础学科（数学、物理、化学、生物、计算机）作为试点，力求在创新人才培养方面有所突破。由于专业特色和侧重点不尽相同，19 所学校所制定的培养模式也各具特色。北京师范大学作为入选该计划的高校之一，在依托数学国家一级重点学科，理论物理、物理化学、细胞生物学、生态学国家二级重点学科，充分发挥国家基础科学研究和教学人才培养基地的优势的基础上，创建了"基础理科（含数学、物理学、化学和生物学）拔尖学生培养实验班"，为培养基础学科拔尖学生，改革人才培养模式，提高人才培养质量提供示范作用；此外，北京师范大学也注重人文学科拔尖学生的选拔和培养，创建了"人文学科（含汉语言文学、历史学和哲学）拔尖学生培养实验班"，力图培养学生浓厚的人文素养和坚实的人文学科专业知识，为其将来成为文史哲学科领军人物、知名学者奠定坚实基础。励耘实验班坚持因材施教、扩大个性选择，实施导师指导下的开放式"宽口径、厚基础、个性化、本研衔接"拔尖学生培养模式，重构课程体系，强化相关学科基础；大力改革教学方法，推进研究性教学和自主学习；注重课堂教学与实践教学、科学研究的结合，培养学生科学的思维方法，提高学生发现问题、分析问题和解决问题的能力；同时注重非智力因素培养，提升综合素质；并通过多种途径拓展学生国际视野，丰富学术生活。2010 年至今，励耘实验班已经有六届学生，学生普遍表现出基础扎实、学习投入、兴趣浓厚、志向远大、能力突出等特点。励耘拔尖计划的实施，也带动和促进了学校基础学科自身的进一步发展，提升了师资队伍水平。我们从中体会到：为了培养创新人才，对高校教师来说，一是要提高师德，能否培养出国家需要的创新人才，是衡量师德的重要标准；二是要"严慈相济"，激发学生的创新兴趣、动机和热情；三是倡导"培养出超越自己，值得自己崇拜的学生"的理念，确实把培养创新人才放在教育教学工作的首位。对学生来说，必须抓好其学习活动中的七种因素，即兴趣、志向、质疑、毅力（特别是勤奋）、信心、责任心和实践（活动），以促进大学生或研究生创新精神和创新才干的发展。

（二）胡卫平的课堂教学创新模式

胡卫平的课堂教学创新模式，是我们学术团队对创造性教育模式研究的典范。所以我们做如下介绍。

课堂教学是学生创造力培养的主渠道，是创造性人才培养的重要途径，要有效培养学生的创造力，必须实施有利于学生创造力发展的教学改革。基于皮亚杰的认知发展理论、维果茨基的社会文化发展理论、林崇德的思维理论（C. Lin & T. Li，2003）[1]，以及相关思维、学习和教学的观点，胡卫平提出了思维型教学理论（林崇德，胡卫平，2010[2]；胡卫平，魏运华，2010[2]；胡卫平，刘丽娅，2011[3]；W. Hu，P. Adey & X. Jia，et al.，2011[4]；W. Hu，2015[5]），目的在于培养学生创新素质。该

---

① Lin, C. & Li, T., Multiple intelligence and structure of thinking theory psychology, 2003, 13(6), pp. 829-845.

② 林崇德，胡卫平：《思维型课堂教学的理论与实践》，载《北京师范大学报社会科学版》，第 1 期，2010.

② 胡卫平，魏思华：《思维结构与课堂教学——聚交思维结构的智力理论对课堂教学的指导》，载《课程教材教法》，第 6 期，2010.

③ 胡卫平，刘丽娅：《中国古代教育家思维型课堂教学思想及其启示》，载《教学理论与实践》，第 10 期，2011。

④ Hu, W., Adey, P. & Jia, X., et al., Effects of a "Learn to Think" intervention programme on primary school students, *British Journal of Educational Psychology*, 2011, 81, pp. 531-557.

⑤ Hu, W., "Think-based classroom teaching theory and practice in China," In Wegerit R., Li L. & Kaufman J., *The routledge international handbook of research on teaching thinking*, London, Routledge, 2015, pp. 92-102.

理论的核心包括三个部分。

1. 思维能力的结构模型

胡卫平基于对思维与创造力的长期理论研究和发展研究，分析了国内外关于思维与创造力培养的理论与实践，建构了整合思维内容—思维方法—思维品质的思维能力的三维立体结构模型——思维能力的结构模型（Thinking Ability Structure Model，TASM），如见图 10-1 所示。该模型有三个维度，每两个维度构成的平面代表特定的含义。内容与方法维所构成的 X–Y 平面表示学科的结构，方法与品质维构成的 Y–Z 平面表示一般的思维能力，内容与品质维所构成的 X–Z 平面代表与思维能力相适应的知识结构。

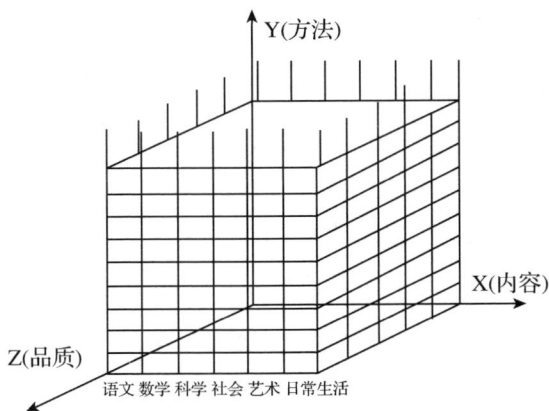

图 10-1 思维能力的三维立体结构模型

本模型有三个特点：第一，整体性。即该模型指出，中学生的科学思维能力是由科学思维的内容、方法和品质有规则、有秩序地构成的一个相互依赖、相互制约、相互促进、共同发展的有机整体；第二，动态性。即该模型不仅在特定的阶段是稳定的，而且随着知识的丰富、方法的完善、品质的提高、能力的发展按一定规律发展变化，在这个变化中，整个结构形式保持不变，变化的只是具体内容；第三，自调性。即结构模型内各成分为达到平衡，产生了依靠其内部规律而进行的自我调节。

本模型给我们有如下启示：第一，儿童青少年的思维能力是由思维的内容、方法及品质构成一个有机的整体，对该能力的测量必须同时考虑这三方面的因素；第二，思维能力的培养必须贯穿在知识和方法的教学中，并将思维品质的训练作为培养思维能力的突破口；第三，儿童青少年思维能力的形成和发展过程是该结构模型的形成和改组过程，每一阶段有一种相对稳定的结构，教育与教学要适应这种结构，并促进其发展。

2. 思维型教学的基本原理

教学既是一门科学，也是一门艺术。是科学，说明有规律可以遵循；是艺术，说明需要教师的创造。因此，思维型课堂教学不可能给教师规定详细的教学细节，但有效的教学需要遵循五个本原理。

第一，动机激发。动机作为非智力因素之一，不仅是其他非智力因素的前提与基础，也对创造力发展有着更重要的作用。斯腾伯格等（R. J. Sternberg & T. I. Lubart，1991）[①]提出了一种创造力投资理论，认为有六类相互作用的资源会影响创造性的表现，即智力过程、知识、类型、人格、动机和环境。阿玛贝尔（T. M. Amabile，1996）[②]提出了创造力的三成分模型，认为创造力是领域相关的技能、创造力相关的技能和任务动机三种成分综合作用的结果。在教学过程中，要创设良好的教学情境，设置适当的问题情境，激发学生的内在学习动机，调动学生学习的积极性，使其产生强烈的求知欲，保持积极的学习情感与态度。

第二，认知冲突。认知冲突指认知发展过程中原有认知结构与现实情境不相符时在心理上所产生的矛盾或冲突。皮亚杰认为顺应或调节是解决认知冲突的有效方法，只有通过调节不断解决认知冲突，才能促使人的认知活动不断丰富和发展。课堂教学中，教师要根据课堂教学目标，抓住教学重点，联系已有经验，设计一些能够使学生产生认知冲突的"两难情境"或者看似与现实生活和已有经验相矛盾的情境，以此激发学生的参与欲望，启发学生积极思维，引导学生在探究问题的过程中领悟方法、学会知识、发展能力，主动完成认知识结构的构建过程。

---

① Sternberg, R. J. & Lubart, T. I., An investment theory of creativity and its development, *Human Development*, 1991, p. 34, pp. 1-31.

② Amabile, T. M., *Ceativity in context*, New york, Springer-Verlag, 1996.

　　第三，自主建构。自主建构包括认知建构和社会建构两个方面。根据建构主义的认知建构思想，在课堂教学中，教师应采用恰当地列举生活中的典型事例，唤起学生已有的感性认识；运用观察和实验来展示有关事物发生、发展和变化的现象和过程；联系学生已有的生活经验和已有知识进行教学；要让学生掌握建立概念、规律、形成知识、分析问题、解决问题的方法；提出高认知问题，重视探究教学；使学生掌握知识之间的联系及关系，在大脑中形成"富有弹性"的知识网络，建构合理的学科结构。社会建构思想体现在课堂教学中，从课堂互动的主体来讲，有课堂师生互动和课堂生生互动；从课堂互动的内容来讲，有认知互动、情感互动、行为互动。行为互动是课堂教学中师生的外在表现，情感互动是思维互动和行为互动的基础，而思维互动则是互动的核心。在教学过程中，创设平等和谐的互动情景，促进师生和同伴之间团结友爱、互帮互助的正向情感的建立，激发师生和同伴之间积极的思维互动，可以有效促进学生创造力的发展。

　　第四，自我监控。自我监控是主体将活动本身作为意识的对象，不断对其进行积极主动的计划、检查、评价、反馈、控制和调节。自我监控能力不仅是教师教学能力的核心，也是学生学习能力的核心，影响着教学过程和教学效果，也影响着学生创造性的发展。教学监控能力包括：课前的计划与准备性、课堂的反馈与评价性、课堂的控制与调节性和课后的反思性。在教学设计环节，不仅要设计每节课，而且要有一个长期的教学规划（包括知识教学、能力和非智力的培养）和系统的教学设计。在教学实施环节，要监控整个教学过程，根据教学实际情况，合理调整教学难度、教学方法和教学速度。要重视知识和方法的应用与迁移。特别是要重视教学反思环节，即在每一次课堂活动将近结束时，教师都要引导学生对学习对象、学习过程、思维方式、所学知识和方法等，进行总结和反思。通过总结和反思，使学生加深对知识和方法的理解，总结学习中的经验和教训，形成自己的认知策略，发展自己的认知结构，提高自我监控能力。

　　第五，应用迁移。应用迁移包括两个方面，一是将所学的知识与方法应用迁移到实际情境中去、应用迁移到其他领域中去，解决实际问题；二是学生在学习过程中形成的与同学之间的相互促进、相互合作的态度、积极探索、不断创新的精神以及一些行为规范和价值观以不同形式迁移到日常生活中。

3. 思维型教学的操作与评价

思维型教学追求学生对知识和方法的深度理解与灵活应用，以及批判性思维、创造性思维、合作能力、交流能力、内在学习动机、自主学习能力等的培养。为了达到这些目标，基于五大教学原理，基本的教学操作程序如下：

创设情境—提出问题—自主探究—合作交流—总结反思—应用迁移

在实施过程中，构建促进学生发展的评价体系，注重终结性评价的同时，加强形成性评价；注重评价的全面性、动态性和激励性；坚持评价内容的开放化、评价标准多元化、评价标准多元化、评价方式多样化和评价主体的融合化。对一节课的整体评价，在满足科学性（教学内容正确、教学方法科学），适切性（教学难度和教学方法等适合学生特点），思维性（学生能够围绕教学目标积极思维）和自主性（学生自主参与、合作互动，具有内在动机和兴趣）的基础上，满足如下要求。

教学目标：突出核心素养，符合学生水平，规划完整恰当，按需调整目标，目标落实良好。

教学内容：内容选择符合目标，内容理解正确无误，突出知识形成过程，重视联系已有经验，体现学习进阶要求。

情境创设：基于生活实际，接近真实情境；紧扣教学内容，突出教学重点；适合学生水平，符合最近发展区要求；引起认知冲突，激发积极思维；能够融入情感，激发内在动机；具有形象性、具体性、探究性和可感知性。

提出问题：问题的设计有思维性和挑战性；问题的设计有准确性和适切性；问题的设计有开放性和探索性；问题的设计有层次性和条理性；要留足思考时间，给予恰当引导；反馈具有针对性，鼓励自我评价。

自主探究：自主完成，实施探究，积极思维。

合作交流：课堂教学氛围和谐，师生关系平等；创设有利于合作互动的教学情境；有适合于合作互动的高认知问题；面向全体学生，具有良好的课堂组织；教师及时的引导，学生的相互激发；以情感互动为基础，达到思维互动。

总结反思：结构合理，便于学生建构合理的学科结构；内容全面，包括知识和方法的总结；既反思探究的过程，也反思探究中的经验教训；引导恰当，基于学生的反思能力，立足学生积极参与，展示学生思维过程，引导学生自主完成；针对性强，围绕教学的重点、难点和关键点；教给学生探究、总结和反思的方法；注意对易错点进行总结和反思。

应用迁移：基于相关性，与所学内容相关，典型性，选择问题具有典型性和代表性；思维性，能够激发学生积极思维；引导性，引导学生自主解决问题；实践性，联系实际，突出真实问题情境；全面性，包括知识和方法的应用迁移，包括迁移到本学科领域和其他学科领域。

第二节

———

创造性学习的研究

我们的学术团队和课题组对创造性学习探讨了近 30 年，不仅仅研究文献，更重要的是从事教改研究，尤其是 1978 年到 21 世纪围绕着中小学生思维品质的实验研究，获取了一些创造性学习的研究成果。

学习，一般是指经验的获得及行为变化的过程。人类的学习是获取经验、知识、文化的手段，知识的继承和文化的传承要依靠学习，而学习的重要内容乃是人类文化创造的结果。学习活动能否增加创造性的意义，学习过程能否增加除旧布新的成分，学习者是否有创造性的动机，学习者是否有学习策略并擅长一定灵活新奇的方法，学习者能否通过学习获得创造性的人格，进而加快发展为创造性人才等，对这些特点的研究是时代赋予我们的一个崭新的课题。

一、创造性学习是心理学界经长期探索而提出来的

"创造性学习"是怎么产生的？这是学术界颇关心的问题。

（一）创造性学习是学习理论研究的结果

在国际心理学界，创造性学习一般被认为是西方两种心理学理论的产物，一是布鲁纳的发现学习，二是吉尔福特的创造性思维。这两种理论都产生于 20 世纪 50 年代末的美国。如前所述，当时美国意识到国力竞争的关键在人才的培养，为了改变当时的科学技术状态，美国大力培养创造性人才，而创造性人才培养的前提是创造性的理论和实验研究。

在学习理论上，按不同的学习方式，可以分为接受学习和发现学习。所谓接受学习，是指学习者将别人的经验变成自己的经验时，所学习的内容是以某种定论或确定的形式由传授者传授的，不需要自己任何方式的独立发现。与之相对应的教学方法是讲授教学法，学习者将传授者讲授的材料加以内化和组织，以便在必要时再现和利用。奥苏伯尔曾把接受学习分为意义接受学习和机械接受学习，其中意义接受学习的过程不是一个被动的过程，而是一个新旧知识相互作用的过程，即新知识为"认知—知识结构"所同化的过程。学习者理解新知识，原有认知—知识结构获得改造和重组。所谓发现学习，又叫"发现法"，由学习者自己发现问题和解决问题的一种学习方式。它以培养学习者独立思考（思维）为目标，以基本教材为内容，使学习者通过再发现的步骤来进行学习。发现学习分为独立发现学习和指导发现学习，前者与科学研究相同，在学校学习中较少见；后者却是在课堂教学中出现，它向学生提出有关问题，指导学生学习、搜集有关资料，通过积极思考，自己体会、"发现"概念和原理的形成步骤。尽管发现学习的效率比接受学习低，而且受学习者智力水平和知识基础的限制，但是发现学习的倡导者布鲁纳却认为发现学习有四个优点：一是有利于掌握知识体系与学习的方法；二是有利于启发学生的学习动机，增强其自信心；三是有利于培养学生发现与创造态度、探究的思维定势；四是有利于

知识、技能的巩固和迁移。

创造性学习正是在发现学习和创造性思维等研究的基础上发展起来的。创造性学习（creative learning）一词来自创新学习（innovative learning）。"创新学习"的概念最早出现在牛津、纽约等 6 家出版社于 1979 年出版的《学无止境》（*No Limits to Learning*）一书中，它是针对全球存在的环境问题、能源危机等而提出来的。创新学习是与传统的学习方法——维持学习（maintenancelearning）相对立的一种学习。维持学习是获得固定的见解、方法、规则以处理已知的和再发生的情形的学习，它对于封闭的、固定不变的情形是必不可少的。创新学习是能够引起变化、更新、改组和形成一系列问题的学习，它的主要特点是综合，适用于开放的环境和系统以及宽广的范围。预期和参与构成创新学习过程的概念框架，创新学习需要创造性的工作。维持学习和创新学习的另一区别在于：维持学习所要解决的问题来源于科学权威或行政领导，其解决方案容易被公众理解和接受。到 20 世纪 80 年代初，重视使用"创造性学习"概念，探讨学生创造性学习，是为了促进创造性人才的成长。也就在这个时候，我们课题组提出"重复性学习"和"创造性学习"的分类，并强调学生创造性学习的重要性。

人的创造性的张扬，人的创造性的普遍化，就得有创造性的学习，这是时代的要求。马克思主义从实践的根本观点出发，确认了人的创造性是人的本质属性，也是人的一种生存状态，是人的本性的延伸。建设中国特色社会主义的伟大时代，必须是知识不断创新、新事物新业绩不断涌现的时代，必将是百舸争流、人才辈出的时代。由于知识成为经济和社会发展的重要资源，创新人才成为竞争合作的决定性因素。人们必然会如同农业经济时代追求土地，工业经济时代追求资本那样去追求知识，创造性地去学习并掌握知识。知识产权的价值将显著提高，创新人才将成为国际间、企业间争夺的最重要资源，人们将把对教育和科研的投资视为最重要的战略性投资。这是时代发展的必然趋势，创造性的培养应当成为教育的普遍目标，它要面向全体受教育者，促进全体受教育者进行创造性的学习，各级各类教育都要以此为目的，并为此而做出努力。让我们积极顺应时代潮流，从教育改革入手，为了培养和造就适合时代的高素质创造性人才，我们中间应涌现出更多的创造型学校、创造型教师，从而产生更多的擅长于创造性学习的创造型学生，赋予创造性学习以本体论的意义。

（二）创造性学习是创造性教育的一种形式

学习活动，是要把人类所建树的一切经验、认识和文化成果，都用来武装新一代的头脑，以改变个体的行为，为文明服务，为社会发展服务。学习活动的基础是教育；教育是受教育者学习活动的前提。而我们今天强调创造性学习，则须以创造性教育为基础；创造性学习则是创造性教育的一种形式。

如前所述，创造性教育是在创造性理论的推动下，由创造性的训练而发展起来的。这种训练包括两个方面，其一，心理学家为了发展人类的创造才能，推荐了各种不同的创造力训练程序。例如，人的创造才能发展是与培养个体形成多侧面完整人格的整个过程分不开的，而不能单纯地局限于诸如"创造性问题—解决过程"上，因为学生个性（人格）及其内在动机的形成，对创造力发展是至关重要的，而个性的形成必须接受教育的影响。又如，提倡问题—解决训练和其他许多鼓励学生自己提出问题，或懂得教师是怎样提出某些问题的思路，以便呈现创造能力的方法。其二，教育措施除了对持续和成功的创造力必不可少外，其非常重要的作用可以归于其组织化因素。它的目的是保证主体的高效率，以及维持其高度创造力的心理状态。近30年来的实验研究，在一定程度上就是通过许多组织化程序刺激学生的思维品质，特别是创造性的发展。

如前所述，创造性教育就是在这种创造力训练的基础上发展起来的。它特别要考虑到：呈现式、发现式、发散式和创造式的思维方式。在创造性教育中，要提倡学校环境的创造性，要有创造型的教师，还要培养学生创造性学习的习惯，适应创造性教育的特征，使学生形成一种带有情感色彩且自动化的学习活动，关注在学习中呈现式、发现式、发散式和创造性的问题，这就是创造性学习。所以，创造性学习是创造性教育的一种形式。

二、创造性学习强调学习者的主体性

主体与客体(subject and object)原是哲学概念，是用以说明人的实践活动和认知活动的一对哲学范畴。主体是实践活动和认知活动的承担者；客体是主体实践活动和认知活动指向的对象。学生的学习活动是有对象或有内容的，即学习的客体。谁来学呢？学生。学生必然是学习活动的主体。然而，在传统的学习观中，更多强调的是教师的教，强调接受，强调重复性学习。我们从不否定教师在教的过程中的主体地位，也不否定接受学习的形式和重复性学习在学生学习活动中所占的位置，但在倡导创造性学习的过程中，我们则强调学习者的主体性。主体性是学习者作为实践活动、认知活动的学习活动主体的基本特征，它的实质是什么？从 20 世纪 80 年代初开始，我们就强调它是由于人有自我意识。自我意识，是人的意识的最高形式，它以主体自身为意识的对象，是思维结构的监控系统。个体通过自我意识系统的监控，可以实现脑对信息的输入、加工、存储、输出的自动控制系统的控制。这样，人就能按照自己的意识相应地监控自己的思维和行为。我国古代思想家老子曰："知人者智，自知者明。"这正说明，人在实践活动和认知活动中，自我意识的监控所表现出来的分析批判性，体现着一个人的智力与能力的水平。美国心理学研究也表明，创造性思维和自我概念存在高相关。我们共同的结论是：自我认可、独立性、自主性、情绪坦率上高水平的被试，同样也是高创造力者。如何用这种主体性来揭示学生的学习，又如何来理解学习的主体性呢？我们在教学实践中得到如下结论。

首先，学生是教育目的的体现者。教育(培养)目标，尤其是在创造性教育目标是否实现，要在学生自己的认知和发展的学习活动中体现出来。如果学生没有学到知识、没有掌握教育内容，没有用所学的知识促进自己身心的发展和变革，那么教育的目的也就成了一句空话，创造性学习则更是无从谈起。创造性学习的学习目标要求学生不仅能获得书本或教师传授的知识，还对教师和书本上的知识进行分析，提出质疑，更自主而有选择地吸收。

其次，学生是学习活动的主人。学生的学习积极性是成功学习的基础，只有学生主动学习、主动认知、主动获取教育内容、主动吸收人类积累的精神财富，他们才能认识世界，促进自己的发展。从一定意义上说，主动学习就是创造性学习的基础。教师相对学生的学是外因，外因必须通过内因才能起作用。教师的教，只有通过学生的折射才能生效。在学习过程中，师生的交互活动，旨在实现学生的社会化、个性化和创造化。所以，学生是学习活动，尤其是在创造性学习的主人，创造性学习只有在学生主动学习的过程中才能实现。

再次，学生在学习活动中是积极的探索者，在创造性学习活动中，学生不仅要接受教师所教的知识，而且要消化这些知识，分析新旧知识的内在联系，敢于除旧布新，敢于自我发现。从这个意义上说，学生在学习过程中，尤其是创造性学习过程中是探索者和追求者。对学生主体来说，学习远不只是知识的简单增加，而是个体存在的每一部分都与某种学习经验、知识、文化相互贯穿，并且这种贯穿可以导致其态度、个性（人格）及对未来的选择方向发生变化。因此，学生只有发挥主体性，才能使其学习更有创造性的成分，从而更主动地获得发展。

最后，学生是学习活动的反思者。我们所讲的学习的反思过程，就是认知心理学强调的元认知。在创造性学习中，尽管也有直接理解或直接领悟的直觉思维，即所谓的"知其然，不知其所以然"，但更重要的是有批判思维的成分，即我们古人所指出的"知其然，知其所以然"。换句话说，在创造性学习中，要有严密的、全面的、有自我反省（或反思）的思维，要有思维活动的监控成分。有了这种思维，在学习中，就能考虑到一切可以利用的条件，就能不断验证所拟定的解决问题的假设，就能获得新颖、独特的问题解决的答案，使学习活动更好地获得定向、监控和调节的功能。因此，反思或监控是创造性学习的一个重要组成部分。

三、创造性学习倡导的是学会学习，重视学习策略

我们教改课题组，特别是中学生思维品质研究课题组，从 20 世纪 80 年代中期系统地研究学习策略。

在学校里，学生最重要的学习是学会学习，最有效的知识是自我控制的知识。创造性学习所倡导的是学会学习。要学会学习，就有一个学习策略的问题，即学习者必须懂得学什么，何时学，何处学，为什么学和怎样学。

在国际心理学界，对学习策略的看法存在着较大的分歧，归纳一下，大致分为三类：一类是把学习策略看作学习的规则系统；另一类是把学习策略看作学习过程或步骤；再一类是把学习策略看作学习活动。看法虽不一样，但反映了不同的研究者从不同的角度出发去揭示学习策略的特征罢了。我们的团队因较长期地研究了学习策略，所以出版了学习策略的专著(蒯超英，1999)①。

我们认为，所谓学习策略，主要指在学习活动中，为达到一定的学习目标而学会学习的规则、方法和技巧；它是一种在学习活动中思考问题的操作过程；它是认知(认识)策略在学生学习中的一种表现形式，我们在这里要强调的四个问题：一是学生学习的目的性；二是学生的学习方法，在一定意义上说，学生学习策略的主要成分是学习方法；三是学生的思维过程；四是学习策略和认知(认识)策略的关系。

学会学习或学习策略并不是一个新的思想。在西方，最早提出这个问题的是法国思想家和教育家卢梭，他指出，形成一种独立的学习方法，要比获得知识更为重要。这里已蕴含了一种创造性学习的思想。在我国，早在 2500 多年前，孔子就已重视学会学习的做法，他的名言"学而不思则罔，思而不学则殆"，讲的就是学习过程中学习与思考关系的策略问题。因此，我们在教学过程中提倡，要促进学生有"学—思—行"策略。但真正提出策略却是在 20 世纪 60 年代以后的课题中。认知心理学对此起了很大的作用。认知心理学家们重视创造力的发展，重视创造性学习，重视学生是学习的主人，所以强调了学生学会学习的重要性。

我们在上边论证创造性学习过程中学生的主体地位，正是为了强调学生学会学习和学习策略的重要性。这里我们还要强调三点。

首先，重视学生的学习策略，就是承认学生在创造性学习过程中的主体性，强调学生在创造性学习活动中的积极作用。学习策略受制约于学生本人，它干预学习

---

① 蒯超英：《学习策略》，武汉，湖北教育出版社，1999。

环节、提高认知功能、调控学习方式，直接或间接影响着主体达到创造性学习目标的程度。于是，我们团队史耀芳研究员（1991）①提出学生学习策略交叉的七种成分：注意集中、学习组织、联想策略、情境推理、反省思维、动机和情绪、计划和监控。可见，学生掌握学习策略的过程，是一个学习的监控性、积极性和创造性的统一过程。

其次，学生的学习策略是学会学习的前提，学会学习本身是一种创造性的学习，学会学习包括学生运用一系列的学习策略。学生的学习策略是造成其创造性学习成分多少，从而形成个别差异的重要原因。例如，研究表明，反应慢而仔细准确的"反省型"被试，比起反应快而经常不够准确的"冲动型"被试来，表现出具有更为成熟的解决问题的策略，更多地做出不同的假设；愿意循规蹈矩、喜欢依赖有条理秩序的"结构化"策略的被试，同希望自己来组织课堂内容的"随意性"方式的被试，在学习态度、学习成绩和创造性程度表现上是不尽相同的。

再次，在讨论学习策略中不能忽视学习策略与元认知的关系。我们团队的董奇教授（1989）②指出：元认知在学生学习中的具体表现，主要包括元认知知识和元认知监控两个方面。元认知研究的一个重要意义在于解决"学会学习"的问题。他通过研究表明，元认知水平高低，反映着学生是否有较多的关于学习及学习策略方面的知识，能否善于监控自己的学习过程，灵活地应用各种策略，去达到特定的目标。从这个意义上说，学习策略也是一个元认知的问题。

最后，学习策略是一系列有目的的活动，它是学生在学习过程中所选择、使用、调节和控制学习方法、方式、技能、技巧的操作活动。学习策略应该包括制订学习计划、监控学习目标、激发动机、感知教材、理解知识、记忆保持、迁移运用、获得经验的学习过程，以及对学习活动做出检查、评估、矫正、反馈。学生在学习过程中逐步地形成自己的学习策略，有了良好的学习策略，他们就意识其学习内容，懂得学习要求，控制学习过程，以做出新颖、独特且有意义的决定，及时地调整自己的学习活动，或者做出恰当的选择，灵活地处理各种特殊的学习情境，即

---

① 史耀芳：《浅论学习策略》，载《心理发展与教育》，第 3 期，1991。

② 董奇：《论元认知》，载《北京师范大学学报》，第 1 期，1989。

形成创造性的学习活动。

　　总之，学生的学习过程，特别是创造性学习的过程是一种运用学习策略的活动。学生要学会学习，学会创设创造性学习的环境，寻找独特的方法，善于捕捉机会发现问题和解决问题，都得运用一定的学习策略。否则的话，不仅学会学习、进行创造性学习成了一句口号式的空话，就连问题的解决、知识的获得、技能的掌握也难以实现。

四、创造性学习者擅长新奇、灵活而高效的学习方法

　　创造性学习者能能动地安排学习，有较系统的学习方法，并养成了良好的学习习惯。

　　学习过程是学生经验的积累过程，它包括经验的获得、保持及其改变等方面。它的重要特点是学生有一个内在因素的激发过程，从而使主体能在原有结构上接受新经验，改变各种行为，进而丰富原有的结构，产生一种新的知识结构和智力结构。因此，学习的过程，有一种学生的主观见之客观的东西，这就是他们在学习过程中发挥的自觉能动性。学生这种能动性发挥的程度，正反映其创造性学习的水平。换句话说，学生的自觉能动性发挥得越出色，他们对学习的安排越新颖而独特，获取的知识就越多越新，从而使其智力活动具有更高的创造性。因此，如何安排学习。是学习方法是否有效的一种显著表现。创造型学生能能动地安排学习。例如，创造型学生在时间安排上，不一定按规定时间去学习，除了完成课堂作业外，他们自觉能动地把更多的时间花在阅读课外书籍或从事其他活动上，从而捕捉与一般学生不同的知识、经验与文化，建构着自己的知识结构和认知结构。由此可以看出能动地安排学习与高效的学习方法之间的关系。于是我们团队系统地研究了学生的学习，特别是创造性的学习方法，并由扬州中学校长沈怡文（1999）①出版了《学习方法》的专著。全书分十章，不仅阐述了突出"学习与思维"的创造性学习方法，

---

　　① 沈怡文：《学习方法》，武汉，湖北教育出版社，1999。

而且用九章对语文、数学、英语等九门学科的学习方法、创造性学习要求都做了深入的讨论。

创造型学生有着较为系统的学习方法。过去论述学习理论时，强调学习方法。20世纪六七十年代以来，开始重视各种学习变量对学习方法选用的影响，把学习方法的选用置于更为广泛的学习情境中考察，从而转向研究各种学习变量、元认知与学习方法选用的关系。这样，就将学习方法的探索提高到一个新的水平，即上边提到的策略性学习的水平。如果用战术与战略关系来做比喻，学习方法属于战术的范畴；而根据学习情境的特点和变化选用最为适当的学习方法才是学习的策略，它属于战略的范畴。可见，学习方法由于种类多，又因情境而区别，所以因人而异。这种差异就决定了学生是否有系统的学习方法，能否选用最为适当的学习方法，也决定着学生学习的创造程度。学习方法尽管种类很多，但其中一些经过反复实践和修正，形成了具有模式意义的学习方法，并得到广泛的应用，如循环学习法、纲要学习法、发现学习法、程序学习法，等等。创造型的学生，在选择学习方法时，往往遵循学习的规律，明确学习任务，利用一切可利用的学习条件，根据学习的情境、内容、目标和特点而灵活地应用。培养学生创造性学习的行为特征。除了在个性上有独特之处外，他们在行为表现上也是与众不同的。美国心理学家托兰斯（E. P. Torrance，1972）[1]对87名教育家做了一次调查，要求每人列出5种创造型学生的行为特征，结果如下（百分数为该行为被提到次数的比例）。①好奇心，不断地提问（38%）；②思维和行动的独创性（38%）；③思维和行动的独立性，个人主义（38%）；④想象力丰富，喜欢叙述（35%）；⑤不随大溜，不依赖群体的公认（28%）；⑥探索各种关系（17%）；⑦主意多（思维流畅性）（14%）；⑧喜欢进行试验（14%）；⑨灵活性强（12%）；⑩顽强、坚韧（12%）；⑪喜欢虚构（12%）；⑫对事物的错综复杂性感兴趣，喜欢用多种思维方式探讨复杂的事物（12%）；⑬耽于幻想（10%）。所有这些创造型学生的行为特征与我们课题组提出的好奇、思维灵活、独立行事、喜欢提问、追求质疑、敢于探索、善于概括等，是一致的。这样，这些特

---

① Torrance, E. P., *Encouraging creativity in the classroom*, Debuque, Iowa, W. C. Brown Company Publishers, 1972.

征不仅提高了学习的效果，而且也促进了创造能力的发展。

养成良好的学习习惯是培养高效学习方法的基础。所谓学习习惯，是一种无条件的、自动的、带有情感色彩的学习行为。这种行为从哪里来呢？行为主义心理学家华生曾提出"学习的习惯化"这样一种学习理论，认为学习的过程就是习惯形成的过程。复杂的习惯是由一些简单的条件反射构成的。这些条件反射是在学习过程中，通过条件化作用，将散乱的非习惯（无条件）反射加以组织而形成。而我们课题组认为，学习习惯的形成有四个条件：一是模仿，二是重复，三是有意练习，四是矫正不良的学习习惯。良好的学习习惯，能使学习从内心出发，不走弯路而达到高境界；不良的学习习惯，会给学习的成功带来困难。从系统科学的观点来看，学习习惯是一种能动的自组过程。一定的学习环境使个体学习达到一个临界状态，从学习到智力与能力高低的质变，往往是由学习习惯这种序参量来决定的。在客观的学习环境作用下，主体的学习习惯常常将一些单个的行为协同起来，使个体自动地做出一系列的学习行为。可见，学习习惯是一种自动化学习行为的过程，是智力与能力发展的过程。在学习中，是人云亦云、鹦鹉学舌、死守书本、不知变化，还是不拘泥、不守旧、打破框框、求异创新，正是重复性学习和创造型学习的两种不同的学习习惯。一个人养成重复性学习习惯还是创造性学习习惯，往往同其智力与能力水平的高低有直接的关系，它是反映智力与能力的重要指标。因此，高效的创造性的学习方法，必须从认识不良学习习惯并将其打破开始，并且要持续地养成创造性学习的习惯。久而久之，习惯成自然，就形成一种创造性的学习风格，即稳定的学习活动模式。我经常谈到，如果一个人小学阶段的创造性比别人高一点点、到中学阶段其创造性又比别人高一点点、再到大学阶段仍保持比别人高一点点的创造性，这"一点点"可能使其走上社会变成一个创造发明的能手。因此，养成良好的创造性的学习习惯，其好处是不可估量的。

五、创造性学习来自创造性活动的学习动机，追求的是创造性学习目标

学习行为要由学生的学习动机来支配。学生的"会学"水平取决于"爱学"的程

度。学生的学习活动，是由各种不同的动力因素组成的整个动机系统所引起的。其心理因素主要是需要及其各种表现形态，诸如兴趣、爱好、态度、理想和信念等，其次是情感因素。从事学习活动，除要有心理因素的需要之外，还要有满足这种需要的学习目标，这种学习目标包括学习目的、内容和成果。由于学习目标指引着学习的方向，可把它称为学习的诱因，学习目标同学生的需要一起，成为学习动机系统的重要构成因素。学生的学习动机之所以能发挥其作用，这与它的激发有直接关系。学习动机的激发，是利用一定的诱因使已形成的学习需要由潜在状态转入活动状态，使学生产生强烈的学习愿望或意向，从而成为学习活动的动力。学习动机的激发，其诱因可以来自学习活动本身所获得的满足，也可以来自诸如学习目的、学习成果和远大目标等学习之外所获得的间接满足。

创造性学习来自创造活动的学习动机，所以创造型学生的学习动机系统有其独特的地方。在学习兴趣上，创造型学生有强烈的好奇心，有旺盛的求知欲，对智力活动有广泛的兴趣，表现出出众的意志品质，能排除外界干扰而长期地专注于某个感兴趣的问题上；在学习动机上，创造型学生对事物的变化机制有深究的动机，渴求找到疑难问题的答案，喜欢寻找缺点并加以批判，且对自己的直觉能力表示自信；在学习态度上，创造型学生对感兴趣的事物愿花大量的时间去探究，思考问题的范围与领域不为教师所左右；在学习理想上，崇尚名人名家，心中有仿效的偶像，富有理想，耽于幻想，用奋斗的目标来鞭策自己的学习。在第九章我们展示张景焕教授的"动机的激发与小学生创造思维的关系"一文，正是证明我们重视创造性学习的动机问题。此外，我们课题组重视改革课堂教学的方法，特别是注意在教学中开发学生的创造力。激发学生创造的动机，我们课题组主要从两个方面入手：一是激发学生的兴趣与爱好，使学生个体需要引发其创造性的内部动机。我们中学课题组组长、北京五中校长吴昌顺（1985）①曾写了一篇《兴趣与成才》的论文，列举了大量实验点的学生创造力发展及走向成长之路，究竟原因是教师在课堂上激发其兴趣。二是用讲意义或用奖励的办法要求学生产生创造性的外部动机。但不同年龄

---

① 吴昌顺：《兴趣与人才》，载《心理发展与教育》，第 1 卷，第 1 期，1985。

段，鼓励的方法有所不同，我们确实看到了通过激励动机对学生创造性发展的效果。

创造型学习者追求的是创造性学习目标，创造性学习在一定意义上是一种创造性活动。创造性活动的指标之一是通过产生创造性产品来体现的。产品是看得见，摸得着，易于把握的，尽管这种产品不必直接得到实际应用，也不见得尽善尽美，但产品必须是创造性学习的目标所追求的。这种创造性学习的产品，可以是一种语言、文学上的作品，如作文；也可以是一种科学（数学、物理、化学、生物等）的形式，又如新颖、独特且有意义的解题；又可以是一种近乎科技的设计、方式和方法，如科技活动小组的制作，等等。总之，创造性学习活动所追求的学习目标有着与众不同的特点。在学习内容上，创造型学生不满足对教学内容或教师所阐述问题的记忆，许多人喜欢自己对未知世界进行探索；在学习途径上，创造型学生对语词或符号特别敏感，能在与别人的交谈中，利用一切机会捕捉问题，并发现问题；在学习目标上，创造型学生不仅能获取课内外的知识，而且有高度求知的自觉性和独立性，得到不同寻常的观念，并分析批判地加以吸收。

综上所述，学习贵在创新。有人认为，学习只是接受前人的知识，学习书本上的知识，不是什么创造发明，根本谈不上什么创新。但如第一章所述，我们则认为，学习固然不同于科学家的研究，但也要求学生敢于除旧，敢于布新，敢于用多种思维方式探讨所学的东西。学生在学校里固然是以再现思维为主要方法，但培养他们的创造性思维，也是教育教学中必不可缺的重要一环。对思维的创造性或创造性思维的理解，不应该仅仅局限于少数创造发明者身上所具有的思维形态，它是一种连续的而不是全有全无的思维品质，学生在学习过程中，具有独特、发散和新颖的特点，这应该说是他们创造性思维的一种表现。研究学生思维创造性的发展和培养，研究他们的创造性学习特点并加以促进，且做出科学的分析，这是思维心理学和学习心理学研究的一个重要新课题，也是信息时代赋予教育工作者的一项重要的新任务。

<h2>第三节</h2>

———

<h1>对创造性教育理论与实践的探讨</h1>

创造性人才的培养和造就，要靠创造性教育。创造性的培养必须从小开始。创造性教育，应在日常教育之中，它不是另起炉灶的一种新的教育体制，而是教育改革的一项内容。所谓创造性教育，意指在创造型管理和创造型学校环境中由创造型教师通过创造型教育方法培养出创造型学生的过程。这种教育不需设置专门的课程和形式，但必须依靠改革现有的教育思想、教育内容和教育方法来实现。

<h2>一、创造性教育的形成和发展</h2>

创造性教育是创造性研究的一种归宿，是创造性人才培养的一种必然。从创造性教育的形成到发展，有着一个过程。

<h3>（一）创造性教育的形成</h3>

在西方，创造性教育从 20 世纪 30 年代开始萌芽。前边提到的德国的韦特海默，在《创造性思维》（1931）一书中，把学生作为一种研究对象。第二次世界大战后，创造性教育受到重视，初步形成理论体系。50 年代的美国掀起研究创造性的高潮，不少学校开始创造性教学的实验，如纽约州立大学布法罗分校开设了指导学生创造性思维的实践活动。60 年代开始，研究创造性的学者为适应创造性人才培养的需要，开始把商业中所有的创造力训练方法用于学校教育中。这些训练方法，曾使工商界有效地、创造性地解决了一些实际问题，并提高有关人员的创造性的能力与技巧。例如，有的创造力训练的内容包括三个步骤：第一步运用演讲和讨论法，使受训者明确概念，掌握解决问题的方法；第二步共同解决一些模拟问题；第三步及时

反馈，对受训者解决模拟问题的方式加以评论，从而有效地掌握新的解决问题的方法。不过，那时学校所运用的创造性教育方法多属于实验性质，规模很小。在20世纪70年代，布法罗分校正式开始从事系统的创造性教学研究；托兰斯在佐治亚大学应用各种创造力训练方法来发展儿童的创造性技能；犹他大学的泰勒及其助手设计了以学生为中心的发展多种才能的教学法；帕内斯（J. S. Parnes）及其同事提出的在课堂内激发创造力、创造性解决问题的策略。

在日本，20世纪60年代以来，创造教育受到重视。日本还出台了"创造教育论"，其理论基础是"创造为本的人生观""人的本质在于创造"；提出了教育的价值和效果在于对创造的自觉帮助；教育的直接目的是培养受教育者创造出真、善、美的人格；教育的整体目的则是创造出优秀的人类文化；教育的方法是要求排除整齐划一和以教师为中心，提倡创造教育要以个体为本位的思想。从60年代至80年代的20年就出版了250多种有关创造力培养的著作或译著。

（二）创造性教育形成和发展的基础

在国际教育界，创造性教育是在创造性理论的推动下，由创造力训练发展起来的。在中国教育界，创造性教育的发展，既有国际上的影响，又有中华文化的传统。近30年来，这种创造性教育的势头如火如荼地发展着。

其一，心理学家为了发展人类的创造才能，推荐了各种不同创造力的训练程序。例如，人的创造才能的发展是与培养个体形成多侧面完整人格的整个过程分不开的，而不能单纯地局限于诸如"创造性问题—解决过程"上，因为学生个性（人格）及其内在动机的形成，对创造力发展是至关重要的，而个性的形成又必须接受教育的影响。又如，提倡问题—解决训练，鼓励学生自己提出问题，引导学生理解教师提出某些问题的思路等，通过这些训练以便呈现创造能力的方法。

其二，教育措施除了对持续和成功的创造力必不可少外，其非常重要的作用可以归于其组织化因素。它的目的是保证主体的高效率，以及维持其高度创造力的心理状态。近年来，我们已经看到许多应用各种组织化程序刺激创造力的建议。例如，大脑风暴法（brain storming），即创造性解决问题的五步过程：发现问题—发现事实—发现观念—找到解决方案—寻找认可，并将观念应用于实践。又如，举偶法（syntactics），即对于别出心裁的思路，决定性的因素是程序。研究者将其定义为"形成熟悉的陌生"（making the familiar strange），意思是：一个人正在形成一种在某些熟悉事物上具有新面貌的尝试，他审慎地假定一个不同于完全被认可的观点，并且发展了一个针对众所周知现象和事物的非同寻常的尝试。

创造性教育就是在这种创造力训练的基础上发展起来的。

其三，中国近30年的创造性教育的发展，首先来自教育改革，素质教育是一种以创新精神为核心的教育，推行创造性教育，是为了全面实施素质教育、深化教育综合改革，乃至建设创新型国家的需要；与此同时来自众多的教改实验研究，以我们团队为例，董奇教授、申继亮教授、胡卫平教授以及我自己的课题组，有一个共同的指导思想，包含以下四点：

一是创造力与智力因素和非智力因素都有一定关系，我们团队的研究表明：创造性与其他智力的思维品质的相关系数在 0.40 以上（李春密，2002）[①]，这个相关系数不算太高，也不能算低。因此，我们重视学生的智力培养对创造力发展的作用，更注意学生的非智力因素，尤其是"创造"的成就动机对创造性发展的作用。

二是改革不利于学生发展的教育体系，改革课程内容和课程管理，把对学生创造性的培养融在各学科教学之中，这也是我们积极主持"学生发展核心素养"与参与中小学各学科和核心素养制定的根本原因。

三是国内外有许多创造力训练的特殊技巧，可以为我们所借鉴，所以我们比较重视对这些方法的采纳，也提出了自己的教学模式，如胡卫平的课堂教学模式。

四是营造创造性发展的社会氛围，使课内与课外，校内与校外教育统一起来，是我们课题组的一贯主张。所以，我们重视信息技术在创造性教育中的作用，重视课外或校外活动小组来培养学生的创造性。

---

① 李春密:《高中物理实验操作能力的研》，博士学位论文，北京师范大学，2002。

二、创造性教育的实质

创造性教育作为一种教育理念，无论人们有着怎样不同的理解，但有一点是共同的，即其实质在于培养人的创造性素质，包括创新意识和创新精神、创造性思维和创造性人格、创造性能力和实践能力等几个层次，涵盖了创造性的动力系统、认知系统、个性系统和行为系统，且各层次之间又相互影响、交互作用，构成创造性素质这一有机整体。换言之，创造性教育应是指在创造型学校环境中，由创造型教师通过创造性教学方法培养出具备创造性素质学生的过程。

（一）创造性教育是学校三种群体产生五种效能的教育

三种群体是指以校长为首的管理队伍、教师队伍和广大学生。产生的效能为：由创造型校长创造出创造型管理；由创造型管理创造出学校创造型的环境；在校长的带动下，建设一支创造型的教师队伍；由创造型的教师进行创造性的教育教学；这种教育教学工作培养出创造型的学生。具体地说创造性教育，不需专门的课程和形式，但必须依靠改革现有教育思想、教育内容和教育方法来实现，并渗透到全部教育活动之中。最典型的例子是我们课题组在北京五中的实验，吴昌顺校长是我们中学分课题组组长。截至2002年吴校长退休之前，在27年的创造型校长的工作中，培养了在科技、文学艺术、外交、企业等众多领域中的创新明星。在五中，一提倡学校环境的创造性，学校全体领导干部一律兼课投入教改。二建设创造型的教师队伍，一大批特级教师涌现，其中梁捷老师由普通教师成长为教育专家、北京市政府参使，她常说："'虎啸深山，鱼游潭底，驼走大漠，雁排长空'，万物之美都有它的极致。那么，教师这个职业的审美极致在哪里呢？就在于提升师能，永不停滞。"她以学科心理学为依据，坚持创新，总结出阅读教学要突出"重点、规律、特色"。我听过她讲高一年级的说明文单元。当时这一单元共有四篇文章：《南州六月荔枝丹》《现代自然科学中的基础学科》《一次大型的泥石流》《禅》。像这样的说明文，重点内容一看就懂，但四篇文章需要一周讲完，因而学生在心理上存在着不屑学、不爱学的消极定势。梁捷老师秉持学术良知，恪守学术规范，认真研究教法，提高学生的学习兴趣，努力提高教学效率。这一单元她教学用了三个课时，而学生用一篇又一篇的高水平的说明文来回报她。梁捷的提高听、说、读、写能力的 18 部视频课程在全国发行；12 集的《美育之光》在多地电视台播放。三培养学生创造性学习的习惯，这类似于上一节创造性学习的问题，这里不再赘述。

在创造性教育中，如何运转上述诸要素使之产生五种效能呢？我以北京五中为例子来说明。

首先，要提倡学校环境的创造性，主要包括校长的个性品质、指导思想、学校管理、工作方法、环境布置，教学的评估体系及班级气氛等多种学校因素的创造性。应该指出，民主气氛是学校众多因素的关键，学校里是否有民主气氛，这是能否进行创造性教育的关键。学校本是发现、培养创造性人才的场所，然而事实并非如此，大多数学校太注重学业而排斥了其他方面，这样就压制了教师和学生创造性才能的发挥。因此，优化学校环境的创造性是促进学生创造力发展的必要条件。

其次，要建设创造型的教师队伍，因为在学生的创造性素质的发展过程中，教师起着主导作用。创造型的教师是指那些善于吸收最新教育科学成果、将其积极应用于教学中，并且有独特见解、能够发现行之有效教学方法的教师。其内容主要包括教师的创造性教育观、知识结构、个性特征、教学艺术和管理艺术。特别是教学方法，这是能否培养和造就创造性人才的关键之一。教师不是单纯地传授知识、经验和文化，更要在传授知识、经验和文化的同时，更要重视培养人，塑造心灵，变革精神世界。即使在传授知识的时候，也要讲清知识来自创造，重在应用的道理。因此，一位优秀教师绝不是传声简般的教书匠，应该是教育目的的实现者，教学活动的组织者，教学方法的探索者和教育活动的创造者。这里，我特别想指出，高等学校只有以创造性教育作为基本手段和培养方向，才能适应社会需求，否则就会削弱自身的社会地位和特殊作用，甚至有被社会淘汰的危险。研究发现，教师在创造性动机测验中的成绩与学生的创造性能力之间存在一定的正相关，这表明教师创造性高低对学生创造力的培养是至关重要的。但我们的教师往往倾向于喜欢高智商的学生而不是高创造力的学生，因此，研究教师的创造力教育观、个性特征、知识结构、教学艺术及管理艺术对于培养和发挥教师的创造性具有现实指导意义。

表 10-1　对中学生数学能力结构的例举与剖析①

	运算能力	逻辑思维能力	空间想象能力
思维的灵活性	1. 善于灵活运用运算律、运算法则和运算公式。 2. 从考虑一种运算方法容易转向考虑另一种运算方法。 3. 善于将公式灵活地变形。 4. 善于将公式中的变元及方程中的未知量灵活地代换。 5. 从式子的运算容易转向式子的分解，从一种运算容易转向它的逆运算。 6. 善于运用多种方法解一个运算的问题。	1. 善于灵活运用法则、公理、定理和方法，概括迁移能力强。 2. 善于灵活变换思路，能从不同角度、方向、方面运用多种方法去着手解决问题。 3. 善于运用变化的、运动的观点考虑问题。 4. 思维过程灵活，善于把分析与演绎、特殊与一般、具体与抽象有机地联系起来。 5. 从正身思维容易转向逆向思维。 6. 思维结构多种、灵活。	1. 善于灵活运用图形的性质。 2. 善于从不同角度用多种方法去分析图形性质。 3. 善于从图形的位置、度量关系的变化来发现规律。 4. 善于在保持图形已知条件的要求下灵活变换图形。 5. 善于解决轨迹问题。 6. 善于从已知图形中联想到多种位置和度量关系。
思维的创造性	1. 善于探索、发现新的运算规律。 2. 善于提出独特、新颖的解题方法。	1. 富于联想，善于自己提出新的问题，并能独立思考，探索和发现新的规律。 2. 对定理法则有自己独特的理解，并能够进行推广；善于提出自己独特、新颖的解题方法。 3. 能编制有一定水平的习题。	1. 善于探索发现新的图形关系中的规律。 2. 善于提出独特、新颖的方法进行图形分析。 3. 能设计制作有一定特色的几何教具。

① 制作者为孙敦甲。

表 10-2　对中学生语文能力结构的例举与分析①

	听	说	读	写
灵活性	1. 在各种环境中听清、听准对方发出的语音符号。 2. 善于接受对方的语音符号，听懂对方的话。 3. 能在各种场合接受语音符号传达的信息，并善于从多角度去分析。	1. 善于生动形象地用口头语言表情达意，概括性强。 2. 善于多角度、多层次地运用多种方法（如取譬、引用、正反、比较、衬托等）表达自己的观点，以增强说服力。 3. 在谈话过程中因人因时因地制宜，善于随时变换方式、语气来适应听者的接受心理，增强说话的效果。	1. 掌握多种阅读方法，善于概括所读内容的要点。 2. 善于从不同的角度、方向、侧面思考所读内容，并得出各种合理灵活的结论。 3. 善于在阅读中运用联想、想象、比较和迁移，以提高阅读效益。 4. 善于学以致用。	1. 文章观点力求鲜明，但要有弹性，不牵强不绝对，合理而又能让人接受。 2. 灵活运用多种表达方式和修辞方法。 3. 善于多角度、多方位、多层次地观察事物，分析材料，选择素材，组织题材。 4. 同一题材表达不同观点，同一观点运用不同题材、不同体裁的写法。
创造性	1. 善于由此及彼地产生联想，并有独到的体会和新鲜的感受。 2. 善于运用求异思维，提出与所听内容不同的观点或思想。	1. 自觉独立地运用语言表达自己对问题的看法。 2. 面对面地谈话和讨论，能找出不只一个答案或结论。 3. 表达的内容总含有新的因素、个人的感受和见解。 4. 有自己的语言风格和个性。	1. 根据自己的需要和水平选择适当的阅读内容与合宜的阅读方法。 2. 阅读中善于联想、比较、鉴别，有个人独到的心得，获得美的享受。 3. 创造性地运用阅读中所学到的知识、观点和方法。	1. 观察问题的角度新，分析问题的眼光新，叙述事物的方式新。 2. 选材力求新颖，立意不同一般。 3. 语言表达上逐步形成自己的个性及风格。

　　最后，培养学生创造性的人格与创造性思维。学生是创造性教育的对象，所以要培养学生创造性的人格。任何创造性活动，都受人格或个性的极大制约，都需要对已有观念、方法与理论的突破。所以应提倡前面已提到的创造性人格或非智力因素，促进学生一丝不苟地、独立地、自信地用严峻的眼光审视周围环境，不是人云

_____

① 制作者为吴昌顺。

亦云，而是勤奋好学、孜孜不倦、锲而不舍地探索未知世界。我们曾在第七章对小学生创造性发展的建议中，提出了语文、数学两科灵活性与创造性的模型，这里我们对中学生创造性思维也提出类似于第七章这样的建议。

（二）人人都有创造性

我们通过研究曾多次强调，人人都有创造性，创造教育要面向全体学生。在过去的心理学中，创造性的研究对象仅仅局限于少数杰出的发明家和艺术家。创造性是一种连续的而不是全有全无的品质。人人乃至儿童都有创造性思维或创造性；人的创造性素质及其发展，仅仅只是类型和层次上的差异，因此，不能用同一模式去培养每个学生的创造性。由此可见，创造性教育要大众化，尤其在大、中、小学里人人都可以通过创造性教育获得创造性的发展，只不过是人与人之间的创造性有大小不同的差异罢了。我们要从全局看问题，从未来看问题，从发展看问题，千万不要对学生如前所说的武断定论："我把你一碗清水看到底！"（似乎说，"像你这号人还有什么创造性。"）这样做与"人人都有创造性"是相违背的，至少忘了教育家陶行知的名言："你的教鞭下有瓦特，你的冷眼里有牛顿，你的讥笑中有爱迪生。"在创造性的发展中，人人（包括伟人）都有弱点，也有长处。创造性教育要贯彻"因材施教"的原则，使受教育者"扬长避短"。

（三）创造性教育的关键在于转变教育观念

在创造性教育中，要树立正确的教育观念，尤其是人才观念。现代教育观念强调人才的多样性、广泛性和层次性，认为为社会做出贡献的都应该算是人才，在其能力中，肯定包括不同程度的创造力。同时，我们应该认识到，尽管随着时代的发展，社会需要杰出的科学家、文学家和哲学家，但社会一样需要各种各样的工匠；社会需要高学历、高学位的人才，但社会同样需要低学历、低学位的人才；社会需要受过一定的系统教育的人才，需要在实际工作中自学成才和有一定特长或专长的人才，他们都在不同程度上表现出创造性，有的还十分突出，即所谓"行行出状元"，所以，这些都是我们社会必不可少的人才。

如前所述，现代教育观念还对学校如何培养未来人才提出了新的要求：要重视培养学生的创新精神和创造才能，以及独立获取知识并运用知识解决实际问题的能力；要尊重学生的人格，重视发展学生的个性特长。这种教育观念，使我们能够改革教学的内容，不仅能稳妥地改革教材与课程，也会积极地改革考试内容，在考试中突出创新精神和创造性；使我们能够改革教学方法，面向未来；使我们实现培养创造性人才的教育目的，并为之大胆地投入改进教学方法的实验研究。

三、我们实施创造性教育的效果

创造性教育的内容十分丰富，形式也可以多种多样。我们课题组的做法是：培养学生的创造性意识；引导学生投入创造性的活动；提高学生的创造性才干。我们很难罗列具体的内容，这里只是按我们课题组所做的工作，来论述创造性教育的效果。

（一）王雄带领教师从事社会公益创造性教育的实践活动

王雄是江苏省扬州中学正高级的特级教师，是我们课题组的骨干。他面对着教师每天都要面对的新情况、新问题，教师工作本身就具有创造性的现状，于 2010 年对扬州市 16 所中学 767 名教师进行了职业幸福感和倦怠感调查，采用自制《教师职业幸福感与倦怠感量表》，用分层抽样的方法，确定了五个样本限定要求，具体包括：学校类型（初中、高中、职中），学历（硕士及以上、本科、大专），职称（中学高级及以上、一级、二级、三级与未定级），工作年限（1~3 年、4~10 年、11~25 年、26 年以上）与学科（语文、数学、英语、理科、文科、体、音、美、计）。由人事处组织市直 16 所学校 767 名教师参加了调查，有效数据 710。调查结果显示，总体工作幸福感的指数是 70.4，总体工作倦怠感的指数是 56.2，两者相差 14.2。这反映了扬州市直中学教师总体工作幸福感水平达到比较幸福的程度，工作倦怠感居中，反映出一半以上的教师处于"辛苦并快乐着"的状态，如图 10-2 所示。

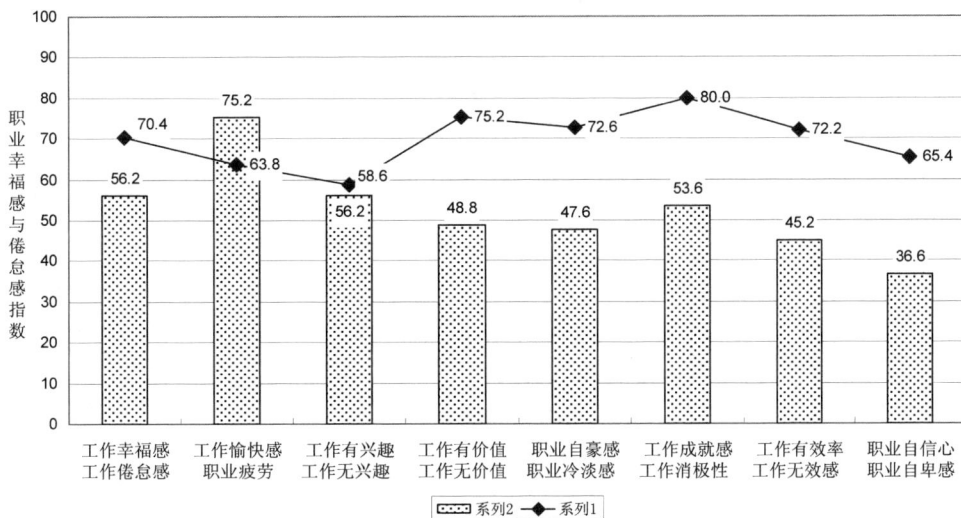

图 10-2　扬州市中学教师职业幸福感与倦怠感调查调查结果

　　教师总体工作倦怠感的七项具体指标并不平衡。职业自卑感最轻，只有 36.6，属于轻度等级。工作疲劳感最高，达到 75.2，处于较重水平。工作无价值、工作冷淡感、工作无效性都处于中下水平，工作无兴趣与工作消极性处于中等水平。

　　为了促进教师职业发展，改善教师培养模式。从 2009 年起，王雄在扬州组建教师团队，为他们提供专业的培训和发展机会。培训为小班制的参与式培训，通过行为评价鼓励教师帮助中小学生开展社会创新活动。林崇德（1999）在《教育的智慧》一书中指出：教学行为有六项指标：教学行为的明确性、教学方法的多样性、教学的任务取向、富有启发性、教学活动的参与性和及时评估教学效果。王雄将这六个方面作为评估教师职业发展的重要指标。

　　王雄组建的扬州市教师公益团队的核心成员包括 15 位小学教师和 20 位中学教师。在 8 年中，这个团队在国内创立了"阿福童社会理财教育""酷思熊儿童哲学教育""小画眉生活识字教育""扬帆伙伴计划""故事田"等多个有影响力的教育改善项目（见表 10-3）。扬州的教师团队为全国 17 个省市 2300 多所中小学提供了 300 多场公益培训，推动中小学生（特别是乡村小学）开展各种社会探索和公益活动。

表 10-3　扬州市的教师公益团队四个典型教育创新案例

序号	项目名称、时间、基金会	针对社会问题	实施范围	对象人数	创新成果
1	阿福童：社会理财教育 2009—2014 年 上海百特教育公益	城市打工子弟和乡村儿童对钱的认识偏差，一有钱就乱花，根源是对自我的认识不足，缺乏自信心和团队精神。提升自我认知和团队沟通能力，有效管理自己或团队的金钱，有计划地生活，积极主动开展创业活动。	贵州、四川、重庆、上海、北京、江苏、山东、江西、安徽、广东、山西等 15 个省市	打工子弟和乡村小学生 3 万人	国内最有影响力的困境儿童理财教育 出版《阿福童：儿童社会理财》2 本
2	故事田：儿童哲学童话推广 2012—2017 年 伊顿纪德教育公益	儿童缺少具有本土特色的童话，缺少品德教育。原创适合儿童的 54 本价值与品格教育童书，在乡村小学小规模推广，促进儿童成为更好的自己。	甘肃、四川、湖南、云南、湖北、陕西、山西、贵州、河南、河北等 17 个省市的 2000 所小学	小学生 10 万多人	国内最有影响力的儿童哲学教育，出版《影响孩子一生的哲学阅读》54 本
3	小画眉：苗族低年级生活识字项目 2014—2017 年 澳门同济慈善会	苗族乡村低年级学生语文成绩在 30 分左右（校均分），严重影响学业发展。帮助贵州台江苗族教师，提高低年级儿童学习兴趣与效率，推动低年级阅读	贵州省台江县 7 所小学	苗族低年级小学生 1600 名	国内关注少数民族低年级语文教学的第一个公益项目
4	扬帆伙伴计划 2014—2017 年 为中国而教	鼓励本地优秀青年教师帮助刚入职的中西部免费师范生提升教育技能，更快形成专业素养	重庆、贵州、陕西、山西、辽宁、河北、河南、江苏、甘肃、湖南、广西、福建、广东、江西 14 个省	刚入职的免费师范生 400 多名	国内支持中西部乡村入职教师提升职业能力的第一个公益项目

　　由表 10-3 可见，扬州市教师公益团队成员在教育创新或为创造性教育做了努力，而他们都是普通的青年教师，他们也在创造性教育活动中成长，他们大多掌握

了五种以上的教学方式，对教师职业有着很高的认同感。他们中90%成长为骨干教师，40%成为学校中层领导或校级领导。取得这一成果的主要原因有以下几点。

第一，要求教师发现社会问题，用公益的方式帮助弱势群体，培养教师的社会责任感。团队中所有教师都远赴贵州、四川、甘肃等十几个省份支教，在支教中不仅感受到自我成长的快乐，也促进了自身专业技能的提高。

第二，在公益实践活动中，教师们获得的是质疑批判与建设性的思考力、沟通与协调能力、设计与动手能力、想象力与执行力、社会调查能力等，更为重要的是宽容与开放的心态、团队合作高峰体验与创造力。

第三，对教师的培养需要改变传统的讲座方式，更多采用多样化的参与式学习，让老师动手、动脑、合作，才能逐步让教师改变思维方式，为确立学生本位的创造性教育做贡献。

第四，最好的学习是指导他人的学习，公益团队的教师为了适应不同地区的教学必须学习更多的教学技能，在帮助贫困地区教师的过程中，他们不仅发展了专业技能及创造性，而且建立起强烈的责任感和奉献精神。

（二）刘春晖基于"基础学科拔尖学生培养试验计划"开展的大学生创造性问题提出能力研究

2009年，我国教育部出台了一项人才培养计划——"基础学科拔尖学生培养试验计划"，简称"珠峰计划"。该计划以落实《国家中长期教育改革和发展规划纲要（2010—2020年）》和人才强国战略，培养具有国际一流水平的基础学科领域拔尖创新人才，促进我国基础科学研究水平的提升为目的，以全国19所高等院校的五个基础学科（数学、物理、化学、生物、计算机）作为试点。北京师范大学作为入选该计划的高校之一，创建了"基础理科（含数学、物理学、化学和生物学）拔尖学生培养实验班"，为培养基础学科拔尖学生，改革人才培养模式，提高人才培养质量提供示范作用；同时，北京师范大学也注重人文学科拔尖学生的选拔和培养，创建了"人文学科（含汉语言文学、历史学和哲学）拔尖学生培养实验班"，力图培养学生浓厚的人文素养和坚实的人文学科专业知识，为其将来成为文史哲学科领军人物、知名学者奠定坚实基础。

为了深入研究励耘实验班培养模式对大学生创造性心理特点的影响，我们团队刘春晖博士选取了北京师范大学励耘实验班和常规班的学生进行调查，通过对照研究反映了"珠峰计划"对学生创造性问题提出能力的影响（刘春晖，2015[①]；刘春晖，林崇德，2015[②]）。在该研究中，选取了北京师范大学大一至大三的学生共 529 名被试。被试来自两种群体：一是励耘实验班（包括励耘基础理科实验班与励耘人文科实验班），二是常规教学院系的对照班级，由于励耘实验班的学生来自数学、物理、化学、生物、文学、哲学社会科学与历史等专业，因此也从这些专业中随机选取相应的学生。从总体来看，男生 180 名，女生 349 名；励耘实验班学生 256 名，常规教学班学生 273 名；年龄在 17 ~ 22 岁，平均年龄为 19.38 岁（$SD = 1.20$）（W. Hu，2004）[③]。

该研究采用申继亮、胡卫平、林崇德 2002 年编制的青少年科学创造力测验中的创造性问题提出能力分测验作为研究工具，题目描述如下："现在假如允许你乘宇宙飞船去太空旅游，接近一个星球，也可以绕这个星球转动，你准备研究哪些与这个星球有关的科学问题?"该工具广泛用于中外中学生、大学生的创造性问题提出能力的测查，信效度良好（M. Liu，W. Hu，& P. Adey，et al.，2013）[④]。

评分按照答案所反映的被试在解答问题的过程中思维和想象的流畅性、灵活性和独创性来进行。三个维度的计分方法为：流畅性得分是所提出科学问题的个数，每个问题得 1 分。灵活性得分是通过评分前对所有学生在该题上提出的问题根据不同的属性进行归类，并以此为标准对被试提出的问题分类，类别数目就是灵活性的得分。独创性得分由选择该答案的人数占总人数的百分比来决定，若该比例小于

[①] 刘春晖：《大学生信息素养与创造性问题提出能力的关系：批判性思维倾向的调节效应》，载《北京师范大学学报（社会科学版）》，第 1 期，2015。

[②] 刘春晖，林崇德：《个体变量、材料就量对大学生创造性问题提出能力的影响》，载《心理发展与教育》，第 31 卷，第 5 期，2015。

[③] Hu，W.，The comparisons of dlevelopment of creativity between English and Chinese adolescents，*Acta Psychological Sinica*，2004，36(6)，pp. 718-731.

[④] Liu，M.，Hu，W.，& Adey，P.，et al.，The impact of creative tendency，academic performance，and self-concept on creative science problem-finding，*Psychology Journal*，2013，2(1)，pp. 39-47.

5%，得 2 分；若该比例在5%～10%，得 1 分；若该比例在 10% 以上，得 0 分。结果如表 10-4 所示。

表 10-4 不同班级类型、学科类别的大学生在创造性问题提出测验上的得分（$M \pm SD$）

问题提出专业分类	流畅性		灵活性		独创性	
	励耘班	常规班	励耘班	常规班	励耘班	常规班
理科	10.49±5.17	9.39±4.68	3.51±1.06	3.27±0.97	4.79±7.56	3.20±3.22
文科	13.49±5.83	11.64±5.01	3.86±1.20	3.80±1.01	7.51±5.57	4.59±3.54

以创造性问题提出的三个维度得分为因变量，以班级类型和学科类别为自变量进行多元方差分析，结果显示：班级类型主效应显著，表明励耘班学生和常规班学生的创造性问题提出能力有显著差别；班级类型与专业类别的交互作用不显著。进一步分析结果表明，无论是理科专业的学生还是文科专业的学生，励耘班学生的得分均优于常规班学生得分；励耘班学生在创造性问题提出能力的流畅性和独创性上的得分均显著高于常规教学班学生，其中，在独创性上的差异更明显，这说明励耘实验班的学生提出的问题更新颖、独特，也提出了更多的问题。

励耘实验班的培养模式可能是造成这一差异的主要原因。我们团队坚持这一观点：创造性人才成长的外部因素是创造性的环境。在励耘实验班中，有四个重要的外部因素对学生成长起重要作用（基础学科拔尖学生培养试验计划报告编写组，2015）①。

首先，励耘学院的创新管理模式，为创新教育提供了体制机制保障。进入"珠峰计划"后，学校专门成立励耘学院作为计划实施的载体，并成立了专家委员会、管理委员会全面负责培养工作，在招生、教师聘任、经费使用、考核评价学生管理方面实行特殊政策，既为励耘学院的学生提供良好的创新教育氛围，也引领和带动了全校各学科专业创新人才培养改革，充分起到了创新人才培养改革试点的作用。

其次，励耘实验班拥有一支创新型的教师队伍。创造型的教师队伍进行创造性

① 基础学科拔尖学生培养试验计划报告编写组：《基础学科拔尖学生培养试验计划阶段性总结报告（2009—2013 年）》，北京，高等教育出版社，2015。

的教育教学，从而培养出创造性的学生。我们对自然科学、社会科学中杰出人才的成长规律与影响因素的研究发现，教师的作用非常重要，其影响往往是系统和长期的。学校汇聚了一批国内外教学名师、知名学者担任授课教师，同时也为学生配备了由校内各相关领域学术水平高、责任心强、有热情和肯投入的"长江学者""杰青""973首席科学家""千人计划"入选者及资深教授担任学业导师和学术导师，真正发挥教师在创新人才培养中的激发、启蒙、引领、规范、赞赏、参照等作用。

再次，励耘实验班的人才培养模式和教育教学方法，有利于学生自主学习、问题提出能力的发展。学校构建了导师指导下的"开放式、宽口径、厚基础、个性化"的"三段一体式"培养模式，深化了因材施教理念，给学生以充分的专业选择机会，促进了学生创新品质的提升。在具体教学中，实验班大力推进研究型教学和自主性学习，从教师讲授知识的教学模式转变为以研究、探索为主要方式的教学，这种教学模式强调培养学生提出问题、发现问题的能力，同时也加强了对学生理想、兴趣、动机等非智力因素的培养，促进其创造性的发展。

最后，学校提供的各类条件保障，有助于学生开拓学术视野，提升科研创新能力。学生各级各类重点实验室、实验教学示范中心全部对励耘实验班的学生开放，学生可以在大一下学期进入实验室进行科学研究；励耘实验班的学生在图书馆等各类信息资源平台上拥有研究生标准的权限，并拥有全校本科生最高选课权限……这类条件保障为学生提供了研究型教学和自主学习的平台支撑。此外，学校坚持"请进来"和"走出去"相结合，开展多形式、多层面的国际交流与合作，大大开拓了学生的国际学术视野，在得到更多一流专家学者的指导下，有更多机会展示、锻炼自己，提升科研能力。

总之，正是由于励耘实验班在营造创新环境、设计培养模式和课程体系、加强课堂教学改革、重视教师的重要作用等多方面的努力，拔尖创新人才培养初见成效。

（三）衣新发对德国大学生艺术创造性教育的研究

我们团队的衣新发教授从德国大学生的艺术创造力研究入手，探讨了德国文化和教育对于学生创造力发展的影响（X. Yi, 2012[①]；X. Yi, W. Hu, & H. Scheithauer, et al., 2013[②]）。这是一位中国心理学家对外国被试的研究。在该研究中，我们选取了 29 名德籍白人大学生（其中包括 17 名女生和 12 名男生）和 16 名德籍亚裔大学生（包括 9 名女生和 7 名男生），这些德国大学生的平均年龄为 24.25 岁（年龄为 19~36 岁，标准差为 3.48 岁），具体而言，白人大学生的平均年龄为 24.96 岁（年龄为 19~36 岁，标准差为 3.86 岁）；亚裔大学生的平均年龄为 23.14 岁（年龄为 20~29 岁，标准差为 2.51 岁）。他们中的 12 人为移民的第二代，4 人为移民的第三代；其中 14 人（87.5%）能够在家与他们的父母使用他们父母在亚洲的母语流畅交流。截至研究时，这些德国大学生只具有德国国籍且没有在德国以外留学的经历，他们均在柏林自由大学和柏林洪堡大学等德国大学上学。

在研究中，我们选取的实验材料为艺术创造力测量任务。为了从实验材料的角度避免先前的艺术知识或专业训练的影响，我们选择了两个艺术创造力的任务。一是制作拼贴画任务（T. M. Amabile, 1982）[③]，第二为画外星人任务（Ward, 1994）[④]。在艺术创造力作品的评分阶段，我们首先收集所有被试制作的艺术作品，然后将其逐一扫描到计算机内，并制作幻灯片。每位评分者在评分之前都看一遍所有的作品。评分者被告知，所有的设计/图片都是由大学生使用相同的材料来制作的。之后，要求评分人员从以下 8 个维度给每幅作品评分，该评分维度参照了牛（W. Niu）和斯腾伯格的研究（W. Niu & R. J. Sternberg, 2001）[⑤]，又经过进一步的完善，根据每个作品的描述性定义在维度名称的后面标出：①创造程度（该作品的创造性程度）；②可爱程度（您喜欢该作品的程度）；③切题程度（与所代表主题的契合程

① Yi, X., *Creativity efficacy and their organizational*, *cultural influences*. Saarbrücken, Südwestdeutcher Verlag für Hochschulschriften, 2012.

② Yi, X., Hu, W. & Scheithauer, H., et al., Cultural and Chinese students, *Creativity Research Journal*, 2013, 25(1), pp. 97-108.

③ Amabile, T. M., Social psychology of creativity: A consensual assessment technique, *Journal of Personality and Social Psychology*, 1982, 43, pp. *997-1013*.

④ Ward, T. B., Structured imagination: The role of category structure in exemplar generation, *Cognitive Psychology*, 1994, 27(1), pp. 1-40.

⑤ Niu, W., & Sternberg, R. J., Cultural influences on artistic creativity and its evaluation, *International Journal of Psychology*, 2001, 36, pp. 225-241.

度）；④技术水平（制作中运用技术的水平）；⑤想象水平（制作者的想象力丰富程度）；⑥艺术水平（该作品的艺术性）；⑦精进程度（作品对于细节的完善程度）；⑧综合印象（您对该作品的综合评价）。

用于给作品评分的量表是李克特 7 点量尺。共感评价技术是这一评分方法的基础。我们邀请了 21 位来自中国和德国的评分者对所有被试的作品逐一评分，评分者所评分数的内部一致性系数大都在 0.70 以上，说明评分者信度是理想的，所评分数可用于最终对德国大学生艺术创造力水平的刻画。

德籍白人大学生和德籍亚裔大学生两组学生在拼贴画制作和画外星人任务上的得分如图 10-3 和图 10-4 所示。直观看来，白人学生在后一任务上好于亚裔学生，而在前一任务上亚裔学生则更有优势，但合并两个任务做差异检验，发现两组大学生的艺术创造力得分并无显著差异（白人学生得分均值=4.37，亚裔学生得分均值=4.35，$t=0.44$，$p=0.66$）。

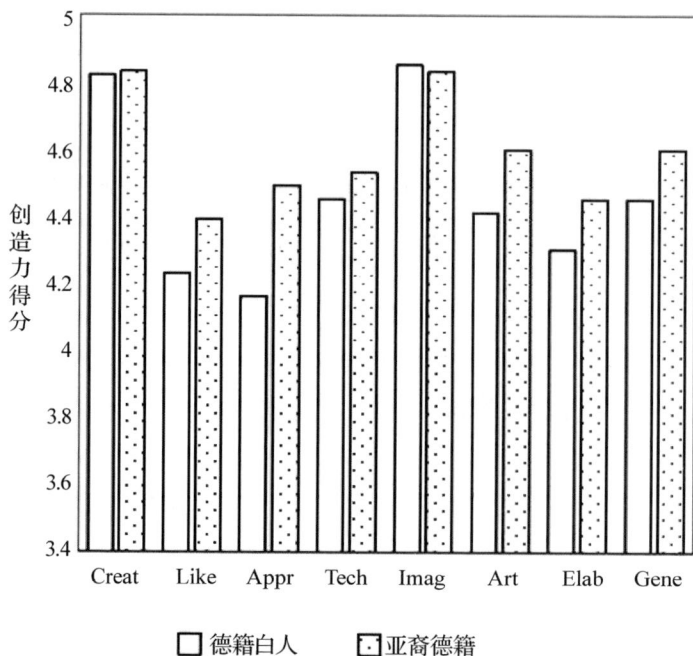

图 10-3　两组德国大学生在拼贴画制作任务上的得分
注：Creat=创造程度；Like=可爱程度；Appr=切题程度；Tech=技术水平；Imag=想象水平；Art=艺术水平；Elab=精进程度；Gene=综合印象。下同。

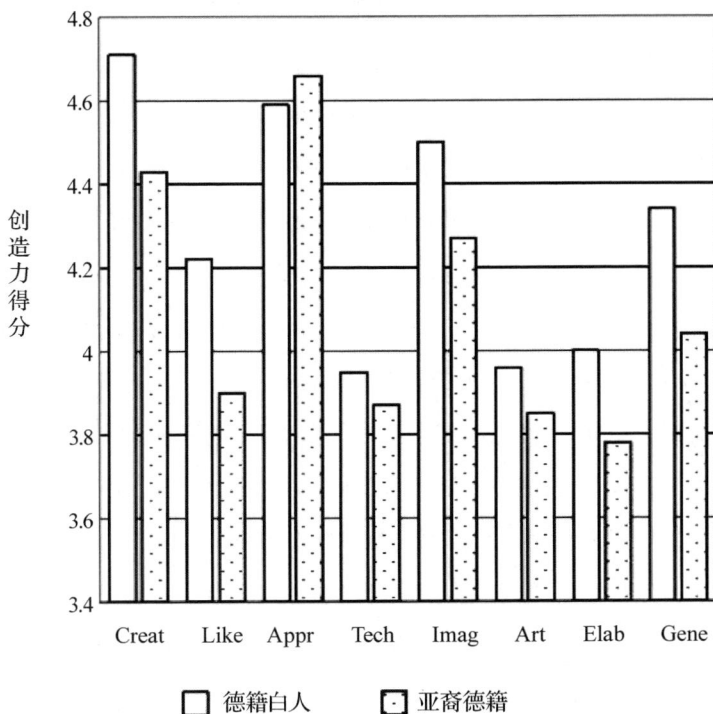

图 10-4 两组德国大学生在画外星人任务上的得分

从结果出发，我们可以推论，在艺术创造力发展方面，并未发现同一文化环境下的种族差异。可以说是德国的文化环境和教育，尤其是德国在基础教育阶段对创新教育的重视影响了德国大学生的创造力发展。德意志民族向来以思想深邃、创新能力强而著称于世。历史上，对于世界发展影响深远的康德启蒙哲学、科学心理学、马克思主义和量子力学等都诞生于德国。产生自德国的格式塔心理学派认为，任何存在都有能力经由自我调节而生成创新性的观念（S. Preiser, 2006）①。

历经两次世界大战之后，德国人在全世界面前坦诚认罪、痛定思痛、认真反思，提出并实践了一系列富于创新性的文化教育战略，使得德国重新成为引领世界潮流的国际创新中心之一。2013 年 11 月 27 日，德国新一届执政党联盟发布施政纲

---

① Preiser, S. ,"Creativity research in German-speaking countries," In J. C. Kaufman, R. J. Stermberg(Eds.), *The International Handbook of Creativity*, Cambridge, NY, Cambridge University Press, 2006.

领。该纲领指出新政府将继续贯彻教育和科研经费不低于国内生产总值（GDP）10%的投入目标。在基础教育领域，政府将加强青少年在数学、信息、自然科学和技术（MINT）上的综合学习，进一步强化中小学和幼儿园的数字化教学建设、在体育精英学校的基础上，尝试组建以信息技术为重点的中小学。

德国罗兰·贝格管理咨询有限公司创始人罗兰·贝格曾经在 2014 年总结了德国在创新教育方面的系列做法（贝格，林昕，2015）[1]。罗兰·贝格指出，德国的文化教育环境一直重视学生的想象力和创造力发展。2009 年德国发布的《德国科研和创新报告》及 2010 年欧盟发布的《教育和文化总体指南》是目前德国创新教育的重要依据之一。德国主要从四个方面推进基础教育阶段的创新教育教学。

第一，德国教育界普遍遵循让学生创新学习的理念，积极发展学生将感知、观察、思维和想象等能力综合起来。德国教师把激发学生学习兴趣、提升学生创新精神、培养学生的信息收集与甄别能力、发展学生的批判性思维、自主学习和创新能力作为核心追求；德国的联邦政府和州政府一般不干涉学校教育活动和教材组织，给教师充分的教学创新的空间。

第二，德国学校普遍强调理论与实践相结合、知识学习与核心素养发展相结合；20 世纪 90 年代以来，德国在不断推进教育改革的过程中已经认识到，学生的想象力和创造性培养比知识教学本身更为重要。德国在国家培养目标体系中已经把培养学生的关键素养作为主要目标，以适应未来社会发展和终身教育的需要。德国学校当前的主要任务是培养学生的问题解决和自我生存能力。研究显示，德国中学生在每个学期平均每人需要根据教师指定的内容做 4~6 个课堂报告，在学生完成报告的过程中，老师要求学生独立选题、收集资料、小组讨论、制作演示等并在课堂上讲解，教师会及时对学生课堂报告进行点评。这样的学生课堂报告的成绩占课程总成绩的 20%~50%。

第三，随着世界科技的迅猛发展，德国教育行政机构认识到，以往偏重专业训练的中小学课程已经落后于时代发展的新要求，应充分增加通识教育和能力训练，

---

① 贝格，林昕：《科技创新中心的人才建设从基础开始：德国中小学创新教育的启示》，载《外国中小学教育》，第 2 期，2015。

以使学生的知识和能力结构适应新时代的要求。因此，德国中小学课程具有广泛的代表性、不同领域的通用性，特别强调综合性、实践性和社会性相结合，潜移默化培养学生的创新意识和创新能力。例如，德国政府 20 世纪 80 年代就为中小学制定了"信息与通信技术教育计划"，在中小学课程中有计划地渗透新技术知识，使学生能在基础教育阶段就接触最新技术的新发展，实质性地了解和体验社会的发展变化。

第四，德国教育界认可这样的一条原则——学生的创新素质主要不是从日常教学中获得的，根本上源自学生在适当环境下的自有创造和发展。因此，德国的中小学是一个开放的空间，这种开放式的理念贯穿德国中小学教学活动的始终：学生可以将学习安排在校外的实际场景中，学校也可能请各个领域的专业人士等到学校参与教学活动，在课堂中多数情况下都会采取小组讨论、师生共同探究的教学形式。

Aberg, K. C. , & Doell, K. C. , Schwartz, S. (2016) . The "creative right brain" revisited: Individual creativity and associative priming in the right hemisphere relate to hemispheric asymmetries in reward brain function. *Cerebral Cortex*, 27(10).

Abraham, A. (2016) . Gender and creativity: An overview of psychological andneuroscientific literature. *Brain Imaging and Behavior*, 10(2), 609- 618.

Abraham, A. , Beudt, S. , & Ott, D. V. M. , et al. (2012). Creative cognition and the brain: Dissociations between frontal, parietal-temporal and basal ganglia groups. *Brain Research*, 1482, 55-70.

Abraham, A. , Pieritz, K. , & Thybusch, K. , et al. (2012). Creativity and the brain: Uncovering the neural signature of conceptual expansion. *Neuropsychologia*, 50 (8), 1906-1917.

Abraham, A. , Thybusch, K. , & Pieritz, K. , (2014) . Gender differences in creative thinking: Behavioral and fMRI findings. *Brain Imaging and Behavior*, 8(1), 39-51.

Acar, S. , & Runco, M. A. (2014). Assessing associative distance among ideas elicited by tests of divergent thinking. *Creativity Research Journal*, 26(2), 229-238.

Adey, P. , Shayer, M. , & Yates, C. (1995). *Thinking Science*. London: Thomas Nelson and Sons Ltd.

Albright, T. D. (2012). On the perception of probable things: Neural substrates of associative memory, imagery, and perception. *Neuron*, 74(2), 227-245.

Amabile, T. M. (1982). Social psychology of creativity: A consensual assessment technique. *Journal of Personality and Social Psychology*, 43, 997-1013.

Amabile, T. M. (1996) . *Creativity in context: Update to the social psychology of creativity*. Boulder, CO: Westview Press.

Amabile, T. M. , & Pillemer, J. (2012). Perspectives on the social psychology of creativi-

ty. The Journal of Creative Behavior, 46(1), 3-15.

Amabile, T. M., Barsade, S. G., & Mueller, J. S., et al. (2005). Affect and creativity at work. *Administrative Science Quarterly*, 50(3), 367-403.

Amabile, T. M., Conti, R., & Coon, H., Lazenby, J., et al. (1996). Assessing the work environment for creativity. *The Academy of Management Journal*, 39(5), 1154-1184.

Amabile, T. M., Schatzel, E. A., & Moneta, G. B., et al. (2004). Leader behaviors and the work environment for creativity: Perceived leader support. *Leadership Quarterly*, 15(1), 5-32.

Amabile, T. M., Tighe, E. M., Hill, & K. G., et al. (1994). The work preference inventory: Assessing intrinsic and extrinsic motivational orientations. *Journal of Personality and Social Psychology*, 66(5), 950-967.

Americans. *Journal of Personality and Social Psychology*, 108(4), 623-636.

Andreasen, N. C. & Glick, L. D. (1988). Bipolar affective disorder and creativity: Implications and clinical management. *Comprehensive Psychiatry*, 29, 207-216.

Andreasen, N. C. (1987). Creativity and mental illness. *American Journal of Psychiartry*, 144, 1288-1292.

Andreasen, N. C. (1987). Creativity and mental illness. *American Journal of Psychiatry*, 144, 1288-1292.

Andreasen, N. C., & Glick, L. D. (1988). Bipolar affective disorder and creativity: Implications and clinical management. *Comprehensive Psychiatry*, 29, 207-216.

Aron, A. R., Robbins, T. W., & Poldrack, R. A. (2004), Inhibition and the right inferior frontal cortex. *Trends In Cognitive Sciences*, 8, 170-177.

Arthur R. J., & Gopinathan, S. (1981). Straight talk about mental tests. New York: The Free PR.

Bachner-Melman, R., Dina, C., & Zohar, A. H., et al. (2005). AVPR1a and SLC6A4 gene polymorphisms are associated with creative dance performance. *PLoS Genet*, 1(3), e42

Baer, J. (2016). Creativity doesn't develop in a vacuum. *New Directions for Child and Adolescent Development*, (151), 9-20.

Baer, J., & Kaufman, J. C. (2005). Bridging generality and specificity: The amusement park theoretical (APT) model of creativity. *Roeper Review*, 27(3), 158-163.

Baldwin, A. L.. (1980). *Theories of Child Development* (2ed). New York: John Wiley & Sons Inc.

Baron, R. A., Mueller, B. A., & Wolfe, M. T. (2016). Self-efficacy and entrepreneurs' adaption of unattainable goals: The restraining effects of self-control. *Journal of Business Venturing*, 31(1), 55-71.

Baron, R. A., Hmieleske, K. M., & Henry, R. A. (2012). Entrepreneurs' dispositional positive affect: The potential benefits and potential costs of being "up". *Journal of Business Venturing*, 27(3), 310-324.

Bart, W. M., Hokanson, B., & Sahin, I., et al. (2015). An investigation of the gender differences in creative thinking abilities among 8th and 11th grade students. *Thinking Skills and Creativity*, 17, 17-24.

Bart, W. M., Hokanson, B., & Sahin, I., et al. (2015). An investigation of the gender differences in creative thinking abilities among 8th and 11th grade students. *Thinking Skills and Creativity*, 17, 17-24.

Bashwiner, D. M., Wertz, C. J., & Flores, R. A., et al. (2016). Musical creativity "revealed" in brain structure: Interplay between motor, default mode, and limbic networks. *Scientific Reports*, 6(20482).

Bashwiner, D. M., Wertz, C. J., & Flores, R. A., et al. (2016). Musical creativity "revealed" in brain structure: Interplay between motor, default mode, and limbic networks. *Scientific Reports*, 6, 20482.

Beaty, R. E., Benedek, M., & Silvia, P. J., et al. (2016). Creative cognition and brain network dynamics. *Trends in Cognitive Sciences*, 20(2), 87-95.

Beaty, R. E., Benedek, M., & Wilkins, R. W., et al. (2014). Creativity and the default network: A functional connectivity analysis of the creative brain at rest. *Neuropsychologia*, 64, 92-98.

Beaty, R. E., Christensen, A. P., & Benedek, M., et al. (2017). Creative constraints: Brain activity and network dynamics underlying semantic interference during idea production. *NeuroImage*, 148, 189-196.

Beaty, R. E., Christensen, A. P., & Benedek, M., et al. (2017). Creative constraints: Brain activity and network dynamics underlying semantic interference during idea production. NeuroImage, 148, 189-196.

Beaty, R. E., Christensen, A. P., & Benedek, M., et al. (2017). Creative constraints: Brain activity and network dynamics underlying semantic interference during idea production. *NeuroImage*, 148, 189-196.

Beghetto, R. A., Kaufman, J. C., & Baxter, J. (2011). Answering the unexpected questions: Exploring the relationship between students' creative self-efficacy and teacher ratings of creativity. *Psychology of Aesthetics Creativity and Arts*, 5(4), 342-349.

Ben-Soussan, T. D., Glicksohn, J., & Goldstein, A., et al. (2013). Into the Square and out of the Box: The effects of Quadrato Motor Training on Creativity and Alpha Coherence. *Plos One*, 8(e550231).

Ben-Soussan, T. D., Glicksohn, J., & Goldstein, A., et al. (2013). Into the Square and out of the Box: The effects of Quadrato Motor Training on Creativity and Alpha Coherence. *Plos One*, 8(e550231).

Bloom, B. L. (1988). *Health psychology: A psychosocial perspective*. Englewood Cliffs, N. J.: Prentice Hall.

Boey, K., & Chiu, H. (1998): Assessing psychological well-being of the old-old. A comparative study of GDS-15 and GHQ-12. *Clinical Gerontologist*, 19(1): 65-75.

Bouchard Jr, T. J., Lykken, D. T., & Tellegen, A., et al. (1993). Creativity, heritability, familiarity: Which word does not belong? *Psychological Inquiry*, 4(3), 235-237.

Boyatzis, R. E. (1998). *Thematic analysis and code development*. Thousand Oaks, CASAGE Publications, Inc.

Bradburn, N. (1969). The structure of psychological well-being. Chicago: Aldine.

Brewer, M. B., & Gardner, W. (1996). Who is this "we"? Levels of collective identity and self-representations. *Journal of Personality & Social Psychology*, 71, 83-93.

Bronfenbrenner, U., & Morris, P. A. (1998). The ecology of developmental processes. In W. Damon (Series Ed.) & RM Lerner (Vol. Ed.), Handbook of child psychology: Theoretical models of human development, (pp. 993V1028).

Brown, R. T. (1989). Creativity: What are we to measure? In Glover, J. A., Ronning, R. R., & Reynolds, C. R. (Eds.), *Handbook of creativity* (pp. 3-32). New York: Plenum Press.

Browne, T. A. (2006). Confirmatory factor analysis for applied research. New York: Guilford Press.

Bunge, S. A., Dudukovic, N. M., Thomason, M. E., Vaidya, C. J., Gabrieli, J. D. (2002). Immature frontal lobe contributions to cognitive control in children: Evidence from fMRI. *Neuron*, 33: 301-311

Burch, G. S. J., Hemsley, D. R., & Pavelis, C., et al. (2006). Personality, creativity and latent inhibition. *European Journal of Personality*, 20(2), 107-122.

Byron, K., & Khazanchi, S. (2011). A meta-analytic investigation of the relationship of state and trait anxiety to performance on figural and verbal creative tasks. *Personality & So-*

cial Psychology Bulletin, 37(2), 269-283.

Carson, S. H., Peterson, J. B., & Higgins, D. M. (2003). Decreased latent inhibition is associated with increased creative achievement in high-functioning individuals. *Journal of Personality & Social Psychology*, 85(3), 499-506.

Cassandro, V. J. (1998). Explaining premature mortality across fields of creative endeavor. *Journal of Personality*, 66, 805-833.

Chan, D. W., & Zhao, Y. (2010). The relationship between drawing skill and artistic creativity: Do age and artistic involvement make a difference? *Creativity Research Journal*, 22 (1), 27-36.

Chen, B., Hu, W., &Plucker, J. A. (2016). The effect of mood on problem finding in scientific creativity. *The Journal of Creative Behavior*, 50(4), 308-320.

Chen, Q., Xu, T., & Yang, W., et al. (2015). Individual differences in verbal creative thinking are reflected in the precuneus. *Neuropsychologia*, 75, 441-449.

Chen, Q., Yang, W., & Li, W., et al. (2014). Association of creative achievement with cognitive flexibility by a combined voxel-based morphometry and resting-state functional connectivity study. *NeuroImage*, 102, *Part* 2, 474-483.

Chen, Q., Xu, T., & Yang, W., et al. (2015). Individual differences in verbal creative thinking are reflected in the precuneus. *Neuropsychologia*, 75, 441-449.

Chirkov, V. I. & Ryan, R. M. (2001). Parent and teacher autonomy-support in Russian and U. S. adolescents: common effects on well-being and academic motivation. *Journal of Cross-Cultural Psychology*, 32(5), 618-635.

Christoff, K., & Gabrieli, J. D. (2000). The frontopolar cortex and human cognition: Evidence for a rostrocaudal hierarchical organization within the human prefrontal cortex. *Psychobiology*, 28(2), 168-186.

Colvin, K. (1995). *Mood disorders and symbolic function: An investigation of object relations and ego development in classical musicians*. San Diego, CA: California School of Professional Psychology.

Colvin, K. (1995). Mood disorders and symbolic function: An investigation of object relations and ego development in classical musicians. Unpublished doctoral dissertation, California School of Professional Psychology, San Diego, CA.

Conti, R., Coon, H., & Amabile, T. M. (1996). Evidence to support the componential model of creativity: Secondary analyses of three studies. *Creativity Research Journal*, 9(4), 385-389.

Cousijn, J. , Koolschijn, P. C. M. P. , & Zanolie, K. , et al. (2014). The relation between gray matter morphology and divergent thinking in adolescents and young adults. *Plos One*, 9 (e11461912).

Cousijn, J. , Zanolie, K. , & Munsters, R. J. M. , et al. (2014). The relation between resting state connectivity and creativity in adolescents before and after training. *Plos One*, 9 (e1057809).

Crocker, J. (2002). The costs of seeking self-esteem. *Journal of Social Issues*, 58, 597-615.

Csikszentmihalyi, M. (1996). *Creativity: Flow and the psychology of discovery and invention*. New York: Harper Collins.

Cui, X. , Bray, S. , & Reiss, A. L. (2010). Functional near infrared spectroscopy (NIRS) signal improvement based on negative correlation between oxygenated and deoxygenated hemoglobin dynamics. *Neuro Image*, 49(4), 3039-3046.

Damian, R. I. & Simonton, D. K. (2014). Psychopathology, adversity, and creativity: Diversifying experiences in the development of eminent African De Bono, E. (1985). *Six thinking hats*. Boston : Little Brown.

De Bono, E. (1987). *CoRT Thinking Program: Work cards and teachers, notes*. Chicago: Science Research Associates.

De Pisapia, N. , Bacci, F. , & Parrott, D. , et al. (2016). Brain networks for visual creativity: A functional connectivity study of planning a visual artwork. *Scientific reports*, 6, 39185.

De Souza, L. C. , Volle, E. , & Bertoux, M. , et al. (2010). Poor creativity in frontotemporal dementia: A window into the neural bases of the creative mind. *Neuropsychologia*, 48 (13), 3733-3742.

Decey. (1989). Peak periods of creative growth across the lifespan. *Journal of Creative Behavior*, 23(4), 147-224.

Deci, E. L. , & Ryan, R. M. (2008). Self-determination theory: A macrotheory of human motivation, development, and health. *Canadian Psychology*, 49(3), 182-185.

Deci, E. L. , Schwartz, A. J. , & Sheinman, L. , et al. (1981). An instrument to assess adults' orientations toward control versus autonomy with children: reflections on intrinsic motivation and perceived competence. *Journal of Educational Psychology*, 73 (5), 642-650.

DeDreu, C. K. , Baas, M. , & Nijstad, B. A. (2008). Hedonic tone and activation level in the mood-creativity link: Toward a dual pathway to creativity model. *Journal of Personality & Social Psychology*, 94(5), 739-756.

DePisapia, N., Bacci, F., & Parrott, D., et al. (2016). Brain networks for visual creativity: A functional connectivity study of planning a visual artwork. Dewett, T. (2007). Linking intrinsic motivation, risk taking, and employee creativity in an R & D environment. *R&D Management*, 37(3), 197-208.

Diener, E. (1984). Subjective well-being. *Psychological Bulletin*, 95, 542-575.

Dollinger, S. J., Burke, P. A., & Gump, N. W. (2007). Creativity and values. *Creativity Research Journal*, 19, 91-103.

Dollinger, S. J., Urban, K. K., & James, T. A. (2004). Creativity and openness: Further validation of two creative product measures. *Creativity Research Journal*, 16(1), 35-47.

Drago, V., Foster, P. S., & Heilman, K. M., et al. (2011). Cyclic alternating pattern in sleep and its relationship to creativity. *Sleep Medicine*, 12(4), 361-366.

Duff, M. C., Kurczek, J., & Rubin, R., et al. (2013). Hippocampal amnesia disrupts creative thinking. *Hippocampus*, 23(12), 1143-1149.

Ellamil, M., Dobson, C., & Beeman, M., et al. (2012). Evaluative and generative modes of thought during the creative process. *NeuroImage*, 59(2), 1783-1794.

Ellamil, M., Dobson, C., & Beeman, M., et al. (2012). Evaluative and generative modes of thought during the creative process. *NeuroImage*, 59(2), 1783-1794.

Ellamil, M., Dobson, C., & Beeman, M., et al. (2012). Evaluative and generative modes of thought during the creative process. *NeuroImage*, 59(2), 1783-1794.

Feist, G. J. (1998). A meta-analysis of personality in scientific and artistic creativity. *Personality and Social Psychology Review*, 2(4), 290-309.

Feist, G. J., & Barron, F. X. (2003). Predicting creativity from early to late adulthood: Intellect, potential, and personality. *Journal of Research in Personality*, 37(2), 62-88.

Fernández-Abascal, E. G., & Díaz, M. D. M. (2013). Affective induction and creative thinking. *Creativity Research Journal*, 25(2), 213-221.

Fink, A., Weber, B., & Koschutnig, K., et al. (2014). Creativity and schizotypy from the neuroscience perspective. *Cognitive, Affective, & Behavioral Neuroscience*, 14(1), 378-387.

Fink, A., Weiss, E. M., & Schwarzl, U., et al. (2017). Creative ways to well-being: Reappraisal inventiveness in the context of anger-evoking situations. *Cognitive, Affective, & Behavioral Neuroscience*, 17(1), 94-105.

Fink, A. , & Benedek, M. (2014). EEG alpha power and creative ideation. *Neuroscience and Biobehavioral Reviews*, 44, 111-123.

Fink, A. , Grabner, R. H. , & Gebauer, D. , et al. (2010). Enhancing creativity by means of cognitive stimulation: Evidence from an fMRI study. *Neuro Image*, 52 (4), 1687-1695.

Fink, A. , Grabner, R. H. , & Gebauer, D. , et al. (2010). Enhancing creativity by means of cognitive stimulation: Evidence from an fMRI study. *Neuro Image*, 52 (4), 1687-1695.

Fink, A. , Koschutnig, K. , & Benedek, M. , et al. (2012). Stimulating creativity via the exposure to other people's ideas. *Human Brain Mapping*, 33(11), 2603-2610.

Fink, A. , Koschutnig, K. , & Hutterer, L. , et al. (2014). Gray matter density in relation to different facets of verbal creativity. *Brain Structure & Function*, 219(4), 1263-1269.

Francis Galton. (1978) . Hereditary Genius: An inquiry into its laws and Consequences. London: Julian Friedmann Publishers.

Gagné, M. , & Deci, E. L. (2005). Self-determination theory and work motivation. *Journal of Organizational behavior*, 26(4), 331-362.

Galton, F. (1869). Hereditary genius: An inquiry into its laws and consequences . London: Macmillan publisher.

Gansier, D. A. , Moore, D. W. , & Susmaras, T. M. , (2011). Cortical morphology of visual creativity. *Neuropsychologia*, 49(9), 2527-2532.

Gardner, H. (1980). *Artful Scribbles: the Significance of Children's Drawings*. New York: Basic Books.

Gardner, H. (1988). Creativity: An interdisciplinary perspective. *Creativity Research Journal*, 1(1), 8-26.

Gardner, H. (1993). *Creating minds*. New York: Basic Book.

Gino, F. , &Ariely, D. (2012). The dark side of creativity: Original thinkers can be more dishonest. *Journal of Personality and Social Psychology*, 102(3), 445- 459.

Ginzberg, E. (1972). Toward a Theory of Occupational Choice: A Restatement. *The Career Development Quarterly*, 20(3), 2-9.

Goldberg, D. (1972): The detection of psychiatric illness and Social Psychology, 78, 662- 675.

Gould, R. L. , Brown, R. G. , Owen, A. M. , Ffytche, D. H. , & Howard, R. J. (2003)

. Fmri bold response to increasing task difficulty during successful paired associates learning. *Neuroimage*, 20(20), 1006-19.

Gralewski, J., Gajda, A., Wiśniewska, E., Lebuda, I., & Jankowska, D. M. (2016). Slumps and Jumps: Another Look at Developmental Changes in Creative Abilities. *Creativity. Theories-Research-Applications*, 3(1), 152-177.

Green, A. E., Spiegel, K. A., & Giangrande, E. J., et al. (2017). Thinking cap plus thinking zap: TDCS of frontopolar cortex improves creative analogical reasoning and facilitates conscious augmentation of state creativity in verb generation. *Cerebral Cortex*, 27(4), 2628-2639.

Green, A. E., Fugelsang, J. A., & Kraemer, D. J., et al. (2006). Frontopolar cortex mediates abstract integration in analogy. *Brain research*, 1096(1), 125-137.

Grolnick, W. S., Farkas, M. S., & Sohmer, R., et al. (2007). Facilitating motivation in young adolescents: Fffects of an after-school program. *Journal of Applied Developmental Psychology*, 28(4), 332-344.

Grolnick, W. S., Price, C. E., & Beiswenger, K. L., et al. (2007). Evaluative pressure in mothers: Effects of situation, maternal, and child characteristics on autonomy supportive versus controlling behavior. *Developmental Psychology*, 43(4), 991-1002.

Gruber, H. E. (1996). Starting out: The early phases of four creative careers—Darwin, van Gogh, Freud, and Shaw. *Journal of Adult Development*, 3(1), 1-6.

Gruber, H. E., & Wallace, D. B. (2001). Creative work: The case of Charles Darwin. *American Psychologist*, 56(4), 346-349.

Guilford, J. P. (1959). Traits of creativity. In H. H. Anderson (Ed., 1959), Creativity and its cultivation. NY: Harper and Row.

Guilford, J. P. (1967). Some theoretical views of creativity. In H. Helson & W. Bevan (Eds.), Contemporary approaches to psychology (pp. 419-459). Princeton, NJ: van Nostrand.

Gusnard, D. A., & Raichle, M. E. (2001). Searching for a baseline: Functional imaging and the resting human brain. *Nature Reviews Neuroscience*, 2(10), 685-694.

Haier, R. J., Siegel, B. V., & Nuechterlein, K. H., et al. (1988). Cortical glucose metabolic rate correlates of abstract reasoning and attention studied with positron emission tomography. *Intelligence*, 12(2), 199-217.

Haight, F. A. (1967). *Handbook of the Poisson distribution*. New York: Wiley.

Hammond, J. & Edelmann, R. J. (1991). The act of being: Personality characteristics of professional actors, amateur actors and non-actors. In G. Wilson (Ed.), *Psychology and performing arts.* Amsterdam: Swets & Zeitlinger.

Hammond, J. , &Edelmann, R. J. (1991). The act of being: Personality characteristics of professional actors, amateur actors and non-actors. In G. Wilson (Ed.), *Psychology and performing arts* (pp. 123-131). Amsterdam: Swets & Zeitlinger.

Hampshire, A. , Chamberlain, S. R. , & Monti, M. M. , et al. (2010). The role of the right inferior frontal gyrus: Inhibition and attentional control. *Neuro Image* 50: 1313-1319,

Hao, N. , Ku, Y. , & Liu, M. , et al. (2016). Reflection enhances creativity: Beneficial effects of idea evaluation on idea generation. *Brain and Cognition*, 103, 30-37.

Heinonen, J. , Numminen, J. , & Hlushchuk, Y. , et al. (2016). Default mode and executive networks areas: Association with the serial order in divergent thinking. *Plos One*, 11 (e01622349).

Hershman, D. J. & Lieb, J. (1998) . *Manic depression and creativity.* New York: Prometheus Books.

Hoffman, P. , Evans, G. A. , & Ralph, M. A. L. (2014). The anterior temporal lobes are critically involved in acquiring new conceptual knowledge: Evidence for impaired feature integration in semantic dementia. *Cortex*, 50, 19-31.

Huang, F. , Fan J. , & Luo, J. (2015). The neural basis of novelty and appropriateness in processing of creative chunk decomposition. *NeuroImage*, 113, 122-132.

Ireland, W. W. (1904). A Study of British Genius. *The British Journal of Psychiatry*, 50 (209), 318-320.

Jamison, K. R. (1993). *Touched with fire: Manic-depressive illness and the artistic temperament.* New York, NY: Free Press.

Jamison, K. R. (1993). *Touched with fire: Manic-depressive illness and the artistic temperament.* New York, NY: Free Press.

Jamison, K. R. (1997). *An unquiet mind: A memoir of moods and madness.* London, England: Picador.

Jamison, K. R. (1997). An unquiet mind: A memoir of moods and madness. London, England: Picador.

Jang, K. E. , Jeong, Y. , & Ye, J. C. , et al. (2009). Wavelet minimum description length detrending for near-infrared spectroscopy. *Journal of biomedical optics*, 14 (3), 034004-034004-034013.

Jauk, E. , Neubauer, A. C. , & Dunst, B. , et al. (2015) . Gray matter correlates of creative potential: A latent variable voxel-based morphometry study. *Neuro Image*, 111, 312-320.

Jia, X. , Hu, W. , & Cai, F. , et al. (2017). The influence of teaching methods on creative problem finding. *Thinking Skills & Creativity*, 24.

Jiang, W. , Shang, S. , & Su, Y. (2015). Genetic influences on insight problem solving: The role of catechol-o-methyltransferase (COMT) gene polymorphisms. *Frontiers in Psychology*, 6, 1569

Jonathan, A. P. , Ronald, A. B. , & Gayle, T. D. (2004). Why isn't creativity more important to educational psychologists? Potentials, pitfalls, and future directions in creativity research. *Educational Psychologist*, 39(2), 83-96.

Jung, R. E. , Segall, J. M. , & Bockholt, H. J. , et al. (2010). Neuroanatomy of creativity. *Human Brain Mapping*, 31(3), 398-409.

Jung, R. E. , Segall, J. M. , & Bockholt, H. J. , et al. (2010). Neuroanatomy of creativity. *Human Brain Mapping*, 31(3), 398-409.

Kaufman, J. C. (2001). Genius, lunatics, and poets: Mental illness in prize winning authors. *Imagination, Cognition, and Personality*, 20, 305-314.

Kaufman, J. C. (2003). The cost of the muse: Poets die young. *Death Studies*, 27, 813-822.

Kaufman, J. C. (2005). The door that leads into madness: Eastern European poets and mental illness. *Creativity Research Journal*, 17, 99-103.

Kaufman, J. C. (2016). *Creativity* 101. New York: Springer Publishing Company.

Kaufman, J. C. (2016). *Creativity* 101. New York: Springer Publishing Company.

Kaufman, J. C. , & Baer, J. (2004). Sure, I'm creative-but not in math!: Self-reported creativity in diverse domains. *Empirical Studies of the Arts*, 22, 143-155.

Kaufman, J. C. , & Beghetto, R. A. (2009). Beyond big and little: The four c model of creativity. *Review of General Psychology*, 13(1), 1-12.

Kaufman, J. C. , & Sternberg, R. J. (2012). The Cambridge handbook of creativity. Cambridge, England: Cambridge University Press.

Kaun, D. E. (1991). Writers die young: The impact of work and leisure on longevity. *Journal of Economic Psychology*, 12, 381-399.

Keller, M. C. , & Visscher, P. M. (2015). Genetic variation links creativity to psychiatric disorders. *Nature Neuroscience*. , 18(7), 928-929

Kleibeuker, S. W. , de Dreu, C. K. , & Crone, E. A. (2016). Creativity development in adolescence: Insight from behavior, brain, and training studies. *New Directions for Child and Adolescent Development*, 151, 73-84.

Kleibeuker, S. W. , Koolschijn, P. C. M. P. , & Jolles, D. D. , et al. (2013a). The neural coding of creative idea generation across adolescence and early adulthood. *Frontiers in Human Neuroscience*, 7(905).

Kleibeuker, S. W. , Koolschijn, P. C. M. P. , & Jolles, D. D. , et al. (2013b). Prefrontal cortex involvement in creative problem solving in middle adolescence and adulthood. *Developmental Cognitive Neuroscience*, 5, 197-206.

Kröger, S. , Rutter, B. , & Stark, R. , et al. (2012). Using a shoe as a plant pot: Neural correlates of passive conceptual expansion. *Brain Research*, 1430(1), 52-61.

Kuperberg, G. R. , Lakshmanan, B. M. , & Caplan, D. N. , et al. (2006). Making sense of discourse: An fMRI study of causal inferencing across sentences. *Neuro Image*, 33 (1), 343-361.

Lau, E. F. , Phillips, C. , &Poeppel, D. (2008). A cortical network for semantics: (de) Constructing the N400. Nature Reviews. *Neuroscience*, 9(12), 920-933.

Lehman, H. C. (1977). Reply to dennis' critique of age and achievement. *Journal of personality and social psychology*, 35, 791-804.

Leung, A. K. , & Chiu, C. (2010). Multicultural experience, idea receptiveness, and creativity. *Journal of Cross-Cultural Psychology*, 41, 5-6.

Leung, A. K. , Maddux, W. W. , & Galinsky, A. D. , et al. (2008). Multicultural experience enhances creativity: The when and how. *American Psychologist*, 63, 169-181.

Li, W. , Yang, W. , & Li, W. , et al. (2015). Brain structure and resting-state functional connectivity in university professors with high academic achievement. *Creativity Research Journal*, 27(2), 139-150.

Li, W. F. , Li, X. T. , & Huang, L. J. , et al. (2015). Brain structure links trait creativity to openness to experience. *Social Cognitive and Affective Neuroscience*, 10(2), 191-198.

Liu, S. , Erkkinen, M. G. , & Healey, M. L. , et al. (2015). Brain activity and connectivity during poetry composition: Toward a multidimensional model of the creative process. *Human Brain Mapping*, 36(9), 3351-3372.

Liu, S. , Erkkinen, M. G. , & Healey, M. L. , et al. (2015). Brain activity and connectivity during poetry composition: Toward a multidimensional model of the creative process. *Human Brain Mapping*, 36(9), 3351-3372.

Lotze, M. , Erhard, K. , & Neumann, N. , (2014). Neural correlates of verbal creativity: Differences in resting-state functional connectivity associated with expertise in creative writing. *Frontiers in Human Neuroscience*, 8(516).

Lu, L. , & Shi, J. (2010). *Association between creativity and COMT genotype*. Paper presented at the Bioinformatics and Biomedical Engineering (iCBBE), 2010 4th International Conference on.

Lubart, T. I. (1999). Creativity across culture. In R. J. Sternberg (Ed.), *Handbook of creativity*. New York: Cambridge University Press.

Ludwig, A. M. (1994). Mental illness and creative activity in female writers. *American Journal of Psychiatry*, 151, 1015-1656.

Ludwig, A. M. (1995). The price of greatness. New York: Guilford Press.

Ludwig, A. M. (1995). *The price of greatness*. New York: Guilford Press.

Ludwig, A. M. (1998). Method and madness in the arts and sciences. *Creativity Research Journal*, 11, 93-101.

Luo, J. , Niki, K. , & Phillips, S. (2004a). Neural correlates of the 'Aha! Reaction'. Neuro Report, 15, 2013-2017.

Luo, J. , Niki, K. , & Phillips, S. (2004b). The function of the anterior cingulate cortex (ACC) in the insightful solving of puzzles: The ACC is activated less when the structure of the puzzle is known. *Journal of Psychology in Chinese Societies*, 5, 195-213.

Lustenberger, C. , Boyle, M. R. , & Foulser, A. A. , et al. (2015). Functional role of frontal alpha oscillations in creativity. Cortex, 67, 74-82.

Madjar, N. , Oldham, G. R. , & Pratt, M. G. (2002). There's no place like home? The contributions of work and nonwork creativity support to employees' creative performance. *Academy of Management Journal*, 45(4), 757-767.

Madore, K. P. , Addis, D. R. , & Schacter, D. L. (2015). Creativity and memory: Effects of an Episodic-Specificity induction on divergent thinking. *Psychological Science*, 26(9), 1461-1468.

Madore, K. P. , Jing, H. G. , & Schacter, D. L. (2016). Divergent creative thinking in young and older adults: Extending the effects of an episodic specificity induction. *Memory & cognition*, 44(6), 974-988.

Marchant-Haycox, S. E. & Wilson, G. D. (1992). Personality and stress in performing artists. *Personality and Individual Differences*, 13, 1061-1068.

Mayseless, N. , & Shamay-Tsoory, S. G. (2015). Enhancing verbal creativity: Modulation creativity by altering the balance between right and left inferior frontal gyrus with tDCS. *Neuroscience*, 291, 167-176.

Mayseless, N. , Aharon-Peretz, J. , & Shamay-Tsoory, S. (2014). Unleashing creativity: The role of left temporoparietal regions in evaluating and inhibiting the generation of creative ideas. *Neuropsychologia*, 64, 157-168.

Mayseless, N. , Uzefovsky, F. , & Shalev, I. , et al. (2013). The association between creativity and 7R polymorphism in the dopamine receptor D4 gene (DRD4) . *Frontiers in human neuroscience*, 7, 502.

McPherson, M. J. , Barrett, F. S. , & Lopez-Gonzalez, et al. (2016). Emotional intent modulates the neural substrates of creativity: An fMRI study of emotionally targeted improvisation in jazz musicians. *Scientific Reports*, 6(18460).

McPherson, M. J. , Barrett, F. S. , & Lopez-Gonzalez, M. , et al. (2016) . Emotional intent modulates the neural substrates of creativity: An fMRI study of emotionally targeted improvisation in jazz musicians. *Scientific Reports*, 6(18460).

Mednick, S. (1962). The associative basis of the creative process. *Psychological review*, 69 (3), 220.

Midorikawa, A. , & Kawamura, M. (2015). The emergence of artistic ability following traumatic brain injury. *Neurocase*, 21(1), 90-94.

Molina, E. C. (1942) . *Poisson's exponential binomial limit*. New York: D. Van Nostrand Company, Inc.

Moss, J. (2011). Is insight always the same? An fMRI study of insight. Cognitive Science.

Murphy, M. , Runco, M. A. , & Acar, S. , et al. (2013). Reanalysis of genetic data and rethinking dopamine's relationship with creativity. *Creativity Research Journal*, 25 (1), 147-148

Murphy, M. , Runco, M. A. , & Acar, S. , et al. (2013). Reanalysis of genetic data and rethinking dopamine's relationship with creativity. *Creativity Research Journal*, 25 (1), 147-148.

Navas-Sanchez, F. J. , Carmona, S. , & Aleman-Gomez, Y. , et al. (2016). Cortical morphometry in frontoparietal and default mode networks in math-gifted adolescents. *Human Brain Mapping*, 37(5), 1893-1902.

Navas-Sanchez, F. J. , Carmona, S. , & Aleman-Gomez, Y. , et al. (2016). Cortical morphometry in frontoparietal and default mode networks in math-gifted adolescents. *Human Brain Mapping*, 37(5), 1893-1902.

Nettle, D. (2006). Schizotypy and mental health amongst poets, visual artists, and mathematicians. *Journal of Research in Personality*, 40, 876-890.

Neubauer, A. C., & Fink, A. (2009). Intelligence and neural efficiency. *Neuroscience & Biobehavioral Reviews*, 33(7), 1004-1023.

Niu, W. & Kaufman, J. C. (2005). Creativity in troubled times: Factors associated with recognitions of Chinese literary creativity in the 20th century. *Journal of Creative Behavior*, 39(1), 57-67.

Niu, W. & Sternberg, R. J. (2001). Cultural influences on artistic creativity and its evaluation. *International Journal of Psychology*, 36, 225-241.

Oppezzo, M., & Schwartz, D. L. (2014). Give your ideas some legs: The positive effect of walking on creative thinking. *Journal of Experimental Psychology. Learning, Memory, and Cognition*, 40(4), 1142-1152.

Osborn, A. F. (1963). *Applied imagination*. New York: Charles Scribner's Sons.

Owens, T. (1993). Accentuate the positive and the negative: Rethinking the use of self-esteem, self-confidence. *Social Psychology Quarterly*, 56: 288-299.

Ozawa, S., Matsuda, G., & Hiraki, K. (2014). Negative emotion modulates prefrontal cortex activity during a working memory task: A NIRS study. Frontiers in human neuroscience, 8, p. 46.

Ozawa, S., Matsuda, G., & Hiraki, K. (2014). Negative emotion modulates prefrontal cortex activity during a working memory task: A NIRS study. *Frontiers in human neuroscience*, 8.

Pinho, A. L., De Manzano, O., & Fransson, P., et al. (2014). Connecting to create: Expertise in musical improvisation is associated with increased functional connectivity between premotor and prefrontal areas. *Journal of Neuroscience*, 34(18), 6156-6163.

Pinho, A. L., Ullen, F., & Castelo-Branco, M., et al. (2016). Addressing a paradox: Dual strategies for creative performance in introspective and extrospective networks. *Cerebral cortex*, 26(7), 3052-3063.

Post, F. (1994). Creativity and psychopathology: A study of 291 world-famous men. *British Journal of Psychiatry*, 165, 22-34.

Post, F. (1996). Verbal creativity, depression and alcoholism: An investigation of one hundred American and British writers. *British Journal of Psychiatry*, 168, 545-555.

Power, R. A., Steinberg, S., & Bjornsdottir, G., et al. (2015). Polygenic risk scores for schizophrenia and bipolar disorder predict creativity. Nature Neuroscience., 18 (7),

953-955.

Preiser, S. (2006). Creativity research in German-speaking countries. In J. C. Kaufman, R. J. Sternberg (Eds.), *The International Handbook of Creativity*. NY: Cambridge University Press.

Qi, S., Li, Y., & Tang, X., et al. (2017). The temporal dynamics of detached versus positive reappraisal: An ERP study. *Cognitive, Affective, & Behavioral Neuroscience*, 17 (3), 516-527.

Qi, S., Luo, Y., & Tang, X., et al. (2016). The temporal dynamics of directed reappraisal in high-trait-anxious individuals. *Emotion*, 16(6), 886.

Reeve, J., & Jang, H. (2006). What teachers say and do to support students' autonomy during a learning activity. *Journal of Educational Psychology*, 98(1), págs. 209-218.

Renzulli, J. S. & Reis, S. M. (2009). The schoolwide enrichment model: A focus on student strengths & interests. In Renzulli, J. S., Gubbins J. E., & McMillen K. S. et al. (Eds.), *Systems & models for developing programs for the gifted and talented*, pp. 323-352. Mansfield Center, CT: Creative Learning Press, Inc.

Reuter, M., Roth, S., & Holve, K., et al. (2006). Identification of first candidate genes for creativity: A pilot study. *Brain Research*, 1069(1), 190-197.

Reznikoff, M., Domino, G., & Bridges, C., et al. (1973). Creative abilities in identical and fraternal twins. *Behavior Genetics*, 3(4), 365-377.

Rogers, T. T., & McClelland, J. L. (2004). *Semantic cognition: A parallel distributed processing approach*. MIT press.

Rosenberg, M., Schooler, C., & Schoenbach, C. et al. (1995). Global self-esteem and specific self-esteem: Different concepts, different outcomes. *American Sociological Review*, 60, 141-156

Rothenberg, A. (1990). *Creativity and madness: New findings and old d stereotypes*. Baltimore, MD: Johns Hopkins University Press.

Rubin, K., Fein, G., & Vandenberg, B. (1983). Play. In E. Hetherington (Ed.) & P. Mussen (Series Ed.,), *Handbook of child psychology: Vol. 4. Socialization, personality, and social development*. New York: Wiley, 693-774.

Rudowicz, E., & Ng, T. (2003). Why Asians are less creative than Westerners. *Creativity Research Journal*, 15, 301-302.

Runco, M. A. (1991). *Divergent thinking*. Norwood, N. J.: Ablex Publishing

Runco, M. A. (2004). Creativity. *Annual Review of Psychology*, 55, 657-687.

Runco, M. A. , & Bahleda, M. D. (1986). Implicit theories of artistic, scientific, and everyday creativity. *Journal of Creative Behavior*, 20, 93-98.

Runco, M. A. , & Johnson, D. J. (2002). Parents' and teachers' implicit theories of children's creativity: A cross-cultural perspective. *Creativity Research Journal*, 14, 427-438.

Runco, M. A. , & Nemiro, J. (2003). Creativity in the moral domain: Integration and implications. *Creativity Research Journal*, 15(1), 91-105.

Runco, M. A. , Noble, E. P. , & Reiter-Palmon, R. , et al. (2011). The genetic basis of creativity and ideational fluency. *Creativity Research Journal*, 23(4), 376-380.

Runco, M. A. , Noble, E. P. , & Reiter-Palmon, R. , et al. (2011). The genetic basis of creativity and ideational fluency. *Creativity Research Journal*, 23(4), 376-380.

Russ, S. W. (2016). Pretend play: Antecedent of adult creativity. *New Directions for Child and Adolescent Development*, (151), 21-32.

Rutter, B. , Kröger, S. , & Stark, R. , et al. (2012a). Can clouds dance? Neural correlates of passive conceptual expansion using a metaphor processing task: Implications for creative cognition. *Brain and Cognition*, 78(2), 114-122.

Ryan, R. M. , & Deci, E. L. (2000). Intrinsic and extrinsic motivations: classic definitions and new directions. *Contemporary Educational Psychology*, 25(1), 54-67.

Ryan, R. M. , & Deci, E. L. (2000). Self-determination theory and the facilitation of intrinsic motivation, social development, and well-being. *American psychologist*, 55(1), 68.

Ryff, C. D. , & Keyes, C. (1995). The structure of psychological well-being revisited. *Journal of Personality and Social Psychology*, 69: 719-727

Ryman, S. G. , Van denHeuvel, M. P. , & Yeo, R. A. , et al. (2014). Sex differences in the relationship between white matter connectivity and creativity. *Neuro Image*, 101, 380-389.

Saggar, M. , Quintin, E. , & Bott, N. T. , et al. (2016). Changes in brain activation associated with spontaneous improvization and figural creativity after Design-Thinking-Based training: A longitudinal fMRI study. *Cerebral Cortex*, w171.

Saggar, M. , Quintin, E. M. , & Kienitz, E. , et al. (2015). Pictionary-based fMRI paradigm to study the neural correlates of spontaneous improvisation and figural creativity. *Scientific Reports*, 5(10894).

Schaie, K. W. (1978). Toward a stage theory of adult cognitive development. *International Journal of Aging & Human Development*, 8(2), 129.

Schaie, K. W. , & Parham, I. A. (1977). Cohort-sequential analyses of adult intellectual development. *Developmental Psychology*, 13(6), 649-653.

Schinka, J., Letsch, E., & Crawford, F. (2002). DRD4 and novelty seeking: Results of meta-analyses. *American Journal of Medical Genetics Part A*, 114(6), 643-648.

Schlegel, A., Alexander, P., & Fogelson, S. V., et al. (2015). The artist emerges: Visual art learning alters neural structure and function. *NeuroImage*, 105, 440-451.

Schlesinger, J. (2009). Creative mythconceptions: A closer look at the evidence for "mad genius" hypothesis. *Psychology of Aesthetics, Creativity, and the Arts*, 3, 62-72.

Schlesinger, J. (2012). *The insanity hoax: Exposing the myth of the mad genius.* New York: Shrinktunes Media.

Schlesinger, J. (2014). Building connections on sand: The cautionary chapter. In J. C. Kaufman (Ed.), *Creativity and mental illness.* New York: Cambridge University Press.

Scientific Reports, 6, 39185.

Shalley, C. E., Zhou, J., & Oldham, G. R. (2004). The effects of personal and contextual characteristics on creativity: Where should we go from here?. *Journal of management*, 30(6), 933-958.

Shamay-Tsoory, S. G., Adler, N., & Aharon-Peretz, J., et al. (2011). The origins of originality: The neural bases of creative thinking and originality. *Neuropsychologia*, 49(2), 178-185.

Sheldon, K. M., & Krieger, L. S. (2007). Understanding the negative effects of legal education on law students: A longitudinal test of self-determination theory. *Personality & Social Psychology Bulletin*, 33(6), 883.

Shih, S. S. (2009). An examination of factors related to Taiwanese adolescents' reports of avoidance strategies. *The Journal of Educational Research*, 102(5), 377-388.

Simon, A., & Bock, O. (2016). Influence of divergent and convergent thinking onvisuomotor adaptation in young and older adults. *Human Movement Science*, 46, 23-29.

Simonton, D. K. (1975). Age and literary creativity: A cross-cultural and trans historical survey. *Journal of Cross-cultural Psychology*, 6, 259-277.

Simonton, D. K. (1990). *Psychology, science, and history: An introduction to historiometry.* CT: Yale University Press.

Simonton, D. K. (1994). *Greatness: Who makes history and why.* New York: Guilford Press.

Simonton, D. K. (1997). Historiometric studies of creative genius. In M. A. Runco (Ed.), *The creativity research handbook* (Vol. 1, pp. 3-28). New Jersey: Hampton Press.

Simonton, D. K. (2003). Scientific creativity as constrained stochastic behavior: The integration of product, person, and process perspectives. *Psychological Bulletin*, 129(4), 475.

Simonton, D. K. (2009). *Genius* 101. New York: Springer Publishing Company.

Simonton, D. K. (2011). Creativity and discovery as blind variation: Campbell's (1960) BVSR model after the half-century mark. *Review of General Psychology*, 15(2), 158-174.

Simonton, D. K. (2012). Teaching creativity: Current findings, trends, and controversies in the psychology of creativity. *Teaching of Psychology*, 39(3), 217 -222.

Simonton, D. K. (1984). *Genius, Creativity, and Leadership. Cambridge*, MA: Harvard University Press.

Simonton, D. K. (1988). Age and outstanding achievement: What do we know after a century of research? Psychological Bulletin, 104(2), 251-267.

Smith, E. E., &Jonides, J. (1999). Storage and executive processes in the frontal obes. *Science*, 283(5408), 1657-1661.

Sternberg, R. J. (1991). An investment theory of creativity and its development. *Human Development*, 34, 1-31.

Sternberg, R. J., & Lubart T. I. (1999). *Handbook of creativity*. New York: Cambridge university press.

Sternberg, R. J., & Lubart, T. I. (1995). *Defying the crowd: Cultivating creativity in a culture of conformity*. New York: Free Press.

Strangman, G., Culver, J. P., & Thompson, J. H., et al. (2002). A quantitative comparison of simultaneous BOLD fMRI and NIRS recordings during functional brain activation. *Neuro Image*, 17(2), 719-731

Studentea, S., Seppala, N., & Sadowska, N. (2016). Facilitating creative thinking in the classroom: Investigating the effects of plants and the colour green on visual and verbal creativity. *Thinking Skills and Creativity*, 19, 1-8.

Sun, J., Sun, B., & Zhang, L., et al. (2013). Correlation between hemodynamic and electrophysiological signals dissociates neural correlates of conflict detection and resolution in a Stroop task: A simultaneous near-infrared spectroscopy and event-related potential study. *Journal of Biomedical Optics*, 18(9), 096014-096014.

Takeuchi, H., Taki, Y., & Sekiguchi, A., et al. (2015). Mean diffusivity of globus pallidus associated with verbal creativity measured by divergent thinking and creativity-related temperaments in young healthy adults. *Human Brain Mapping*, 36(5), 1808-1827.

Takeuchi, H., Taki, Y., & Hashizume, H., et al. (2011). Failing to deactivate: The association between brain activity during a working memory task and creativity. *Neuro Image*, 55(2), 681-687.

Takeuchi, H., Taki, Y., & Hashizume, H., et al. (2012). The Association between Resting Functional Connectivity and Creativity. *Cerebral Cortex*, 22(12), 2921-2929.

Takeuchi, H., Taki, Y., & Nouchi, R., et al. (2017). Regional homogeneity, resting-state functional connectivity and amplitude of low frequency fluctuation associated with creativity measured by divergent thinking in a sex-specific manner. *NeuroImage*, 258-269.

Takeuchi, H., Taki, Y., & Sassa, Y., et al. (2010). White matter structures associated with creativity: Evidence from diffusion tensor imaging. *Neuro Image*, 51(1), 11-18.

Takeuchi, H., Taki, Y., & Sassa, Y., et al. (2010). White matter structures associated with creativity: Evidence from diffusion tensor imaging. *Neuro Image*, 51(1), 11-18.

Tardif, T. Z. & Sternberg, R. J. (1988). What do we know about creativity? In R. J. Sternberg (Ed.), *The nature of creativity* (pp. 429-440). New York: Cambridge University Press.

Taylor, I. A. (1976). Psychological sources of creativity. *The Journal of Creativity Behavior*, 10, 193-202, 218.

Taylor, I. M., & Ntoumanis, N. (2007). Teacher motivational strategies and student self-determination in physical education. *Journal of educational psychology*, 99(4), 747.

Taylor, I. M., Ntoumanis, N., & Smith, B. (2009). The social context as a determinant of teacher motivational strategies in physical education. *Psychology of Sport & Exercise*, 10(2), 235-243.

Taylor, I. M., Ntoumanis, N., & Standage, M. (2008). A self-determination theory approach to understanding the antecedents of teachers' motivational strategies in physical education. *Journal of Sport & Exercise Psychology*, 30(1), 75.

Thomas, K. & Duke, M. P. (2007). Depressed writing: Cognitive distortions in the works of depressed and non-depressed. *Psychology of Aesthetics, Creativity, and the Arts*, 1, 204-218.

Torrance E. P. (1999). Forty years of watching creative ability and creative achievement. *Newsletter of the Creative Division of the National Association for Gifted Children*, 10, 3-5.

Trampush, J. W., Yang, M. L. Z., & Yu, J., et al. (2017). GWAS meta-analysis reveals novel loci and genetic correlates for general cognitive function: A report from the COGENT consortium. *Mol Psychiatry*, 22(3), 336-345.

Treffinger D. J. , Selby E. C. , & Isaksen S. G. (2008). Understanding individual problem-solving style: A key to learning and applying creative problem solving. *Learning and Individual Difference*, 18(4), 390- 401.

Tregellas, J. R. , Davalos, D. B. , & Rojas, D. C. (2006). Effect of task difficulty on the functional anatomy of temporal processing. *Neuro Image*, 32(1), 307-315.

Ukkola, L. T. , Onkamo, P. , & Raijas, P. , et al. (2009). Musical aptitude is associated with AVPR1A-haplotypes. *Plos One*, 4(5), e5534.

Ukkola-Vuoti, L. , Kanduri, C. , & Oikkonen, J. , et al. (2013). Genome-wide copy number variation analysis in extended families and unrelated individuals characterized for musical aptitude and creativity in music. *Plos One*, 8(2), e56356

Ukkola-Vuoti, L. , Oikkonen, J. , & Onkamo, P. , et al. (2011). Association of the arginine vasopressin receptor 1A (AVPR1A) haplotypes with listening to music. *Journal of human genetics*, 56(4), 324-329.

Ukkola-Vuoti, L. , Oikkonen, J. , & Onkamo, P. , et al. (2011). Association of the arginine vasopressin receptor 1A (AVPR1A) haplotypes with listening to music. *Journal of Human Genetics*, 56(4), 324-329.

Vallerand, R. J. , Pelletier, L. G. , & Koestner, R. (2008). Reflections on self-determination theory. *Canadian Psychology*, 49(3), 257-262.

Vallerand, R. J. , Pelletier, L. G. , & Koestner, R. (2008). Reflections on self-determination theory. *Canadian Psychology*, 49(3), 257-262.

Vandervert L. R, Schimpt P. H, &Liu, H. (2007). How Working Memory and the Cerebellum Collaborate to Produce Creativity and Innovation. *Creativity Research Journal*, 19, 1-18.

Vansteenkiste, M. , Simons, J. , & Lens, W. , et al. (2004). Motivating learning, performance, and persistence: The synergistic effects of intrinsic goal contents and autonomy-supportive contexts. *Journal of Personality & Social Psychology*, 87(2), 246.

Vansteenkiste, M. , Zhou, M. , & Lens, W. , et al. (2005). Experiences of autonomy and control among chinese learners: Vitalizing or immobilizing? *Journal of Educational Psychology*, 97(3), 468- 483.

Vartanian, O. , Bouak, F. , & Caldwell, J. L. , et al. (2014). The effects of a single night of sleep deprivation on fluency and prefrontal cortex function during divergent thinking. *Frontiers in Human Neuroscience*, 8, 214.

Villarreal, M. F. , Cerquetti, D. , & Caruso, S. , et al. (2014). Neural correlates of musi-cal creativity: Differences between high and low creative subjects(Vol. 8, e75427, 2013). *Plos One*, 9(e947394).

Vinkhuyzen, A. A. , van der Sluis, S. , & Posthuma, D. , et al. (2009). The heritability of aptitude and exceptional talent across different domains in adolescents and young a-dults. *Behavior Genetics*, 39(4), 380-392

Vinkhuyzen, A. A. , Van der Sluis, S. , & Posthuma, D. , et al. (2009). The heritability of aptitude and exceptional talent across different domains in adolescents and young a-dults. *Behavior Genetics*, 39(4), 380-392.

Volf, N. V. , Kulikov, A. V. , & Bortsov, C. U. , et al. (2009). Association of verbal and figural creative achievement with polymorphism in the human serotonin transporter gene. *Neuroscience letters*, 463(2), 154-157.

Wang, B. , Duan, H. , & Qi, S. , et al. (2017). When a dog has a pen for a tail: The time course of creative object processing. *Creativity Research Journal*, 29(1), 37-42.

Ward, T. B. (1994). Structured imagination: The role of category structure in exemplar generation. *Cognitive Psychology*, 27, 1-40.

Ward, W. C. (1968). Creativity in young children. *Child Development*, 39(3), 737-754.

Warren, D. E. , Kurczek, J. , Duff, M. C. (2016). What relates newspaper, definite, and clothing? An article describing deficits in convergent problem solving and creativity following hippocampal damage. *Hippocampus*, 26(7), 835-840.

Wechsler, D. (1950). Cognitive, conative, and non-intellective intelligence. *American Psy-chologist*, 5(3), 78-83.

Wei, D. , Yang, J. , & Li, W. , et al. (2014). Increased resting functional connectivity of the medial prefrontal cortex in creativity by means of cognitive stimulation. *Cortex*, 51, 92-102.

Wei, D. , Yang, J. , & Li, W. , et al. (2014). Increased resting functional connectivity of the medial prefrontal cortex in creativity by means of cognitive stimulation. *Cortex*, 51, 92-102.

Weisberg, R. W. (1999). *Creativity and knowledge: A challenge to theories*. New York: Cambridge University Press.

Williams F. E. (1980). *Creativity assessment packet*. Buffalo, NY: DOK.

Wills, G. I. (2003). A personality study of musicians working in the popular field. *Personality and individual Differences*, 5, 359-360.

Wu, C. , Zhong, S. , & Chen, H. (2016). Discriminating the difference between remote and close association with relation to White-Matter structural connectivity. *Plos One*, 11 (e016505310).

Wu, T. Q. , Miller, Z. A. , & Adhimoolam, B. , et al. (2015). Verbal creativity in semantic variant primary progressive aphasia. *Neurocase*, 21(1), 73-78.

Yi, X. (2012). *Creativity, Efficacy and Their Organizational, Cultural Influences*. Saarbrücken: Südwestdeutscher Verlag für Hochschulschriften.

Yi, X. , Hu, W. , & Plucker, J. A. , et al. (2013). Is there a developmental slump in creativity in China? The relationship between organizational climate and creativity development in Chinese adolescents. *Journal of Creative Behavior*, 47(1), 22-40.

Yi, X. , Hu, W. , & Scheithauer, H. , et al. , (2013). Cultural and bilingual influences on artistic creativity: Comparison of German and Chinese students. *Creativity Research Journal*, 25(1), 97-108.

YuChu Yeh. (2004). The interactive influences of three ecological systems on r & d employees' technological creativity. *Creativity Research Journal*, 16(1), 11-25.

Zabelina, D. L. , Colzato, L. , & Beeman, M. , et al. (2016). Dopamine and the creative mind: Individual differences in creativity are predicted by interactions between dopamine genes DAT and COMT. *PLOS ONE*, 11(1), e0146768.

Zabelina, D. L. , Robinson, M. D. (2010). Creativity as flexible cognitive control. *Psychology of Aesthetics, Creativity, and the Arts*, 4: 136.

Zhang, S. , & Zhang, J. (2016). The Association of DRD2 with Insight Problem Solving. *Frontiers in Psychology*, 7, 1865.

Zhang, S. , & Zhang, J. (2016). The association of DRD2 with insight problem solving. *Frontiers in Psychology*, 7.

Zhang, S. , & Zhang, J. (2017). The association of TPH genes with creative potential. *Psychology of Aesthetics, Creativity, and the Arts*, 11(1), 2-9.

Zhang, S. , Zhang, M. , & Zhang, J. (2014). An exploratory study on DRD2 and creative potential. *Creativity Research Journal*, 26(1), 115-123.

Zhang, S. , Zhang, M. , & Zhang, J. (2014a). Association of COMT and COMT-DRD2 interaction with creative potential. Frontiers in human neuroscience, 8, 216.

Zhao, Q. , et al. (2013). Dynamic neural network of insight: A functional magnetic resonance imaging study on solving chinese "chengyu" riddles. *Plos One*, 8(3), e59351.

Zhu, F. , Zhang, Q. , & Qiu, J. (2013). Relating Inter-Individual differences in verbal creative thinking to cerebral structures：An optimal Voxel-Based morphometry study. *Plos One*, 8(UNSP e7927211).

Zhu, W., Chen, Q., & Tang, C., et al.（2016）. Brain structure links everyday creativity to creative achievement. *Brain & Cognition*, 103, 70-76.

Zhu, W., Chen, Q., & Xia, L., et al.（2017）. Common and distinct brain networks underlying verbal and visual creativity. *Human brain mapping*, 38(4), 2094-2111.

Gazzaniga, M.S., Ivry, R.B., & Mangun, G.R.（2011）. 认知神经科学. 周晓林, 高定国 译. 北京：中国轻工业出版社.

Pervin, L.A. & John, O.P.（2003）. 人格手册：理论与研究. 黄希庭, 主译. 上海：华东师范大学出版社.

阿瑞提.（1987）. 创造的秘密. 钱岗南 译. 沈阳：辽宁人民出版社.

白春礼.（2007）. 杰出科技人才的成长历程：中国科学院科技人才成长规律研究. 北京：科学出版社.

白光林, 李国昊.（2012）. 农民企业家胜任特征模型构建——基于43位农民企业家案例的内容分析研究. 中国农学通报, 28(5).

波林, E.G.（1981）. 实验心理学史. 高觉敷, 译. 北京：商务印书馆.

不列颠百科全书公司. 不列颠百科全书（七）.（1999）. 北京：中国大百科全书出版社.

曹顺庆.（2016）. 西方文化概论. 北京：中国人民大学出版社.

车文博.（1988）. 弗洛伊德主义原著选辑. 沈阳：辽宁人民出版社.

车文博.（1996）. 西方心理学史. 台北：东华书局.

车文博.（2001）. 心理咨询大百科全书. 杭州：浙江科学技术出版社.

陈谷嘉.（2016）. 中国思想文化论集. 长沙：湖南大学出版社.

陈江风.（2014）. 中国文化概论. 南京：南京大学出版社.

陈玉龙.（1991）. 中国书法艺术. 北京：新华出版社.

陈昭仪.（2006）. 杰出表演艺术家创造历程之探析. 师大学报：教育类, 51(3).

陈昭仪.（2007）.杰出音乐家人格特质之探析.台北市立教育大学学报，38（32）.

迟宇宙.（2015）.宗庆后：万有引力原理.北京：红旗出版社.

辞海.（1999）.上海：上海辞书出版社.

达尔文.（1982）.人类的由来及选择.北京：科学出版社.

《大美百科全书》编辑部.（1994）.大美百科全书（十八）.北京：外文出版社.

邓天杰.（2012）.中国文化概论.北京：北京师范大学出版社.

董奇.（1989）.论元认知.北京师范大学学报，（1）.

董奇.（1993）.儿童创造力发展心理.杭州：浙江教育出版社.

杜·舒尔茨.（1982）.现代心理学史（中译本）.北京：人民教育出版社.

恩格斯.（1971）.自然辩证法.北京：人民出版社.

弗洛伊德.（1930）.精神分析引论.高觉敷，译.北京：商务印书馆.

弗洛伊德.（1986）.图腾与禁忌.杨庸一，译.北京：中国民间文艺出版.

弗洛伊德.（1987）.弗洛伊德论创造力与无意识.孙恺详，译.北京：中国展望出版社.

弗洛伊德.（1988）.弗洛伊德自传.见车文博.弗洛伊德主义原著选辑.沈阳：辽宁人民出版社.

傅首清.（2013）.古代书院教育对创新型人才早期培养的启示.教育研究，（6）.

甘自恒.（2005）.中国当代科学家的创造性人格.中国工程科学，7（5）.

高觉敷.（1982）.西方近代心理学史.北京：人民出版社.

高晓明.（2011）.拔尖创新人才概念考.中国高教研究，（10）.

谷传华，王亚丽，吴财付，等.（2015）.社会创造性的脑机制：状态与特质的 eeg α 波活动特点.心理学报，47（6）.

郭有遹.（2012）.创造心理学（第三版）.北京：教育科学出版社.

国务院学位委员会办公室编.（2003）.同等学力人员申请硕士学位心理学学科综合水平全国统一考试大纲及指南（第二版）.北京：高等教育出版社.

韩海军，李舍，杜坤朋，等．(2015)．MAOA 基因与创造力倾向的关系．河南科技大学学报(医学版)，(03)．

韩进之，肖燕娜，魏华忠．(1981)．青少年理想的形成和发展．教育研究，(11)．

韩立云．(2014)．壬戌学制与近代中国人才培养．云南社会科学，(3)．

韩蒙．(2016)．不同动机强度的情绪对顿悟问题解决的影响．陕西师范大学硕士学位论文．

郝克明．(2004)．造就拔尖创新人才与高等教育改革．北京大学教育评论，2(2)．

胡卫平，Philip，Adey，申继亮，等．(2004)．中英青少年科学创造力发展的比较．心理学报，36(6)．

胡卫平，韩葵葵．(2015)．青少年科学创造力的理论研究与实践探索．心理发展与教育，31(1)．

胡卫平，王博韬，段海军，等．(2015)．情绪影响创造性认知过程的神经机制研究．心理科学进展，23(11)．

胡卫平．(2003)．青少年科学创造力的发展与培养．北京：北京师范大学出版社．

华莱士．(1936)．思想的方法．胡贻谷，译．北京：商务印书馆．

黄高才．(2016)．中国文化概论．北京：北京大学出版社．

黄四林，林崇德，王益文．(2005)．创造力内隐理论研究：源起与现状．心理科学进展，13(6)．

黄四林，林崇德，王益文．(2005)．教师的创造力内隐理论．心理科学，28(5)．

黄希庭，郑希付．(2003)．健康心理学．上海：华东师范大学出版社．

黄希庭，郑涌．(2015)．心理学导论．北京：人民教育出版社．

黄希庭．(2002)．人格心理学．北京：东华书局，杭州：浙江教育出版社．

黄兆信，王志强．(2013)．地方高校创新创业教育转型发展研究．杭州：浙江大学出版社．

基础学科拔尖学生培养试验计划报告编写组．(2015)．基础学科拔尖学生培养试验计划阶段性总结报告(2009—2013 年).北京:高等教育出版社.

吉尔福特.(1991).创造性才能——它们的性质、用途与培养.施良方,沈剑平,唐晓杰,译.北京:人民教育出版社.

《简明不列颠百科全书》编辑部.(1985).简明不列颠百科全书(八).北京:中国大百科全书出版社.

简明不列颠百科全书(四).(1986).北京:中国大百科全书出版社.

江来,肖芬.(2011).中国航天之父:钱学森.北京:中国少年儿童出版社.

姜璐.(1991).科学·技术卷(p116-117).见林崇德,中国少年儿童百科全书.杭州:浙江教育出版社.

教育部科学技术司.(2003).青少年创造力国际比较.北京:科学出版社.

考夫卡.(1959).知觉:格式塔学说引论.引自兰德.西方心理学家文选(中译本).

孔庆茂.(1992).钱锺书传.南京:江苏文艺出版社.

勒温.(1944).形势心理学原理.高觉敷,译.南京:正中书局.

李春密.(2002).高中物理实验操作能力的研究.北京师范大学博士学位论文.

李春生.(1991).文化艺术卷(pp. 37- 41).见林崇德,中国少年儿童百科全书.杭州:浙江教育出版社.

李虹.(2007).健康心理学.武汉:武汉大学出版社.

李吉林.(1997).为全面提高儿童素质探索一条有效途径——从情境教学到情境教育的探索与思考(上).教育研究,(3).

李金珍,王文忠,施建农.(2004).儿童实用创造力发展及其与家庭环境的关系.心理学报,(6).

李少林.(2006).中国艺术史.呼和浩特:内蒙古人民出版社.

李舍,曹国昌,张培哲,等.(2012).脑源性神经营养因子基因 Val66met 位点多态性与大学生创造力,人格特质的相关性研究.中华行为医学与脑科学杂志,21(7).

李天志.(1994).我国古代教育家论发展学生思维能力.南都学坛(社会科学

版），14（5）．

李文福．（2014）．创造性的脑机制．西南大学博士学位论文．

李希凡．（2006）．中华艺术通史·原始卷．北京：北京师范大学出版社．

李亚丹，黄晖，杨文静，等．（2016）．“基因—脑—环境—行为”框架下创造力与精神疾病的关系及大数据背景下的研究展望．科学通报，（11）．

李毅江．（1998）．创造力的培养．北京：北京大学出版社．

李约瑟．（2003）．中国科学技术史．北京：科学出版社．

李志，罗章利，张庆林．（2008）．国内外知名企业家的人格特征研究．重庆大学学报（社会科学版），14（1）．

李志．（2013）．高新技术企业企业家创造性研究．重庆：重庆大学出版社．

梁思成．（2001）．中国雕塑史．见《梁思成全集》第一卷，北京：中国建筑工业出版社．

林崇德，胡卫平．（2012）．创造性人才的成长规律和培养模式．北京师范大学学报（社会科学版），（1）．

林崇德，叶忠根．（1982）．小学生心理学．合肥：安徽教育出版社．

林崇德，杨治良，黄希庭（2003）．心理学大辞典．上海：上海教育出版社．

林崇德．（1983）．小学儿童运算思惟灵活性发展的研究．心理学报，15（4）．

林崇德．（1984）．自编应用题在培养小学儿童思维能力中的作用．心理科学，（1）．

林崇德．（1992）．智力活动中的非智力因素．华东师范大学学报（教育科学版），（4）．

林崇德．（1998）．发展心理学．台北：东华书局．

林崇德．（1999）．教育的智慧．北京：开明出版社．

林崇德．（2000）．创造性人才·创造性教育·创造性学习．中国教育学刊，（1）．

林崇德．（2003）．发展心理学．杭州：浙江教育出版社．

林崇德．（2008）．我的心理学观．北京：商务印书馆．

林崇德．(2009)．创新人才与教育创新研究．北京：经济科学出版社．

林崇德．(2013)．教育与发展——兼述创新人才的心理学整合研究．北京：北京师范大学出版社．

林崇德．(2013)．教育与发展．北京：北京师范大学出版社．

林崇德．(2014)．创造性心理学的几项研究＊．山东师范大学学报(人文社会科学版)，(6)．

林崇德．(2015)．增强适应能力，争做创造性人才．心理与行为研究，13(5)．

林崇德．(2016)．提倡语文教学中多因素的结合．小学语文，1-2期卷首语．

刘宝才．(1992)．小学生创造才能培养的整体实验研究．见林崇德．小学生能力发展与培养．北京：北京教育出版社．

刘冰洁．(2017)．状态焦虑影响创造性认知过程的fNIRS研究．陕西师范大学硕士学位论文．

刘昌，翁旭初，李恩中，等．(2005)．青老年组不同难度下心算活动的脑功能磁共振成像研究．心理科学，28(4)．

刘春晖，林崇德．(2015)．个体变量、材料变量对大学生创造性问题提出能力的影响．心理发展与教育，31(5)．

刘静．(2002)．科举制度的平等精神及其对高考改革的启示．山西师大学报(社会科学版)，29(1)．

刘茂军，朱彦卓，肖利．(2008)．因材施教原则对创新教育的启示．当代教育论坛，(14)．

刘谦功．(2011)．中国艺术史论．北京：北京大学出版社．

柳存仁，陈中凡，陈子展，等．(2010)．中国大文学史．上海：上海书店出版社．

楼宇烈．(1994)．中国文化中的儒释道．中华文化论坛，(3)．

卢家楣，刘伟，贺雯，等．(2002)．情绪状态对学生创造性的影响．心理学报，34(4)．

卢家楣．(1989)．现代青年心理探索．上海：同济大学出版社．

罗劲，张秀玲．（2006）．从困境到超越：顿悟的脑机制研究．心理科学进展，14（4），484-489.

罗劲．（2004）．顿悟的大脑机制．心理学报，36（2）.

罗兰·贝格，林昕．（2015）．科技创新中心的人才建设从基础开始：德国中小学创新教育的启示．外国中小学教育，2.

罗晓路，林崇德．（2006）．大学生心理健康、创造性人格与创造力关系的模型建构．心理科学，29（5）.

罗晓路．（2004）．大学生创造力、心理健康的发展特点及其相互关系的模型建构．北京师范大学博士学位论文．

马克思．（1975）．资本论（第1卷上）。北京：人民出版社．

马镛．（2013）．中国教育通史（清代卷·中）．北京：北京师范大学出版社．

毛泽东．（1991）．毛泽东选集（第二卷）．北京：人民出版社．

梅斯基，纽曼，伍沃德考斯基．（1983）．幼儿创造性活动．林崇德，等译．北京：北京出版社．

聂继凯，危怀安．（2015）．大科学工程的实现路径研究——基于原子弹制造工程和载人航天工程的案例剖析，科学学与科学技术管理，36（9）.

欧阳晓．（2011）．近代以来中国高等学校教学管理制度演变及启示．湖南师范大学硕士学位论文．

潘津津，焦学军，姜劲，等．（2014）．利用功能性近红外光谱成像方法评估脑力负荷．光学学报，（11）.

潘津津，焦学军，焦典，王春慧，徐凤刚，姜劲，等（2015）．利用功能性近红外光谱法研究大脑皮层血氧情况随任务特征变化规律．光学学报，（8）.

剻超英．（1999）．学习策略．武汉：湖北教育出版社．

钱穆．（2016）．中国文学论丛（2016年第7次印刷）．北京：生活·读书·新知三联书店出版．

邱江，张庆林．（2011）．创新思维中原型激活促发顿悟的认知神经机制．心理科学进展，19（3）.

申继亮，胡卫平，林崇德．（2002）．青少年科学创造力测验的编制．心理发展与教育，18(4)．

沈世德．（2002）．创新与创造力开发．南京：东南大学出版社．

沈怡文．（1999）．学习方法．武汉：湖北教育出版社．

盛红勇．（2007）．大学生创造力倾向与心理健康相关研究．中国健康心理学杂志，15(2)．

施建农．（2005）．人类创造力的本质是什么？心理科学进展，（6）．

石婷婷．（2017）．不愤怒情绪影响创造性认知过程的 fNIRS 研究．陕西师范大学硕士学位论文．

史耀芳．（1991）．浅论学习策略．心理发展与教育，（3），55-58．

史仲文．（2006）．中国艺术史：书法篆刻卷上．石家庄：河北人民出版社．

斯米尔诺夫．（1957）．心理学．朱智贤，等译．北京：人民教育出版社．

斯腾伯格．（2005）．创造力手册．施建农，等译．北京：北京理工大学出版社．

苏常浚．（1982）．基础心理学讲话．北京：人民出版社．

孙汉银．（2016）．创造性心理学．北京：北京师范大学出版社．

坦普尔．（2004）．中国的创造精神：中国的 100 个世界第一．陈养正，译．北京：人民教育出版社．

陶行知．（2008）．陶行知文集．南京：江苏教育出版社．

王保星．（2008）．外国教育史．北京：北京师范大学出版社．

王博韬．（2017）．情绪影响创造性新颖信息加工的时间进程．陕西师范大学博士学位论文．

王大华，付艳，唐丹，等．（2012）．任务难度与老化对大脑激活的影响——以线索记忆编码为例．心理与行为研究，10(1)．

王极盛，丁新华．（2002）．中学生创新心理素质与心理健康的相关研究．心理科学，25(5)．

王极盛．（1983）．青年心理学．北京：中国社会科学出版社．

王鉴．（2010）．论人文社会科学研究的实践性．教育研究，（4），25-29．

王启康．（1992）．弗洛伊德的社会文化理论，见车文文博．弗洛伊德主义评论．吉林教育出版社．

王小英．（2005）．幼儿创造力发展的特点及其教育教学对策．东北师大学报（02）．

王焰新．〔2016-05-23〕．跨学科教育：一流本科的必然选择．中国教育报．http：//www. jyb. cn/high/gdjyxw/201605/t20160523_ 660549. html.

王瑶．（2008）．中国文学：古代与现代．北京：北京大学出版社．

王增科．（2006）．试论中国古代科举考试的公平性．历史教学，（6）．

韦特海默．（1912）．视见运动的实验研究．见兰德，西方心理学家文选（中译本），北京：科学出版社．

韦特海默．（1987）．创造性思维．林宗基，译．北京：教育科学出版社．

沃建中，陈婉茹，刘扬，等．（2010）．创造能力不同学生的分类加工过程差异的眼动特点．心理学报，42(2)．

沃建中，蔡永红，韦小满，等．（2009）．创新人才测量工具的编制．见林崇德．创新人才与教育创新研究．北京：经济科学出版社．

吴昌顺．（1985）．兴趣与人才．心理发展与教育，1(1)．

吴静吉．（1981）．拓弄思创造思考测验指导及研究手册．台北：远流出版公司．

吴泰昌．（2005）．我认识的钱锺书．上海：上海文艺出版社．

夏侯炳．（1995）．简论李约瑟及其《中国科学技术史》．江西图书馆学刊，（2）．

心理学百科全书编辑委员会．（1995）．心理学百科全书（第二卷），杭州：浙江教育出版社．

许施阳．（2016）．不同动机强度趋近（回避）情绪对远距离联想的影响．陕西师范大学硕士学位论文．

薛明扬．（2012）．大学与创业教育：人才培养质量提升的新战略．北京：高等教育出版社．

燕国材，马加乐．（1992）．非智力因素与学校教育．西安：陕西人民出版社．

杨璐．（2012）．中国古代教育思想特色及时代价值．教育导刊，（1）．

杨叔子．（2005）．文化的全面教育，人才的拔尖创新．学位与研究生教育，（10）．

杨治良．（1999）．记忆心理学．上海：华东师范大学出版社．

叶平枝，马倩茹．（2012）.2~6岁儿童创造性思维发展的特点及规律．学前教育研究（08）．

叶仁敏，洪德厚．（1989）.Torrance创造性思维测验施测与评分指导手册．上海师范大学未出版资料．

衣新发，蔡曙山．（2011）．创新人才所需的六种心智．北京师范大学学报社会科学版，（4）．

衣新发，谌鹏飞，赵为栋．（2017）．唐宋杰出文学家的创造力成就及其影响因素：一项历史测量学研究．北京师范大学学报（社会科学版），3.

衣新发，谌鹏飞，赵为栋．（2017）．唐宋杰出文学家的创造力成就及其影响因素：一项历史测量学研究．北京师范大学学报（社会科学版），3.

衣新发．（2009）．创造力理论述评及CPMC的提出和初步验证．心理研究，2（6）．

于述胜．（2013）．中国教育通史（中华民国卷·下）．北京：北京师范大学出版社．

余敦康．（2006）．周易现代解读．北京：华夏出版社．

俞国良．（1996）．创造力心理学．杭州：浙江人民出版社．

俞国良．（2003）．论创新教育与心理健康教育的关系．中小学心理健康教育，（7）．

俞国良．（2017）.20世纪最具影响的心理学大师．北京：商务印书馆．

原鹏莉．（2016）.DRD2基因、父母教养方式与创造性问题提出能力的关系．山东师范大学硕士学位论文．

约瑟夫·熊彼特．（1990）．经济发展理论：对于利润资本信贷利息和经济周期的考察．何畏，译．北京：商务印书馆．

张纯如．（2011），蚕丝——钱学森传．鲁伊，译．北京：中信出版社．

张岱年．(1994)．中国文化优秀传统内容的核心．北京师范大学学报（社会科学版），(4)．

张景焕，林崇德，金盛华．(2007)．创造力研究的回顾与前瞻．心理科学，30(4)．

张景焕，刘翠翠，金盛华，等．(2010)．小学教师的创造力培养观与创造性教学行为的关系：教学监控能力的中介作用．心理发展与教育，26(1)．

张景焕，张木子，张舜，等．(2015)．多巴胺，5-羟色胺通路相关基因及家庭环境对创造力的影响及其作用机制．心理科学进展，23(9)．

张丽华，胡领红，白学军．(2008)．创造性思维与分心抑制能力关系的汉字负启动效应实验研究．心理科学，31(3)．

张庆林，曹贵康．(2004)．创造性心理学．北京：高等教育出版社．

张庆林，邱江．(2007)．思维心理学．重庆：西南师大出版社．

张庆林，谢光辉．(1993).25名国家科技发明奖获得者的个性特点分析．西南大学学报（社会科学版），(3)．

张庆林．(2002)．创造性研究手册．成都：四川教育出版社．

张声闳．(1999)．经络·保健·按摩法．北京：华艺出版社．

张文新．(2004)．创造力发展心理学．合肥：安徽教育出版社．

中央美术学院美术史系中国美术史教研室．(2002)．中国美术简史（增订本）．北京：中国青年出版社．

袁克定．(2002)．教师策略性知识的成分与结构特征研究．北京师范大学学报（社会科学版），(4)．

周文佳．(2011)．民国初年"壬子癸丑学制"述评．河北师范大学学报（教育科学版），13(11)．

朱丹，罗俊龙，朱海雪，等．(2011)．科学发明创造思维过程中的原型启发效应．西南大学学报（社会科学版），37(5)．

朱海雪，杨春娟，李文福，等．(2012)．问题解决中顿悟的原型位置效应的FRMRI研究．心理学报，44(8)．

朱智贤，林崇德．(1986)．思维发展心理学．北京：北京师范大学出版社．

朱智贤．(1989)．心理学大辞典．北京：北京师范大学出版社．

朱智贤．(1990)．中国儿童青少年心理发展与教育．北京：中国卓越出版公司．

宗韵．(2013)．中国教育通史(明代卷)．北京：北京师范大学出版社．

图书在版编目(CIP)数据

创造性心理学 / 林崇德著. —北京：北京师范大学出版
社，2018.5（2019.6重印）
ISBN 978-7-303-22988-8

Ⅰ.①创… Ⅱ.①林… Ⅲ.①创造心理学 Ⅳ.①G305

中国版本图书馆 CIP 数据核字（2017）第 249498 号

营 销 中 心 电 话　010-58805072　58807651
北师大出版社学术著作与大众读物分社　http://xueda.bnup.com

出版发行：北京师范大学出版社　www.bnup.com
　　　　　北京市海淀区新街口外大街 19 号
　　　　　邮政编码：100875
印　　刷：北京盛通印刷股份有限公司
经　　销：全国新华书店
开　　本：787 mm×1092 mm　1/16
印　　张：38.25
字　　数：584 千字
版　　次：2018 年 5 月第 1 版
印　　次：2019 年 6 月第 2 次印刷
定　　价：128.00 元

策划编辑：周雪梅　　　　　责任编辑：王星星　　邸玉玲
美术编辑：王齐云　　　　　装帧设计：邓　聪
责任校对：陈　民　　　　　责任印制：马　洁